New Wun Ching Developmental Publishing Co., Ltd.

New Age · New Choice · The Best Selected Educational Publications — NEW WCDP

第**3**版

Third Edition

食品
FOOD PROCESSING
加工學

汪復進 編著

食品加工學是一門涵蓋物理、化學及生物三大基礎的應用性學科。為使讀者們於此浩瀚之領域上能順利學習，編著者彙集國內外相關文獻與資料，以深入淺出的方式做整體性之說明，以圖示、表格或條列式進行編排，以利於讀者閱讀和記憶。本書適用國內大專院校食品、餐飲等相關課程教學之用，亦可做為食品業者參考讀物及參加國內各類考試如四技二專、二技、插大及全國性考試如高考、普考、食品檢驗師、食品技師、營養師等之參考資料。本書每章結尾加入國內各項考試之歷屆試題，如以選擇題、問答題方式增強讀者對該章重點的注意，希冀讀者藉由本書對食品加工學能有系統、高效率且全盤性的瞭解。

　　本次改版是將所有內容依照最新資訊加以更新調整，另外大幅增加專有名詞的英文名稱，方便讀者中英對照，之後多方運用更加得心應手。

　　本書雖經長期資料收集及精心整理，仍恐有疏漏錯誤，尚祈食品專家、學者先進們不吝賜予指正，俾能遵循更正。同時，承台北海洋科技大學鄭明得老師對錯謬之處精心校正與竭力協助方能順利改版，謹致謝意。

汪復進　謹識

2019/8/15 於台北市

汪 復 進

一學 歷一
國立台灣海洋大學食品科學系博士

一曾 任一
1. 統皓食品股份有限公司品保副理
2. 真理大學觀光事業學系專任副教授兼進修推廣教育組組長
3. 馬偕醫護管理專科學校食品科學科專任副教授兼科主任、餐飲管理科主任、教務主任
4. 台北海洋科技大學（中國海事商業專科學校）食品科學與行銷系專任副教授兼科主任、教務主任、代理校長
5. 汎球藥理醱酵研究所研究員

一現 任一
1. 宏茂飲食管理有限公司／深圳市信威農產品有限公司顧問兼採購主管
2. 台灣職工教育和職業培訓協會高級顧問（食品類總召集人）
3. 中華國際觀光休閒餐旅產業聯合發展協會高級顧問（食品類總召集人）
4. 行政院衛生福利部「餐飲業食品安全管制系統」合格輔導老師
5. IRCA「ISO 22000 稽核員與專業輔導」
6. RAB/QSA「HACCP 主任稽核員」

Contents
目錄

FOOD
PROCESSING

食品原料的化學組成及 其營養價值

一、食品加工與食品加工學(food processing)

　　食品加工(food processing)是以農產品、園產品、林產品、畜產品、水產品為主要加工原料，利用物理、化學、微生物的方法處理，改變或不改變其形態而可增加保藏性、嗜好性、營養價值，或可成為新穎性質的食品。

　　食品加工學：研究與食品加工有關的理論以及方法的學問稱之。

二、加工的目的(purpose of food processing)

增加利用性(utilization)　　　　　增加嗜好性(taste)

增加營養價值(nutritive value)　　　提高貯藏性(storability)

增加輸送性(transportation)　　　　增加食用之方便性(convenience)

提高商品價值(commercial value)　　提高衛生安全性(hygiene and safety)

☕ 相關試題

1. 儲藏為加工目的之一，探討其目的應不包括：　(A)食用性　(B)安全性　(C)經濟性　(D)永久保存性。　　　　　　　　　　　　　　　答：(D)。

三、食品的組成分(components in food)

　　介紹如下：

碳水化合物	蛋白質	脂質	維生素
礦物質	酵素	有機酸	色素
香氣成分	呈味物質	水分	有毒物質

四、碳水化合物(carbohydrate)

碳水化合物的熱量為每克 4 大卡。其分類介紹如下：

1. 單醣(monosaccharide)

種　類	醛醣(aldose)	酮醣(ketose)
六碳醣	葡萄糖、半乳糖、甘露糖	果糖、山梨糖
五碳醣	阿拉伯糖、木糖、核糖、去氧核糖	―
特　質	具還原性、具甜味、具保藏性、參與梅納反應（褐變）、具焦糖化	

一般我們會以還原試驗法來做測試，其方法如下：

斐林試驗	醣類具游離醛基或酮基與斐林試劑混合經加熱生成氧化亞銅沉澱
	$R-CHO + 2CuO \rightarrow Cu_2O + R-COOH$
多倫試驗	醣類與硝酸銀的氨水混合經加熱在試管內壁形成銀壁沉澱
	$R-CHO + AgO \rightarrow Ag\downarrow + R-COOH$

2. 寡醣(oligosaccharides)

種　類	分　類	組成單糖和糖苷鍵之類型	還原性
雙　醣	蔗　糖	α−D−葡萄糖−(1→2)−β−D−果糖	無
	乳　糖	β−D−半乳糖−(1→4)−D−葡萄糖	有
	麥芽糖	α−D−葡萄糖−(1→4)−D−葡萄糖	有
	纖維雙糖	β−D−葡萄糖−(1→4)−D−葡萄糖	有
寡　醣	棉籽糖（3糖）	α−D−半乳糖−(1→6)−α−D−葡萄糖−(1→2)−β−D−果糖	無
	水蘇糖（4糖）	α−D−半乳糖−(1→6)−α−D−半乳糖−(1→6)−α−D−葡萄糖−(1→2)−β−D−果糖	無
	糊　精	[α−D−葡萄糖−(1→4)−D−葡萄糖]，n=2～5	有

很多人會將寡醣和乳醣混淆在一起，其實寡醣和乳醣性質差別如下所述：

寡醣性質	不具甜味、不易被消化酵素水解、低熱量醣類、易造成生食豆類的腸胃脹氣現象。
乳醣性質	因缺乏乳糖酶(lactase；β-galactosidase)無法代謝乳糖而易造成乳糖不耐症(lactose intolerance)，屬於代謝性敏感症。

3. **多醣(polysaccharides)**：多醣分類可分為以下兩種。

 (1) 同元多醣(homopolysaccharides)：澱粉、肝醣、纖維素、半纖維素、菊醣。

 (2) 異元多醣(heteropolysaccharides)：果膠、膠類、洋菜膠、褐藻膠、幾丁質。

又就其單醣組成分類及鍵結類型等元素可區分如下：

種　類	組成單醣	糖苷鍵之類型	來源或分布
直鏈澱粉	葡萄糖	$\alpha-(1\rightarrow4)$	農作物莖部、根部及種子
支鏈澱粉	葡萄糖	$\alpha-(1\rightarrow4)+\alpha-(1\rightarrow6)$	農作物莖部、根部及種子
纖　維　素	葡萄糖	$\beta-(1\rightarrow4)$	植物體的細胞壁組成
半纖維素	葡萄糖	$\beta-(1\rightarrow4)$	植物體的細胞壁組成
肝　　醣	葡萄糖	$\alpha-(1\rightarrow4)+\alpha-(1\rightarrow6)$	動物體的肌肉與肝臟組織
菊　　醣	果　糖	$\beta-(2\rightarrow1)$	菊芋、蒜及洋蔥
果　膠　質	半乳糖醛酸酯	$\alpha-(1\rightarrow4)$	植物體的細胞間膠質
關華豆膠	甘露糖+半乳醣	$\beta-(1\rightarrow4)+\alpha-(1\rightarrow6)$	豆科類植物種子
刺槐豆膠	甘露糖+半乳醣	$\beta-(1\rightarrow4)+\alpha-(1\rightarrow6)$	豆科類植物種子
阿拉伯膠	葡萄糖+半乳糖	$\alpha-(1\rightarrow3)+\alpha-(1\rightarrow6)$	樹幹上的淚狀分泌膠
黃　耆　膠	葡萄糖醛酸+馬尾藻糖+半乳糖	$\alpha-(1\rightarrow4)$	樹幹上的淚狀分泌膠
洋　菜　膠	半乳糖+硫酸酯	$\beta-(1\rightarrow4)+3,6-$去水$-Gal*$	紅色海藻萃取
紅　藻　膠	半乳糖+硫酸酯	$\beta-(1\rightarrow4)+3,6-$去水$-Gal*$	愛爾蘭藻萃取
褐　藻　膠	甘露糖+古羅糖	$\alpha-(1\rightarrow4)+\beta-(1\rightarrow4)$	海帶等褐藻萃取
聚　葡萄糖	葡萄糖	$\alpha-(1\rightarrow6)$	*L. mesenteroides* 及 *L. dextranicum* 分泌
三　仙　膠	葡萄糖	$\beta-(1\rightarrow4)$	*Xanthomonas campestris* 分泌之細胞外多醣類
幾丁聚醣	葡萄糖胺	$\beta-(1\rightarrow4)$	蝦、蟹及龍蝦等外殼組織

※註：Gal：半乳糖。

就醣類的吸濕性(hygroscopicity)，單醣＞寡醣＞多醣；蔗糖＞麥芽糖＞乳糖。

而醣類以相同溫度及重量濃度下各種醣類的甜度比較，則為

果糖＞轉化糖＞蔗糖＞蜂蜜＞葡萄糖＞麥芽糖＞半乳糖＞乳糖

* 轉化糖(invert sugar)：由一分子葡萄糖和一分子果糖組成的雙糖。

☕ 相關試題

1. 填充題：
   還原糖是指糖具備有<u>醛基</u>(aldehyde group)和<u>酮基</u>(ketone group)。

2. 解釋名詞：reducing sugar。
   答：reducing sugar 即還原糖，為糖類分子上具有醛基或酮基等官能基團的糖類。

3. 食用豆類食品容易會放屁的原因是因為豆類含有：　(A)脂肪　(B)蛋白質　(C)單醣　(D)寡醣。　　　　　　　　　　　　　　　答：(D)。

4. 何謂還原糖？列舉一種測定醣類還原性的方法名稱。
   答：(1)糖類分子上若具有醛基或酮基等官能基團的糖類，即稱為還原糖。
   　　(2)斐林試驗：還原醣類與斐林試劑混合後經加熱後生成氧化亞銅沉澱。

5. 吃豆腐引起人體脹氣的醣類是：　(A)棉籽糖　(B)貢糖　(C)甜菊萃　(D)砂糖。　　　　　　　　　　　　　　　　　　　　　　答：(A)。

6. 請解釋下列名詞：雙糖。
   答：雙糖指的是加酸水解或經消化酶作用可水解為兩分子的醣類。

7. 填充題：
   reducing sugar 是指糖質擁有 <u>aldehyde group</u> 和 <u>ketone group</u>。

8. 「寡糖類」是指水解後能產生幾個分子之單醣？　(A)1～3 個　(B)2～5 個　(C)3～6 個　(D)3～10 個。　　　　　　　　　　　　答：(D)。

9. 關於醣類的敘述，下列何者正確？　(A)甜度：果糖＞葡萄糖＞蔗糖　(B)吸收速率：半乳糖＞葡萄糖＞果糖　(C)所有六碳醣，均可為人體神經細胞的能量來源　(D)葡萄糖和果糖屬於六碳醛醣。　　　　　　　答：(C)。

10. 解釋名詞：糊精(dextrin)。

    答：糊精屬於寡醣類，單醣分子組成數目約 2～10 個。

11. 下列有關蔗糖之敘述，何者不正確？　(A)屬於還原糖其甜度通常作為甜味劑比較的標準　(B)蔗糖的甜度比葡萄糖高，但比果糖低　(C)無水條件下高溫加熱可脫水製造焦糖　(D)蔗糖屬於右旋糖。　　　　答：(A)。

五、蛋白質(protein)

蛋白質的熱量為每克 4 大卡。其組成基本單位為胺基酸，首先介紹胺基酸的分類：

1. 胺基酸依官能基分類

中性胺基酸	甘胺酸、纈胺酸、白胺酸、異白胺酸、羥丁胺酸、甲硫胺酸、苯丙胺酸、脯胺酸、色胺酸、甲硫胺酸、半胱胺酸、酪胺酸
酸性胺基酸	天門冬胺酸、麩胺酸
鹼性胺基酸	組胺酸、精胺酸、離胺酸

2. 胺基酸依人體合成蛋白質之需求

必需胺基酸 (essential amino acids)	纈胺酸、白胺酸、異白胺酸、色胺酸、羥丁胺酸、苯丙胺酸、甲硫胺酸、離胺酸	
半必需胺基酸 (semi-essential amino acids)	一般成人	半胱胺酸、酪胺酸
	嬰兒及小動物	組胺酸、精胺酸
非必需胺基酸 (non-essential amino acids)	甘胺酸、丙胺酸、脯胺酸、麩胺酸、天門冬胺酸	
限制胺基酸 (limited amino acid)	穀　類	離胺酸(lysine)含量不足或缺乏
	豆　類	甲硫胺酸(methionine)含量不足或缺乏

3. 胺基酸依等電點(Isoelectric point, pI)分類

等電點定義：溶液中蛋白質分子的表面淨電荷為零時 pH 之值稱之。

蛋白質種類	黃豆蛋白	牛乳酪蛋白	肉類肌原纖維蛋白
pI 值	4.5	4.6	5.6

介紹完胺基酸的分類方式後，接下來蛋白質本身的組成分類又可分為下列幾種：

1. 蛋白質組成後之差異而分類

單純性蛋白質	白蛋白、球蛋白、角蛋白、彈力蛋白、穀蛋白、穀膠蛋白、膠原蛋白、明膠
複合性蛋白質	脂蛋白、核蛋白、醣蛋白、色素蛋白、磷蛋白、金屬蛋白
衍生性蛋白質	胜肽、蛋白䏡(proteose)、蛋白腖(peptone)

2. 蛋白質加工後之特性而分類

成 膠 性	水畜產煉製品、皮蛋、水煮蛋
起 泡 性	蛋糕、卵白霜飾
乳 化 性	蛋黃醬、沙拉醬
組 織 感	仿畜肉（素肉）、仿干貝、仿鮑魚

* 利用蛋白質在加工過程中變性而增添食品的多樣性應用。

☕ 相關試題

1. 下列何種食物的蛋白質與人體蛋白質最接近？ (A)肉類 (B)穀類 (C)蛋類 (D)乳類。 答：(C)。

2. 解釋名詞：collagen。
   答：collagen 即膠原蛋白，屬於結締組織。該類蛋白質經加熱後易產生明膠 (gelatin)，此為形成豬肉凍及雞汁冷藏時會結膠現象的主要成分。

3. 荳科植物食品最常見的限制胺基酸(limited amino acid)通常是指： (A)Asp (B)Met (C)Glu (D)Lys。 答：(B)。

4. 蛋白質為食物中的組成分，請敘述蛋白質於食物中的重要功能。
   答：蛋白質的重要功能為產生能量、修補組織、構成身體分泌液、提供必需胺基酸等。

5. 乳類最常見限制胺基酸(limited amino acid)通常是指： (A)Asp (B)Cys (C)Glu (D)Lys。 答：(B)。

6. 填充題：何種胺基酸於 pH 7.0 時帶正電荷，且為一種必需胺基酸：離胺酸。

7. 解釋名詞：必需胺基酸。

    答：人體無法合成或合成量不足使用，必須由飲食中攝食之胺基酸。

8. 下列何者是穀類的第一限制胺基酸(first limiting amino acid)？   (A)glutamic acid (B)lysine (C)aspartic acid (D)histidine。   答：(B)。

9. 米飯與玉米的限制胺基酸為：①lysine ②methionine ③isoleucine ④leucine (A)①② (B)①③ (C)③④ (D)①④。   答：(A)。

10. 鹼性胺基酸(basic amino acid)；何種胺基酸屬之？

    答：離胺酸(lysine)、組織酸(histidine)及精胺酸(arginine)屬於鹼性胺基酸。

11. 何謂必需胺基酸？請至少舉出五個。

    答：p.5，五-2 必需胺基酸。

六、脂質(lipid and oil)

脂質的熱量為每克 9 大卡。其組成分類介紹如下：

單純脂質	油脂、臘質
複合脂質	磷脂質、醣脂質、脂蛋白
衍生脂質	脂肪酸、醇類、碳氫化合物、脂溶性維生素(A、D、E、K)

脂質主要成分是由脂肪酸構成，其分類介紹如下：

1. 脂肪酸依飽和程度分類

(1) 飽和脂肪酸(saturated fatty acid)

飽和脂肪酸(saturated fatty acid)	熔點(℃)
丁酸(butyric acid；C_3H_7COOH；$C_{4:0}$)	−5.3
月桂酸(lauric acid；$C_{11}H_{23}COOH$；$C_{12:0}$)	44.8
肉荳蔻酸(myristic acid；$C_{13}H_{27}COOH$；$C_{14:0}$)	54.4
棕櫚酸(palmitic acid；$C_{15}H_{31}COOH$；$C_{16:0}$)	62.9
硬脂酸(stearic acid；$C_{17}H_{35}COOH$；$C_{18:0}$)	70.1
花生脂酸(arachidic acid；$C_{19}H_{39}COOH$；$C_{20:0}$)	76.1

(2) 不飽和脂肪酸(unsaturated fatty acid)

　① 單元不飽和脂肪酸：如油酸(oleic acid；$C_{17}H_{33}COOH$；$C_{18:1,w9}$)；

　② 多元不飽和脂肪酸：如亞麻油酸(linoleic acid；$C_{17}H_{31}COOH$；$C_{18:2,w6}$)、次亞麻油酸(linolenic acid；$C_{17}H_{29}COOH$；$C_{18:3,w3}$)、花生四烯酸(arachidonic acid；$C_{19}H_{31}COOH$；$C_{20:4,w6}$)、二十碳五烯酸(eicosapentaenoic acid；$C_{19}H_{29}COOH$；EPA；$C_{20:5,w3}$)、二十二碳六烯酸(docosahexaenoic acid；$C_{21}H_{31}COOH$；DHA；$C_{22:6,w3}$)。

(3) 必需脂肪酸(essential fatty acid)

　亞麻油酸(linoleic acid；$C_{17}H_{31}COOH$；$C_{18:2}$)、次亞麻油酸(linolenic acid；$C_{17}H_{29}COOH$；$C_{18:3}$)、花生四烯酸(arachidonic acid；$C_{19}H_{31}COOH$；$C_{20:4}$)。

2. 而脂質在食品中所扮演的角色有

(1) 提供食品的香氣與味道，亦可幫助吞嚥之順暢性。

(2) 使烘焙製品具有酥脆性。

(3) 加熱的傳遞介質。

(4) 提供食品的多樣性。

(5) 可防止烘焙製品的老化。

(6) 將脂溶性營養物質如脂溶性維生素溶於油脂中。

相關試題

1. 下列何者是飽和脂肪酸？　(A)亞麻油酸，linoleic acid　(B)次亞麻油酸，linolenic acid　(C)硬脂酸，stearic acid　(D)油酸，oleic acid。　　答：　(C)。

2. 配合題：

(1)為一必需脂肪酸。　　　　　　　　　　　　　　　a. $C_{18:2}$

(2)此脂肪酸之融點(melting point)較高。　　　　　　b. $C_{20:0}$

(3)此脂肪酸最容易發生氧化：二十碳五烯酸(EPA)。　c. $C_{22:5}$

答：(1)a　(2)b　(3)c。

3. 油脂具有：　(A)shortening value　(B)plasticity　(C)cream value　(D)stability 之特性，可使成品易操作整型且維持一定軟硬度。　　　　　　答：(B)。

4. 請解釋下列名詞：(1)揮發性脂肪酸、(2)飽和脂肪酸、(3)不飽和脂肪酸。

　　答：(1)揮發性脂肪酸指其碳原子數在 10 以下的脂肪酸，大部分具有揮發性，且易溶於水。隨著碳原子數增加，揮發性降低。(2)(3)請參閱六、脂質。

5. 長鏈脂肪酸是表示含有多少個碳以上的脂肪酸？　(A)6　(B)8　(C)12　(D)14。　　　　　　　　　　　　　　　　　　　　　　　　　　答：(C)。

　　解析：長鏈脂肪酸是指含 10 個碳以上的脂肪酸，10 個碳以下者為短鏈脂肪酸。

6. 下列何者為深海魚油中所含的脂肪酸為陸上動植物食油中沒有的？　(A)油酸　(B)亞麻油酸　(C)二十碳五烯酸　(D)硬脂酸。　　　　　　答：(C)。

七、維生素(vitamin)

　　維生素分為兩類，一類為水溶性維生素，一類為脂溶性維生素，兩者介紹如下：

1. 水溶性維生素

水溶性維生素分類	食品中分布	缺乏症狀
維生素 B_1（硫胺素）	穀類、胚芽、豆類	腳氣病
維生素 B_2（核黃素）	卵白、脫脂奶粉	口角炎（唇病變）
維生素 B_6（吡哆醇群）	肝、啤酒酵母、穀類、香蕉、蔬菜	貧血（小紅血球色素減少症）及痙攣
維生素 H（生物素）	花生、卵黃、肝、腎、蔬菜、柚子	生物素缺乏症
葉　酸	肝、腎、香蕉、草莓、綠色蔬菜	巨球性貧血
維生素 B_12（氰鈷）	肝、腎、牡蠣、牛乳、乳酪	惡性貧血
維生素 C（抗壞血酸）	柑橘水果、綠色蔬菜	壞血病

2. 脂溶性維生素

脂溶性維生素分類	食品中分布	缺乏症狀
維生素 A	卵黃、乾酪、胡蘿蔔、玉米	夜盲症、乾眼症
維生素 D_2（麥角固醇）	牛奶、乾酪	佝僂症(ricket)
維生素 D_3（7－脫氫膽固醇）	卵黃、魚肝油、皮膚經紫外線照射	佝僂症、骨質疏鬆症
維生素 E（生育醇）	胚芽、米粒、植物油	無特定影響，如溶血性貧血
維生素 K_1	紫花苜蓿、甘藍菜、菠菜	低凝血酶原症 (hypoprothrombinemia)
維生素 K_2	魚粉、豬肝、腸道細菌合成	

相關試題

1. 精白米與胚芽米的營養成分之主要差異在： (A)鐵質 (B)維生素 B_1 (C)維生素 B_2 (D)醣類。 答：(B)。

2. 參與腸道對鈣的吸收有關的維生素為： (A)C (B)E (C)A (D)D。 答：(D)。

八、礦物質(minerals)

礦物質之組成成分為鈣、鐵、銅、鈉、鎂、鉀、磷及碘。其分類、原理及分布食品種類表列如下：

分 類	原 理	食品種類
酸性食品	經消化、代謝後，產生碳酸根離子、磷酸根離子、亞硫酸根離子、氯離子等，若陰離子多於陽離子者，稱之。	肉類、蛋類、穀類、乾酪、李子及梅子。
鹼性食品	經消化、代謝後，產生鎂離子、鈣離子、鈉離子、鉀離子等，若陽離子多於陰離子者，稱之。	蔬菜、水果、牛奶、咖啡及茶類。

另註 1：亦有以食品的 pH 值區分高酸性食品 pH＜3.7，酸性食品（3.7＜pH＜4.6）和低酸性食品（pH≦4.6）。

另註 2：礦物質又可依人體需求分兩種

    (1) 巨量元素(macro elements)：除了碳、氧、氫以有機物型式存在外，其中鈣、鎂、鉀、鈉、磷、硫、氯 7 種占礦物質 60~80%。

    (2) 微量元素(trace elements)：人體必需的微量元素有 8 種，包括碘、鋅、硒、銅、鉬、鉻、鈷、鐵。可能需要有 5 種，錳、硼、硅、釩、鎳。

相關試題

1. 下列何者屬酸性食物？　①梅子 ②牛奶 ③雞肉 ④西瓜。

    (A)①② 　(B)①③ 　(C)②③ 　(D)②④。　　　　　　　　答：(B)。

九、酵素(enzymes in food)

    酵素在食品工業上的最常應用者，有以下五種：

1. 肉類之熟成與嫩化：蛋白質分解酶(proteinase)。

2. 製造乾酪：凝乳酵素(rennin)。

3. 生產高果糖糖漿：葡萄糖異構酶(glucose isomerase)。

4. 果汁與啤酒的澄清化作用：果膠酯水解酶(pectin esterase)、蛋白酶(proteinase)。

5. 增加魚漿製品之膠彈性：轉麩醯胺酶(transglutaminase)。

    而酵素之種類、目的與作用介紹如下：

酵素的種類	目的或作用
澱粉酶(α, β, γ – amylase)	將澱粉水解成糊精、麥芽糖、葡萄糖。
果膠酶(pectinase)	可降低果汁的黏稠度，製造澄清化果汁。
蛋白酶(proteinase)	可去除啤酒中蛋白質懸浮物，製造澄清啤酒。
轉化酶(invertase)	將蔗糖轉化成轉化糖。
多酚氧化酶(polyphenol oxidase)	將酚類行羥化及氧化反應形成黑色素，造成酵素性褐變反應。
葡萄糖氧化酶(glucose oxidase)	將葡萄糖氧化成葡萄糖醛酸，藉以消耗氧氣，減緩蛋粉之非酵素性褐變反應。

酵素的種類	目的或作用
轉麩醯胺酶 (transglutaminase；TGase)	將蛋白質中麩胺酸與離胺酸形成共價鍵結，以形成更大的聚合物，使明膠等膠體能耐熱、耐酸及耐水。亦可使魚漿製品之膠彈性增加。

☕ 相關試題

1. 解釋名詞：enzyme。

　　答：enzyme 中文翻譯為酵素或酶，為生物進行新陳代謝循環所需之有機催化劑。

十、有機酸(organic acids in food)

分　類	食品上之分布
檸檬酸(citric acid)	水果之代表酸類、柑橘、番茄。一般蔬菜中均有。
酒石酸(tartaric acid)	葡萄、鳳梨、竹筍。
蘋果酸(malic acid)	蘋果、蘆筍。
醋酸(acetic acid)	食用醋，各種水果醱酵之健康食用醋。
乳酸(lactic acid)	牛奶、梅子、竹筍。
草酸(oxalic acid)	菠菜、甘藍、竹筍、橄欖。
琥珀酸(succinic acid)	魚貝類、甘藍菜、柑橘類水果。

☕ 相關試題

1. 綠色蔬菜的草酸成分會阻礙體內何種離子的吸收？　(A)鈉離子　(B)鈣離子　(C)鉀離子　(D)氯離子。　　　　　　　　　　　　　　答：(B)。

　　解析：菠菜、甘藍菜等綠色蔬菜中含有草酸成分，經攝食後易與小魚乾、豆腐等食品中的鈣離子相互結合成草酸鈣形成結石。

2. 下列何者非有機酸？　(A)醋酸　(B)蘋果酸　(C)檸檬酸　(D)鹽酸。答：(D)。

十一、色素(pigments in food)

色素之種類、分類與食品分布例子如下表介紹：

種　類	分　類	存在食品例子
天然動物色素	還原蝦紅素(astaxanthin)	鮭魚卵、蝦蟹卵及蝦蟹殼
	肌紅素(myoglobin)	鮮肉及肉類製品
	核黃素(riboflavin)	即維生素 B_2，卵白之微弱螢光
天然植物色素	葉綠素(chlorophyll)	檸檬、柑橘等綠色蔬果
	番茄紅素(lycopene)	番茄、西瓜、柿子
	花青素(anthocyanin)	葡萄、桑椹、草莓、櫻桃、茄子
	類黃素母酮(flavonoid)	分布最廣的色素，如白色蔬菜類
化學反應色素	梅納反應(Maillard reaction)	由蛋白質之胺基與還原糖之羰基反應所引起的非酵素性褐變
	焦糖反應(caramelization)	蔗糖經高溫處理後產生之黑褐色物質，不屬於梅納反應的產品

色素在蔬菜、水果中亦以葉綠素等方式存在，以下就是色素在酸鹼及熱等情形下改變之變化狀況。

色素類別	顏　色	溶解性	酸性變化	鹼性變化	熱處理變化
葉綠素	綠色	稍溶	變橄欖色	強化呈色	變橄欖色
胡蘿蔔素	黃色	不溶	影響不大	影響不大	影響不大
番茄紅素	紅色	不溶	影響不大	影響不大	影響不大
花青素*	紫色	溶於水	強化呈色	變成藍色	影響不大
類黃素母酮	白色	溶於水	變成白色	變成黃色	影響不大

* 一般而言，酸性條件下花青素較穩定，pH<1 呈現紅色；pH 4~5 呈現紫色；pH 7~8 為深藍色；pH>8 呈現不穩定的黃色。

☕相關試題

1. 請寫出下列食品科學相關詞彙之中文。

　flavonoid。

　答：flavonoid 即類黃素母酮，如蘿蔔、大白菜等白色蔬菜類的色澤皆屬該類色素。

2. 解釋名詞：(1)flavonoids；(2)caramelization。

　　答：(1)flavonoids 指的是類黃素母酮，廣泛存在於植物界中，多具抗菌、消炎之功效。

　　　　(2)caramelization 指的是焦糖反應，乃由蔗糖經高溫處理後產生之黑褐色物質稱之。

3. 烤焙食品著色之原理，係因食品受高溫下發生：　(A)焦糖化（作用）和梅納反應　(B)酵素性褐變　(C)油脂氧化　(D)蛋白質變性　所致。

　　　　　　　　　　　　　　　　　　　　　　　　　　　　答：(A)。

4. 梅納反應(maillard reaction)必要條件不包括：　(A)羰基（還原糖）　(B)胺基（胺基酸）　(C)加熱　(D)胺基。

　　　　　　　　　　　　　　　　　　　　　　　　　　　　答：(D)。

十二、香氣成分(aroma in food)

　　許多物質皆具有香氣成分，而物質具有氣味之必備條件如下所示。

具有揮發性	氣味強弱不與揮發性成正比，揮發性物質多屬油溶性
具有發香基團	分子中需含有形成氣味之特殊原子基團

　　以下所示為各食品種類與其香氣成分。

食品種類	香氣成分
茶　葉	清香成分如己烯醇即是茶葉醇(hexenol)
紅　茶	沉香醇(linalool)及其氧化物
柑　橘	帖烯類(terpenes)
水　果	低級脂肪酸及酯類如乙酸戊酯(amyl acetate)
乾　酪	苯乙酮(phenyl ethylone)
奶　油	雙乙醯(diacetyl)
牛　奶	甲硫醚、低碳數脂肪酸及丙酮
醬　油	4-乙基癒創木酚及 4-羥基-2-乙基-5-甲基呋喃酮(HEMF)
烤　肉	梅納反應產物
黑　糖	焦糖反應產物

 **相關試題**

1. 紅茶以何種香氣成分及其氧化物作為判斷品質之重要指標？　(A)青葉醇 (B)香茅醇　(C)沉香醇　(D)橙花醇。　　　　　　　　　　答：(C)。

―――――――

十三、呈味成分(flavor component)

　　不同食品中大各種不同之味道，良品之基本呈味為酸、甜、苦、鹹。而人體對味道之感應器官為舌頭，以下舌頭感應各呈味物質之對應區域。

呈味物質	酸 味	甜 味	苦 味	鹹 味
舌頭位置	兩 側	尖 部	末 端	任何部位

　　而溫度之高低對呈味之感受度亦有影響，人體一般敏感的溫度值為 $10 \sim 40°C$，而其中敏感性達到最強時之溫度值為 $30°C$。而人體各呈味之敏感度高低為苦味＞酸味＞鹹味＞甜味（一般人體對呈味敏感度之感受（知）量或閾值(threshold value, TV)，也就最低呈味濃度有關）。

　　食品最需呈現之呈味為鮮味(umami)，其鮮味之分類與存在分布食品如下所示：

分　　類	存在食品
麩胺酸鈉(monosodium glutamate, MSG)	味精、醬油、昆布
次黃嘌呤核苷酸(5 -IMP)	柴魚
鳥糞嘌呤核苷酸(5 -GMP)	香菇、酵母菌
琥珀酸鈉(monosodium succinate, MSS)	貝類、肉類、紹興酒

 **相關試題**

1. 解釋名詞：threshold value（閾值）。
　　答：閾值乃指呈味物質的被感受覺知呈味的最低濃度。

2. 舌之苦味味覺神經部分分布在：　(A)舌尖　(B)舌之末端　(C)舌之兩側 (D)舌之中央。　　　　　　　　　　　　　　　　　　　　答：(B)。

―――――――

十四、水分(water)

　　水分是人類賴以生存最重要之物質之一，其物化特性，包括(1)汽化熱為 540 大卡／克，(2)熔解熱為 80 大卡／克，(3)沸點為 100°C，(4)熔點為 0°C，(5)比熱為 1 卡／°C×克，亦等於 4.187 焦耳／°C×克，(6)其密度在結成冰晶後會變小，但體積會變大 9%。

　　而水分在食品組成分中亦有很高之重要性，主要為：

1. 提供組織成分及質感。

2. 扮演溶劑。

3. 作為產物或反應物。

4. 感官品質的傳送。

　　而水分要在食品中作用，最重要之因素為其水活性(water activity, A_w)之高低，首先介紹水活性之基本觀念。

分類 性質	游離水、自由水 （毛細管水）	準結合水 （多分子層水）	結合水 （單分子層水）
自由移動性	高	中	低
具溶劑性	高	中	低
微生物利用度	高	中	低
決定 A_w 關聯性	高	中	低

　　接著介紹水活性的定義與公式：

1. **定義**：在相同溫度下，食品於密閉容器中的水蒸氣分壓與純水的飽和蒸氣壓之比值。水活性的數值在 0~1 之間，水活性值的高低直接影響食品的貯藏期限。

2. **計算公式**

$$A_w = P／P_o$$

$$A_w = ERH／100$$

$$A_w = n_2／n_1 + n_2$$

P　　：食品於密閉容器中水蒸氣分壓。

P_o　：同溫下，純水的飽和蒸氣壓。

ERH　：平衡相對濕度(equilibrium relative humidity)。

n_1　：溶液中溶質的莫耳數。

n_2　：溶液中溶劑的莫耳數。

而水活性與食品品質之關係主要以下列之分類為主：

1. 微生物

菌種類別	細　菌	酵母菌	黴　菌
維持最低生長所需 A_w 值	0.90	0.88	0.80

2. 與水活性相關之各項反應

分　類	反應速率最快（加速）	反應速率最慢
非酵素性褐變反應	0.7	0.2
褐變性褐變反應	0.6	0.3
脂肪自氧化反應	0.7 及 0.25	0.3～0.4

中度水活性食品(intermediate moisture food, IMF)就是一般我們平日常見到的半乾性或中濕性食品，如果醬、豆乾等，其詳細介紹如下：

水分含量	水活性值	常見食品例子
20～50%	0.65～0.85	蜂蜜、蜜餞、果醬、果凍、香腸、水果乾

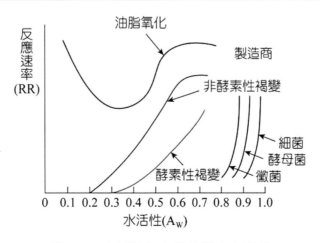

圖 1-1　水活性與食品品質安定關係

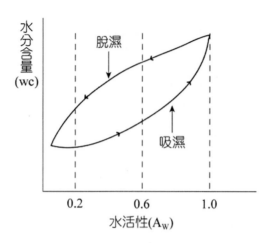

圖 1-2　水活性與食品水分含量的關係

相關試題

1. 解釋名詞：水活性。
   答：水活性指的是在相同溫度下，食品於密閉容器中的水蒸氣分壓與純水的飽和蒸氣壓之比值。

2. 請繪出食品水分含量與水活性之關係圖。
   答：見圖 1-2。

3. 下列有關食品中結合水之敘述，何者不正確？　(A)微生物無法利用　(B)為食品中主要溶媒　(C)不易形成冰晶　(D)可與胺基形成氫鍵。　　　答：(B)。

十五、有毒物質(toxic substance)

種　類	分　類	存在食品實例
重金屬	砷(arsenic；As)	汙染地下水
	汞(mercury；Hg)	近海魚貝類；深海大型魚類
	鎘(cadmium；Cd)	稻米
	鉻(chromium；Cr)	牛乳
	鉛(lead；Pb)	農作物
	銅(copper；Cu)	近海養殖牡蠣造成綠牡蠣
	錫(tin；Sn)	罐頭食品

種　類	分　類	存在食品實例
抗營養性物質	胰蛋白酶抑制劑(trypsin inhibitor)	黃豆蛋白（生鮮）
	血球凝集素(hemaggluttinin)	黃豆蛋白（生鮮）
	抗生物素蛋白(avidin)	卵白蛋白（生鮮）
添加物及其衍生物	異腈(isonitriles)	梅納反應產物
	亞硝胺(nitrosoamines)	肉類製品（添加硝為發色劑）
	多環狀芳香族化合物 (polycyclic aromatic hydrocarbon；PAH)	燒烤製品（在高溫大火燒、烤下蛋白質裂解物）
水產品的毒素物質	麻痺性貝毒(paralytic shellfish poisoning, PSP; saxitoxin)	蛤蚌、牡蠣、西施舌及干貝，吸食雙鞭毛藻而累積毒素
	河豚毒(puffer poison, PFP; tetrodotoxin)	河豚魚之卵巢、肝臟、腸道及皮膚等部位
	組織胺(histamine)	鰻魚、鯖魚、鰹魚、秋刀魚、四破魚等紅色肉魚類及其加工製品

☕ 相關試題

1. 勿食生蛋白，因未熟變性之蛋白中含有：　(A)avidin　(B)livetin　(C)keratin (D)albumin　會抑制食物中生物素(biotin)之吸收。　　　　　　答：(A)。

學後評量 *Exercise*

一、精選試題

（C）　1. 一般食用豆類所引起的脹氣，主要是下列哪一種物質所引起的？　(A)纖維素(cellulose)　(B)半纖維素(hemicellulose)　(C)水蘇糖(stachyose)　(D)菊糖(inulin)。

　　　　【解析】：黃豆中含有棉籽三糖(raffinose)及水蘇四糖(stachyose)等寡醣，易造成黃豆食用後所引起腸胃的脹氣現象。

（B）　2. 下列何種糖不屬於單醣或雙醣？　(A)阿拉伯糖(arabinose)　(B)菊糖(inulin)　(C)甘露糖(mannose)　(D)核酮糖(ribulose)。

　　　　【解析】：甘露糖、阿拉伯糖及核酮糖等屬單醣，菊糖則由果糖聚合屬於多醣。

（D）　3. 下列何種膠類不屬於醣類？　(A)果膠酸　(B)褐藻膠　(C)洋菜　(D)明膠。

　　　　【解析】：明膠(gelatin)是膠原蛋白(collagen)加熱後的產物。

（C）　4. 下列何者不是食品中熱量之主要來源？　(A)醣類　(B)脂肪　(C)維生素　(D)蛋白質。

　　　　【解析】：醣類和蛋白質經燃燒後會分別產生 4 大卡，脂肪則為 9 大卡。

（B）　5. 何種糖在同一溫度及重量濃度時，展現最強之甜度？　(A)葡萄糖　(B)果糖　(C)麥芽糖　(D)蔗糖。

　　　　【解析】：糖類甜度比較：果糖＞蔗糖＞葡萄糖＞麥芽糖。

（D）　6. 牛乳中的糖以何者為主？　(A)蔗糖　(B)葡萄糖　(C)果糖　(D)乳糖。

（D）　7. 食品在貯存時，水活性(A_w)小，則微生物無法繁殖，但若 A_w 低於 0.25 以下，則食品易變質的原因為：　(A)蛋白質裂解　(B)醣類發生聚合　(C)非酵素性褐變　(D)油脂氧化速度加快所致。

　　　　【解析】：水活性(A_w)若低於 0.25 以下，脂質自氧化反應速率則會明顯上升。

（D）　8. 葡萄糖氧化酶(glucose oxidase)可用來當作：　(A)黏稠劑　(B)增量劑　(C)硬化劑　(D)脫氧劑。

　　　　【解析】：葡萄糖氧化酶脫除氧氣作用機制如下：

$$C_6H_{12}O_6 + H_2O + O_2 \longrightarrow C_6H_{12}O_7 + H_2O_2$$

（A） 9. 下列何者不是還原糖？ (A)蔗糖 (B)麥芽糖 (C)乳糖 (D)果糖。

【解析】：糖類分子中含有自由的醛基或酮基者即具有還原性，蔗糖分子的結構
為 α-1,2 鍵結，沒有自由或未結合的醛基或酮基，蔗糖不是還原糖。

（D） 10. 牛乳的主要香氣成分為低脂肪酸、甲硫醚及： (A)甲醛 (B)丁醇 (C)乙醚 (D)丙酮。

【解析】：牛乳的香氣成分由低鏈脂肪酸、甲硫醚及丙酮等組成。

（A） 11. 下列何種酵素應用於飴糖製造？ (A)直鏈澱粉酵素(amylase) (B)纖維酵素(cellulase) (C)蛋白酵素(protease) (D)果膠酵素(pectinase)。

【解析】：澱粉酶(α,β,γ-amylase)中澱粉糖化酶(β-amylase)可將澱粉轉化成飴糖。

（D） 12. 魚油中的 DHA 是： (A)$C_{18:2}$ (B)$C_{18:3}$ (C)$C_{20:5}$ (D)$C_{22:6}$。

【解析】：DHA($C_{22:6}$)為二十二碳六烯酸，是深海魚類油脂中屬於 ω-3 的不飽和脂肪酸。

（A） 13. 在食品加工中，下列何者不利用等電點(isoelectric point, pI)之原理？ (A)洋菜凝膠 (B)果汁過濾 (C)乳酸凝乳 (D)蛋白質分離。

【解析】：洋菜凝膠原理為多醣類間多重螺旋架橋結合，並非利用等電點原理。

（D） 14. 下列食品材料中，哪一項不是糖類？ (A)蔗糖 (B)麥芽糖 (C)蜂蜜 (D)糖精。

【解析】：糖精是一種化學合成甜味劑，甜度約為蔗糖的 300～400 倍。

（D） 15. 有關水活性之敘述，下列何者不正確？ (A)同水分含量下脫濕曲線比吸濕曲線之水活性低 (B)與溫度有關 (C)與相對濕度有關 (D)與溫度無關。

【解析】：乾燥食品的脫濕與吸濕曲線測定的條件為固定在某一溫度下，稱為等溫吸濕脫濕曲線(adsorption desorption isotherm)。

（C） 16. 米中缺乏何種胺基酸？ (A)甘胺酸 (B)色胺酸 (C)離胺酸 (D)甲硫胺酸。

【解析】：米粒等穀類中缺乏的必需胺基酸為離胺酸。

（C） 17. 有機酸中抗菌效果最好的是： (A)乳酸 (B)蘋果酸 (C)醋酸 (D)檸檬酸。

【解析】：醋酸(CH_3COOH)是有機酸中分子量最小，滲透性佳，殺菌力強。

（Ｂ）18. 下列何者為糊精之特性？　(A)可由澱粉冷凍破碎而得　(B)酵素水解可得　(C)不易受消化酵素作用　(D)不易溶於水。

【解析】：澱粉在稀酸或酵素水解的作用下，得到部分的水解產物。

（Ａ）19. 蝦殼或螃蟹殼中含量最多之有機物質成分是什麼？　(A)幾丁質　(B)磷脂質　(C)蛋白質　(D)色素。

【解析】：蝦殼、蟹殼等所含的有機物質是幾丁質(chitin)，經化學作用後製成衍生物之 chitosan，可以作為特殊纖維、薄膜、醫療材料的應用。

（Ｃ）20. 食品若置放於冰箱中會吸收異味，主要是因何種物質容易吸收異味？(A)纖維　(B)澱粉　(C)油脂　(D)蛋白質。

（Ａ）21. 蛋白質因受不同食物的來源影響以致品質不一，不列敘述何者不正確？　(A)離胺酸為豆類蛋白的限制胺基酸　(B)加熱可破壞豆類胰蛋白酵素抑制劑　(C)過度加熱會降低蛋白質的營養價值　(D)冷凍可增長蛋白質食品的保存壽命。

【解析】：(A)離胺酸為穀類蛋白的限制胺基酸，而非豆類蛋白的限制胺基酸。

（Ｂ）22. 美式營養標示之食品熱量換算，一份食物 50 克（含蛋白質 10%，脂肪 10%，碳水化合物 10%）熱量為：　(A)170 大卡　(B)85 大卡(C)30 大卡　(D)50 大卡。

【解析】：熱量＝50 克×10%×4 大卡／克（蛋白質）＋50 克×10%×4 大卡／克（碳水化合物）＋50 克×10%×9 大卡／克（脂肪）＝85 大卡。

（Ａ）23. 人類舌頭對蔗糖甜味之感覺，下列何者敘述不正確？　(A)感覺區在舌後根　(B)會受色澤影響　(C)會受溫度影響　(D)會受酸度影響。

【解析】：人類舌頭對甜味之敏感區域在舌尖部。

（Ｂ）24. 下列有關香氣成分之敘述，何者不正確？　(A)濃度很低　(B)全為揮發性　(C)可由糖轉變來　(D)可由胺基酸轉變來。

【解析】：食品的香氣成分不全為揮發性，部分為揮發性，另外則為非揮發性。

（Ｂ）25. 番茄之茄紅素屬於：　(A)葉黃素　(B)類胡蘿蔔素　(C)花青素　(D)類黃酮素。

【解析】：類胡蘿蔔素包括下列三類：胡蘿蔔素、番茄紅素、葉黃素(xanthophyll)。

（D）26. 小麥胚芽中含有豐富的： (A)維生素 B (B)維生素 C (C)維生素 K (D)維生素 E。

（D）27. 寡糖為健康食品之一種，其身體調節機能不包括下列哪一種？ (A)降低膽固醇 (B)整腸 (C)低熱量 (D)預防皮膚炎。

【解析】寡糖可調節身體機制包括降低膽固醇含量、整腸、低熱量。

（A）28. 有關焦糖(caramel)之敘述，何者不正確？ (A)是一種梅納反應的產品 (B)是蔗糖經高溫處理後產生之黑褐色物質 (C)可作為食品之著色劑 (D)增加食品之特殊風味。

【解析】焦糖是蔗糖經高溫處理後產生之黑褐色物質，不屬於梅納反應產品。

（C）29. 乳糖不耐症主要是由於對於牛奶成分中何者之過敏？ (A)酪蛋白 (B)乳脂肪 (C)乳糖 (D)礦物鹽類。

【解析】乳糖不耐症是指腸道缺乏乳糖酶(lactase)，無法代謝乳糖，造成水瀉。

（B）30. 中溼性食品之水活性範圍在： (A)0.9～1.0 (B)0.8～0.7 (C)0.6～0.5 (D)0.4～0.3。

【解析】中溼性食品即中度水活性食品(IMF)之水活性約在 0.65～0.85。

（C）31. 水果中所含有機酸最普遍的是： (A)酒石酸 (B)蘋果酸 (C)檸檬酸 (D)琥珀酸。

【解析】水果中所含有機酸最主要的是檸檬酸。

（A）32. 由蛋白質與糖類反應所引起的褐變稱為： (A)梅納反應 (B)糖化反應 (C)焦糖化反應 (D)氧化反應。

【解析】由蛋白質之胺基與還原糖之羰基反應所引起的褐變稱為梅納反應。

二、模擬試題

（ ） 1. 柿子(persimmon)的色素來源屬於： (A)番茄紅素 (B)葉黃素 (C)花青素 (D)葉綠素。

（ ） 2. 一般豆類中比較缺乏之必需胺基酸為： (A)valine (B)lysine (C)methionine (D)threonine。

（ ） 3. 下列何種醣類容易造成豆漿等食用後的脹氣現象？ (A)葡萄糖 (B)水蘇糖 (C)甘露糖 (D)半乳糖。

（　） 4. 下列有關呈味的閾值(threshold value)比較，何者為正確？　(A)甜＞鹹＞酸＞苦　(B)苦＞酸＞鹹＞甜　(C)苦＞鹹＞甜＞酸　(D)甜＞苦＞酸＞鹹。

（　） 5. 蛤蜊等貝類的鮮味物質可能為下列何者？　(A)MSS　(B)GMP　(C)IMP　(D)MSG。

（　） 6. 牛乳中酪蛋白的收集分離法是採用下列何種原理？　(A)鹽析作用　(B)等電點作用　(C)生物價　(D)鹽溶作用。

（　） 7. 下列何種糖其吸濕性最差？　(A)葡萄糖　(B)蔗糖　(C)果糖　(D)半乳糖。

（　） 8. 下列何種糖類無法有效提高梅納反應之速率？　(A)葡萄糖　(B)蔗糖　(C)麥芽糖　(D)半乳糖。

（　） 9. 新生兒喝牛乳會產生乳糖不耐症亦稱為：　(A)代謝性敏感症　(B)食物類過敏　(C)食物特異症　(D)二次食物敏感症。

（　） 10. 下列有關寡醣的敘述，何者不正確？　(A)屬於低熱量性食品　(B)甜味較乳糖為高　(C)不易被消化酵素分解　(D)易溶於水中。

（　） 11. 用於生鮮貝類的鮮味料為：　(A)琥珀酸鈉　(B)檸檬酸鈉　(C)蘋果酸鈉　(D)麩胺酸鈉。

（　） 12. 下列何者不是食品的營養強化劑？　(A)糖類　(B)鈣質　(C)硫胺素　(D)離胺酸。

（　） 13. 菠菜中含有下列何種有機酸而易與鈣離子作用形成鹽類沉澱？　(A)檸檬酸　(B)琥珀酸　(C)草酸　(D)酒石酸。

（　） 14. 食品呈味之形成易受溫度影響，一般在何種溫度範圍較易感覺？　(A)0～5°C　(B)5～10°C　(C)10～40°C　(D)40～60°C。

（　） 15. 黃豆不適合生食的原因為下列何者，而易有營養吸收性的障礙？　(A)抗生物素蛋白　(B)胰蛋白酶抑制劑　(C)組織胺　(D)棉籽酚。

（　） 16. 下列對食品水分之敘述，何者不正確？　(A)同一食品而言，水分含量愈高其水活性亦愈高　(B)不同食品間水分含量不同，其水活性可能相同　(C)食品油脂氧化速率通常隨水活性之下降而降低　(D)食品微生物繁殖速率通常隨水活性之下降而降低。

（　）　17.　下列何者為由細菌分泌所形成之食用膠(gum)？　(A)果膠　(B)關華豆膠　(C)阿拉伯膠　(D)β-聚葡萄糖。

（　）　18.　60%葡萄糖($C_6H_{12}O_6$)溶液，其水活性(A_w)應為多少？　(A)0.13　(B)0.40　(C)0.60　(D)0.87。

（　）　19.　食品之一般成分中，何者之熱量最高？　(A)蛋白質　(B)碳水化合物　(C)脂肪　(D)維生素。

（　）　20.　等溫吸濕曲線(mosisture sorption isotherm)可用來了解食品的：　(A)整體吸熱特性　(B)內部密度特性　(C)表面水氣吸附特性　(D)食品流動特性。

模擬試題答案

1.(A)	2.(C)	3.(B)	4.(A)	5.(A)	6.(B)	7.(B)	8.(B)	9.(A)	10.(B)
11.(A)	12.(A)	13.(C)	14.(C)	15.(B)	16.(C)	17.(D)	18.(D)	19.(C)	20.(C)

食品的單元操作及其品質特性的測定方法

一、單元操作與單元程序(unit operation and unit process)

1. **單元操作(unit operation)**
   (1) 定義：使食品原料發生或進行物理變化為主要目的之操作。
   (2) 種類：輸送、洗滌、去皮、浸漬、破碎、選別、分級、分離、過濾、混合、熱交換、乾燥、蒸發、蒸餾、濃縮、結晶、吸附、成型、凝固、包裝。

2. **單元程序(unit process)**
   (1) 定義：使食品原料發生或進行化學變化為主要目的之操作。
   (2) 種類：醱酵、氫化、酯化、水解、糖化、中和、聚合、漂白、鹼化、萃取。

二、食品加工的概念(processing concepts)

圖 2-1　濃縮柑橘汁、凍結豆類與罐裝濃湯之製造加工的步驟

相關試題

1. 說明單元操作(unit operation)對於食品加工的重要性。

　　答：單元操作指的是在食品加工過程中，使原物料以物理變化方式處理之操作方法，可方便達成各項食品加工之目的，如乾燥、冷藏等之完成。

三、度量衡器之應用(applied measurement)

1. 重量單位

公制單位：1 公噸＝10^3 公斤＝10^6 公克；

台制單位：1 台斤＝16 台兩＝600 公克；

英制單位：1 英磅＝16 盎斯＝0.454 公斤＝454 公克；

大陸市場單位：1 市斤=10 市兩=500 公克。

相關試題

1. 英制一磅重等於公制多少公斤？　(A)454　(B)2.2　(C)0.22　(D)0.454。

　　　　　　　　　　　　　　　　　　　　　　　　答：(D)。

2. 大陸市場 1 斤相當於多少公克　(A)500　(B)600　(C)700　(D)450。

　　　　　　　　　　　　　　　　　　　　　　　　答：(A)。

2. 重量百分率

(1) 定義：100 公克溶液中所含溶質的重量以克數表示。

(2) 公式：假設 W_1 為溶質重量；W_2 為溶劑重量。

$$P\% ＝（溶質重／溶液重）\times 100\%$$

$$＝【溶質重／（溶質重＋溶液重）】\times 100\%$$

$$＝【W_1／(W_1＋W_2)】\times 100\%。$$

相關試題

1. 欲調整固形物 35% 之水果飲料濃汁 100kg，試問需固形物 60% 之濃縮果汁及固形物 10% 之原汁各多少？　(A)需濃縮果汁 60kg 及原汁 40kg　(B)需濃縮果汁 50kg 及原汁 50kg　(C)需濃縮果汁 40kg 及原汁 60kg　(D)需濃縮果汁 90kg 及原汁 10kg。　　　　答：(B)。

　　解析：假設需 60% 之濃縮果汁為 X 公斤，10% 原汁則為 (100－X) 公斤，100×35% = X×60%＋(100－X)×10%⇒X = 50 公斤。

2. 二公斤重量百分比濃度為 20% 之蔗糖溶液，欲濃縮成重量百分比濃度為 50%，則需除去多少水分重量？　(A)600 克　(B)800 克　(C)1,200 克　(D)1,600 克。　　　　答：(C)。

　　解析：假設脫除的水分重量為 X 公斤
　　　　　⇒2×20% = (2－X)×50%⇒X = 1.2 公斤 = 1,200 公克。

3. 欲配 50%(w/w%) 糖水時，以 5 公斤糖要加多少水？　(A)100 公斤　(B)50 公斤　(C)5 公斤　(D)10 公斤。　　　　答：(C)。

　　解析：假設加水的重量為 X 公斤，P% =（溶質重／溶液重）×100%
　　　　　⇒【5／(5＋X)】×100% = 50%⇒X = 5 公斤。

4. 生鮮蔬菜 100 公斤，其水分百分率 91%，欲先乾燥至水分百分率 10%，其脫水後產品重量為：　(A)9kg　(B)10kg　(C)11kg　(D)19kg。　　　　答：(B)。

　　解析：假設脫水後產品重量為 X 公斤，
　　　　　100×(100%－91%) = X×(100%－10%)⇒X = 10 公斤。

————————— 🍃

3. **(a)水分含量百分率（濕基式，wet basis）**

　(1) 定義：100 克樣品中所含水分之含量。

　(2) 公式：H_2O% =〔水分的重量／（水分重量＋乾物重量）〕×100%。

(b) 乾基式重量百分率(dry basis)

　(1) 定義：100 公克乾物樣品中，所含水分的重量。

　(2) 公式：H_2O%(basis) =（水分的重量／乾物的重量）×100%。

4. 體積莫耳濃度

(1) 定義：1 公升溶液中所含溶質的濃度（以莫耳數表示）。

(2) 公式：假設 W 為溶質重量；MW 為溶質分子量；L 為溶液公升數。

$$M\% = （溶質莫耳數／溶液公升數）\times 100\%$$

$$= 【（溶質重／分子量）／公升數】\times 100\%$$

$$= 【(W／MW)／L】\times 100\%。$$

☕ **相關試題**

1. 一公斤重量莫耳濃度(molality)為 $2m$ 之葡萄糖溶液與一公斤重量莫耳濃度為 $2m$ 之果糖溶液在同溫度下混合，問混合後溶液中葡萄糖濃度變為：　(A)1m (B)2m　(C)3m　(D)4m。　　　　　　　　　　　　　　答：(A)。

解析：重量莫耳濃度(m)：1 公斤溶液中所含溶質的濃度（以莫耳數表示）。

四、比重的測定(measure of specific gravity)

　　在食品品質測定上，比重亦是一重點，其定義為表示食品的質量與同體積標準物質之質量的比值。比重之基準物質為純水，在 4°C 之溫度下測定，比重之公式為 $\dfrac{W(g)}{V(cm^3)}$ ，比重值為 1 = 1.0000 g/ml。而各專業領域比重之表示法表列如下：

美國石油工業度	°API (American Petroleum Index)	石油化學工業專用
波美度	°Be' (Baume')	鹽業界專用
布里度（錘度）	°Brix	糖業界專用
突瓦得耳度	°Tw (Twaddle)	英國專用

☕ **相關試題**

1. Be' (Baume' degree)是下列何者之單位？　(A)鹽度　(B)甜度　(C)溼度　(D)熱度。　　　　　　　　　　　　　　　　　　　　　　　　答：(A)。

解析：Be' (Baume' degree)是一種測量鹽度的單位。

五、屈折糖度計(refractometer for sugar degree)

1. 原理

基於各種糖類其屈折度不同的原理來估算其糖度的方法，目前應用於食品如果醬、高果糖糖漿的糖度檢測。

2. 使用方法

使用前屈折糖度計利用蒸餾水調整刻度即作歸零，基於 20°C 蒸餾水使用，一般屈折糖度計其明暗界線應指在 0%，待測樣品溫度應設於 15～30°C 間，讀出單位為% = °Brix。°Brix 度 = 蔗糖%。

相關試題

1. 使用手提式折射計測定糖度時，零點之校正應使用何種液體？　(A)酒精 (B)蒸餾水　(C)糖液　(D)甘油。　　　　　　　　　　　　　答：(B)。

2. °Brix 是：　(A)酸度　(B)糖度　(C)鹽度　(D)酒精含量　的一種單位。

答：(B)。

六、輸送(conveying)

1. 固體的輸送

固體的輸送機械一般稱為運送機(conveyor)，其中包括帶式運送機、鏈條運送機、螺旋運送機、轉筒運送機、振動運送機、空氣運送機。

2. 液體的輸送：液體的輸送機械一般稱為泵浦(pump)。

(1) 旋轉泵浦(rotary pump)。

(2) 齒輪泵浦(gear pump)：

① 內轉齒輪泵浦(internal gear pump)：黃豆油、液體豬油、高果糖糖漿。

② 外轉齒輪泵浦(external gear pump)：澄清果汁。

(3) 塊狀泵浦(block pump)：玉米粒、葡萄乾、小蝦米。

(4) 離心泵浦(centrifugal pump)：水質、牛奶。

(5) 往復泵浦(reciprocating pump)：連續調合、反應工程的定量注入操作，如食品的連續混合及油脂的精製。

(6) 特殊泵浦(special pump)：擠壓機械內的螺旋泵。

相關試題

1. 下列何種流體不適合以內轉齒輪泵浦(internal gear pump)輸送？　(A)黃豆油　(B)澄清果汁　(C)液體豬油　(D)高果糖糖漿。　　　　　　　　　　答：(B)。

七、洗滌(washing)

1. 目的

　　洗除附著於食品原料或容器中之夾雜物，以避免影響製品品質，並且可防止微生物的汙染。

2. 方法

(1) 刷子：蛋殼表面汙垢的去除。

(2) 冷水：浸漬洗滌、噴水洗滌、浮游洗滌、超音波洗滌。

(3) 熱水：具殺菌效果但容易影響品質。

(4) 蒸氣：糖結晶操作時可去除不純物及糖蜜。

(5) 真空吸引器：家禽內臟的去除。

(6) 超音波：利用超音波的振動產生能量，使其發生激烈的攪拌而清潔考慮食品衛生與安全。

(7) CIP(clean in place)：工廠內之機具設備現場定位清洗。

(8) 器具機械設備：過氧化氫(H_2O_2)、次氯酸($HClO$)。

(9) 循環空調設備：紫外線(UV)、臭氧(O_3)。

相關試題

1. CIP 代表之意義為：　(A)工廠生產力指數　(B)工廠之現場清洗操作　(C)工廠之廢水排放量　(D)工廠之衛生標準。　　　　　　　　　　　　答：(B)。

八、去皮(peeling)

1. 方法

(1) 手工去皮法：直接用手或小刀等器具去皮的方法，如香蕉、龍眼、荔枝。

(2) 機械去皮法：蘋果、鳳梨；蜜柑、洋梨、蘆筍、落花生、蝦子。

(3) 熱處理去皮法：桃子、番茄、馬鈴薯。

(4) 冷凍去皮法：利用液態氮、二氧化碳等冷凍劑快速處理，適合特殊原料。

(5) 化學藥劑去皮法：硫酸、鹽酸、氫氧化鈉。

相關試題

1. 柑橘罐頭的製造過程中，柑橘果瓣之處理在台灣廣用方法是： (A)鹼液去皮法 (B)酸液去皮法 (C)酸鹼併用法 (D)熱媒去皮法。　　答：(C)。

2. 火焰去皮法(flame peeling)不適用於何種蔬果： (A)洋蔥 (B)甜菜 (C)馬鈴薯 (D)桃子。　　答：(D)。

九、浸漬(soaking)

1. 目的

依物理作用或醱酵作用，使其有害成分或不需要成分溶出以便去除。

2. 方法

(1) 冷水浸漬法：為最普遍的浸漬法。

(2) 濕潤空氣浸漬法：將濕潤空氣通入堆積食物內。

(3) 熱水浸漬法：以熱水替代冷水。

(4) 藥劑浸漬法：一般可使食之藥物為食品級的 HCl、HNO_3、H_2SO_3、$NaOH$。

如：玉米、米粒浸泡亞硫酸溶液，可有效去除蛋白質，提高澱粉吸收率。

十、破碎(crushing)

1. 目的

(1) 破壞組織。

(2) 與其他材料可混合均勻。

(3) 顆粒大小均一的粒體或粉體，可提高其利用價值。

(4) 擴大表面積，促進化學反應或物質的移動。

2. 方法
(1) 乾式粉碎法：利用球磨機將水分含量為 3～4%的原料直接粉碎方式，如穀類及香辛料。
(2) 濕式粉碎法：利用膠磨機將水分含量50%的原料和水一起粉碎方式，如油製品、乳製品。

十一、選別及分級(grinding & sorting)

1. 目的
(1) 作為去皮、漂白、去核、除蕊等機械操作的前處理。
(2) 選別對於需要均一傳熱或降溫的殺菌及冷凍工程為不可或缺的條件。
(3) 適合一定填充量的特定容器或包裝。
(4) 提高商品的外觀價值。
(5) 便利於食品的調理。

2. 方法
(1) 手工選別法：依顏色、形狀、大小加以分級。
(2) 機械選別法：平面篩、圓筒型迴轉篩、並聯型迴轉篩。

十二、分離(separating)

1. 分離的操作方式
(1) 相不改變的方式：篩分、過濾。
(2) 相會改變的方式：乾燥、蒸發、蒸餾。

2. 分離的種類
(1) 固體與固體的分離：篩分、類析、磁分、浮游洗滌。
(2) 固體與液體的分離：過濾、壓榨、遠心離心。
(3) 固體與氣體的分離：集塵、空氣過濾。
(4) 液體與液體的分離：重力沉降、遠心離心。
(5) 液體與氣體的分離：旋風分離、靜電集塵。
(6) 氣體與氣體的分離：吸收、吸附。

十三、混合(mixing)

1. 混合的目的

(1) 溶解(dissolve)。　　　　(2) 分散(dispersion)。

(3) 乳化(emulsifying)。　　　(4) 散熱均勻(disperse heat even)。

(5) 反應完全(reaction completely)。

2. 混合的類型

(1) 攪拌(agitating)：三色土司的成塊製作。

(2) 摻和(blending)：市售咖啡隨身包的組合。

(3) 捏和(kneading)：麵條之製作使其具伸展性及折疊性。

(4) 均質化(homogenizing)：乳脂肪球均勻分散，防止油水分層。

(5) 起泡(foaming)：乳沫類蛋糕的製作，潔白光亮。

3. 混合機械種類

(1) 混合機(mixer)：二種成分以上的粉粒體、粉粒體與液體或液體之均一化混合裝置。

(2) 攪拌機(agitator)：液體的攪拌裝置，大致可分為槽式和流動式攪拌。

(3) 捏和機(kneader)：在食品加工業分為①批式：如擂潰機等，②連續式：如 votator 等。

(4) 均質機(homogenizer)：用於製備微細粒乳化物之混合機。

十四、熱交換(heat exchanging)

1. 定義：加工過程中若有熱量進出之加工方法，屬於熱交換單元的操作。

2. 熱傳的種類

(1) 傳導(conduction)：

　　定義：固體內分子在一定位置振動，分子運動的能量自高溫部向低溫部以熱的形態依序移動現象。

　　公式：$dQ／dt = -k \times A \times (dT／dL)$

　　　　　k：熱傳導度(thermal conductivity)

　　　　　A：傳導面積(area)

　　　　　dT：溫差(temperature)變化

　　　　　dL：傳導距離(length)變化

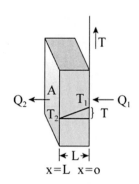

圖 2-2　傳導方式的熱量傳遞

(2) 對流(convection)：

　　定義：部分先被加熱的流體，由於密度變為比周圍未加熱的流體來得小，所以會向上移動，產生自然流動現象。

　　公式：$dQ = h \times A \times dT$。

　　　　　　h：熱傳係數

　　　　　　A：熱傳面積

　　　　　　dT：溫差變化

(3) 輻射(radiation)：

　　定義：輻射是一種不需要介質的熱傳遞現象，輻射是一種電磁波，由熱源向四周發射能量，其放射能量碰到透明體時即通過，碰到不透明體時，一部分被反射，其餘被吸收而轉變為熱能。

　　公式：$Q = \sigma \times T^4$。

　　　　　　σ：Stefan-Boltzman 係數

　　　　　　T：(°K)絕對溫度

相關試題

1. 熱之傳導藉著物質分子運動的傳遞，運動快之分子熱的傳遞慢，此乃因：(A)吸收熱能　(B)放出熱能　(C)能量相等　(D)無熱能關係所致。　答：(B)。

2. 固體食品主要以何種方式傳熱？　(A)傳導　(B)對流　(C)輻射　(D)熔解。

　　　　　　　　　　　　　　　　　　　　　　　　　　　　　答：(A)。

3. 傳熱的裝置

(1) 雙重鍋(double kettle)：蒸氣直接加熱。

(2) 加壓殺菌釜(retort)：蒸氣間接加熱。

(3) 板式熱交換機(plate type heat exchanger)。

(4) 管式熱交換機(tubular type heat exchanger)。

(5) 刮面式熱交換機（scraped surface type heat exchanger；商品名為 Votator）。

大多數食品都對熱敏感，長時間高溫加熱會使食品具有焦味、顏色暗褐、營養成分流失，較佳的加熱方式為很快升溫、很快降溫，才能確保品質。

4. 凍結的裝置

(1) 空氣凍結機(air freezer)。

(2) 半強風式凍結機(semi-blast freezer)。

(3) 強風式凍結機(blast freezer)：浮流床式凍結機。

(4) 浸漬式凍結機(immersion freezer)。

冷卻操作是除去食品的熱能，降低品溫至冷藏或冷凍狀態。

☕相關試題

1. 冷凍碗豆採用下列哪一種冷凍機，品質最佳？　(A)冷凍庫　(B)送風式冷凍機　(C)板式冷凍機　(D)浮流式冷凍機。　　　　　　　　答：(D)。

十五、乾燥(drying)

1. 目的

(1) 抑制微生物及酵素作用。

(2) 減輕食品的重量及體積。

(3) 產生新奇的外觀。

(4) 改善食品的風味。

2. 乾燥的機械種類

(1) 噴霧式乾燥機(spray drier)：奶粉、咖啡、蛋粉。

(2) 轉筒式乾燥機(drum drier)：糯米紙、甘藷泥、馬鈴薯泥、α 化澱粉。

(3) 隧道式乾燥(tunnel drier)：洋蔥丁、碗豆粒。

(4) 真空結凍乾燥機(vacuum freeze drier)：適合針對熱敏感性之食品，如含有芳香成分之食物。

(5) 膨發式乾燥機(puff drier)：爆米花、擠壓食品、米果、糖果。

☕相關試題

1. 甘藷泥等黏性高之糊狀食品欲乾燥成片狀時，適合進行：　(A)噴霧乾燥　(B)熱風乾燥　(C)鼓形乾燥　(D)冷風乾燥。　　　　　　　答：(C)。

2. 真空凍結乾燥主要以：　(A)水分蒸發　(B)冰的昇華　(C)水分凝結　(D)冰晶熔融　來乾燥。　　　　　　　　　　　　　　　　　答：(B)。

十六、蒸發與濃縮(evaporation & concentration)

1. 目的
(1) 濃縮可做為乾燥加工的前處理。
(2) 改變物性，提高風味。
(3) 濃縮可提高食品的保存性，可降低運輸費用。

2. 濃縮方式
(1) 蒸發濃縮法。
(2) 冷凍濃縮法。
(3) 薄膜濃縮法：如逆滲透(reverse osmosis, RO)、超過濾(ultrafiltration, UF)、微過濾(microfiltration, MF)、電透析(electrical dialysis, ED)。

3. 濃縮的機械種類
(1) 套管蒸發器(jacket evaporator)。
(2) 離心膜式蒸發器(centrifugal thin-film evaporator)。
(3) 板式蒸發器(plate evaporator)：澄清果汁。
(4) 液膜下降式蒸發器(falling down film evaporator)：混濁果汁。

相關試題

1. 將果汁中水變成冰，再分離除水之技術為：　(A)真空濃縮法　(B)冷凍濃縮法　(C)逆滲透濃縮法　(D)超微細濃縮法。　答：(B)。

2. 利用膜濃縮法(membrane concentration)濃縮果汁，下列敘述何者不正確？(A)可保持果汁之風味　(B)可節省較多之能源　(C)較適合澄清果汁之濃縮(D)果汁濃度較利用蒸發濃縮者高。　答：(D)。

解析：薄膜濃縮法的主要缺點為濃縮後其濃度較利用蒸發濃縮者為低。

十七、蒸餾(distillation)

1. 目的

將兩種以上成分的混合液體加熱，利用各成分間沸點的不同（蒸氣壓差），分離其成分的操作。

由蒸餾器蒸出的蒸氣冷凝成液體後，將一部分回流入蒸餾器中，使其與上昇的蒸氣成逆流方向的接觸，作進一步之蒸餾、純化，此一操作稱為精餾(rectification)。

2. 蒸餾的種類

(1) 簡單蒸餾(simple distillation)。

(2) 多層簡單蒸餾(multistage simple distillation)。

(3) 精餾(rectification)：又稱分餾；清除或淨化，凡蒸餾氣逸出之蒸氣，冷凝成液體後令一部分的餾出液回流入蒸餾器中，與上升蒸氣成逆流方向的接觸。

十八、結晶(crystallization)

1. 目的

液體原料析出結晶時，可使組成中不同的固相與液相加以有效分離。結晶的析出，目的不在分離，而使結晶體從液態中結晶析出。

2. 結晶的方法

冷卻法(cooling)　　　　　　　　溶液蒸發法(evaporation)

絕熱蒸發法(absolute evaporation)　　鹽析法(salt crystallization)

（有分離操作目的結晶析出：冬化、冷凍濃縮；食鹽、砂糖、乳糖、麩胺酸。無分離操作目的結晶析出：冰淇淋、煉乳、乳酪、人造乳酪、巧克力。）

☕相關試題

1. 下列何種分離操作不是以結晶析出為主要原理？　(A)果汁冷凍濃縮　(B)乳酪製作　(C)油脂冬化　(D)食鹽之製造。　　　　　　　　　答：(B)。

———————— 🍎

十九、食品品質特性測定(assessment of food quality)

1. 食品的品質

消費者購買食品時，會利用視覺、觸覺、嗅覺、味覺、聽覺等來判斷食品的好壞，一般食品的品質主要可分為三部分。

外觀(appearance)　　　質感(texture)　　　風味(flavor)

2. 品質的因子

(1) 外觀(appearance)

① 大小：大小因子可以重量測定來粗略分級，如液體蛋的重量分級。

② 外形：外形因子較具視覺上的重要性，以機械方式取代人工作分級。

③ 顏色：顏色因子除了可以決定食品品質好壞之外，還可以作為食品熟成(aging or ripening)或腐敗(putrefaction)的指標。

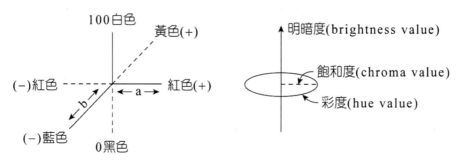

圖 2-3　韓特和麥瑟之顏色體模型

(2) 黏度(viscosity)

① 定義：食品通過一定孔徑、大小固定的容器所需的時間，即流體食品抵抗流動力的指標。

② 流體的種類

A. 牛頓流體(Newtonian)：大多數易流動的食品水溶液，如酒類、蜂蜜。

B. 非牛頓流體(non-Newtonian)：糊漿液、大多數易流動的食品懸浮液，如巧克力、蛋黃醬、奶油。

③ 公式：$t = m \times (-du/dy)$

　　　　　（其中，t：應力，m：黏度，du/dy：剪切速率）

④ 黏度單位：於國際單位(SI)制中，黏度的單位為 Pa・S（巴斯），1Pa・S＝1kg／m×s；公制的黏度單位為泊(poise)＝克／厘米・秒。

⑤ 影響因子

A. 溫度：溫度升高則食品的黏度會下降。

B. 濃度：流體的濃度升高則食品的黏度會上升。

☕相關試題

1. 下列何者為黏度之單位？　(A)poise　(B)torr　(C)mmHg　(D)kg/cm²。

答：(A)。

(3) 質感(texture)

　　食品未入口前，可用手指接觸食品，若食品入口後，也會在口腔內產生硬、軟、黏、光滑等感覺，這些感覺乃食品刺激口腔內的皮膚及黏膜所產生的，舌頭的觸感、牙齒的觸感、韌度及吞嚥難易等之食感要素，總稱質地(texture)。

① 科學理論與測定儀器

A. 流變學(rheology)：專門研究食品組織在物理方面的變形與流動科學。

B. 流變儀(texturometer, rheometer)：將質感特性賦予尺度與數量化。

C. 質地分析曲線圖：利用可上下移動之檢測器對平放在試樣台上之食品作來回壓動作用，連續記錄試樣台上所受的力量或穿破距離，再由圖示求出與質地有相關的特性。

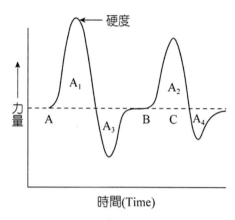

圖 2-4　食品之質地分析曲線圖

② 質地特性種類

A. 壓縮(compressing)　　　　　　　B. 剪切(shearing)

C. 切削(cutting)　　　　　　　　　D. 抗拉強度(tensile strength)

E. 硬度(hardness)：L_1　　　　　　　F. 柔軟度(tenderness)

G. 脆度(crispness)　　　　　　　　H. 黏度(viscosity)

I. 凝聚度(cohesiveness)：A_2 / A_1　　J. 附著度(adhesiveness)：A_3

K. 多汁性(springiness)：C－B　　　　L. 彈性(elasticity)：68.5－B

M. 緻密度(gumminess)：$L_1 \times (A_2 / A_1)$

N. 咀嚼度(chewiness)：$L_1 \times (A_2 / A_1) \times (68.5－B)$

③ 強調質地特性的食品

A. 溶膠食品：明膠、羧甲基纖維素。

B. 凝膠食品：蒟蒻、布丁、羊羹、乾酪、豆腐、魚糕。

C. 乳化狀食品：牛乳、乳酪、人造乳酪、蛋黃醬。

D. 泡沫狀食品：山藥泥、泡沫乳油、冰淇淋、麵包、海綿蛋糕。

相關試題

1. 與新鮮蔬果質地最相關的因子為：　(A)蛋白質含量　(B)檸檬酸含量　(C)果膠形態及其含量　(D)油脂含量。　　　　　　　　　　　　　答：(C)。

(4) 風味(flavor)

　　風味包括味道(taste)和氣味(smell)，其測定較不易進行；一般風味測定採取科學上客觀分析之外如氣相層析、高效能液相層析，亦可利用主觀之感官品評(sensory evaluation and organoleptic test)。

① 識別試驗(discrimination test)：判定試樣間在質、量上的差異。

② 嗜好試驗(preference test)：好、惡及其程度之調查。

③ 二點識別試驗(duo-trio test)：試別有差異的二種試樣。

④ 三點識別試驗(triangle test)：二種試樣排列成 AAB、ABB 般組合，試驗識別出其中的一種。

⑤ 一對比較法試驗(paired comparison test)：以兩種試樣為一組，以其中一種為基準，對另一種作評價。

 學後評量　　　　　　　　　　　　　　　　　　　*Exercise*

一、精選試題

（C）1. 有關真空濃縮(vacuum concentration)之敘述，何者不正確？　(A)操作溫度通常低於水在常壓下之沸點　(B)可提高水分之蒸發效率　(C)可增加食品之揮發性芳香性成分含量　(D)濃縮過程中沸點上升。
【解析】：真空濃縮之特性為無法增加食品之揮發性芳香性成分含量。

（A）2. 有關蒸餾之敘述，何者不正確？　(A)最初之蒸餾其沸點最高　(B)精餾亦屬於一種蒸餾操作　(C)蒸餾可在真空或減壓的狀態下進行　(D)蒸餾可分離兩種或兩種以上沸點不同之混合液體。
【解析】：蒸餾(distillation)之特性為最初之蒸餾其沸點最低。

（B）3. 下列何種流體不適合以內轉齒輪泵浦(internal gear pump)輸送？　(A)黃豆油　(B)澄清果汁　(C)液體豬油　(D)高果糖糖漿。
【解析】：內轉齒輪泵浦(internal gear pump)適合黃豆油、液體豬油、高果糖糖漿等輸送；外轉齒輪泵浦(external gear pump)則適合澄清果汁等輸送。

（B）4. 下列何種分離操作不是以結晶析出為主要原理？　(A)果汁冷凍濃縮　(B)乳酪製作　(C)油脂冬化　(D)食鹽之製造。
【解析】：牛奶離心分離後乳油與脫脂乳皆為液相，而無相改變發生。

（B）5. 使用手提折射計測定糖度時，零點之校正應使用何種液體？　(A)酒精　(B)蒸餾水　(C)糖液　(D)甘油。
【解析】：屈折糖度計在使用之前，常利用蒸餾水作為零點之校正。

（D）6. α-化澱粉之乾燥一般採用：　(A)冷凍乾燥　(B)冷風乾燥　(C)熱風乾燥　(D)鼓形乾燥。
【解析】：α-化澱粉屬於高黏性食品，適合利用鼓形乾燥機加以乾燥處理。

（C）7. 下列何種食品加工技術不屬於物理方法？　(A)粉碎　(B)壓榨　(C)糖化　(D)蒸餾。
【解析】：乾燥、粉碎、壓榨及蒸餾等屬物理方法；糖化法則屬於化學方法。

（A）8. 超音波洗滌食品之原理主要是利用：　(A)激烈攪拌　(B)帶電性不同　(C)過濾作用　(D)加熱作用。
【解析】：超音波洗滌原理為利用超音波的振動產生的能量，對液體浸漬的食品發生激烈攪拌而造成，適用蔬菜泥土及水果表面臘質的洗滌。

（D）　9. 英制一磅重等於公制多少公斤？　(A)454　(B)2.2　(C)0.22　(D)0.454　公斤。

【解析】：英制一磅重等於公制 0.454 公斤。

（C）10. 黏稠性食品（如番茄糊）加熱宜用：　(A)板式熱交換器　(B)管式熱交換器　(C)刮面式熱交換器　(D)直接加熱器。

【解析】：刮面式熱交換器適用於高黏稠性材料，如番茄糊的連續加熱或冷卻，刮面式熱交換器內置刮刀，原料自內壁由刮刀剝離，自另一端排出。

（C）11. 下列何種乾燥方法獲得產品之品質最高？　(A)噴霧乾燥　(B)流動層乾燥　(C)凍結乾燥　(D)泡沫乾燥。

【解析】：凍乾法沒有採用加熱處理，該乾燥方法處理過的食品其品質最高。

（C）12. 何種加工技術必須經過抽真空的過程？　(A)超過濾　(B)鼓形乾燥　(C)冷凍乾燥　(D)殺菌軟袋。

【解析】：冷凍乾燥法的操作壓力為 0.1～1.0 mmHg，以促進冰晶的昇華作用。

（D）13. 糊化澱粉、馬鈴薯泥等高黏性食品，宜採用的乾燥方法是：　(A)泡沫乾燥　(B)噴霧乾燥　(C)膨發乾燥　(D)薄膜乾燥。

【解析】：薄膜乾燥機中熱源是由內往外圓筒傳遞，適用高黏性食品的乾燥處理，因此適合糊化澱粉、馬鈴薯泥等高黏性食品的乾燥加工。

（D）14. 下列何者不適合使用於濃縮之操作？　(A)逆滲透　(B)真空　(C)冷凍　(D)油炸。

【解析】：濃縮操作包括逆滲透、真空及冷凍等，油炸操作則不屬於濃縮操作。

（A）15. 哪些乾燥技術不能在常壓下進行？　(A)真空凍結乾燥　(B)泡沫乾燥　(C)鼓形乾燥　(D)熱風乾燥。

【解析】：常壓式乾燥技術為泡沫乾燥法、鼓形乾燥法及熱風乾燥法；而真空凍結乾燥法的操作條件為壓力為 0.1～1.0 mmHg，屬於減壓乾燥法。

（C）16. 以得到液相為目的之冷凍濃縮法適用於：　(A)冰淇淋　(B)乳酪　(C)酒類　(D)檸檬酸。

【解析】：酒類中先將水變成冰晶，再利用離心方式，將冰晶除去稱為冷凍濃縮法。

（B）17. 下列何者不屬於物理方法(physical separation)？　(A)蒸發　(B)萃取　(C)過濾　(D)蒸餾。

【解析】：蒸發、過濾及蒸餾步驟屬於單元操作；萃取步驟則屬於單元程序。

（D）18. 食品之組織品質(texture)測定中，下列何者為無關之項目？ (A)硬度 (B)脆度 (C)汁液性 (D)酸鹼度。

【解析】：食品之品質特性可測定硬度、脆度、汁液性、彈性、剪切、抗拉強度、黏度、凝聚度、附著度及咀嚼度等，但不包括酸鹼度(pH)。

（B）19. CIP 代表之意義為： (A)工廠生產力指數 (B)工廠之現場清洗操作 (C)工廠之廢水排放量 (D)工廠之衛生標準。

【解析】：clean in place(CIP)為工廠之現場清洗操作的縮寫。

（C）20. SI 所代表之度量衡制度為： (A)英制 (B)公制 (C)國際標準制 (D)瑞士標準制。

【解析】：International Standard(SI)為國際標準制的縮寫。

（D）21. 在高糖果糖糖漿生產過程中，使用下列何者作為快速檢測果糖含量之儀器？ (A)比重計 (B)黏度計 (C)糖度計 (D)旋光度計。

【解析】：葡萄糖和果糖的比旋光度不同，在高糖果糖糖漿生產過程中，葡萄糖會慢慢轉變成果糖，因此可藉由旋光度計作為快速檢測果糖含量。

（A）22. 沸點上昇之現象常見於何種操作？ (A)糖液之濃縮 (B)糖液之稀釋 (C)糖液之結晶 (D)糖液之過濾清淨。

【解析】：由甘蔗汁液經濃縮操作製造蔗糖時，甘蔗汁液的沸點會逐漸上昇。

（A）23. 工廠中輸送水常用的泵(pump)種類為： (A)離心泵 (B)齒輪泵 (C)活塞泵 (D)真空泵。

【解析】：泵又稱唧筒，工廠中輸送水常用的泵種類為離心泵。

（A）24. 薄膜(membrane)一般不適用於： (A)混合 (B)分離 (C)濃縮 (D)過濾。

【解析】：薄膜是由一層多孔質半透膜組成，可讓被分離物質通透，因此適合如蛋白質分離、果汁濃縮與水質過濾等操作，但不適合混合操作。

（A）25. 板式冷凍機之傳熱機制是： (A)傳導 (B)對流 (C)輻射 (D)傳導及對流。

【解析】：板式冷凍機是利用低溫金屬板和凍結的固體食品接觸，屬傳導方式。

（D）26. 殺菌釜的基本配件中，不包括： (A)水銀溫度計 (B)壓力表 (C)排氣閥 (D)真空泵。

【解析】：殺菌釜的配件中包括水銀溫度計、壓力表、排氣閥、溢流管、調氣閥、控溫器、止回閥，但不包括真空泵。

（B）27. °Brix 是：　(A)酸度　(B)糖度　(C)鹽度　(D)酒精含量　的一種單位。

【解析】：糖液的糖度單位常採用%即°Brix。

（B）28. 膜濃縮(membrane concentration)的主要優點之一為：　(A)濃縮裝置耗材極少　(B)濃縮過程消耗能源少　(C)適合處理黏度極高之液態食品　(D)固形物損失量常較其他濃縮方法為低。

【解析】：薄膜濃縮法的主要特性為：
(A)濃縮裝置耗材極多。　　　　　　(B)濃縮過程消耗能源少。
(C)不適合高黏度的液態食品。　　　(D)固形物損失量較高。

（B）29. ppm 代表：　(A)億萬分之一　(B)百萬分之一　(C)萬分之一　(D)千分之一。

【解析】：part per million (ppm)為百萬分之一。ppb(billion)為十億分之一。

（D）30. 機械壓縮式冷凍系統中，直接或間接與食品行熱交換以降溫之機械元件為：　(A)壓縮機　(B)冷凝器　(C)貯液槽　(D)蒸發器。

【解析】：蒸發器內之冷媒為低壓液體狀態，可與食品行熱交換以降低食品的品溫。

二、模擬試題

（　）　1. 下列何者食品加工步驟不屬於單元操作？　(A)水解　(B)分離　(C)蒸發　(D)熱傳。

（　）　2. 校正屈折糖度計所使用的液體為：　(A)糖水　(B)鹽水　(C)蒸餾水　(D)碳酸水。

（　）　3. 蔗糖工業糖液濃度之表示法常使用：　(A)波美度 Be'　(B)錘度°Brix　(C)A.P.I.　(D)°Tw。

（　）　4. 下列有關食品原料與採用去皮方法的組合，何者為不正確？　(A)手工去皮法：香蕉　(B)熱水去皮法：番茄　(C)化學藥劑去皮法：甜桃　(D)機械去皮法：蘆筍。

（　）　5. 下列何種去皮方法比較不會引起環境汙染？　(A)鹼液去皮法　(B)酸液去皮法　(C)酸鹼併用去皮法　(D)機械去皮法。

（　）　6. 可同時將麵條進行伸展、拉裂和折疊之混合操作機械為：　(A)混合機　(B)攪拌機　(C)捏和機　(D)乳化機。

（　）　7.　重力沉降或遠心離心等操作可視為下列何種分離的表現？　(A)固體和液體　(B)液體和液體　(C)氣體和液體　(D)固體和氣體。

（　）　8.　依物理作用使其有害成分或不需要成分溶出以便去除的操作目的為下列何者？　(A)包裝　(B)分離　(C)乾燥　(D)浸漬。

（　）　9.　不需要介質即可進行熱傳遞之方式為：　(A)傳導　(B)輻射　(C)自然對流　(D)強力對流。

（　）　10.　下列何種類別屬於利用固體與固體的混合模式？　(A)起泡　(B)均質化　(C)摻和　(D)捏和。

（　）　11.　傳統罐頭製品受熱殺菌時其傳熱裝置常使用下列何者？　(A)雙重鍋　(B)加壓殺菌釜　(C)刮面式熱交換機　(D)板式熱交換機。

（　）　12.　雙重鍋(double kettle)加熱之特點為：　(A)直接加熱　(B)間接加熱　(C)真空加熱　(D)高壓加熱。

（　）　13.　下列何者不屬於濃縮操作的常見方法？　(A)蒸發濃縮法　(B)薄膜濃縮法　(C)冷藏濃縮法　(D)冷凍濃縮法。

（　）　14.　下列何種分離方法中何者不適合作固體與固體之分離？　(A)篩分　(B)磁分　(C)離心　(D)類析。

（　）　15.　下列何者操作可有效達成牛乳溶液中不同成分之分離目的？　(A)一般過濾　(B)液態萃取　(C)乳化　(D)離心。

（　）　16.　小蝦米、葡萄乾及玉米粒等食品的輸送泵類型常為下列何者？　(A)塊狀泵　(B)往復泵　(C)離心泵　(D)齒輪泵。

（　）　17.　下列何種方法可以有效分離豌豆粒和雜草種子，以利後續加工？　(A)浮游洗滌分離法　(B)壓榨分離法　(C)篩分分離法　(D)旋風分離法。

（　）　18.　食品加工洗滌液中，具有使用方便，不損害原料等優點，常採用：　(A)刷子　(B)冷水　(C)熱水　(D)水蒸氣。

（　）　19.　台灣柑罐頭製造柑橘果瓣的去皮方法廣用下列哪一種方法？　(A)鹼液去皮法　(B)酸液去皮法　(C)酸鹼併用法　(D)熱媒去皮法。

（　）　20.　膠磨機適用於下列何種食品原料的單元加工？　(A)酥油　(B)薯類　(C)豆類　(D)香辛料。

（　）21. 下列何者不是食品原料發生相改變的分離操作？　(A)篩分　(B)乾燥　(C)蒸發　(D)蒸餾。

（　）22. 下列何種食品其應用原理為有分離操作目的結晶析出？　(A)沙拉油　(B)人造奶油　(C)乳酪　(D)煉乳。

（　）23. 米香、爆米花等食品常應用於下列哪一種乾燥加工方法？　(A)真空乾燥機　(B)膨發乾燥機　(C)噴霧乾燥機　(D)薄膜乾燥機。

（　）24. 均質化(homogenization)工程屬於下列何種類型的單元操作？　(A)分離　(B)溶解　(C)離心　(D)攪拌。

（　）25. 何者非食品外觀的判別因子？　(A)外形　(B)顏色　(C)質感　(D)黏度。

（　）26. 下列何種食品其流體性質屬於牛頓流體（黏度表現維持不變）？　(A)巧克力　(B)奶油　(C)蜂蜜　(D)蛋黃醬。

（　）27. 下列何者不屬於泡沫類食品？　(A)泡沫乳油　(B)日式麵包　(C)醱酵乳酪　(D)冰淇淋。

（　）28. 氣相分析儀(gas chromatography)最適用於分析下列何種物質？　(A)碳水化合物　(B)油脂　(C)蛋白質　(D)香氣物質。

（　）29. 下列何種官能品評法可用來判別消費者的好惡及其程度的調查？　(A)識別試驗法　(B)嗜好試驗法　(C)二點試驗法　(D)三點試驗法。

（　）30. 甜味劑的甜度比較除使用糖度計測定外，亦可採用品評的類別為：　(A)嗜好試驗法　(B)二點識別試驗法　(C)三點識別試驗法　(D)一對比較試驗法。

模擬試題答案

1.(A)　2.(C)　3.(B)　4.(C)　5.(D)　6.(C)　7.(B)　8.(D)　9.(B)　10.(C)

11.(B)　12.(A)　13.(C)　14.(C)　15.(D)　16.(A)　17.(A)　18.(B)　19.(C)　20.(A)

21.(A)　22.(A)　23.(B)　24.(D)　25.(C)　26.(C)　27.(C)　28.(D)　29.(B)　30.(D)

食品的劣變及其保藏方法

一、食品的劣變類型

食品劣變形式	舉　　　　例
物理性劣變	蛋白質變性、澱粉老化、冰晶損傷、復水性差、碰撞損傷。
化學性劣變	非酵素性褐變、油脂自氧化、光感應氧化、維生素熱分解。
生化性劣變	酵素性褐變、酵素性氧化、低溫障礙、自家消化、過熟。
生物性劣變	腐敗、病原菌汙染、小動物危害。

二、引起食品劣變的因素

1. 食品劣變的因素

(1) 微生物之繁殖與腐敗。

(2) 昆蟲、寄生蟲、幼小動物等破壞。

(3) 物理性、化學性的變質作用。

(4) 自家酵素分解所引起之變質。

2. 食品劣變的情況及防治方法

(1) 微生物之繁殖與腐敗及其防治方法

　　① 耐熱性芽孢細菌存於米飯製品中，致使其產生酸敗、異味。

　　② 黃麴毒素(aflatoxin)為麴黴菌屬(*Aspergillus*)，繁殖於花生、玉米等穀類中所分泌的毒素，具致肝癌性而引起中毒。

　　③ 一般水果類中含有多量有機酸，所以耐酸性較細菌為強的青黴菌、根黴菌及毛黴菌等黴菌易繁殖於水果而引起腐敗現象。

　　④ 畜肉、魚肉及牛乳為細菌生長的良好培養基，牛乳易汙染大腸桿菌；畜肉易受到肉毒桿菌的汙染；魚肉則為腸炎弧菌。

(2) 昆蟲、寄生蟲、幼小動物等破壞及其防治方法

　　① 採用包裝法或完全密封法。

　　② 低溫貯藏法：如以 15°C 以下或更低的溫度，除了可抑制害蟲之外，更可減緩品質的劣變。

　　③ 藥劑燻蒸法：如利用溴化甲烷或硝氯仿等藥劑燻蒸，可殺死幼蟲及蟲卵。

(3) 物理性、化學性的變質作用

① 物理性變質

A. 蔬果類在貯藏期間，會產生呼吸作用或蒸散作用致使重量減輕以至發生軟化、萎縮及變形。

B. 蔬果類在熟成過程中由於果膠分解酶的分解作用，而使組織質地軟化。

C. 蔬果類於低溫凍結時，冰晶過大會破壞該細胞組織；解凍時易造成汁液流失，微生物易繁殖，成為二次腐敗。

② 化學性變質

A. 空氣及光線所引起的變質

B. 食品氧化劣變引起的變質

　　a. 不飽和脂肪酸含量愈高的食品如魚油、食用植物油及畜魚肉，就愈容易發生自氧化反應而造成酸敗。

　　b. 香氣成分和色素發生變化時，會產生變味和褪色。

　　c. 富含酪胺酸的馬鈴薯、蝦頭及蘋果等發生氧化時，即成為變色的化合物。

　　（防止變質方法：a.脫除食品原料或包裝容器的氣體。b.降低壓力即抽真空操作。c.充氮氣包裝或薄膜真空包裝。）

(4) 自家酵素分解所引起的變質

① 畜肉貯在冷藏庫時可行自家消化，具改善肉質的柔軟度及保水性。

② 蔬果置於低溫貯藏時，若貯藏溫度過低，則冷藏的蘋果表面會產生褐色斑點，組織軟化，稱為低溫障害，然而與低溫菌的繁殖並相關。

相關試題

1. 食物腐敗變質原因中與脂質變化有關者為何？

答：食物腐敗變質原因中與脂質變化有關者為自家酵素分解所引起的氧化劣變。

三、食品保藏的原理與目的

1. 食品保藏的原理

(1) 抑制微生物繁殖。

(2) 微生物生長需要的水分、酸鹼值、溫度及營養成分等條件，改變這些條件狀況，則微生物不易繁殖。

(3) 使微生物死滅。

2. 食品保藏的目的

(1) 延長食品的貯藏期限。　　　　(4) 防止食品腐敗。

(2) 維持生鮮風味。　　　　　　　(5) 減少營養素的流失。

(3) 提高產品的價值。

四、罐藏法

1. 罐裝保藏的原理

　　將食品原料填充於馬口鐵罐頭、玻璃瓶、鋁箔袋及殺菌軟袋等容器內，經脫氣、密封、熱殺菌及冷卻處理而得到具有貯藏性的加工製品稱為罐頭食品。

2. 加熱殺菌的溫度和時間

　　溫度每上升 10°C，化學反應速率增加 2～3 倍，包括酵素性和非酵素反應。計算公式如下：

$$Q_{10}：\frac{R_2}{R_1} = 2^{\frac{T_2 - T_1}{10}}$$

Q_{10}：溫度係數

R_1：溫度 T_1 之反應速率　　　　R_2：溫度 T_2 之反應速率

T_1：前反應溫度　　　　　　　　T_2：後反應溫度

　　微生物一般在 15～38°C 附近生長最好，而細菌菌體在 82～93°C 會幾乎完全死滅，非孢子形成細菌如病原菌及腐敗菌等在 60°C 加熱 30 分鐘，都會死滅，但孢子形成細菌，如芽孢桿菌及梭狀芽孢桿菌等在 100°C 加熱 30 分鐘以上，部分孢子仍不會死滅而殘存。

　　加熱殺菌時，在相同熱致死效果下，溫度與時間之關係為加熱溫度愈高，加熱時間愈短，相反加熱溫度愈低，加熱時間愈長。

微生物的死滅時間，依微生物的種類不同而異，即使相同細菌也會依培養基條件的不同而異。

 相關試題

1. 下列何種保藏法是利用使微生物死滅得以長期貯藏？　(A)冷凍冷藏　(B)密封加熱　(C)真空處理　(D)加抗氧化劑。　　　　　　　　　　　答：(B)。
   解析：細菌較不耐溫度的變化，可利用密封加熱法，即罐藏法可使微生物死滅。

2. 食品的劣變無論是由於生物、化學反應或生化學反應等任何原因都會受到儲藏環境與溫度所支配，其劣變速度與溫度有密切關係，溫度上升 10°C，品質變化增加比率為：　(A)2～3 倍以上　(B)4～6 倍以上　(C)7～9 倍以上　(D)10 倍以上。　　　　　　　　　　　　　　　　答：(A)。
   解析：溫度每上升 10°C，品質劣變的增加比率約為 2～3 倍以上。

3. 依 pH 值高低區分酸性食品為三大類

酸鹼值	酸性分類	食品類別	加熱殺菌條件
pH＞4.6	低酸性食品	畜肉、魚肉、禽肉、牛乳、馬鈴薯湯、玉米牛肉、豆類、胡蘿蔔、蘆筍、馬鈴薯	116～121°C 高溫殺菌
3.7＜pH＜4.6	酸性食品	馬鈴薯沙拉、番茄、梨子、桃子、水蜜桃、柑橘、鳳梨、蘋果、草莓、葡萄柚、酸菜	100°C 沸水殺菌
pH＜3.7	高酸性食品	醃漬物、檸檬汁、萊姆汁	100°C 沸水殺菌

4. 加熱殺菌法

(1) 低溫長時間殺菌法(low temperature long time pasteurization, LTLT)。

　　早期曾以 63～65°C 加熱處理生乳 30 分鐘後殺死病原菌—肺結核桿菌(*Mycobacterium tuberculosis*)，作為短期內可飲用之鮮乳。

(2) 高溫短時間殺菌法(high temperature short time pasteurization, HTST)。

早期曾以 72～75°C 加熱處理生乳 15 秒後殺死病原菌，作為短期內可飲用之鮮乳。

(3) 超高溫瞬間殺菌法(ultra high temperature, UHT)。

早期曾以超過 130°C 以上高溫處理生乳 1～3 秒以殺死病原菌，作為短期內可飲用之鮮乳。

(4) 熱藏法(heat preservation)：60°C 以上熱水保存。

5. **殺菁法**(blanching)：以熱水或蒸氣致使食品之酵素失去活性，而達保存食品之目的。

相關試題

1. 以 pH 值高低區分酸性食品的 pH 是在：　(A)3.0 以下　(B)4.6 以下　(C)6.0 以下　(D)7.0 以下。　　　　　　　　　　　　　　　　　　　答：(B)。

解析：酸性食品的定義是 pH 在 4.6 以下，3.7 以上。

2. 下列何者屬酸性食物？　A.梅子　B.牛奶　C.雞肉　D.西瓜　(A)AB (B)AC　(C)BC　(D)BD。　　　　　　　　　　　　　　　答：(B)。

解析：食物經人體消化、吸收、分解、代謝後，產生如 SO_2^{2-}、PO_4^{3-}、Cl^- 等，且陰離子多於陽離子稱為酸性食物，食物類別有畜肉、禽肉、魚肉、穀類、蛋類、梅子、李子等。

食物經人體消化、吸收、分解、代謝後，產生如 Ca^{2+}、Mg^{2+}、Na^+、K^+ 等，且陽離子多於陰離子稱為鹼性食品，食物類別有蔬菜、水果、牛乳、咖啡、茶葉等。

五、冷藏冷凍保藏法

1. 冷藏冷凍保藏的原理

利用溫度的下降，食品系統中自由水轉變成冰晶，而降低了水活性，以抑制食品系統中微生物的繁殖及酵素的活性，並減緩食品的氧化劣變反應。

2. 微生物生長和溫度的關係

微生物種類	最低溫度(°C)	最適溫度(°C)	最高溫度(°C)
高 溫 細 菌	40	60	70
中 溫 細 菌	5～10	37	45
低 溫 細 菌	0～−1	20	30
酵 母 菌	5	25～32	40
黴 菌	0	20～35	40

3. 低溫保藏方法

低溫方法	溫度	貯藏期限及品質變化
冷卻貯藏法	10°C～0°C	貯藏時間短及劣變快速
冰溫貯藏法	0°C～冰點	貯藏時間不長及劣變不快
凍結貯藏法	−18°C～−20°C	貯藏時間長及劣變慢

4. 低溫障害(cold damage, chilling injury)

　　一般是指熱帶或亞熱帶蔬果在低溫下易發生低溫障礙，造成不良異味、表面凹陷及無法後熟等現象。其原因為蔬果或分解或合成產生對品質不良的物質或異常代謝產物的蓄積等。

☕ 相關試題

1. 尚未成熟之釋迦，經長時間低溫貯存後，其情況為：　(A)很容易催熟　(B)無法催熟　(C)沒有寒害產生　(D)質地變非常軟。　　　　　　答：(B)。
   解析：釋迦為更年性水果，若經長時間低溫貯存後，該水果會導致無法催熟。

2. 造成低溫機能障害之主要可能原因，下列何者是不正確的？　(A)CO_2 氣體　(B)分解合成反應　(C)醇類　(D)微生物。　　　　　　答：(D)。
   解析：低溫障礙原因為 CO_2、分解合成反應及醇類，但和微生物的汙染無關。

六、乾燥脫水保藏法

1. 乾燥脫水的保藏原理

　　微生物繁殖生長需要水分的供給，因此藉由降低食品的水活性，移除食品中微生物所能利用的自由水含量，即可完全有效地延長食品的貯藏期限。

　　降低食品的水活性除了抑制微生物腐敗之外，亦能減緩酵素性褐變反應、非酵素性褐變反應及氧化劣變作用。（微生物的耐乾旱性比較：黴菌＞酵母菌＞細菌）

2. 乾燥方法

乾燥方法種類	乾燥機的種類及適合食品類別
自然乾燥法	亦稱日曬乾燥法，適合柿餅、小魚干及香菇等乾燥處理
加熱乾燥法	箱型棚架式乾燥機、隧道式乾燥機、迴轉式乾燥法、帶式乾燥法、轉筒式乾燥機、噴霧乾燥機
減壓乾燥法	真空乾燥機、真空冷凍乾燥機
加壓乾燥法	膨發乾燥法、適合膨鬆米果及膨發糖果等處理

七、鹽漬及糖漬保藏法

1. 鹽漬法保藏原理

　　食鹽溶液具有脫水作用並可產生高的滲透壓力，使食品中的微生物細胞產生脫水作用，因此食鹽水的濃度愈高，水活性愈低，其抑菌效果愈強。

相關試題

1. 試說明醃漬食品保存原理為何？
   答：醃漬食品保存的原理乃加入食鹽，藉其脫水作用產生高滲透壓力，使食品中的微生物細胞產生脫水現象，達成抑菌效果。

2. 食鹽濃度高低與微生物繁殖

　　10%濃度的食鹽水溶液，即可抑制耐鹽性低的細菌如腐敗菌等。而能耐10%的食鹽濃度者稱為耐鹽性細菌，水產品原料中多以耐鹽性細菌為主。（微生物的耐鹽性比較：黴菌＞酵母菌＞細菌。）

在鹽漬操作時，加酸化劑可降低其 pH 值，即可顯著降低微生物的耐鹽性。

相關試題

1. 鹽漬物魚藏品等之製造在分類上是屬於： (A)調合技術的食品 (B)食鹽防腐性的食品 (C)砂糖防腐性的食品 (D)化學作用為主的食品。 答：(B)。
解析： 鹽漬物魚藏品等之製造在分類上是屬於食鹽防腐性的食品。

3. 糖漬法保藏原理

糖液亦具脫水作用且可降低食品系統中的水活性，因此可滲入微生物細胞內，使微生物不易生存。

4. 糖類的滲透壓

糖液的滲透壓比較，在相同的濃度下，分子量較小者具有較高的滲透壓力，在相同條件下，葡萄糖和果糖等單醣者的滲透壓力比蔗糖等雙醣者為高。

5. 糖液濃度高低與微生物繁殖

10%蔗糖溶液是一般微生物最適宜生長的環境；60%蔗糖溶液則可以抑制食品中腐敗菌的繁殖。

食品於糖漬處理時，添加有機酸可降低 pH 值，亦可降低微生物對耐滲透壓的能力。

八、酸化保藏法

1. 酸化保藏的原理

改變食品系統中的酸鹼值（pH 值），即可減緩酵素活性及抑制微生物的繁殖。（微生物的耐酸性比較：黴菌＞酵母菌＞細菌。）

2. 微生物的耐酸性比較

酸鹼值	微生物的變化
pH＞4.6	食品中毒菌如肉毒桿菌、金黃色葡萄球菌、沙門氏桿菌等不但能快速繁殖，亦能分泌毒素
3.7＜pH＜4.6	食品中毒菌幾乎不生長，也不會分泌毒素
pH＜3.7	食品腐敗菌幾乎不生長，但醋酸菌、乳酸菌仍可生長

3. 酸化的方法

(1) 藉由乳酸菌、桿菌的醱酵作用而產生乳酸，來抑制腐敗菌的汙染。

(2) 人為添加有機酸，如可口可樂中使用磷酸、碳酸飲料則使用檸檬酸、酒石酸等，醃漬物貯藏使用醋酸及乳酸等。

(3) 在相同酸鹼值之下，有機酸者的抑菌效果大於無機酸者。

九、燻煙保藏法

1. 燻煙的保藏原理

　　利用木材的不完全燃燒所產生的煙霧來燻蒸食品，燻煙成分中具有酚類、甲醛及醋酸等防腐性成分；再者，乾燥時水分蒸發，可降低其水活性而提高該食品的貯藏性及特殊風味。

☕相關試題

1. 請說明利用燻煙保存食品之原理。

　　答：燻煙保存食品之原理乃因燻煙成分中有酚類、甲醛、醋酸等防腐性成分，可降低食品之水活性、提高該食品之貯藏性。

2. 燻煙的目的

(1) 具防腐或靜菌作用，可增加其保存性。

(2) 具乾燥效果且可降低水活性。

(3) 改善色澤。

(4) 可賦予特殊風味。

(5) 防止油脂的氧化酸敗作用。

相關試題

1. 下列何者不是肉品燻煙之目的？　(A)增加維生素 B_{12}　(B)改善色澤　(C)促進風味　(D)防止微生物汙染。　　　　　　　　　　　答：(A)。
   解析：肉品燻煙之目的是不會增加其維生素 B_{12} 的含量。

3. 燻煙的方法

分　類	冷燻法	溫燻法	熱燻法	液燻法	電燻法
溫　度	15～30°C	30～50°C	50～80°C	木醋液/50°C	1～2 萬伏特
時　間	長	短	短	短	短
特　色	風味差、貯藏性佳。	風味佳、貯藏性差。	最常用的燻煙法。	先浸漬、再乾燥。	直接產生煙燻效果。

十、放射線保藏法

1. 放射線保藏的原理

　　利用 γ-射線、β-射線、α-射線或 χ-射線等放射線來照射食品，以殺滅食品中所含的微生物、酵素、寄生蟲，同時兼具抑制馬鈴薯、甘藷的發芽，其中常用於食品保藏的放射線為 γ-射線。

2. 放射線的特性

　　γ-射線的特性為高頻率、低波長，因此其穿透力最強，於常溫下進行殺菌，與熱殺菌法不同之處在於不會產生熱量，所以稱為冷式殺菌法。

3. 放射線劑量與其效果

限用照射食品品目	限用輻射線源	最高輻射限能量（百萬電子伏特）	最高照射劑量（仟格雷）	照射目的
馬鈴薯、甘藷、分蔥、洋蔥、大蒜、生薑	電子	10	0.15	抑制發芽
	X 射線或 γ 射線	5		
木瓜、芒果	電子	10	1.5	延長儲存期限；防治蟲害
	X 射線或 γ 射線	5		

限用照射食品品目	限用輻射線源	最高輻射限能量（百萬電子伏特）	最高照射劑量（仟格雷）	照射目的
草莓	電子	10	2.4	延長儲存期限
	X射線或γ射線	5		
豆類	電子	10	1	防治蟲害
	X射線或γ射線	5		
其他生鮮蔬菜	電子	10	1	延長儲存期限；去除病原菌之汙染
	X射線或γ射線	5		
穀類及其碾製品	電子	10	1	防治蟲害
	X射線或γ射線	5		
生鮮冷凍禽肉及機械去骨禽肉	電子	10	5	延長儲存期限；去除病原菌之汙染
	X射線或γ射線	5		
生鮮冷藏禽肉	電子	10	4.5	延長儲存期限；控制旋毛蟲生長
	X射線或γ射線	5		
生鮮冷凍畜肉	電子	10	7	延長儲存期限；控制旋毛蟲生長
	X射線或γ射線	5		
乾燥或脫水的調味用植物(包括香草、種子、香辛料、茶、蔬菜調味料)	電子	10	30	防治蟲害及殺菌
	X射線或γ射線	5		
花粉	電子	10	8	延長儲存期限
	X射線或γ射線	5		
動物性調味粉	電子	10	10	延長儲存期限
	X射線或γ射線	5		

（依102年8月20日衛生福利部公告之「食品輻射照射處理標準」。）

十一、醱酵保藏法

1. 醱酵保藏的原理

　　大多數複雜的食品原料，經內生性酵素作用或由微生物分泌的酵素作用，分解成簡單的物質之現象，稱為醱酵(fermentation)。因此，依微生物的醱酵作用而製成的食品，稱為醱酵食品。

2. 醱酵的微生物種類

微生物種類	反應方程式	食品應用實例
酒精醱酵的酵母菌	$C_6H_{12}O_6 \longrightarrow 2C_2H_5OH + 2CO_2$	釀酒
乳酸醱酵的乳酸菌	$C_6H_{12}O_6 \longrightarrow 2CH_3CHOHCOOH$	酸奶、優酪乳
醋酸醱酵的醋酸菌	$C_2H_5OH + O_2 \longrightarrow CH_3COOH + H_2O$	食用醋

十二、化學藥劑保藏法

1. 使用化學藥劑保藏的原理

　　有些微生物對特殊化學藥劑的敏感性強，將此類的藥劑（食品添加物）添加於食品中，即可增加保藏性。但某些藥劑對人體有毒性，因此依據食品衛生管理法規定防腐劑、殺菌劑等的使用種類、範圍及用量標準。

2. 常使用的化學藥劑

類　別	種　類
防　腐　劑	苯甲酸鹽類、對羥苯甲酸酯類、己二烯酸鹽類、去水醋酸鹽類、丙酸鈉鹽及鈣鹽。
殺　菌　劑	次氯酸鈉鹽、氯化石灰、過氧化氫。
抗氧化劑	BHA、BHT、PG、TBHQ、生育醇、抗壞血酸。

十三、貯藏氣體保藏法

1. 貯藏氣體的原理

　　改變食品貯藏環境的 CO_2、O_2 及 N_2 等氣體組成比例或將 O_2 完全除去，即可抑制蔬果類中呼吸作用、微生物的繁殖速率及酵素反應活性，延長食品的貯藏期限，進一步延緩品質的劣變。

2. 氣體保藏方法

種　　類	原　　理
調氣貯藏法	將貯藏環境中的 CO_2 濃度提高，O_2 濃度降低。
修飾氣體貯藏法	將包裝袋內充滿 CO_2 或 N_2。
除氧貯藏法	使用脫氧劑、真空包裝及鈍氣包裝將氧氣除去。
除乙烯貯藏法	利用乙烯去除劑將蔬果環境中乙烯除去，抑制熟成。
薄膜包裝貯藏法	應用於水果類，藉呼吸作用使 CO_2 增加、O_2 減少。

相關試題

1. 調氣貯藏法主要作用為：　(A)提高呼吸速率　(B)降低呼吸速率　(C)提高光合作用　(D)縮短熟成作用。　　　　　　　　　　　　　　答：(B)。
   解析：更年性蔬果在低溫貯藏時，常利用調氣貯藏法來降低其呼吸作用速率。

2. 水果欲增加其貯藏壽命，可用哪些方法？
   答：低溫貯藏法　　　　　　　　　調氣貯藏法（大氣控制法）
   　　去除乙烯貯藏法　　　　　　　外皮塗蠟法
   　　使用過錳酸鉀包裝紙

 學後評量 *Exercise*

一、精選試題

（A） 1. 下列何者敘述不正確？ (A)蔬果鹽漬貯藏原理，主要利用胞漿破裂(plasmoptysis)而不是胞質皺縮(plasmolysis) (B)傳統燻煙法具保藏食物之原因，包括燻煙中含有防腐成分，如甲醛(formaldehyde)等 (C)乾酪製品表面塗蠟(coating wax)主要目的，包括隔絕空氣使好氧菌無法生長 (D)脫水乾燥通常僅能抑制微生物生長，但不能殺死所有的微生物。

【解析】：蔬果類行鹽漬貯藏的原理為利用食鹽促使組織產生胞質皺縮(plasmolysis)效應而非細胞吸水膨脹而發生胞漿破裂(plasmoptysis)。

（A） 2. 醃漬食品時，使用下列何者具有較高滲透速率？ (A)葡萄糖 (B)飴糖 (C)乳糖 (D)環狀糊精。

【解析】：糖類的分子愈小，滲透速率愈快。

（D） 3. 有關食品水活性(water activity, A_w)之敘述，何者正確？ (A)乾燥可增加水活性 (B)水活性愈高保存性愈好 (C)水活性與水分含量成反比 (D)鹽漬可降低水活性。

【解析】：食品水活性的作用為：(A)乾燥可降低水活性；(B)水活性愈低保存性愈好；(C)水活性與水分含量非成比例關係；(D)鹽漬可降低水活性。

（A） 4. 肉品以冷燻法燻製時，為不使蛋白質熱凝固，其所使用之溫度範圍為： (A)15～30°C (B)35～45°C (C)50～60°C (D)65～75°C。

【解析】：冷燻煙法的操作條件為 15～30°C。

（D） 5. 下列何種溫度條件的冰，具有最低之水活性？ (A)0°C (B)-10°C (C)-20°C (D)-30°C。

【解析】：低溫處理下，食品中自由水慢慢凍結成冰晶，水活性會隨之降低，因此溫度愈低的情況下，食品的水活性為最低。

（AB） 6. 生鮮蔬果調氣貯藏(CA storage)環境中，下列何者氣體之含量最高？ (A)氧 (B)二氧化碳 (C)鈍氣 (D)水蒸氣。

【解析】：依據 90 年二技統一入學測驗試題委員會公布的標準答案為(A)氧、(B)二氧化碳皆可，因未指明是更年性蔬果或非更年性蔬果的調氣貯藏，所以答案(A)或(B)均可。

（C）　7. 哪一種加工技術，是利用水含量控制以達到保存食品之目的？　(A)高壓食品　(B)輻射食品　(C)熱風乾燥　(D)高溫短時殺菌。

　　【解析】：控制水含量以達到保存食品的方法計為熱風乾燥法、薄膜濃縮法、醃漬法及糖漬法，而高壓法、輻射法、高溫短時殺菌法則不屬於此類食品保存法。

（D）　8. 豬肉加工時，若加熱中心溫度未達 72°C 以上一段時間，易使消費者感染何種寄生蟲？　(A)鞭蟲　(B)肝吸蟲　(C)蛔蟲　(D)旋毛蟲。

　　【解析】：豬肉中易含有旋毛蟲及有鉤條蟲等寄生蟲，但寄生蟲不耐高溫變化。

（A）　9. 減壓冷卻法或真空預冷法是適用於葉菜類的快速降低品溫之方法，其降溫的原理為：　(A)利用水分蒸發以降低溫度　(B)利用碎冰以降低溫度　(C)利用真空後通入氮氣以降低溫度　(D)利用真空冷凍以降低溫度。

　　【解析】：真空預冷法其降溫的原理為利用水分大量的蒸發作用以降低周圍的溫度，因此常利用於葉菜類的快速降低品溫之操作。

（B）　10. 西式火腿在 4°C 儲存時，造成品質劣化最主要的原因是：　(A)冷凍變性　(B)腐敗菌繁殖　(C)氧化酸敗　(D)營養成分流失。

　　【解析】：冷藏食品在 4°C 儲存時，造成品質劣化的原因為假單孢菌屬的生長。

（B）　11. 蔬菜於儲藏庫內進行氣調(C.A.)儲藏時，下列何者不需要控制？　(A)濕度　(B)光線　(C)氧氣濃度　(D)二氧化碳濃度。

　　【解析】：儲藏庫內的蔬菜進行氣調控制時，不需要調整冷藏庫內的光線強弱。

（D）　12. 下列何者不是真空儲藏技術的條件？　(A)低溫　(B)高濕　(C)減壓　(D)不換氣。

　　【解析】：真空貯藏技術需控制低溫度、高相對濕度、低壓力及更換氣體組成。

（D）　13. 乾燥蔬果、穀類之腐敗較可能與下列何種微生物有關係？　(A)細菌　(B)酵母菌　(C)蕈菌　(D)黴菌。

　　【解析】：乾燥的蔬果、穀類等製品若發生腐敗現象則與黴菌的生長繁殖有關。

（C）　14. 以鹽藏方法保存食品，下列敘述何者不正確？　(A)在 20%以上食鹽濃度除好鹽性細菌外，微生物均不易生長　(B)鹽藏除抑制細菌外，尚有使細菌脫水之作用　(C)高食鹽濃度不影響醃漬物內之酵素作用　(D)鹽藏時使醃漬物具特殊風味。

　　【解析】：以鹽藏法保存食品的特色為高食鹽濃度會影響醃漬物內之酵素作用。

（D）15. 下列哪種技術不是利用控制水活性來保存食品？ (A)冷凍 (B)濃縮 (C)冷凍乾燥 (D)殺菌軟袋（熱殺菌）。

【解析】：控制水活性的保存技術計有低溫冷凍法、蒸發濃縮法及冷凍乾燥法，但殺菌軟袋（熱殺菌）技術則與水活性的控制無關。

（B）16. 細菌繁殖所需之 A_w，一般在多少以上？ (A)0.8 (B)0.9 (C)0.88 (D)0.75。

【解析】：細菌生長繁殖所需之水活性(A_w)，一般在 0.90 以上。

（D）17. 食品凍結後在解凍過程中，當恢復到何種溫度，腐敗速度加快？ (A)-5°C (B)0°C (C)5°C (D)10°C。

【解析】：腐敗菌屬的最低生長溫度約為 10°C 左右，食品凍結後在解凍過程中，當溫度恢復到 10°C 時，則該腐敗菌的腐敗作用速度會急遽加快。

（D）18. 以脫水方法保存食物，可完全抑制食品哪些劣變反應？ (A)油脂氧化 (B)褐變反應 (C)酵素活性 (D)微生物生長。

【解析】：利用脫水乾燥法可完全抑制食品的微生物生長繁殖的劣變反應，但無法完全抑制油脂氧化作用、褐變反應及酵素活性變化等劣變反應。

（B）19. 水分含量相同的同類乾燥食品，貯存在低溫處較高溫處者，其水活性： (A)較高 (B)較低 (C)不一定 (D)相等。

【解析】：水分相同的兩種乾燥食品，置於低溫者其水活性較置於高溫者為低。

（D）20. 下列何者非肉製品燻煙之目的？ (A)增加保存性 (B)防止氧化酸敗 (C)增進肉色美觀 (D)增加甜度。

【解析】：肉製品燻煙無法增加肉製品的甜度表現。

（D）21. 通常食肉製品加熱或水煮時，其中心溫度應達幾度才安全？ (A)57°C (B)62°C (C)67°C (D)72°C。

【解析】：為了要避免旋毛蟲等寄生蟲的汙染，其中心溫度應達 72°C 才安全。

（D）22. 下列何者氣體是氣調包裝中較少用之氣體？ (A)O_2 (B)CO_2 (C)N_2 (D)H_2。

【解析】：氣調包裝法中常使用 O_2、CO_2、及 N_2 氣體，但很少使用 H_2。

（D）23. 哪些乾燥技術不是利用控制水活性來保存食品？ (A)冷凍 (B)醃漬 (C)乾燥 (D)罐頭熱殺菌。

【解析】：罐頭熱殺菌法是利用蒸氣來抑制菌株，與水活性的控制無直接關係。

（D）24. 下列何者非以殺菌為保存食品之手段？ (A)輻射 (B)高溫 (C)高壓 (D)冷凍。

　　【解析】：輻射照射法、高溫殺菌法及高壓滅菌法屬於以殺菌來保存食品的加工技術，但冷凍法是利用水凍結成冰晶，非以殺菌為主要目的的技術。

（A）25. 下列何種菌最不耐乾旱？ (A)細菌 (B)酵母 (C)黴菌 (D)三者皆相同。

　　【解析】：微生物的耐乾旱程度為黴菌＞酵母菌＞細菌，因此細菌最不耐乾旱。

（D）26. 耐滲透壓性酵母，其可能生長之水活性(A_w)下限值為： (A)0.94 (B)0.88 (C)0.80 (D)0.61。

　　【解析】：耐滲透壓性酵母，其生長之水活性下限值為 0.61，所以可在較低水活性的食品，如中度水活性食品中繁殖生長。

（B）27. 調氣貯藏(controlled atmosphere storage)主要利用二氧化碳或氧氣來抑制蔬果採收後之： (A)醱酵作用 (B)呼吸作用 (C)光合作用 (D)還原作用。

　　【解析】：蔬果採收後會進行呼吸作用，可應用調氣貯藏技術加以抑制。

（D）28. 下列何者非食肉燻煙之主要目的？ (A)賦予風味 (B)防腐或靜菌作用 (C)促進發色 (D)增加重量。

　　【解析】：食肉燻煙無法增加肉製品的重量。

（A）29. 在低水分下造成食品腐敗最常見之微生物為： (A)黴菌 (B)酵母菌 (C)球菌 (D)桿菌。

　　【解析】：在低水分的情況下，造成食品腐敗作用最常見之微生物為黴菌。

二、模擬試題

（　） 1. 在中度水活性食品(IMF)中，下列何種微生物最容易繁殖？ (A)球菌 (B)黴菌 (C)酵母菌 (D)桿菌。

（　） 2. Q_{10}是指溫度每升高幾度，化學反應速率約可增加為原來的 2～3 倍？ (A)10°C (B)20°C (C)30°C (D)40°C。

（　） 3. 引起食品劣變(food deterioration)作用最主要的因素為： (A)微生物種類 (B)酵素活性 (C)貯藏溫度 (D)包裝方式。

（　） 4. 下列何種黴菌(molds)會產生黃麴毒素(aflatoxin)而引發中毒危險？
(A)*Aspergillus flavus*　(B)*Penicillium citrum*　(C)*Mucor rouxii*
(D)*Rhizopus nigricans*。

（　） 5. 食品乾燥到水活性(A_w)在多少以下，則理論上黴菌絕對不會生長？
(A)0.90　(B)0.88　(C)0.80　(D)0.70。

（　） 6. 包裝密封蔬果，由於下列何種作用會使表面溼潤，微生物易繁殖？
(A)呼吸作用　(B)醣解作用　(C)果膠分解作用　(D)蒸發作用。

（　） 7. 下列有關食品劣變形式的組合，何者不正確？　(A)生物學劣變：病
原菌汙染　(B)物理劣變：光感應氧化反應　(C)生化學劣變：低溫障
礙　(D)化學劣變：油脂自氧化反應。

（　） 8. 下列有關微生物的耐旱性特性比較，何者為正確？　(A)細菌＞酵母
菌　(B)黴菌＜細菌　(C)酵母菌＞黴菌＞細菌　(D)細菌＜酵母菌＜黴
菌。

（　） 9. 下列何者不是食品進行燻煙(smoking)加工處理的目的？　(A)防腐作
用　(B)增加肉色美觀　(C)防止氧化　(D)增加維生素 E。

（　） 10. 下列有關微生物的耐滲透壓特性比較，何者為正確？　(A)細菌＞酵
母菌　(B)黴菌＜細菌　(C)酵母菌＞黴菌＞細菌　(D)細菌＜酵母菌＜
黴菌。

（　） 11. 為保持食品加工後之耐藏性，下列敘述何者為不正確？　(A)降低原
料汙染程度　(B)升高殺菌處理溫度一倍　(C)延長殺菌處理時間　(D)
升高儲存處理溫度。

（　） 12. 下列有關食品與微生物的組合，何者為不正確？　(A)泡菜－白念珠
菌　(B)低溫肉類－梭狀芽孢桿菌　(C)乾酪－鏈球菌　(D)德式香腸－
四疊球菌。

（　） 13. 某化學反應的 $Q_{10} = 2$，則在 30°C 時，食品品質的劣變速率是 10°C
的：　(A)0.25　(B)0.5　(C)2　(D)4。

（　） 14. 下列何者不是食品產生腐敗的原因？　(A)微生物生長　(B)天然酵素
活動　(C)鈍氣存在　(D)水活性的上升。

（　） 15. 微生物生長繁殖所需要的水活性，以下列何者的需求最低？　(A)球
菌　(B)酵母菌　(C)絲狀菌　(D)大腸桿菌。

( ) 16. 所謂冷殺菌法是指： (A)冷凍殺菌 (B)輻射線殺菌 (C)微波殺菌 (D)殺菌釜殺菌。

( ) 17. 有關保存食品有效方法，下列敘述何者錯誤？ (A)在食物中添加有機酸 (B)抑制食品中微生物 (C)提高貯藏溫度 (D)降低含氧量。

( ) 18. 在中度水活性食品(IMF)中，下列何種微生物最容易繁殖？ (A)球菌 (B)麴黴菌 (C)酵母菌 (D)桿菌。

( ) 19. 下列何者與發生日光臭(sun-light flavor)現象無關？ (A)核黃素 (B)紫外線 (C)胺基酸 (D)核苷酸。

( ) 20. 調氣包裝(CAP)中，下列何種氣體較少使用？ (A)SO_2 (B)O_2 (C)CO_2 (D)N_2。

( ) 21. 關於食品保藏原理之敘述下列何者錯誤？ (A)將食品酸化可達保存效果，其因是一般腐敗細菌不易存活於酸性中 (B)食品加鹽處理可降低滲透壓，降低水活性 (C)降低環境中含氧量可防止腐敗菌之生長 (D)冷凍處理可抑制細菌生長主要是降低水分含量。

( ) 22. 下列何者不屬於造成食品腐敗的原因？ (A)農藥殘留 (B)空氣及光線 (C)病原菌 (D)寄生蟲。

( ) 23. 有關燻煙保藏食品之敘述，下列何者不正確？ (A)利用木材不完全燃燒所產生的煙霧 (B)食品會發生乾燥脫水現象 (C)不常用於肉製品及水產製品 (D)具防腐的效果。

( ) 24. 醃漬食品時，使用下列何者具有較高滲透壓？ (A)麥芽糖 (B)葡萄糖 (C)乳糖 (D)蔗糖。

( ) 25. 下列各種處理何者無法有效的防止食品的氧化劣變作用？ (A)添加抗氧化劑 (B)輻射照射 (C)真空技術 (D)充氮（氣）包裝。

( ) 26. 不同菌體對水分有不同的需求，下列敘述何者不正確？ (A)酵母菌所需水分較細菌為少 (B)黴菌所需水分較酵母菌為多 (C)細菌所需水分較黴菌為多 (D)要完全抑制微生物生長需將水活性降低至0.80。

( ) 27. 燻煙技術中有哪種成分不具有防腐或抗菌作用？ (A)酚類 (B)甲醛 (C)有機酸 (D)聯苯。

（　）28. 在鹽漬過程中，下列何種微生物的耐存性最高？　(A)酵母菌　(B)黴菌　(C)微球菌　(D)桿菌。

（　）29. 葡萄糖比蔗糖具有較高的滲透速率乃因下列何種特性？　(A)濃度較高　(B)分子量小　(C)甜度較低　(D)旋光度較大。

（　）30. 貯藏的溫度控制在幾度以下可有效抑制害蟲的活動？　(A)15°C　(B)20°C　(C)25°C　(D)30°C。

模擬試題答案

1.(B)　　2.(A)　　3.(A)　　4.(A)　　5.(C)　　6.(A)　　7.(B)　　8.(D)　　9.(D)　　10.(C)

11.(D)　　12.(B)　　13.(D)　　14.(C)　　15.(C)　　16.(B)　　17.(C)　　18.(B)　　19.(D)　　20.(A)

21.(B)　　22.(A)　　23.(C)　　24.(B)　　25.(B)　　26.(B)　　27.(D)　　28.(A)　　29.(B)　　30.(A)

食品熱加工及其保藏法

一、食品進行加熱的目的

1. 減少食品中的微生物菌數及天然酵素活性。

2. 將食品適度加熱，以改善其外觀、組織及風味表現。

3. 利於食品的長期保存貯藏。

☕相關試題

1. 下列何種保藏法是利用使微生物死滅得以長期貯藏？　(A)冷凍冷藏　(B)密封加熱　(C)真空處理　(D)加抗氧化劑。　　　　　　　　　　答：(B)。
   解析：細菌較不耐溫度的變化，可利用密封加熱法，即罐藏法使微生物死滅。

二、加熱殺菌方法的種類

殺菌方法	壓　力	溫　度	目標菌種	殘存菌種	品質劣變
完全滅菌法（絕對殺菌法）	P＞1 atm	T＞100°C	病原菌、腐敗菌、產毒非孢子菌、產毒孢子菌。	無任何活菌體存在。	最嚴重
商業滅菌法（加壓殺菌法）	P＞1 atm　P＝1 atm	T＞100°C　T＜100°C	病原菌、腐敗菌、產毒非孢子菌。	耐熱性孢子。	嚴重
巴斯德消毒法（低溫殺菌法）	P＝1 atm	T＜100°C	沙門氏桿菌、肺結核桿菌等病原菌。	腐敗菌、非耐熱孢子菌、耐熱孢子菌。	輕微
低溫殺菁法（酵素抑制法）	P＝1 atm	T＜100°C　85～95°C	多酚氧化酶、果膠分解酶、抗壞血酸氧化酶。	過氧化酶、觸酶。（指標性酵素）	最輕微

 **相關試題**

1. 巴斯德殺菌(pasteurization)目的是針對食品罐頭內（含內容物）進行： (A)賦予風味 (B)防腐或靜菌作用 (C)促進發色 (D)增加重量。 答：(B)。
   解析： 罐頭經巴斯德殺菌即低溫殺菌法的目的為抑制病原菌，具有防腐或靜菌。

2. 食物經殺菁處理後對食物製備的有利點為何？
   答：(1)抑制酵素作用 (2)減少變色、變味及組織分解
   (3)逐出蔬果組織內的空氣，使組織收縮 (4)排除不良的氣味

3. 請解釋下列名詞：blanching, pasteurization, sterilization。
   答：(1) blanching 指的是殺菁，乃以熱水或蒸氣致使食材中之酵素失活，達到抑制褐變的效果。
   (2) pasteurization 指的是巴斯德殺菌法，係以 100°C 以下的溫度加熱以殺死病原菌。
   (3) sterilization 指的是商業殺菌法，係將食物加熱至 135～150°C，持續時間 1～3 秒，殺滅病菌和破壞氧化酵素和毒素，以在常溫下有較長之保存期。

三、常見的巴斯德殺菌的三種方法

殺菌條件	中文名稱	壓力	溫度	時間	包裝食品範例
UHT	超高溫瞬間殺菌法	P > 1 atm	130~150°C	1~3 秒	利樂包保久乳、咖啡飲料。
HTST	高溫短時間殺菌法	P = 1 atm	72°C	15 秒	新鮮屋裝鮮奶、肉品中心溫度。
LTLT	低溫長時間殺菌法	P = 1 atm	63°C	30 分	玻璃瓶裝鮮奶。

相關試題

1. 有關保久乳之敘述，下列何者正確？ (A)經 UHT 滅菌 (B)經巴斯德滅菌 (C)室溫下可永久保存 (D)經高溫短時(HTST)滅菌。 答：(A)。
   解析：保久乳指經超高溫瞬間殺菌法(UHT)滅菌，可於室溫下貯藏約 18 月。

2. 牛奶高溫短時間(HTST)加熱殺菌之條件應為：　(A)63°C，2 秒　(B)63°C，20 分鐘　(C)73°C，15 秒　(D)130°C，2 秒。　　　　　　　答：(C)。

3. 下列何種產品係可應用低溫殺菌法之技術？　(A)鮪魚罐頭　(B)瓶裝鮮奶 (C)利樂包咖啡　(D)肉醬罐頭。　　　　　　　　　　　　答：(B)。
   解析：利樂包咖啡、鮪魚罐頭及肉醬罐頭需採用高溫殺菌法，以確保安全。

4. 牛乳殺菌法中，UHT 條件為：　(A)71～75°C，15 秒　(B)75°C，15 分鐘 (C)130～140°C，2 秒　(D)130～140°C，15 分鐘。　　　　　答：(C)。

5. 鮮奶與保久乳在加工方面有何不同？
   答：鮮乳保存期限約 7 天以內，只殺滅病菌和中毒菌，並保有香氣和營養成分，故以巴斯德殺菌為主。

四、熱殺菌加工有關的微生物種類和酵素

（一）微生物

1. 目標性菌種：針對長久保存的包裝食品
   (1) 菌種：肉毒桿菌(*Clostridium botulinum*)可分泌 A、B、C、D、E、F 及 G 類型等類型的肉毒素(butolisms)。
   (2) 特性：分泌神經毒素(neurotoxin)而導致毒素型食物中毒(food intoxification)。

2. 指標性菌種
   (1) 菌種：腐敗性厭氧菌(*Putrefactive anaerobe*；PA3679)、嗜熱脂肪芽孢桿菌(*Bacillus stearothermophilus*；FS1518)。
   (2) 特性：耐熱性高於肉毒桿菌，不會分泌毒素亦不易導致毒素型食物中毒，故 PA3679 和 FS1518 可做為殺滅肉毒桿菌之指標。

（二）酵素

1. 目標性酵素：酵素種類有
   (1) 多酚氧化酶(polyphenol oxidase)：易使蔬果類褐變。
   (2) 果膠甲酯化酶(pectin methoxyl esterase)：會使水果於貯藏中逐漸軟化。
   (3) 抗壞血酸氧化酶(ascorbic acid oxidase)：會使食物中之維生素 C 分解。

2. 指標性酵素

酵 素 種 類	適用的殺菌食品
觸酶(catalase)、過氧化酶(peroxidase)	蔬菜類
鹼性磷酸酯酶(alkaline phosphatase)	牛奶
α 澱粉液化酶(α-amylase)	液體蛋

　　上述可作為指標性的菌種及酵素，表示該指標性的菌種及酵素其耐熱性高於目標性的菌種及酵素，因此測定該類菌種及其酵素可作為殺菌操作是否完全的指標參考。

相關試題

1. 牛乳之低溫殺菌指標為： (A)鹼性磷酸酯酶 (B)澱粉酶 (C)脂肪酶 (D)液化酶。 答：(A)。
   解析：牛乳中磷酸酯酶的耐熱性優於目標性病原性肺結核桿菌，因此評估牛乳低溫熱殺菌操作是否完全，常以磷酸酯酶作為殺菌的指標性酵素。

2. 蘆筍罐頭製造時，殺菁程度的指標酵素是： (A)protease (B)lipase (C)amylase (D)peroxidase。 答：(D)。
   解析：蔬果類殺菁的指標酵素常以過氧化酶(peroxidase)或觸酶(catalase)為主。

3. 下列何者為引起肉毒素中毒的細菌？ (A)*Bacillus sbulitis* (B)*Clostridium butyricum* (C)*Clostridium botulinum* (D)*Clostridium welchii*。 答：(C)。
   解析：引起肉毒中毒現象的細菌為肉毒桿菌(*Clostridium botulinum*)。

4. 如何確定 blanching 之效果？
   答：測定過氧化酶或觸酶活性殘存可作為蔬果殺菁操作是否完整的參考依據。

五、熱殺菌加工有關的殺菌值

殺菌值	單位	定　義	溫度高	溫度低	應　用
D 值	時間	特定溫度之下，減少 90%微生物菌數所需提高之加熱時間。	變小	變大	判定菌株耐熱程度指標。
Z 值	溫度	特定熱致死效果下，減少 90%加熱時間所需提高的溫度差。	變小	變大	判定菌株對不同溫度的相對抵抗力。
F 值	時間	特定溫度下，減少 100%微生物菌數所需提高之加熱時間。	變小	變大	判定罐頭殺菌時間指標。
F_o 值	時間	在特定溫度下(121°C/250°F)，減少 100%微生物菌數所需提高之加熱時間。	不變	不變	作為 F 值的參考值，可測定熱致死率。

☕相關試題

1. 將一定菌數的微生物殺死所需的加熱時間稱為：　(A)D 值　(B)Z 值　(C)F 值　(D)X 值。　　　　　　　　　　　　　　　答：(C)。

1. D 值：

　　公式：$\log N_0 - \log N = F／D$

　　（其中，N_0：初菌數，N：末菌數，F：加熱時間，D：使菌數降低 90%所需的時間，曲線倒數：熱致死殘存曲線。）

☕相關試題

1. 某微生物 D 值為 0.5 分鐘，若經 1.0 分鐘加熱後可將初菌數減少至：(A)100%　(B)90%　(C)9%　(D)1%。　　　　　　　　答：(D)。
　　解析：$\log N_0 - \log N = F／D \Rightarrow \log 100\% - \log N = 1.0／0.5 \Rightarrow N = 1\%$。

2. 細菌生存曲線可求出：　(A)D 值　(B)Z 值　(C)F 值　(D)L 值。　答：(A)。
　　解析：細菌生存曲線即細菌熱致死殘存曲線，其斜率倒數可求出 D 值。

3. 請繪圖說明 D 及 Z 值，其異同處何在？

答：

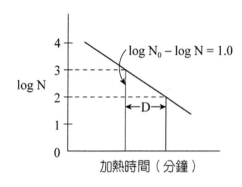 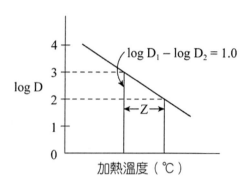

2. Z 值

公式：$\log(F_o/F) = (T-250)/Z$；$\log(F/F_o) = (250-T)/Z$

（其中，F_o：$250°F$ 下的加熱時間，F：某溫度下的加熱時間，T：加熱溫度，Z：縮短 90% 加熱時間所需提高之溫度差，曲線倒數：熱致死時間曲線。）

☕相關試題

1. 某一微生物 $100°C$ 時 D 值為 10 分鐘，$132°C$ 時 D 值為 6 秒鐘，則此微生物之 Z 值為何？　(A)$14°C$　(B)$18°C$　(C)$16°C$　(D)$20°C$。　　　　　答：(C)。

解析：$\log(F_o/F) = (T-121)/Z \Rightarrow \log(600/6) = (132-100)/Z$

$\Rightarrow Z = 16°C$。

2. 對一般細菌孢子而言，若將殺菌溫度提高 $10°C$，則所需殺菌時間約降為原來的：　(A)常用對數值　(B)自然對數值　(C)二分之一　(D)十分之一。

答：(A)。

解析：$\log(F_o/F) = (T-121)/Z \Rightarrow \log F$ 為常用對數值。

3. F 值

公式：$F = D \times (\log N_0 - \log N)$

（其中，N_0：最初菌數，N：某溫度下熱處理後的菌數，F：某溫度下加熱時間，D：某溫度加熱下菌數對數減少所需的時間；應用：為判定罐頭殺菌的時間指標。）

☕相關試題

1. 有一肉醬罐頭殺菌前有一億株孢子，今以 12D 加壓殺菌（121°C，D = 0.2 分鐘）後有 0.0001 孢子殘留，則加熱殺菌時間為： (A)0.8 分鐘 (B)1.0 分鐘 (C)1.6 分鐘 (D)2.4 分鐘。 答：(D)。

解析：$F = D \times (\log N_0 - \log N)$ ⇒ $F = 0.2 \times (\log 10^8 - \log 10^{-4})$ ⇒ $F = 2.4$。

4. F_o 值

公式：$F_o = Dr \times (\log N_0 - \log N)$

（其中，N_0：初菌數，N：末菌數，F_o：250°F 下的加熱時間，Dr：250°F 下減少 90% 菌數所需增加的時間。）

應用：作為 F 值的參考值，測定熱致死率(L_i)、熱處理的殺菌值。

5. 致死率(lethal rate, L_i)

公式：$L_i = antilog\ [(T°F - 250) / Z] = antilog\ [(T°C - 121) / Z]$

單位：無單位。

☕相關試題

1. 若加熱溫度為 232°F，假設此細菌之 Z 值為 18，其致死率(L_i)應為： (A)0.1 (B)0.5 (C)5 (D)10。 答：(A)。

解析：$L_i = antilog\ [(232 - 250) / 18]$ ⇒ $L_i = antilog\ (-1)$ ⇒ $L_i = 0.1$。

6. 熱加工殺菌有關的微生物

微　生　物　種　類	氧氣需求	pH 值	D_{250} 值	腐敗類型
Clostridium botulinum	兼氣性	pH ≥ 4.6	0.10 ～ 0.20	熱殺菌目標菌
Putrefactive anaerobe	厭氣性	pH > 4.6	0.10 ～ 1.50	熱殺菌指標菌
Bacillus stearothermophilus	兼氣性	pH ≥ 5.0	4.0 ～ 5.0	平酸腐敗菌
C. thermosaccharolyticum[*]	厭氣性	pH ≥ 4.6	3.0 ～ 4.0	膨罐腐敗菌
Clostridium nigrificans	厭氣性	pH ≈ 5.3	2.0 ～ 3.0	硫臭腐敗菌
Bacillus coagulans	兼氣性	pH < 4.6	0.01 ～ 0.07	高溫酸性腐敗菌
Clostridium pasteurianum	厭氣性	pH < 4.6	0.10 ～ 0.50	中溫酸性腐敗菌

註：*C.* 為 *Clostridium*。

☕ 相關試題

1. 罐頭工業上最重要的好氣性耐熱菌是：　(A)梭狀桿菌屬(*Clostridium* spp.)　(B)枯草菌屬(*Bacillus* spp.)　(C) PA3679　(D)乳酸菌屬(*Lactobacillus* spp.)。
   答：(A)。罐頭工業上最重要耐熱菌是肉毒桿菌屬而非腐敗厭氣菌屬 (PA3679)。

六、食品依酸性高低的分類

酸鹼值	酸性分類	食品類別	加熱殺菌條件
pH > 4.6	低酸性食品	畜肉、魚肉、禽肉、牛乳、馬鈴薯湯、玉米牛肉、豆類、胡蘿蔔、蘆筍、馬鈴薯。	116～121°C 高溫殺菌。
3.7 < pH < 4.6	酸性食品	馬鈴薯沙拉、番茄、梨子、桃子、水蜜桃、柑橘、鳳梨、蘋果、草莓、葡萄柚、酸菜。	100°C 沸水殺菌。
pH < 3.7	高酸性食品	醃漬物、檸檬汁、萊姆汁。	100°C 沸水殺菌。

🍵相關試題🍃

1. 下列何種食品屬於低酸性食品？ (A)蜜柑罐頭 (B)花瓜罐頭 (C)番茄罐頭 (D)紅燒牛肉罐頭。 答：(D)。

2. 可於常壓狀態，100°C 或 100°C 以下殺菌的食物，是屬於下列何者？ (A)醃菜 (B)牛肉 (C)魚肉 (D)豬肉。 答：(A)。
   解析：醃菜屬於酸性食品(pH＜4.6)，因此可於常壓狀態 100°C 或 100°C 以下殺菌。

3. pH 在 2.3～3.7 之間之食品屬於： (A)低酸性食品 (B)中酸性食品 (C)酸性食品 (D)高酸性食品。 答：(D)。
   解析：pH 在 2.3～3.7 之間之食品屬於高酸性食品。

4. 酸性食品的定義是 pH 在： (A)3.0 以下 (B)4.6 以下 (C)6.0 以下 (D)7.0 以下。 答：(B)。
   解析：酸性食品的定義是 pH 在 4.6 以下，而非 pH 在 4.6 以上。

七、食品的酸鹼值(pH)與加熱殺菌條件 （符合商業殺菌安全要求）

食品的酸鹼值	水 活 性	加熱時間	加熱時間	食 品 種 類
低酸性食品 pH＞4.6	A_w＞0.85	F = 12D	F_o＞3.0	畜肉、魚肉、禽肉、蔬菜、牛奶。
酸性食品 pH＜4.6	A_w＞0.85	F = 5D	F_o＜3.0	鳳梨汁、柑橘汁、馬鈴薯沙拉。
高酸性食品 pH＜3.7	A_w＞0.85	F = 3D	F_o＜3.0	檸檬汁、萊姆汁、醃漬物。

🍵相關試題🍃

1. 肉毒桿菌生長的最低 pH 值是： (A)2.3 (B)3.7 (C)4.6 (D)5.0。答：(C)。
   解析：肉毒桿菌在 pH 值是 4.6 以上即是低酸性食品中容易生長且易分泌毒素。

2. 酸性罐頭食品之內容物平衡後，pH 值小於或等於 4.6，且水活性大於 0.85 之產品，其殺菌值大於： (A)3.0 (B)4.0 (C)5.0 (D)6.0。 答：(A)。

八、食品的熱傳方式

熱 傳 種 類	適合食品類別	傳 導 方 式	熱傳速率變化
傳導 (conduction)	固體食品	分子以振動方式傳導。	熱傳速率慢。
對流 (convection)	液體食品	分子以流動方式傳導。	熱傳速率快。
輻射 (radiation)	固體或液體食品	不需要介質傳導。	熱傳速率非常快。

☕ 相關試題

1. 下列魚罐頭何者熱穿透速率最快？ (A)鹽水漬 (B)油漬 (C)蔬菜調味漬 (D)油炸調味。 答：(A)。

   解析： 油漬罐頭、蔬菜調味漬罐頭及油炸調味罐頭皆為固體食品，熱傳速率較慢，鹽水漬罐頭中以水作為熱傳遞介質行對流式熱傳，熱傳速率快。

九、食品原料中的最冷點

1. 定義
食品或罐頭製品加熱處理中最慢到達最終溫度的那一點。
固體食品罐頭藉傳導方式加熱其最冷點位於罐頭的幾何中心。
液體食品罐頭藉對流方式加熱其最冷點位於罐軸往上 1/3～1/4 處。

☕ 相關試題

1. 對垂直罐軸而言，以傳導加熱為主的製品，其冷點(cold point)接近容器的： (A)邊緣 (B)頂部 (C)底部 (D)中心。 答：(D)。

   註：冷點：罐頭食品於加熱殺菌時，溫度上升最慢的地方。

十、罐頭食品的一般製造程序

原料→調理→裝罐→注液→脫氣→密封→殺菌→冷卻→成品→貯藏試驗

1. 傳統罐頭製造之程序應為：　(A)脫氣→密封→殺菌　(B)密封→脫氣→殺菌
(C)充填→密封→殺菌　(D)充填→殺菌→冷卻。　　　　　　　答：(A)。
解析：傳統批式罐頭製造之程序應為脫氣→密封→殺菌。

十一、罐頭進行脫氣操作

脫氣操作相關介紹如下：

1. 脫氣的主要目的

(1) 防止好氧性菌生長。

(2) 防止內容物品質產生氧化等劣變現象。

(3) 防止殺菌時內壓增加，導致捲封損壞。

(4) 防止貯藏時罐頭內壁腐蝕，產生氫氣膨罐。

(5) 有助於作為腐敗罐頭的判別依據。

2. 脫氣方法的種類

(1) 全自動脫氣封罐。

(2) 半自動式脫氣。

3. 脫氣方法

脫 氣 方 法	適 用 的 食 品 種 類
加熱脫氣法	批式罐頭食品。
機械真空脫氣法	常見罐頭食品。
蒸氣噴射脫氣法	玻璃瓶裝罐頭食品。
趁熱裝罐脫氣法	果汁、果醬等酸性罐頭食品。

除此之外，還有高真空（脫氣）裝罐技術，其是指使用殺菌會將其真空度約為 60 cmHg，而殺菌釜於罐頭殺菌之前需先排除釜內的氣體，罐頭置入殺菌釜後再行加壓處理操作(1.0 kg/cm^2)。

☕ 相關試題

1. 蒸氣噴射脫氣法最常應用於：　(A)馬口鐵罐產品　(B)利樂包產品　(C)鋁罐產品　(D)廣口玻璃瓶產品。　　　　　　　　　　　　　答：(D)。

　　解析：蒸氣噴射脫氣法的操作為利用蒸氣噴入容器的上方而把空氣脫除，可達脫氣效果，因此廣口玻璃瓶產品的脫氣操作常採用此種方法。

2. 何者不是罐頭脫氣之目的？　(A)防止品質劣變　(B)去除水氣　(C)抑制好氣性菌增殖　(D)避免罐頭內面腐蝕。　　　　　　　　答：(B)。

　　解析：去除水氣並非罐頭行脫氣操作的主要目的。

3. 高真空裝罐技術的真空度需達：　(A)30 cmHg　(B)40 cmHg　(C)50 cmHg　(D)60 cmHg。　　　　　　　　　　　　　　　　答：(D)。

　　解析：罐頭內的真空度若高達 60 cmHg，可稱為高真空裝罐技術。

十二、罐頭食品的密封操作

1. 罐頭食品的密封工程，採用二重捲封機(double seamer)。
   (1) 第一捲輪(1st roll)：窄而深且具有抱捲作用。
   (2) 第二捲輪(2nd roll)：寬而淺且具有壓緊作用。

2. 托罐壓力大小會影響罐鉤之長短。

3. 鉤疊率(over-lap percentage, OL%)：45%以上，代表罐頭密封良好。

4. 皺紋度(winkle rating, WR)：判定捲封的緊度。皺紋度分 1~10 級，1 級表示太鬆。

5. 捲封的外觀缺點：下垂、突舌、突唇、尖銳捲緣、切罐、跳封、滑罐、假捲封、漏罐。

☕ 相關試題

1. 罐頭二重捲封時，若發生跳封(jumped seam)時，則罐頭易發生：　(A)漏罐　(B)凹罐　(C)切罐　(D)滑罐。　　　　　　　　　　答：(A)。

　　解析：罐頭二重捲封操作時，若發生跳封時，則罐頭易發生漏罐現象。

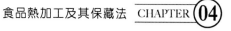

2. 有關罐頭捲封之敘述下列何者是不正確的？　(A)第一捲封具有抱捲作用　(B)第二捲封具有壓緊作用　(C)托罐壓力大小影響罐鉤之長短　(D)鉤疊率必須小於 50%。　　　　　　　　　　　　　　　　　　　答：(D)。

解析：罐頭捲封操作時鉤疊率必須大於 45%，若小於 45%則會導致捲封不良。

3. 罐頭捲封檢查皺紋度之目的是判定：　(A)鉤疊率　(B)緊度　(C)CH 捲入%　(D)內部下垂%。　　　　　　　　　　　　　　　　　　　　　　答：(B)。

解析：皺紋度有 1～10 級，1 表示太鬆，因此檢查皺紋度之目的是判定其緊度。

十三、熱殺菌加工的機械設備

1. 殺菌釜(retort)：傳統無菌食品加工系統

殺菌釜種類	使用溫度	食品形態類別	熱傳速率
靜置式殺菌釜 (still retort)	溫度＜121°C	適用固體食品	熱傳速率慢
振盪式殺菌釜 (agitating retort)	溫度＞121°C	適用液體食品	熱傳速率慢 上部空隙 6～10%
靜水壓式殺菌釜 (hydrostatic retort)	溫度＞121°C	適用液體食品	熱傳速率慢 水柱高度平衡壓力

☕相關試題

1. 下列何種產品採用轉動殺菌時最具加速熱傳效果是：　(A)魚罐頭　(B)肉類罐頭　(C)竹筍罐頭　(D)番茄糊罐頭。　　　　　　　　　　　答：(D)。

解析：番茄糊罐頭適合採用振盪式殺菌釜，即為轉動殺菌，其最具加速熱傳效果。

2. 熱交換機(heat exchanger)（新式無菌食品加工系統）

熱交換機種類	加熱原理	食品種類
板式熱交換機 (surface heat exchanger)	在板式金屬管中內置熱媒與食品進行熱交換，以去除熱量，不適合高黏度食品。	牛奶、澄清果汁
管式熱交換機 (turbular heat exchanger)	在管式金屬管中內置熱媒與食品進行熱交換，以去除熱量，不適合高黏度食品。	含砂囊的混濁果汁、番茄的熱破碎
刮面式熱交換機 (scraper heat exchanger)	在金屬管內置刮刀將食品原料自金屬壁面刮離，以利熱交換，適合高黏度食品。	番茄糊、番茄醬、顆粒食品

☕相關試題

1. 高黏稠或帶顆粒的無菌包裝產品最適合使用何種熱交換機殺菌？ (A)噴入式 (B)管式 (C)刮面式 (D)板式。 答：(C)。

3. 包裝容器的殺菌方式

(1) 鐵罐：
   內容物之 pH＞4.6 行加壓高溫殺菌操作。
   內容物之 pH＜4.6 行常壓高溫殺菌操作。

(2) 玻璃罐：靜水壓式殺菌釜。

(3) 積層膜（殺菌軟袋）：
   A. 物理性殺菌法：蒸氣或沸水加熱、紫外線照射、γ-射線照射。
   B. 化學性殺菌法：過氧化氫、次氯酸鈉、酒精、環氧乙烷。
   C. 物化性併用法：H_2O_2/UV、H_2O_2/E.O.(ethylene oxide)、UV/ethanol。

☕相關試題

1. 包裝材料之殺菌法中，下列何者不屬於物理法？ (A)加熱殺菌 (B)過氧化氫殺菌 (C)紫外線殺菌 (D)放射線殺菌。 答：(B)。

4. 熱殺菌加工的壓力單位與計算式

(1) 壓力單位：

　　磁／平方英吋(lb/in^2)　　　公斤／平方公分(kg/cm^2)

　　吋水計度(inch-H$_2$O)　　　釐米汞柱(cmHg)

　　毫米汞柱(mmHg)　　　　托耳(torr)

　　吋汞柱(inchHg)　　　　　微米(m)

(2) 壓力單位換算：

① 1atm = 29.5 inchHg = 76 cmHg = 760 mmHg = 760 Torr。

② 殺菌釜的錶壓 = 絕對壓力 - 大氣壓力 = 絕對壓力 - 760 mmHg。

③ 罐內真空度 = 罐外大氣壓力 - 罐內大氣壓力。

A. 原理：以真空計測定罐頭之內外壓力差。

B. 影響因素：

　　a. 上部空隙大小：上部空隙愈大，則其真空度就愈高。

　　b. 內容物裝罐量：裝填量過多，上部空隙變小，真空度亦會變低。

　　c. 內容物新鮮度：鮮度差的原料，產氣愈多，真空度會愈低。

　　d. 殺菌溫度高低：溫度每上升 10°F(5.5°C)，壓力上升約 30 mmHg。

　　e. 氣壓高低：高度每上升 1,000 呎(305m)，壓力下降約 25.4mmHg。

C. 打檢：即以非破壞性之官覺（音響及感覺）判定罐頭真空度的方法。

相關試題

1. 下列何者的真空度最低？　(A)1/100 Torr　(B)1 Torr　(C)1/10000 Torr (D)1/1000000 Torr。　　　　　　　　　　　　　　　　　　答：(B)。

　解析：此題目的答案為罐頭內壓力的各種數值，由於罐頭內的真空度與罐內
　　　　壓力呈現反比，因此找出壓力數值最高者則其真空度也最低。

2. 氣溫高則罐內氣體膨脹使真空度減少，一般氣溫每增加 5°C，真空度約減 少：　(A)50 mmHg　(B)40 mmHg　(C)30 mmHg　(D)20 mmHg。　答：(C)。

　解析：氣溫每增加 5°C，罐內氣體膨脹使真空度約減少 30 mmHg。

5. 食品熱殺菌過程中的減壓操作及降溫操作

(1) 逐步減壓(depression)：

利用殺菌釜內壓力的調整，升溫階段先加壓後，冷卻段階採減壓方式，以平衡罐頭內外壓力差變化，可防止凸罐發生。

(2) 降溫(cooling)：

減輕罐頭內壓力變化之劣變作用，且可抑制罐頭中嗜熱菌的繁殖。罐頭冷却階段的壓力值約在升溫殺菌階段壓力值的 $0.2kg/cm^2$ 左右。

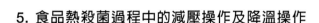 **相關試題**

1. 罐頭經高溫殺菌後應行加壓冷卻，其目的為：　(A)防止凹罐　(B)防止膨罐 (C)快速冷卻　(D)防止凸罐。　　　　　　　　　　　　　　　答：(D)。

解析：罐頭經高溫殺菌後應行加壓冷卻其目的為防止凸罐發生。

十四、罐頭食品的冷卻操作

1. 冷卻後罐頭的溫度：38～40°C

2. 冷卻水的餘氯量

(1) 冷卻水入口處：2～7 ppm。

(2) 冷卻水出口處：0.5 ppm 之餘氯；100 CFU/ml 以下的含菌數。

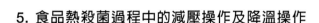 **相關試題**

1. 罐頭冷卻後，製品的品溫以：　(A)10～20°C　(B)35～40°C　(C)20～30°C (D)45～55°C　為宜。　　　　　　　　　　　　　　　　　　答：(B)。

解析：罐頭的品溫以 35～40°C 為宜，利用餘熱將外壁水分蒸發，以保持乾燥。

十五、罐頭食品的貯存試驗

1. 試驗條件：37°C、10 天，貯存後，符合罐頭各項品質檢測合格標準。

2. 微生物檢測條件：37°C、24〜48 小時，貯存後，符合微生物安全含菌量。

相關試題

1. 貯存試驗：罐頭接種試驗(inoculation)。

　答：inoculation 為「罐頭接種試驗」，作法如下：

　　　將一定數目之腐敗厭氧菌(PA3679)接種於罐頭內，送入殺菌釜中殺菌。以公式計算出殺菌時間為 30 分鐘，以 20、25、30 及 40 分鐘分別殺菌，殺菌後罐頭，置於 37°C 培養 10 天，並檢驗罐內殘存的孢子數量。每隔一段時間檢查罐頭是否腐敗發生，在沒有發生腐敗的罐頭中，殺菌時間最短者，即為商業殺菌法之依據。

十六、微生物所引起罐頭食品的腐敗

　　　其原因有四項：

1. 殺菌前之腐敗(pre-process spoilage)。

2. 殺菌不足(under-process)。

3. 漏罐(post-process leakage of can)。

4. 忘記殺菌(failure to retort)。

相關試題

1. 罐頭開罐後有多種微生物汙染，則可能變敗原因為：　(A)殺菌不完全　(B)冷卻不足　(C)漏罐　(D)殺菌前已腐敗。　　　　　　答：(C)。

　解析：捲封操作若不確實，易造成漏罐，罐頭開罐後會發現多種微生物汙染。

十七、罐頭食品膨罐劣變種類

膨罐種類	膨罐原因
硬膨罐(hard swell)	罐蓋和罐底皆膨脹凸出,用手指壓下,其堅硬狀態無法改變。
軟膨罐(soft swell)	罐蓋和罐底皆膨脹凸出,用手指雖可壓下但無法呈正常狀態。
彈性罐(springer)	罐頭至少有一端呈膨脹,但內壓不很強,用手指壓之具彈性感,可將罐蓋膨起一端壓下至正常狀態,但另一端罐底仍凸出。
急跳罐(flipper)	一種極輕微之彈性罐,罐頭外觀可能正常或微凸但不明顯,用手指壓罐蓋有上下凹凸急跳感覺,並發出聲響。

☕相關試題

1. 罐頭至少有一端膨脹,用手壓有彈性感,放手後仍恢復原狀並保持其凹面現象,此種為: (A)彈性罐 (B)硬膨罐 (C)軟膨罐 (D)急跳罐。 答:(A)。

十八、罐頭食品腐敗的類型

腐敗類型	外形變化	劣變產物	腐敗來源
膨罐腐敗 (TA)	罐頭外觀膨脹,凸出變形。	產生 CO_2	*Clostridium thermosaccharolyticum*
平酸腐敗 (flat sour)	罐頭外觀正常或微凹。	pH 下降	*Bacillus stearothermophilus*
硫臭腐敗 (H_2S)	罐頭外觀膨脹,凸出變形。	產生 H_2S	*Clostridium nigrificans*
氫氣膨罐 (H_2 swell)	罐頭外觀膨脹,凸出變形。	產生 H_2	陽極:$Sn^{2+} \rightarrow Sn^{4+} + 2e^-$ 陰極:$2H^+ + 2e^- \rightarrow H_2$
化學膨罐 (chemical swell)	罐頭外觀膨脹,凸出變形。	產生 CO_2	$C_6H_{12}O_6 \rightarrow 2C_2H_5OH + 2CO_2$

相關試題

1. 罐頭平酸腐敗中是由下列何種細菌所引起？　(A)*B. stearothermophilus*
   (B)*Cl. thermosaccharolyticum*　(C)*Cl. nigrificans*　(D)*B. polymyxa*。答：(A)。
   解析：嗜熱脂肪芽孢桿菌在罐頭中會產酸但不產氣，會造成平酸腐敗。

2. 罐頭食品發生膨罐現象和下列何者菌種汙染有關？　(A)*Bacillus* spp.
   (B)*Lactobacillus* spp.　(C)*Clostridium* spp.　(D)*Streptococcus* spp.。答：(C)。
   解析：罐頭食品發生膨罐現象的主要菌屬為 *Clostridium* spp.。

3. 罐頭氫膨罐發生之原因為：　(A)漏罐腐敗　(B)殺菌不足　(C)好熱性菌腐敗
   (D)罐內壁腐敗。　　　　　　　　　　　　　　　　　　　　　答：(D)。
   解析：罐頭內壁發生電化學反應，造成腐蝕而產生氫氣膨脹，形成膨罐現
   　　　象。

4. 由好熱性嫌氣腐敗菌（TA 菌）生長所引起的罐頭腐敗為：　(A)漏罐腐敗
   (B)平酸腐敗　(C)膨罐腐敗　(D)硫變反應。　　　　　　　　答：(C)。
   解析：由 *Clostridium thermosaccharolyticum* 生長所引起的腐敗稱為膨罐腐
   　　　敗。

學後評量　*Exercise*

一、精選試題

（D）1. 下列哪一種罐頭的膨罐程度最嚴重？　(A)急跳罐(flipper)　(B)彈性罐(springer)　(C)軟膨罐(soft swell)　(D)硬膨罐(hard swell)。

【解析】：殺菌後的罐頭經貯藏試驗時若外觀呈現膨脹凸出，即稱為硬膨罐(hard swell can)，是膨罐程度最嚴重的一種類型。

（B）2. 無菌充填包裝之包材（如利樂包），通常使用何者進行殺菌？　(A)二氧化硫　(B)過氧化氫　(C)次氯酸鈉　(D)低濃度鹽酸。

【解析】：包材如利樂包常使用過氧化氫來殺菌，最後以 200°C 熱空氣吹送以避免其殘留。

（C）3. 罐頭食品的酸鹼值(pH)控制在 4.5 以下之目的為：　(A)維持真空度　(B)可省略殺菌製程　(C)抑制肉毒桿菌生長　(D)防止乳酸菌作用。

【解析】：罐頭食品的酸鹼值(pH)控制在 4.5 以下之目的為抑制肉毒桿菌生長。

（B）4. 食品罐頭殺菌時，D 值係指某微生物懸浮液於某溫度下加熱時之：　(A)溫度　(B)活菌數減少 90%所需的時間　(C)微生物殘存率　(D)真空度。

【解析】：D 值指某菌株懸浮液於某溫度下加熱時之活菌數減少 90%所需時間。

（A）5. 下列何者為 UHT 之殺菌條件？　(A)130°C，4 秒　(B)90°C，15 秒　(C)85°C，10 分鐘　(D)70°C，30 分鐘。

【解析】：超高溫瞬間殺菌法(UHT)之殺菌條件為 130〜150°C，4 秒。

（B）6. 下列有關保久乳之敘述，何者正確？　(A)不能利用 UHT 滅菌法滅菌　(B)有微量微生物殘存　(C)必需冷藏保存　(D)室溫下至少可保存二年以上。

【解析】：保久乳之特性為
(A)能利用 UHT 滅菌法滅菌　(B)有微量微生物殘存
(C)不必需冷藏保存　(D)室溫下可保存一年半左右。

（C）7. 製作草莓果醬時，濃縮後需趁熱充填入玻璃罐內，主要欲達成下列何種效果？　(A)防止花青素脫色　(B)進一步濃縮　(C)脫氣　(D)降低果醬黏度。

【解析】：製作草莓果醬時，濃縮後需趁熱充填入玻璃罐內，主要欲達成脫氣效果及行餘熱殺菌操作。

（A）8. 食品衛生標準中規定，合格罐頭食品需通過何種條件之保溫試驗檢查？　(A)37°C，10 天　(B)37°C，30 天　(C)25°C，10 天　(D)25°C，30 天。

【解析】：將已殺菌完的罐頭，需通過 37°C、10 天條件之保溫試驗檢查，以成為合格的罐頭食品，符合食品衛生標準中的規定。

（B）9. 有關果汁趁熱充填敘述，下列何者正確？　(A)適用於 pH 4.5 以上者　(B)適用於 pH 4.5 以下者　(C)須加溫到 100°C　(D)需經高壓滅菌。

【解析】：酸性果汁的趁熱充填為　(A)不適用於 pH 4.5 以上者　(B)適用於 pH 4.5 以下者　(C)無須加溫到 100°C 以上　(D)不需經高壓滅菌，常壓滅菌即可。

（D）10. 有一肉醬罐頭殺菌前有一億株孢子，今以 12D 加壓殺菌（121°C，D＝0.2 分鐘）後有 0.0001 單位孢子殘留，則加熱殺菌時間為：　(A)0.8 分鐘　(B)1.0 分鐘　(C)1.6 分鐘　(D)2.4 分鐘。

【解析】：$F＝D×(\log N_0 － \log N) \Rightarrow F＝0.2×(\log 10^{-8} － \log 10^{-4})$
$\Rightarrow F＝2.4$

（A）11. 下列何種食品需要經 100°C 以上的加熱殺菌處理？　(A)蘆筍　(B)番茄　(C)桔子　(D)櫻桃。

【解析】：食品若為低酸性食品如蘆筍，則其加熱溫度需高達 100°C 以上，以避免肉毒桿菌中毒；番茄、桔子、櫻桃及檸檬等為酸性食品，其加熱溫度在 100°C 以下即可達到殺菌之目的。

（C）12. 將一定菌數的微生物殺死所需的加熱時間稱為：　(A)D 值　(B)Z 值　(C)F 值　(D)X 值。

【解析】：F 值的定義為在特定溫度下，減少 100%微生物菌數所需的加熱時間。

（A）13. 一般食品之加熱殺菌條件，何者敘述正確？　(A)板式殺菌之高溫短時間最適合於牛乳、果汁之用　(B)傳統烤燻之肉製品殺菌中心溫度只需達 60°C　(C)以高溫高壓方式可去汙染肉毒桿菌毒素之罐頭　(D)pH 4.5 以上之水果罐頭可以 60°C 殺菌。

【解析】：一般食品之加熱殺菌條件為
(A) 板式殺菌之高溫短時間最適於牛乳、果汁之用。
(B) 傳統烤燻之肉製品殺菌中心溫度只需達 75°C。
(C) 以高溫高壓方式無法有效去汙染肉毒桿菌毒素之罐頭。
(D) pH 4.5 以下之水果罐頭可以 60°C 殺菌。

（B）14. 罐頭兩端呈膨脹狀態者稱為：　(A)彈性罐　(B)硬膨罐　(C)急跳罐　(D)重凹罐。

【解析】：罐頭兩端呈膨脹狀態者稱為硬膨罐。

（D）15. 食品殺菌的 Z 值，主要依什麼因素決定？　(A)殺菌時間　(B)殺菌溫度　(C)初始菌數　(D)微生物種類。

【解析】：Z 值的定義為在特定熱致死效果下，減少 90%加熱時間所需提高的溫度差，因此食品殺菌的 Z 值高低，主要依微生物種類來決定。

（C）16. 有關罐頭真空度敘述，下列何者是不正確的？　(A)真空度是罐內外壓力差　(B)真空度以 mmHg 或 inchHg 表示之　(C)真空度愈低罐內壓愈小　(D)脫氣不足真空度愈低。

【解析】：罐頭的真空度愈高則表示罐內壓力愈小。

（C）17. 罐頭製造過程中需要排氣，其主要目的在排除：　(A)罐內空氣　(B)釜內水分　(C)釜內空氣　(D)罐內水蒸氣。

【解析】：罐頭製造中需要排氣，其目的在排除殺菌釜內空氣，以利加壓殺菌。

（C）18. 市售利樂包飲料之包裝材料所使用之殺菌劑為：　(A)次氯酸鈉　(B)O_3　(C)H_2O_2　(D)亞硫酸鹽。

【解析】：市售利樂包飲料之包裝材料所使用之殺菌劑為 H_2O_2。

（D）19. 假設某罐頭中有 10^8 個孢子，該細菌孢子之死滅常數（decimal reduction time，D 值）為 1，則此罐頭於 250°F 加熱 8 分鐘後，殘留之孢子數為何？　(A)0.302　(B)0.4771　(C)2　(D)1。

【解析】：$\log N_o - \log N = F／D \Rightarrow \log 10^8 - \log N = 8.0／1.0 \Rightarrow N = 1$ 菌株。

（D）20. 某罐頭發生急跳罐，開罐後經鏡檢時發現許多死菌，則可能變敗原因為：　(A)殺菌不足　(B)冷卻不足　(C)漏罐　(D)殺菌前已腐敗。

【解析】：食品原料若鮮度極低，則腐敗菌數偏高，若該罐頭發生急跳罐，開罐後經鏡檢時發現許多死菌，則變敗原因為殺菌前已腐敗。

（D）21. 下列何者不需要經過巴斯德殺菌法(pasteurization)處理？　(A)冷凍蛋　(B)啤酒　(C)牛奶　(D)高粱酒。

【解析】：冷凍蛋、液體蛋、牛奶及啤酒等需要經過巴斯德消毒法，高粱酒的酒精濃度高達 65%以上，即具有抑菌效果，無需巴斯德殺菌法處理。

（D）22. 罐頭捲封部的鉤疊率(OL%)合格標準應達多少以上？　(A)90%　(B)70%　(C)60%　(D)50%。

【解析】：45%以上的鉤疊率才屬於合格標準的罐頭捲封部，若低於此數值，則表示捲封不良，有漏罐的危機。

（B）23. 罐頭商用殺菌之程度必須達到產品： (A)完全無菌 (B)在常溫下無活菌殘存 (C)只殺死病原菌及毒素菌 (D)視產品種類而定。

【解析】：罐頭商用殺菌之程度必須達到產品在常溫下無活菌殘存，但可能有孢子殘存，不是完全無菌的狀態。

（B）24. 商業殺菌： (A)孢子完全死滅 (B)病原菌死滅 (C)酵素完全抑制 (D)氧化作用抑制。

【解析】：商業殺菌熱處理的目的為殺死病原菌、腐敗菌及產毒菌，但無法完全抑制孢子，若孢子萌發，仍會有中毒的疑慮。

（B）25. torr 單位相當於： (A)10 mmHg (B)1 mmHg (C)0.1 mmHg (D)1000 microbar。

【解析】：torr 為壓力單位的一種，1 torr＝1 mmHg。

（D）26. 下列各菌株何者最耐熱？ (A)*Bacillus subtilus*；D＝－0.4，Z＝6.5 (B)*Clostridium botulinum*；D＝0.1~0.3；Z＝8~11 (C)*Clostridium sporogenes*；D＝0.8~1.5，Z＝9~11 (D)*Bacillus stearothermophilis*；D＝4~5，Z＝9.5~10。

【解析】：微生物的耐熱特性和 D 值高低有關，D 值愈高，表示該菌株最耐熱。

（B）27. 製罐過程中，哪一流程有助於罐頭產品膨脹之判別？ (A)密封 (B)脫氣 (C)殺菌 (D)冷卻。

【解析】：製罐若有脫氣操作，罐頭經殺菌後仍發生膨脹現象，則表示有微生物腐敗或化學性腐敗的發生，則脫氣操作有助於罐頭膨脹性之判別。

（A）28. 造成食品罐頭平酸敗壞的菌種是： (A)*Bacillus* spp. (B)*Lactobacillus* spp. (C)*Clostridium* spp. (D)*Streptococcus* spp.。

【解析】：*Bacillus stearothermophilus* 是造成食品罐頭平酸敗壞現象的主要菌種。

（B）29. 一種輕微之微生物膨罐或輕度氫氣膨罐，兩端輕微膨脹以手指壓下有彈性感，能恢復原狀保持凸面現象稱為： (A)膨罐 (B)彈性罐 (C)急跳罐 (D)重凹罐。

【解析】：彈性罐為一種輕微之微生物膨罐或輕度氫氣膨罐，兩端輕微膨脹以手指壓下有彈性感，能恢復原狀而保持凸面現象。

（A）30. 殺菌之 D 值與細菌死滅速度之關係為： (A)殺菌溫度愈高，D 值愈小 (B)殺菌溫度愈低，D 值愈小 (C)殺菌溫度愈高，D 值愈大 (D)殺菌溫度不影響 D 值。

【解析】：殺菌溫度愈高，目標微生物的耐熱性愈低，則其 D 值會顯著變小。

（A）31. 罐頭外部之氣壓為 750 mmHg，罐頭內部之氣壓為 430 mmHg，則罐頭內部之真空度為： (A)320 mmHg (B)430 mmHg (C)1,180 mmHg (D)325 mmHg。

【解析】：罐頭內真空度 = 750 − 430 = 320 mmHg。

（A）32. 二重捲封機第一捲輪的溝槽為： (A)窄而深 (B)窄而淺 (C)寬而深 (D)寬而淺。

【解析】：捲封機第一捲輪的溝槽為窄而深，具抱捲作用；第二捲輪的溝槽為寬而淺，具有壓緊作用。

（B）33. 罐外大氣壓為 29.5 吋，若以真空計讀出罐內真空度為 12.5 吋，則罐內氣壓為： (A)42 吋 (B)17 吋 (C)12.5 吋 (D)21 吋。

【解析】：罐頭內氣壓 = 罐外大氣壓力 − 罐內真空度
= 29.5 − 12.5 = 17 吋。

（D）34. 罐頭食品封蓋過程中，脫氣(exhausting)操作之作用不包括： (A)減少氧化 (B)防止好氣性菌繁殖 (C)排除罐中空氣 (D)排除多餘水分。

【解析】：罐頭食品脫氣操作之目的為
(A)減少氧化劣變作用 (B)防止好氣性菌生長繁殖
(C)排除罐頭中空氣 (D)利於判別罐頭的膨脹現象

（C）35. 加工機械上表壓計所顯示壓力與絕對壓力之關係為： (A)表壓 = 絕對壓力 (B)表壓 = 絕對壓力 + 大氣壓力 (C)表壓 = 絕對壓力 − 大氣壓力 (D)表壓 = 大氣壓力 + 絕對壓力 + 2.0。

【解析】：罐頭殺菌操作時，殺菌釜上表壓計的功能為監測殺菌釜內壓力的變化，因此其與絕對壓力的關係為表壓 = 絕對壓力 − 大氣壓力。

（A）36. 殺菌值之計算中，Z 值之單位是： (A)溫度單位 (B)微生物數量單位 (C)時間單位 (D)無單位。

【解析】：Z 值定義為相同熱致死效果下，減少 90%加熱時間所需提高的溫度。

（D）37. 下列食品屬於低酸性食品是： (A)鳳梨罐頭 (B)花瓜罐頭 (C)番茄罐頭 (D)蘆筍罐頭。

【解析】：鳳梨、花瓜及番茄罐頭等屬於酸性罐頭，蘆筍罐頭則屬低酸性罐頭。

（C）38. 下列有關罐頭殺菌的敘述何者是錯誤的？ (A)罐頭殺菌是一種完全滅菌之操作 (B)罐頭殺菌通常必須加壓 (C)D 值所代表之意義為減少 90%菌數所需增高之溫度 (D)F_0值通常以 121°C 或 250°F 為參考溫度。

【解析】：罐頭殺菌的特性：D 值所代表之意義為減少 90%菌數所需加熱時間。

（C）39. 無菌包裝之包材如何殺菌？ (A)使用熱水 (B)使用蒸氣 (C)使用過氧化氫溶液 (D)根本不用殺菌。

【解析】：包材如殺菌軟袋、複合膜及積層膜等，常使用過氧化氫行殺菌處理。

（B）40. 殺菌軟袋食品： (A)冷藏才行 (B)在室溫貯藏即可 (C)在冷凍庫貯藏 (D)不宜貯藏。

【解析】：由於殺菌軟袋食品是在無菌條件下行熱殺菌加工處理，因此該類食品在室溫貯藏即可，無須在冷凍庫下貯藏。

（C）41. 在 121°C，5 分鐘內可將某微生物孢子的數目由原來的每毫升 10^5 個降為每毫升 1 個，則此微生物孢子之 D 121°C 值約為： (A)0.2 分鐘 (B)0.5 分鐘 (C)1 分鐘 (D)5 分鐘。

【解析】：$\log N_0 - \log N = F／D \Rightarrow \log 10^5 - \log 1 = 5.0／D \Rightarrow D = 1$ 分鐘。

（D）42. 無菌包裝顆粒食品之殺菌常使用： (A)殺菌釜 (B)二重釜 (C)板式熱交換機 (D)刮面式熱交換機。

【解析】：刮面式熱交換機內具有刮刀可將黏度高的顆粒食品由內壁刮下，進行均勻熱交換殺菌，因此無菌包裝顆粒食品之殺菌常使用該種方法。

二、模擬試題

（ ） 1. 微生物的耐熱性和食品的 pH 值有關，殺菌時若食品的 pH 值在： (A)4.6～3.7 (B)4.6～5.0 (C)5.0～6.0 (D)6.0～7.0 ，則溫度設定在 100°C 以下即可。

（ ） 2. 豬肉罐頭經 121°C 加熱，D 值為 2 分鐘，若要達到商業殺菌程度需的加熱時間為： (A)4 分鐘 (B)6 分鐘 (C)10 分鐘 (D)24 分鐘。

（ ） 3. 下列何種食品屬於低酸性(pH＞4.6)食品？ (A)胡蘿蔔罐頭 (B)德式泡菜罐頭 (C)杏桃罐頭 (D)柑橘罐頭。

（ ） 4. 殺菌溫度愈高，細菌死滅愈快表示熱殺菌參考值(F_0 value)的變化為： (A)變小 (B)變大 (C)不變 (D)不能比較。

（　）　5.　某細菌的 D 值為 2 分鐘，經 121°C、18 分鐘殺菌後，只剩 10^{-3} 株菌殘留，試問罐頭內初始菌數為：　(A)10^4 CFU　(B)10^6 CFU　(C)10^8 CFU　(D)10^{10} CFU。

（　）　6.　超高溫瞬間加熱法(U.H.T.)其殺菌條件為：　(A)62.5°C、3 秒　(B)93°C、2 秒　(C)121°C、2 秒　(D)135°C、3 秒。

（　）　7.　下列何者熱殺菌值顯示的是菌體對不同破壞溫度之相對抵抗能力？　(A)F 值　(B)Z 值　(C)D 值　(D)X 值。

（　）　8.　熱殺菌處理中，下列何種菌株的熱抗性最高？　(A)*Bacillus subtilis*　(B)*Bacillus stearothermophilus*　(C)*Clostridium botulinum*　(D)*Coxiella burnetti*。

（　）　9.　一大氣壓的單位換算，下列何者是正確？　(A)760 torr　(B)1.034 lb/in^2　(C)1,033.6 kg/cm^2　(D)14.70 cmH$_2$O。

（　）　10.　下列罐頭食品何者傳熱速度最快？　(A)魚肉罐頭　(B)鹽漬豌豆罐頭　(C)乳油玉米罐頭　(D)蜜柑果汁罐頭。

（　）　11.　下列有關理想的化學殺菌藥劑敘述，何者是正確的？　(A)可有效殺死菌體　(B)只對食品成分具有良好穿透性　(C)有氣味殘留　(D)常用於塑膠包材，以雙氧水殺菌為主。

（　）　12.　果醬類罐頭的殺菌處理，常指下列何種殺菌法？　(A)微波加熱殺菌法　(B)熱充填加熱殺菌法　(C)靜水壓式殺菌法　(D)瞬間 18 殺菌法。

（　）　13.　下列何種食品容易在加熱殺菌的過程中發生破裂現象？　(A)積層袋　(B)玻璃瓶　(C)金屬罐　(D)利樂包。

（　）　14.　無菌包裝加工的液體食品原料常使用之殺菌處理為：　(A)殺菌釜　(B)刮面式熱交換機　(C)雙重鍋　(D)板式熱交換機。

（　）　15.　下列何項食品加熱時其最冷點(cold point)位於罐底往上 1/3～1/4 處？　(A)金華火腿　(B)烤牛肉　(C)牛肉罐頭　(D)番茄汁。

（　）　16.　鋁箔包食品(pure pack food)：　(A)不宜貯藏　(B)冷藏才行　(C)室溫下貯藏即可　(D)冷凍庫貯藏。

（　）　17.　無菌製罐的三大原理依序為：　(A)脫氣→密封→殺菌　(B)殺菌→脫氣→密封　(C)殺菌→充填→密封　(D)密封→殺菌→冷卻。

（　）18. 包裝材料之殺菌法中，下列何者不屬於化學法？　(A)氯氣殺菌　(B)酒精殺菌　(C)紫外線殺菌　(D)環氧乙烷殺菌。

（　）19. 傳統製罐用的冷卻用水，其游離餘氯量依規定不得低於：　(A)2 ppm　(B)7 ppm　(C)50 ppm　(D)100 ppm。

（　）20. 商業殺菌法(commercial sterilization)的效果是指：　(A)耐熱孢子死滅　(B)病原菌死滅　(C)腐敗菌死滅　(D)中毒菌死滅。

（　）21. 下列何者屬於罐頭食品之殺菌條件的指標菌？　(A)*Lactobacillus bulgaricus*　(B)*Bacillus subtilis*　(C)*Bacillus stearothermophilus*　(D)*Streptococcus thermophilus*。

（　）22. 在 121°C 時，某細菌的 D 值為 6 分鐘，Z 值為 10°C，若欲使初始菌數由 10^{12} 減少至 100，則 $F_{111°C}$ 為：　(A)720 分鐘　(B)72 分鐘　(C)7.2 分鐘　(D)0.72 分鐘。

（　）23. 高酸性食品中腐敗細菌可增殖的最高酸鹼值(pH)為下列何者？　(A)3.7　(B)4.6　(C)5.0　(D)6.0。

（　）24. 殺菌溫度愈高，細菌死滅愈快表示熱殺菌值(F value)的變化為：　(A)變小　(B)變大　(C)不變　(D)無關。

（　）25. 鳳梨罐頭經 121°C 加熱，D 值為 3 分鐘，若要達到商業殺菌程度，則所需的加熱時間為：　(A)50 分鐘　(B)36 分鐘　(C)15 分鐘　(D)9 分鐘。

（　）26. 下列各種菌株的耐熱性，何者最高？
(A)*Bacillus subtilis*：D = 0.1~0.4 分鐘，Z = 6.5°C
(B)*Clostridium botulinum*：D = 0.1~0.3 分鐘，Z = 8~11°C
(C)*Bacillus stearothermophilus*：D = 4~5 分鐘，Z = 9.5~10°C
(D)*Clostridium sporogenes*：D = 0.8~1.5 分鐘，Z = 9~11°C。

（　）27. 食品殺菌的 D 值，主要依什麼因素決定？　(A)殺菌時間　(B)殺菌溫度　(C)初始菌數　(D)微生物種類。

（　）28. 於定溫下將定量菌體完全殺死所需的時間稱為：　(A)X 值　(B)F 值　(C)D 值　(D)Z 值。

（　）29. 利樂包充填前，其積層包裝材料的殺菌方法常採用下列何者？　(A)酒精　(B)環氧乙烷　(C)紫外線　(D)雙氧水。

（　）30. 罐頭外觀正常，內容物呈硫臭味，是由何種細菌繁殖所導致的？
(A)*Clostridium nigrificans*　　　　(B)*Bacillus stearothermophilus*
(C)*Clostridium sporogenes*　　　　(D)*Bacillus thermoaciduraus*。

（　）31. 依據衛生標準，罐頭冷卻水的細菌數目應在控制多少以下？　(A)100
CFU/ml　(B)150 CFU/ml　(C)300 CFU/ml　(D)500 CFU/ml。

（　）32. 下列何者不屬於正常罐頭所應有之特徵？　(A)不生銹　(B)罐頭稍凸
(C)表面光亮　(D)不變形。

（　）33. 罐頭產生平酸腐敗(flat sour spoilage)的特徵，下列何者為非？　(A)外
觀正常　(B)酸度升高　(C)殺菌不足　(D)產氣。

（　）34. 罐頭食品之膨罐腐敗類型，主要受下列何種菌體作用之結果？
(A)*Clostridium thermosaccharolyticum*　　(B)*Actinomycetes* spp.
(C)*Clostridium sporogenes*　　　　　　　(D)*Bacillus coagulans*。

（　）35. 罐頭食品殺菌時間與溫度決定，以下列何種菌體的孢子致死為準？
(A)金黃色葡萄球菌　(B)肉毒桿菌　(C)腸炎弧菌　(D)大腸桿菌。

（　）36. 中酸性罐頭食品內容物平衡後，其 pH 值應：　(A)大於 5.0　(B)小於
4.6　(C)小於 3.7　(D)大於 4.6。

（　）37. 下列何種罐頭膨脹的類型屬於劣變中最嚴重的？　(A)軟膨罐　(B)硬
膨罐　(C)急跳罐　(D)彈性罐。

（　）38. 酸性罐頭食品之殺菌值(F_0)為：　(A)必須大於 3　(B)不須大於 2　(C)
必須大於 2　(D)不須大於 3。

（　）39. 一般罐頭冷卻操作時，冷卻水排出口之餘氯量應維持在多少以上？
(A)0.5 ppm　(B)1.0 ppm　(C)2.0 ppm　(D)5.0 ppm。

（　）40. 在相同熱致死效果下，使加熱時間減少 90%所需提高的溫度差稱為：
(A)X 值　(B)F 值　(C)D 值　(D)Z 值。

模擬試題答案

1.(A)	2.(D)	3.(A)	4.(C)	5.(B)	6.(D)	7.(B)	8.(B)	9.(A)	10.(B)
11.(D)	12.(B)	13.(B)	14.(D)	15.(D)	16.(C)	17.(A)	18.(C)	19.(A)	20.(B)
21.(C)	22.(A)	23.(A)	24.(A)	25.(C)	26.(C)	27.(D)	28.(B)	29.(D)	30.(A)
31.(A)	32.(B)	33.(D)	34.(A)	35.(B)	36.(D)	37.(B)	38.(D)	39.(A)	40.(D)

食品冷加工及其保藏法

一、食品行低溫貯藏的目的(purpose of food freezing storage)

1. 抑制各種微生物之生長。

2. 延緩酵素分解的反應。

3. 延緩食品組成分產生化學性劣變作用。

☕相關試題

1. 食品低溫貯藏的主要目的：　(A)抑制微生物繁殖　(B)延緩酵素的反應　(C)延緩化學作用　(D)以上皆是。　　　　　　　　　　　　答：(D)。

二、依溫度範圍分類(classification of low-temperature storage)

低溫貯藏法	定　義	溫　度	品質變化
冷卻貯藏法 cold storage	以不會造成食品中水分發生凍結的溫度來貯藏食品。	10～0°C	品質變化大。
冰溫貯藏法 chilled storage	以 0°C 以下至食品凍結點以上間的溫度來貯藏食品。	0°C～冰點*	品質變化不大。
凍結貯藏法 frozen storage	以冰點以下的溫度，如在 −18°C 以下來貯藏食品。	−18°C 以上	品質變化甚小。

*註：冰點即是凍結點。

☕相關試題

1. 半凍結冰溫貯藏法的敘述，下列何者為非？　(A)位於最大冰晶生成帶　(B)易發生昇華現象　(C)易發生凍結現象　(D)易發生蒸發現象。　答：(D)。
   解析：半凍結冰溫法中冰點位於最大冰晶生成帶，不容易發生水分蒸發現象。

2. 冷凍食品應保存在：　(A)0°C　(B)−5°C　(C)−10°C　(D)−18°C。　答：(D)。

三、微生物生長與溫度的關係(relationship of microorganism growth and temperature)

微生物種類	最低溫度	最適溫度	最高溫度	附　註
黴　菌 molds	0°C	20～35°C	40°C	少數黴菌，如毛黴菌屬(*Mucor*)能在 0°C 以下生長。
酵 母 菌 yeasts	5°C	25～32°C	40°C	亦分串狀酵母菌(*Torulopsis*)可在 5°C 以下繁殖。
高溫細菌 thermophiles	30～45°C	50～70°C	70～90°C	高溫菌在常溫下無法生長，與罐頭食品的劣變有關。
中溫細菌 mesophiles	5～15°C	30～45°C	45～55°C	中溫菌在 5～10°C 仍能生長，屬一般細菌，如病原菌。
低溫細菌 psychrotrophs	–5～5°C	25～30°C	30～35°C	低溫菌，0°C 以下仍能生長，與低溫製品變質有關。
嗜冷細菌 psychrophiles	–10～5°C	12～15°C	15～25°C	嗜冷菌，–20°C 以下仍能生長。

☕相關試題

1. 說明溫度對於微生物活性的關係。

　答：溫度下降，食品中之水活性亦下降，因此食品系統中微生物活性同時會降低。

四、常見低溫腐敗菌與衛生指標菌(spoilage bacteria and indicator microorganisms in cold chain)

1. 低溫腐敗菌與其食品類別

低 溫 腐 敗 菌	食 品 類 別
假單胞菌屬(*Pseudomonas*)	一般食品
弧菌屬(*Vibrio*)、微球菌屬(*Micrococcus*)	水產品
無色桿菌屬(*Achromobacter*)、乳酸桿菌屬(*Lactobacillus*)	肉類製品

2. 衛生指標菌與其分布食品類別

衛　生　指　標　菌	食　品　類　別
大腸桿菌(*Echerichia coli*)	食用水品質、冰品、一般食品或凍品
腸球菌屬(*Enterococcus*)	冷凍調理食品

 相關試題

1. 冷凍調理食品中以何者做為食品微生物指標菌最為理想？　(A)腸球菌　(B)總生菌數　(C)大腸菌屬細菌　(D)葡萄球菌。　　　　　　　　　答：(A)。

2. 請解釋下列名詞：aerobic bacteria。

   答：aerobic bacteria 為好氣性細菌，要在一般有氧的環境下方能生長和繁殖者。如假單孢菌屬、微球菌屬及無色桿菌屬等。

五、食品的冰點或凍結點(freezing point of food)

1. 定義：為食品中水溶液開始形成冰晶之溫度，純水之冰點在 0°C。

2. 特性

(1) 若食品的含水率愈高，其冰點會上升但仍低於 0°C 以下。

(2) 若食品中溶質每增加 1 莫耳濃度，則其冰點約下降 −1.86°C。

3. 公式

(1) 冰點下降公式

$$\triangle t_f = k_f \times m$$

$\triangle t_f$：下降的冰點度數。

k_f　：凍結常數為−1.86。

m　：溶質的莫耳數。

(2) 冰結率

$$\delta\% = (1 - Q / F) \times 100\%$$

δ ：冰結率。

Q ：食品的最初冰點。

F ：食品的凍結最終溫度。

☕ 相關試題

1. 牛乳的冰點為 -0.5°C，則 -5°C 下結冰率為： (A)80% (B)85% (C)90% (D)95%。 答：(C)。

解析： $\delta\% = (1 - Q / F) \times 100\% \Rightarrow \delta\% = [1 - (-0.5 / -5)] \cdot 100\%$
$\Rightarrow \delta\% = 90\%$。

2. $\triangle t_f = k_f \times m$，$k_f = 1.86$，若 1,000g 水中含有 171g 蔗糖（分子量為 342），請問此溶液之凍結點為何？ (A)-1.86°C (B)1.86°C (C)-3.72°C (D)-0.93°C。 答：(D)。

解析： $\triangle t_f = k_f \times m \Rightarrow \triangle t_f = -1.86 \times [(171 / 342) / (1000 / 1000)]$
$\Rightarrow \triangle t_f = -0.93°C$。

　　食品中的溶質（例如蛋白質、醣類、脂肪及鹽類等）濃度愈高，易使該食品的冰點下降，促使食品的凍結時間拉長。

4. 各種食品的冰點

食品類別	冰 結 點	含 水 率	食品類別	冰 結 點	含 水 率
番 茄	-0.9°C	90.5%	柿 子	-2.1°C	82.2%
洋 蔥	-1.1°C	89.1%	檸 檬	-2.2°C	88.7%
豌 豆	-1.1°C	73.4%	櫻 桃	-2.4°C	85.5%
馬鈴薯	-1.7°C	79.5%	香 蕉	-3.4°C	75.5%
甘 藷	-1.9°C	69.3%	牛 肉	-0.6°C	71.6%
蘋 果	-2.0°C	87.9%	魚 肉	-0.6°C	81.0%
洋 梨	-2.0°C	83.1%	卵 白	-0.45°C	89.6%
桔 子	-2.2°C	88.1%	卵 黃	-0.65°C	49.5%
葡 萄	-2.2°C	81.5%	牛 乳	-0.5°C	88.6%

六、冷凍冷藏的設備(freezing equipment)

1. 低溫形成原理

液態冷媒在蒸發過程中轉變為氣態冷媒時，可吸收大量的潛熱，因此可使周圍的溫度因被吸熱而變為低溫狀態。

2. 低溫設備的冷媒循環

以容易液化的氣體做為冷媒，氣化冷媒通過冷凝器使其液化，液化的冷媒通過膨脹閥由高壓回復成常壓狀態，冷媒經蒸發器氣化吸熱，再用壓縮機壓縮，使冷媒形成高壓的氣態，再經冷凝器後，冷卻高壓氣體使其再液化，如此冷媒氣液態之循環，不斷地使冷媒在氣化時帶來周圍環境的降溫效果。

3. 冷媒循環四大主要元件

(1) 膨脹閥(valve)：使部分高壓液態冷媒發生膨脹作用而轉變成低壓液態冷媒，具吸收周圍熱量的能力。

(2) 蒸發器(evaporator)：蒸發器中之低壓液態冷媒，因吸收食品的熱量(Q_1)而具有降低環境的溫度的能力，此時冷媒因吸熱而轉變成低壓氣態的型式。

(3) 壓縮機(compressor)：將已吸熱的低壓氣態冷媒藉由機械式作功，再吸收部分的熱量(Q_2)，使其經由壓縮作用而形成高壓氣態冷媒。

(4) 冷凝器(condenser)：最後利用低溫冷卻水將高壓高熱量的冷媒予以冷卻，使其放出熱量(Q_3)，而使冷媒由高壓氣體狀態冷凝成高壓液體狀態。

4. 能量不滅定律

蒸發器吸收熱量(Q_1)＋壓縮機作功熱量(Q_2)＝冷凝器所放出的熱量(Q_3)

當我們描述蒸氣壓縮式冷凍機中冷媒冷凍循環的過程，我們會使用莫利爾線圖(Mollier diagram)，其係由壓力－焓圖組成用來表示冷媒的物理性變化，其主要元素簡單表列如下：

分　類	膨脹閥	蒸發器	壓縮機	冷凝器
壓力(pressure)	由高變低	等低壓	由低變高	等高壓
焓(enthalpy)	等焓	吸熱(Q_1)	作功(Q_2)	放熱(Q_3)
熵(entropy)	無	無	等熵	無

☕相關試題✍

1. 關於冷凍循環進行之步驟，下列何者正確？　(A)壓縮機→膨脹閥→冷凝器→蒸發器　(B)壓縮機→膨脹閥→蒸發器→冷凝器　(C)壓縮機→冷凝器→膨脹閥→蒸發器　(D)壓縮機→蒸發器→膨脹閥→冷凝器。　　　　答：(C)。
　解析：冷凍循環進行之步驟為壓縮機→冷凝器→膨脹閥→蒸發器。

2. 莫里爾線圖(Mollier diagram)係由下列何種圖組成？　(A)壓力－熵圖　(B)壓力－溫度圖　(C)溫度－熵圖　(D)壓力－焓圖。　　　　答：(D)。
　解析：壓力－焓圖組成莫里爾線圖中冷媒的物理性變化。

3. 理想冷凍循環中，冷媒於蒸發器內之程序屬於：　(A)等焓　(B)等壓　(C)等熵　(D)等容。　　　　答：(B)。
　解析：冷媒於蒸發器內之程序屬於等（低）壓，氣態冷媒帶走食品的熱量，故只有焓變化。

　　在冷凍機存在兩種冷媒，分別是一次冷媒與二次冷媒，分述如下：

1. 一次冷媒(1st refrigerator)

　　其狀態變化為：液態冷媒$_{(aq)}$→氣態冷媒$_{(g)}$→液態冷媒$_{(aq)}$

常見冷媒	CCl_3F	$CClF_3$	$CHClF_2$	$C_2Cl_2F_4$	NH_3	H_2O	空氣
冷媒代號	R-11	R-13	R-22	R-114	R-717	R-718	R-729

　　其主要特性為蒸發潛熱高、液體比熱小、氣體比熱大、臨界溫度高、凝固點低、常溫下安定、對鋼鐵材質不具腐蝕性、具臭味易察覺。以下為一次冷媒主要分類及其相關特性。

分　　類	凍結能力	毒性	臭味	爆炸性	燃燒性	臭氧破壞
氨　氣	佳	高	有	有	有	無
氟 氯 烷	差	低	無	無	無	有

2. 環保冷媒

　　現有「環保冷媒」：氟氯氫化物，具有氟氯烷之功能，但不會破壞臭氧層。

3. **二次冷媒(2nd refrigerator)**：可做為第一次冷媒與食品間之熱量傳遞媒介。
   常用於冰品之凍結。
   (1) 狀態變化：液態冷媒$_{(aq)}$→液態冷媒$_{(aq)}$＋顯熱。
   (2) 常見冷媒：氯化鈉、氯化鈣、氯化鎂、蔗糖等之水溶液、乙二醇、丙二醇、甘油及酒精。
   (3) 主要特性：熱傳導率高、比熱高、冰點低、凝固點低、黏度低、發泡性低、吸濕性小、不腐蝕金屬、無味、無色、無臭、無毒、具不可燃性。

☕ 相關試題

1. 下列何者非優良冷媒之特點？　(A)蒸發潛熱大　(B)液體比熱小　(C)臨界溫度高　(D)凝固點高。　　　　　　　　　　　　　　　答：(D)。

2. 下列何者為二次冷媒？　(A)氨　(B)Freon　(C)食鹽　(D)醋酸。　答：(C)。
   解析：食鹽水溶液為二次冷媒；氨氣及氟氯烷(Freon)則屬於一次冷媒。

七、冷凍貯藏法(frozen storage)

　　冷凍貯藏法之定義為食品放置於凍結點以下，即在 –18℃ 以下的低溫下貯藏，稱為冷凍貯藏法。

　　其品質變化因食品行凍結貯藏，其中微生物不易生長繁殖，化學變化也少，故可耐相當長時間的貯藏，品質的劣變程度亦少。

　　依凍結速度的快慢，冷凍貯藏法的種類又可細分為以下三種：

凍結方法	凍結時間與速率	冰晶損傷程度	特性與適用食品
緩慢凍結法 (slow freezing)	3～72 小時完成，凍結速率慢。	冰晶大且分布細胞外，汁液多。	大型食品。
急速凍結法 (fast or quick freezing)	25 分鐘以內完成，凍結速率快。	冰晶小且分布細胞內外，解凍後汁液流失少。	有效的凍結速率需大於 1 cm/hr，小型食品適用。
個別急速凍結法 (individual quick freezing, I.Q.F.)	30 分鐘以內完成，凍結速率快。	冰晶小且分布細胞內外，解凍後汁液流失少。	豆仁、玉米粒、洋蔥丁、蘿蔔丁、湯圓、水餃。

相關試題

1. 冷凍毛豆加工流程中之凍結方法主要係以： (A)接觸式凍結 (B)浸漬式凍結 (C)個別急速凍結 (D)螺旋迴轉式凍結。 答：(C)。

2. 急速凍結所得食品： (A)冰晶大 (B)解凍滴液較多 (C)冰晶小 (D)冷凍期間品質變化大。 答：(C)。
   解析：急速冷凍食品的變化為冰晶細小、解凍汁液流失少及期間品質變化小。

3. 冷凍豌豆採用下列哪一種冷凍機，品質最佳？ (A)冷凍庫 (B)逆風式冷凍機 (C)板式冷凍機 (D)浮流床式冷凍機。 答：(D)。
   解析：豌豆、豆仁、蘿蔔丁及蔬菜粒等適合採用浮流床式冷凍機。

八、冷凍方法(freezing methods)

冷凍方法	定　義	用　途
間接接觸冷凍法 cold air freezing	先以冷媒冷卻冷凍室內的空氣，再利用低溫空氣來冷卻食品，使食品凍結的方法。	間接接觸冷凍法需要長時間才能完成凍結操作，因此其中冰晶會長大，將破壞食品的細胞組織。
直接接觸冷凍法 direct contact freezing	食品放置在冷卻的金屬板之間，利用金屬板與食品接觸的方式來進行急速冷凍，稱為直接接觸冷凍法。	食品完成冷凍所需要時間短，因此其中冰晶細小不大，食品的細胞組織破壞也小，有不錯效果。
浸漬式冷凍法 immersion freezing	以不凍液如食鹽或氯化鈣水溶液作為二次冷媒，將已包裝或未包裝的食品浸漬其中，進行急速冷凍，稱為浸漬式冷凍法。	食品完成冷凍所需時間短，冰結晶很細小，均勻分布在細胞內外，細胞組織破壞很小，效果甚佳。
噴霧式冷凍法 cryogenic freezing	以低溫仍不會凍結的食鹽水或液態二氧化碳、液態氮等冷凍劑噴霧於已包裝或未包裝食品上，進行急速冷凍，稱為噴霧式冷凍法。	適用於不規格的小型食品冷凍操作，冷凍所需時間短，冰結晶很細小，細胞組織破壞很小；但缺點是價格高、無法回收及不適用大型食品。

☕ 相關試題 ✍

1. 以液態氮進行食品冷凍時，下列敘述何者不正確？　(A)利用其 –196°C 的蒸發溫度　(B)適用 IQF 的場合　(C)適於大型食品的冷凍　(D)產品重量損失小，氧化變質少。　　　　　　　　　　　　　　　　　　　答：(C)。
解析：液態氮(liquid-N₂)適合小型食品的冷凍，大型食品的冷凍較不適合。

九、 低溫時食品品質之變化(quality change of food during freezing process)

1. 食品中水在冷凍時之變化

　　食品中的水因含有各種溶質或其他化合物（溶質），因此食品中的水並非是純水而是水溶液狀態，此二者（純水和水溶液）的冷凍情況並不相同。

　　當溫度降至–21.2°C 時，食鹽水溶液中的食鹽與水均會形成結晶狀態，此時該溶液的濃度為 22.4%，該溫度即為該溶液的共晶點(eutectic point)。

　　食品的水與各種鹽類以混合物狀態存在，欲使食品完全凍結時，則其溫度須降低至其共晶點(–50～–60°C)，然而一般凍結食品的操作溫度約在–20～–30°C（中心溫度需達到–18°C 以下），因此冷凍食品中尚有若干未凍結的水殘留其中。

2. 食品在冷凍時之溫度變化

　　食品的冷凍曲線變化如下。

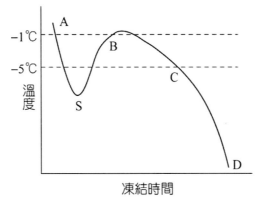

圖 5-1　薄片牛肉的低溫凍結曲線圖

如上圖所示，B 點(–1～–2℃)為一般食品的冰點，S 點為過冷點(supercooling)在產生冰晶形成所需之晶核，至 C 點(–5℃)時食品的結冰操作大略完成，在 B 點至 C 點之間凍結是用於形成結冰，所以隨著時間經過，溫度並沒有顯著的降低，大約保持在–1～–5℃ 之間的溫度，這個溫度帶稱為最大冰晶生成帶(zone of maximum ice crystal formation)，之後隨著時間延長使食品溫度下降至 D 點即為共晶點。

食品經凍結處理後會因冰晶損傷的效應而使食品的體積膨脹約 9%。

食品的凍結膨脹率 r% = 含水率 × 凍結率 × 體積膨脹率(9%)。

☕ 相關試題

1. 食品冷凍時，水分的最大冰晶形成帶在： (A)0～–1℃ (B)–1～–5℃ (C)–5～–10℃ (D)–16℃ 以下。　　　　　　　　　　答：(B)。
   解析： 冷凍曲線中最大冰晶生成帶的溫度約–1～–5℃，80%水分凍結成冰結晶。

2. 冷凍曲線中，最大冰晶生成帶上，食品品溫： (A)快速下降 (B)急速上升 (C)維持於–1～–5℃ (D)維持於 1～5℃。　　　　　　答：(C)。
   解析： 冷凍曲線中，最大冰晶生成帶上，食品品溫維持於–1～–5℃。

3. 水由 0℃ 變成 0℃ 之冰時，體積約增加 9%，今有一條魚其水分含量為90%，凍結率為 80%，則此魚之凍結膨脹率約為： (A)7.2% (B)6.4% (C)5.4% (D)3.6%。　　　　　　　　　　　　　　答：(B)。
   解析： r% = 含水率 × 凍結率 × 體積膨脹率 ⇒ r% = 90% × 80% × 9%
   　　　　⇒ r% = 6.4%。

────────── 🍂

3. 食品在低溫貯藏時之品質劣變
(1) 氧化作用（肉類）

富含高度不飽和脂肪的食品於凍藏期間，未被破壞的酵素如脂肪分解酵素、脂肪氧化酵素等會緩慢進行作用，同時產生氧化作用及冰結晶的昇華作用，由於冰晶昇華，食品多孔化，高度不飽和脂肪酸暴露於有氧狀態下，使上述兩種酵素進行氧化作用，使食品之色澤劣變、風味損失，這種劣變現象稱為凍燒(frozen burn)。

改善方法：

A. 使用收縮塑膠膜包覆。

B. 凍結貯藏前先進行包覆冰衣(ice glazing)處理。

C. 提高冷凍庫內相對濕度。

D. 降低冷凍庫內氣體的循環速率。

相關試題

1. 冷凍食品發生凍燒之原因為：　(A)蛋白質冷凍變性所造成　(B)脂肪分解的氧化作用　(C)糖類的焦化作用　(D)維生素 C 分解。　　　　　答：(B)。

2. 解釋名詞：frozen burn。

　　答：frozen burn 即凍燒，在凍結期間，冰晶昇華作用會使食品表面產生細孔狀，冷空氣得以進入食品內部而造成脫水乾燥、脂肪氧化、顏色之焦化，猶如被燒過之現象。

3. 冷凍食品是指食品經前處理、加工、包裝後予以凍結至食品中心溫度到達 −18°C 以下後再冷凍貯藏之產品，請說明：冷凍食品貯存時會發生凍燒 (frozen burn)現象，其形成原因為何？

　　答：凍燒現象之形成原因為富含高度不飽和脂肪的食品於凍藏期間，未被破壞的酵素如脂肪分解酵素仍持續緩慢作用，同時產生氧化作用及冰結晶的昇華作用，最後造成劣變現象。

(2) 低溫障礙（熱帶或亞熱帶蔬菜）

　　　　有些蔬果若置於 0～10°C 溫度以下貯藏，容易產生低溫障礙現象。例如香蕉、番茄、南瓜、甘藷等於 10～13°C 貯藏，易引起生理障礙而產生腐敗作用。因此若欲以冷藏方法貯藏此類的食品時，應提高其貯藏溫度。

蔬菜最適貯藏溫度

蔬果種類	香蕉	鳳梨	橘子	桃子	蘋子	番茄	南瓜	洋蔥	甘藷
貯藏溫度	13~15°C	5~7°C	4~7°C	4°C	−1~1°C	4~10°C	10~13°C	0°C	10~13°C

相關試題

1. 造成低溫機能障礙之主要可能原因，下列何者是不正確的？　(A)CO_2 氣體 (B)分解合成反應　(C)醇類　(D)微生物。　　　　　　　　　　答：(D)。
   解析：低溫障礙原因為 CO_2、分解合成反應及醇類，但和微生物的汙染無關。

———————— 🍎

(3) 油燒作用

　　脂肪含量多的魚肉、豬肉及蛋黃等因脂肪加水分解、氧化、分解酵素的作用，易發生油燒(rusting)的現象。

改善方法：

A. 盡量採用塑膠膜包裝。

B. 利用抽真空方式加工。

(4) 蛋白質變性

　　魚肉於低溫貯藏時除了凍燒、油燒等劣變作用之外，尚有促使蛋白質變性現象，例如鱈魚漿於凍藏時，因細胞內受到冰晶損傷的影響，易引起肌原纖維蛋白質等的變性，而不適合作為水產煉製品的原料，並且於解凍後組織易呈現海綿狀態。

改善方法：

A. 添加抗凍劑如食鹽、糖液。

B. 採用超低溫凍結法。

(5) 蒸發和昇華作用

　　未包裝冷藏食品其表面容易發生水分蒸發作用，而導致重量減輕、形狀改變及維生素分解。

　　未包裝凍結食品其表面容易發生冰晶昇華作用，而導致重量減輕、形狀改變及維生素分解。

4. 低溫貯藏的優點

(1) 可減少柑橘類榨汁時香味流失。

(2) 低溫可增加氣體溶解程度。

(3) 製罐用桃子冷藏後易去皮。

(4) 利於肉類及起司的熟成。

(5) 油脂精製時，冷藏冬化可去除固脂。

十、冷凍鏈(cold chain)又稱冷鏈

定義： 在低溫條件下，將生鮮食品從生產者傳送至消費者的流通機制稱之為低溫輸送流程。

　　生產地→預冷設備→冷藏貨櫃→冷藏倉庫→零售展示櫃→家用冷藏庫

十一、 時間－溫度貯藏耐性(time-temperature tolerance, TTT)

定義： 食品隨著種類之不同，其品質的保存期限亦有所差異，食品的溫度與其品質維持的關係，稱為時間溫度貯藏耐性。其變化如下圖所示。

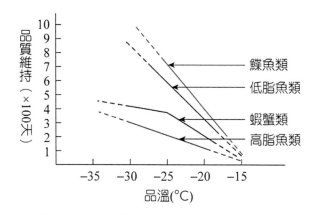

圖 5-2　水產品的時間－溫度貯藏耐性圖

☕相關試題

1. 由於冷凍鏈的觀念中，可知冷凍食品的品質與下列何種因素具有密切關係？
   (A)生產者　(B)溫度　(C)時間　(D)溫度與時間。　　　　　　　答：(D)。

十二、解凍方法(thawing method)

　　解凍法之定義為將食品中冰晶融解，使冰晶恢復成原來液體狀態者稱之。而解凍方法的種類又可細分為以下兩種：

1. 緩慢解凍法（亦稱生鮮解凍法）

(1) 空氣解凍法：利用冷藏室內的冷空氣將凍結食品予以自然解凍者稱之。

(2) 流水解凍法：將凍結食品浸漬於低溫冷水(10～15°C)，使其解凍者稱之。

2. 急速解凍法

(1) 加熱解凍法：凍結食品利用加熱來解凍時，亦常拌隨調理操作，如調理包、冷凍水餃等便常利用此種解凍方法。

(2) 電氣解凍法：凍結食品亦可採用微波或超音波等來產生熱量予以解凍。

相關試題

1. 冷凍食品的流出液流失(drip loss)，主要肇因於：　(A)解凍速率　(B)冷凍速率　(C)包裝不良　(D)沒有預冷作業。　　　　　　　　答：(B)。

解析：凍結速度若緩慢，則細胞因冰晶效應而破裂，解凍時易造成汁液流失。

十三、 凍結貯藏前食品的前處理(food pretreatment before frozen storage)

其可分為以下三個步驟：

1. 殺菁(blanching)

利用蒸氣或熱水(85～95℃)來處理蔬菜，使組織中的酵素如果膠分解酶、多酚氧化酶及抗壞血酸氧化酶等失去反應活性，可減緩蔬菜於凍結過程中的軟化作用、變色現象及營養成分流失。

2. 加糖(sugaring)

使用糖粉或糖液添加於果實類中，可減少凍結過程中冰結晶對蔬果果實組織的破壞。

3. 包冰衣(glazing)作業

食品先採用預備凍結處理後，將食品浸入冷水或以冰水噴霧，再進行主要的降溫凍結，使其表面形成一層包覆冰衣操作。

若添加澱粉、明膠、羧甲基纖維素(carboxyl methyl cellulose, CMC)、甲基纖維素(methyl cellulose, MC)及褐藻膠，則可強化凍衣厚度。

　　而包冰衣的預期效果為：

1. 防止凍結食品中所含的油脂產生自氧化反應。

2. 避免凍結食品的香氣成分揮散。

3. 防止凍結食品發生脫水失重現象。

相關試題

1. 冷凍魚時，先將預備凍結之魚體浸入冷水中或是以水噴霧後再進行凍結表面會形成冰衣，其主要目的為求在儲藏中防止：　(A)營養損失　(B)變色　(C)乾燥及油脂氧化　(D)水分蒸發。　　　　　　　　　　　　答：(C)。

2. 英翻中：glazing。
   答：glazing 中譯為「包冰衣」，即食品採行預備凍結處理後，將食品浸入冷水或以冰水噴霧，使其形成表面冰衣稱之。

十四、冷凍機的冷凍能力(freezing capacity of refrigerator)

　　冷凍機之冷凍能力主要由以下幾點判定：

1. 冷凍噸(refrigeration ton, RT)

(1) 定義：冷凍機在 24 小時內將 1 公噸 0°C 的水凍結成 0°C 的冰晶所排除熱量的能力，亦即 24 小時內可排除 80,000 大卡的能力。

(2) 公式

1 公斤冰的熔解潛熱為 79.680 kcal。

1 公噸冰的熔解潛熱為 79,680 kcal。

公制：1 冷凍噸(RT) = 79,680 kcal／24 hr = 3,320 kcal／hr。

英制：1 冷凍噸 = 72,349 kcal／24 hr
　　　　　　　 = 3,024 kcal／hr
　　　　　　　 = 12,000 Btu／hr。

2. 冷凍能力(refrigeration capacity, RC)

(1) 定義：冷凍機械在單位時間內所能排除的熱量能力者稱之。

(2) 公式

$$RC = [（重量 \times 79.68 \text{ kcal/kg}）／時間] / (3{,}320 \text{ kcal/hr}) = RT$$

$$RC = [（磅數 \times 0.454 \text{ kg/lb} \times 79.68 \text{ kcal/kg}）／時間] / (3{,}320 \text{ kcal/hr})$$
$$= RT$$

3. 效（性）能係數(coefficient of performance, COP)

(1) 定義：一種指標值，為衡量冷凍機所消耗功率與所獲得冷凍能力的比值。

(2) 公式

$$COP = 冷凍能力／壓縮機功率 = Qe / P[(\text{Btu/hr}) / (\text{Btu/hr})]$$

4. 能量效率比(energy efficiency ratio, EER)

(1) 定義：另一種衡量指標值，為冷凍機所消耗功率與得到冷凍能力的比值。

(2) 公式

$$EER = 冷凍能力／壓縮機功率 = Qe / P[(\text{Btu/hr}) / (\text{Watt})]$$

☕相關試題

1. 英翻中 refrigeration ton。

   答：refrigeration ton 即為冷凍噸。

2. 某蘋果在 4°C 時之呼吸速率有 6 mg CO_2/kg/hr，1,000 kg 之蘋果在 4°C 放置一天（假設 1 mole CO_2 有 112 Kcal 的熱量產生），共約發熱多少 Kcal？

   (A)60　(B)150　(C)240　(D)365。　　　　　　　　　答：(D)。

   解析：產生二氧化碳的重量 = 6 mgCO_2/kg/hr × 1,000 kg × 24 hr
   　　　　　　　　　　　　 = 144 g CO_2。

   　　　二氧化碳的莫耳數 = 144 g / 44 g / mole = 3.27 mole。

   　　　共約發生熱量 = 3.27 mole × 112 Kcal/mole = 365 Kcal。

3. 在單位時間內，冷凍機所能除去之熱量稱為：　(A)凍結能力　(B)冷凍噸　(C)冷凍能力　(D)冷卻能力。　　　　　　　　　　　　　　答：(C)。

4. 1 公噸的 30°C 水做成 0°C 冰塊，須去除多少仟卡熱量：　(A)129,680　(B)229,680　(C)209,680　(D)109,680。　　　　　　　　答：(D)。
   解析：去除熱量計有 1,000 kg × (30 − 0)°C × 1 Kcal/kg°C + 1,000 kg × 79.68
   　　　 Kcal/kg = 30,000 Kcal + 79,680 Kcal = 109,680 Kcal。

5. 冷凍機械所表現出之效（性）能係數(coefficient of performance, COP)，為何者之比值？　(A)Qc/P　(B)Qc/W　(C)Qe/P　(D)P/Qc。　　　　答：(C)。
   解析：性能係數(COP) = 冷凍能力／壓縮機功率
   　　　　　　　　　　 = Qe(Btu/hr) / P(Btu/hr)。

學後評量 _Exercise_

一、精選試題

（A） 1. 哪一種蔬果長時間貯藏於 10°C 以下會有低溫傷害(chilling injury)？
(A)甘薯　(B)蘋果　(C)洋蔥　(D)甘藍。

【解析】：亞熱帶蔬果若置於 0～10°C 以下貯藏，容易產生低溫傷害現象。蔬果
類最適貯藏溫度如下：

蔬果種類	蘋果	洋蔥	番茄	南瓜	甘藷	香蕉
貯藏溫度	−1～1°C	0°C	4～10°C	10～13°C	10～13°C	13～15°C

（A） 2. 冷凍魚漿常利用下列何種物質作為抗凍劑？　(A)蔗糖　(B)食鹽　(C)
氟氯烷(Freon 12)　(D)液態阿摩尼亞。

【解析】：魚漿若未添加任何抗凍劑，則肌原纖維蛋白質容易產生變性而降低成
膠特性，因此商業上魚漿常添加食鹽、蔗糖等作為抗凍劑。

（A） 3. 低溫設備的冷媒循環系統中，具有降低環境溫度，管路常安裝在冷凍
室或冷藏室裡面者為：　(A)蒸發器　(B)壓縮機　(C)膨脹閥　(D)冷
凝器。

【解析】：冷媒循環系統中，蒸發器中氣態冷媒除可帶走食品的熱量之外，亦具
有降低低溫設備環境的溫度，因此該管路常安裝在冷凍室或冷藏室。

（B） 4. 食品冷凍上所使用之二次冷媒，最常使用哪一種組合？　(A)糖與水
(B)氯化鈉與水　(C)小蘇打與水　(D)醋酸與水。

【解析】：當溫度降至−21.2°C 時，食鹽水溶液中的食鹽與水才會形成結晶狀
態，稱為不凍液，為食品凍結處理上最常使用的二次冷媒。

（C） 5. 毛豆冷凍前之殺菁步驟，其主要目的在於：　(A)殺菌　(B)脫氣　(C)
使酵素失活　(D)軟化質地。

【解析】：毛豆等冷凍前之殺菁步驟，目的在於使蔬果組織內的氧化酵素失去活
性，以避免造成凍結食品產生組織軟化、果肉變色及喪失營養成分。

（D） 6. 下列何者無法防止低溫貯藏凍燒(frozen burn)？　(A)包覆冰衣(glazing)
(B)包覆收縮膜　(C)提高冷凍庫內相對濕度　(D)增加冷凍庫內氣體循
環速率。

【解析】：防止低溫貯藏之凍燒現象為減緩冷凍庫內氣體循環速率。

（D） 7. 關於冷凍調理食品，下列何者是最常用的食品衛生微生物指標？ (A)總生菌(APC) (B)葡萄球菌(*Staphylococcus*) (C)大腸桿菌群(*Coliform*) (D)腸球菌(*Enterococcus*)。

【解析】：腸球菌具有特殊的專一性，因此冷凍調理食品常以該菌屬作為指標。

（A） 8. 水變成冰，體積變化為： (A)增加 9% (B)減少 9% (C)增加 5% (D)減少 5%。

【解析】：食品中的水經凍結後，由於冰晶效應，體積會變大，膨脹約 9%左右。

（C） 9. 有關維持冷凍食品品質之敘述，何者正確？ ①冷凍過程通過最大冰晶生成帶速度要快 ②形成冰結晶應小且均勻分布在細胞內外 ③凍結速度應緩慢 ④儲運及販賣過程應保持在−18°C 以下，答案是：(A)①②③④ (B)①②③ (C)①②④ (D)①④。

【解析】：維持冷凍食品的品質為 ①通過最大冰晶生成帶速度要快 ②冰晶細小且均勻在細胞內外 ③凍結速度應急速 ④儲運及販賣過程應在 −18°C 以下。

（B） 10. 最大冰晶生成帶的溫度範圍為： (A) −18°C (B) −1～−5°C (C)0°C (D)37°C。

【解析】：最大冰晶生成帶的溫度為 −1～−5°C，大約有 80%的水會凍結成冰晶。

（C） 11. IQF 是一種： (A)乾燥方式 (B)糖漬方式 (C)冷凍方式 (D)醃漬方式。

【解析】：個別急速凍結法(IQF)是一種冷凍方式，可使顆粒食品進行快速凍結。

（A） 12. 下列哪一種冷凍法最適宜冷凍豆仁？ (A)I.Q.F. (B)浸漬冷凍法 (C)空氣冷凍法 (D)接觸式冷凍法。

【解析】：豆仁屬於顆粒食品之一，因此較適合個別急速凍結法(IQF)來冷凍。

（B） 13. 豬屠體在冷凍前，先經過預冷之主要目的為： (A)防止變色 (B)去除僵直熱 (C)防止氧化 (D)防止水分流失。

【解析】：豬屠體在冷凍前，屠體組織會發生死後僵直現象，並產生僵直熱能，因此屠體先經過預冷之主要目的為去除僵直熱，縮短冷凍時間。

（B） 14. 冷藏食品從冷藏庫取出應如何處置，方能防止發汗現象？ (A)置於室溫中 (B)置於露點以上之溫度中 (C)置於 60°C 溫度中 (D)置於露點以下之溫度中。

【解析】：冷藏食品從冷藏庫取出後應置於其露點以上之溫度，方能防止冷藏食品產生發汗現象。

（A）15. 水餃於凍結過程中發生水餃皮龜裂現象，是因為下列何種原因所造成？　(A)凍結膨脹造成內壓　(B)水餃皮水分太高　(C)凍結速率太快　(D)凍結速率太慢。

【解析】：食品凍結時的冰結晶效應會造成內壓的增加使得其體積約增加 9%。所以水餃皮易發生龜裂現象，是因為凍結膨脹造成內壓的結果。

（C）16. 食品中水分與鹽類共同結冰的溫度稱為：　(A)冰結點　(B)冰結率　(C)共晶點　(D)最大冰晶生成點。

【解析】：食品中水分與鹽類共同結冰的溫度(-50～-60°C)稱為共晶點。

（A）17. 減壓冷卻法（或稱真空預冷法）是適用於葉菜類的快速降低品溫方法，其降溫原理為：　(A)利用水分蒸發以降低溫度　(B)利用碎冰以降低溫度　(C)利用真空後通入氮氣以降低溫度　(D)利用真空冷凍以降低溫度。

【解析】：減壓冷卻法其降溫原理為降低環境的大氣壓力可促進水分大量蒸發作用而可降低其溫度，因此廣泛適用於葉菜類的快速降低品溫方法。

（A）18. 低溫冷藏食品貯存時，容易造成品質劣變的微生物為：(A)*Pseudomonas*　(B)*Bacillus*　(C)*Micrococcus*　(D)*Vibrio*。

【解析】：容易造成冷卻食品其品質劣變的微生物為假單孢菌(*Pseudomonas*)。

（A）19. 有關冷凍循環工程的敘述，何者是正確的？　(A)壓縮機循環屬於等熵　(B)膨脹閥循環屬於等壓　(C)冷凝器循環屬於等焓　(D)蒸發器循環屬於等熵。

【解析】：冷凍循環工程的正確敘述為
(A)壓縮機循環屬於等熵線　(B)膨脹閥循環屬於等焓線
(C)冷凝器循環屬於等高壓線　(D)蒸發器循環屬於等低壓線

（C）20. 下列何者為食品衛生指標菌種？　(A)微球菌　(B)芽孢桿菌　(C)大腸桿菌　(D)葡萄球菌。

【解析】：食品的衛生指標菌種常採用大腸桿菌(E. coli)。

（C）21. 若 10 噸食品在 5 小時內凍結完成，則該冷凍機的冷凍能力為多少冷凍噸？　(A)24　(B)48　(C)60　(D)96。

【解析】：10 噸食品其熱量為 1,000,000 Kcal，冷凍機的冷凍能力為 1,000,000 Kcal／5 hr＝200,000 Kcal/hr，1 冷凍噸為 3,320 Kcal／hr，因此該冷凍機的冷凍能力＝200,000／3,320＝60 RT。

（D）22. IQF 屬於下列何種冷凍方法？　(A)個別慢速冷凍法　(B)大量慢速冷凍法　(C)大量急速冷凍法　(D)個別急速冷凍法。

【解析】：IQF 屬於個別急速冷凍法。

（B）23. 冷凍食品發生凍燒之原因為：　(A)蛋白質冷凍變性所造成　(B)脂肪分解的氧化作用　(C)糖類的焦化作用　(D)維生素 C 分解。

【解析】：冷凍食品發生凍燒之原因為脂肪分解的氧化作用所導致的結果。

（B）24. 有關食品的冷凍，一般使用的二次冷煤(brine solution)通常為下列何項組合？　(A)糖和水　(B)氯化鈉和水　(C)小蘇打和水　(D)醋酸和水。

【解析】：二次冷煤的使用計有氯化鈉溶液、氯化鈣溶液、氯化鎂溶液、糖液、甘油及丙烯乙二醇等，較常使用的二次冷媒為氯化鈉溶液(brine)。

（B）25. 肉品產生凍燒現象係：　(A)高溫所致　(B)冷凍肉品因乾燥與褐變所致　(C)醣類燃燒所致　(D)油脂燃燒所致。

【解析】：凍燒現象係冷凍肉品因表面脫水乾燥作用與油脂自氧化褐變所導致。

（A）26. 相變化的發生需要潛熱，在一大氣壓下，水之冷凍潛熱為：　(A)80 Kcal/kg　(B)250 Kcal/kg　(C)480 Kcal/kg　(D)540 Kcal/kg。

【解析】：在一大氣壓下，水之冷凍潛熱為 80 Kcal/kg。

（B）27. 下列因子何者與凍燒無關？　(A)氧氣　(B)澱粉　(C)脂肪酸　(D)胺基酸。

【解析】：凍結食品的凍燒現象與冷凍室氧氣濃度、食品的脂肪酸及胺基酸含量，有直接的關係，但與食品的澱粉含量高低並無直接關係。

（D）28. 蔬果於低溫貯藏時會有軟化、斑點或黑心之現象稱為：　(A)老化作用　(B)熟成作用　(C)冷凍變性　(D)低溫障礙。

【解析】：蔬果類的低溫障礙易產生組織軟化、表皮斑點或果肉黑心等現象。

（C）29. 冷凍曲線中，最大冰晶生成帶中水之物理狀態為：　(A)液氣平衡　(B)液態　(C)液固平衡　(D)固態。

【解析】：在最大冰晶生成帶中 80%水分會凍結成固體冰晶，20%水分仍以不凍液狀態存在，因此在最大冰晶生成帶水之物理狀態為液固平衡。

（B）30. 下列哪一種酵素在凍藏期間，會進行氧化作用產生凍燒現象？　(A)蛋白質分解酶　(B)脂解酶　(C)糖化酶　(D)糊化酶。

【解析】：脂肪分解酶(lipoxygenase)易進行油脂自氧化作用而產生凍燒現象。

（B）31. 60%糖液在冰點 0°C 以下，其溫度下降較純水為：　(A)快　(B)慢　(C)一樣　(D)無法測定。

（D）32. 冷凍蝦行包冰衣的目的，下列何者是不正確的？　(A)防止氧化　(B)預防減重　(C)避免壓潰　(D)防止光線照射。

【解析】：冷凍蝦進行包覆冰衣的主要目的與防止光線照射無關。

（B）33. 冰晶的形成對食品品質有不良的影響，為防止其成長應遵循以下原則，何者為非？　(A)採急速冷凍法　(B)降低凍結率　(C)降低凍藏溫度　(D)降低溫度波動。

【解析】：防止凍結食品的冰晶成長應採取提高冰晶的凍結率。

（C）34. 冰溫貯存之溫度範圍係：　(A)於 0°C 貯存　(B)於 –15°C 貯存　(C)於 0°C 至凍結點間溫度帶貯存　(D)於凍結點以下貯存。

【解析】：冰溫貯存之溫度範圍係於 0°C 以下至食品凍結點以上之溫度帶貯存。

（A）35. 凍燒(frozen burn)是一種：　(A)冷凍食品品質劣變，並造成脫水及脂質氧化之現象　(B)冷凍庫起火燃燒　(C)冷凍壓縮機之溫度過高　(D)凍結室的溫度過高。

【解析】：凍燒(frozen burn)現象是一種富含脂肪的冷凍食品於低溫貯藏時所發生的品質劣變作用，並造成表面脫水乾燥及脂質自氧化之現象。

（D）36. 冷凍水產品為防止凍燒的情形可採取何種方法？　(A)緩慢凍結　(B)急速凍結　(C)降低貯存溫度至 60°C　(D)包冰衣處理。

【解析】：冷凍水產品若要防止凍燒現象的發生，則須採取冰衣包覆的方法。

（D）37. 下列何者與食品之冷凍鏈(cold chain)無關？　(A)冷凍運輸　(B)家庭冰箱之冷凍庫　(C)超市之冷凍櫃　(D)傳統雜貨店。

【解析】：食品之冷凍鏈包括冷凍設備、冷凍運輸、超市之冷凍櫃及家庭冰箱之冷凍庫等，但不包括無冷凍設備的傳統雜貨店。

（C）38. IQF 所代表之意義為：　(A)大量急速冷凍法　(B)大量慢速冷凍法　(C)個別急速冷凍法　(D)個別慢速冷凍法。

【解析】：IQF 所代表之意義為個別急速冷凍法。

（A）39. 下列何者可應用於冷凍食品儲存期限之評估？　(A)時溫耐性曲線(TTT curve)　(B)冷凍曲線　(C)低溫連鎖運銷　(D)保溫試驗。

【解析】：時間溫度耐性貯藏(TTT)可應用於冷凍食品的儲存期限之評估。

（A）40. 有關冷凍循環，下列敘述何者為錯誤？　(A)膨脹閥位於壓縮機與冷凝器之間　(B)膨脹閥將高壓冷媒減至低壓冷媒　(C)冷凝器有散熱作用　(D)莫利爾線(Mollier chart)是用以描述冷凍循環之圖形。

【解析】：冷媒的正確冷凍循環為膨脹閥位於蒸發器與冷凝器之間。

（C）41. 下列何者不屬於冷凍食品採用 IQF 系統之目的？　(A) 讓食品快速凍結　(B)減少冰晶生成　(C)保持鮮度　(D)減少凍結後汁液流失。

【解析】：冷凍食品採用 IQF 系統之目的為與保持食品的新鮮度無關。

（A）42. 浮流床式冷凍機的冷空氣與食品進入冷凍機內之方向是：　(A)垂直　(B)平行　(C)45 度角斜向　(D)方向不定。

　　【解析】：浮流床式冷凍機的冷空氣與食品進入冷凍機內之方向是互相垂直。

（A）43. 冷凍時，食品降溫速度愈快，則所得冷凍食品：　(A)組織破壞愈輕微　(B)脫水情形愈嚴重　(C)變形愈顯著　(D)變色愈深。

　　【解析】：食品降溫速度愈快，則所得冷凍食品的特色為組織破壞愈輕微。

（B）44. 一公斤冰的熔解潛熱約為 80 仟卡，所以公制冷凍噸一噸相當於每小時排除：　(A)八萬仟卡　(B)3,333 仟卡　(C)800 仟卡　(D)200 仟卡熱量的能力。

　　【解析】：一公噸冰的熔解潛熱約為 80 Kcal/kg × 1,000 kg = 80,000 Kcal，因此公制冷凍噸(RT)一噸相當於排除 80,000 Kcal / 24 hr，即每小時排除 3,333 Kcal 的能力。

（C）45. 包冰可以：　(A)作為急速冷凍之前處理以分離食品顆粒　(B)在食品降溫時實施以加速食品之冷凍　(C)在食品凍結後實施以防止食品之氧化　(D)以上三者皆非。

　　【解析】：凍結之前處理包冰衣(ice glazing)操作主要在於食品經凍結後實施以防止食品於冷凍室內進行之氧化劣變現象。

二、模擬試題

（　） 1. 下列何者不是採取低溫冷藏加工法的優點？　(A)減少柑橘類榨汁時香味流失　(B)低溫可增加氣體溶解程度　(C)利於檸檬的後熟作用　(D)方便攜帶、易於調理。

（　） 2. 通過最大冰晶生成帶之時間在 30 分鐘之內所生成冰晶的特點為：(A)冰晶大而少　(B)冰晶大而多　(C)冰晶小而多　(D)冰晶小而少。

（　） 3. 在 4 小時內達成凍結 4,000 磅純水所必需的冷凍能力為多少冷凍噸？(A)11 R.T.　(B)15 R.T.　(C)24 R.T.　(D)48 R.T.。

（　） 4. 食品溶液中有多少百分比的溶劑結成冰晶，食品溫度才會快速下降？(A)60 %　(B)70 %　(C)80 %　(D)90 %。

（　） 5. 冷凍曲線中，最大冰晶生成帶上食品的品溫變化為：　(A)快速下降(B)急速上升　(C)維持在 –1～5°C　(D)維持在 –1～ –5°C。

（　） 6. 1,000 公斤的 50°C 水做成 0°C 冰塊，須去除多少仟卡熱量？(A)109,680　(B)129,680　(C)209,680　(D)229,680。

（　）　7. 下列敘述何者係指食品的共晶點(eutectic point)？　(A)溶質開始產生結晶的溫度　(B)食品中水和溶質全部結晶溫度　(C)自由水全部結晶的溫度　(D)水開始形成冰晶的溫度。

（　）　8. 下列何者屬於二次冷媒(second refrigerant)？　(A)醋酸和水　(B)氨氣　(C)氟氯烷　(D)氯化鈣和水。

（　）　9. 個別急速冷凍法的縮寫為：　(A)GHP　(B)TLC　(C)IQF　(D)CIP。

（　）　10. 有關壓縮式冷凍機械低溫循環的敘述，下列何者是錯誤？　(A)壓縮機位於蒸發器與冷凝器間　(B)冷凝器有散熱降溫作用　(C)膨脹閥將冷媒由低壓減至高壓　(D)莫利爾線圖可描述冷媒之物理變化。

（　）　11. 冷凍食品暴露在冷空氣中產生氧化及變色的現象，稱為：　(A)焦化　(B)凍燒　(C)脫水　(D)褐變。

（　）　12. 下列有關冷凍食品採用包裹冰衣的處理目的，何者是正確？　(A)包冰主要防止微生物生長　(B)包冰是食品包裝法的一種　(C)包冰能保護其不受冷媒作用　(D)包冰用於冷凍食品之後處理。

（　）　13. 下列何者可應用在冷凍食品貯藏期限之評估參考？　(A)時溫耐性曲線　(B)保溫試驗　(C)冷凍曲線　(D)低溫連鎖運銷。

（　）　14. 冰溫食品貯藏其溫度範圍為：　(A)0°C 以下　(B)–5°C 以下　(C)0°C 至凍結點間　(D)–18°C 以下　貯藏。

（　）　15. 影響冷藏庫溫度下降最主要的因素為下列何者？　(A)工作人員數目　(B)照明的燈光　(C)食品種類和數目　(D)冷藏庫的開啟頻率。

（　）　16. 要能保持品質以利後續冷凍或製罐之生產加工，須常施以：　(A)紫外線處理　(B)殺菁處理　(C)冷凍處理　(D)剝皮處理。

（　）　17. 冷凍期間，因其低溫所以微生物的生長繁殖：　(A)被抑制　(B)更加快速　(C)完全停止　(D)無任何影響。

（　）　18. 某冷凍機能在 3 小時內將 24 萬仟卡熱量的冰水凍結，則冷凍能力為：　(A)12 冷凍噸　(B)24 冷凍噸　(C)36 冷凍噸　(D)54 冷凍噸。

（　）　19. 1 冷凍噸(refrigeration ton, RT)約為：　(A)79,680 Kcal／hr　(B)79,680 BTU／hr　(C)79,680 Kcal／24hr　(D)79,680 BTU／24hr。

（　）　20. 低溫控制在幾度°C 以下，病原菌即可被完全抑制？　(A)–18°C　(B)–12°C　(C)5°C　(D)10°C。

（　）21. 低溫冷藏食品若引起偽單孢菌(*Pseudomonas*)繁殖，其主要原因為：(A)溫度控制不當　(B)相對濕度偏高　(C)水蒸氣壓過低　(D)氧氣濃度高。

（　）22. 在壓縮式冷凍循環中，經過膨脹閥後欲進蒸發器前之冷媒狀態為：(A)高壓蒸氣　(B)高壓液體　(C)低壓蒸氣　(D)低壓液體。

（　）23. 妥善包裝之食品在冷凍庫內凍藏時，食品內之水分子：(A)容易蒸發　(B)容易昇華　(C)容易解離　(D)容易氧化。

（　）24. 香蕉、甘藷之冷藏溫度為下列何者以上？　(A)0～5°C　(B)5～8°C　(C)8～10°C　(D)11～13°C。

（　）25. 食品冷凍上所使用之二次冷媒，哪一種組合較不常使用？　(A)氯化鈉與水　(B)糖質與水　(C)乳酸與水　(D)氯化鈣與水。

（　）26. 純水變成冰晶，其體積變化為下列何者？　(A)增加 9%　(B)減少 9%　(C)增加 5%　(D)減少 5%。

（　）27. 有關維持冷凍食品品質之敘述，何者正確？　①通過最大冰晶生成帶的凍結速度要快　②形成冰晶應粗大且均勻分布在細胞內外　③凍結速度應緩慢　④儲運及販賣過程應保持在 –18°C 以下，答案是：　(A)①②③④　(B)①③④　(C)①②③　(D)①④。

（　）28. 有關冷凍循環工程的敘述，何者是正確的？　(A)壓縮機循環屬於等熵　(B)膨脹閥循環屬於等壓　(C)冷凝器循環屬於等焓　(D)蒸發器循環屬於等熵。

（　）29. 慢速凍結法中所生成之冰結晶特點為：　(A)冰晶大而少　(B)冰晶大而多　(C)冰晶小而多　(D)冰晶小而少。

（　）30. 下列哪一種冷媒由於具刺激性氣味於洩漏時容易被發現？　(A)$CHCl_2F$　(B)CCl_2F_2　(C)NH_3　(D)CO_2。

（　）31. 為減少凍結食品於解凍時造成汁液流失應採取：　(A)快速凍結、熱流水解凍　(B)快速凍結、微波解凍　(C)慢速凍結、微波解凍　(D)慢速凍結、熱流水解凍。

（　）32. 有關冷凍機的冷凍循環，下列敘述何者不正確？　(A)膨脹閥將高壓液態冷媒膨脹為低壓氣態冷媒　(B)冷媒帶走食品熱量等於 Q_1　(C)壓縮機對冷媒作功屬於等高焓變化　(D)冷媒在蒸發器位置利用溫度差將食品本身的熱量取走。

( ) 33. 低溫處理中，最大冰晶生成帶的溫度範圍為： (A)－18°C (B)－1～ －5°C (C)0°C (D)37°C。

( ) 34. 下列何者不屬於低溫食品貯藏期間中的品質變化？ (A)果肉變色 (B)乾燥和凍燒 (C)氧化和油燒 (D)澱粉糊精化。

( ) 35. 急速冷凍的特色不包括： (A)保持食品解凍後生鮮品質 (B)減少凍結時冰晶生成過大 (C)縮短凍結時間 (D)可防止凍燒現象形成。

( ) 36. 凍結食品長期貯藏易發生褐變現象是一種： (A)血紅素氧化反應 (B)酚類酵素氧化反應 (C)表面昇華脫水作用 (D)蝦紅素褪色作用。

( ) 37. 下列何者非優良冷媒之特點？ (A)蒸發潛熱小 (B)液體比熱小 (C)臨界溫度高 (D)凝固點低。

( ) 38. 關於連續式的冷凍法，下列何者為非？ (A)食品形狀大小皆可 (B)帶式冷凍機不適合高濕食品 (C)流動層冷凍機適合高濕產品 (D)適合作個別急速凍結操作。

( ) 39. 下列何者不適合作為浸漬式冷凍法之主要冷媒來源？ (A)氮氣 (B)丙二醇 (C)二氧化碳 (D)氟氯烷。

( ) 40. 在壓縮式冷凍機中，在哪一個元件，可使冷媒由高壓液態變為低壓氣態？ (A)膨脹閥 (B)蒸發器 (C)壓縮機 (D)冷凝器。

模擬試題答案

1.(C)	2.(C)	3.(A)	4.(C)	5.(C)	6.(B)	7.(B)	8.(D)	9.(C)	10.(C)
11.(B)	12.(D)	13.(A)	14.(C)	15.(C)	16.(B)	17.(A)	18.(B)	19.(C)	20.(C)
21.(B)	22.(B)	23.(B)	24.(D)	25.(C)	26.(A)	27.(D)	28.(A)	29.(A)	30.(C)
31.(B)	32.(C)	33.(B)	34.(D)	35.(D)	36.(C)	37.(A)	38.(C)	39.(D)	40.(A)

食品脫水乾燥及濃縮加工

一、食品進行脫水乾燥的目的(purpose of food dehydration)

1. 防止微生物腐敗及酵素性劣變，延長食品之貯藏期限。

2. 減少體積及重量，提高輸送性。

3. 提高便利性，如有外包裝的半乾性食品可隨時取用。

4. 賦予特殊的風味。

☕相關試題

1. 下列何者非為食品乾燥的目的：　(A)防止微生物變敗　(B)促進食品組成成分和酵素作用　(C)減少重量便於運輸儲存　(D)賦予特殊之風味。答：(D)。
解析：乾燥操作確實可減緩食品中天然酵素的劣變作用。

二、食品行脫水乾燥的保存原則(preservation principle of food dehydration)

（一）可完全抑制微生物增殖生長

微 生 物 種 類	最低生長的水活性(A_w)值
細　菌(bacterias)	A_w 0.90 以下
酵母菌(yeasts)	A_w 0.88 以下
黴　菌(molds)	A_w 0.80 以下
耐鹽性細菌(halophilic bacteria)	A_w 0.75 以下
耐旱性黴菌(xerophilic mold)	A_w 0.65 以下
耐滲透壓酵母菌(osmotic yeast)	A_w 0.60 以下

乾 燥 食 品 種 類	微 生 物 種 類
一般乾燥食品	*Enterobacteriaceae*
低水分含量的乾燥食品	*Lactobacillus*、*Streptococcus*
乳粉、蛋粉、魚粉等乾燥食品	*Salmonella* spp.
易中毒的乾燥食品	*Clostridium perfringens* & *Bacillus cereus*

☕相關試題

1. 哪一種加工技術，乃是利用水含量控制以達到保存食品之目的？　(A)高壓食品　(B)輻射食品　(C)熱風乾燥　(D)高溫短時殺菌。　　　　答：(C)。

2. 下列何種水活性值為黴菌之最低生長界限？　(A)0.6～0.7　(B)0.7～0.8　(C)0.8～0.9　(D)0.9～1.0。　　　　　　　　　　　　答：(A)。

3. 乾燥食品至 $A_w < 0.35$ 有利其保存嗎？原因為何？
   答：將乾燥食品的水活性降低至 0.35 以下，確實有利於乾燥食品的長期保存。抑制原理為降低微生物生長所需的水分含量，即可完全控制微生物的劣變作用。

────────── ☕

（二）化學性劣變作用之防止

1. 部分抑制酵素性褐變作用

褐變種類	反應基質	反應酵素	金屬離子
蘋果、梨子、香蕉	磷苯二酚、對苯二酚、兒茶酚(catechins)	多酚氧化酶 (polyphenol oxidase)	銅離子
馬鈴薯組織	酪胺酸(tyrosine)	酪胺酸酶(tyrosinase)	銅離子
咖啡、紅茶	漂木酸(chlorogenic acid)	酚酶(phenolase)	銅離子
蝦類頭部	酪胺酸(tyrosine)	酪胺酸酶(tyrosinase)	銅離子

(1) 化學性劣變作用反應順序與防止方法

反應順序	單酚→【羥化反應】→多酚→【氧化反應】→醌類(quinones)→黑色素	
防止方法	殺菁處理	亞硫酸鹽
	酸化劑（抗壞血酸、檸檬酸）	使用食鹽
	去除氧氣	金屬螯合劑（EDTA、檸檬酸）

相關試題

1. 為何水果切口常會有變色現象發生？如何預防？

   答：水果組織經切割後，會發生酵素性褐變而造成切口表面變色現象。

2. 蝦類的黑變是何種胺基酸作用後產生類黑素？　(A)離胺酸(lysine)　(B)酪胺酸(tyrosine)　(C)苯丙胺酸(phenylalanine)　(D)甲硫胺酸(methionine)。

   答：(B)。酪胺酸經酪胺酸酶氧化聚合產生黑色素而造成蝦頭的黑變現象。

3. 應用酵素型褐變製造之食品例子為：　(A)果凍　(B)紅茶　(C)麵條　(D)豆花。　　　　　　　　　　　　　　　　　　　　　　答：(B)。

   解析：紅茶、咖啡為應用酵素型褐變製造之食品例子。

4. 解釋下列名詞：enzymatic browning。

   答：enzymatic browning 為酵素性褐變反應，易發生於蘋果、梨子、蝦頭、香蕉、咖啡及紅茶等食品中之酵素作用而引起褐變的現象。

5. 下列處理方法，何者不能顯著抑制酵素性褐變？　(A)冷藏　(B)添加亞硫酸鹽　(C)抽真空　(D)加熱。　　　　　　　　　　　　答：(A)。

6. 食品在水活性：　(A)0.3　(B)0.5　(C)0.7　(D)0.9　時，最容易發生非酵素性褐變。　　　　　　　　　　　　　　　　　　　　答：(C)。

   解析：食品在水活性 0.7 時，發生非酵素性褐變反應最快，於 0.2 左右則最慢。

2. 部分抑制非酵素性褐變作用

   (1) 非酵素性褐變種類

   ① 梅納反應（脫羧反應）(Maillard reaction)

   A. 反應變化

   RCOH（羰基）+ R-NH₂（胺基）→羥甲基呋喃醛(HMF) +α−二羰基物 → 螢光物質 + CO₂ → 梅納汀(melanoidin)

   B. 對食品之影響

   a. 降低離胺酸量即營養價值降低。

   b. 降低還原糖量。

   c. 產生螢光物質。

d. 產生二氧化碳。

e. 產生異腈(isonitriles)等具有毒性物質。

f. 提供顏色及特殊香氣。

C. 防止之方法

a. 降低溫度。

b. 水分含量降至 5%以下。

c. 酸化劑（抗壞血酸、檸檬酸）。

d. 去除氧氣。

e. 亞硫酸鹽：破壞維生素 B_1。

f. 葡萄糖氧化酵素、酵母菌。

② 焦糖化反應(caramelization)

A. 反應變化

RCOH（糖類）→ 180～190°C（脫水縮合）熱處理→ 1,2-烯醇→ 呋喃甲醛→ 焦糖(caramel)

B. 食品應用：焦糖色素即醬色使用可樂、沙士、醬油、食用醋、合成酒等著色使用。

③ 抗壞血酸氧化反應(ascorbic acid oxidation, AA oxidation)

A. 反應變化

抗壞血酸(AA) → 氧化抗壞血酸(oxided AA) → 呋喃醛 + CO_2→ 硫化呋喃醛(thiofurfural)

B. 食品應用：柑橘類果汁產生明顯褐變柑橘類果汁易發生異味。

相關試題

1. 請解釋下列名詞：browning reaction。

答：褐變反應(browning reaction)泛指酵素性褐變及梅納反應等非酵素性褐變。

2. 填充題：梅納反應(Maillard reaction)的必要條件包括羰基（還原糖）、胺基（胺基酸）、加熱。

3. 請說明梅納反應(Maillard reaction)及焦糖化反應(caramelization)，並舉案例說明其應用。

  答：梅納反應(Maillard reaction)乃由蛋白質之胺基與還原糖之羰基反應所引起的非酵素性褐變，如烤肉。

    焦糖化反應(caramelization)乃由蔗糖經高溫處理後產生之黑褐色物質，如焦糖。

4. 下列何者屬於 Maillard Reaction？ ①甘薯切條 ②滷味製作 ③馬鈴薯去皮 ④梨切塊 ⑤蘋果切丁 (A)①②③④⑤ (B)①③④⑤ (C)①③⑤ (D)②④⑤ (E)②。 答：(E)。

  解析：梅納反應(Maillard reaction)：滷味製作。

    酵素性褐變反應(enzymatic browning)：甘薯切條、馬鈴薯去皮、梨切塊、蘋果切丁。

5. 梅納反應對食品影響最小的項目為何？ (A)顏色 (B)香氣 (C)質地 (D)還原糖含量。 答：(C)。

  解析：梅納反應對食品特性如質地及口感的影響性最小。

6. 食品脫水前以亞硫酸處理的目的，下列之敘述何者是正確的？ (A)減少脂溶性成分氧化 (B)增加香氣保留性 (C)提高乾燥效率 (D)防止酵素性及非酵素性褐變。 答：(D)。

  解析：亞硫酸於食品乾燥前處理可防止酵素性及非酵素性褐變反應。

3. 無法抑制之物理性劣變作用

劣 變 種 類	發 生 原 因
熱收縮 shrinkage	食品脫水乾燥時，因乾燥速率緩慢而均勻地脫水，溶質阻塞表面毛細孔，而使乾燥食品表面呈萎縮狀態。
表面硬化 case hardening	因表面蒸發速率快速、溫度偏高、相對濕度偏低，造成溶質外表之毛細孔洞堵塞的現象。
多孔性 porosity	利用減壓即高真空操作，使食品原料發生乾燥膨脹作用而造成表面具多孔性。
熱可塑性 thermoplasticity	針對含糖量偏高的原料，因加熱乾燥而軟化或糖液溶解成黏稠狀態。

☕ 相關試題 ☕

1. 以脫水方法保存食物，可完全抑制食品哪些劣變反應？　(A)脂質氧化　(B)褐變反應　(C)酵素活性　(D)微生物生長。　　　　　　　　答：(D)。

　　解析：　食品進行脫水乾燥時，可完全抑制食品中需要水分的微生物劣變作用。

三、食品脫水乾燥的原理(principle of food dehydration)

1. 食品乾燥的曲線圖

　脫水乾燥的原理：去除自由水為主，部分準結合水為輔，結合水不易去除。

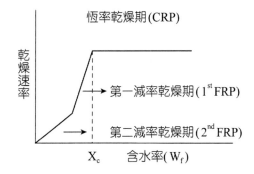

圖 6-1　乾燥速率與含水率的變化

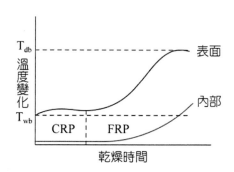

圖 6-2　乾燥食品表面溫度變化與時間的關係

* CRP(constant rate period)

　FRP(falling rate period)

2. 恆率乾燥期(CRP)與減率乾燥期(FRP)

　表面蒸發(surface evaporation, SE)速率和內部擴散(internal diffusion, ID)速率變化：

種　類	恆　率　乾　燥　期	第一減率乾燥期	第二減率乾燥期
速率變化	表面蒸發＝內部擴散	表面蒸發＞內部擴散	表面蒸發＞內部擴散
品溫變化	上升不大（維持不變） ($T_f = T_{wb}$)	持續上升 ($T_{wb} > T_f > T_{db}$)	急遽上升 ($T_f = T_{db}$)
表面變化	濕潤狀態	飽和狀態	不飽和狀態
蒸發位置	固體表面蒸發	固體內部擴散	固體內部蒸發
去除水分	自由水 （游離水、毛細管水）	準結合水 （多分子層水、索狀水）	結合水 （單分子層水、懸吊水）

（其中，T_f：食品品溫，T_{db}：乾球溫度，T_{wb}：濕球溫度，SE：表面蒸發速率，ID：內部擴散速率）

相關試題

1. 食品於第二減率乾燥期，食品內部水分往表面移動是以何種狀態？　(A)蒸氣流　(B)毛細管流　(C)液狀水　(D)索狀水。　　　　　　答：(A)。

解析：恆率乾燥期(CRP)：毛細管水從內部往表面擴散移動。

　　　　第一減率乾燥期(FFRP)：自由狀態水從內部往表面擴散移動。

　　　　第二減率乾燥期(SFRP)：蒸氣流從內部往表面蒸發移動。

2. 減率乾燥期食品水分的移動是：　(A)表面蒸發與內部擴散平衡　(B)內部擴散大於表面蒸發　(C)內部擴散小於表面蒸發　(D)直接昇華無內部擴散。

答：(C)。減率乾燥期，乾燥食品的水分移動是表面蒸發速率與內部擴散速率平衡。

3. **自由水分(free water)**

　　定義：發生於恆率乾燥期(constant rate period, CRP)，在一定乾燥條件（表面水分蒸發速率(SE)=內部水分擴散速率(ID)）下，所能除去的水分含量。

相關試題

1. 食品乾燥過程中，恆率乾燥期主要是何種水被移走？　(A)單層結合水　(B)毛細管水　(C)自由水　(D)多層結合水。　　　　　　答：(C)。

解析：食品乾燥過程中，恆率乾燥期主要是要將自由水去除。

4. **臨界含水率(critical moisture content, Xc)**

　　定義：發生於恆率乾燥期進入減率乾燥期之際，在乾燥條件下，所能除去的水分含量總和。

5. **結合水分(bound water)**

　　定義：發生於減率乾燥期(falling rate period, FRP)，在乾燥條件(SE＞ID)下，所能除去的水分含量，但一般不易除去。

相關試題

1. 減率乾燥期其乾燥速率決定於：　(A)食品表面水分蒸發速率　(B)食品內部水分擴散速率　(C)食品表面積大小　(D)食品表面水分含量。　　答：(B)。
   解析：減率乾燥期時表面水分蒸發速率大於內部水分擴散速率，準結合水及結合水不易去除，因此該乾燥時期其速率快慢取決於內部水分的擴散速率。

6. 平衡含水率(equilibrium moisture content, Ec)

定義：將食品置於特定溫度與濕度條件下，其水分含量會有所增減；當水分含量處於平衡不再變化時，此時其含水量，稱為平衡含水率。

單位：H_2O 重(kg)／乾物重(kg)。

7. 乾燥食品「收率」的計算

公式：收率 % = [(100% − 最初水分含量 %) / (100% − 最終水分含量 %)] × 100%。

例子：某食品重量 500 克，水分含量 90%，將其乾燥至水分含量為 20%時，此乾燥產品的收率？

答：收率% = [(100% − 90%) / (100% − 20%)] × 100 % = 12.5 %。

相關試題

1. 某食品重量 1,000 克，水分含量 95%，將其乾燥至水分含量為 20%時，此乾燥產品的收率？　(A)5.25%　(B)6.25%　(C)7.25%　(D)8.25%。　　答：(B)。
   解析：收率% = [(100% − 95%) / (100% − 20%)] × 100 % = 6.25 %。

四、食品乾燥時含水率的濕量基準和乾量基準(wet basis and dry basis moisture content)

食品乾燥含水率兩種基準之分類及原理如下所示：

分類	濕量基準含水率 (wet basis moisture content, W_w)	乾量基準含水率 (dry basis moisture content, W_d)
原理	天然食物中所含水分的比率	以食品中水分的重量除以絕對乾燥物重量的比率。亦即天然食物中之水分重量在該食物於絕對乾燥後之重量中所佔之百分率

兩者之公式為：

1. $W_w\% = (W_e - W_o) / W_e \times 100\%$

2. $W_d\% = (W_e - W_o) / W_o \times 100\%$

   W_e：乾燥前含水分的食品的重量。

   W_o：乾燥後不含水分之固形物重量。

兩者的關係

$$W_d = W_w / (1 - W_w)$$

☕相關試題

1. 已知某食品之濕基水分百分率為 12%，若換算為乾基的含水率應為：
   (A)15.1%　(B)14.3%　(C)13.6%　(D)12.4%。　　　　　　　答：(C)。
   解析：$W_d = W_w / (1 - W_w) = 12\% / (1 - 12\%) = 12\% / 88\% = 13.6\%$。

五、食品乾燥時之絕對濕度與相對濕度(absolute humidity and relative humidity)

濕度的分類	定 義 與 公 式	
絕對濕度 (absolute humidity, AH)	定義	潮濕空氣中，每一公斤重乾空氣中所含水蒸氣的重量。
	公式	AH= P / (P$_o$ – P)。AH：絕對濕度。 P$_o$：飽和水蒸氣全壓；P：水蒸氣分壓。
相對濕度 (relative humidity, RH)	定義	相同溫度下，潮濕空氣中的水蒸氣分壓大小，與飽和水蒸氣壓的比值。
	公式	RH = (P / P$_o$) × 100。RH：相對濕度。 P$_o$：飽和水蒸氣全壓；P：水蒸氣分壓。

六、脫水乾燥速率的控制因素(control factors during food dehydration)

因素種類	調整方式
表面積	將乾燥食品切成薄片即表面積愈大，可增加乾燥速率。
乾燥溫度	恆率乾燥期，可提高熱風溫度；若於減率乾燥期，須降低熱風溫度，均可增加乾燥速率。
環境濕度	降低熱風的相對濕度，即可增加乾燥速率。
空氣分壓	降低空氣壓力，可降低水分的沸點，而增加乾燥速率。
空氣流速	增加通風速率，可迅速去除食品表面的水蒸氣，而增加乾燥速率。

☕相關試題

1. 下列何者與乾燥速率成反比？ (A)表面積 (B)溫度 (C)風速 (D)壓力。

答：(D)。

七、脫水乾燥方法的分類(types of food dehydration methods)

1. 常壓乾燥法(atmospheric drying)

乾燥方法種類	乾燥原理	壓力變化	適用食品種類
自然乾燥法	日曬或冷空氣熱傳	1 大氣壓左右	葡萄乾、柿餅、魚乾
窯式乾燥法	熱介質對流熱傳遞	1 大氣壓左右	香菇、柿餅、小魚干
箱型棚架乾燥法	熱介質對流熱傳遞	1 大氣壓左右	蔬菜類、魚貝類
隧道式乾燥法	熱介質對流熱傳遞	1 大氣壓左右	澱粉、動物膠
輸送帶式乾燥法	熱介質對流熱傳遞	1 大氣壓左右	蔬菜、咖啡豆、茶葉
迴轉式乾燥法	熱介質對流熱傳遞	1 大氣壓左右	砂糖、穀類、魚粉
氣流式乾燥法	熱介質對流熱傳遞	1 大氣壓左右	澱粉、味精
流動層式乾燥法	熱介質對流熱傳遞	1 大氣壓左右	葡萄糖、魚粉、砂糖
噴霧式乾燥法	熱介質對流熱傳遞	1 大氣壓左右	乳粉、蛋粉、咖啡粉
轉筒式乾燥法	熱介質傳導熱傳遞	1 大氣壓左右	馬鈴薯泥、糊化澱粉
油炸乾燥法	油介質對流熱傳遞	1 大氣壓左右	速食麵、煎餅、米果

2. 減壓乾燥法(vacuum drying or vacuum frozen drying)

乾燥方法種類	乾燥原理	壓力變化	適用食品種類
真空乾燥法	水沸點降低而蒸發	高真空度 4～50 torr	色、味俱佳製品
真空冷凍乾燥法	水凍結冰晶而昇華	高真空度 0.1~1.0 torr	色、香、味俱佳製品

3. 加壓乾燥法(puff drying or extrusion drying)

乾燥方法種類	乾燥原理	壓力變化	適用食品種類
膨發乾燥法	瞬間釋壓使水氣化	1 大氣壓以上	爆米花、膨發米果
擠壓乾燥法	瞬間釋壓使水氣化	1 大氣壓以上	義大利麵條、仿畜肉

☕相關試題

1. 下列何種乾燥法，水分係以昇華方式進行脫水？　(A)噴霧乾燥法　(B)真空冷凍乾燥法　(C)泡沫乾燥法　(D)流動層乾燥法。　　　　　　　答：(B)。
   解析：真空冷凍乾燥操作中，水分先凍結成冰晶再以昇華方式進行脫水。

2. 咖啡奶精變為粉末狀，主要是經由下列何種乾燥法？　(A)真空冷凍乾燥法　(B)噴霧乾燥法　(C)帶式乾燥法　(D)薄膜乾燥法。　　　　　　答：(B)。
   解析：噴霧乾燥法可將液狀奶精轉變成液滴，再分散於熱風中而乾燥。

3. drum drier 及 pneumatic conveying drier 在操作上有何不同？並說明其應用。

   答：

乾燥機種類	乾燥原理	氣壓變化	適用食品
氣流式乾燥機 (pneumatic conveying drier)	利用 300°C 熱空氣對粉狀或粒體食品行對流式熱傳	常壓	澱粉、味精
轉筒式乾燥機 (drum drier)	利用由內往外加熱圓筒而傳導式熱傳遞	常壓	馬鈴薯泥、糊化澱粉

八、乾燥方法的特色(advantage of different dehydration methods in food)

1. 自然乾燥產品的特色

(1) 優點：①製品顏色佳；②成本低；③設備簡單。

(2) 缺點：①水分偏高；②營養價值低；③烹調性較差；④紫外線影響品質。

2. 噴霧乾燥產品的特色

以下介紹噴霧器分類、適合食品種類等特色。

噴霧器分類	乾燥塔（室）類別	適合食品種類
旋轉圓盤(rotary disk) 旋轉噴頭(rotary nozzle)	直徑大且溫度偏低乾燥室	泥狀、糊狀等高黏度食品
高壓噴嘴(pressure nozzle) 二流體噴嘴(two fluid nozzle)	直徑小且溫度偏高乾燥室	澄清狀液體等低黏度食品

接著介紹其優缺點：

(1) 優點：因潛熱蒸發作用，品溫約 50～70°C 水分含量低色、香、味不流失，組織因造粒作用而易復水。

(2) 缺點：組織易吸濕而氧化劣變組織破碎，易產生鬆散彈性、黏度及硬度等質地不良品，故加工成本高。

3. 真空冷凍乾燥產品的特色

(1) 優點：因昇華作用，產品不變形，低水分(2～5%)，耐儲存營養價值及色香味不流失組織呈多孔性，易復水。

(2) 缺點：組織呈多孔狀，易吸濕而氧化且組織易破碎，鬆散而失去彈性、黏度及硬度等質地不良品，故加工成本偏高。

☕ 相關試題

1. 有關噴霧乾燥之敘述何者正確？　(A)迴轉體噴霧不適用於高黏度液體　(B)迴轉體噴霧使用之乾燥室直徑較大　(C)高壓噴嘴之噴霧方式適用於泥狀物　(D)高壓噴嘴之噴霧方式其乾燥塔不必太高。　　　　　　答：(B)。

解析：(A) 迴轉體噴頭適用於高黏度液體的液滴化。

　　　(B) 迴轉體噴頭噴霧使用之乾燥室直徑需要較大。

　　　(C) 高壓噴嘴之噴霧方式適用於低黏度液體並不適用於泥狀物。

　　　(D) 高壓噴嘴之噴霧方式其乾燥塔的高度一定要高。

2. 下列噴霧器何者適用高黏度泥狀液體食品？　(A)螺旋噴頭　(B)高壓噴頭　(C)迴轉圓盤噴頭　(D)迴轉圓錐型噴頭。　　　　　　答：(C)。

3. 下列何種乾燥方法獲得產品之品質最高？　(A)噴霧乾燥法　(B)流動層乾燥法　(C)凍結乾燥法　(D)泡沫乾燥法。　　　　　　答：(C)。

解析：真空凍結乾燥法中，由於低溫下將冰晶昇華為水蒸氣而乾燥，因此該產品之風味、香氣及營養價值等品質為最高。

九、乾濕球溫度差濕度計的使用(usage of psychrometer)

以下介紹乾濕球溫度差濕度計之分類、定義等特色。

分　類	乾球溫度 (dry bulb temperature, Tdb)	濕球溫度 (wet bulb temperature, Twb)
定　義	不包裹濕布的溫度計置於熱氣流中，無蒸發潛熱發生，溫度會明顯上升。	包裹濕布的溫度計置於熱氣流中，因有蒸發潛熱發生，溫度會顯著比乾球溫度低。
水分變化	無	有 $H_2O_{(l)} \rightarrow H_2O_{(g)} + 540$ 大卡（蒸發潛熱）

由以上介紹可知其主要特性乃乾球與濕球溫度的差異可作為判斷食品乾燥速率快慢之參考依據，若乾球與濕度的溫度相差愈大，則表示相對濕度愈低；若乾球與濕球溫度相同時即達到露點(dew point)。

☕相關試題

1. 乾濕球溫度計與一般玻璃溫度計主要不同在於其可測量： (A)沸點 (B)露點 (C)氣壓 (D)濕度。 答：(D)。
   解析：乾濕球溫度計與一般玻璃溫度計不同在於其可測量相對濕度高低。

十、乾燥食品原料的前處理(pretreatment before food dehydration)

處理條件種類	使用條件及目的	適用食品
殺　菁	85～93°C，30秒～5分；抑制酵素。	蔬果類
二氧化硫	0.1～0.4%，0.5～5 小時：抑制褐變。	水果類
抗氧化劑	避免產生短鏈醛、酮、醇等異味。	油炸速食麵及含油脂食品
界面活性劑	濃縮大部分水分，以利乾燥操作。	香精油、香辛料
葡萄糖氧化酶	去除葡萄糖及氧氣，避免褐變。	蛋白粉及蛋粉
氫氧化鈉	0.5～1.0%，5～20 秒：提高乾燥效率。	水果類

1. 葡萄乾燥前處理，經熱 NaOH 溶液浸漬，其目的為： (A)減少葡萄糖褐變 (B)降低梅納反應 (C)抑制微生物生長 (D)破壞蠟質膜提高乾燥效率。

答：(D)。

―――――――

十一、濃縮加工的目的(purpose of concentration processing)

目的：

1. 濃縮可做為乾燥加工的前處理，除去部分水分，減少後續乾燥時間。

2. 改變食品的物理性質，以提高風味。

3. 濃縮可降低水活性且提高食品的保存性，具降低運輸費用。

十二、濃縮的方法(types of concentration processing)

濃縮法種類	水分子物理變化	壓力變化	操作流程
蒸發濃縮法	$H_2O_{(\ell)} \rightarrow H_2O_{(g)}$	$1\ kg/cm^2$	常壓加熱→蒸發除去
真空濃縮法	$H_2O_{(\ell)} \rightarrow H_2O_{(g)}$	$1\ kg/cm^2$ 以下	減壓加熱→蒸發除去
冷凍濃縮法	$H_2O_{(\ell)} \rightarrow H_2O_{(s)}$	$1\ kg/cm^2$	自由水凍結→離心除去
微過濾濃縮法	$H_2O_{(\ell)}$ 脫除	$0.07 \sim 0.7\ kg/cm^2$	常溫加壓→過濾除去
超過濾濃縮法	$H_2O_{(\ell)}$ 脫除	$0.7 \sim 7\ kg/cm^2$	常溫加壓→過濾除去
逆滲透濃縮法	$H_2O_{(\ell)}$ 脫除	$7 \sim 70\ kg/cm^2$	常溫加壓→過濾除去

1. 下列何者屬於非加熱之濃縮法？ ①真空濃縮法 ②冷凍濃縮法 ③逆滲透濃縮法 ④超過濾濃縮法，答案是： (A)①②③④ (B)②③④ (C)②③ (D)③④。

答：(B)。

解析：加熱濃縮法：蒸發濃縮法、真空濃縮法。

非加熱濃縮法：冷凍濃縮法、逆滲透濃縮法、超過濾濃縮法。

―――――――

十三、濃縮食品的品質變化(quality changes after concentration processing)

組成分種類	變化或影響
糖質	低溫濃縮時，水分減少，糖質易結晶析出，造成沙沙的口感。
蛋白質	濃縮時因鹽析作用，蛋白質易變性。
營養成分	濃縮時會破壞維生素等營養成分。
微生物汙染	濃縮時無法抑制孢子及酵素不活性。

十四、中度水活性食品的特性(characteristics of intermediate moisture foods)

1. **原理**：利用水活性降低即造成高滲透壓，使食品原料中之自由水轉變成結合水來保存食品。

2. **水分含量**：20～50% (w/w)。

3. **水活性**：0.65～0.85。

4. **適用食品**：蜜餞、果醬、果凍、義大利香腸、水果乾等。

5. **優點**

    (1) 不需冷藏，可以一段時間的貯藏。

    (2) 不用復水，即可食用，故為一種即食食品(ready-to-eat food)。

    (3) 為高熱量食品。

    (4) 微生物不易汙染。

6. **缺點**

    (1) 無法抑制酵素性劣變作用。

    (2) 無法抑制非酵素性劣變作用。

    (3) 易造成溶質與水分的分離。

    (4) 須考慮衛生安全性，耐乾旱的黴菌和腐敗性酵母菌之作用。

相關試題

1. 半乾性食品(intermediate moisture food, IMF)之水活性(water activity, A_w)介於 0.65 和 0.85 之間，試問：IMF 之水活性最高值設定在 0.85 之特殊意義？
   答：IMF 之水活性最高值設定在 0.85 之特殊意義在抑制金黃色葡萄球菌中毒。

2. A_w 在 0.6～0.9 是屬於下列何種食品？　(A)中濕性食品　(B)全濕性食品　(C)低乾性食品　(D)全乾性食品。　　　　　　　　　　　　答：(A)。

學後評量　*Exercise*

一、精選試題

（B） 1. 哪一種乾燥方法最適合用來製造即溶咖啡，且最能保持其原來的風味？　(A)膨發乾燥　(B)冷凍乾燥　(C)噴霧乾燥　(D)滾筒乾燥。

【解析】：冷凍乾燥法的主要加工原理是在低溫下促使冰晶發生昇華作用，因此該類乾燥法最適合用來製造即溶咖啡，且最能保持咖啡原來的香氣與風味。

（D） 2. 將食品由加壓、加熱狀態，快速回復常壓之乾燥方式稱為：　(A)熱風乾燥　(B)泡沫乾燥　(C)薄膜乾燥　(D)膨發乾燥。

【解析】：澱粉與蛋白質於擠壓管內經由加壓、加熱狀態，在短時間內進行混合、壓縮與剪切等作用，且快速回復於常壓之乾燥方式即稱為膨發式乾燥法。

（B） 3. 有關乾燥過程中乾球(dry bulb)與濕球(wet bulb)溫度之敘述，何者不正確？　(A)乾球與濕球溫度的差異可作為判斷乾燥速率快慢之參考　(B)相對濕度(relative humidity)與絕對濕度(absolute humidity)之單位相同　(C)乾球與濕度溫度相差愈大，相對濕度愈低　(D)乾球與濕球溫度相同時即達到露點(dew point)。

【解析】：相對濕度單位為%，而絕對濕度單位則為 kgH_2O／kg dry air 乾空氣重。

（ABD） 4. 有關噴霧乾燥製作之即溶奶粉(instant milk powder)的敘述，何者正確？　(A)其製造先以濕潤空氣或蒸氣濕潤化處理，最後經乾燥完成　(B)製作過程使奶粉粒子集團化(aggregation)，且乳糖結晶析出　(C)不需添加抗結塊劑，即具有不易潮解結塊之特性　(D)可形成多孔性粒子，增加溶解度。

【解析】：利用噴霧乾燥法製作之即溶奶粉的特性為需要添加抗結塊劑，使其具有不易潮解結塊之特性。

（C） 5. 冷凍乾燥(freeze drying)過程中，水分之去除是藉由何種方式達成？　(A)蒸發　(B)融化　(C)昇華　(D)沸騰。

【解析】：冷凍乾燥過程中，初期為冰晶的生成，末期則利用加熱板提供相改變所需的潛熱量，促使冰晶發生昇華作用而乾燥。

（A）　6. 有關乾燥的敘述，何者正確？　(A)減壓乾燥產品較常壓乾燥者復水性佳　(B)噴霧乾燥不適合蛋粉製造　(C)冷凍乾燥可保持固體產品原有組織與質地　(D)恆率乾燥階段主要為固體內層的蒸發。

【解析】：脫水乾燥法為

(A) 減壓乾燥產品通常較常壓乾燥者其復水性佳。

(B) 噴霧乾燥適合蛋粉、乳粉、咖啡粉等製造。

(C) 冷凍乾燥處理無法保持固體產品原有組織與質地，口感會下降。

(D) 恆率乾燥主要為固體表層的蒸發，減率乾燥則為固體內層蒸發。

（C）　7. 一般而言，下列何種現象並不伴隨梅納反應而發生？　(A)二氧化碳之生成　(B)營養價值之降低　(C)脫水而乾燥　(D)螢光之發生。

【解析】：梅納反應產生的結果如下：

A. 降低離胺酸量即營養價值降低　B. 降低還原糖量

C. 產生螢光物質　　D. 產生二氧化碳

E. 產生異腈等毒性物質

F. 提供適當顏色及特殊香氣

（D）　8. 有關水活性之敘述，下列何者不正確？　(A)同水分含量下脫濕曲線比吸濕曲線之水活性低　(B)與溫度有關　(C)與相對濕度有關　(D)與溫度無關。

【解析】：水活性之特性與溫度及相對濕度有關。

（C）　9. 酵素性褐變時，其作用酵素通常先後經歷下列哪兩種反應？　(A)先氫化後氧化　(B)先氧化後氫化　(C)先羥化後氧化　(D)先氧化後羥化。

【解析】：單酚類先進行羥化(hydroxylation)反應，變成磷苯二酚後，再進行氧化(oxidation)反應，轉變為氫醌，進一步聚合成黑色素。

（B）　10. 減率乾燥期其乾燥速率決定於：　(A)食品表面水分蒸發速率　(B)食品內部水分擴散速率　(C)食品表面積大小　(D)食品表面水分含量。

【解析】：減率乾燥期時，食品表面水分蒸發速率大於內部水分擴散速率，準結合水及結合水不易去除，因此該減率乾燥期其速率快慢取決於內部水分的擴散速率。

（A）11. 噴霧乾燥時，送入乾燥室之熱風溫度 150～200°C，而噴霧後之液滴品溫卻只約 50～70°C，其原因為：　(A)蒸發潛熱的作用　(B)熱風與液滴之熱交換不佳　(C)液狀食品水分高吸熱多　(D)液滴大吸熱慢。

【解析】：噴霧後的液滴其表面積很大，送入乾燥室內與熱風行熱交換時會進行快速蒸發作用，大部分的熱量均作為潛熱的提供，品溫上升不大。

（D）12. 膨發乾燥主要原理為高壓下加熱後突然釋壓使得：　(A)冰昇華成水蒸氣　(B)冰溶解成水　(C)水蒸氣凝結成水　(D)水氣化成水蒸氣。

【解析】：膨發乾燥主要原理為高壓下加熱後突然釋壓使得水氣化成水蒸氣。

（C）13. 甘藷泥等黏度高之糊狀食品欲乾燥成片狀時，適合進行：　(A)噴霧乾燥　(B)熱風乾燥　(C)鼓形乾燥　(D)冷風乾燥。

【解析】：甘藷泥等黏度高之糊狀食品，較適合鼓形乾燥即薄膜乾燥來乾燥。

（D）14. 下列何者為冷凍乾燥產品的特性？　(A)結構緊密　(B)不易吸水　(C)有冰晶殘留　(D)多孔易碎。

【解析】：凍乾食品的特性為組織鬆散、容易吸水、冰晶少及組織多孔易破碎。

（A）15. 下列敘述何者不正確？　(A)非酵素性褐變速率在水活性 0.9 以上最快　(B)70% 蔗糖水溶液之水活性低於 30% 蔗糖水溶液的水活性　(C)單層水分子為食品乾燥界限　(D)油脂自氧化速率在水活性 0.3 左右最慢。

【解析】：非酵素性褐變即梅納反應的速率在水活性 0.7 以上最快，0.9 卻下降。

（C）16. 冷凍乾燥時，先將食品凍結後置入高真空乾燥室內，於乾燥過程中又需低溫加熱，其目的為：　(A)加熱促進表面蒸發　(B)避免乾燥過程食品於凍結狀態　(C)提供昇華潛熱　(D)避免水分進入真空幫浦。

【解析】：凍結食品置於高真空乾燥室內，會行緩慢昇華作用，而乾燥室內行低溫加熱操作，其目的在提供昇華潛熱，以加速冰晶的昇華作用。

（A）17. 柿餅的製造下列哪一個敘述是不正確的？　(A)高溫急速脫水　(B)緩慢逐日乾燥　(C)要經過捏壓　(D)製品要冷凍貯藏。

【解析】：柿餅的製造為不需要高溫急速脫水即緩慢逐日乾燥。

（D）18. 欲完全阻止微生物之繁殖，食品之水活性應控制在多少以下？　(A)0.88　(B)0.80　(C)0.70　(D)0.60。

【解析】：水活性約 0.60 以下，可完全抑制乾燥食品中微生物之生長。

（C）19. 水活性(A_w)在 0.65～0.85 之間的食品稱為：　(A)乾性食品　(B)濕性食品　(C)中濕性食品　(D)硬性食品。

【解析】：水活性(A_w)在 0.65～0.85 之間的食品稱為中濕性食品。

（D）20. 下列何者無法促進冷風乾燥之乾燥速率？　(A)空氣除濕　(B)增加樣品表面積　(C)增加空氣流動速率　(D)浸漬糖液。

【解析】：促進冷風乾燥之乾燥速率為空氣除濕、增加樣品表面積、增加空氣流動速率及減低壓力，但不包括浸漬糖液。

（A）21. 真空乾燥技術主要是利用：　(A)蒸氣壓差　(B)溶質濃度差　(C)溫度差　(D)比重差。

【解析】：真空操作係利用蒸氣壓的下降，促使水分於低溫下蒸發乾燥。

（A）22. 兼有加壓乾燥與膨發兩種作用之加工品為：　(A)爆米花　(B)炸洋芋片　(C)炸花生　(D)炸薯條。

【解析】：兼有加壓乾燥與膨發兩種作用之加工品為「乖乖」、「爆米花」。

（A）23. 低溫低濕空氣乾燥法其特性是：　(A)通用於忌高溫食品　(B)乾燥速度極快　(C)乾燥後製品含水率極低　(D)乾燥費用較少。

【解析】：低溫低濕空氣乾燥法的特性是
(A) 通用於忌高溫食品　　(B) 乾燥速度極慢而不快
(C) 乾燥後製品含水率極高　　(D) 乾燥處理費用較高

（B）24. 食品利用一般的真空乾燥(vacuum drying)常使用的真空度範圍在：(A)1～0.1　(B)4～50　(C)100～250　(D)200～420　mmHg。

【解析】：食品利用一般的真空乾燥法常使用的真空度在 4～50 mmHg。

（C）25. 無花果、李、葡萄等水果於乾燥前先在 0.5～1.0% 氫氧化鈉沸騰液中浸漬 5～20 秒，其目的為：　(A)阻止酵素作用　(B)防止非酵素褐變　(C)促進乾燥效率　(D)防止脂溶性成分氧化。

【解析】：葡萄於乾燥前先浸漬鹼液，目的為破壞蠟質而促進乾燥效率。

（D）26. 食品脫水前以亞硫酸處理的目的，下列之敘述何者是正確的？　(A)減少脂溶性成分氧化　(B)增加香氣保留性　(C)提高乾燥效率　(D)防止酵素性及非酵素性褐變。

【解析】：食品脫水前浸漬亞硫酸的目的為防止酵素性及非酵素性褐變。

（C）27. 下列何者不能提高乾燥效率？　(A)蠟質果皮預先浸漬鹼液　(B)密實果皮軋針孔　(C)顆粒食品預先裹覆膜劑　(D)泥狀食品預先加入部分已乾燥製品。

【解析】：顆粒食品於乾燥前若預先裹覆膜劑，是無法提高其乾燥效率。

（A）28. 哪些乾燥技術不能在常壓下進行？　(A)真空凍結乾燥　(B)泡沫乾燥　(C)鼓形乾燥　(D)熱風乾燥。

【解析】：常壓式乾燥：熱風乾燥法、鼓形乾燥法、泡沫乾燥法。

減壓式乾燥：真空乾燥法、真空冷凍乾燥法。

加壓式乾燥：膨發乾燥法、擠壓乾燥法。

（D）29. 下列何者不適合使用濃縮之操作？　(A)逆滲透　(B)真空　(C)冷凍　(D)油炸。

【解析】：常使用之濃縮法為逆滲透濃縮法、真空濃縮法、冷凍濃縮法及蒸發濃縮法，而油炸乾燥法則較少使用於濃縮操作上。

（C）30. 製作春捲皮時，應採用何種乾燥機？　(A)熱風　(B)噴霧　(C)轉（滾）筒　(D)泡沫。

【解析】：轉（滾）筒式即薄膜乾燥機適用於春捲皮、糯米紙、糊化澱粉及馬鈴薯泥等高黏度食品的乾燥處理。

（A）31. 乾燥速度維持一定的期間，稱為：　(A)恆率乾燥期　(B)第一減率乾燥期　(C)第二減率乾燥期　(D)臨界含水率。

【解析】：乾燥速度維持一定的期間，稱為恆率乾燥期。

（C）32. 水活性(A_w)在 0.6～0.9 間之食品稱為：　(A)硬性食品　(B)乾性食品　(C)中濕性食品　(D)濕性食品。

【解析】：水活性控制在 0.6～0.9 間之食品稱為中濕性食品或半濕性食品。

（B）33. 乾濕溫度差溼度計，測定相對濕度之原理，濕球溫度計上之水：　(A)氣化　(B)昇華　(C)冷凝　(D)水解。

【解析】：將乾濕球溫度差濕度計置於熱風中，濕球溫度計上之水分會發生蒸發即氣化作用，造成濕球溫度計上溫度會下降。

（B）34. 將果汁中水變成冰，再分離除去水分之技術為：　(A)真空濃縮法　(B)冷凍濃縮法　(C)逆滲透濃縮法　(D)超微細濃縮法。

【解析】：將果汁中水變成冰，再分離除去水分之技術為冷凍濃縮法。

（D）35. 果汁以蒸發罐進行真空濃縮時，最易造成：　(A)褐變　(B)酸敗　(C)自氧化　(D)喪失原味。

【解析】：果汁以蒸發罐來進行濃縮操作時，不管是常壓式或真空式，果汁中的風味成分都易損失，因此容易造成喪失原味。

（B）36. 以乾燥機乾燥食品時，若要知道食品的水分被熱風帶走多少，我們要有：　(A)溫度計　(B)乾濕球溫度計　(C)濕度計　(D)盛水量杯。

【解析】：脫水乾燥時，食品中的水分會發生蒸發作用，因此可藉由乾濕球溫度計中溫度差濕度變化來估算食品的脫水程度。

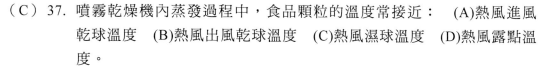

（C）37. 噴霧乾燥機內蒸發過程中，食品顆粒的溫度常接近： (A)熱風進風乾球溫度 (B)熱風出風乾球溫度 (C)熱風濕球溫度 (D)熱風露點溫度。

【解析】：噴霧乾燥機內液滴狀食品的表面積偏大，水分蒸發速率很快，因此該食品顆粒的溫度常接近熱風濕球溫度。

（B）38. 以 95% 含水量的蘿蔔為原料，乾燥至 15% 含水量時，收率為：
(A)5.60% (B)5.88% (C)6.01% (D)6.13%。

【解析】：收率% = [(100% − 最初水分%)／(100% − 最終水分%)] × 100 %
= [(100% − 95%)／(100% − 15%)] × 100 % = 5.88 %

二、模擬試題

（ ） 1. 下列何者非食品行脫水乾燥的主要目的？ (A)提高貯藏性 (B)賦予簡便性 (C)提供類似風味 (D)增加輸送性。

（ ） 2. 食品脫水乾燥時，發生減率乾燥期(FRP)之原因，下列何者是錯誤？
(A)食品內層形成氣囊隔離 (B)食品表面形成硬化層 (C)溶質濃度愈高，脫水不易 (D)自由水較難脫除。

（ ） 3. 下列何種劣變反應的抑制可藉由水活性降低來達成？ (A)梅納反應 (B)熱收縮 (C)表面硬化 (D)微生物腐敗。

（ ） 4. 乾燥操作時，恆率乾燥期(CRP)可除去的水分含量稱為： (A)自由含水率 (B)結合含水率 (C)單分子層水 (D)多分子層水。

（ ） 5. 食品中的何種營養物質容易受到亞硫酸鹽(Na_2SO_3)破壞而損失減少？
(A)硫胺素 (B)還原糖 (C)生物素 (D)核黃素。

（ ） 6. 下列有關食品進行第二減率乾燥期(SFRP)的速率關係何者是正確？
ID = internal diffusion（內部擴散），SE = surface evaporation（表面蒸發） (A)ID > SE (B)ID 與 SE 無關 (C)ID = SE (D)ID < SE。

（ ） 7. 下列何者對自然乾燥法(solar drying)之敘述是不正確？ (A)食品的水分含量較高 (B)容易受外界環境汙染而發黴 (C)紫外線不會影響食品品質 (D)乾燥時間較長。

（ ） 8. 下列何者與酵素性褐變(enzymatic browning reaction)的發生無關？
(A)酚類氧化酵素 (B)氧氣 (C)多酚類化合物 (D)鈣離子。

（　）　9. 下列何種方向變化可使食品經流動層乾燥機處理後乾燥速率加快？(A)平行　(B)夾角 45°　(C)夾角 135°　(D)垂直。

（　）　10. 蛋白粉末乾燥前通常要經過下列何種前處理的操作？　(A)防止褐變　(B)提高糖質濃度　(C)降低糖度　(D)降低黏度。

（　）　11. 食品的褐變反應可藉由下列何種酵素的參與而發生？　(A)酪胺酸酶　(B)凝乳酶　(C)異澱粉酶　(D)脂解酶。

（　）　12. 食品經一定乾燥條件所能除去的水分含量稱為：　(A)平衡含水率　(B)結合水分　(C)準結合水分　(D)自由水分。

（　）　13. 下列何種微生物對乾燥條件的忍耐性最強？　(A)耐旱性黴菌　(B)耐滲透壓酵母菌　(C)嗜鹽細菌　(D)嗜熱細菌。

（　）　14. 有關脫水乾燥的敘述，何者不正確？　(A)帶式乾燥屬於連續式乾燥　(B)減率乾燥期為固體表層的蒸發　(C)自然換氣乾燥亦稱窯式乾燥　(D)迴轉乾燥適合菜籽炸油前處理。

（　）　15. 下列何者無法有效提昇熱風乾燥之乾燥速率？　(A)空氣除濕　(B)增加表面積　(C)增加空氣流速　(D)浸漬糖液。

（　）　16. 哪些乾燥技術不能在常壓(P=1 atm)下進行？　(A)真空乾燥法　(B)泡沫乾燥法　(C)鼓形乾燥法　(D)熱風乾燥法。

（　）　17. 食品脫水乾燥時，添加蔗糖脂肪酸酯等乳化劑之作用目的為：　(A)輔助殺菌　(B)促進起泡　(C)抑制酵素　(D)調整味道。

（　）　18. 在減率乾燥期階段，脫水食品的品溫變化為：　(A)不變　(B)升高　(C)降低　(D)看情形而定。

（　）　19. 有關冷凍乾燥法之特徵，下列何者為不正確？　(A)氧化劣變低　(B)復水性佳　(C)吸濕性高　(D)良好運輸性。

（　）　20. 下列何種處理並非食品行脫水乾燥的前處理？　(A)熱水殺菁　(B)亞硫酸鈉處理　(C)添加生育醇　(D)以上皆非。

（　）　21. 海帶、蘿蔔乾、魚乾、紫菜等傳統乾製品，其乾燥方法常採用：　(A)常壓乾燥法　(B)加壓乾燥法　(C)真空乾燥法　(D)特殊乾燥法。

（　）　22. 含高濃度葡萄糖的食品需要添加下列何者可以縮短乾燥時間？　(A)鹽酸　(B)氫氧化鈉　(C)碳酸鈣　(D)氯化鈉。

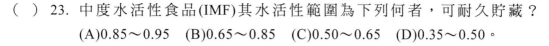

( ) 23. 中度水活性食品(IMF)其水活性範圍為下列何者，可耐久貯藏？
(A)0.85～0.95　(B)0.65～0.85　(C)0.50～0.65　(D)0.35～0.50。

( ) 24. 冷凍乾燥(freeze-drying)期間，早期食品之表面溫度約為：　(A)0°C～
冰點左右　(B)–20°C 左右　(C)20°C 左右　(D)10°C 左右。

( ) 25. 有關噴霧乾燥機之敘述，下列何者正確？　(A)高壓噴嘴之噴霧方式
不適用於泥狀物　(B)高壓噴嘴之噴霧方式其乾燥塔不必太高　(C)迴
轉體噴霧不適用於高黏度液體　(D)迴轉體噴霧使用之乾燥室直徑較
小。

( ) 26. 關於水果切面褐變之敘述，下列何者錯誤？　(A)屬酵素性褐變
(B)受過氧化酵素作用所致　(C)組織遭破壞之故　(D)產生黑色素。

( ) 27. 下列何種乾燥方法無法保留較多的食品香味成分？　(A)箱型棚架式
乾燥法　(B)噴霧式乾燥法　(C)凍結式乾燥法　(D)迴轉式乾燥法。

( ) 28. 利用食品表面積增加而使之乾燥脫水的方法為：　(A)凍結乾燥法
(B)冷風乾燥法　(C)噴霧乾燥法　(D)減壓乾燥法。

( ) 29. 脫水乾燥過程中若有表面硬化時，其造成之原因為：　(A)顆粒太小
(B)顆粒太大　(C)風速太低　(D)溫度過高。

( ) 30. 糊化澱粉、馬鈴薯泥等高黏性食品，宜採用的乾燥方法是：　(A)泡
沫乾燥法　(B)噴霧乾燥法　(C)膨發乾燥法　(D)薄膜乾燥法。

( ) 31. 人工乾燥法中最單純之方法為：　(A)箱型棚架式乾燥法　(B)窯式乾
燥法　(C)隧道式乾燥法　(D)帶式乾燥法。

( ) 32. 常壓乾燥主要以：　(A)水分蒸發　(B)冰的昇華　(C)水分凝結　(D)冰
晶熔融來乾燥。

( ) 33. 「乖乖」等膨發食品的乾燥方法常採用：　(A)噴霧乾燥法　(B)熱風
乾燥法　(C)冷凍乾燥法　(D)加壓乾燥法。

( ) 34. 真空乾燥技術主要是利用：　(A)溫度差　(B)溶劑濃度差　(C)密度差
(D)相對濕度差。

( ) 35. 下列哪一種加工操作可有效提高泡沫層乾燥法的效率？　(A)加熱前
處理　(B)濃縮前處理　(C)殺菁前處理　(D)冷凍前處理。

( ) 36. 下列何者不是真空冷凍乾燥食品的主要缺點？　(A)容易破碎　(B)易
產生氧化　(C)復水性佳　(D)吸濕性高。

（　）37. 有關半乾性食品(IMF)之水分含量約為：　(A)10～20%　(B)20～50%　(C)50～70%　(D)70～90%。

（　）38. 食品於乾燥過程中可得到褐變之色澤結果，屬於下列何種反應？　(A)催化反應　(B)濃縮反應　(C)氧化反應　(D)梅納反應。

（　）39. 對冷凍乾燥食品之敘述，下列何者為非？　(A)形狀維持容易　(B)容易氧化變色　(C)容易吸濕增重　(D)加工費用較熱風乾燥低。

（　）40. 食品經下列何種乾燥方法處理後，其吸濕性最強？　(A)日曬乾燥法　(B)冷風乾燥法　(C)凍結乾燥法　(D)加熱乾燥法。

模擬試題答案

1.(C)	2.(D)	3.(D)	4.(A)	5.(A)	6.(D)	7.(C)	8.(D)	9.(D)	10.(C)
11.(A)	12.(A)	13.(B)	14.(B)	15.(D)	16.(A)	17.(B)	18.(B)	19.(A)	20.(D)
21.(A)	22.(C)	23.(B)	24.(B)	25.(A)	26.(B)	27.(A)	28.(C)	29.(D)	30.(D)
31.(B)	32.(A)	33.(D)	34.(D)	35.(B)	36.(C)	37.(B)	38.(D)	39.(D)	40.(C)

新式食品加工技術

一、輻射線照射技術(irradiation)

1. 電磁波照射

種　類	電磁波與其他光波之比較
波　長	γ–射線＜χ–射線＜紫外線＜可見光線＜紅外線（近、中、遠）＜微波
頻　率	γ–射線＞χ–射線＞紫外線＞可見光線＞紅外線（近、中、遠）＞微波
能　量	γ–射線＞χ–射線＞紫外線＞可見光線＞紅外線（近、中、遠）＞微波

2. 電磁波的產生來源

輻射線種類	來　源	加工應用
γ–射線	為具放射性粒子衰變而產生。	抑制發芽、防蟲、殺菁、抑菌。
χ–射線	為金屬目標物撞擊產生。	金屬殘留物的檢測。
紫外線	為陰極射線選擇性放射者而產生。	工廠設施的空氣殺菌。
紅外線	為分子間共振作用產生的加熱波。	復熱或保溫食品，陰影不受熱。
微　波	為磁控管所產生具輻射的波。	食品加熱、解凍或殺菌。

3. 一般所稱輻射線是專指 γ 射線和 χ 射線而言

☕相關試題

1. γ 射線殺菌的原理屬於：　(A)高壓殺菌　(B)輻射殺菌　(C)微波殺菌　(D)加熱殺菌。　　　　　　　　　　　　　　　　　　　　答：(B)。
解析：γ 射線屬於輻射線殺菌。

2. 遠紅外線加熱的特徵為：　①熱放射後不被物質周圍空氣吸收　②熱傳迅速　③加熱較不均勻　④加熱物體有陰影時，其陰影部份不被加熱，答案是：(A)①②③④　(B)①②③　(C)①②④　(D)①②。　　　　答：(C)。

解析：紅外線加熱的特性為：

　　　　①熱量不被周圍空氣吸收　　　　②熱傳迅速
　　　　③採用共振作用產生熱量　　　　④熱傳模式屬輻射熱傳

4. **輻射線照射技術的應用目的**

(1) 一般應用目的

　　A. 殺菌。　　　　　　　　　　　　B. 降低菌數。
　　C. 殺蟲。　　　　　　　　　　　　D. 抑制發芽。
　　E. 延緩蔬果後熟。　　　　　　　　F. 品質改善。

(2) 特殊應用目的

　　A. 可於常溫或低溫下進行，亦稱冷式殺菌法(cold sterilization)，然而紅外線、遠紅外線和微波則為熱殺菌法。
　　B. 操作簡單、方便而有效。
　　C. 伽馬射線穿透力強，均勻度佳，可大量迅速處理。
　　D. 可減少化學藥物之濫用。
　　E. 經照射之食品其一般化學成分不受到影響。
　　F. 已包裝食品經照射後可防止二次汙染。

相關試題

1. 冷殺菌(cold sterilization)是指：　(A)輻射殺菌　(B)紅外線殺菌　(C)微波殺菌　(D)巴斯德殺菌。　　　　　　　　答：(A)。

5. **輻射線照射加工**

(1) 原理：

　　A. 空氣(O_2+O_2) $\longrightarrow$ 臭氧(O_3) $\Rightarrow$ 空氣的輻射解離作用。
　　B. 水分(H_2O) $\longrightarrow$ e^-、H_2O^+、$OH\cdot$、$H\cdot$、H_2、H_2O_2 $\Rightarrow$ 水分輻射解離作用。

C. 鍵結能量高低：共價鍵＞離子鍵＞氫鍵＞靜電吸引力＞凡德瓦爾力。

D. γ-射線可破壞食品成分的鍵結以共價鍵為主，形成配對離子或自由基。

(2) 熱傳方式：不需要熱傳介質，屬「輻射」熱傳模式。

(3) 輻射線種類：γ-射線、χ-射線、β-射線。

(4) 輻射線的放射源：

A. γ-射線：鈷(Co-60)、銫(Cs-137)。

B. 電子射線：電子加速器產生。

(5) 穿透強度：α-射線＜β-射線＜χ-射線＜γ-射線。

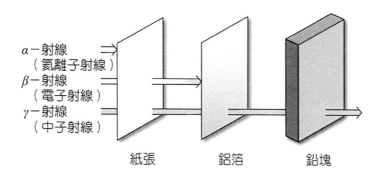

相關試題

1. 照射食品之照射源中穿透力最強者的是： (A)α-射線　(B)β-射線　(C)χ-射線　(D)γ-射線。　　　　　　　　　　　　　　　　　答：(D)。

(6) 殺菌方式類型

輻射線種類	效應種類	穿透力強弱	離子化能力	劑量
γ-射線	直接效應	強	弱，產生自由基少	5 MeV
電子射線	間接效應	弱	強，產生自由基多	10 MeV

(7) 照射劑量分類：

殺菌法種類	處理溫度	處理劑量	目標菌屬	殘存菌種
輻射巴斯德殺菌法 (radicidation)	3°C 以下	10 KGy* 以下	病原菌(*Salmonella*、*Mycobacterium*)	腐敗菌、中毒菌、孢子
輻射商業殺菌法 (radurization)	3°C 以下	10 KGy 以下	病原菌(*Salmonella*) 腐敗菌(*Pseudomonas*) 中毒菌(*Clostridium*)	孢子
輻射完全殺菌法 (radappertization)	25°C 左右	10 KGy 以上	病原菌(*Salmonella*) 腐敗菌(*Pseudomonas*) 中毒菌(*Clostridium*) 孢子(spore)	無

*註：吸收輻射劑量的 SI 單位，每公斤吸收 1 焦耳能量稱為 1 葛瑞(Gy)。

　　1 葛瑞=1 焦耳/仟克= 100 雷得

(8) 輻射線單位及其定義

單　位	定　義
雷得 Rad	1 雷得等於 1 克食品吸引 100 耳格(erg)之電離劑量，即 $$1Rad = 100 \text{ erg} / g；1Rad \text{ 相當於 } 10^{-2}KGy（仟葛瑞）$$
居里 Curie(Ci)	1 居里等於每秒引起 3.7×10^{10} 蛻變，即 $$1Ci = 3.7 \times 10^{10}Bq / sec$$
貝瑞 Becquerel (Bq)	1 貝瑞等於 2.703×10^{-11} 居里，即 $$1 Bq = 2.703 \times 10^{-11} Ci$$
侖琴 Roentgen(R)	γ-射線或χ-射線的單位，1 侖琴可使乾燥空氣解離成正負二種離子，每公斤空氣帶有 2.58×10^{-4} 庫倫的電量，$1R=2.58 \times 10^{-4}C/kg$
侖目 Rem	侖目是輻射當量的標準值，即 $$1 \text{ rem} = 10^{-2} joule/kg$$
西弗 Sievert(Sv)	1 西弗等於 1000 克食品吸收 100 rem 或 1 焦耳之電離劑量。 $$1 Sv = 100 \text{ rem}／kg = 1 \text{ joule}／kg，1 Sv = 100 Rem$$

(9) 輻射照射技術與食品的維生素損失

食品種類	維生素的損失百分率						
	A	B_1	B_2	B_3	B_6	C	E
牛乳	60～70%	35～85%	34～74%	33%	15～21%	ND	ND
牛肉	43～76%	42～84%	8～17%	ND	21～25%	ND	ND
豬肉	18%	96%	2%	15%	10～45%	ND	ND
鴨肉	ND	70～90%	4%	ND	26%	ND	ND
馬鈴薯	ND	ND	ND	ND	ND	28～56%	ND

（上述食品的輻射線處理其劑量在 10 KGy 以下，只能用 10Mev（百萬電子伏特）以上能量電子或 5Mev 以下的 χ-射線及 γ-射線進行照射。）

(10) 食品輻射線照射的劑量高低

劑量高低	功用或目的	劑量單位	
		Krad	KGy
低劑量	1. 抑制馬鈴薯、大蒜及洋蔥等發芽。	5～15	0.05～0.15
		20～100	0.20～1.00
	2. 延緩熟成或去除昆蟲的感染防止豬肉的旋毛蟲汙染。	30～100	0.30～1.00
中劑量	去除寄生蟲、腐敗菌及病原菌。	100～300	3.00～8.00
高劑量	完全殺菌法(radappertization)。	2500～5000	25.0～50.0

(11) 食品應用上照射的劑量高低

產品種類	加工目的	劑量(rad)	貯藏溫度
馬鈴薯	抑制發芽現象。	7,500	20°C
麵粉	破壞昆蟲汙染。	50,000	4.4°C
漿果	抑制黴菌之生長。	150,000	1.1°C
牛肉片、豬肉片或魚肉片	抑制細菌、酵母、黴菌之增殖以及寄生蟲、昆蟲之生長。	1,000,000	0°C
水果	以熱水(74°C)抑制酵素活性即輻射完全殺菌法。	2,400,000	25°C
畜肉、魚肉及蔬菜等組織	以熱(74°C)抑制酵素活性即輻射完全殺菌法。	4,500,000	25°C

☕相關試題

1. 大蒜香辛料的滅菌操作適用於下列何種方法？ (A)熱水殺菌法 (B)輻射照射法 (C)微波加熱法 (D)氯液殺菌法。 答：(B)。

─────────

(12) 放射線照射技術
　　可達到完全殺菌法　　　　　　　　不會產生高溫屬冷式殺菌法
　　會發生輻射解離作用而激發自由基　水溶性維生素殘留量最低
(13) 微生物抵抗性與放射線照射
　　放射線的頻率愈短，微生物抗性愈小　無氧環境抵抗性大於有氧者
　　蛋白質懸浮液抵抗性大於緩衝溶液　　乾燥狀態抵抗性大於潮濕者

☕相關試題

1. 微生物對放射線抗性大小之敘述，何者正確？ (A)放射線波長愈短微生物抗性愈大 (B)有氧狀態抗性大於無氧狀態 (C)乾性環境抗性大於濕性環境 (D)緩衝溶液中抗性大於蛋白質懸浮液。 答：(C)。

二、微波加熱技術(microwave heating technology)

1. 微波加熱技術的目的
　(1) 加熱迅速均勻。
　(2) 產品品質高。
　(3) 具有殺菌效果。
　(4) 解凍快速。
　(5) 操作自動化。
　(6) 方便控制。

2. 微波加熱技術的原理
　　　　微波加熱是藉由高頻率的電磁波激化食品內之水分子或極性分子使其相互碰撞、擠壓及摩擦而生熱，屬內部升溫的熱傳模式，微波產生器並不接觸食品。

　　由於食品組成分、體積大小和幾何形狀對電磁波的吸收程度不同，再加上不同頻率之電磁波對食品之穿透深度不同，所以微波加熱有其加熱均勻性問題及穿透距離限制。

相關試題

1. 微波產熱的原理是：　(A)微波本身之振動　(B)微波造成食品內極性分子的摩擦生熱　(C)微波促使空氣的吸熱反應　(D)微波促使空氣的放熱反應。
   答：(B)。食品內極性分子可吸收微波轉變成摩擦而於內部發熱。

2. 微波加熱原理，是利用食物中何種分子振動而產生熱能？　(A)極性分子　(B)非極性分子　(C)氧化性分子　(D)還原性分子。　　　　　　　答：(A)。
   解析：微波加熱原理是利用食物中水分子、二氧化碳及蛋白質等極性分子因吸收微波的能量而產生分子振動而於食物內部加熱昇溫，屬輻射熱傳。

3. 微波加熱的特性

特　質	基　本　特　性
反射(reflection)	微波具直線性，碰到金屬板即被反射，故爐內不可用於金屬物品。
穿透(penetration)	微波可穿透玻璃、紙盒、陶瓷及塑膠等容器，不發熱。
吸收(absorption)	水分子及二氧化碳等極性分子可吸收微波而於內部發熱。

4. 公式

$$D = \frac{9.56 \times 10^7}{f\sqrt{\varepsilon\gamma \tan \sigma}}$$

有以下屬性：
(1) **頻率** (f) 愈低，微波穿透深度(D)愈大。
(2) **介電常數**($\varepsilon\gamma$)和**介質體損失角**($\tan \sigma$)愈小，其穿透深度愈大。
(3) 溫度升高，微波被吸收少，則穿透深度愈大。
(4) 乾燥狀態，水分少，穿透深度愈大。
(5) 冰晶狀態，水分少，穿透深度愈大。

5. **頻率**
   (1) 商業用：915 MHz。　　　註：M = mega = 10^6
   (2) 家庭用：2,450 MHz。

6. **單位**：以瓦特(Watt)為輸出功率單位。

☕ 相關試題

1. 微波烹調時，微波沿直線進行，遇到食物可被：　(A)吸收　(B)反射　(C)穿透　(D)輻射。　　　　　　　　　　　　　　　答：(A)。

2. 下列有關微波(microwave)性質之敘述，何者不正確？　(A)有直進性　(B)遇金屬板即被吸收　(C)可透過玻璃及陶器　(D)可透過聚乙烯塑膠材質。
   答：(B)。微波加熱之特性為微波遇到金屬板即反射不被吸收。

3. 微波是一種甚為方便加熱方法，其輸出功率之單位為：　(A)伏特(volt)　(B)瓦特(watt)　(C)安培(amperage)　(D)歐姆(ohms)。　　　　　答：(B)。
   解析：常用微波加熱的輸出功率單位為瓦特(watt)。

―――――――― ☕

7. **微波加熱的特殊現象**
   (1) 能以最小能源密度操作。
   (2) 微波爐內之設計共振模式要多樣化，而且避免駐波的形成。
   (3) 被加熱食物要均勻分布於微波爐中。
   (4) 避免食物內成分的不均一性，尤其是含油脂的樣品。

8. **微波加熱的缺點**
   (1) 加熱後食品之質地缺乏脆度。
   (2) 無法提供梅納反應的香氣和顏色。
   (3) 加熱模式與傳統加熱法相比較，屬於不均勻加熱。

三、薄膜分離技術(membrane separation technology)

1. **薄膜濃縮技術的目的**
   (1) 不使用加熱，節省能源。
   (2) 保持較多的營養價值。

(3) 維持揮發性芳香成分於食品中。

(4) 不易發生變色和褐變。

2. 薄膜濃縮技術的缺點

(1) 濃縮效率低，一般為 20～30%。

(2) 因產生極化作用，孔徑易阻塞。

(3) 不易清洗，微生物容易汙染。

(4) 薄膜的物理性、化學性及機械性差，成本高。

3. 濃縮薄膜的種類

薄　　膜 種　　類	逆滲透 (reverse osmosis, RO)	超過濾 (ultrafiltration, UF)	微過濾 (microfiltration, MF)
孔 徑 大 小	≤1 Å	7~10 Å	≥200 Å
通 過 分 子	水分子	水分子、低分子	水分子、低及高分子
阻 礙 分 子	低、高分子及微粒子	高分子、微粒子	微粒子
壓　　　　力	100～1,000 psi*	10～100 psi	1～10 psi
應　　　　用	海水淡化、廢水處理、飲用水質的淨化	乳清蛋白回收、香氣成分之回收	醱酵菌體回收、水果、蔬菜榨汁之濃縮、果汁之澄清作用

*註：psi(pounds per square inch)，1 標準大氣壓力(atm) = 14.696 lb/in^2，1 psi = 0.0703 kg(w)/cm^2 = 0.0689 bar = 0.068 atm。

☕相關試題

1. 利用膜處理技術時，下列何者所使用之壓力最大？　(A)電透析法　(B)精密過濾法　(C)超過濾法　(D)逆滲透法。　　　　　　　　　　　　　答：(D)。
   解析：薄膜分離技術操作中，逆滲透(RO)技術的孔徑最小，則其壓力愈大。

2. 下列有關超過濾法(UF)與逆滲透法(RO)的比較，何者正確？　(A)UF 濾膜孔徑較小　(B)RO 需要使用較高壓力過濾　(C)UF 過濾時只容許水分子通過　(D)RO 可容許高分子通過。　　　　　　　　　　　　　　　　　　答：(B)。
   解析：超過濾法與逆滲透法的壓力比較為 RO＞UF。

3. 下列何種技術可應用於提高葡萄汁之糖度或海水淡化？ (A)超過濾 (B)逆
滲透 (C)精密過濾 (D)電透析。 答：(B)。
解析： 逆滲透(RO)技術可應用於於海水淡化或廢水處理。

4. 薄膜濃縮技術的特性
(1) 濃縮裝置所需之耗材較多。
(2) 濃縮過程不用加熱，消耗能源較少。
(3) 適合處理黏度不高之液態食品，如牛頓型流體食品。
(4) 固形物損失量常較其他濃縮方法如蒸發濃縮法及真空濃縮法為高。

四、擠壓技術(extrusion technology)

1. 擠壓技術目的
(1) 變化多　　　　(2) 低成本　　　　(3) 產能高
(4) 形狀多　　　　(5) 品質高　　　　(6) 能源效率高
(7) 新產品開發　　(8) 無廢棄物

2. 擠壓機的種類

因 素 分 類	單軸擠壓機	雙軸擠壓機
能量供應	黏性的分散	熱傳至套筒
耗能比	900～1,500 KJ／kg	400～600 KJ／kg
成本費用	低	高
最高水分原料	30%	90%
最低水分原料	10%	5%

3. 擠壓產品
(1) 素肉塊　　(2) 豆乾　　　　　(3) 豆皮、米皮、麵皮及素腸衣
(4) 食穀粉　　(5) 米粉絲、玉米脆片　(6) 乖乖等脆感度高的食品

4. 擠壓技術的特性
(1) 擠壓技術是一種高溫(200°C)、高壓，短時間（5～10 秒）的加工技術。
(2) 在擠壓套管內瞬間由高壓降低至常壓時，水分揮發成水蒸氣而汽化，同
時食品組織內部會發生膨脹作用。

☕ 相關試題 ✿

1. 蒸煮擠壓加工(extrusion cooking)，屬於何種加工製程？　(A)低溫短時間　(B)高溫短時間　(C)低溫長時間　(D)高溫長時間。　　　　　　　　答：(B)。

五、超臨界流體(SCF)萃取技術(SCF extraction technology)

1. 超臨界流體(supercritical fluid, SCF)萃取特性

(1) 介於氣體與液體間，具有強滲透性、低黏度、高溶解度。

(2) 藉由壓力、溫度及共溶劑可修飾其密度大小及極性大小。

(3) 低臨界溫度($31°C$)、高臨界壓力(73 atm)易於其溶解度操作。

(4) 天然、便宜、無毒、無汙染。

(5) 易於去除不殘留、可回收利用、省能源。

☕ 相關試題 ✿

1. 利用超臨界二氧化碳（SCF CO_2 流體）萃取的油脂具有下列何種特性？　(A)極性　(B)中極性　(C)非極性　(D)強極性。　　　　　　　　　答：(C)。

解析：調整 SCF CO_2 流體的壓力與溫度，可以非極性的流體狀態萃取極性極低的油脂。

2. 食品工業上使用的超臨界流體之密度愈大，溶解力愈：　(A)大　(B)小　(C)不一定　(D)無關。　　　　　　　　　　　　　　　　　答：(A)。

解析：SCF 之溶解度和其密度成正比，密度愈大，該超臨界流體的溶解力愈大。

2. 超臨界流體萃取的缺點

(1) 設備費用高。

(2) 安全上的疑慮。

(3) 不易連續式生產。

3. 超臨界流體的種類

種　類	沸　點	臨界溫度(Tc)	臨界壓力(Pc)
CO_2	$-78.5°C$	$31°C$	73 atm
NH_3	$-33.4°C$	$132°C$	111 atm
N_2O	$-89°C$	$37°C$	72 atm

4. 超臨界二氧化碳的物性與氣相、液相及超臨界相之變化

物 理 性 質	氣　相	液　相	超 臨 界 相
密度(kg/M^3)	$0.6 \sim 1$	10^3	$200 \sim 900$
黏度$(Pa.S)^*$	10^{-5}	10^{-3}	$10^{-5} \sim 10^{-4}$
擴散係數(m^2/s)	10^{-5}	10^{-9}	$10^{-7} \sim 10^{-8}$
熱傳導度(w/mk)	10^{-3}	10^{-1}	$10^{-3} \sim 10^{-1}$

*註：絕對黏度的單位，在流體中取兩面積各為 $1 \ m^2$，相距 $1 \ m$，相對移動速度為 1 m/sec 所產生的阻力，稱為 $1Pa \cdot s$。$1Pa \cdot s = 1N \cdot s/m = 10$ Poise（泊）。

5. 超臨界二氧化碳流體在食品加工上的應用

(1) 製造低膽固醇的乳酪。

(2) 製造低咖啡因的咖啡。

(3) 水果精油的回收或色素風味（呈味）成分之萃取。

(4) 啤酒花及香辛料的成分萃取。

(5) 魚油中分離高度不飽和脂肪酸(EPA、DHA)。

(6) 食物原料中具生理活性成分之萃取。

相關試題

1. 以超臨界流體萃取啤酒花中有效成分的優點，下列敘述何者不正確？　(A)最常採用 CO_2 當溶劑，沒有溶劑殘留的問題　(B)在低壓高溫下操作很安全 (C)溶劑具有氣體及液體的特性　(D)任意改變操作條件可以萃取不同成分。

答：(B)。超臨界流體萃取啤酒花中有效成分的優點為在高壓低溫下操作才很安全。

六、高壓技術(high pressure technology)

1. 高壓技術的目的

(1) 取代加熱方式的另一種殺菌方法。

(2) 可使酵素失活，增加食品貯存安定性。

(3) 肉品保水力增加，顏色不變。

(4) 保持生鮮食品之香味、口感及營養成分。

2. 高壓技術的缺點

(1) 無法產生梅納反應等香氣及風味。

(2) 設備費用高。

(3) 安全上的疑慮。

(4) 不易連續式生產。

相關試題

1. 高壓處理對食品之影響，下列何者不正確？　(A)蛋白質變性　(B)酵素不活化　(C)產生褐變　(D)有殺菌效果。　　　　　　　　　　　　答：(C)。
   解析：高壓技術處理對食品之影響可使蛋白質變性、酵素不活化、殺菌或靜菌效果，但無法產生共價鍵結，因此不會產生梅納反應等香氣及風味。

3. 各種加工技術的壓力變化

技術種類	壓　力(atm)	溫　度(°C)	特　性
超高壓技術	10,000	25	直接加壓
超臨界萃取技術	73	31	低溫高壓萃取
擠壓蒸煮技術	50	180	提高水的沸點
高壓殺菌技術	2.5	150	提高水的沸點

4. 高壓技術的應用

(1) 微生物汙染的防治。

(2) 抗營養成分的抑制。

(3) 貯藏期限的延長。

(4) 新食品素材的研發。

七、微膠囊技術(microencapsulation technology)

1. 微膠囊技術的目的

(1) 保持食品的香氣與風味。

(2) 避免食品成分之間的交互作用。

(3) 促進食品的消化吸收性。

2. 微膠囊之覆膜材料

(1) 明膠　　　　　　(2) 阿拉伯膠　　　　　(3) 直鏈澱粉

(4) 單酸甘油酯　　　(5) 玉米蛋白　　　　　(6) 酪蛋白

3. 微膠囊製作技術

(1) 穀類食品製程：

　　穀類原料＋直鏈澱粉覆膜劑→均勻混合→噴霧乾燥→檢測→成品。

(2) 膠囊活菌製程：

　　乳酸菌＋酪蛋白覆膜劑→均勻混合→噴霧乾燥→檢測→成品。

4. 微膠囊化的食品

(1) 粉末油脂　　　(2) 膠囊活菌　　　(3) 太空食品　　　(4) 穀類食品

☕相關試題

1. 坊間「晶球優酪乳」之製造，採用何種特殊技術？　(A)冷凍乾燥(lyophilization)　(B)高壓處理(high-pressure treatment)　(C)玻璃轉移現象(glass- transition)　(D)微膠囊化(microencapsulation)。　　　　　答：(D)。

解析：將益生菌屬如乳酸菌與覆膜劑混合，利用微膠囊化噴霧技術使乳酸菌
　　　被覆於可食性薄膜顆粒中，使其順利通過胃酸的破壞，進入腸道繁
　　　殖。

八、柵欄技術(hurdle technology)

1. 柵欄技術目的

(1) 亦稱組合式保存技術,是一種最理想的食品保存技術。

(2) 利用各種抑菌因子或抑制食品劣變方法,加以組合來達成貯存期限的延長。

(3) 不會影響產品之理化性質及降低其感官品質。

2. 柵欄技術的分類

柵欄分類	柵 欄 因 子
物理性柵欄	溫度、照射、電磁能、壓力、超音波、氣調包裝、包裝材質。
化學性柵欄	水活性、pH 值、煙燻成分、氧化還原電位、氣體、保藏劑。
微生物柵欄	優勢菌、保護性培養基、抗菌素、抗生素。
其他性柵欄	游離脂肪酸、幾丁聚醣。

3. 柵欄技術的特性與微生物抑制效應

種　　類	說　明　或　定　義	
柵欄特性	將保藏因子視為一個柵欄,以阻礙微生物滋長、繁殖,甚至殺滅微生物,以達保存效果。	
抑制效應	1. 降低初始菌數 2. 減緩生長速率	3. 延長微生物萌芽期 4. 限制最大菌數
應用食品	1. 高水活性($A_w > 0.90$)和較溫和加熱($70 \sim 100°C$)之殺菌食品。 2. 醱酵食品。 3. 中度水活性食品。	

學後評量　　Exercise

一、精選試題

（A）　1. 哪一種放射線可以使用於已捲封完成的罐頭食品之殺菌？　(A)χ-射線
(B)β-射線　(C)紫外線　(D)近紅外線。

【解析】：輻射線的能量高低為 γ-射線＞χ-射線＞β-射線＞紫外線＞近紅外線，
使用於已捲封完成的罐頭食品之殺菌處理，常應用 γ-射線或 χ-射線。

（C）　2. 哪一種方法適合用來濃縮乳清蛋白，同時去除乳糖及水等低分子物
質？　(A)冷凍濃縮　(B)真空濃縮　(C)超過濾　(D)冷凍乾燥。

【解析】：在薄膜濃縮法中，超過濾法(UF)較適合用來濃縮乳清蛋白，同時可去除
乳糖及水等低分子物質，做為乾酪(cheese)製程中廢棄物的回收利用。

（C）　3. 應用於食品上的輻射可達何種效益？　(A)抗氧化　(B)保護不飽和脂
肪酸　(C)殺菌　(D)保護維生素 C。

【解析】：食品的輻射應用主要欲達到微生物殺菌的效益，但易破壞維生素 C。

（C）　4. 利用微波進行紙袋「爆玉米花」之膨發，採用何種特殊原理？　(A)
密閉高壓　(B)奶油導熱　(C)夾層金屬膜之反射　(D)對流溫差。

【解析】：依據微波碰到金屬板會反射而不會吸收的特性，因此紙袋裝「爆玉米
花」之膨發加熱，主要是採用包裝內夾層金屬膜之反射特殊原理。

（A）　5. 海水淡化一般採用何種技術？　(A)逆滲透法(reverse osmosis)　(B)超
過濾法(ultra-filtration)　(C)微過濾法(micro-filtration)　(D)蒸餾法
(distillation)。

【解析】：食品工業中海水淡化或廢水處理一般採用逆滲透法技術，但成本高。

（D）　6. 有關食品加工應用的超臨界萃取方法之敘述，何者不正確？　(A)所
操作之溫度與壓力均超過萃取流體之臨界點　(B)所用之萃取流體一
般以惰性氣體為主　(C)超臨界萃取可萃取咖啡中之咖啡因　(D)超臨
界萃取乃在真空狀態下操作。

【解析】：超臨界流體萃取技術之特色
(A) 所操作之溫度與壓力均超過萃取流體之臨界點。
(B) 所用之萃取流體一般以惰性氣體如 CO_2 為主。
(C) 超臨界萃取可萃取咖啡中之咖啡因與蛋黃中之膽固醇。
(D) 超臨界萃取乃在高壓低溫狀態下操作，需考慮安全性。

（C）7. 有關膜過濾(membrane filtration)之敘述，何者不正確？　(A)膜過濾可利用加壓過濾(pressure filtration)之方式　(B)膜過濾為一種逆滲透現象(reverse osmosis)　(C)膜過濾為一種擴散現象(diffusion)　(D)血液透析(hemodialysis)為一種膜過濾之應用。

【解析】：薄膜過濾技術可視為另一種超高濾現象(ultrafiltration)。

（D）8. 下列何者為高壓食品技術之特色？　(A)採用壓力在 30 大氣壓力以下　(B)產生高溫　(C)色澤與風味產生重大變化　(D)色澤與風味幾乎沒有變化。

【解析】：高壓技術的特色有　(A)採用 30 大氣壓力以上　(B)無加熱操作，不會產生高溫　(C)色澤與風味幾乎沒有變化　(D)酵素活性易殘留，保存期限較短。

（B）9. 有關微波加熱食品之敘述，何者正確？　(A)微波可穿透玻璃、鋁箔等包材　(B)微波食品加熱時，中心與表面溫差小為其特色　(C)微波加熱可抑菌，多數學者認為其機制主要在微波之直接殺死微生物　(D)其加熱原理乃利用水等非極性物質振動產生熱能。

【解析】：微波食品加熱時，由內部昇溫發熱，中心與表面溫差小為其特色。

（D）10. 輻射技術用以保存食品時：　(A)水溶性維生素殘留量最高　(B)無法達到完全滅菌　(C)會產生高溫　(D)會激發自由基產生。

【解析】：輻射技術特性為會激發食品中成分的自由基與配對離子的產生。

（A）11. 下列何種材料不適用在製作微波器皿？　(A)不銹鋼　(B)玻璃　(C)陶瓷　(D)耐熱塑膠。

【解析】：製作微波器皿材料有玻璃、陶瓷、耐熱塑膠及紙張；不銹鋼不適用。

（A）12. 應用於食品成分分析，可以檢測食品內部成分及該成分含量，且具有快速、簡便、非破壞性之方法為何？　(A)近紅外線　(B)超音波　(C)β-射線　(D)χ-射線。

【解析】：近紅外線的輻射能量遠低於 χ-射線與 β-射線，若應用 χ-射線與 β-射線等高輻射能量的放射線來進行食品成分分析，易造成檢測的食品內部成分產生破壞。因此要快速、簡便且具非破壞性之檢測方法常採用近紅外線。

（B）13. 微波加熱可利用的容器材質，需具備下列何種特性？　(A)可吸收微波　(B)可被微波穿透　(C)可反射微波　(D)容易氧化。

【解析】：常用微波加熱可用的容器材質皆具有可被微波穿透的共同特性。

（A）14. 下列哪些敘述是食品輻射照射處理之主要目的？　①抑制發芽　②防治蟲害　③延長貯藏期限　④抑制褐變，答案是：　(A)①②③　(B)①②④　(C)①③④　(D)②③④。

【解析】食品經輻射照射處理之主要目的為抑制發芽、防治蟲害、延長貯藏期限，但不具有抑制酵素性褐變或非酵素褐變反應。

（A）15. 有關食品輻射照射(irradiation)技術之敘述，何者為真？　(A)經照射後食品溫度不會顯著提高　(B)設備費用低　(C)產品具輻射性　(D)以上皆非。

【解析】食品輻射照射的優點為經照射後食品溫度不會提高，屬冷式殺菌法。

（C）16. 放射線可用於食品保藏，下列放射線中何者殺菌力最強？　(A)α　(B)β　(C)γ　(D)δ。

【解析】放射線的殺菌能力與能量高低成正比，因此 γ-射線的殺菌力最強。

（D）17. 食品微波處理與放射性處理（冷殺菌法）有何相似點：　(A)波長　(B)處理之品溫　(C)頻率　(D)兩者均異於傳統之加熱方式。

【解析】微波處理與放射性處理的共同熱傳模式為輻射熱傳，因此該兩者均異於傳統之傳導或對流式的加熱方式。

（D）18. 微波法加熱或復熱食品時，比其它方法易產生之缺點為：　(A)加熱速度慢　(B)耗能量　(C)品溫過高　(D)加熱不均勻。

【解析】微波加熱法屬內部升溫模式，較傳統加熱法易有局部加熱不均均。

（A）19. 下列何者為常用於食品製造設施的空氣殺菌法？　(A)紫外線殺菌燈　(B)以 methyl bromide 氣體殺菌　(C)以 ethylene oxide 殺菌　(D)以熱風來殺菌。

【解析】紫外線殺菌燈常用於食品製造設施即食品工廠的空氣殺菌法操作。

（B）20. 對於膜分離(membrane separation)之敘述，何者為非？　(A)使用高分子半透膜　(B)降低壓力使流體中小分子透過膜　(C)不須使用加熱即可濃縮溶液　(D)逆滲透所使用膜之孔徑較超過濾為小。

【解析】薄膜分離之特性為須提高壓力以促使高濃度流體中小分子透過薄膜。

（D）21. 微波(microwave)加熱處理，下列何者不正確？　(A)常用的波長是2450 MHz　(B)食品的水分含量愈高，產熱愈多　(C)增加鹽量，可促進加熱速率　(D)食物的形狀規則與否，不影響其加熱均勻度。

【解析】微波加熱技術的特性是食物的形狀規則，會顯著影響其加熱均勻度。

（B）22. 以超臨界流體萃取啤酒花中有效成分的好處，下列敘述何者不正確？
(A)最常採用 CO_2 當溶劑，溶劑不殘留　(B)在低壓高溫下操作很安全
(C)溶劑具有氣態及液態的特性　(D)可任意改變操作條件萃取不同成分。

【解析】：超臨界流體萃取的好處是在高壓低溫下操作才很安全。

（D）23. 食品工業上最常用的超臨界流體為：　(A)氮氣　(B)NH_3　(C)甲醇
(D)CO_2。

【解析】：常用的超臨界流體有 NH_3、N_2O 及 CO_2 等，但最常用者為 CO_2。

（C）24. 所有輻射線中穿透力最強者為何？　(A)α-射線　(B)β-射線　(C)γ-射線　(D)電子射線。

【解析】：輻射線的頻率愈高則其能量愈大，因此穿透力最強者為γ-射線。

（A）25. 絞肉機、榨汁機及擠壓機有共同主要組件：　(A)螺旋軸(screw)　(B)分離器(separator)　(C)刀片(knife)　(D)壓榨器(presser)。

【解析】：絞肉機、果汁榨汁機及擠壓機是共同利用螺旋軸組件以進行肉塊的細分、果肉與果汁分離及食品原料的擠壓、混合與剪切等單元操作。

（B）26. 微波爐(microwave oven)的加熱是利用：　(A)紅外線　(B)電磁波　(C)紫外線　(D)遠紅外線。

【解析】：微波爐加熱是利用微波為熱源，即是電磁波的輻射加熱。

（A）27. 下列常溫下進行之各種處理中，何種所需放射線劑量最高？　(A)蔬菜中酵素之不活化　(B)馬鈴薯發芽之抑制　(C)肉片中寄生蟲之消滅　(D)水果中黴菌之殺滅。

【解析】：食品處理的放射線劑量高低：酵素＞黴菌＞寄生蟲＞發芽抑制。

（B）28. 微波的浸透力，以水與冰來比較，對前者較對後者為：　(A)強　(B)弱　(C)相同　(D)不一定。

【解析】：冰的介電常數為水的 1/80，即介電常數為水＞冰，介電常數與其穿透深度成反比，因此微波對水的浸透力較弱，而冰晶者則較強。

二、模擬試題

（　）1. 下列何種放射線的穿透能力最大？　(A)γ-ray　(B)χ-ray　(C)α-ray　(D)β-ray。

（　）　2. 伽瑪射線是一種便利快速的殺菌方法，其能量單位為：　(A)瓦特(watt)　(B)焦耳(joule)　(C)雷得(rad)　(D)耳格(erg)。

（　）　3. 室溫下進行輻射線照射法，下列何者需要的劑量最高？　(A)酵素不活化　(B)昆蟲之破壞　(C)發芽抑制　(D)條蟲抑制。

（　）　4. 下列何者並非伽瑪射線(γ-ray)照射到水分子後所產生的游離物質？　(A)O_3　(B)H_2　(C)H_2O_2　(D)H_2O^+。

（　）　5. 利用微波加熱時，下列何者不是主要的影響因素？　(A)食品大小　(B)水分高低　(C)微波頻率　(D)酵素活性。

（　）　6. 食品經微波加熱與放射線處理，兩者有何共同相似之處？　(A)波長　(B)品溫　(C)頻率　(D)兩者均異於傳統的加熱方式。

（　）　7. 利用微波法加熱或復熱食品時，比蒸氣加熱法等易產生之缺點為：　(A)加熱速率快　(B)加熱均勻　(C)加熱不均勻　(D)消耗能量。

（　）　8. 超臨界二氧化碳流體萃取法的操作條件為：　(A)低溫短時間　(B)低溫高壓　(C)高溫長時間　(D)高溫低壓。

（　）　9. 食品工業上使用的超臨界二氧化碳流體之密度愈小，萃取能力愈：　(A)大　(B)小　(C)不一定　(D)無關。

（　）　10. 擠壓成型加工技術的持徵為：　(A)低溫低壓　(B)低溫高壓　(C)高溫高壓　(D)高溫低壓。

（　）　11. 有關高壓技術的特性敘述，下列何者為正確？　(A)設備安全性極高　(B)有效抑制酵素活性　(C)褐變反應易進行　(D)成品香氣濃度極高。

（　）　12. 下列何者為冷式殺菌法之加工目的？　(A)抑制低溫菌生長　(B)微波加熱處理　(C)經 γ-射線處理之香料粉末　(D)冷凍殺菌處理。

（　）　13. 下列何種菌體對同條件下之放射線處理最為不敏感？　(A)*Bacillus*　(B)*Flavobacterium*　(C)*Clostridium*　(D)*Micrococcus*。

（　）　14. 有關微波的性質敘述，下列何者為正確？　(A)與光線一樣有直線性　(B)微波爐內壁絕不可採用金屬材質　(C)無水食品會吸收而發熱　(D)陶器、玻璃等容器可吸收而產熱。

（　）　15. 106 rad 劑量約為：　(A)1 KJ/kg　(B)10 KJ/kg　(C)100 KJ/kg　(D)1,000 KJ/kg。

（　）16. 下列何種食品加工技術的原理與其他三者並不相同？　(A)高壓技術　(B)柵欄技術　(C)超過濾技術　(D)超臨界流體技術。

（　）17. 下列何者是 γ-射線照射到空氣後所產生的電離物質？　(A)H_2O^+　(B)OH·　(C)O_3　(D)H·。

（　）18. 大蒜香辛料的滅菌操作適用於下列何種方法？　(A)熱水殺菌法　(B)輻射照射法　(C)微波加熱法　(D)氯液殺菌法。

（　）19. 薄膜分離加工的操作條件為：　(A)低溫低壓　(B)低溫高壓　(C)高溫低壓　(D)高溫高壓。

（　）20. γ-射線的劑量若超過下列多少，則易有放射性殘留的可能？　(A)5 MeV　(B)10 MeV　(C)15 MeV　(D)20 MeV。

（　）21. 有關超臨界流體溶劑的特性敘述，下列何者正確？　(A)操作溫度高　(B)操作壓力低　(C)常使用 CO_2　(D)揮發性低。

（　）22. 有關放射線處理敘述，何者不正確？　(A)可延長保存期限　(B)不可殺菌　(C)抑制酵素活性　(D)防治害蟲。

（　）23. 高壓處理對食品之影響，下列何者不正確？　(A)蛋白質變性　(B)酵素不活化　(C)產生褐變香味　(D)有殺菌效果。

（　）24. 熱藏食品的保溫處理常採用：　(A)紅外線　(B)紫外線　(C)伽瑪射線　(D)微波。

（　）25. 微波加熱原理，是利用食物中何者分子振動而產生熱能？　(A)極性分子　(B)非極性分子　(C)氧化性分子　(D)還原性分子。

模擬試題答案

1.(A)　2.(C)　3.(A)　4.(A)　5.(D)　6.(D)　7.(C)　8.(B)　9.(B)　10.(C)

11.(B)　12.(C)　13.(C)　14.(A)　15.(B)　16.(D)　17.(C)　18.(B)　19.(B)　20.(A)

21.(C)　22.(B)　23.(C)　24.(A)　25.(A)

食品加工與酵素、微生物應用

一、腐敗與醱酵作用(putrefaction and fermentation)

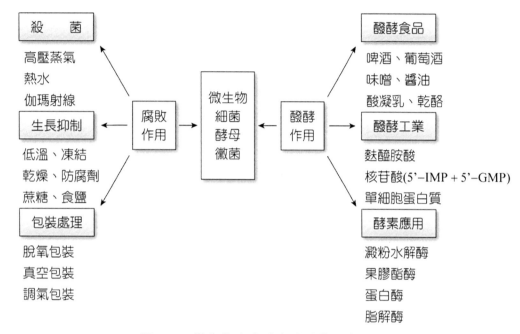

圖 8-1　微生物之腐敗與醱酵作用的變化

1. 醱酵作用的目的

(1) 改變食品原料的品質特性。

(2) 產生乳酸、醋酸和酒精來保藏食品。

(3) 生產食用酵母和單細胞蛋白質。

(4) 生產各種酵素，來製造新食品種類。

二、 微生物在食品加工上的應用(application of microorganisms in food processing)

1. 黴菌(molds)

(1) 毛黴菌屬

菌　種	作用方式	食品加工上應用
Mucor rouxii	澱粉→糖類→酒精＋CO_2	傳統阿米諾法酒精製造。
Mucor hiemalis	豆腐→豆腐乳＋風味	中式豆腐乳。

(2) 根黴菌屬

菌　種	作用方式	食品加工上應用
Rhizopus javanicus	澱粉→糖類→酒精＋CO_2	新式阿米諾法酒精製造。
Rhizopus oligosporus	大豆→白色豆餅	南洋食品天貝。

(3) 麴黴菌屬

菌　種	作用方式	食品加工上應用
Aspergillus oryzae	澱粉→葡萄糖＋糊精	醬油、味噌、蔭瓜。
Aspergillus sojae	澱粉→葡萄糖＋糊精	醬油麴。
Aspergillus niger	澱粉→檸檬酸＋葡萄糖酸	酒精。
Aspergillus batatae	澱粉→糖類→酒精＋CO_2	甜酒。
Aspergillus gymnosardae	魚肉→ 柴魚片＋香氣	柴魚片。

(4) 青黴菌屬

菌　種	作用方式	食品加工上應用
Penicillium roqueforti	乾酪→色澤＋風味	藍乾酪之熟成。
Penicillium camemberti	乾酪→色澤＋風味	卡門伯特乾酪之熟成。

(5) 紅麴菌屬

菌　種	作用方式	食品加工上應用
Monascus anka	豆腐→紅豆腐乳＋紅麴	紅豆腐乳、紅露酒。
Monascus purpureus	米澱粉→紅麴色素	紅麴色素之生產。

相關試題

1. 釀造醬油所使用的麴菌為：　(A)*Aspergillus*　(B)*Mucor*　(C)*Rhizopus*　(D)*Penicillium*。　　　　　　　　　　　　　　　　　　　　　　　答：(A)。

解析：釀造醬油及味噌等醱酵食品皆採用麴黴菌屬(*Aspergillus*)來進行醱酵。

2. 酵母菌(yeasts)

分　類	作用方式	食品加工上應用
卵形酵母（頂部醱酵酒母） *Saccharomyces cerevisiae*	葡萄糖→酒精＋CO_2	啤酒、清酒、麵包、酒精
卵形酵母（底部醱酵酒母） *Saccharomyces carlsbergensis*	葡萄糖→酒精＋CO_2	啤酒、清酒、麵包、酒精
橢圓形酵母 *Saccharomyces ellipsoideus*	葡萄糖→酒精＋CO_2	葡萄酒、蘋果酒、白蘭地
魯酵母 *Saccharomyces rouxii*	葡萄糖→酒精＋CO_2	賦予醬油、味噌之香氣

相關試題

1. 下列何者為麵包酵母？　(A)*Lactobacillus*　(B)*Bacillus*　(C)*Streptococcus lactis*　(D)*Saccharomyces cerevisiae*。　　　　　　　　　　　　答：(D)。

解析：卵形酵母菌(*Saccharomyces cerevisiae*)常作用麵包醱酵的主要菌種，可將糖類轉換成酒精和二氧化碳，造成麵糰的體積膨大。

2. 酵母在嫌氣之條件下能將糖分解成酒精與：　(A)澱粉　(B)氧　(C)二氧化碳　(D)氮。　　　　　　　　　　　　　　　　　　　　　　　　　　答：(C)。

解析：酵母醱酵的方程式：$C_6H_{12}O_6 \rightarrow 2C_2H_5OH + 2CO_2$，產生酒精和二氧化碳。

3. 啤酒製造常用的菌種為：　(A)*Aspergillus oryzae*　(B)*Rhizopus peka*　(C)*Saccharomyces cerevisiae*　(D)*Monascus anka*。　　　　　　答：(C)。

解析：啤酒醱酵採用 *Saccharomyces cerevisiae*。

4. 釀造白蘭地酒(brandy)時，所使用的酒母為： (A)*Saccharomyces cerevisiae* (B)*Saccharomyces ellipsoidus* (C)*Saccharomyces peka* (D)*Saccharomyces shaoshing*。 答：(B)。

解析：釀造白蘭地(brandy)時，所使用的醱酵酒母與釀造葡萄酒的酒母相同，均為 *Saccharomyces ellipsoideus*，釀造之酒精再經由蒸餾，即蒸餾酒品。

3. 細菌(bacteria)

(1) 乳酸菌屬

A. 同質型乳酸醱酵(homofermentation)

菌　種	作用方式	加工上應用
Streptococcus lactis *Pediococcus halophilus* *Lactobacillus bulgaricus*	乳糖→乳酸 $C_{12}H_{22}O_{11} \rightarrow CH_3CHOHCOOH$	1.乳酸製造。 2.酸乳生產。 3.酸乳油製造。

B. 異質型乳酸醱酵(heterofermentation)

菌　種	作用方式	加工上應用
Leuconostoc mesenteroides *Bifidobacterium bifidus* *Lactobacillus bulgaricus*	乳糖 → 乳酸 ＋ 酒精 ＋ CO_2 $C_{12}H_{22}O_{11} \rightarrow C_2H_5OH + CO_2 +$ $CH_3CHOHCOOH$	乳酸生產德式酸菜、小黃瓜製造乾酪、香腸、火腿製造。

(2) 丙酸菌屬

菌　種	作用方式	加工上應用
Propionibacterium freudenreichii	乳酸 → 丙酸＋CO_2	瑞士乾酪熟成。

(3) 醋酸菌屬

菌　種	作用方式	加工上應用
Acetobacter aceti	酒精＋氧氣→醋酸	食用醋。

(4) 麵醯酸菌屬

菌　種	作用方式	加工上應用
Micrococcus glutamicus	單糖＋尿素→麩醯胺酸	味精。

(5) 納豆菌屬

菌　種	作用方式	加工上應用
Bacillus natto	蒸熟大豆→白色黏質	日本納豆。

☕相關試題

1. 請解釋下列名詞：aerobic bacteria。

   答：aerobic bacteria 即為好氧性細菌，包括醋酸菌屬(*Acetobacterium*)、假單孢菌屬 (*Pseudomonas*)、微球菌屬 (*Micrococcus*)、黃桿菌屬 (*Flavobacterium*)等。

2. 酸菜之製造，主要是應用下列哪一種醱酵作用？　(A)酪酸醱酵　(B)醋酸醱酵　(C)酒精醱酵　(D)乳酸醱酵。　　　　　　　　　　　答：(D)。

   解析：酸菜包括德式酸菜及中式酸菜，主要是應用明串球菌屬行乳酸醱酵。

3. 下列哪一種微生物醱酵是在有氧環境下進行？　(A)醋酸醱酵　(B)酒精醱酵　(C)乳酸醱酵　(D)丙酸醱酵。　　　　　　　　　　　　　　答：(A)。

   解析：酒精、乳酸和丙酸醱酵等皆屬無氧醱酵狀態，醋酸醱酵則為無氧醱酵。

4. 用來醱酵生產麩胺酸之主要菌種為：

   (A)*Acetobacter aceti*　　　　　　　(B)*Streptococcus lactis*
   (C)*Lactobacillus bulgaricus*　　　　(D)*Micrococcus glutamicus*。　　答：(D)。

   解析：*Micrococcus glutamicus* 為生產麩胺酸即味精之主要醱酵菌種。

5. 釀造食醋之主要菌種為：

   (A)*Acetobacter aceti*　　　　　　　(B)*Escherichia coli*
   (C)*Streptococcus thermophilus*　　　(D)*Lactobacillus bulgaricus*。　　答：(A)。

   解析：*Acetobacter aceti* 為釀造食用醋之醱酵菌種，可將酒精氧化醱酵成醋酸。

6. 請寫出製造下列食品所使用之主要微生物學名：

麵包、醱酵乳、食醋、天貝(tempe)、醬油、味噌、麩胺酸、清酒、納豆、豆腐乳。

答：麵包：*Saccharomyces cerevisiae*　　醱酵乳：*Streptococcus lactis*

食醋：*Acetobacter aceti*　　　　　天貝(tempe)：*Rhizopus oligosporus*

醬油：*Aspergillus oryzae*　　　　　味噌：*Aspergillus oryzae*

麩胺酸：*Micrococcus glutamicus*　清酒：*Aspergillus oryzae*

納豆：*Bacillus natto*　　　　　　　豆腐乳：*Mucor hiemalis*

4. 應用微生物之醱酵食品

菌屬分類	醱 酵 食 品 種 類
單用黴菌	甜酒、柴魚、豆腐乳、天貝、乾酪、果汁澄清
單用酵母菌	啤酒、葡萄酒、蘋果酒、蒸餾酒、麵包、酒精
單用細菌	食醋、乳酸、納豆、酸凝乳、酸乳、乾酪
併用黴菌＋酵母菌	清酒、紹興酒、米酒、高粱酒、糖蜜酒、味醂
併用酵母＋細菌	酸菜、梅漬物、澤庵、醃瓜、克弗酒、馬乳酒
併用黴菌＋酵母＋細菌	味噌、醬油

相關試題

1. 下列何者為併用黴菌及酵母菌醱酵的產品？　(A)柴魚　(B)清酒　(C)味噌 (D)食醋。　　　　　　　　　　　　　　　　　　　　　　答：(B)。

解析：單用黴菌：柴魚。

併用黴菌及酵母菌：清酒。

併用酵母菌及細菌：食醋。

併用黴菌、酵母菌及細菌醱酵的產品：味噌。

2. 下列何者於加工過程中經黴菌培養？　(A)魷魚乾　(B)烏魚子　(C)柴魚　(D)魚翅。　　　　　　　　　　　　　　　　　　　　　　　　答：(C)。

解析：柴魚片屬於醱酵類製品，採用的菌屬為麴黴菌 (*Aspergillus gymnosardae*)。

3. 由大豆、大麥製造醬油，需使用的微生物是：　(A)細菌　(B)黴菌　(C)酵母菌　(D)(A)+(B)+(C)。　　　　　　　　　　　　　答：(D)。

解析：醬油是併用細菌、黴菌及酵母菌之釀酵食品。

5. 釀酵過程中的有害菌種

菌種分類	耐食鹽程度(%)
丁酸菌(*Butyric acid bacterium*)	8%
枯草桿菌(*Bacillus subtilis*)	8%
產膜酵母(*Zygosaccharomyces*)	20%

相關試題

1. 下列何者非醃漬物之有害菌？　(A)丁酸菌　(B)乳酸菌　(C)枯草桿菌　(D)產膜酵母。　　　　　　　　　　　　　　　　　　答：(B)。

解析：醃漬物之有害菌包括丁酸菌、枯草桿菌及產膜酵母。

6. 微生物的生長曲線

(1) 誘導期(lag phase)：孢子萌發階段，對殺菌劑(H_2O_2、O_3、$HClO$)的抵抗性強，防腐劑（丙酸鹽、苯甲酸）可延長該生長階段，屬靜菌狀態。

(2) 對數期(logarithmic phase)：菌數分裂增殖快速，對殺菌劑的抵抗性最弱。

(3) 定滯期(stationary phase)：該階段存活菌數與死亡菌數相等，處平衡狀態。

(4) 死亡期(death phase)：因本身生長代謝產生有毒物質的累積，菌數會急遽銳減。

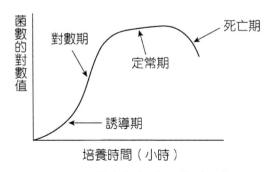

圖 8-2　微生物的生長曲線變化

相關試題

1. 食品防腐劑對微生物之生長具有：　(A)加速其死滅期　(B)縮短定常期　(C)縮短對數期　(D)延長誘導期。　　　　　　　　　　　答：(D)。

　　解析：食品中添加防腐劑，可延長微生物生長曲線中孢子的誘導階段，達成
　　　　　　生長抑制的效果。

7. **單細胞蛋白質(single cell protein, SCP)**
   (1) 目標以培養綠藻或酵母菌體的蛋白質為主要目的。
   (2) 單細胞蛋白質亦稱 SCP。
   (3) 畜養動物若直接以單細胞蛋白質為飼料，即可以提高其換肉比率。
   (4) 食品工業之廢水處理技術，可利用此項醱酵科技得以解決環境汙染問題。

三、酵素在食品加工上的應用(application of enzymes in food processing)

1. 酵素的分類

酵 素 種 類	酵素作用基質之實例
氧化還原酶(oxidoreductase)	過氧化酶(peroxidase)
轉移酶(transferase)	甲基轉移酶(methyl transferase)
水解酶(hydrolase)	胰蛋白酶(trypsin)
解離酶(lyase)	去羧酶(decarboxylase)
異構酶(isomerase)	葡萄糖異構酶(glucose isomerase)
聯結酶(ligase)	轉麩醯胺酶(transglutaminase)

2. 應用酵素的目的

   (1) 穩定食品的品質。
   (2) 改變食品的風味。
   (3) 提高食品成分萃取的速度與收率。
   (4) 製造合成的食品。
   (5) 增加副產品的利用。

相關試題

1. 解釋下列名詞：enzyme。
   答：enzyme 即是酶或酵素，依類別可區分為氧化還原酶、轉移酶、水解酶、解離酶、異構酶與聯結酶。

3. 澱粉分解酶(amylases)

特性＼種類	液化澱粉酶 (α-amylase)	糖化澱粉酶 (β-amylase)	葡萄糖澱粉酶 (glucoamylase)	支切澱粉酶 (pullulanase)
屬 性	內切型酶	外切型酶	外切型酶	內切型酶
切斷位置	在內部隨意切斷α-1,4糖苷鍵	由非還原端開始每隔麥芽糖為單位，切斷 α-1,4 糖苷鍵	由非還原端開始每隔葡萄糖為單位，切斷 α-1,4 糖苷鍵	在內部任意切斷α-1,6 糖苷鍵
產 物	糊精、麥芽糖、葡萄糖	限制糊精、麥芽糖	糊精、異麥芽糖、飴糖、葡萄糖	直鏈澱粉
碘液呈色	無色	紅褐色	無色	藍色
產物黏度	下降	下降不多	下降	下降不多
還原性	增加	增加	增加	增加不多
甜 度	增加	增加	增加	增加不多

相關試題

1. 下列何者為澱粉經澱粉糖化酶(β-amylase)分解產生的糖類？　(A)葡萄糖　(B)半乳糖　(C)麥芽糖　(D)糊精。　　　　　　　　　　　　答：(C)。
   解析：澱粉可經由糖化酶(β-amylase)分解產生麥芽糖。

2. 下列有關β-澱粉酶(β-amylase)之敘述，何者不正確？　(A)一種外切型酶　(B)由澱粉還原端開始作用　(C)為澱粉糖化酶　(D)無法切除α-1,6醣苷鍵。
   答：(B)。β-澱粉酶(β-amylase)之特性為由澱粉之非還原端開始切除作用。

3. 製造麥芽的原料有大麥、小麥及燕麥等以大麥的製品最佳，製得麥芽中含有多量之：　(A)α-amylase　(B)β-amylase　(C)protease　(D)catalase。

答：(B)。大麥發芽後富含澱粉糖化酶(β-amylase)，可將澱粉分解成麥芽糖，以利酵母菌的酒精釀酵作用。

4. 果膠酶(pectic enzymes)

(1) 酵素種類與目的

酵 素 種 類	目 的
果膠酯解酶(pectinesterase)	高甲氧基果膠分解成低甲氧基果膠。
聚半乳醣醛酸酶(polygalacturonase)	低甲氧基果膠降解成聚半乳醣醛酸。
果膠鹽解離酶(pectate lyase)	果膠鹽類解離成半乳醣醛酸。

(2) 特殊應用

A. 與水果熟成軟化有關。

B. 使蔭瓜與黃瓜等醱酵食品之組織爛化。

C. 應用蘋果酒、葡萄酒與果汁等澄清化。

相關試題

1. 下列何種酶可使高甲氧基果膠轉變為低甲氧基果膠？　(A)pectin esterase　(B)pectin lyase　(C)polygalacturonase　(D)polyphenol oxidase。　答：(A)。

解析：果膠甲酯酶(pectin esterase)可將高甲氧基果膠轉變為低甲氧基果膠，以製造低熱量的果凍或果醬製品。

2. 水蜜桃產生崩潰的原因為下列何者？　(A)果膠酯解酶　(B)脂肪分解酶　(C)酶褐變反應　(D)澱粉分解酶。　答：(A)。

解析：水蜜桃產生崩潰原因為組織內含耐熱性果膠分解酶分解果膠所導致。

5. 纖維素酶(cellulase)

反應方程式	$(C_{12}H_{10}O_{11})n + n\ H_2O \rightarrow 2n\ C_6H_{12}O_6$。
特殊的應用	(1)提高果汁與酒類的澄清化。(2)提高葡萄糖產率，利於釀酵。

6. 柚苷酶(naringinase)

反應方程式	柚苷(naringin) → 柚苷酸糖體 + 葡萄糖 + 鼠李糖。
特殊的應用	可去除柑桔類果汁之混濁與苦味。

☕ 相關試題

1. 可用於去除葡萄柚汁苦味的酶為：　(A)pullulanase　(B)naringinase (C)pectinase　(D)protease。　　　　　　　　　　　　　　答：(B)。
   解析：柚苷酶(naringinase)將柚苷分解為柚苷酸糖體、鼠李糖和葡萄糖，可用於降低葡萄柚汁苦味的表現。

7. 橘皮苷酶(hesperidinase)

反應方程式	橘皮苷(hesperidin) → 橘皮苷糖體 + 葡萄糖 + 鼠李糖(rhamnose)。
特殊的應用	可去除柑桔類果汁與罐頭之白濁現象。

☕ 相關試題

1. 造成柑橘罐頭白濁現象的原因物質是：　(A)橘皮苷(hesperidin)　(B)纖維質 (C)多酚類　(D)果膠酶。　　　　　　　　　　　　　　　答：(A)。
   解析：柑橘類之白濁現象的原因物質是橘皮苷(hesperidin)，可藉由橘皮苷酶 (hesperidinase)加以分解即可。

8. 轉化酶(invertase)

反應方程式	$C_{12}H_{22}O_{11}$【蔗糖】 + H_2O → $C_6H_{12}O_6$【葡萄糖】 + $C_6H_{12}O_6$【果糖】。
特殊的應用	將蔗糖分解成葡萄糖及果糖，提高甜度。防止糖果製品中蔗糖結晶的產生。

☕ 相關試題

1. 轉化糖的組成為下列何者？　(A)glucose + fructose　(B)galactose + glucose
(C)mannose + glucose　(D)xylose + fructose。　　　　　　　答：(A)。
解析： 利用轉化酶將蔗糖分解成葡萄糖及果醣，即轉化糖為葡萄糖和果糖的
組成，可提高原本蔗糖的甜度表現。

9. 乳糖酶(lactase)

反應方程式	$C_6H_{11}O_6 - C_6H_{11}O_5$ (β-1,4 結合) + $H_2O \rightarrow C_6H_{12}O_6 + C_6H_{12}O_6$。
特殊的應用	乳製品中可分解乳糖為葡萄糖及半乳醣。防止乳糖不耐症的發生。

☕ 相關試題

1. 乳糖不耐症(lactose intolerance)主要是由於對於牛乳成分中何者之過敏？
(A)酪蛋白　(B)乳脂肪　(C)乳糖　(D)礦物鹽類。　　　　　答：(C)。
解析： 身內腸道若缺乏乳糖酶，則攝食含乳糖之乳製品易造成乳糖不耐症，
屬代謝性敏感症。

10. 葡萄糖氧化酶(glucose oxidase)

反應方程式	$C_6H_{12}O_6 + H_2O + O_2 \rightarrow C_6H_{12}O_7 + H_2O_2$。
特殊的應用	1. 用於蛋粉、肉粉及馬鈴薯等乾燥食品之梅納反應的抑制。 2. 用於啤酒之氧化抑制。用於白葡萄酒之褐變作用。用於水中油滴型乳化液之酸敗現象。

☕ 相關試題

1. 葡萄糖氧化酶(glucose oxidase)可用來當作：　(A)黏稠劑　(B)增量劑　(C)硬
化劑　(D)脫氧劑。　　　　　　　　　　　　　　　　　答：(D)。
解析： 葡萄糖氧化酶作用方程式：
$C_6H_{12}O_6 + 2H_2O + 2O_2 \rightarrow$ glucono-δ-lactone $(C_6H_{12}O_7) + 2H_2O_2$，一般
作為去除氧氣效用。

11. 過氧化酶(peroxidase)

反應方程式	$ROOH$【H_2O_2】$+ AH_2 \rightarrow ROH + A + H_2O$。
特殊的應用	蔬果類殺菁處理之指標性酵素。易破壞維生素 A、C、E。

相關試題

1. 下列何者可做為蔬果殺菁的指標？ (A)過氧化酶 (B)α-澱粉酶 (C)轉化酶 (D)果膠甲酯酶。 答：(A)。
   解析：過氧化酶的耐熱性較高，因此常做為蔬果類殺菁的指標酵素使用。

12. 觸酶(catalase)

反應方程式	$2H_2O_2 \rightarrow 2H_2O + O_2$。
特殊的應用	蔬果類殺菁處理是否完全之指標酶。在乾酪與蛋製品中可分解過氧化氫，防止其殘留。

相關試題

1. 蔬果類殺菁的指標酶為： (A)papain + ficin (B)catalase + peroxidase (C)invertase + catalase (D)peroxidase + amylase。 答：(B)。
   解析：蔬果類殺菁的指標酶常採用觸酶(catalase)與過氧化酶(peroxidase)。

13. 多酚氧化酶(polyphenols oxidasse)

反應方程式	單酚 →【羥化反應】→ 多酚 →【氧化反應】→ 類→黑色素。
特殊的應用	造成蘋果、梨子、馬鈴薯與蝦頭之褐變現象。促使紅茶、咖啡、梅乾及無花果等提供色澤。

相關試題

1. 下列何者與酶性褐變無關？ (A)多元酚氧化酶 (B)氧氣 (C)銅離子 (D)葡萄糖。 答：(D)。
   解析：酶性褐變的反應基質為酚類而不是葡萄糖。

14. 抗壞血酸氧化酶(ascorbic acid oxidase)

反應方程式	抗壞血酸(AA) → 氧化抗壞血酸(OAA) → 喃醛 + CO_2 → 硫化 喃醛(thiofurfural)。
特殊的應用	柑橘類果汁產生明顯褐變。柑橘類果汁易發生異味。

15. 葡萄糖異構酶(glucose isomerase)

反應方程式	$C_6H_{12}O_6$【葡萄糖；醛醣】→ $C_6H_{12}O_6$【果糖；酮醣】。
特殊的應用	將低甜度葡萄糖糖漿轉變成甜度高之果糖糖漿。使用高果糖玉米糖漿之製造。

☕相關試題

1. 製造高果糖糖漿，不必用到下列哪一種酶？　(A)α-amylase　(B)β-amylase　(C)glucose isomerase　(D)papain。　　　　　　　　　　　答：(D)。
    解析：papain 為木瓜酶，是一種蛋白分解酶，與製造高果糖糖漿並無直接關係。

16. 蛋白酶(proteinases)

酵素分類	種　類
動物性酵素	胰蛋白酶、胰凝乳蛋白酶、胃蛋白酶。
植物性酵素	木瓜酶(papain)、鳳梨酶(bromelin)、無花果酶(ficin)。
特殊的應用	將蛋白質分解成胜肽及胺基酸。改善麵糰的物性。食肉之嫩化處理。啤酒之澄清化作業。亦可使用於蠶絲的精煉、皮革的糅皮、醫藥品等。

☕相關試題

1. 食物製備時，添加下列何種酵素可使肉嫩化？　(A)還原酶　(B)脂肪水解酶　(C)蛋白質水解酶　(D)肝醣水解酶。　　　　　　　　　　　答：(C)。
    解析：食物製備時，常添加蛋白質水解酶來使肉質嫩化。

2. 下列物質中，何種不是嫩化肉類的酵素？　(A)bromelin　(B)papain (C)amylase　(D)trypsin。　　　　　　　　　　　　　　答：(C)。

解析：鳳梨酶(bromelin)、木瓜酶(papain)及胰蛋白酶(trypsin)皆為嫩化肉類 的蛋白質水解酶，澱粉酶(amylase)則與肉類的嫩化操作無關。

17. 凝乳酶(rennet)

反應方程式	κ-酪蛋白 → 副κ-酪蛋白 → 凝乳。
特殊的應用	牛乳之酪蛋白凝集。做為乾酪之主要製造來源。

☕相關試題

1. 製作乾酪時形成凝乳需要何種酶參與？　(A)lipase　(B)rennet　(C)α-amylase (D)β-amylase。　　　　　　　　　　　　　　　　　　　　　答：(B)。

解析：製作乾酪前須先利用凝乳酶(rennet)添加於牛乳中造成酪蛋白的凝 集。

2. 填充題：製作 cheese 時可使用凝乳酶(rennet)將牛乳中之酪蛋白沉澱出。

18. 轉麩醯胺酶(transglutaminase)

反應方程式	麩醯胺酸 + 離胺酸 → ε-（γ-麩醯胺基）-離胺酸。
特殊的應用	應用於肉製品、魚肉煉製品，可增加水合性而改善黏彈性，應用於麵 包及麵食製品，以增加製品的體積。

☕相關試題

1. 下列何者可增高魚漿膠體的黏彈性？　(A)擂潰初期添加氧化劑　(B)擂潰後 期添加還原劑　(C)添加麩胺酸轉胺酶　(D)添加三甘油酯。　　　答：(C)。

解析：魚漿中添加麩胺酸轉胺酶可形成 ε-（γ-麩醯胺基）-離胺酸之共價鍵 結，因此無需加熱即可增高該魚漿膠體的黏彈性表現。

19. 脂解酶(lipase)

反應方程式	脂質 → 甘油 + 游離脂肪酸。
特殊的應用	將脂質分解成甘油和游離脂肪酸提供乾酪熟成中風味的產生。

20. 脂肪氧化酶(lipoxygenase)

反應方程式	多元不飽和脂肪酸酯 → 氫過氧化物 → 裂解成醛類 + 酮類等小分子。
特殊的應用	將魚油中多元不飽和脂肪酸降解至醛類和酮類，營養價值低。造成冷凍食品之凍燒劣變。造成豆漿之豆臭味的來源。

相關試題

1. 生豆漿加熱可除去豆腥味，是因為破壞何種物質？　(A)皂素　(B)胰蛋白酶　(C)脂肪氧化酶　(D)紅血球凝集素。　　　　　　　　　　　答：(C)。
   解析：生豆漿加熱可抑制脂肪氧化酶的作用活性，即可除去豆漿之豆腥味。

2. 下列哪一種酵素在凍藏期間，會進行氧化作用產生凍燒現象？　(A)蛋白質分解酶　(B)脂解酶　(C)糖化酶　(D)糊化酶。　　　　　　　答：(B)。
   解析：該題答案為脂解酶(lipase)，正確酶應為脂氧合酶(lipoxygenase)在富含脂肪的冷凍食品於凍藏期間，易進行油脂自氧化作用而產生凍燒現象。

21. 固定化酵素(immobilized enzymes)
   (1) 固定化酵素的目的
       A. 酵素可重複再使用。
       B. 將酵素固定後，可增加其穩定度，利於食品加工的需求。
       C. 適合連續式操作，多變性高。
       D. 將各種酵素反應槽串連成可變性之連續式反應系統。
   (2) 固定化酵素之分類
       A. 共價鍵結法(covalent boding)。
       B. 嵌入法(entrapment)。
       C. 微膠囊化法(microencapsulastion)。

D. 疏水性鍵結法(hydrophobic bonding)。

E. 交聯鍵結法(cross-linking)。

F. 離子交換法(ion exchange)。

相關試題

1. 英翻中：immobilization。

答：immobilization 即是固定化操作，一般是將酵素固定在載體(carrier)上，以進行連續式的加工操作。

學後評量 Exercise

一、精選試題

（C） 1. 製造紅露酒的主要麴菌為何種菌屬？ (A)麴菌屬(*Aspergillus* spp.) (B)毛菌屬(*Mucor* spp.) (C)紅麴菌屬(*Monascus* spp.) (D)根黴菌屬 (*Rhizopus* spp.)。

【解析】：紅露酒的主要醱酵菌種為紅麴黴菌(*Monascus* spp.)。

（C） 2. 蔭瓜係利用麴菌中何種酵素使組織變爛？ (A)油脂分解酶 (B)蛋白質分解酶 (C)果膠分解酶 (D)核酸分解酶。

【解析】：蔭瓜主要係利用麴黴菌中果膠分解酶使該組織變爛軟化。

（A） 3. 以水果為原料製作醱酵酒之過程中，何種酶作用時將產生甲醇？ (A)果膠酯酶(pectin esterase) (B)聚半乳糖醛酸酶(polygalacturonase) (C)纖維素酶(cellulase) (D)蛋白酶(protease)。

【解析】：水果組織富含果膠質如高甲氧基果膠(HMP)，經由果膠酯酶(pectin esterase)的作用可生成低甲氧基果膠(LMP)與甲醇(methanol)。

（B） 4. 以澱粉製作葡萄糖糖漿時，通常較少使用何種酶？ (A)α-澱粉酶(α-amylase) (B)β-澱粉酶(β-amylase) (C)葡萄糖澱粉酶(glucoamylase) (D)澱粉支鏈分解酶(pullulanase)。

【解析】：以澱粉製作葡萄糖漿時，一般會使用 α-澱粉酶、葡萄糖澱粉酶及澱粉支鏈分解酶，然而 β-澱粉酶無法切斷支鏈澱粉的 α-1,6 鍵結，所以較少使用 β-澱粉酶來製作葡萄糖漿。

（B） 5. 下列何種酶最常應用於果汁加工之澄清化(clarification)？ (A)添加脂肪酶(lipase) (B)添加果膠分解酶(pectinase) (C)添加澱粉酶(amylase) (D)添加蛋白酶(protease)。

【解析】：果汁的混濁物質大部分來果膠質，因此最常使用果膠分解酶來降解果膠質，應用於果汁加工之澄清化操作。

（A） 6. 豆腐乳製作一般使用： (A)毛黴(*Mucor*) (B)青黴(*Penicillium*) (C)麴菌(*Aspergillus*) (D)酵母菌(yeast)。

【解析】：豆腐乳醱酵製作一般使用毛黴菌(*Mucor hiemalis*)。

（D） 7. 有關傳統 Nata（那塔或稱椰果）之敘述何者正確？ (A)由椰肉加工所得 (B)為果膠凝膠物 (C)為蛋白質凝膠物 (D)由醋酸菌醱酵椰汁所得之凝膠物。

【解析】：傳統 Nata（那塔）或稱椰果，如市售商品高崗屋椰果屬於一種醱酵製品。主要由醋酸菌屬(*Acetobacter xylinum*)將椰汁醱酵所得之凝膠性物質，既不屬於椰子果肉的加工製品亦與蔬果類的果膠質之凝固物無關。

（A） 8. 下列何種酵素應用於飴糖製造？ (A)澱粉酶(amylase) (B)纖維酶(cellulase) (C)蛋白酶(protease) (D)果膠酶(pectinase)。

【解析】：飴糖即水飴，來自澱粉的降解產物，一般使用澱粉水解酶(amylase)製成。

（D） 9. 木瓜可用於魚肉品之嫩化，主要是其何種酵素之作用？ (A)果膠酶(pectinase) (B)脂解酶(lipase) (C)酚酶(polyphenol oxidase) (D)蛋白質分解酶(proteinase)。

【解析】：木瓜可提供木瓜酶，鳳梨可提供鳳梨酶及無花果可提供無花果酶，該三種植物性酶皆屬於蛋白質水解酶，因此木瓜、鳳梨與無花果皆可應用於畜肉、魚肉品之肉質嫩化操作。

（D） 10. 與乳酸醱酵無關的製品為： (A)火腿 (B)酸菜 (C)養樂多(yogurt) (D)豆腐乳。

【解析】：火腿、酸菜和養樂多(yogurt)皆屬於乳酸菌醱酵的製品，豆腐乳則屬於毛黴菌醱酵的製品，一般使用毛黴菌(*Mucor hiemalis*)來醱酵。

（A） 11. 豆臭味主要來源，為下列何種酵素作用結果？ (A)脂氧化酶 (B)蛋白質分解酶 (C)糖解酶 (D)纖維分解酶。

【解析】：豆漿易有豆臭味，主要是豆漿製作流程中，高活性之脂肪氧化酶將不飽和脂肪酸，如亞麻油酸行自氧化作用而成醛類與酮類等結果。

（A） 12. 下列何種酵素與高果糖糖漿製作無關？ (A)rennin (B)glucoamylase (C)glucose isomerase (D)α-amylase。

【解析】：添加凝乳酶(rennin)於牛乳中可以造成酪蛋白的沉澱凝集，與高果糖糖漿的製作無直接關係。

（C） 13. 自非還原性末端釋出以「麥芽糖」為分解產物的酵素是： (A)異澱粉酶 (B)澱粉液化酶(α-amylase) (C)澱粉糖化酶(β-amylase) (D)蔗糖水解酶。

【解析】：澱粉糖化酶可由澱粉分子之非還原性末端釋出以「麥芽糖」為單位的分解產物，屬外切型澱粉酶；而澱粉液化酶則屬內切型澱粉酶。

（B） 14. 下列加工食品所使用之微生物，哪一項組合不正確？ (A)米麴菌一醬油 (B)丁酸菌一食醋 (C)酵母一啤酒 (D)乳酸菌一乾酪。

【解析】：微生物與醱酵食品之正確組合為
　　　　　(A)醬油：米麴菌　　　　　(B)食醋：醋酸菌
　　　　　(C)啤酒：酵母菌　　　　　(D)乾酪：乳酸菌

（D） 15. 酵母無法利用下列何種碳水化合物醱酵？ (A)蔗糖 (B)葡萄糖 (C)果糖 (D)乳糖。

【解析】：酵母菌大部分會分泌為 α-系列的水解酶，蔗糖(α-1,2)、葡萄糖及果糖皆可做為酵母菌酒精醱酵之主要碳源；然而乳糖鍵結為 β-1,4 醣苷鍵，因此酵母無法利用乳糖來進行醱酵作用。

（C） 16. 下列食品與酵素之組合，哪一組沒有關聯？ (A)蔬菜一peroxidase (B)鳳梨一bromelin (C)蘋果一pancrease (D)牛奶一alkaline phosphatase。

【解析】：食品與酵素之正確組合為
　　　　　(A)蔬菜：過氧化酶或觸酶　　　(B)鳳梨：鳳梨酶
　　　　　(C)蘋果：果膠分解酶　　　　　(D)牛奶：鹼性磷酸酯酶

（C） 17. 味噌醱酵時主要乳酸菌為： (A)*Bacillus subtilis* (B)*Torulopsis versatilis* (C)*Pediococcus halophilus* (D)*Lactobacillus acidophilus* 等好鹽性球菌。

【解析】：好鹽性乳酸四疊球菌(*Pediococcus halophilus*)可在味噌醱酵中生長。

（B） 18. 下列何者可迅速的降低澱粉糊液的黏性？ (A)β-澱粉酶 (B)α-澱粉酶 (C)葡萄糖澱粉酶 (D)支鏈澱粉酶。

【解析】：α-澱粉液化酶屬外切型酶，可將澱粉分子降解成糊精和葡萄糖，因此可迅速的降低澱粉糊液的黏性。

（D） 19. 下列何者為釀造食醋主要生產菌？ (A)*Lactobacillus bifidus* (B)*Lactobacillus acidophilus* (C)*Streptococcus faecalis* (D)*Acetobacter acetic*。

【解析】：釀造食醋主要醱酵菌為 *Acetobacter aceti*。

（C） 20. 有關澱粉分解酶之敘述，何者正確？ (A)澱粉液化酶(α-amylase)可分解澱粉成為乳糖 (B)澱粉液化酶(α-amylase)可分解澱粉成為果糖 (C)澱粉液化酶(β-amylase)可分解澱粉成為麥芽糖 (D)澱粉液化酶(β-amylase)可分解澱粉成為葡萄糖。

【解析】：澱粉液化酶(α-amylase)可將澱粉分解成為糊精；澱粉液化酶(β-amylase)可分解澱粉成為限制糊精與麥芽糖。

（B）21. 製造下列何種產品需要凝乳酶(rennin)？ (A)豆腐 (B)乾酪 (C)乳酸飲料 (D)酸酪乳。

【解析】：乾酪(cheese)製造需要添加凝乳酶(rennin)，以促使酪蛋白的凝集作用。

（D）22. 存在於成熟葡萄等水果上的酵母菌為： (A)*Saccharomyces shaoshing* (B)*Saccharomyces paka* (C)*Saccharomyces mandshuricus* (D)*Saccharomyces ellipsoideus*。

【解析】：成熟葡萄上酵母為 Saccharomyces ellipsoideus，作為葡萄酒醱酵酒母。

（B）23. 異質乳酸醱酵(heterofermentative)的意義是指： (A)單一種乳酸菌代謝產生單一產物 (B)單一種乳酸菌代謝產生兩種以上的產物 (C)二種乳酸菌在一起代謝產生單一產物 (D)二種乳酸菌在一起代謝產生兩種以上的產物。

【解析】：異質乳酸醱酵(heterofermentative)的意義是指乳糖經單一種乳酸菌(*Leuconostoc*、*Bifidobacterium*、*Lactobacillus*)代謝後會產生兩種以上的產物，如乳酸、酒精和二氧化碳等。

（D）24. 釀造醬油的主要菌種為： (A)*E. coli* (B)*Saccharomyces cerevisiae* (C)*Staphylococcus aureus* (D)*Aspergillus oryzae*。

【解析】：釀造醬油的主要菌種為 Aspergillus oryzae。

（A）25. 有「紅色麵包黴」之稱者為： (A)*Monilia sitophila* (B)*Aspergillus niger* (C)*Mucor rouxii* (D)*Bortrytis cinerca*。

【解析】：有「紅色麵包黴」之稱者為 *Monilia sitophila*。

（D）26. 微生物在食品加工的應用範圍極為廣泛大多以黴菌、酵母菌、細菌之利用，主要單用酵母製造出來的製品如： (A)漬物類 (B)醬油 (C)乳酸 (D)酒精。

【解析】：單用酵母菌：酒精。 單用細菌：乳酸。
併用細菌和酵母菌：漬物類。
併用細菌、黴菌與酵母菌：醬油。

（B）27. 下列何種食品為非利用乳酸菌醱酵之產品？ (A)德式酸菜(sauerkraut) (B)醬油 (C)酸乳酪 (D)紅辣椒豬肉乾香腸(pepperoni sausage)。

【解析】：(A)德式酸菜之醱酵菌種為 Leuconostoc mesenteroides。
(B)醬油之醱酵菌種為 *Aspergillus oryzae*，不屬於乳酸菌醱酵。
(C)酸乳酪之醱酵菌種為 Lactobacillus bulgaricus。
(D)紅辣椒豬肉乾香腸之醱酵菌種為 Pediococcus cerevisiae。

（A）28. 有關豆瓣醬之製作，下列何者正確？　(A)主原料為黃豆，小麥粉與鹽水經種麴與發麴製作　(B)主原料為黃豆，小麥粉與糖水經種麴與發麴製作　(C)主原料為黃豆，小麥粉與糖水不經種麴與發麴製作　(D)主原料為黃豆、小麥粉與鹽水不經種麴與發麴製作。

【解析】：黃豆、小麥粉與鹽水經種麴與發麴製作後可製造豆瓣醬。

（A）29. 醋酸菌是利用下列何種物質氧化產生醋酸？　(A)酒精　(B)乳酸　(C)酒石酸　(D)焦糖。

【解析】：醋酸菌可將酒精醱酵氧化成醋酸，屬於有氧醱酵。

（A）30. 下列何者非為醃漬物之有害菌？　(A)乳酸菌　(B)丁酸菌　(C)枯草菌　(D)產膜酵母。

【解析】：乳酸菌為醱酵有益菌，然丁酸菌、枯草桿菌及產膜酵母則為有害菌。

（D）31. 下列何種產品之加工過程中有經過豆麴醃漬處理？　(A)花瓜　(B)榨菜　(C)冬菜　(D)蔭瓜。

【解析】：花瓜、榨菜、冬菜及蔭瓜等醃漬物均使用食鹽浸漬，但唯獨蔭瓜還須經過豆麴的醱酵作用，以促使組織軟化。

（B）32. 下列何者為主要單用細菌之製品？　(A)柴魚　(B)納豆　(C)啤酒　(D)甜酒。

【解析】：納豆之醱酵菌種為 Bacillus natto 或 Bacillus subtilis。
柴魚之醱酵菌種為 Aspergillus gymnosardae。
啤酒之醱酵菌種為 Saccharomyces cerevisiae。
甜酒之醱酵菌種為 Aspergillus batatae。

（D）33. 下列何者為醱酵製品？　(A)豆腐皮　(B)豆腐　(C)豆漿　(D)豆腐乳。

【解析】：豆腐乳是醱酵製品，採用菌種為 Mucor hiemalis。

（C）34. 澱粉以β-澱粉酶作用之主要產物為：　(A)果糖　(B)葡萄糖　(C)麥芽糖　(D)糊精。

【解析】：澱粉以β-澱粉糖化酶作用之主要產物為限制糊精和麥芽糖。

（D）35. 蔗糖經轉化水解成轉化糖，其組成為：　(A)葡萄糖　(B)果糖　(C)麥芽糖　(D)葡萄糖加果糖。

【解析】：以蔗糖原料經轉化酶水解成轉化糖，其組成為葡萄糖和果糖。

（C）36. 高果糖糖漿係以澱粉為原料，先以酶水解為葡萄糖，然後再以下列何種酶轉化成果糖：　(A)轉化酶(invertase)　(B)澱粉酶(amylase)　(C)葡萄糖異構化酶(glucose isomerase)　(D)葡萄糖氧化酶(glucose oxidase)。

【解析】：利用葡萄糖異構化酶(glucose isomerase)可將葡萄糖行異構化作用而產生果糖，來製造高果糖糖漿。

（C）37. 製造醬油麴的目的為： (A)產生澱粉酶 (B)產生蛋白酶 (C)產生澱粉酶及蛋白酶 (D)產生鹹味。

【解析】：麴黴菌在蒸煮麥類上繁殖，其目的在產生澱粉酶及蛋白質酶等。

（D）38. 水果在成熟中，果肉軟化是由於： (A)蛋白質酶 (B)脂肪分解酶 (C)糖化酶 (D)果膠質分解酶。

【解析】：水果於熟成過程中，組織內部果膠質分解酶(pectinase)活性高，可將果膠質分解成果膠酸，造成果肉的軟化現象。

二、模擬試題

（ ） 1. 下列何者非為食品進行醱酵處理的優點？ (A)產生風味獨特的食品 (B)產生乙醇和甲酸來抑菌 (C)產生維生素提供營養價值 (D)可分解纖維素。

（ ） 2. 紅豆腐乳製作一般使用：
(A)*Monascus anka* (B)*Saccharomyces rouxii*
(C)*Rhizopus oligosporus* (D)*Aspergillus sojae*。

（ ） 3. 下列何者為醱酵製品中常發現的有害菌種？
(A)*Bacillus subtilis* (B)*Aspergillus oryzae*
(C)*Lactobacillus breiis* (D)*Rhizopus javanicus*。

（ ） 4. 異質型乳酸醱酵(hetero-fermentative)的意義是指： (A)單一種乳酸菌代謝產生單一產物 (B)單一種乳酸菌代謝產生兩種以上的產物 (C)二種乳酸菌在一起代謝產生單一產物 (D)二種乳酸菌在一起代謝產生兩種以上的產物。

（ ） 5. 液化酶(β-amylase)可將澱粉原料分解為： (A)糊精 (B)果糖 (C)葡萄糖 (D)麥芽糖。

（ ） 6. 醋酸菌是將下列何種物質氧化產生醋酸？ (A)酒精 (B)乳酸 (C)酒石酸 (D)焦糖。

（ ） 7. 瑞士乾酪的特殊風味和乾酪眼特徵來自下列何種菌屬的熟成作用？
(A)微球菌 (B)丙酸菌 (C)乳酸菌 (D)丁酸菌。

（ ） 8. 利用阿米諾法(amylo process)製造酒精的菌種常選用為：
(A)*Mucor rouxii* (B)*Aspergillus wenti*
(C)*Mucor hiemalis* (D)*Aspergillus oryzae*。

( )　9. 藍乾酪(blue cheese)的熟成菌屬為：
(A)*Rhizopus*　(B)*Saccharomyces*　(C)*Penicillium*　(D)*Mucor*。

( )　10. 下列何者並非醃漬物之有害菌種？　(A)丁酸菌　(B)醋酸菌　(C)產膜酵母　(D)枯草菌。

( )　11. 鳳梨可用於畜肉製品之嫩化，主要是其何種酵素之作用？
(A)pectinase　(B)proteinase　(C)phenolase　(D)lipase。

( )　12. 釀造香檳時主要利用的菌種為：
(A)*Saccharomyces sake*　　　　(B)*Saccharomyces rouxii*
(C)*Saccharomyces ellipsoideus*　(D)*Saccharomyces cerevisiae*。

( )　13. 製造高果糖糖漿，不需要使用到下列哪一種酵素？　(A)α-amylase
(B)β-amylase　(C)glucose isomerase　(D)ficin。

( )　14. 下列何者屬於醱酵類製品？　(A)豌豆　(B)四季豆　(C)納豆　(D)甜豆。

( )　15. 依微生物的醱酵作用而製成的食品稱為醱酵食品如：　(A)素肉　(B)蘋果酒　(C)蜜餞　(D)豆腐。

( )　16. 下列何種微生物的增殖方式是利用二分裂生殖法(binary fission)？
(A)根黴菌　(B)酵母菌　(C)芽孢桿菌　(D)青黴菌。

( )　17. 微生物在食品加工的應用範圍極為廣泛大多以黴菌、酵母菌、細菌之利用，主要單用酵母製造出來的製品如：　(A)澤庵　(B)味噌　(C)黑麥啤酒　(D)水果醋。

( )　18. 有關單細胞蛋白質之敘述，下列何者為不正確？　(A)單細胞蛋白質亦稱 SCP　(B)畜養動物攝食，可提高換肉率　(C)廢水處理，該技術可以解決　(D)以培養蛋白質和核甘酸為目的。

( )　19. 下列何種酶應用於水飴製造？　(A)澱粉酶　(B)纖維酶　(C)蛋白酶
(D)果膠酶。

( )　20. 下列哪一種微生物醱酵是在有氧環境下進行？　(A)醋酸醱酵　(B)酒精醱酵　(C)乳酸醱酵　(D)丙酸醱酵。

( )　21. 下列何種食品為非利用乳酸菌醱酵之產品？　(A)德式酸菜　(B)味噌
(C)西式乾香腸　(D)酸乳酪。

（　） 22. 醋酸菌(*Acetobacter aceti*)在培養基試管中的生長分布狀況為：　(A)在試管表面增殖　(B)在試管底部增殖　(C)在試管內上下均勻增殖　(D)不會在試管內增殖。

（　） 23. 有關單細胞蛋白質之敘述，下列何者為不正確？　(A)單細胞蛋白質亦稱 NTU　(B)畜養動物直接攝食單細胞蛋白質，可以提高換肉率　(C)食品工業之廢水處理技術，可以利用此項醱酵科技得以解決　(D)目標以培養菌體的蛋白質為主要目的。

（　） 24. 製造酒精的菌種較不常選用為：　(A)*Mucor rouxii*　(B)*Aspergillus gymnosardae*　(C)*Rhizopus javanicus*　(D)*Saccharomyces ellipsoideus*。

（　） 25. 釀造味噌的主要菌種為：　(A)*Escherichia coli*　(B)*Saccharomyces carlsbergensis*　(C)*Penicillium roqueforti*　(D)*Aspergillus oryzae*。

（　） 26. 三甘油酯(triglycerides)經下列何種酵素作用，可產生乳化劑單甘油酯？　(A)脂肪酶　(B)困膠分解酶　(C)蛋白酶　(D)澱粉酶。

（　） 27. 製作烏梅須放置陰涼處二至三天，待外表變褐色後再繼續加工，是利用何種酵素的作用？　(A)多酚氧化酶　(B)磷酸分解酶　(C)葡萄糖異構酶　(D)甲基轉移酶。

（　） 28. 木瓜蛋白酶(papain)做為肉品之嫩化劑，主要是水解肉品中的：　(A)酪蛋白之磷酸鍵　(B)麵筋蛋白之醯胺鍵　(C)膠原蛋白之胜肽鍵　(D)花青素之醣苷鍵。

（　） 29. 椰果(Nata)是一種醱酵產品，添加的菌種為下列何者？
(A)*Saccharomyces cerevisiae*　　(B)*Aspergillus flavus*
(C)*Acetobacter aceti*　　(D)*Acetobacter xylinum*。

（　） 30. 下列何者在製造過程中需要添加凝乳酶(rennet)？　(A)優酪乳　(B)凍豆腐　(C)乾酪　(D)豆腐。

模擬試題答案

1.(B)　　2.(A)　　3.(A)　　4.(B)　　5.(D)　　6.(A)　　7.(B)　　8.(A)　　9.(C)　　10.(B)

11.(B)　12.(C)　13.(D)　14.(C)　15.(B)　16.(C)　17.(C)　18.(D)　19.(A)　20.(A)

21.(B)　22.(A)　23.(A)　24.(B)　25.(D)　26.(A)　27.(A)　28.(B)　29.(D)　30.(C)

肉類及其製品加工

一、肉類中各組成分之變化(changes of composition in meat)

1. 蛋白質：肉類中蛋白質含量約為 15～20%。

肌肉的蛋白質分類：

差 異 \ 分 類	肌原纖維蛋白質 myofibrillar protein	肌漿蛋白質 sarcoplasmic protein	基質蛋白質 stroma protein
含量	60%	30%	10%
組成單元	肌凝蛋白、肌動蛋白原肌凝蛋白、肌鈣蛋白	肌凝蛋白 χ-球蛋白	網狀膜蛋白、彈性硬蛋白、膠原蛋白
特性	鹽溶性蛋白質	水溶性蛋白質	不溶性蛋白質
離子強度	高	中	低
功能性質	與肌肉收縮、鬆弛有關，決定肉製品的黏彈性	分泌組織蛋白酶，參與屠體解除僵直	決定鮮肉的柔軟性，膠原蛋白變動物膠

相關試題

1. 解釋下列各詞：collagen。

答：collagen 即膠原蛋白，是結締組織中主要的蛋白質。該蛋白質經摻水加熱後易產生具有彈生的明膠(gelatin)即為動物膠。此是豬肉凍及雞汁冷藏時會有結膠現象的主要來源，亦可做為中西藥膠囊之原料。

2. 雞汁冷藏結膠主要原因為：　(A)膠原蛋白(collagen)變明膠(gelatin)　(B)明膠變膠原蛋白　(C)明膠變胜肽　(D)明膠變胺基酸。　　　　答：(A)。

解析：雞汁冷藏結膠主要原因為膠原蛋白(collagen)經加熱吸水後變成明膠(gelatin)。

3. 下列何者為動物膠？　(A)三仙膠　(B)果膠　(C)阿拉伯膠　(D)明膠。

答：(D)。

4. 肌動凝蛋白(actomyosin)屬於：　(A)肌原纖維蛋白質(myofibrillar protein)　(B)肌漿蛋白質(sarcoplasmic protein)　(C)基質蛋白質(stroma protein)　(D)醇溶蛋白(prolamin)。　　　　　　　　　　　　　　　　　答：(A)。

解析：肌動凝蛋白屬於肌原纖維蛋白質，與肌肉的收縮、鬆弛作用有關。

2. **脂質**：肉類中脂肪含量大約為 10～20%。

　(1) 肉類中脂肪為一般組成分中變動最大者，受其年齡、營養、不同部位等影響。

　(2) 畜肉部位的軟硬程度比較：腰部＞腹部＞頸部＞腿部。

　(3) 肉類中脂質的主要成分為中性油脂與磷脂質。

分　類	飽和脂肪酸	不飽和脂肪酸
含　量	90%	10%
組成脂肪酸	硬脂酸、軟脂酸	油酸

　(4) 大理石紋肉(marbled meat)：家畜營養狀態良好時，貯藏脂肪蓄積於肌肉纖維之間，口感佳，亦稱霜降肉。

相關試題

1. 隨畜體部位之不同，所得畜肉之軟硬程度亦各異，其中最軟的部位為：　(A)頸部肉　(B)腿部肉　(C)腰部肉　(D)腹部肉。　　　　　　　答：(C)。

解析：畜體部位不同其軟硬程度亦各異，其中最柔軟為腰部肉，其次為腹部肉。

3. **醣類**

　(1) 肉類中醣類含量非常少，含肝醣較多，僅有 0.1～3.0%。

　(2) 當畜產動物經屠宰後其體內肝醣會顯著減少，產生乳酸的累積。

4. **維生素**

　(1) 肉類不含維生素 C，但富含維生素、A、B_1、B_2，尤以內臟如肝、腎、胰臟所含維生素等較多。

　(2) 瘦肉中維生素 B 群的含量特別豐富。

5. 礦物質

(1) 肉類含豐富的鈣、磷、鐵、鈉、鉀、鎂、銅、氯、硫等金屬離子。

(2) 肉質愈鮮紅的肉類其鐵質含量愈高。

6. 酵素

(1) 肉中含有各種酵素，如組織蛋白酶(cathepsins)、脂解酶(lipase)、磷酸酯酶(phosphatase)、過氧化酶(peroxidase)。

(2) 將肉置於冰箱中冷藏，經數天後肉質變軟，此乃因肉中酵素起分解作用所產生的自家消化作用(autolysis)，屠宰後之畜肉經僵直期後，初步自家消化，使蛋白質分解成胜肽或少量胺基酸，對食用肉之鮮美度增加，若再持續分解，則生成腐敗的含氮化合物。亦即「肉必自腐而後蟲生」中的自腐作用。

☕相關試題

1. 「肉必自腐而後蟲生」，此自腐可認為是： (A)醱酵 (B)抗氧化 (C)自家消化(autolysis) (D)褐變。 答：(C)。

7. 風味物質

(1) 加熱處理可促進風味的產生。

(2) 風味之前驅物質為水溶性成分，一般為麩胱甘肽(glutathionine)。

(3) 此前驅物質為胺基酸與還原糖，二者經加熱後產生複合物質，即為糖胺反應(Maillard reaction)，又稱梅納反應。

☕相關試題

1. 肉類成分中： (A)脂肪 (B)水分 (C)醣類 (D)蛋白質 是肉類加熱產生焦黃顏色及焦味的主要來源。 答：(C)。

解析：肉類成分中的醣類是造成肉類加熱產生焦黃顏色及焦味的主要來源。

二、家畜屠宰的流程(massacre process of livestock)

場所區分	屠宰的流程	空中落菌數
一般作業區	屠畜→蓄留→昏迷→刺殺、放血→燙毛、刮毛。	500 CFU[*]/培養皿
準清潔作業區	內臟切除→縱切→檢驗。	50 CFU/培養皿
清潔作業區	冷卻→分切→包裝→貯存。	30 CFU/培養皿

*CFU(colony forming unit)菌落形成單位或菌落數量。

1. 屠畜蓄留期間，表面以冷水或乳酸加水清洗，以降低屠畜表面的初始菌數。

2. 屠體行冷卻的目的在於去除僵直期間所產生的僵直熱量，以避免屠體因溫度上升所導致微生物的繁殖汙染。

3. 但屠體冷卻期間，黴菌易在表面上生長繁殖，分泌脂解酶而導致游離脂肪酸的增加，促使酸價上升。

☕相關試題

1. 豬屠體在冷凍前，先經過預冷之主要目的為：　(A)防止變色　(B)去除僵直熱　(C)防止氧化　(D)防止水分流失。　　　　答：(B)。
   解析：屠體冷凍前，須先經過預冷之目的為去除僵直熱，可防止冷凍收縮現象。

2. GMP 肉品工廠之包裝室，其菌落數應在多少 CFU 以下才符合規定？　(A)30　(B)50　(C)70　(D)100。　　　　答：(A)。
   解析：屬於清潔作業區域的包裝室，其落菌數應在 30 CFU 以下才符合規定。

三、屠體的死後物理與化學變化(physical and chemical changes after slaughter body)

1. 死後糖解作用(anaerobic glycolysis)

$$C_6H_{12}O_6 + 2ADP + 2P_i \longrightarrow 2CH_3CHOHCOOH + 2ATP$$
乳酸

$$ATP \xrightarrow{P_i \nearrow} ADP \xrightarrow{P_i \nearrow} AMP \xrightarrow{NH_3 \nearrow} IMP \xrightarrow{P_i \nearrow} 次黃嘌呤核苷$$

$$(HxR) \xrightarrow{R \nearrow} 次黃嘌呤(Hx) \qquad\qquad *R：核糖(ribose)。$$

$$肌酸磷酸＋ADP \longrightarrow 肌酸＋ATP$$

以上作用過程會造成乳酸累積，使屠體肌肉之 pH 值降至 5.6 左右。
其中參與糖解作用的蛋白質以肌原纖維蛋白質為主。

☕相關試題

1. 屠體的死後硬直與下列何者有關？　(A)RNA　(B)DNA　(C)AMP (D)ATP。　　　　　　　　　　　　　　　　　　　　　　　　　　答：(D)。
   解析：屠體的死後硬直與 ATP 的分解有關。

2. 促成動物死亡後，畜肉 pH 下降的可能原因有　①乳酸產生　②肝醣分解 ③磷酸產生　④ATP 分解，答案是：　(A)①②③④　(B)③　(C)②④　(D) ①。　　　　　　　　　　　　　　　　　　　　　　　　　　　　　答：(A)。
   解析：動物屠宰後，屠體內會進行無氧解糖作用，與乳酸產生、肝醣分解、 磷酸根產生與 ATP 分解皆有關係，最終使肉質酸鹼值的下降至 5.6。

3. 家畜屠宰之後，會先進行下列何種作用？　(A)有氧醣解作用　(B)無氧醣解 作用　(C)解除僵直作用　(D)熟成作用。　　　　　　　　　　　　答：(B)。
   解析：家畜屠宰後，會先進行無氧醣解作用以造成乳酸的累積。

4. 與自家消化、糖解作用、ATP 分解等有關者為：　(A)肌原纖維蛋白質 (myofibrillar protein)　(B)肌漿蛋白質(sarcoplasmic protein)　(C)基質蛋白質 (stroma protein)　(D)醇溶蛋白(prolamin)。　　　　　　　　　　　答：(A)。
   解析：家畜屠宰後，會先行無氧糖解作用而產生乳酸，因此與自家消化、糖 解作用、ATP 分解等有關的蛋白質則應為肌原纖維蛋白質。

5. 動物屠宰後，肉的成分會受化學變化的影響，尤其是何者的變化與時間的經 過有很大關係？　(A)肝醣　(B)蛋白質　(C)脂肪　(D)礦物質。　答：(A)。
   解析：動物屠宰後，肝醣會進行無氧醣解而產生乳酸的變化與時間經過有關。

6. 動物筋肉正常之死後變化，其 pH 值達：　(A)4.6　(B)5.6　(C)6.6　(D)7.6 時為死後僵直最盛期，其醣解作用轉弱。　　　　　　　　　　　　答：(B)。

7. 家畜經屠宰後，屠體立即發生變化，下列何者敘述是不正確？　(A)pH 下降 (B)ATP 增加　(C)ATP 減少　(D)保水性變差。　　　　　　　　　答：(B)。

解析：家畜經屠宰後，屠體立即發生變化為 ATP 減少、pH 下降及保水性差。

───────── 🍂

2. 死後僵直作用(rigor mortis)

(1) 該階段肌肉失去伸展性，變硬僵直而不可伸縮，此時肌凝蛋白與肌動蛋白結合成為肌動凝蛋白，此種變化稱為死後僵直。

(2) 死後的屠體肌肉，發生最顯著的變化，即是隨同乳酸的生成而發生僵直現象。

(3) 死後僵直期間的肌肉甚硬，加熱時肉汁的分離量較多，煮後風味不佳。

分　類	酸鹼值	乳酸濃度	保水性	乳化性	軟硬度
僵直初期	開始下降	開始累積	開始下降	不變	開始變硬
僵直末期	最低 (pH=pI=5.6)	最高	最低	最差	硬直

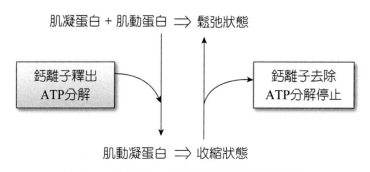

圖 9-1　屠體肌肉的收縮與鬆弛作用機制

☕相關試題

1. 名詞解釋：rigor mortis。

答：rigor mortis 即是死後僵直現象，發生在肉類屠體死後的主要物理性變化，即是隨同乳酸的累積而發生僵直，其肉質甚硬，若加熱則肉汁的游離量較多。

2. 填充題：屠體屠宰後肌肉失去伸展性而變硬係發生僵直作用。

───────── 🍂

3. 解除僵直(off-rigor)

(1) 肌動蛋白分解成輔肌動蛋白。

(2) 肌動凝蛋白解離成肌凝蛋白和肌動蛋白。

(3) 經充分解僵的肌肉，柔軟而味美，保水性亦逐漸能恢復。

☕相關試題

1. 豬隻屠體死後 pH 值的變化為： (A)先上升後下降 (B)先下降後上升 (C)下降 (D)上升。 答：(B)。

　解析：豬隻屠體死後 pH 值的變化為下降至等電點（當 pH 於肉的 pI = 5.6），然後逐漸上升。

4. 熟成作用(aging or ripening)

(1) 亦稱自家消化作用，是產生特殊風味的主要加工操作。

(2) 熟成作用之蛋白質變化，蛋白質分解成胜肽鏈和少量游離胺基酸。

(3) 酸鹼值會上升，即該肉質的保水性會恢復。

(4) 肉質的嫩化程度會增加。

☕相關試題

1. 畜肉的熟成操作又稱為： (A)僵直解除 (B)自家消化 (C)死後僵直 (D)微生物腐敗。 答：(B)。

　解析：畜肉的熟成操作又稱為自家消化作用，讓肉質的嫩化程度增加。

5. 腐敗作用(putrefaction)

(1) 因微生物引起的蛋白質分解過程，即為腐敗現象。

(2) 微生物的菌數超過 10^6 CFU/g，即具明顯腐敗現象。

(3) 蛋白質會先解降至胺基酸，胺基酸再分解成氨氣、生物胺、硫化氫等，因此肉品鮮度的判斷指標，常以生物胺的濃度高低來評估。

☕相關試題

1. 下列何項非為判斷肉類鮮度之指標？　(A)丙二醯硫尿(TBA)　(B)揮發性鹽基態氮(VBN)　(C)酸鹼度(pH)　(D)水活性(A_w)。　　　　答：(D)。
　解析：肉類鮮度與蛋白質水解與脂肪自氧化的變化為主，與其水活性值無關。

四、異常原料肉(abnormal meat and normal meat)

1. 暗乾肉(dark firm dry meat, DFD meat)
(1) 處理流程：屠畜→急迫運動→屠宰→分切→冷卻→暗乾肉→不適合加工。
(2) 暗乾肉特性介紹

酸鹼值	色澤	保水力	口感
pH＞5.6	紅褐	差	差

2. 水漾肉(pale soft exduative meat, PSE meat)或稱水化肉
(1) 處理流程：屠畜→蓄留→屠宰→分切→置於高溫→水漾肉→不適合加工。
(2) 水漾肉特性介紹

酸鹼值	色澤	保水力	口感
pH＜5.6	蒼白	差	差

3. 正常肉(normal meat, NM)
(1) 處理流程：屠畜→蓄留→屠宰→分切→冷卻→正常肉→適合加工。
(2) 正常肉特性介紹

酸鹼值	色澤	保水力	口感
pH＝5.6	紫紅	高	佳

 **相關試題**

1. 原料肉之小於 pH 5.5 時，其可能為： (A)正常肉 (B)軟脂肉 (C)水化肉（PSE 肉） (D)暗乾肉（DFD 肉）。 答：(C)。
   解析：原料肉 pH 值若小於 5.5 時，其可能為水化肉（PSE 肉）。

五、肉類的色澤變化(color changes of meat)

變 化 \ 分 類	種類	鐵價數	色 澤	官能基	促進因子
還原型肌紅素 (dexoy-myoglobin)	還原型	+2	紫紅色	OH_2	抗壞血酸鹽、檸檬酸鹽、菸鹼醯胺。
氧合型肌紅素 (oxy-myoglobin)	氧合型	+2	鮮紅色	O_2	與氧氣短時間接觸可以促成。
變性肌紅素 (met-myoglobin)	氧化型	+3	褐紅色	OH	與氧氣長時間接觸或加熱可以促成。
亞硝基肌紅素 (nitrosomyoglobin)	亞硝化型	+2	粉紅色	NO	添加亞硝酸鹽或硝酸鹽可以促成。
變性肌紅蛋白血色質 (met-myochromogen)	氧化型	+3	褐紅色	OH	蒸煮加熱可以促成。

 **相關試題**

1. 肉類色素物質中與肉呈色最相關者為何？ (A)肌紅素 (B)血紅素 (C)核黃素 (D)葉黃素。 答：(A)。
   解析：肉類之肌紅素與肉類呈色最為相關。

2. 製作香腸時添加亞硝酸鹽的目的，是與下列何種成分作用而發色？ (A)食用紅色六號 (B)肌紅蛋白 (C)食鹽 (D)抗壞血酸。 答：(B)。
   解析：添加亞硝酸鹽可與肌紅蛋白作用而產生亞硝基肌色原，以形成鮮紅色澤。

3. 豬肉呈現紅色時之肌紅蛋白： (A)與氧氣結合 (B)被氧氣氧化 (C)稱為氧化肌紅蛋白 (D)其鐵離子為三價鐵。 答：(A)。
   解析：肌紅蛋白若處於氧氣結合狀態，其中心為二價鐵，稱為氧合肌紅蛋白。

4. 下列何者為褐色的肌紅蛋白？　(A)MbO$_2$　(B)Mb　(C)Met-Mb　(D)Mb-NO。　　　　　　　　　　　　　　　　　　　　　　答：(C)。

解析：Met-Mb 為褐色的變性之肌紅蛋白。

5. 食用肉中與色澤相關之成分是什麼？　(A)花青素　(B)肌紅蛋白　(C)類胡蘿蔔素　(D)明膠。　　　　　　　　　　　　　　　　　答：(B)。

解析：食用肉質中肌紅蛋白與其色澤變化最為相關。

6. 有關肉及肉製品敘述，下列何者不正確？　(A)大理石狀肉的口感佳　(B)添加磷酸鹽類的目的在增加肉製品之保水性　(C)肉的呈色最主要與血紅素有關　(D)動物死亡後，肌肉會經歷僵直期。　　　　　　　答：(C)。

解析：肉類及肉製品的呈色最主要與肌紅素有關，而不是血紅素。

六、肉類的保水性(water-holding capacity of meat)

以下為肉類保水性相關介紹。

1. **特性**：保水性(water holding capacity, WHC)為決定肉類與肉製品品質的重要因子，與肉類的風味、組織及色澤等有密切關係。

2. **肉質保水性差的結果**
   (1) 肉質會乾澀。
   (2) 肉質蒸煮時汁液流失。
   (3) 肉質的外觀不良。

3. **pH 值**
   (1) 當 pH 於肉中蛋白質的 pI = 5.6 時，僵直末期肉質的保水性最差。
   (2) 僵直時期，pH 值會下降則肉質的保水性會降低。
   (3) 解僵時期，pH 值會上升則肉質的保水性會恢復。

4. **金屬離子**
   (1) 鹼金屬(Na$^+$、K$^+$)：可提高肉質的保水性。
   (2) 鹼土金屬(Ca^{2+}、Mg^{2+})：可降低肉質的保水性。

5. **食鹽**：食鹽可提肉質的保水性。食鹽具肉質嫩化作用。

6. **磷酸鹽：如重合磷酸鹽之使用**

   (1) 改變肉質的酸鹼值。

   (2) 增強肉質的離子強度。

   (3) 促使肌動凝蛋白的解離，增加肉質鮮嫩感。

   (4) 提高肉質間之氫鍵型鍵結，增加保水性。

7. **蛋白質酵素：如木瓜酵素(papain)、鳳梨酵素(bromelin)、無花果酵素(ficin)**

   (1) 分解肉質的蛋白質鍵結，使肉質嫩化。

   (2) 促使肉質的保水性的增強，使肉質多汁。

8. **酸類（有機酸）：如檸檬酸、蘋果酸、琥珀酸或稀醋酸**

   (1) 改變肉質的酸鹼值。

   (2) 促使肉質的嫩化及保水性的增強。

相關試題

1. 酸性物質如醋酸等，可幫助嫩化肉類是藉下列何種性質？　(A)增加肌肉鍵結水的能力　(B)增加彈性蛋白轉變成動物膠　(C)烹調時，使油脂分布於肌肉組織　(D)提供蛋白質分解酶較理想的環境。　　　　　答：(D)。

   解析：肉質中添加檸檬酸、蘋果酸及醋酸等，可藉由酸鹼值的變化來改變肉類蛋白質分子表面的電荷數變化，提供外源性蛋白質酶的分解作用。

2. 有關肉的保水性敘述，下列何者正確？　(A)等電點時最好　(B)僵直期會降低　(C)鹼金族會降低　(D)磷酸鹽會降低。　　　　　　　答：(B)。

   解析：有關肉質的保水性變化為

   (1)等電點時保水性最差　　　　　　(2)僵直時期保水性會降低

   (3)鹼金族如鈉鹽可增加保水性　　　(4)磷酸鹽會提高保水性

3. 肌肉組織保水力差造成汁液流失，外觀不良及肉質乾澀可添加何種物質來改善？　(A)乳酸　(B)磷酸鹽　(C)硼酸鹽　(D)苯甲酸。　　　　答：(B)。

   解析：肉類組織若保水力差可添加磷酸鹽來改善其保水力。

4. 可作為肉品嫩化的酵素是：　(A)papain　(B)amylase　(C)lipase　(D)pectinase。

   答：(A)。木瓜蛋白酶(papain)、鳳梨蛋白酶(bromelein)與蛋白質分解酶(protease)均可用於肉品的嫩化操作。

5. 肉中蛋白質的保水性會隨 pH 之下降而：　(A)上升　(B)下降　(C)先上升後下降　(D)維持不變。　　　　　　　　　　　　　　　答：(B)。

解析：保水性與 pH 值變化成正比，蛋白質的保水性會隨 pH 值下降而下降。

6. 製作肉製品可增加製成率的添加物為何？　(A)重合磷酸鹽　(B)味精　(C)檸檬酸　(D)己六醇。　　　　　　　　　　　　　　　　　　答：(A)。

解析：欲增加肉類製成率即提高該肉質的保水性的添加物應使用多磷酸鈉。

七、屠畜部位其肉製品(slaughter sites and their meat products)

製品種類	原料部位	製品種類	原料部位
醃肉（培根）	腹脇肉	貢丸	後腿瘦肉
臘肉	腹脇肉	肉鬆	後腿瘦肉
五花肉	腹脇肉	肉乾	後腿瘦肉
中式火腿	後腿肉	豬排	里肌肉
中式香腸	後腿瘦肉＋肥肉	叉燒肉	里肌肉

☕ 相關試題

1. 製作 bacon 的原料肉為：　(A)背脊肉　(B)後腿肉　(C)腰內肉　(D)腹肉。
   答：(D)。bacon 即是培根肉，培根肉的原料部位來自腹部肉。

2. 下列何者在決定製備一塊肉的最好方法上具有最大影響力？　(A)切肉的方式　(B)肉的品級　(C)肉上的脂肪量　(D)肉中骨頭的百分比。　　答：(A)。

八、肉製品的種類(types of meat products)

種　類	製 造 的 流 程
去　骨 火　腿	後腿肉→整形→去骨→抹食鹽、硝石→預醃→堆積、熟成→乾式醃漬→水漬→整形→乾燥→煙燻→水煮→冷卻→包裝→製品
壓　形 火　腿	後腿肉→整形→醃漬→混和→充填→煙燻→70～75℃ 水煮→冷卻→包裝→製品

種　類	製　造　的　流　程
醃　肉即培根	腹脇肉→整形→去骨→預醃→堆積、熟成→醃漬→水漬→乾燥→煙燻→冷卻→包裝→製品
生　製香　腸	後腿肉＋肥肉→調整→抹食鹽、硝石→堆積→絞肉→混和、煉合→充填→0°C 水洗→冷藏→製品
煙　燻香　腸	後腿肉＋肥肉→調整→抹食鹽、硝石→堆積→絞肉→混和、煉合→充填→乾燥→煙燻→70～75°C 水煮→冷卻→冷藏→製品
乾　製香　腸	後腿肉＋肥肉→調整→抹食鹽、硝石→堆積→絞肉→混和、煉合→充填→乾燥→煙燻→乾燥→製品
醱　酵香　腸	後腿肉＋肥肉→調整→抹食鹽、硝石→堆積→絞肉→乳酸菌接種→混和、煉合→充填→煙燻→熱水洗→乾燥→冷卻→包裝→製品
貢　丸	後腿肉→切片→加食鹽→搥打→碎冰煉合→肉漿→成型→70～75°C 水煮→製品

1. 抹食鹽：

(1) 肉製品鹽漬法中不可缺乏的步驟。

(2) 促使鹽溶性的肌原纖維蛋白溶出，具肉質嫩化作用。

(3) 香腸製品中添加是約 3～5%。

☕ 相關試題

1. 下列何種物質含量多寡與貢丸之彈性最有關係？　(A)水溶性蛋白　(B)鹽溶性蛋白　(C)酸性蛋白　(D)不溶性蛋白。　　　　　　　　　　答：(B)。
   解析：肌原纖維蛋白質又稱為鹽溶性蛋白質，該蛋白質的含量多寡會直接影響肉類製品如貢丸之黏彈性表現。

2. 下列何項為製作熱狗時，不可缺少的添加物？　(A)食鹽　(B)茴香　(C)蒜粉　(D)脫脂乳粉。　　　　　　　　　　答：(A)。
   解析：食鹽是製作熱狗、香腸等肉類製品時，決不可缺少的主要添加物。

3. 增進肉製品保水性的最加鹽濃度為：　(A)1～2%　(B)3～5%　(C)6～8%　(D)9～10%。　　　　　　　　　　答：(B)。
   解析：可增進肉製品保水性的最佳鹽濃度為 3～5%。

4. 下列何者非為肉製品添加食鹽之目的？　(A)具有嫩化作用　(B)增加保水性 (C)防止細菌生長　(D)增進肉色。　　　　　　　　　　　　　答：(D)。

解析： 肉製品添加食鹽之目的為

  (A)具有嫩化作用　　　　　　(B)可增加保水性

  (C)防止細菌生長　　　　　　(D)無法增進肉質色澤

2. 硝石或亞硝酸鈉

(1) 還原作用方程式：

$$\text{變性肌紅蛋白 } Mb(Fe^{3+}) \longrightarrow \text{還原型肌紅蛋白 } Mb(Fe^{2+})$$

$$KNO_3 \xrightarrow[2[H]]{\text{細菌還原作用}} KNO_2 + H_2O$$

$$KNO_2 \xrightarrow{H^+} HNO_2 + K^+$$

$$3HNO_2 \longrightarrow HNO_3 + 2NO + H_2O$$

$$\underset{\text{亞硝基肌色原（安定）}}{NO + Mb(Fe^{2+}) \longrightarrow NO - Mb(Fe^{2+})} \underset{\text{亞硝基肌色原（非常安定）}}{\longrightarrow NO - Mb(Fe^{3+})}$$

加熱

(2) 當保色劑促使還原型肌紅蛋白與一氧化氮結合產生安定的亞硝基肌紅蛋白，其色澤為粉紅色，經加熱後會形成非常安定的鮮紅色澤。

(3) 除保色外兼具抑制肉製品中肉毒桿菌所引起之中毒現象。

(4) 使用後殘留量必須低於 70ppm，以避免致癌物質亞硝基胺的生成。

☕相關試題

1. 香腸添加亞硝酸鹽類，下列敘述何者不正確？　(A)作為著色劑　(B)抑制肉毒桿菌生長　(C)賦予香腸特殊風味　(D)使用量必須低於 70ppm。　答：(C)。

解析： 香腸添加亞硝酸鹽類的目的為

  (A)作為著色劑或呈色劑　　　(B)抑制肉毒桿菌生長

  (C)不會賦予香腸特殊的風味　(D)使用後殘留量必須低於 70ppm

3. 抗壞血酸鈉

(1) 還原作用方程式：抗壞血酸可將 Fe^{3+} 還原成 Fe^{2+}

$$變性肌紅蛋白\ Mb(Fe^{3+}) \longrightarrow 還原型肌紅蛋白\ Mb(Fe^{2+})$$

$$3HNO_2 \longrightarrow HNO_3 + 2NO + H_2O$$

(2) 當保色助劑（或發色促進劑）防止肌紅蛋白產生氧化作用與促使產生一氧化氮。

(3) 一般採用抗壞血酸鈉，但亦可以使用檸檬酸鈉及菸鹼醯胺。

☕ 相關試題

1. 下列何者為肉製品的發色助劑？　(A)抗壞血酸鈉　(B)磷酸鹽　(C)BHA (D)BHT。　　　　　　　　　　　　　　　　　　　答：(A)。
   解析：發色助劑常使用抗壞血酸鈉或檸檬酸鈉，其目的可促使肌紅蛋白與一氧化氮結合成亞硝基肌色原，具穩定肌紅蛋白的鮮紅色澤。

2. 香腸製造時，添加何物可當發色促進劑？　(A)菸鹼醯胺　(B)重合磷酸鹽 (C)硝酸鹽　(D)碳酸鈉。　　　　　　　　　　　　　　　　答：(A)。
   解析：香腸製造，添加菸鹼醯胺的功能與抗壞血酸鈉相同，為肉類呈色助劑。

4. 煙燻目的

(1) 提高貯藏安定性
(2) 增加風味及呈味成分
(3) 賦予產品多樣化顏色
(4) 殺滅病原菌和腐敗菌
(5) 防止脂質氧化
(6) 氧化作用增加
(7) 熱敏感的微生物受破壞

☕ 相關試題

1. 下列何者不是肉品燻煙之目的？　(A)增加維生素 B_{12}　(B)改善色澤　(C)促進風味　(D)防止微生物汙染。　　　　　　　　　　　　　答：(A)。

2. 下列有關食肉顏色變化之敘述，何者錯誤？　(A)肌紅素含量多則肉色深，且肌紅素之化學結合狀態也會使肉呈色不同　(B)加熱溫度低於 60°C 時，肉色不變，65°C 以上則漸由桃紅色變為灰色　(C)醃漬肉品時常添加亞硝酸之目的主要在防腐，對肉色無影響　(D)肉類製品可藉煙燻來助其發色。　答：(C)。
解析：醃漬肉品時常添加亞硝酸之目的主要在呈色，對肉色有顯著的影響。

5. 加熱

(1) 豬肉加工時，加熱中心溫度需達到 72°C 以上，以避免寄生蟲的殘留和往後增殖。

(2) 旋毛蟲、有鉤條蟲易寄生存於豬體中，若攝食未煮熟的豬肉時會造成感染而發生輕微腸胃炎。

(3) 無鉤條蟲易寄生於牛體中，若攝食未煮熟的牛肉時會造成感染而發生急性闌尾炎。

(4) 基質蛋白質即結締組織，經加熱水煮後明膠會顯著地增加，是形成豬肉凍或雞汁冷藏結膠的主要原因。

相關試題

1. 是非題：
(○)肉類在加熱時由結締組織所構成的膠原(collagen)摻水加熱，會產生明膠化(gelatinization)，使肉質柔軟。

2. 引起豬排之腐敗，主要受下列何種微生物所感染？　(A)鞭蟲　(B)肝吸蟲　(C)蛔蟲　(D)旋毛蟲。　答：(D)。
解析：未煮熟的豬排，易使消費者的腸道感染旋毛蟲而產生輕微腸胃炎。

3. 下列何種肉類加工食品過程中，沒有煙燻過程？　(A)貢丸　(B)培根　(C)乾製香腸　(D)火腿。　答：(A)。

九、肉類及其製品的腐敗作用(putrefaction of meat and their products)

肉類種類	腐敗類型	腐敗菌種
生　鮮肉　類	黏液膜、綠變、螢光色素或白斑或有色斑點	假單孢菌屬(*Pseudomonas*)、無色桿菌屬(*Achromobacter*)、黃桿菌屬(*Flavobacterium*)。
火　腿	組織有氣泡、綠變	鏈球菌屬(*Streptococcus*)、梭狀芽孢桿菌屬(*Clostridium*)。
醃　肉	微酸味	乳酸桿菌屬(*Lactobacillus*)。
中式香腸	表面具黏液膜	微球菌屬(*Micrococcus*)、酵母菌(yeasts)。
醱酵香腸	表面具黏液膜及褪色	酵母菌(yeasts)、黴菌(molds)。
肉　類罐　頭	未適當冷卻所引起高溫生長	芽孢桿菌屬(*Bacillius*)、梭狀芽孢桿菌屬(*Clostridium*)。

☕ 相關試題

1. 造成低溫儲存的生鮮豬肉發生敗壞的菌種是： (A)*Pseudomonas* spp. (B)*Streptococcus* spp. (C)*Salmonella* spp. (D)*Lactobacillus* spp.。 答：(A)。

2. 肉類罐頭若殺菌不足，極可能發生毒素型中毒之腐敗菌為何？ (A)假單孢菌屬 (B)鏈球菌屬 (C)梭狀芽孢桿菌屬 (D)酵母菌。 答：(C)。

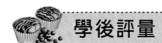

學後評量　*Exercise*

一、精選試題

（C）　1. 肌肉經加熱後，肌紅素(myoglobin) 將會變成哪一種物質？　(A)氧合肌紅蛋白(oxymyoglobin)　(B)變性肌紅蛋白(metmyoglobin)　(C)變性肌紅蛋白血色質 (metmyochromogen)　(D)硫肌紅蛋白(sulfmyoglobin)。

　　【解析】：肌肉經長時間加熱處理後，肌肉的色素蛋白肌紅素(myoglobin)將會形成變性肌色原即為變性肌紅蛋白血色質(metmyochromogen)。

（A）　2. 屠體死亡後進行死後僵直(rigor mortis)，其 pH 降低的主要原因為產生何種物質？　(A)乳酸　(B)蘋果酸　(C)檸檬酸　(D)醋酸。

　　【解析】：家畜屠宰後，體內的肝醣會行無氧醣解而產生乳酸，促使 pH 值下降至 5.6，造成肌原纖維蛋白質產生不可逆的收縮作用而產生死後僵直現象。

（C）　3. 水樣肉(PSE)的敘述，下列何者不正確？　(A)屠宰後肌肉溫度仍高，醣解速度過快，pH 急速下降所導致　(B)保水性差　(C)不適合生肉銷售，但仍適合加工使用　(D)肉色蒼白。

　　【解析】：水樣肉(PSE)的特性為不適合生肉銷售，並且也不適合作為加工用原料肉。

（A）　4. 醃漬肉加熱後，由下列何者生成肉色主體「亞硝基肌色原」(nitrosomyochromogen)？　(A)亞硝基肌紅素(nitrosomyoglobin)　(B)亞硝基胺(nitrosamine)　(C)亞硝基血紅素(nitrosohemoglobin)　(D)變性亞硝基肌紅素(metnitrosomyoglobin)。

　　【解析】：醃漬肉時會添加亞硝酸鈉與抗壞血酸鈉，促使變性肌紅素還原成肌紅素與一氧化氮的生成，此時二者結合成粉紅色之亞硝基肌紅素，經加熱後，可生成肉色主體為「亞硝基肌色原」(nitrosomyochromogen)。

（A）　5. 下列何者為肉品加工時，添加亞硝酸鹽之目的？　(A)保色兼抑制肉毒桿菌所引起之中毒　(B)保色兼增加滲透壓　(C)保色兼調整肉製品之水活性　(D)增加滲透壓兼抑制肉毒桿菌所引起之中毒。

　　【解析】：添加亞硝酸鹽之目的為使肉色呈現鮮紅色而保色且具抑制肉毒桿菌。

（C）　6. 肉品保色處理中，使用抗壞血酸的目的為：　(A)當呈色劑　(B)與血紅素結合　(C)當保色助劑防止氧化　(D)促使一氧化氮氧化。

【解析】：肉類製品之保色處理中，使用抗壞血酸鹽的目的為當保色輔助劑，可防止肌紅素產生氧化作用，易與一氧化氮結合，以形成鮮紅色澤。

（B） 7. 家畜屠宰初期之肌肉，下列敘述何者不正確？　(A)保水力下降　(B)保水力上升　(C)肝醣轉化成乳酸　(D)乳化性不變。

【解析】：家畜屠宰初期之肌肉保水力會逐漸下降。

（D） 8. 豬肉加工時，若加熱中心溫度未達 72°C 以上一段時間，易使消費者感染何種寄生蟲？　(A)鞭蟲　(B)肝吸蟲　(C)蛔蟲　(D)旋毛蟲。

【解析】：未充分煮熟的豬肉，易使消費者感染到旋毛蟲。

（A） 9. 肉製品中最常用來固定肉色之化學藥品為：　(A)KNO_3　(B)$Ba(NO_3)_2$　(C)$Mg(NO_3)_2$　(D)$Ca(NO_3)_2$。

【解析】：鋇鹽、鎂鹽及鈣鹽屬於鹼土族鹽類，其溶解度較差，因此肉製品中最常使用硝酸鉀(KNO_3)來固定肉色。

（B） 10. 氧合肌紅蛋白的顏色為：　(A)紫紅色　(B)鮮紅色　(C)暗紅色　(D)粉紅色。

【解析】：氧合型肌紅蛋白($Mb - O_2$)的顏色為鮮紅色。

（A） 11. 鮮肉以下列何種包裝可以呈鮮紅色？　(A)充 80%氧氣＋20%二氧化碳包裝　(B)充氮包裝　(C)充二氧化碳包裝　(D)真空包裝。

【解析】：鮮肉若要呈現鮮紅色澤，則肌紅蛋白須為氧合型的狀態，因此充 80%氧氣＋20%二氧化碳的活性包裝，可使生鮮肉質呈現鮮紅的色澤。

（C） 12. 生鮮豬肉的顏色主要來自於：　(A)細胞色素(cytochrome)　(B)血紅蛋白(hemoglobin)　(C)肌紅蛋白(myoglobin)　(D)硝酸鹽。

【解析】：肌紅蛋白(myoglobin)為生鮮豬肉的主要色澤來源。

（B） 13. 肉經過熟成(aging)後，會產生何種變化？　(A)肉質變硬　(B)肉質變軟　(C)微生物完全死滅　(D)pH 值迅速上升。

【解析】：畜肉經過熟成(aging)後，肉質會變軟。

（A） 14. 畜肉發生僵直現象，下列敘述何者為誤？　(A)僵直的肌肉保水性不變　(B)乳酸蓄積，pH 下降時，僵直現象發生　(C)在嫌氣下，醣解作用產生乳酸　(D)僵直時，乳化性、色澤等最差。

【解析】：畜肉產生僵直現象，此時期保水性會下降。

（B） 15. 動物組織保水力差造成汁液流失，外觀不良及肉質乾澀可添加何種物質來改善？　(A)乳酸　(B)磷酸鹽　(C)硼酸鹽　(D)苯甲酸。

【解析】：磷酸鹽可提高肉質的水合作用，用來改善動物組織的保水力。

（B）16. 下列何種物質的定量，可做為肉品品質之指標？ (A)有機酸量 (B)生物胺類 (C)硫化氫 (D)ATP。

【解析】：肉質腐敗時，微生物會將蛋白質分解成氨氣、生物胺、硫化氫及含氮酸等物質，因此可將生物胺加以定量，可做為肉品之判斷指標。

（B）17. 醃漬肉製品的特色為： (A)均需煙燻 (B)食鹽為醃漬時的必要成分 (C)均需水煮 (D)肥肉應呈淡紅色。

【解析】：醃漬肉製品的特色為食鹽、亞硝酸鹽為醃漬時的必要添加成分。

（B）18. 有關食品中亞硝酸鹽之敘述，何者正確？ (A)用於新鮮肉品以防止肉毒桿菌毒素產生 (B)為加工肉品之發色劑 (C)防止果汁罐頭之針孔腐蝕 (D)防止腸內致癌毒素產生。

【解析】：肉品中添加亞硝酸鹽之目的是作為發色劑及防止肉毒桿菌毒素汙染。

（B）19. 動物筋肉正常之死後變化，其 pH 值達： (A)4.6 (B)5.6 (C)6.6 (D)7.6 時死後僵直最盛期，其醣解作用減緩。

【解析】：動物死後當 pH 值下降到達 5.6 時，則呈現死後僵直現象。

（B）20. 家畜經屠宰後，屠體立即發生變化，下列何者敘述是不正確的？ (A)pH 下降 (B)ATP 增加 (C)ATP 減少 (D)保水性變差。

【解析】：屠宰後屠體立即發生的變化為 ATP 減少且保水性及乳化性慢慢變差。

（A）21. 下列何者為動物死後 pH 下降之原因？ ①肝醣分解 ②乳酸產生 ③磷酸產生 ④自家消化，答案是： (A)①②③ (B)②③④ (C)②③ (D)③。

【解析】：動物屠宰後，pH 下降之主要原因為
(1)肝醣行無氧糖解分解成乳酸 (2)乳酸累積於肌肉中
(3)ATP 分解而高能磷酸根會產生 (4)肌酸磷酸亦會分解

（B）22. 肉品保水力與下列何者直接相關？ (A)油溶性維生素含量 (B)氫鍵形成數目 (C)清洗程度 (D)油脂氧化。

【解析】：肉品保水力與蛋白質的水合作用有直接相關，因此提高肌原纖維蛋白質的水合作用，亦是氫鍵形成數目愈多，該肉品的保水性就愈強。

（C）23. 肉類加工時，添加何者添加物可提高保水性？ (A)酒 (B)聚合磷酸鹽 (C)乳酸 (D)亞硫酸鹽。

【解析】：肉類加工時，添加磷酸鹽可使蛋白質產生水合作用，可提高保水性。

（A）24. 生鮮肉品充填二氧化碳時，對下列何種微生物有抑制作用？

(A)*Pseudomonas* 　　　　　　(B)*Flavobacterium*

(C)*Actinobacillus* 　　　　　　(D)*Micrococcus*。

【解析】：生鮮畜肉易遭受好氧性腐敗菌的汙染，若充填二氧化碳時可對假單孢菌(*Pseudomonas*)、微球菌(*Micrococcus*)等腐敗菌產生抑制作用。

（D）25. 肉品質地之柔軟度和下列何者不相關？　(A)屠體死後僵直　(B)保水力強　(C)加熱時收縮程度　(D)脂肪酸敗。

【解析】：肉品質地之柔軟度的變化與脂肪酸敗作用無關。

（B）26. 中式香腸中最常見之微生物為：　(A)*Luconostoc*　(B)*Micrococcus*　(C)*Lactobacillus*　(D)*Flavobacterium*。

【解析】：中式香腸中最常見之微生物為好氧性腐敗菌如微球菌與假單孢菌。

（C）27. 原料肉處理→攪肉→醃漬→充填→乾燥→成品，為何項產品之製程？　(A)西式香腸　(B)火腿　(C)中式香腸　(D)貢丸。

【解析】：香腸、熱狗及貢丸等肉製品的製程中皆有攪肉的步驟，使肉質呈現乳化狀態，因此上述肉製品的製程應為中式香腸的製程。

（D）28. 通常即食肉製品加熱或水煮時，其中心溫度應達到幾度才安全？　(A)57°C　(B)62°C　(C)67°C　(D)72°C。

【解析】：肉製品加熱的中心溫度應達到 72°C 以上，可避免旋毛蟲的汙染。

（A）29. 製造香腸時常添加各種磷酸鹽，其主要功能為：　(A)保水性　(B)抗氧化性　(C)安全性　(D)增加磷礦物質之含量。

【解析】：製造香腸時常添加各種磷酸鹽，其功能在提高蛋白質的保水特性。

（B）30. 下列何種物質含量多寡與貢丸之彈性最有關係？　(A)水溶性蛋白　(B)鹽溶性蛋白　(C)酸性蛋白　(D)鹼性蛋白。

【解析】：鹽溶性蛋白即肌原纖維蛋白質含量多寡會與貢丸煉製品之彈性有關。

（A）31. 正常豬死後在 6～8 小時內 pH 值會降低至：　(A)5.6 左右　(B)4.2 左右　(C)7.0 左右　(D)3.0 左右。

【解析】：豬死後在 6～8 小時內 pH 會降低至 5.6 左右，以達到僵直完成時期。

（D）32. 羊肉之下列何部位其脂肪含量最高？　(A)肩肉　(B)脊肉　(C)腿肉　(D)胸肉。

【解析】：羊肉之胸部其脂肪含量最高。

（B）33. 雞肉加工中，白肉(white meat)通常指的是： (A)雞腿肉 (B)雞胸肉 (C)雞腹肉 (D)雞油。

【解析】：雞肉加工中，白肉(white meat)通常指的是雞胸肉。

（C）34. 下列各種動物之中，何者的飼料換肉率最高？ (A)雞 (B)羊 (C)豬 (D)牛。

（A）35. 畜肉熟成的主要目的是： (A)增加風味 (B)固定顏色 (C)去除腥羶 (D)軟化組織。

【解析】：畜肉行熟成的主要目的是促使肌動凝蛋白解離，可增加肉質的風味。

二、模擬試題

（ ） 1. 肌動蛋白(actin)屬於： (A)肌漿蛋白質 (B)肌原纖維蛋白質 (C)基質蛋白質 (D)醇溶蛋白質。

（ ） 2. 「肉必自腐而後蟲生」，此自腐現象可認為是： (A)細菌汙染 (B)褐變作用 (C)自家消化作用 (D)抗氧化。

（ ） 3. 肌肉中的蛋白質約占多少： (A)$10 \sim 15$ ％ (B)$15 \sim 20$ ％ (C)$20 \sim 25$ ％ (D)$25 \sim 30$ ％。

（ ） 4. 畜肉行解除僵直操作的主要目的為： (A)固定色澤 (B)增加風味 (C)軟化組織 (D)提供乳酸。

（ ） 5. 下列有關肌紅蛋白的敘述，何者是不正確？ (A)醃肉呈鮮紅色是肌紅蛋白與亞硝酸鹽作用所致 (B)氧化肌紅蛋白所含的離子為 Fe^{2+} (C)氧氣含量高時會使肌紅蛋白氧化成褐色 (D)肌紅蛋白為水溶性蛋白質。

（ ） 6. 有關磷酸鹽應用於肉製品製造之功能，下列何者是正確？ (A)改變pH 值，具緩衝性質 (B)提高肌動凝蛋白的聚合率 (C)降低離子強度 (D)降低保水性。

（ ） 7. 畜肉組織發生僵直現象之主要因素，下列何者為不正確？ (A)肌凝蛋白 (B)UTP (C)肌酸磷酸 (D)肌動蛋白。

（ ） 8. 生食新鮮豬肉，容易受到什麼感染而導致病症？ (A)黴菌 (B)寄生蟲 (C)口蹄疫病毒 (D)農藥。

( ) 9. 原料肉→醃漬→混合→乾燥→煙燻→成品,何項產品之製程不屬於? (A)醃肉 (B)火腿 (C)德式香腸 (D)壓型火腿。

( ) 10. 下列何者為鮮紅色的亞硝基肌色原(nitrosomyochromogen)? (A)Mb-OH$_2$ (B)Mb-O$_2$ (C)Mb-NO (D)Mb-OH。

( ) 11. 下列何種微生物容易在低溫肉類中繁殖而使游離脂肪酸增加? (A)白念珠菌 (B)麴黴菌 (C)卵形酵母 (D)黃質桿菌。

( ) 12. 下列何種物質的定量,可做為肉品鮮度品質之參考指標? (A)無機酸 (B)硫化氫 (C)生物胺類 (D)腺核甘單磷酸。

( ) 13. 構成肉類具有黏彈性的主要蛋白質來源為: (A)鹽溶性蛋白 (B)脂溶性蛋白 (C)水溶性蛋白 (D)不溶性蛋白。

( ) 14. 下列何者是屠畜死後僵直現象的主要特徵? (A)鮮味增加,適合加工利用 (B)乳酸濃度高 (C)僵直期,細菌生長最容易 (D)僵直現象,各種動物時間相同。

( ) 15. 結締組織(connective tissue)愈多之肉品,加熱後何者會顯著地增加? (A)彈性蛋白 (B)膠原蛋白 (C)肌動蛋白 (D)明膠。

( ) 16. 家畜屠宰末期之肌肉,下列敘述何者正確? (A)保水力下降 (B)保水力上升 (C)乙酸生成 (D)乳化性上升。

( ) 17. 製作醃肉(bacon)的原料肉為: (A)背脊肉 (B)後腿肉 (C)腰內肉 (D)腹部肉。

( ) 18. 促成動物死亡後,畜肉酸鹼值(pH)下降的可能原因有 ①乳酸產生 ②肝醣分解 ③磷酸根產生 ④ATP 分解,答案是: (A)①②③④ (B)①③ (C)②④ (D)①。

( ) 19. 豬屠體在冷凍前,先經過預冷之主要目的為: (A)防止變色 (B)去除僵直熱 (C)防止氧化 (D)防止水分流失。

( ) 20. 畜肉組織柔嫩化操作,可使用下列哪一種水解酶? (A)脂解酶 (B)乳糖酶 (C)木瓜酶 (D)過氧化酶。

( ) 21. 豬隻屠體死後 pH 值的變化為: (A)先上升後下降 (B)先下降後上升 (C)下降 (D)上升。

（　）22. 肉經過熟成(aging)後，會產生何種變化？　(A)肉質持續呈硬直狀態　(B)肉質會變軟　(C)孢子完全死滅　(D)pH 值迅速上升。

（　）23. 明膠是由下列何種蛋白質經加熱後產生？　(A)膠原蛋白　(B)卵白蛋白　(C)肌紅蛋白　(D)酪蛋白。

（　）24. 肌動凝蛋白(actomyosin)屬於：　(A)肌原纖維蛋白質　(B)肌漿蛋白質　(C)基質蛋白質　(D)醇溶蛋白質。

（　）25. 動物筋肉正常之死後變化，其 pH 值達何者時為死後僵直最盛期？　(A)4.6　(B)5.6　(C)6.6　(D)7.6。

（　）26. 在許多乳化型肉製品中添加食鹽之主要目的為：　(A)增加味道　(B)增加總添加物之含量　(C)增加肉製品中鈉之含量　(D)使肉中肌原纖維蛋白質溶出。

（　）27. 原料肉之 pH 值若大於 5.6 時，其可能為：　(A)正常肉　(B)軟脂肉　(C)水漾肉（PSE 肉）　(D)暗乾肉（DFD 肉）。

（　）28. 下列何者為生鮮肌肉中未氧化型肌紅蛋白的顏色表現？　(A)粉紅色　(B)暗褐色　(C)紫紅色　(D)鮮紅色。

（　）29. 有關肉類保水性的敘述，下列何者是正確的？　(A)經冷凍處理，保水性會增加　(B)等電點時，保水性最高　(C)屠體經熟成，保水性會上升　(D)鹼土族鹽類具促進功能。

（　）30. 肉類製品加入亞硝酸鹽，除了固定顏色外，尚具有下列何種功能？　(A)去除固脂　(B)保持濕潤　(C)抑制肉毒桿菌生長　(D)強化營養需求。

（　）31. 製作肉製品初期時，下列何者為應優先加入的添加物？　(A)澱粉　(B)食鹽　(C)己二稀酸鹽　(D)麵筋蛋白。

（　）32. 火腿製造時，添加下列何者可作為發色促進試劑？　(A)檸檬酸鹽　(B)聚磷酸鹽　(C)轉化糖漿　(D)食鹽。

（　）33. 下列有關肌肉組織成分的敘述，何者是錯誤？　(A)明膠的主要成分是膠原蛋白　(B)肌肉中結締組織愈多時，肉愈硬　(C)肌肉的肌纖維愈粗時，肉質嫩度降低　(D)加熱使結締組織之彈性蛋白軟化，肉質嫩化。

( ) 34. 要想保持肉品紅色，下列何種方法並無效用？ (A)添加亞硝酸鹽 (B)添加抗壞血酸鹽 (C)添加亞硫酸鹽 (D)充填一氧化氮氣體。

( ) 35. 食用瘦豬肉主要在可以提供下列何種維生素？ (A)維生素 A (B)維生素 B_1 (C)維生素 C (D)維生素 E。

( ) 36. 下列何者能促進醃肉中亞硝基肌紅蛋白的生成，縮短醃漬時間？ (A)麩胺酸 (B)琥珀酸二鈉 (C)木糖醇 (D)檸檬酸鈉。

( ) 37. 肉品加工添加稀薄中性鹽的主要目的是： (A)提高油脂溶解度 (B)提高澱粉溶解度 (C)提高蛋白質溶解度 (D)提高維生素溶解度。

( ) 38. 下列何者屬於水溶性蛋白質？ (A)肌原纖維蛋白質 (B)肌漿蛋白質 (C)膠原蛋白質 (D)基質蛋白質。

( ) 39. 有關家畜在屠宰後肉質變化之僵直期的敘述，何者不正確？ (A)肌肉中之無氧糖解作用逐漸停止 (B)肌肉會收縮而呈現僵直現象 (C)肌肉的保水性降低 (D)此階段最適宜進行加工。

( ) 40. 變性肌紅蛋白血色質(metmyochromogen)，中心鐵離子的價數為： (A) +1 (B) +2 (C) +3 (D) −2。

模擬試題答案

1.(B)	2.(C)	3.(B)	4.(C)	5.(B)	6.(A)	7.(B)	8.(B)	9.(C)	10.(C)
11.(B)	12.(C)	13.(A)	14.(B)	15.(D)	16.(A)	17.(D)	18.(A)	19.(B)	20.(C)
21.(B)	22.(B)	23.(A)	24.(A)	25.(B)	26.(D)	27.(D)	28.(C)	29.(C)	30.(C)
31.(B)	32.(A)	33.(D)	34.(C)	35.(B)	36.(D)	37.(C)	38.(B)	39.(D)	40.(C)

蛋類及其製品加工

一、雞蛋的整體結構與其主要營養組成分分析(overall structure and major nutrient analysis of egg)

組成結構	卵　白	卵　黃	蛋　殼
含　量	60%	30%	10%

以營養素細分	卵　白	卵　黃	蛋　殼
水分含量	88%	50%	1~2%
蛋白質含量	11%	17.5%	1~2%
脂質含量	0.2%	32.5%	0~1%
主要無機質	一（碳酸鈣）	一（碳酸鎂）	95%（碳酸鈣）

相關試題

1. 試述雞蛋的構造及其調理性質。

   答：雞蛋的構造分為卵白、卵黃及蛋殼，含量分別為 60%、30%與 10%。雞蛋的調理性質，詳列於本章節後面的內容。

2. 雞蛋的卵白中，水分約佔多少比例？　(A)90%　(B)80%　(C)70% (D)60%。　　　　　　　　　　　　　　　　　　　　　　　答：(A)。

   解析：雞蛋的卵白中，水分約佔 90%。

3. 蛋殼中無機質佔 95%，大部分是：　(A)磷酸鈣　(B)磷酸鐵　(C)碳酸鎂　(D)碳酸鈣。　　　　　　　　　　　　　　　　　　　　　　　　答：(D)。

   解析：蛋殼中大部分無機質以碳酸鈣為主。

4. 蛋白與蛋黃，兩者重量的比值約為多少？　(A)1：1　(B)2：1　(C)3：1 (D)4：1。　　　　　　　　　　　　　　　　　　　　　　　　　　答：(B)。

   解析：蛋白與蛋黃重量的比值為 2：1。

二、雞蛋之組成分(components of egg)

1. 雞蛋之蛋白質

(1) 卵白之蛋白質

蛋白質細分	類別	含量	等電點	用 途
卵白蛋白 (ovalbumin)	白蛋白	60.0%	4.7～4.8	具游離硫氫基具卵白起泡性。
伴白蛋白 (conalbumin)	白蛋白	14.0%	5.8～6.0	具螯合劑作用易結合鐵、銅。
卵類黏蛋白 (ovomucoid)	醣蛋白	9.0%	4.3～4.5	具胰蛋白酶抑制劑作用。
卵黏蛋白 (ovomucin)	醣蛋白	2.0%	―	與卵白起泡之安定性有關。
溶菌酶 (lysozyme)	球蛋白	3.4%	10.5～11.0	具抗菌作用。
卵球蛋白 (ovoglobulin)	球蛋白	7.0%	6.0	與卵白起泡性有關。
抗生物素蛋白 (avidin)	醣蛋白	0.06%	10.0	會與生物素結合成不被腸道消化的結合物，引起生物素缺乏症。

☕ 相關試題

1. 下列敘述中，何者錯誤？　(A)蛋白中除了蛋白質之外，幾乎不含有其他營養素　(B)蛋清蛋白(ovalbumin)為蛋白中含量最多的蛋白質，約佔 60%以上　(C)生吃蛋時，由於蛋白中之卵類黏蛋白(ovomucoid)內含胰蛋白酶抑制因子，故會影響蛋白質的消化　(D)構成濃蛋白的主要結構為卵黏蛋白與卵球蛋白所結合之複合體。　　　　　　　　　　　　　　　答：(A)。
   解析：蛋白中除了蛋白質之外，亦富含如維生素 B_1、B_2 等營養素。

2. 勿生食蛋白，因其含有抑制生物素吸收之：　(A)avidin　(B)livetin　(C)keratin　(D)albumin。　　　　　　　　　　　　　　　　　　答：(A)。
   解析：生鮮雞蛋中因含有抗生物素蛋白(avidin)，會妨礙人體對生物素的吸收。

3. 蛋中含有能破壞由蛋殼氣孔入侵菌體的酵素為：　(A)溶菌酶(lysozyme)　(B)蛋白酶　(C)噬菌體　(D)脂解酶。　　　　　　　　　　　答：(A)。
   解析：卵白中溶菌酶可分解由蛋殼氣孔入侵的菌體，因此具溶菌作用。

4. 下列食物何者含有抗生物素蛋白(avidin)？　(A)雞蛋　(B)大豆　(C)魷魚　(D)生羊肉。　　　　　　　　　　　　　　　　　　　　　　答：(A)。
   解析：生卵白中含有抗生物蛋白(avidin)，若生食卵白易造成生物素缺乏症。

5. 卵白之蛋白質中，何者易與金屬離子結合？　(A)卵蛋白(ovalbumin)　(B)卵白素(avidin)　(C)卵黏蛋白(ovamucin)　(D)伴蛋白(conalbumin)。　答：(D)。

(2) 卵黃之蛋白質

蛋白質種類細分	含　量	差　別
卵黃磷脂蛋白(lipovitellin)	80%	複合蛋白質
卵黃磷醣蛋白(phosvitin)	10%	複合蛋白質
卵黃球蛋白(livetin)	10%	簡單蛋白質

(3) 蛋殼之蛋白質

存在位置	外卵殼膜	內卵殼膜	內卵殼膜
種　類	黏液蛋白(mucin)	角蛋白(keratin)	卵黏蛋白(ovomucin)
功　能	防止細菌汙染	形成網狀結構	形成網狀結構

☕相關試題

1. 寫出蛋本身對細菌的防禦系統。
   答：雞蛋本身對細菌汙染的天然防禦系統之依序由外往內為：
   (A) 蛋殼：蛋殼外之角質層與蛋殼內富含角蛋白及黏蛋白，可阻礙沙門氏桿菌的移動性。
   (B) 卵白：利用濃厚卵白的高黏度與位於繫帶(chalazae)上溶菌酶的靜菌作用，亦可防止沙門氏桿菌的汙染。

2. 雞蛋之脂質

(1) 卵白：脂質含量偏低。

(2) 卵黃：多數脂質以中性脂質方式存在此部分，以水中油滴型(O/W)微粒狀態存在，且含有磷脂質(lecithin)作為乳化作用及膽固醇。

☕ 相關試題

1. 蛋中天然乳化劑為何？並說明乳化劑形成乳化作用的機制。

　　答：雞蛋中天然乳化劑為卵磷脂(lecithin)，存在於卵黃靡微粒中。卵磷脂的作用機制為利用其分子上疏水基與油脂相互鍵結；膽鹼(choline)即具親水基可與水分子以氫鍵相結合，可將油脂均勻分布在乳化溶液中。

2. 蛋黃中含有哪種成分可做為良好的乳化劑？　(A)ovoglobulin　(B)lecithin　(C)cholesterol　(D)triglyceride。　　　　　　　　答：(B)。

　　解析：蛋黃中含有卵磷脂(lecithin)，為良好的乳化劑，可使蛋黃吃起來不會太油膩。

3. 蛋殼中何種成分是具有防止細菌汙染之功效？　(A)蛋殼上孔隙　(B)卵黏蛋白　(C)蛋殼的含鈣化合物　(D)黏液蛋白。　　　　　　　　答：(D)。

　　解析：黏液蛋白(mucin)可破壞細菌滋長。

3. 雞蛋之醣類

(1) 卵白：醣質含量雖不高，但容易發梅納反應(Maillard reaction)而產生褐變。

(2) 卵黃：醣質含量不多。

4. 雞蛋之礦物質

(1) 卵黃：多含磷及鐵，大部分結合磷脂質與卵黃磷醣蛋白。

(2) 蛋殼：富含碳酸鈣。

　　水煮蛋時卵白生成之硫化氫容易與卵黃中的鐵離子互相結合，於卵黃介面產生硫化鐵(FeS)之黑綠化現象。

相關試題

1. 水煮蛋如何處理將會在蛋黃周圍形成硫化鐵？　(A)煮 30 分鐘　(B)在鹽水中煮　(C)烹調後立即冷卻　(D)80°C 煮 10 分鐘。　　　　　　　　答：(A)。

解析：高溫長時間的加熱處理，可促使蛋黃周圍形成硫化鐵並產生不好風味。

2. 水煮蛋為何在蛋白與蛋黃相接處有綠色環(green ring)發生？如何預防？

答：水煮蛋時，蛋白受熱時會釋放出硫化氫，而蛋黃受熱後亦提供鐵離子，該兩者於蛋白與蛋黃之交接處形成綠色環(green ring)，該環的成分為硫化鐵。

因此防止方法為

A. 使用新鮮雞蛋，因呈弱酸性，較不利於硫化鐵之形成。

B. 盡量採用低溫烹調。

C. 添加鹽類，可促進雞蛋的凝固性，縮短烹調時間。

D. 減少烹調處理的時間。

E. 烹調後立即放入冷水中冷卻。

3. 水煮蛋時蛋黃顏色呈墨綠色是因加熱生成：　(A)梅納汀　(B)氧化鐵　(C)硫化鐵　(D)硫化鋅。　　　　　　　　　　　　　　　　　　　答：(C)。

解析：水煮雞蛋時蛋黃介面顏色呈墨綠色是因加熱生成硫化鐵沉澱聚集。

5. 雞蛋之維生素

(1) 卵白：維生素 B_1、B_2。

(2) 卵黃：維生素 B 群、A、D、E。

三、雞蛋之新鮮度及品質變化(freshness and quality change of egg)

1. 外部品質檢驗法

外部品質	方法或原理
外觀法	蛋殼外表粗糙，則富含角質層，為鮮蛋；反之若呈現光滑者則為腐敗蛋。
振音法	搖晃雞蛋時共振音紮實雜音少者表示內容物緻密，無移動性，判為鮮蛋；反之若振音清晰，則為腐敗蛋。
舌感法	鈍端部若呈現溫感，尖端部為冷感，則為鮮蛋；反之兩者均呈冷感，則為腐敗蛋。
比重法	新鮮雞蛋之比重為 1.08～1.09，若將其浸入比重為 1.027 之 10%食鹽水溶液中，橫躺沉入者為鮮蛋；反之若半浮半沉者為腐敗蛋。
氣室法	氣室之高度若 3～5 mm 者，為特級鮮蛋；8mm 以內者為 1 級雞蛋；若超過 8mm 以上者，則為 2 級雞蛋。

2. 內部品質檢驗法

(1) 卵白品質

內部品質	方法或原理
卵白 pH 值	新鮮卵白之 pH 7.6～7.8；若 pH 值偏向鹼性，則為腐敗。
卵白指數 (albumen index)	以雞蛋之高度÷直徑，鮮蛋之值約為 0.106，卵白指數值愈高，表示為新鮮蛋。
霍 氏 單 位 (Haugh Unit)	HU = 100 log(H − 1.7W0.37 + 7.6)；HU = 72 為 AA 級鮮蛋；HU = 60 為 A 級鮮蛋。

(2) 卵黃品質

內部品質	方法或原理
卵黃 pH 值	新鮮卵黃 pH 6.2～6.6；若 pH 值偏向鹼性，則為腐敗蛋。
卵黃指數 (yolk index)	以雞蛋之高度÷直徑，鮮蛋之值約為 0.361～0.442，卵黃指數值愈高，表示為新鮮蛋。
卵黃偏度	卵黃位於整顆蛋的中心者為鮮蛋，若離中央而偏向卵白者，則為腐敗蛋。

相關試題

1. 下列有關蛋的新鮮度或品質判定方法之敘述,何者不正確? (A)以外觀法看蛋殼表面,愈光滑者愈新鮮 (B)以振音法測之,新鮮蛋無振音 (C)以舌感法測之,新鮮蛋之鈍端部有溫感,銳端部有冷感 (D)以 10%食鹽水試之,新鮮者下沉。 答:(A)。
   解析:雞蛋的新鮮度判定方法若以外觀法察看蛋殼表面,愈粗糙者愈新鮮。

2. 新鮮蛋黃之 pH 值為: (A)4.5～5.0 (B)5.1～5.5 (C)5.6～6.0 (D)6.2～6.6 (E)6.8～7.3。 答:(D)。
   解析:新鮮蛋黃之 pH 值約為 6.2～6.6。

3. 如何判斷蛋的新鮮度。請舉出三種方法。
   答:外觀法、氣室法及卵白指數法等皆可作為判斷雞蛋新鮮度的方法。

4. 下列何者不是新鮮雞蛋的特徵? (A)外表粗糙 (B)氣室 3～5 cm (C)濃厚蛋白量多 (D)蛋黃圓而高隆。 答:(B)。
   解析:新鮮雞蛋的特徵為特級蛋之氣室高度為 3～5 mm,而非 3～5 cm。

四、雞蛋貯藏過程中之腐敗(spoilage of egg during storage)

| 蛋殼偏光滑 | 水分蒸發,重量減輕 | 比重下降 |
| 氣室增大 | 酸鹼值偏向鹼性 | 臭氣味增強 |

相關試題

1. 雞蛋在儲藏中之變化,下列何者為非? (A)蛋黃中之硫氫基(SH group)移入蛋白 (B)蛋黃中之鐵移入蛋白 (C)蛋白與蛋黃之水分皆減少 (D)蛋白與蛋黃之 pH 值比上升。 答:(A)。
   解析:雞蛋之腐敗變化為蛋白中之硫氫基移入蛋黃介面,形成硫化鐵之黑變。

五、雞蛋之保鮮(preservation of egg)

以下介紹雞蛋保鮮原理及數種保鮮法。

1. 原理：由於雞蛋內二氧化碳(CO_2)會逸失，使雞蛋之 pH 值會由 7.5～8.0 上升至 9.0～9.5，偏向鹼性而使微生物易於繁殖，呈腐敗現象。

2. 保鮮法

 (1) 低溫貯藏法又分為 2 種

  A. 冷藏法：0～5°C、80%（RH，相對濕度）。

  B. 冰藏法：-0.5～1.0°C、80～85%(RH)。

 (2) 氣體貯藏法：類似調氣貯藏法，80% CO_2 + 20% O_2 貯藏之。

 (3) 蛋殼密閉法：表面塗抹石蠟或以聚偏二氯乙烯(PVDC)包裝密閉之。

 (4) 蛋殼浸漬法：表面浸漬水玻璃($Na_2O \cdot nSiO_2$)或氫氧化鈣[$Ca(OH)_2$]。

☕ 相關試題

1. 雞蛋隨著儲藏時間的延長，pH 值逐漸上升，其主要原因：　(A)CO_2 逸失　(B)脂質水解　(C)蛋白質水解　(D)褐變發生。　　　　　答：(A)。

 解析：隨著儲藏時間，由於卵白中 CO_2 逸失，pH 值偏向鹼性，造成鮮度下降。

2. 食用蛋長期儲存之最佳溫度為：　(A)-1～-5°C　(B)-5～0°C　(C)0～5°C　(D)5～10°C。　　　　　　　　　　　　　　　　　　答：(C)。

 解析：食用蛋長期儲存之最佳溫度為 0～5°C。

3. 鮮蛋經前處理後存放在通風良好的冷暗場所安全儲藏一個月，若要長期儲藏需在相對濕度 80～85% 溫度在以下冷藏？　(A)5～10°C　(B)3～5°C　(C)1～3°C　(D)-0.5～1.0°C。　　　　　　　　　　　　　　答：(D)。

 解析：生鮮雞蛋若貯藏在 80～85% 相對濕度及-0.5～1.0°C 條件，可長期儲藏。

六、雞蛋之加工特性(processing characteristics of egg)

1. 凝固性(coagulability)

(1) 凝固性原理：雞蛋中之蛋白質經蒸煮加熱後，蛋白質發生變性、胜肽鍵重新形成網狀結構，尚可保持部分水分，但溶解度下降，而硬化成型。

(2) 凝固性因子與其影響性

因　　子	影　　響　　性
蛋白質種　　類	卵白：58°C 開始呈白濁，65°C 失去流動性，70°C 呈塊狀。 卵黃：於 65°C 開始呈黏稠膠化，於 70°C 以上失去流動性。
溫　　度	溫度愈高，凝固性愈大。
稀　　釋	能提高凝固的溫度。
鹽　　類	添加鹽類可促進其凝固。
糖　　質	能提高凝固的溫度。
酸　　劑	可降低開始凝固的溫度。
鹼　　劑	雞蛋中蛋白質在 pH 11.9～12.9 以上能形成半透明膠體，如皮蛋之製作。

相關試題

1. 蛋白受熱開始凝結的溫度為：　(A)50°C　(B)52°C　(C)55°C　(D)60°C (E)65°C。　　　　　　　　　　　　　　　　　　　　　答：(D)。
   解析：蛋白受熱開始凝結的溫度為 60°C。

2. 蛋黃受熱開始凝結的溫度為：　(A)50°C　(B)55°C　(C)60°C　(D)65°C (E)70°C。　　　　　　　　　　　　　　　　　　　　　答：(D)。
   解析：蛋黃受熱開始凝結的溫度為 65°C。

3. 雞蛋白在多少溫度下會失去流動性？　(A)25°C　(B)45°C　(C)55°C (D)65°C。　　　　　　　　　　　　　　　　　　　　　答：(D)。
   解析：蛋白受熱後在 65°C 以上會失去流動性。

4. 是非題：
   (×)蛋液加水、糖、酸、鹽均可提高蛋的凝固溫度。

5. 填充題：蛋白起泡作用係因<u>卵白蛋白</u>和<u>卵黏蛋白</u>兩種蛋白質能拌入空氣且保留空氣。

2. 起泡性(foaming property)

(1) 起泡性原理：卵白蛋白經攪打後，與混入的空氣形成卵白泡沫。

起泡階段	攪　打	實　例
起始擴展期 (slightly beaten foam)	即一般打勻蛋液、有少數粗大泡沫液面。	蛋湯、蛋皮、炒蛋、西點。
濕性發泡期 (medium stiff foam)	呈半流體泡沫，富有光澤、濕潤、黏度高、不具透明狀。	乳沫類蛋糕、戚風類蛋糕。
硬性發泡期 (stiff foam)	不具流動性但仍富彈性，泡沫形成後穩固，富光澤，濕潤、體積最大，打蛋器挑起，呈雪白尖峰，挺立而不下垂。	戚風類蛋糕、派類、蛋白糖霜。
乾性發泡期 (dry foam)	泡沫乾燥無光澤，彈性低，體積縮小，蛋白脫水變性，呈棉花狀。	無利用價值。

(2) 凝固性因子與其影響性

因　子	影　響　性
蛋白質種類	水漾卵白之攪打卵白泡沫體積較濃厚者為大。
新鮮度	新鮮者，不具起泡性且泡沫安定性高；若為腐敗者，具易起泡性且泡沫安定性偏低。
pH 值	pH 值降低可增加起泡性；pH = pI = 4.8 泡沫之體積最大。
溫　度	卵白於 20～34°C 之間起泡性較快，安定性也相同，若加溫至 58°C 者，起泡性亦不佳。
水　分	卵白經稀釋可增加體積，但稀釋 40%以上，安定性下降。
鹽　類	初期添加可降低泡沫安定性；後期添加可提高其韌性。
糖　類	初期添加可延緩泡沫之體積；但後期添加可促進安定性。
油　脂	添加油脂會降低泡沫之起泡性與安定性。
酸　劑	使用酒石酸、醋酸等確實可提高泡沫之安定性。

相關試題

1. 填充題：打發蛋白產生泡沫的最適宜溫度是：22°C。

2. 是非題：蛋白打發形成泡沫時，在濕性發泡期一次將配方中的糖加入拌打，較易打發起泡。

   答：(×)。濕性發泡期應更正為硬性發泡期。

3. 蛋白的起泡性在 pH 多少時最大？ (A)3.8 (B)4.3 (C)4.8 (D)5.8。

   答：(C)。蛋白的起泡性在等電點 pH = pI = 4.8 時體積最大。

4. 做蛋糕時，為達最佳品質，一般打蛋白到哪一個階段？ (A)起始擴展期 (B)濕性發泡期 (C)硬性發泡期 (D)乾性發泡期。 答：(C)。

   解析：製作蛋糕時，須先攪打蛋白到達硬性發泡期，使泡沫站立穩固，富光澤，濕潤、體積最大，用打蛋器挑起，呈雪白尖峰，挺立而不下垂，可達到最佳品質。

5. 填充題：

   拌打 egg white 使體積增大，乃利用蛋之起泡作用。

6. 是非題：

   (○)egg white 拌入空氣、保留空氣，使體積增大，乃利用蛋之 foaming ability（發泡性）。

7. 添加何種材料，可使蛋白打得更好？ (A)檸檬汁 (B)沙拉油 (C)鹽 (D)細砂糖。 答：(A)。

   解析：添加檸檬汁等酸劑，來降低卵白的 pH 值，可使卵白的泡沫打得更好。

8. 打蛋白時，最適合加入糖是在哪個階段？ (A)起始擴展期 (B)濕性發泡期 (C)硬性發泡期 (D)乾性發泡期。 答：(B)。

   解析：打蛋白時，最適合加入糖是在濕性發泡期，可提高泡沫的韌性與柔軟性。

9. 蛋白在何種溫度下所打出的泡沫體積最大，且最安定？ (A)12°C (B)22°C (C)38°C (D)0°C。 答：(B)。

   解析：卵白蛋白在 22°C 左右可以攪打出的泡沫體積是最大，且最為安定。

3. 乳化性(emulsibility)

　　卵黃中的卵磷脂(lecithin)含有膽鹼(choline)，其具親水基團的功能，可使油與水產生均勻乳化的作用。一般以油滴分散在水的連續系統(oil-in-water；O／W)中較為穩定。常用於蛋黃醬、沙拉醬、冰淇淋、蛋糕及泡芙等食品的調製。

☕ 相關試題

1. 請寫出蛋的功能性。

　　答：雞蛋的功能性包括凝固性、起泡性、乳化性等。

2. 填充題：(1) 請任意寫出屬於 O／W 型的乳化食品：蛋黃醬。

　　　　　　(2) 蛋黃中之天然乳化劑為 lecithin。

七、雞蛋在烹調上的用途

1. 輔助食材黏合並當作裹衣之用

2. 作為膨脹劑(swelling agent)

3. 當作乳化劑(emulsifier)

4. 作為緩衝劑(buffer)

5. 作為澄清劑(clearer)

6. 作西點裝飾用(appearance decoration for bakery products)

☕ 相關試題

1. 蛋在烹調上有哪些功能？請說明之。

八、液體卵白(liquid albumen)

1. **製造流程**：原料蛋→檢查→預冷→破殼打開→分離出蛋黃→卵白→檢查→低溫殺菌處理→包裝→製品。

2. **目標菌種**：沙門氏桿菌(*Salmonella* spp.)。

3. **殺菌條件**：60°C、3～5 分鐘。

4. **指標酶**：α-澱粉酶(α-amylase)。

5. **包裝條件**：使用塑膠膜內襯耐冷藏材質、於 0°C 冷藏。

九、冷凍蛋(frozen egg)

1. **製造流程**：原料蛋→檢查→預冷→破開→分離器→卵白（卵黃）→攪拌過濾→添加抗凍劑防止卵黃凝固→冷凍→製品。

2. **預冷目的**：降溫至 10°C，可使卵白固定，讓卵白與卵黃易於分離。

3. **攪拌目的**：去除卵黃膜。

4. **抗凍劑的使用**
   (1) 目的：防止卵黃於凍結時產生膠化。
   (2) 種類：食鹽(5%)、砂糖(1%)、甘油(5%)。

5. **包裝條件**：使用塑膠膜內襯耐冷藏材質、於 0°C 冷藏。

十、蛋粉(egg powder)

1. **製造流程**：原料蛋→檢查→預冷→破開→分離器→卵白（卵黃）→攪拌過濾→除去液蛋中之還原糖→噴霧乾燥機→包裝→製品。

2. **脫除還原糖的方法**
   (1) 酵母菌醱酵法：

$$C_6H_{12}O_6 \longrightarrow 2C_2H_5OH + 2CO_2$$

   (2) 葡萄糖氧化酶(glucose oxidase)與觸酶(catalase)氧化法：

$$C_6H_{12}O_6 + H_2O \xrightarrow{\text{葡萄糖氧化酶}} C_6H_{12}O_5 + H_2O_2$$

$$H_2O_2 \xrightarrow{\text{觸酶}} H_2O + 1/2\ O_2$$

3. **脫糖目的**：防止蛋粉於貯藏期間因梅納反應而褐變，影響到製品之色澤。

4. **包裝條件**：充填氮氣和二氧化碳氣體，防止蛋粉中脂質的氧化劣變作用。

☕ 相關試題

1. 何種酶之使用可防止蛋粉製造時褐變之發生？　(A)葡萄糖氧化酶　(B)葡萄糖異構化酶　(C)蛋白分解酶　(D)酪胺酸氧化酶。　　　　　　答：(A)。
   解析：蛋粉製造時褐變之發生屬於梅納反應，因此可使用葡萄糖氧化酶將葡萄糖轉化為葡萄糖醛酸，不利於乾燥過程中褐變現象的發生。

2. 蛋粉產生褐變現象的原因為：　(A)是果糖與卵白蛋白的作用　(B)黑色素物質形成　(C)是一種酶性的褐變反應　(D)高溫下不易進行。　　　答：(B)。
   解析：蛋粉製作時會產生褐變現象的原因與黑色素物質即梅納汀形成有關。

―――――――― 🍎

十一、皮蛋(preserved egg)

1. **製造流程**：原料蛋→檢查→強鹼浸漬→熟成→包裝→製品。

2. **原料蛋種類**：早期以鴨蛋為主，現今鴨蛋與雞蛋皆可。

3. **製造原理**
   (1) 鹼劑作用：卵白黏度 ⟶ 濃稠狀 ⟶ 膠狀體（凝膠作用）。
   (2) 食鹽作用：提供鹹味。
   (3) 酵素作用：自家酵素作用 ⟶ 臭味、琥珀色（氨氣與硫化氫）。
   (4) 表面松花結晶狀：卵白中酪胺酸＋磷酸鐵 ⟶ 結晶狀物。

4. **醃製方法**：塗敷法、浸漬法、混合法。

5. **重金屬限量**：鉛的限量在 2 ppm 以下，不得添加重金屬鉛以促使蛋白質凝膠。

☕ 相關試題

1. 皮蛋的蛋黃呈綠色是因何種化合物生成？　(A)硫酸鐵　(B)硫化鐵　(C)磷酸鐵　(D)氯化鐵。　　　　　　　　　　　　　　　答：(C)。
   解析：皮蛋製作時，卵黃中因磷酸鐵的生成而呈墨綠色。

2. 皮蛋的蛋黃成綠色是因何種化合物生成？ (A)硫酸鐵 (B)硫化鐵 (C)磷酸鐵 (D)氯化鐵。 答：(C)。

解析： 皮蛋製作時，卵黃中因磷酸鐵的生成而呈墨綠色。

3. 皮蛋剝殼後其蛋白表層或內層出現的松花現象，可能是何種成分？ (A)離胺酸 (B)甲硫胺酸 (C)丙胺酸 (D)酪胺酸。 答：(D)。

解析： 皮蛋製作時，酪胺酸與磷酸鐵易結合成結晶物，於表面呈現松花現象。

―――――――― 🍏

十二、鹹蛋(salted egg)

1. 製造流程：原料蛋→檢查→食鹽浸漬→熟成→包裝→製品。

2. 原料蛋種類：以鴨蛋為主。

3. 製造原理

(1) 卵白：卵白＋食鹽 ── 熟成 ── 稀薄液狀。

(2) 卵黃：卵黃＋食鹽 ── 熟成 ── 凝固（類似飴糖狀）。

十三、蛋黃醬(mayonnaise)

1. 製造流程：卵黃→添加調味料、油脂、食醋→攪拌作用→食醋與餘油交互加入→乳化作用→包裝→製品。

2. 乳化狀態：油滴分散於水之連續系統(oil-in-water；O／W)中。

3. 卵黃：含有卵磷脂質，具有乳化作用，不必須額外添加人工乳化劑。

4. 沙拉油：使用精製油脂即冬化油，含量在 65% 以上。

5. 酸劑：醋酸、水果醋及果汁等具抑菌作用。

☕ 相關試題

1. 是非題：

製作蛋黃醬(mayonnaise)，原料使用蛋黃主要目的是增加營養、改善外觀。

答：(×)。蛋黃主要目的是當乳化劑。

2. 填充題：製作 mayonnaise 係利用蛋黃中的成分具有<u>乳化作用</u>。

3. 有關蛋黃醬敘述，下列何者不正確？　(A)原料有油、醋、鹽、糖、蛋黃等 (B)屬於乳化製品　(C)以蛋黃中的卵磷脂作為乳化劑　(D)必須額外添加人工 乳化劑。　　　　　　　　　　　　　　　　　　　　　　　答：(D)。
解析：蛋黃中即具有天然乳化劑如卵磷脂，因此無須額外添加人工乳化劑。

4. 製造蛋黃醬時，主要利用何種成分使產品安定不發生油水分離現象？　(A) 香辛料　(B)卵磷脂　(C)三甘油酯　(D)醋。　　　　　　　　答：(B)。
解析：蛋黃中含卵磷脂，具乳化作用，使蛋黃醬品質安定且不易發生油水分 離。

十四、沙拉醬(salad dressing)

1. **製造流程**：澱粉、食醋、食鹽與砂糖→攪拌作用→加熱糊化→加入卵黃與油 脂→乳化作用→包裝→製品。

2. **乳化狀態**：油滴分散於水之連續系統(oil-in-water；O／W)中。

3. **卵黃**：含有卵磷脂質，具有乳化作用。

4. **沙拉油**：使用精製油脂即冬化油脂，含油量在 30% 以上。

5. **酸劑**：醋酸、水果醋及果汁等具抑菌作用。

6. **黏稠劑**：澱粉、褐藻酸鈉、羧甲基纖維素，具品質安定和乳化性。

相關試題

1. 試述雞蛋六種以上的加工用途。

學後評量 *Exercise*

一、精選試題

（B） 1. 皮蛋蛋白之松柏枝葉狀結晶，成分主要為何？ (A)乳糖 (B)酪胺酸 (C)氧化鉛 (D)磷酸鐵。

【解析】： 皮蛋表面若出現松柏枝葉狀結晶，則為酪胺酸與磷酸鐵結合所產生。

（D） 2. 哪一種食品於傳統製造過程中，不需控制在鹼性條件下？ (A)皮蛋 (B)冬瓜糖塊 (C)蒟蒻 (D)蛋黃醬。

【解析】： 蛋黃醬的製造須控制在酸性條件下，即添加醋酸或水果醋等酸劑以達到抑菌的作用。而皮蛋則會浸漬鹼劑，促使卵白發生變性而凝固。

（C） 3. 蛋粉製作過程中，為防止產生褐變、發生臭味及不溶化之現象，須先去除其中何種成分？ (A)蛋黃 (B)蛋白 (C)葡萄糖 (D)水分。

【解析】： 蛋粉製作時，須先去除卵白中葡萄糖成分，以防止於噴霧乾燥時產生梅納褐變、發生臭味及不溶化等劣變現象。

（B） 4. 有關蛋白起泡性敘述，何者正確？ (A)蛋新鮮度高者起泡性差 (B)添加油脂會降低起泡性 (C)加熱至 50°C 會增加起泡性 (D)蛋的起泡性以 pH 值 7.0 時最大。

【解析】： 卵白的起泡特性為添加油脂確實會降低卵白的起泡性。

（C） 5. 下列何者有助於液蛋產品褐變之防止？ (A)添加蔗糖 (B)增加 pH 值 (C)降低 pH 值 (D)添加果糖。

【解析】： 液蛋產品梅納褐變之防止法，主要是降低溶液的 pH 值，即可抑制。

（A） 6. 皮蛋製作之原理是利用鹼性物質，如生石灰、草木灰、苛性鈉使： (A)蛋白質凝固 (B)脂質皂化 (C)醣類分解 (D)游離脂肪酸中和。

【解析】： 利用鹼性物質，如苛性鈉；碳酸鈉可使卵白與卵黃之蛋白質產生膠化而呈現凝固狀態，即為皮蛋製作之主要原理。

（B） 7. 煮蛋後蛋黃表面變黑，是因為形成： (A)H_2S (B)FeS (C)ZnS (D)CuO。

【解析】： 蛋水煮後蛋黃介面易呈黑綠色，主要原因是形成硫化鐵(FeS)沉澱。

（A） 8. 雞蛋的抑菌機制，下列何者為非？ (A)抗生物素 (B)抗體 (C)蛋白抑菌酶 (D)卵黏蛋白。

【解析】： 雞蛋的抑菌機制包括角質層、黏蛋白、角蛋白、卵黏蛋白及溶菌酶等作用，可顯著抑制沙門氏桿菌等細菌汙染。

（C） 9. 關於蛋白質之起泡性特性，添加下列何者濃度愈高時最具影響性？
(A)食鹽 (B)糖類 (C)油脂 (D)蛋白質。

【解析】：卵白泡沫製作時，若添加油脂的濃度愈高時該卵白之起泡性愈差。

（C） 10. 下列有關蛋加熱時的敘述，何者正確？ (A)半熟蛋其蛋白質結構較緊密 (B)卵白起始凝固溫度高於蛋黃 (C)卵白起始凝固溫度低於卵黃 (D)產生凝固與加熱變性無關。

【解析】：雞蛋加熱特性為
(A)半熟蛋其蛋白質結構較鬆散而不緊密。
(B)全熟蛋其蛋白質結構較緊密。
(C)卵白起始凝固溫度(60°C)低於蛋黃者(65°C)。
(D)產生凝固與加熱變性有直接關係。

（B） 11. 蛋黃醬主要是利用蛋黃之： (A)起泡性 (B)乳化性 (C)成膠性 (D)溶解性。

【解析】：蛋黃醬主要是利用蛋黃之乳化特性而製造的食品。

（D） 12. 皮蛋製造過程中加鹼與重金屬醃製，其目的為何？ (A)防止老化 (B)脫羧反應 (C)防止腐敗 (D)蛋白質凝膠。

【解析】：皮蛋製造時加強鹼與重金屬醃製，其目的促使蛋白質產生凝膠作用。

（C） 13. 特級雞蛋的品質標準必需其氣室深度在： (A)8 mm 以內 (B)8 mm 以上 (C)4 mm 以內 (D)4 mm 以上。

【解析】：雞蛋的品質標準與其氣室高度在 4 mm 以內屬於特級蛋。

（D） 14. 蛋黃受熱開始凝固的溫度為： (A)50°C (B)55°C (C)60°C (D)65°C。

【解析】：蛋黃受熱開始凝固的溫度為 65°C。

（B） 15. 蛋中存在能溶解由蛋殼氣孔侵入之細菌的酶是： (A)蛋白酶 (B)溶菌酶 (C)脂解酶 (D)澱粉酶。

【解析】：卵白之繫帶中含有溶菌酶(lysozyme)，能抑制由蛋殼孔入侵之細菌。

（C） 16. 下列對卵白的起泡性之敘述，何者為非？ (A)酸鹼度愈高，起泡性愈佳 (B)糖液會增加起泡性 (C)油脂會增加起泡性 (D)蛋黃會降低起泡性。

【解析】：卵白的起泡性會因為油脂的存在而降低起泡之特性。

（B） 17. 天使蛋糕製作時，蛋白之打發應到何種程度？ (A)乾性發泡 (B)濕性發泡 (C)顆粒狀 (D)棉花狀。

【解析】：製作天使蛋糕時，卵白蛋白之起泡性應到濕性發泡程度。

（D）18. 有關雞蛋敘述，下列何者不正確？ (A)蛋殼表面有氣孔 (B)蛋殼表面常有沙門桿菌生長 (C)雞蛋的鈍端內有氣室 (D)貯藏時，宜鈍端朝下。

【解析】：雞蛋的特性為貯藏時，鈍端部朝上，而尖端部朝下，避免氣室變大。

（B）19. 何者是新鮮蛋？ ①蛋殼光滑 ②煮熟後，氣室高度為 3~5 mm ③濃厚卵白大量且隆起 ④卵黃圓而高隆者，答案是： (A)①②③④ (B)②③④ (C)①③④ (D)③④。

【解析】：新鮮雞蛋為蛋殼粗糙者而非光滑者。

（D）20. 新鮮蛋黃的 pH 約為： (A)4.5～5.5 (B)5.1～5.5 (C)5.6～6.0 (D)6.2～6.6。

【解析】：新鮮蛋黃的 pH 約為 6.2～6.6，於貯藏後 pH 值上升偏向鹼性。

（A）21. 為防止噴霧乾燥蛋黃粉進行梅納褐變反應，通常於乾燥前添加： (A)葡萄糖氧化酶 (B)亞硫酸鹽 (C)抗壞血酸 (D)維生素 E。

【解析】：蛋粉於乾燥前添加葡萄糖氧化酶將葡萄糖氧化，即可抑制褐變產生。

（D）22. 卵白蛋白質具有下列何種功能？ (A)乳化 (B)黏度 (C)吸附 (D)起泡。

【解析】：卵白蛋白主要強調其具有起泡性功能，應用於烘焙食品的製作。

（B）23. 何者不是新鮮蛋？ (A)蛋殼粗糙 (B)氣室高度為 3～5 公分 (C)在比重 6%鹽水中沉入 (D)卵黃圓而高隆者。

【解析】：新鮮雞蛋的特性為氣室高度為 3～5 公釐而非 3～5 公分。

（C）24. 煮蛋時卵黃表面變黑，乃因硫化氫與卵黃中的： (A)鈣 (B)磷 (C)鐵 (D)錫 作用產生。

【解析】：水煮蛋時卵黃表面會產生黑綠色，其乃藉由卵白之硫化氫與卵黃中的鐵交互作用產生硫化鐵的沉澱。

（C）25. 製造蛋粉或乾燥蛋時，常利用到葡萄糖氧化酶(glucose oxidase)和觸酶(catalase)，下列敘述何者不正確？ (A)將蛋中之葡萄糖氧化成葡萄糖酸(gluconic acid)及過氧化氫 (B)防止蛋粉於乾燥過程中產生梅納反應(Maillard reaction) (C)作為蛋粉乾燥時之殺菌處理 (D)改善蛋粉之外觀顏色。

【解析】：蛋粉製造時，添加葡萄糖氧化酶和觸酶的目與作為蛋粉乾燥時之殺菌處理是無關。

（B）26. 有關皮蛋之製作，下列何者敘述不正確？ (A)皮蛋之製作乃利用鹼液和食鹽使卵白及卵黃凝固 (B)台灣地區之皮蛋主要以雞蛋為原料 (C)皮蛋之製作方法有塗敷法及浸漬法 (D)皮蛋之特殊呈味成分主要為含硫胺基酸分解成 H_2S 所致。

【解析】早期台灣地區之皮蛋主要以鴨蛋為原料，目前則鴨蛋與雞蛋皆可。

（A）27. 皮蛋是在何種 pH 值之環境下醃製？ (A)pH 在 11～12 間 (B)pH 在 8～9 間 (C)pH 在 5～6 間 (D)pH 在 3～4 間。

【解析】將雞蛋浸漬於 pH 在 11～12 間之鹼劑環境下醃製，即可製得皮蛋。

（B）28. 蛋白在何種溫度下所打出的泡沫體積最大？ (A)12°C (B)22°C (C)38°C (D)0°C。

【解析】卵白在 22°C 下所打出的泡沫體積最大。

（D）29. 皮蛋剝殼後其蛋白肉層或表層出現白色的松枝結晶，稱為「松花」，可能是： (A)離胺酸 (B)色胺酸 (C)甲硫胺酸 (D)酪胺酸。

【解析】「松花」為皮蛋製作時，由卵白中酪胺酸與磷酸鎂形成松枝結晶狀物。

（B）30. 蛋黃醬及沙拉醬因含有何種物質而具有防腐功效？ (A)蛋黃 (B)食用醋 (C)砂糖 (D)香料。

【解析】蛋黃醬製作時，原料中會添加酸劑如食用醋、水果醋等物質可降低乳化液之酸鹼值而達到具有防腐功能。

（A）31. 雞蛋中具有起泡功能的蛋白質是： (A)卵白蛋白(ovalbumin) (B)卵黏蛋白(ovomucin) (C)高脂磷蛋白(livovitellein) (D)抗生物素蛋白(avidin)。

【解析】雞蛋中具有起泡性的蛋白質是卵白中之卵白蛋白及卵黏蛋白。

（D）32. 下列何者為不新鮮原料蛋？ (A)蛋殼粗糙 (B)蛋黃且高隆 (C)比重 1.08～1.09 (D)氣室 5～10 mm。

【解析】新鮮的雞蛋為氣室深度為 3～5 mm，而 5～10 mm 屬 2 級雞蛋。

（D）33. 以 pH 值分辨蛋的新鮮度，下列何者敘述為正確？ (A)新鮮蛋的 pH 在 9.0 以上 (B)新鮮蛋的 pH 在 5.0～7.0 之間 (C)新鮮蛋的 pH 在 4.0～5.0 之間 (D)新鮮蛋的 pH 在 7.5～8.5 之間。

【解析】新鮮雞蛋的 pH 值約在 7.5～8.5 之間，pH 值若上升則為腐敗。

（B）34. 蛋黃醬原料中，蛋黃之主要功能為： (A)營養劑 (B)乳化劑 (C)調味劑 (D)抗氧化劑。

【解析】：蛋黃醬製作中，原料蛋黃之主要功能作為乳化劑，防止油水分層。

（A）35. 蛋粉(egg powder)之製作通常要經過去糖(desugaring)之步驟，其目的是： (A)防止梅納反應 (B)提高蛋粉之純度 (C)降低甜度 (D)降低黏度。

【解析】：蛋粉製作時須先經過脫糖之步驟，其目的是減少葡萄糖含量。

（A）36. 液體全蛋以單槽式殺菌法之殺菌條件為何？ (A)60°C，3～5 分鐘 (B)60°C，23～30 分鐘 (C)55°C，20～30 分鐘 (D)72°C，3～5 分鐘。

【解析】：巴斯德殺菌法之條件為 60°C、3～5 分鐘，以減緩卵白起泡性的下降。

（A）37. 生蛋白起泡性最佳之 pH 值為： (A)6～7.5 (B)7～8 (C)8～9.5 (D)10～11。

【解析】：生鮮蛋白起泡性最佳之 pH 值為 6～7.5。

（B）38. 我國現行標準中，對蛋類含鉛量之規定為： (A)2 ppb 以下 (B)2 ppm 以下 (C)20 ppb 以下 (D)20 ppm 以下。

【解析】：生鮮雞蛋中含鉛限量為 2 ppm 以下。

（A）39. 新鮮的雞蛋常具下列哪一種特徵？ (A)氣室小 (B)外殼光亮 (C)蛋白黏度低 (D)蛋黃顏色淺。

【解析】：新鮮雞蛋的特徵為氣室小，約 3～5 mm。

（C）40. 製造冷凍蛋時，為了防止解凍後蛋黃凝固，經常添加： (A)酒精 (B)磷酸鹽 (C)鹽或糖 (D)奶油。

【解析】：雞蛋凍結前，須添加食鹽、蔗糖及甘油等抗凍劑，防止凍結期間蛋黃產生膠化而呈現凝固現象，造成乳化性下降，不利蛋黃醬的製作。

（A）41. 在烘焙食品中具有起泡性的原料是： (A)卵白 (B)砂糖 (C)油脂 (D)麵粉。

【解析】：在烘焙食品如天使蛋糕中具有起泡特性的原料是卵白蛋白。

（B）42. 雞蛋殺菌的主要微生物是針對： (A)大腸桿菌 (B)沙門氏桿菌 (C)肺結核菌 (D)鏈球菌。

【解析】：雞蛋行加熱殺菌的主要對象為沙門氏桿菌(*Salmonella*)。

二、模擬試題

（　） 1. 雞蛋中何種蛋白質的含量最高？　(A)卵黃球蛋白　(B)卵白蛋白　(C)卵黏蛋白　(D)卵黃磷醣蛋白。

（　） 2. 下列何者何使蛋的凝結溫度升高？　(A)加糖　(B)加鹽　(C)加白醋　(D)加溫水。

（　） 3. 雞蛋的卵黃組成中，水分約佔多少比例？　(A)80%　(B)70%　(C)60%　(D)50%。

（　） 4. 煮蛋時卵黃表面黑綠化的物質可能為：　(A)氯化鈣　(B)硫化鐵　(C)硫化銅　(D)氯化鎂。

（　） 5. 卵白受熱開始凝固的溫度為：　(A)55°C　(B)60°C　(C)65°C　(D)70°C。

（　） 6. 有關雞蛋的貯藏變化，下列何者為錯誤？　(A)蛋殼光滑　(B)比重上升　(C)氣室變大　(D)臭味增強。

（　） 7. 蛋殼中無機質佔 94%，大部分為：　(A)$Fe_3(PO_4)_2$　(B)$CaCO_3$　(C)$Ca_3(PO_4)_2$　(D)$MgCO_3$。

（　） 8. 新鮮雞蛋的比重值約為下列何種範圍？　(A)1.02～1.04　(B)1.05～1.07　(C)1.08～1.09　(D)1.11～1.14。

（　） 9. 雞蛋的新鮮度指標(freshness index)不包括：　(A)氣室約 3～5 mm　(B)蛋殼富含角質層(cuticle)　(C)卵黃偏度小　(D)霍氏(Haugh)值低。

（　） 10. 液體蛋之巴斯德殺菌條件為：　(A)55°C，2 分　(B)60°C，2 分　(C)60°C，3.5 分　(D)72°C，3.5 分。

（　） 11. 蛋黃醬(mayonnaise)中因添加下列何種物質而具有乳化油脂的功效？　(A)砂糖　(B)卵黃　(C)香料　(D)食用醋。

（　） 12. 煮蛋時為避免硫化鐵的形成，宜：　(A)採高溫烹調　(B)於煮蛋水中加入少許鹽　(C)於煮蛋水中加入少許小蘇打　(D)延長加熱時間。

（　） 13. 蛋粉之製作通常要經過脫糖(desugaring)步驟處理，其主要目的為：　(A)降低黏度　(B)抑制褐變　(C)降低甜度　(D)提高純度。

（　） 14. 有助於蛋白泡沫之形成及增加穩定之因素為：　(A)在 50°C 下攪打　(B)在起始擴展期將 pH 值調為 4.8　(C)加入油脂　(D)使用新鮮的卵白。

（　）15. 下列何者是卵黃之主要蛋白質？　(A)溶菌酶　(B)卵黏蛋白　(C)卵黃磷蛋白　(D)脂蛋白。

（　）16. 有關雞蛋組成的敘述，下列何者為非？　(A)卵白幾乎全由蛋白質組成　(B)卵白不含膽固醇　(C)卵白與卵黃重量比為 2：1　(D)卵黃重量約三分之一是脂肪。

（　）17. 蛋黃醬原料中，卵黃主要功能為乳化作用，因含有哪種蛋白質之故？　(A)磷蛋白　(B)卵黏蛋白　(C)卵白蛋白　(D)類卵黏蛋白。

（　）18. 許多製品均與蛋白質之功能性質(functionality)有關，下列配對何者是錯誤？　(A)鹹蛋黃：凝膠性　(B)蛋黃醬：黏稠性　(C)天使蛋糕：起泡性　(D)皮蛋：成膠性。

（　）19. 有關雞蛋的烹調，下列敘述何者錯誤？　(A)卵白比卵黃容易加熱凝固　(B)加水量愈多，蒸蛋須時間拉長　(C)加牛奶比加水的布丁容易凝固　(D)加糖會使蛋液較容易凝固。

（　）20. 下列有關卵白攪打起泡的敘述，何者是正確？　(A)卵白起泡以快速攪打為佳　(B)卵黃的最佳起泡溫度為 22°C　(C)相同條件下，卵黃的起泡能力優於卵白　(D)卵白的最佳起泡溫度為 43°C。

（　）21. 製造皮蛋時，下列敘述何者為錯誤？　(A)選用鴨蛋是因卵白較稠，卵黃上浮的情況較不嚴重　(B)卵黃凝固成墨綠色，稱為「溏心」　(C)剝殼後在接近表層或裡層有松柏枝葉狀白色結晶，稱為「松花」　(D)鉛有助於皮蛋凝膠化，且不會變成液狀，但鉛會造成中毒，故不宜使用。

（　）22. 有關雞蛋的貯藏性，下列敘述何者不正確？　(A)蛋殼外塗礦物油，可減少水分及二氧化碳的流失　(B)宜冷凍貯存保鮮　(C)蛋殼外面糞便汙染會使細菌滲透加速　(D)冷藏後 1～2 週內用完。

（　）23. 攪打卵白使泡沫形成之初，糖應該在哪一時期加入？　(A)起始擴展期　(B)濕性發泡期　(C)硬性發泡期　(D)乾性發泡期。

（　）24. 以下何種雞蛋比較新鮮？　(A)氣室較大　(B)蛋白較稀　(C)蛋黃較扁　(D)比重較大。

（　）25. 雞蛋卵白乾燥成卵白粉末之前先經脫糖步驟之原因為何？　(A)調整糖分比例以改善風味　(B)與蛋粉之溶解度有關　(C)避免貯存中葡萄糖與蛋白質的褐變反應　(D)卵白經脫糖，可提高其耐熱性。

（　）26. 一般而言，卵白蛋白質在下列何種溫度下起泡性最佳？　(A)4°C
(B)22°C　(C)35°C　(D)50°C。

（　）27. 卵白攪打起泡至何種時期，可使其氣泡最小，總體積最大，烘焙效果
最佳？　(A)起始擴展期　(B)濕性發泡期　(C)硬性發泡期　(D)乾性
發泡期。

（　）28. 為了避免硫化鐵的形成，在煮蛋時可於水中加入少許：　①糖　②鹽
③酸　④鹼　(A)①④　(B)①③　(C)②③　(D)②④。

（　）29. 雞蛋行低溫殺菌的微生物為：　(A)肺結核菌　(B)大腸桿菌　(C)沙門
氏桿菌　(D)微球菌。

（　）30. 在蛋糕食品中具有起泡性的原料是：　(A)卵白　(B)砂糖　(C)油脂
(D)麵粉。

模擬試題答案

1.(B)　　2.(A)　　3.(D)　　4.(B)　　5.(B)　　6.(B)　　7.(B)　　8.(C)　　9.(D)　　10.(C)

11.(B)　　12.(B)　　13.(B)　　14.(B)　　15.(D)　　16.(A)　　17.(A)　　18.(B)　　19.(D)　　20.(C)

21.(B)　　22.(B)　　23.(B)　　24.(D)　　25.(C)　　26.(B)　　27.(B)　　28.(C)　　29.(C)　　30.(A)

乳類及其製品加工

一、羊、牛乳之差異(comparison between cow's milk and sheep milk)

分　類	短鏈脂肪酸	脂肪球粒徑	營養消化性	乳蛋白質	菸鹼酸
牛　乳	少	大或粗	低	少	低
羊　乳	多	小或細	高	多	高

☕ 相關試題

1. 羊乳之特性，下列何者為非？　(A)脂肪球較牛乳者小　(B)短鏈脂肪酸較牛乳多　(C)蛋白質含量較牛乳高　(D)菸鹼酸含量較牛乳少。　　　　答：(D)。
   解析：羊乳之特性為菸鹼酸含量較牛乳多。

二、初乳與常乳的差異(difference between colostrum and regular milk)

分　類	分泌天數	濃稠度	色　澤	白、球蛋白	熱凝固性
初　乳 (colostrum)	7 天以內	濃　稠	偏　黃	多	高
常　乳 (regular milk)	7 天以上	稀　釋	偏　白	少	低

☕ 相關試題

1. 有關初乳敘述何者為非？　(A)加熱不凝固　(B)分娩後一週內所分泌　(C)含多量白蛋白　(D)不適合加工。　　　　答：(A)。
   解析：初乳之特性為加熱容易變性而凝固。

三、牛乳中分布狀態之區別(distribution composition of cow's milk)

狀態分類	組成的成分
乳化狀態	中性脂肪、磷脂質、類胡蘿蔔素、脂溶性維生素(A、D、E、K)。
膠體狀態	酪蛋白、乳清蛋白、磷酸酯酶。
溶液狀態	乳糖、無機質、水溶性維生素。

相關試題

1. 牛乳中乳脂肪球與 casein mycelle 之結合靠： (A)protein 的作用 (B)lactose 的作用 (C)phospholipids 的作用 (D)lipase 的作用 (E)以上皆非。 答：(C)。

四、牛乳的組成分(component of cow's milk)

1. 牛乳總體成分分析

組成	水　分	糖質	乳脂肪	乳蛋白	無機質	維生素
佔比	88%	4.5%	3.5%	3.0%	0.7%	0.3%

2. 牛乳各單元成分分析

(1) 乳脂肪

種類	佔比	代表性酸類	酸敗類型	酸敗來源	香味成分
短鏈脂肪酸	60%	乳　酸	水解型	丁　酸	脂肪酸、甲硫醚、丙酮
長鏈脂肪酸	40%	脂肪酸	氧化型	磷脂質	較少

(2) 乳蛋白

種類	佔比	組成單元	等電點沉澱	熱凝固性	凝固溫度
酪蛋白	80%	α-,β-,γ-,κ-酪蛋白	高	低	140°C 以上
乳清蛋白	20%	乳白蛋白、血清白蛋白、球蛋白	低	高	100°C 以下

(3) 糖質

種類	佔比	組成單糖	甜度值	溶解度	代謝性敏感症
乳　糖	99%	半乳糖＋葡萄糖	低	低	容易發生
葡萄糖	1%	葡萄糖	高	高	不易發生

(4) 無機質

無機質	佔比	組成單元	鈣磷比值	懸浮狀態	酪蛋白
鈣　鹽	0.13%	鈣	1.2～2.0	與牛乳懸浮狀有關	結合酪蛋白
磷酸鹽	0.1%	磷			

(5) 維生素

維生素	佔比	組成單元	製　品	色　澤	主要來源
脂溶性	80%	A、D、E、K	乳油或乳酪	黃　色	β-胡蘿蔔素
水溶性	20%	B_1、B_2、B_{12}、C	脫脂乳	黃綠色	核黃素

☕相關試題

1. 簡答題：What are the three main components in whey proteins？
   答：乳清蛋白(whey protein)的三大組成包括乳白蛋白、蛋白脒、蛋白腖，及免疫球蛋白，乳白蛋白則包含 α-乳白蛋白、β-乳球蛋白及血清白蛋白。

2. 鮮乳中之糖類主要為：　(A)果糖　(B)蔗糖　(C)乳糖　(D)葡萄糖。　答：(C)。
   解析：牛乳中糖類以乳糖為主要來源。

3. 正常乳之乳清蛋白質(whey protein)中含量佔最多者為：　(A)α-酪蛋白　(B)β-酪蛋白　(C)免疫球蛋白　(D)β-乳球蛋白。　　　　　答：(D)。
   解析：蛋白質含量高低：β-乳球蛋白＞α-乳白蛋白＞免疫球蛋白＞血清白蛋白。

4. 奶油的金黃色澤來自於？　(A)維生素 A　(B)維生素 B　(C)維生素 C　(D)維生素 D。　　　　　　　　　　　　　　　　　　　　答：(A)。
   解析：乳油或乳酪的金黃色澤來自維生素 A 或類胡蘿蔔素的呈現。

5. 下列有關乳糖不耐症之敘述，何者最正確？　(A)乳糖不耐症者其消化道缺少乳糖分解酵素無法分解乳糖，因此病原菌利用乳糖大量繁殖導致腹瀉　(B)

乳糖不耐症者之症狀通常在出生後之嬰孩階段即會表現出來　(C)乳品中之乳糖先經酵素分解後，乳糖不耐症者食用後仍腹瀉　(D)乳糖分解酶即指 β-galactosidase。　　　　　　　　　　　　　　　　　答：(D)。

解析：乳糖不耐症為消化道缺少 β-galactosidase 無法分解乳糖，乳糖大量吸水而導致腹瀉。

6. 有關牛乳蛋白質的敘述，何者為非？　(A)酪蛋白約佔 20%，乳清蛋白約佔 80%　(B)乳清蛋白在 100°C 下加熱即會凝固　(C)酪蛋白在 140°C 下加熱會開始凝固　(D)乾酪組成分中主要是酪蛋白。　　　　　　　答：(A)。

解析：牛乳蛋白質的特性為酪蛋白約佔 80%，乳清蛋白則約佔 20%。

7. 牛奶中水分含量約在：　(A)90～100%之間　(B)80～89%之間　(C)70～79%之間　(D)60～69%之間。　　　　　　　　　　　　答：(B)。

解析：牛奶中水分含量約在 80～89% 之間。

8. 牛乳所含主要蛋白質為：　(A)酪蛋白(casein)　(B)乳清蛋白(whey protein)　(C)乳白蛋白(lactoalbumin)　(D)乳球蛋白(lactoglobulin)。　　答：(A)。

解析：牛乳蛋白質以酪蛋白含量約 80%，乳清蛋白則為 20%。

9. 牛乳中何種物質易氧化，為牛乳及乳製品脂肪氧化發臭的重要原因？　(A)磷脂質　(B)三甘油酯　(C)膽固醇　(D)酪蛋白。　　　　　　答：(A)。

解析：磷脂質中含有長鏈脂肪酸，於貯藏中易發生自氧化作用而造成氧化臭。

10. 下列何者對牛奶組成分與性質的敘述不正確？　(A)乳蛋白質含量最多的是酪蛋白　(B)pH 約為 6.5～6.7　(C)乳脂肪僅含有長鏈脂肪酸　(D)乳糖為主要糖質。　　　　　　　　　　　　　　　　　　答：(C)。

解析：牛奶組成分之乳脂肪中皆含有長、短鏈脂肪酸，以短鏈脂肪酸為主。

11. 牛乳引起之食物過敏屬於：　(A)食物特異症　(B)代謝性敏感症　(C)食物類過敏　(D)二次食物敏感症。　　　　　　　　　　　　　答：(B)。

解析：牛乳中乳糖所引起之食物過敏性屬於代謝性（失調）敏感症，而非食物特異症。

五、乳加熱的主要變化(major changes of cow's milk during heating)

變化類型	反應基質	加熱條件	反應產物
拉姆斯登膜	酪蛋白鈣 + 乳脂肪	40°C	乳脂肪 + α-乳白蛋白
加熱異味（臭）	β-乳球蛋白	76～78°C	硫化氫(H_2S)
梅納反應	酪蛋白鈣 + 乳糖	100°C	梅納汀
酪蛋白裂解	酪蛋白鈣 + 磷酸鈣	140°C	焦糖裂解物

☕相關試題

1. 造成牛奶烹煮風味之主要蛋白質為： (A)酪蛋白 (B)免疫球蛋白 (C)白蛋白 (D)β-乳球蛋白。 答：(D)。
   解析：乳白蛋白中 β-乳球蛋白受熱產生硫化氫，即是加熱臭味的主要風味來源。

2. 奶類加熱後會有哪些現象產生？
   答：牛奶加熱後變化計有拉姆斯登薄膜(ramsdem film)、加熱異味、梅納褐變與酪蛋白裂解物等。
   註：因奶類中之乳白蛋白（以 α-albumin 為主）等蛋白質在加熱時凝集形成皮膜與乳脂肪一起浮於表面。

3. 保久乳加熱臭(cooking odor)的可能原因為 ①蛋白質 SH 基被游離出來 ②有 H_2S 產生 ③酪蛋白發生水解 ④原因物質為 β-乳球蛋白，答案是：
   (A)①②③④ (B)②④ (C)①② (D)①②④。 答：(D)。

4. 有關牛乳之加熱臭產生原因，下列何者是錯誤？ (A)梅納反應產生 (B)由β-乳球蛋白分解 (C)產生 H_2S (D)胺基酸解離出 SH 基。 答：(A)。

5. 牛奶加熱至 40°C 以上時，表面上形成一層皮膜，初形成皮膜之固形物中，主要成分為： (A)蛋白質 (B)脂肪 (C)醣類 (D)礦物質。 答：(B)。
   解析：牛奶加熱表面上形成皮膜，此皮膜含 70% 乳脂肪與 30% α-乳白蛋白。

六、牛乳的風味變化(flavor changes of cow's milk)

臭味種類	成因或來源
乳 牛 臭	乳脂肪代謝不完全，產生酮類等產物。
酸 敗 臭	短鏈脂肪酸經脂解酶水解作用，產生丁酸等酸敗產物。
氧 化 臭	長鏈脂肪酸如磷脂質經自氧化作用，而產生醛類與酮類等。
日 光 臭	維生素 B_2 的分解或甲硫胺酸降解至甲硫醛。
麥 芽 臭	白胺酸經乳酸鏈球菌作用成 3-甲基丁醛。
苦 味 臭	牛乳冷藏時，低溫細菌或酵母菌將胺基酸分解成胜肽等苦味物質。

☕ 相關試題

1. 牛乳中何種物質易氧化，為牛乳及乳製品脂肪氧化發臭的重要原因？　(A)磷脂質　(B)三甘油酯　(C)膽固醇　(D)酪蛋白。　　　答：(A)。
   解析：磷脂質中卵磷脂易發生自氧化作用，造成牛乳及乳製品脂肪氧化發臭。

2. 牛乳脂肪因水解氧化酸敗產生不愉快味道為何物？　(A)乙酸　(B)丙酸　(C)丁酸　(D)戊酸。　　　答：(C)。
   解析：牛乳中短鏈脂肪會發生水解酸敗而產生丁酸等不愉快味道的產物。

3. 將木瓜與牛乳混合做成木瓜牛乳，放置一段時間後會有苦味，這是因為：(A)胜肽　(B)胺基酸　(C)胺類　(D)還原性物質　所引起。　　　答：(A)。
   解析：木瓜與牛乳混合後，放置一段時間後會有苦味產生，可能物質是牛乳蛋白質的分解產物胜肽所導致。

―――――― 🍎

七、牛乳的品質標準(quality standardization of cow's milk)

1. 牛乳的品質檢查

(1) 檢查項目：檢驗試劑或目的

① 物理性

檢查方法	檢查溫度和比重	檢查目的
比重法	15°C（1.03 以上）	檢驗牛乳是否滲水做假。

② 化學性

檢查方法	檢驗試劑	檢查目的
酒精性	70%(v/v)乙醇	判斷牛乳的熱安定性。
酸度滴定	氫氧化鈉	判斷牛乳的酸度高低。
脂肪率	格氏與貝氏試驗法	判斷牛乳的新鮮度。

③ 微生物性

檢查方法	化學試劑	檢查目的
直接鏡檢法	亞甲基藍	活菌數＋死菌數。
活菌數檢驗法	洋菜培養基	活菌數。

(2) 官能品評：利用品評人員的五官，比較原料生乳色澤、氣味與濃稠度。

相關試題

1. 原料乳酒精試驗，在牛乳中加入等量(v/v)： (A)30% (B)50% (C)70% (D)90% 酒精，是否有沉澱的現象，用以判別原料乳之熱安定性。 答：(C)。
解析： 在牛乳中加入等量的 70% (v/v)的酒精，藉以判斷牛乳的熱安定性。

2. 舊式中國國家標準

項 目	特 級	甲 級
乳脂肪率	3.5%	3.0%
非乳脂肪固形物	8%以上	8%以上
酸 度	0.16%以下	0.16%以下
比重(15°C)	1.030～1.034	1.030～1.034
沉澱物	（1.0公絲／公升）以下	（1.0公絲／公升）以下
酒精反應	陰 性	陰 性
抗菌性物質	無	無
生菌數	30,000 CFU/ml 以下	50,000 CFU/ml 以下

相關試題

1. 依照中國國家標準，市乳的品質規格，酸度必須在： (A)0.016% (B)0.16% (C)1.6% (D)16% 下。 答：(B)。
解析：依照中國國家標準，市乳的品質規格，酸度必須在 0.16% 以下。

2. 乳品工廠受乳之一般檢查項目中，通常不包括下列何種項目？ (A)脂肪率 (B)無脂乳固形物 (C)蛋白質 (D)細菌數。 答：(C)。
解析：生乳之品質檢查包括脂肪率、無脂乳固形物、酸度、比重及細菌數。

3. 我國乳品類衛生標準規定甲級鮮乳活菌數每毫升應在： (A)50,000 個 (B)2,000 個 (C)20,000 個 (D)30,000 個 以下。 答：(A)。
解析：我國乳品類衛生標準規定甲級鮮乳活菌數每毫升應在 50,000 個。

4. 按中國國家標準(CNS)規定，特級鮮乳之乳脂肪最低含量為： (A)2.5% (B)3.0% (C)3.5% (D)4.0%。 答：(C)。
解析：依 CNS 規定，特級鮮乳之乳脂肪含量為 3.5%以上。

5. 我國乳品類衛生標準規定特級鮮乳活菌數每毫升應在： (A)30,000 (B)50,000 (C)500,000 (D)5,000,000 個以下。 答：(A)。
解析：我國乳品類衛生標準規定特級鮮乳活菌數應 30,000 CFU/ml。

3. 新式中國國家標準

分級	乳脂肪率	非乳脂肪固形物
高脂牛乳	3.5%以上	8.0%以上
全脂牛乳	3.0%以上	8.0%以上
中脂牛乳	2.0～3.0%	8.0%以上
低脂牛乳	0.5～2.0%	8.0%以上
脫脂牛乳	0.5%以下	8.0%以上

☕相關試題

1. 下列何種分離操作不是以結晶析出為主要原理？　(A)果汁冷凍濃縮　(B)乳酪分離　(C)油脂冬化　(D)食鹽之製造。　　　　　　　　　答：(B)。

解析：製作乳酪時，利用錐形離心機將乳酪予以分離，是屬於一種未經相改變的分離操作。

2. 低脂肪鮮乳製程中乃利用何種方法降低脂肪含量？　(A)靜置法　(B)離心分離法　(C)溶劑萃取法　(D)均質法。　　　　　　　　　　答：(B)。

解析：脂肪鮮乳製程中乃利用離心分離法來降低脂肪含量至 0.5～2.0%。

八、不同乳製品製成率之比較(production ratio among the different milk products)

　　以生牛乳 185.7kg 為原料，分別加工成乳酪、乾酪、乳油、乳粉和煉乳等五種乳製品，其最終重量如下：

生 牛 乳	乳 酪	乾 酪	乳 油	乳 粉	煉 乳
185.7 kg	5.3 kg	17.1 kg	18.0 kg	19.8 kg	63.9 kg
100%	2.9%	9.2%	9.7%	10.7%	34.4%

☕相關試題

1. 下列何者對乾酪(cheese)製造之敘述不正確？　(A)乾酪的製造是利用酸使牛乳中酪蛋白凝固　(B)10 公升新鮮的牛乳大約可製得一公斤之乾酪　(C)乳清(cheese whey)中含量最多之成分為乳清蛋白(whey protein)　(D)乳清為製造乳糖之原料。　　　　　　　　　　　　　　　　答：(C)。

解析：乾酪(cheese)製程中乳清(cheese whey)部分中含量最多之成分為水分。

九、市售牛乳(portable milk)

1. 製造流程

原料鮮乳→乳質檢查→預冷貯乳→均質化→殺菌→冷卻→充填→製品。

(1) 均質化，讓乳脂肪均勻分布於牛乳中。

    A. 均質壓力：$140\sim210\ kg/cm^2$

    B. 乳脂肪物性變化：顆粒變小、數目變多

    C. 均質目的：細分脂肪球，防止分層

(2) 殺菌法：以殺滅病原菌和腐敗菌為目標。

    A. 低溫長時間(LTLT)：63~65°C、30 分鐘

    B. 高溫短時間(HTST)：72~73°C、15 秒

    C. 超高溫瞬間(UHT)：130～150°C、1～3 秒

(3) 熱處理條件

    A. 目標性微生物：*Mycobacterium tuberculosis* 是否被殺滅

    B. 指標性酵素：鹼性磷酸酯酶(alkaline phosphatase)是否失去活性

2. 各市售牛乳加工流程

(1) 保久牛乳：生乳→預冷貯乳→均質化→UHT 殺菌→冷卻→無菌環境下充填→製品。

(2) 重組牛乳：脫脂乳粉＋乳脂肪＋水→溶解→均質化→殺菌→冷卻→充填→製品。

(3) 復（還）原牛乳：全脂乳粉＋水→溶解→均質化→殺菌→冷卻→充填→製品。

(4) 強化牛乳：生乳→貯乳→均質化→添加維生素 D_3、鈣質→殺菌→冷卻→充填→製品。

☕ 相關試題

1. 牛奶經滅菌不需冷藏而能保存長期販售，滅菌的處理條件為：　(A)102～135°C，5 秒　(B)72～75°C，15～20 分鐘　(C)110～120°C，10～45 分鐘　(D)62～65°C，30 分鐘。　　　　　　答：(A)。

　　解析：保久乳經超高溫瞬間滅菌（102～135°C，5 秒）處理，可於常溫放置一段時間（半年）而不易發生腐敗。

2. 鮮乳自生乳加工時其中二個重要步驟為 pasteurization 和 homogenization，請敘述此二法過程和重要性？

答：pasteurization 和 homogenization，此二種方法過程和重要性如下表

方法	加工條件	目標物	應用的重要性
巴斯德消毒法 pasteurization	63°C、30 分鐘之板式熱交換機加熱。	滅除肺結核桿菌等病原菌汙染。	殺死病原菌，保留牛乳營養與風味。
均質化法 homogenization	壓力 140～210 kg／cm² 均質閥強加通過。	粒徑為 3 微米(μm) 的乳脂肪球。	細分乳脂肪球為 0.3 μm，不易分層。

3. 市售牛乳在製造過程時，須經過均質化(homogenization)處理。請問均質化的目的為何？

答：牛乳行均質化處理的目的為：

(1)牛乳經高壓均質閥後可將乳脂肪球細分，防止牛乳於貯藏時分層。

(2)均質化可使乳脂肪顆粒變小，表面張力增加可使牛乳的乳化力穩定性增加。

(3)磷脂質所造成的氧化臭不易發生。

4. 牛乳均質化處理是針對： (A)乳蛋白質 (B)乳脂肪 (C)乳糖 (D)酵素。

答：(B)。牛乳均質化處理是針對乳脂肪而言，防止乳製品貯藏時產生分層現象。

5. 牛乳殺菌的指標是指下列何種酵素？ (A)鹼性磷酸酯酶 (B)酸性磷酸酯酶 (C)液化澱粉酶 (D)過氧化酶。 答：(A)。

解析：牛乳熱殺菌的指標性是採鹼性磷酸酯酶為主。

6. 牛乳在均質以後要立刻殺菌的主要原因是： (A)保持黏度 (B)增加色澤 (C)抑制微生物的生長 (D)抑制 lipase 的作用 (E)以上皆是。 答：(E)。

7. 牛奶高溫短時間(HTST)加熱殺菌之條件應為： (A)63°C，2 秒 (B)63°C，20 分鐘 (C)73°C，15 秒 (D)130°C，2 秒。 答：(C)。

解析：牛奶行高溫短時間(HTST)加熱殺菌之條件應為 73°C，15 秒。

8. 牛乳殺菌的指標菌為： (A)大腸桿菌 (B)傷寒菌 (C)白喉菌 (D)結核菌。 答：(D)。

解析：肺結核桿菌為牛乳經熱殺菌處理的主要菌種。

9. 將脫脂乳粉以水溶解並添加乳脂肪進行均質化，而調製成如市乳般，此種方法所得者稱為： (A)濃厚牛乳 (B)重組乳 (C)復原乳 (D)強化牛乳。

答：(B)。脫脂乳粉與水溶解後並添加乳脂肪進行均質化，而調製成重組牛乳。

10. 鮮乳通常經過均質(homogenization)，其目的為： (A)將酪蛋白打碎 (B)防止乳糖結晶 (C)分散乳脂肪球 (D)防止脂肪球氧化。 答：(C)。

解析：鮮乳須均質化操作，其目的為分散乳脂肪球，防止鮮乳於低溫貯存時上浮而聚集產生與乳水分離的不良現象。

十、乳油與乳酪(cream & butter)

（一）乳油(cream)

1. 製造流程：原料乳→離心機分離→取出乳油＋脫脂乳→均質化→殺菌→冷卻→充填→製品。

2. 乳油種類及脂肪含量

種　　類	酸乳油	低脂乳油	鮮乳油	高脂乳油
脂肪含量	18%	18～30%	30～36%	36%

（二）乳酪(butter)

1. 製造流程：原料乳→離心機分離→取出乳油→殺菌→冷卻→中和酸度→熟成→添加乳酪色素→攪乳→水洗→乳酪粒→食鹽→煉壓→成型→包裝→製品。

2. 乳酪種類與特性

種　　類	加鹽乳酪	無鹽乳酪	酸酵乳酪	無酸酵乳酪
特　　性	保存性高＋風味強	保存性低＋風味弱	酸味高＋芳香味強	酸味高＋芳香味弱

相關試題

1. 填充題：打發鮮奶油產生泡沫的最適溫度是：<u>5～10°C</u>。

2. 鮮奶油中乳脂肪含量以多少最適宜打發成泡沫？ (A)38% (B)15% (C)8% (D)3.5%。 答：(A)。

   解析：鮮奶油中乳脂肪含量以 30～36%，在溫度為 5～10°C 最適宜打發成泡沫。

3. 乳酪、酸酪乳等乳酸菌醱酵產品中，直接影響風味的成分是： (A)乳酸、乙醛 (B)乳酸、酒精 (C)雙乙醯、乳酸 (D)雙乙醯、乙醛。 答：(D)。

   解析：醱酵乳酪、酸酪乳等醱酵製品中，影響其風味者為雙乙醯與乙醛成分。

4. 影響乳酪製造時脂肪固化及乳酪質地良窳的操作者為： (A)熟成 (B)攪乳 (C)水洗 (D)煉壓。 答：(A)。

   解析：熟成(aging)步驟可使乳酪中乳脂肪球相互聚集而呈固化（結晶化），並且可有效地改善乳酪的硬度與組織等質地表現。

十一、煉乳(condensed milk)

（一）加糖煉乳(sweetened condensed milk)

1. **製造流程**：原料乳→貯乳→標準化→添加蔗糖→預熱→真空濃縮(55°C、24～27 inchHg)→冷卻(58%)→充填→包裝→製品。

2. **加糖煉乳製作流程分析**

   (1) 蔗糖添加量：16%。

   (2) 預熱目的：溶解蔗糖、防止製品濃厚化。

（二）無糖煉乳(evaporated milk)

1. **製造流程**：原料乳→貯乳→標準化→預熱→真空濃縮(55°C、24～27inch Hg)→均質化→冷卻→充填→殺菌→包裝→製品。

2. 無糖煉乳製作流程分析

(1) 均質化：細分脂肪球，防止脂肪球分離。

(2) 殺菌條件：115°C、15 分鐘。

（三）加糖煉乳及無糖煉乳比較

種　類	加糖	預熱溫度	真空濃縮	均質化	熱殺菌	濃稠度
加糖煉乳	有	80°C	有	無	無	高
無糖煉乳	無	95°C	有	有	有	低

相關試題

1. 有關無糖煉乳之敘述，何者不正確？　(A)為牛奶之濃縮製品　(B)不加糖　(C)使用真空濃縮裝置進行濃縮　(D)不需加熱殺菌。　　　　　　　　答：(D)。

解析：無糖煉乳特性為需要加熱殺菌（115°C、15 分鐘）處理。

2. 加糖煉乳之製造不須下列何步驟？　(A)原料乳標準化　(B)預熱　(C)均質　(D)冷卻。　　　　　　　　　　　　　　　　　　　　　　　答：(C)。

解析：加糖煉乳之製造須經原料乳標準化、預熱及冷卻等步驟，均質化則無此需要。

十二、乾酪(cheese)亦有人翻譯為起士

（一）乾酪的分類

1. 超硬質乾酪：水分含量為 25%。

(1) 細菌熟成：Asiago cheese、Sapsago cheese。醱酵菌為 *Lactobulgaricus*。

2. 硬質乾酪：水分含量為 25～36%。

(1) 細菌熟成（不具氣孔者）：Cheddar cheese、Gouda cheese、Caciocara cheese。醱酵菌為 *Lactobacillus bulgaricus*。

(2) 細菌熟成（具氣孔者）：Swiss cheese、Emmental cheese、Gruyere cheese。醱酵菌為 *Propionibacterium freudenreichii*。

3. **半硬質乾酪**：水分含量為 36～40%。

(1) 內部黴菌熟成：Roquefort cheese、Gorgonzola cheese、Blue cheese。醱酵菌為 *Penicillium roqueforti*。

(2) 內部細菌與表面黴菌熟成：Limburger cheese、Port cheese、Du Salut cheese、Trappist cheese。醱酵菌為 *Brevibacterium linens*。

(3) 內部細菌熟成：Brick cheese、Munster。醱酵菌為 *Brevibacterium linens*。

4. **軟質乾酪**：水分含量為 40～60%。

(1) 無熟成者：Cottage cheese、Pot cheese、Cream cheese、Primost cheese。醱酵菌為 *Streptococcus lactis*。

(2) 有熟成者：Camembert cheese。醱酵菌為 *Penicillium camemberti*。

5. **再製乾酪**：水分含量為 40～50%。

(1) 製造原理：將 2～3 種天然硬質乾酪如切達、古烏達乾酪等切斷粉碎混合，加水、乳化劑、香辛料、調味料等即可製得。

☕相關試題

1. Cheese 質地的軟與硬，與何種成分之多寡有關？　(A)fat　(B)protein (C)carbohydrate　(D)H$_2$O　(E)ash。　　　　　　　　　　答：(D)。
   解析：乾酪質地的軟硬程度，與其水分含量之多寡有關。

2. 將 2～3 種天然乾酪弄碎混合，加水、乳化劑、香辛料、調味料等可製得： (A)硬質乾酪　(B)軟質乾酪　(C)再製乾酪　(D)藍乾酪(blue cheese)。　答：(C)。

3. 下列乳製品何者不需要乳酸菌醱酵？　(A)天然奶油(butter)　(B)酸凝乳 (yogurt)　(C)切達乾酪(cheddar cheese)　(D)藍乾酪(blue cheese)。　答：(D)。
   解析：天然奶油、酸凝乳、切達乾酪等需要乳酸菌醱酵；藍乾酪則需青黴菌。

―――――――――――― ☕

（二）乾酪的製程

1. **製造流程**：原料乳→乳質檢查→加乳酸菌、凝乳酶→形成凝乳→切割凝乳→加溫攪拌→乳清排除→凝乳塊堆積→粉碎→添加食鹽→壓榨成型→石蠟被膜→熟成→製品。

2. **乳酸菌種**：*Streptococcus lactis*、*Lactobacillus bulgaricus*。

3. **牛乳蛋白的分離**
   (1) 沉澱凝乳：(α-,β-,γ-,κ-)酪蛋白鈣＋磷酸鹽鈣＋乳脂肪。
   (2) 懸浮乳清：乳白蛋白＋乳球蛋白＋免疫球蛋白＋蛋白腖。

4. **凝乳酵素添加**
   (1) 酸度：需為 0.17～0.20%。
   (2) 牛乳溫度：29～31°C。
   (3) 加溫攪拌溫度：38～40°C。
   (4) 攪拌目的：乳清排除。

5. **添加食鹽**：排除乳清、抑制腐敗菌、提高保存性、增加風味。

6. **壓榨成型**：決定乾酪製品的含水率與形狀。

7. **熟成**：溫度 5～7°C，相對濕度 70～80%。

☕ 相關試題

1. 填充題：
   起士：該產品的主要成分為：<u>酪蛋白</u>。

2. 試分別說明牛奶加「酸」和加「鹽」會產生凝乳塊的原理。
   答：牛奶加「酸」和加「鹽」會產生凝乳塊的原理如下：

牛乳成分	處理條件	聚集的原理	凝乳塊組成
酪蛋白	乳酸、醋酸	等電點沉澱	酪蛋白鈣與磷酸鹽鈣。
乳清蛋白	半飽和硫酸銨	結晶沉澱	免疫球蛋白。
乳清蛋白	全飽和硫酸銨	結晶沉澱	乳白蛋白。

3. cheese 的製造主要是利用牛乳中何種成分？
   (A)fat　(B)whey　(C)lactose　(D)casein。　　　　　　　答：(D)。
   解析：cheese 的製造主要是利用牛乳中酪蛋白成分，利用乳酸將其生成凝乳。

4. 以下均與 protein/enzyme 物化性有關，請分別說明並解釋原因。
   牛奶變酸後沉澱物產生。
   答：牛奶添加乳酸菌醱酵變酸後，當 pH 於 pI = 4.6，產生酪蛋白變性而沉澱。

5. 填充題：

鮮奶加酸會發生<u>凝結</u>作用。

6. 牛奶以酸調 pH 到 4.6 時，有沉澱物產生，為什麼？

答：牛奶以酸調 pH 到 4.6 時，酪蛋白會發生等電點(pH = pI = 4.6)變性沉澱現象。

7. 製作乾酪時形成凝乳需要何種酵素參與？　(A)lipase　(B)rennet　(C)α-amylase　(D)β-amylase。　　　　　　　　　　　　　答：(B)。

解析：乾酪製作時，須先造成酪蛋白聚集產生凝乳作用則需要凝乳酶參與。

8. 牛乳酪蛋白的等電點為何？　(A)2.8　(B)3.6　(C)4.0　(D)4.6。　答：(D)。

解析：牛乳中酪蛋白的等電點 (pI) 為 4.6。

9. 乾酪製造時常添加下列何者可使其產生凝固作用？　(A)乳酸　(B)乙酸　(C)甲酸　(D)酒石酸。　　　　　　　　　　　　　　　答：(A)。

解析：乾酪製造時常添加醱酵後乳酸可使酪蛋白產生凝固作用而形成凝乳。

10. 填充題：

製作 cheese 時可使何種 enzyme 將牛乳中之酪蛋白沉澱出：<u>rennet</u>。

11. cheese 的製造原理是因牛乳中的哪一種成分經沉澱，後熟而形成？

(A)casein　(B)whey　(C)lactose　(D)phospholipids。　　　　答：(D)。

解析：cheese 是利用牛乳中酪蛋白成分，利用乳酸沉澱、後熟而製成乾酪。

12. 乾酪製造原料是將牛奶以酸或凝乳酶(rennet)作用形成凝乳(curd)，下列何者是凝乳的主要成分？　(A)乳清蛋白　(B)酪蛋白　(C)乳脂肪　(D)乳糖。

答：(B)。牛奶添加乳酸後會形成凝乳沉澱，該凝乳的主要成分為酪蛋白聚集。

13. 製造下列何種產品需要凝乳酵素(rennin)？　(A)豆腐　(B)乾酪　(C)乳酸飲料　(D)酸酪乳。　　　　　　　　　　　　　　　　　答：(B)。

解析：乾酪製造時需添加凝乳酶，以促使酪蛋白鈣聚集而產生凝乳作用。

十三、乳粉(milk powder)又稱奶粉

（一）一般乳粉

1. 製造流程：原料乳→貯乳→標準化→加熱殺菌→真空濃縮→噴霧乾燥→篩別→充填→氣體置換→包裝→製品。

2. 一般乳粉製造流程分析

氣體置換：充填 N_2、CO_2 包裝，防止乳脂肪產生自氧化作用。

（二）即溶乳粉

1. 製造流程：乳粉→蒸氣室吸濕→含水乳粉→冷風冷卻→熱風乾燥→混打機→整粒機→充填→氣體置換→包裝→製品。

2. 即溶乳粉製造流程分析

(1) 蒸氣吸濕：乳粉相互聚集如造粒。
(2) 氣體置換：目的為防止乳脂肪產生自氧化作用。

（三）調製乳粉

1. 製造流程：原料乳→貯乳→調乳→加熱殺菌→真空濃縮→噴霧乾燥→添加 α-β（α-乳糖／β-乳糖）平衡乳糖混合→充填→氣體置換（以 CO_2 或 N_2 置換 O_2）→包裝→製品。

2. 調製乳粉製造流程分析

α 型與 β 型平衡乳糖混合：促使腸道內雙歧桿菌屬(*Bifidobacterium*)的繁殖，使其成為優勢菌種。

（四）各種乳分之比較

種　類	含水率	粉體粒徑	造粒效果
一般乳粉	高	粗	少
即溶乳粉	低	細	多
調製乳粉	高	粗	少

相關試題

1. 奶粉通常是利用何種乾燥法製成？　(A)膨發乾燥　(B)鼓式乾燥　(C)真空冷凍乾燥　(D)噴霧乾燥。　　　　　　　　　　　　答：(D)。

解析：奶粉通常是利用噴霧乾燥法製成。

2. 即溶奶粉不同於一般奶粉，是在製程上多加了：　(A)去脂程序　(B)均質處理　(C)加濕造粒處理　(D)去除乳糖處理。　　　　　　答：(C)。

解析：即溶奶粉不同於一般奶粉，是在製程上多了加濕造粒處理，使冷水可溶。

3. 乳粉經 N_2 充填包裝之主要目的是以防止：　(A)微生物發育　(B)維生素損失　(C)香氣逸散　(D)氧化。　　　　　　　　　　　　答：(D)。

解析：乳粉經 N_2、CO_2 充填包裝之主要目的是以防止乳脂肪發生自氧化作用。

4. 乳粉的製法，目前多使用：　(A)鼓形乾燥　(B)噴霧乾燥　(C)冷凍乾燥　(D)真空乾燥。　　　　　　　　　　　　　　　　　答：(B)。

解析：乳粉的製法，目前多使用噴霧乾燥法。

5. 嬰幼兒調製乳粉中添加何種物質有助於 bifidus 菌發育？　(A)蔗糖粉末　(B)乳糖分解物　(C)麥芽糖　(D)α-β 平衡乳糖。　　　　答：(D)。

解析：調製乳粉中常添加 α-β 平衡乳糖，有助於雙歧桿菌於嬰幼兒腸道中繁榮。

6. 奶粉製造時在噴霧乾燥之前應做何種前處理？　(A)均質化　(B)殺菌　(C)濃縮　(D)熟成。　　　　　　　　　　　　　　　　答：(C)。

解析：奶粉利用噴霧乾燥前須應先做濃縮處理，以促進液滴的生成而利於乾燥。

7. 即溶脫脂乳粉(instant milk powder)之製造，其操作首先需對乳粉：　(A)潤濕　(B)粉碎　(C)乾燥　(D)凍結。　　　　　　　　　答：(A)。

解析：製作即溶乳粉，其操作先將一般乳粉經蒸氣潤濕後，使乳粉產生聚集。

8. instant process 之主要目的為使乾燥食品易覆水溶解，其原因何在？

答：instant process 為即溶化技術，將一般乳粉先以蒸氣吸濕後，使其具造粒作用，粒體粒徑變大，即可製得即溶乳粉，具冷水可溶性。

十四、酸凝乳(yogurt)：酸酪乳

1. 製造流程：原料乳→標準化→均質化→殺菌→冷卻→添加菌酛→混合→裝瓶→醱酵→冷卻→破碎→混合→均質化→包裝→製品。

2. 酸凝乳製造流程分析

(1) 添加醱酵菌酛：*Streptococcus lactis*、*Lactobacillus bulgaricus*；*Streptococcus thermophilus*、*Lactobacillus bulgaricus*。

(2) 醱酵

A. 醱酵溫度：38～42°C。

B. 醱酵 pH 值：4.5～5.0。

C. 醱酵酸度：0.8～0.9%。

D. 醱酵產物：乳酸＋半乳糖。

3. 其他醱酵酸乳產品

產品名稱	菌　酛
醱酵乳油乳酪(cultured cream butter)	lactic streptococci Leuconostocs
醱酵酪乳(cultured butter milk)	*Strep. lactis* *Strep. cremoris* *Leuco. cremoris*
酸乳油(sour cream)	lactic acid bacteria
Kefir（高加索山古老牛乳醱酵品）	*Lactobacillus caucaseicus* *Saccharomyces Kefir* *Torula Kefir*
Koumiss（原料馬奶）	
保加利亞牛乳(Bulgarian milk)	*Lactobacillus bulgaricus*
Vilia（芬蘭醱酵乳品）	*Strepl lactis* *Strep. cremoris*
Leben（中東地區的濃縮酸酪乳）	*Strep. lactis* *Strep. thermophilus* *Lactobacillus bulgaricus*

相關試題

1. 坊間「晶球優酪乳」之製造，採用何種特殊技術？ (A)冷凍乾燥(lyophilization) (B)高壓處理(high-prssure treatment) (C)玻璃轉移現象(glass-transition) (D)微膠囊化(microencapsulation)。 答：(D)。

2. 下列哪一種微生物與 yogurt 之製造有關？ (A)*Saccharomyces rouxii* (B)*Acetobacter aceti* (C)*Lactobacillus bulgaricus* (D)*Leuconostoc citrovorum* (E)*Aspergillus oryzae*。 答：(C)。

解析： 酸凝乳(yogurt)使用菌種如 *Lactobacillus bulgaricus* 與 *Streptococcus lactis*。

十五、冰淇淋(ice cream)

1. **製造流程**：原料乳→標準化→過濾→均質化→殺菌→冷卻→熟成→攪拌凍結→充填→凍結硬化→包裝→貯藏→製品。

2. **冰淇淋原料介紹**
   (1) 乳油：8～10%；提供分散相。
   (2) 脫脂乳：6～14%；作為連續相，與製成冰淇淋後之膨脹率(overrun)高低有關。
   (3) 甜味劑：8～10%；賦予甜味、可降低冰點、提供口感。
   (4) 安定劑：羧甲基纖維素、褐藻酸鈉、明膠、果膠等；防止粗大冰晶生成。
   (5) 乳化劑：蔗糖脂肪酸酯、山梨糖脂肪酸酯、甘油脂肪酸酯；安定乳脂肪球。
   (6) 乳糖：70% 以上易結晶造成沙沙口感。（改善方法：可使用麥芽糊精）

3. **冰淇淋製作相關應用知識**
   (1) 膨脹率(overrun)：亦稱超出量(overrun)。
   (2) 公式：

   膨脹率% ＝ [（攪打後容積－攪打前容積）／攪打前容積] × 100%

(3) 常見比率：80～100%。

(4) 熱震效應缺點：冰淇淋在低溫下凍藏時，若貯存溫度發生劇烈波動，易使製品中冰晶增大，該種現象稱之熱震(heat shock)。熱震影響產品的口感。

相關試題

1. 英翻中：overrun。

　答：overrun 即是容積膨脹率或超出量，評估冰淇淋製品之凍結攪打效果。

2. 冰淇淋製造時，其超出量(overrun)以下列何者為適當？　(A)20～30%　(B)80～100%　(C)180～200%　(D)200% 以上。　　　答：(B)。

　解析：製造冰淇淋時，凍結之超出量(overrun)以 80～100%較為適當。

3. 製造冰淇淋時，原料中加入山梨糖脂肪酸酯是做為：　(A)甜味劑　(B)安定劑　(C)香味劑　(D)乳化劑。　　　　　　　　　　答：(D)。

　解析：山梨糖脂肪酸酯是乳化劑的一種，可安定乳脂肪球與使泡沫具穩定性。

4. 冰淇淋的混料 10 L，經冷凍攪打製成冰淇淋時體積變為 20 L，請算出此冰淇淋的膨脹率(overrun)：　(A)80%　(B)95%　(C)100%　(D)105%。　答：(C)。

　解析：膨脹率% = [(20 − 10) / 10] × 100% = 100%。

5. 冰淇淋的製作，使油水融合是利用：　(A)起泡作用　(B)水合作用　(C)凝固作用　(D)乳化作用。　　　　　　　　　　　　答：(D)。

　解析：製作冰淇淋時，可使乳脂肪與水分相互融合主要是利用乳化劑的添加。

6. 製造冰淇淋時添加褐藻酸鈉的目的為：　(A)甜味劑　(B)安定劑　(C)乳化劑　(D)香料。　　　　　　　　　　　　　　　　答：(B)。

　解析：褐藻酸鈉是一種黏稠劑，添加褐藻酸鈉具安定冰晶效果，可抑制冰淇淋攪拌冷凍時冰晶增大。

7. 可使冰淇淋組織滑柔，泡沫安定及增加膨脹率之製程為：　(A)均質化　(B)熟成　(C)硬化　(D)攪打。　　　　　　　　　　答：(A)。

　解析：均質化操作可使冰淇淋組織滑柔，泡沫安定及增加容積膨脹率。

8. 關於冰淇淋敘述，下列何者有誤？　(A)貯藏過程中，溫度波動對品質影響不大　(B)添加 CMC 作為安定劑　(C)製程中，低溫激烈攪拌的同時，細小氣泡被混入　(D)製程中，低溫激烈攪拌的同時，水分被凍結。　答：(A)。
解析：冰淇淋在貯藏過程中，溫度波動對品質影響巨大，易發生熱震效應。

9. 試述牛奶之製品及其特性至少六種。
　　答：利用牛奶為原料之乳製品包括市售鮮乳、保久乳、鮮乳油、醱酵乳酪、蒸發煉乳、乾酪、即溶乳粉、酸凝乳及冰淇淋等。

10. 如何區分下列乳製品，並舉一市售產品例說明。
　　(1)sterilized milk　(2)evaporated milk　(3)fermented milk　(4)sweetened milk。
　　答：sterilized milk 為滅菌鮮乳，evaporated milk 為蒸發煉乳即無糖煉乳，fermented milk 為醱酵乳，sweetened milk 為加糖煉乳。

一、精選試題

（B）　1. 奶粉添加適量的水溶解後，使其組成成分與市售鮮乳相同，稱為：(A)重組乳(recombined milk)　(B)還原乳(reconstituted milk)　(C)調味乳(flavored milk)　(D)保久乳(long life milk)。

（A）　2. 已混合完成之冰淇淋原料共 100 公升，冷凍過程經過攪打，體積膨脹至 190 公升。請問此冰淇淋之容積膨脹率(over run)為多少？　(A)90％　(B)100％　(C)110％　(D)120％。

【解析】：容積膨脹率 = [(190 − 100) / 100] × 100%
　　　　　　　　　　= (90 / 100) × 100%
　　　　　　　　　　= 90%。

（B）　3. 正常乳酪(cheese)製程所產生之乳清(cheese whey)，應不含何種成分？(A)乳糖(lactose)　(B)酪蛋白(casein)　(C)乳球蛋白(lactoglobulin)　(D)乳白蛋白(lactoalbumin)。

【解析】：製作乾酪(cheese)時，澄清部分的乳清蛋白，不含酪蛋白成分。

（ABD）　4. 有關噴霧乾燥製作之即溶奶粉(instant milk powder)的敘述，何者正確？　(A)其製造先以濕潤空氣或蒸氣濕潤化處理，最後經乾燥完成　(B)製作過程使奶粉粒子集團化(aggregation)，且乳糖結晶析出　(C)不需添加抗結塊劑，即具有不易潮解結塊之特性　(D)可形成多孔性粒子，增加溶解度。

【解析】：即溶奶粉需要添加抗結塊劑，使其具有不易潮解結塊之特性。

（D）　5. 牛乳中的糖以何者為主？　(A)蔗糖　(B)葡萄糖　(C)果糖　(D)乳糖。

【解析】：牛乳中的糖質大部分以乳糖為主，含量約 99%，1%則為葡萄糖含量。

（A）　6. 牛乳之低溫殺菌指標為：　(A)磷酸酯酶　(B)澱粉酶　(C)脂肪酶　(D)液化酶。

【解析】：牛乳之病原菌熱抗性與磷酸酯酶相接近，因此該酵素為其殺菌指標。

（B）　7. 有關保久乳之敘述，何者正確？　(A)不能利用 UHT 滅菌法滅菌　(B)有微量微生物殘存　(C)必需冷藏保存　(D)室溫下至少可保存二年以上。

【解析】：保久乳的特性為雖經超高溫殺菌但仍有微量孢子殘存，但不易萌發。

（D）　8. 牛乳的主要香氣成分為低脂肪酸、甲硫醚及：　(A)甲醛　(B)丁醇　(C)乙醚　(D)丙酮。

【解析】：牛乳的主要香氣成分為低脂肪酸、甲硫醚及丙酮。

（C）　9. 牛乳均質化之目的主要係：　(A)蛋白質分解為胺基酸　(B)解離出脂肪酸　(C)乳脂肪球變小　(D)降低黏度。

【解析】：牛乳行均質化處理之目的係利用均質閥將乳脂肪球徑由大變小。

（A）10. 有關保久乳之敘述，下列何者正確？　(A)經 UHT 滅菌　(B)經巴斯德滅菌　(C)室溫下可永久保存　(D)經高溫短時間(HTST)滅菌。

【解析】：保久乳須經超高溫瞬間(UHT)滅菌法來滅菌，可於室溫下販賣即可。

（A）11. 脫脂乳加酸可得凝乳，凝乳之主要成分為：　(A)酪蛋白　(B)白蛋白　(C)球蛋白　(D)黏液蛋白。

【解析】：脫脂乳加乳酸可得凝乳沉澱部分，該凝乳之主要成分來自酪蛋白。

（C）12. 下列何項物質通常用作牛乳的酸度滴定？　(A)碳酸鈉　(B)過氧化氫　(C)氫氧化鈉　(D)酒精。

【解析】：生乳的酸度可採用氫氧化鈉與乳酸產生中和，其值約為 0.16% 以下。

（B）13. 下列有關牛乳加熱的敘述，何者正確？　(A)100°C 以上才會形成薄膜　(B)40°C 以上會形成薄膜　(C)不會產生褐變　(D)褐變以酵素性褐變為主。

【解析】：牛乳加熱的特性為 40°C 以上就會形成拉姆斯登薄膜。

（D）14. 有關牛乳之敘述，下列何者不正確？　(A)75°C 以上加熱會產生臭氣　(B)酸酪乳乃利用酸使蛋白質凝固　(C)乾酪乃利用酵素使蛋白質凝固　(D)長時期凍結狀態下仍很穩定。

【解析】：牛乳之特性為長時期凍結狀態下乳製品的品質仍不會很穩定。

（C）15. 下列何者無法作為乳品新鮮度之判斷依據？　(A)酸度　(B)生菌數　(C)脂肪球大小　(D)比重。

【解析】：脂肪球顆粒大小是無法作為鮮乳或乳製品新鮮度之判斷標準。

（D）16. 酪蛋白(casein)之熱安定性好，其需在若干°C 的條件下加熱才會開始凝固？　(A)120°C　(B)100°C　(C)80°C　(D)140°C。

【解析】：酪蛋白鈣的耐熱性很高，需在 140°C 的條件下加熱才會裂解而變性。

（D）17. 牛奶超高溫(UHT)的殺菌條件為：　(A)65°C，30 分　(B)71.5°C，15 秒　(C)120°C，30 分　(D)135°C，2 秒。

【解析】：牛奶超高溫(UHT)的殺菌條件為 135°C，2 秒。

（A）18. 牛奶巴斯德殺菌的指標酵素為： （A)鹼性磷酸酶 （B)脂解酶 （C)蛋白酶 （D)過氧化酶。

【解析】：牛奶巴斯德殺菌的指標酵素常採用鹼性磷酸酯酶。

（D）19. 經巴斯德殺菌法(pasteurization)滅菌之牛奶和經均質化的牛奶，在物性上主要差異為： （A)維生素含量 （B)乳脂肪含量 （C)抗壞血酸含量 （D)脂肪粒大小。

（A）20. 製造冰淇淋時，其膨脹率(overrun)為 100%，表示冰淇淋容積比原料體積： （A)大一倍 （B)大二倍 （C)相同 （D)小一倍。

【解析】：若冰淇淋的膨脹率為 100%，則表示冰淇淋容積比原料體積大一倍。

（D）21. 市售有即溶效果之奶粉，可知其乾燥方法為： （A)熱風薄層乾燥 （B)低溫被膜乾燥 （C)凍結乾燥 （D)噴霧乾燥。

【解析】：市售有冷水即溶之奶粉，其乾燥方法常採用噴霧式乾燥。

（A）22. 關於牛奶加熱，下列敘述何者不正確？ （A)75°C 以上，蛋白質才開始會凝固成膜 （B)會產生梅納褐變 （C)75°C 以上加熱會產生臭氣 （D)浮於表面之薄膜為蛋白質與脂肪。

【解析】：牛奶加熱的變化為 40°C 以上，α-乳白蛋白開始會凝固成薄膜。

（C）23. 有關牛奶及其製品，下列何者敘述不正確？ （A)凝乳之酸主要為乳酸 （B)加水後冰點不同 （C)保久乳中孢子與酵素完全死滅 （D)優酪乳中殘存活菌。

【解析】：保久乳中酵素會完全失活，孢子則無法百分百死滅。

（D）24. 牛乳所含蛋白質中，酪蛋白約佔： （A)20% （B)40% （C)60% （D)80%。

【解析】：牛乳所含蛋白質中，酪蛋白約佔 80%。

（D）25. 製造冰淇淋時添加羧甲基纖維素的目的為： （A)甜味劑 （B)香料 （C)乳化劑 （D)安定劑。

【解析】：製造冰淇淋時，添加羧甲基纖維素的目的為防止粗大冰晶生成。

（C）26. 即溶化奶粉的處理為： （A)添加乳化劑 （B)添加砂糖 （C)充濕氣再乾燥 （D)均質再噴霧乾燥。

【解析】：即溶化奶粉的處理為先以蒸氣潤濕後再利用噴霧乾燥。

（C）27. 一冰淇淋的混料 10kg，9.5L，經冷凍攪打製成冰淇淋時，體積膨脹至 19L，請算出此冰淇淋的膨脹率 (overrun) ？　(A)80%　(B)95% (C)100%　(D)105%。

【解析】：膨脹率% = [(19 − 9.5) / 9.5] × 100% = 100%。

（D）28. 冰淇淋在貯藏過程中，呈現砂狀(sandiness)組織之缺點，其原因為： (A)局部之冰晶變粗　(B)奶油之結晶　(C)雜質之影響　(D)乳糖結晶 變大。

【解析】：在貯藏時，冰淇淋中乳糖由於易結晶，易使冰淇淋呈現砂狀 (sandiness)。

（C）29. 冰淇淋製造中，加入下列何種醣類可增進其質地柔細，並防止乳糖產 生結晶？　(A)蔗糖　(B)果糖　(C)麥芽糊精(cyclodextrin)　(D)甘露糖 (mannose)。

【解析】：冰淇淋製程中，加入麥芽糊精可減緩乳糖的結晶性與其質地柔細。

（D）30. 保久乳加熱臭(cooking odor)的來源是：　(A)酪蛋白　(B)α-乳白蛋白 (C)磷脂質　(D)β-乳球蛋白。

【解析】：保久乳之加熱臭味的主要來源是 β-乳球蛋白的熱變性。

（C）31. 將脫脂乳粉添加乳脂肪進行均質化調製成如市乳般，再經殺菌裝瓶得 到者稱為：　(A)復原乳(reconstituted milk)　(B)強化牛乳　(C)重組乳 (recombined milk)　(D)調製乳(modified milk)。

【解析】：重組乳製品是將脫脂乳粉與乳脂肪混合進行均質化調製成市售乳品。

（C）32. 鮮乳製造過程中，可將脂肪球打破及改善吸引消化的步驟是：　(A) 預熱　(B)攪乳　(C)均質　(D)殺菌。

【解析】：鮮乳製造過程中，均質化操作可將脂肪球打破及改善其吸引消化性。

（A）33. 冰淇淋中添加褐藻酸鈉的目的是：　(A)防止粗大冰晶形成，使不致 結冰　(B)產生乳化作用，安定組織　(C)調節甜味　(D)促進冰淇淋硬 化。

【解析】：冰淇淋中添加褐藻酸鈉的目的是防止粗大冰晶形成，使不致結冰。

（D）34. 牛乳經殺菌處理是否完全，可由何種酵素作為重要指標？　(A)澱粉 酶　(B)脂解酶　(C)過氧化酶　(D)鹼性磷酸酯酶。

【解析】：牛乳經低溫殺菌後，可由鹼性磷酸酯酶殘存活性作為重要指標。

（C）35. 酪蛋白膠粒(casein micelle)不含：　(A)α-酪蛋白　(B)κ-酪蛋白　(C)γ-酪蛋白　(D)鈣離子。

【解析】：酪蛋白膠粒含 α-酪蛋白、κ-酪蛋白與鈣離子，但不包括 γ-酪蛋白。

（C）36. 脫脂乳粉經即溶製機(instantizer)造粒處理後，粉體粒徑大小：　(A)減小　(B)不變　(C)增大　(D)分裂。

【解析】：脫脂乳粉經即溶製機造粒處理後，粉體粒徑會由小增大。

（A）37. 在乳酪(cheese)之製造中，使酪蛋白沉澱之方法？　(A)添加乳酸菌及凝乳酶(rennin)　(B)添加酵母菌及胃蛋白(pepsin)　(C)添加酵母菌及凝乳酶(rennin)　(D)加熱使酪蛋白變性沉澱。

【解析】：在乾酪製造中，先添加乳酸菌及凝乳酶使酪蛋白發生沉澱而凝乳。

（B）38. 乾酪製造過程中，有關於添加凝乳酶之敘述何者為非？　(A)調整酶力價及用量以使凝固時間約為 30～40 分鐘　(B)溫度需控制於 10～15°C　(C)酸度於 0.18～0.22%凝乳較佳　(D)添加酵素並攪勻後需靜置。

【解析】：乾酪製造過程中，凝乳酶的溫度需控制在 38～40°C，促使凝乳產生。

（C）39. 乳糖不耐症主要是由於對於牛乳成分中何者之過敏？　(A)酪蛋白　(B)乳脂肪　(C)乳糖　(D)礦物鹽類。

【解析】：腸道內缺乏乳糖分解酶，以致無法代謝乳糖，造成水瀉等過敏症狀。

（C）40. 乳品工廠受乳之一般檢查項目中不包括下列何種項目？　(A)脂肪率　(B)無脂乳固形物　(C)蛋白質　(D)細菌數。

【解析】：生乳之鮮度檢查中包括乳脂肪率、非乳脂肪固形物、比重、酸度與細菌數等，但不包括檢驗蛋白質的含量或品質。

（A）41. 製造冰淇淋時，其所含氣體量的多寡以：　(A)超出量　(B)空氣量　(C)氧氣量　(D)氮氣量　來表示。

【解析】：製造冰淇淋時，其所拌入氣體含量的多寡多以超出量，即膨脹率表示。

（A）42. 我國國家標準規定，市售鮮乳含乳脂肪量必須高於：　(A)3.0%　(B)4.0%　(C)5.0%　(D)6.0%。

【解析】：市售鮮乳含乳脂肪量必須高於 3.0%以上，3.5%以上為特級鮮奶。

二、模擬試題

( ) 1. 牛乳中酪蛋白膠粒(casein micelle)的組成單元不包括：　(A)β-酪蛋白　(B)κ-酪蛋白　(C)γ-酪蛋白　(D)δ-酪蛋白。

( ) 2. 檢驗原料生乳的凝固性，一般採用下列何種化學試劑？　(A)酒精　(B)氫氧化鈉　(C)亞甲基藍　(D)乳酸。

( ) 3. 鮮乳製造過程中，可將脂肪球打破及改善其吸引消化的關鍵步驟為：　(A)預冷　(B)攪乳　(C)均質化　(D)殺菌。

( ) 4. 牛乳經芽孢桿菌(Bacillus)敗壞後所引起的苦味是由於什麼成分被分解？　(A)礦物質　(B)乳糖　(C)蛋白質　(D)維生素。

( ) 5. 凝態優酪乳的製作主要利用何種變化？　(A)α-酪蛋白遇酸凝固　(B)乳清蛋白遇酸凝固　(C)α-酪蛋白受凝乳酶作用凝固　(D)β-乳清蛋白遇熱變性凝固。

( ) 6. 下列何種牛乳蛋白質經加熱處理最不易產生熱裂解作用？　(A)乳球蛋白　(B)假球蛋白　(C)乳白蛋白　(D)酪蛋白。

( ) 7. 生乳之巴斯德消毒法處理的殺菌指標常使用：　(A)amylase　(B)lipase　(C)phosphatase　(D)pectinase。

( ) 8. 下列有關乳糖的敘述，何者為正確？　(A)乳糖的甜度高於葡萄糖　(B)不易發生梅納褐變反應　(C)無法被酵母菌醱酵　(D)不易發生乳糖不耐症。

( ) 9. 下列有關牛乳組成的敘述，何者錯誤？　(A)牛乳的焦糖風味主要是因酪蛋白　(B)牛乳中含有膽固醇　(C)脫脂乳中所含的維生素以水溶性維生素為主　(D)牛乳中之脂肪大都由長鏈不飽和脂肪酸所組成。

( ) 10. 乳酪(butter)呈黃色來自於：　(A)γ-胡蘿蔔素　(B)α-胡蘿蔔素　(C)β-胡蘿蔔素　(D)δ-胡蘿蔔素。

( ) 11. 依 CNS 規定，市乳的品質規定其酸度必須在多少以下？　(A)0.016 %　(B)0.16 %　(C)1.60 %　(D)16.0 %。

( ) 12. 有關牛乳之加熱異味的敘述，下列何者是正確？　(A)屬酵素性褐變　(B)來自酪蛋白(casein)的裂解　(C)產生硫化氫氣味　(D)胺基酸解離出羧基(carboxyl)。

( ) 13. 下列何者無法作為牛乳品質之判斷參考？ (A)色澤 (B)鏡檢菌數 (C)氫氧化鈉滴定量 (D)脂肪粒徑。

( ) 14. 嬰兒配方乳粉中添加下者有助於比菲德菌(*Bifidobacterium*)的發育？ (A)麥芽糖 (B)礦物質 (C)維生素 D_3 (D)α-β乳糖。

( ) 15. 下列何者不屬於再製乾酪(process cheese)之製造原料？ (A)古烏達乾酪 (B)愛丹乾酪 (C)卡達乾酪 (D)切達乾酪。

( ) 16. 加糖煉乳與無糖煉乳製程上的主要差別，在於後者需經過何種步驟？ (A)貯乳 (B)真空濃縮 (C)均質化 (D)預熱。

( ) 17. 下列何種食品容易因熱震效應而產生外觀改變？ (A)醃肉 (B)乳粉 (C)冰淇淋 (D)保久乳。

( ) 18. 一般奶粉不同於即溶奶粉，是在製程上少了： (A)離心脫脂 (B)去除乳糖 (C)蒸氣吸濕 (D)均質化。

( ) 19. 製作乾酪時形成凝乳，需要下列何種酵素的參與？ (A)pepsin (B)rennet (C)lipase (D)amylase。

( ) 20. 冰淇淋因空氣打入而造成膨脹率(overrun)通常為多少？ (A)30～45% (B)50～60% (C)70～80% (D)80～100%。

( ) 21. 製作酸凝乳(yogurt)常使用何種乳酸菌種組合？
(A)*Pediococcus + Streptococcus* (B)*Leuconostoc + Streptococcus*
(C)*Lactobacillus + Bifidobacterium* (D)*Streptococcus + Lactobacillus*。

( ) 22. 乳粉通常是利用下列何種乾燥法製成粉末？ (A)帶式乾燥 (B)真空冷凍乾燥 (C)噴霧乾燥 (D)泡沫層乾燥。

( ) 23. 下列何種物質加入牛乳中，並不會使其凝固？ (A)酒 (B)食鹽 (C)檸檬酸 (D)乳酸菌。

( ) 24. 各式乳製品的脂肪含量不同，下列何者是錯誤？ (A)乳酪、奶油(butter)：80% (B)鮮奶油(light whipping cream)：30% (C)全脂乳(whole milk)：3.0%以上，未滿 3.8% (D)脫脂乳(skim milk)：2%以上。

( ) 25. 製作乳酪(cheese)時添加何種離子可促進凝乳酵素的作用？ (A)Ca^{2+} (B)CO_3^{2-} (C)Mg^{2+} (D)Cu^{2+}。

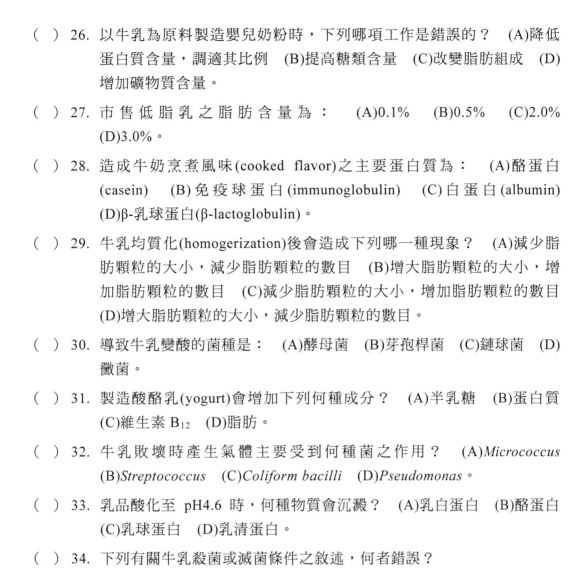

（　）26. 以牛乳為原料製造嬰兒奶粉時，下列哪項工作是錯誤的？　(A)降低蛋白質含量，調適其比例　(B)提高糖類含量　(C)改變脂肪組成　(D)增加礦物質含量。

（　）27. 市售低脂乳之脂肪含量為：　(A)0.1%　(B)0.5%　(C)2.0%　(D)3.0%。

（　）28. 造成牛奶烹煮風味(cooked flavor)之主要蛋白質為：　(A)酪蛋白(casein)　(B)免疫球蛋白(immunoglobulin)　(C)白蛋白(albumin)　(D)β-乳球蛋白(β-lactoglobulin)。

（　）29. 牛乳均質化(homogerization)後會造成下列哪一種現象？　(A)減少脂肪顆粒的大小，減少脂肪顆粒的數目　(B)增大脂肪顆粒的大小，增加脂肪顆粒的數目　(C)減少脂肪顆粒的大小，增加脂肪顆粒的數目　(D)增大脂肪顆粒的大小，減少脂肪顆粒的數目。

（　）30. 導致牛乳變酸的菌種是：　(A)酵母菌　(B)芽孢桿菌　(C)鏈球菌　(D)黴菌。

（　）31. 製造酸酪乳(yogurt)會增加下列何種成分？　(A)半乳糖　(B)蛋白質　(C)維生素 B_{12}　(D)脂肪。

（　）32. 牛乳敗壞時產生氣體主要受到何種菌之作用？　(A)*Micrococcus*　(B)*Streptococcus*　(C)*Coliform bacilli*　(D)*Pseudomonas*。

（　）33. 乳品酸化至 pH4.6 時，何種物質會沉澱？　(A)乳白蛋白　(B)酪蛋白　(C)乳球蛋白　(D)乳清蛋白。

（　）34. 下列有關牛乳殺菌或滅菌條件之敘述，何者錯誤？
(A)ultra high temperature sterilization：120～135°C，2～3 秒
(B)high temperature short time pasteurization：75～78°C，15～20 分
(C)low temperature long time pasteurization：62～63°C，30 分
(D)holding pasteurization：75°C，30 分。

（　）35. 特級新鮮牛奶之乳脂肪含量應在範圍？　(A)3.5%以上　(B)3.0%以上　(C)2.5%以上　(D)2.0%以上。

（　）36. 製作乾酪(cheese)最主要的材料是：　(A)酪蛋白(casein)　(B)乳清蛋白(whey protein)　(C)乳球蛋白(globulin)　(D)鈣鹽(calcium salt)。

（　） 37. 優酪乳(yogurt)中乳酸菌最適生長之 pH 值範圍約在：　(A)2.5 以下　(B)3.5～4.0　(C)4.5～5.0　(D)6.0～7.0。

（　） 38. 牛乳所含蛋白質中，乳清蛋白(whey protein)約佔：　(A)20%　(B)40%　(C)60%　(D)80%。

（　） 39. 下列有關醱酵乳的敘述，何者為錯誤？　(A)固態醱酵乳上若有黃色透明液體是乳清分離　(B)固態醱酵乳中若有氣泡可能是雜菌汙染　(C)滅菌過的醱酵乳不含乳酸菌　(D)固態醱酵乳已流失水溶性維生素與礦物質。

（　） 40. 有關正常牛乳(normal milk)的敘述，下列何者為非？　(A)加熱不易凝固　(B)分娩後一週以上所分泌乳汁　(C)含少量白蛋白與球蛋白　(D)不適合乳品加工。

模擬試題答案

1.(D)	2.(A)	3.(C)	4.(C)	5.(A)	6.(D)	7.(C)	8.(C)	9.(D)	10.(C)
11.(D)	12.(C)	13.(D)	14.(D)	15.(C)	16.(C)	17.(C)	18.(C)	19.(B)	20.(D)
21.(D)	22.(C)	23.(B)	24.(D)	25.(A)	26.(D)	27.(B)	28.(D)	29.(C)	30.(C)
31.(A)	32.(C)	33.(B)	34.(B)	35.(A)	36.(A)	37.(C)	38.(A)	39.(D)	40.(D)

水產類及其製品加工

一、食用魚的類別(category of edible fish)

分 類		魚 體 種 類
海水魚	紅色肉魚	鮪魚、鰺魚、鰹魚、鯖魚、鰮魚、一般旗魚、秋刀魚
	白色肉魚	鱈魚、鰈魚、鯧魚、鯛魚、鰆魚、鱔魚、虱目魚、白肉旗魚、海鰻、狗母魚、鬼頭刀、魩仔魚、烏魚（緇魚）
淡水魚	鯉魚、鯽魚、鰱魚、鱸魚、鰻魚、鱒魚、吳郭魚、香魚、草魚	

魚肉中之成分	紅色肉	白色肉
血合肉*	多	少
脂肪	多	少

※ 註：血合肉為陸上禽畜產肉所沒有，內含較高的血色素與結締組織，與魚類之洄游能力有關。

☕相關試題

1. 下列何者屬於海水魚？　(A)鯧魚　(B)鯉魚　(C)鰱魚　(D)鯽魚。　答：(A)。
   解析：鯧魚屬海水魚；鯉魚、鰱魚、鯽魚等則屬於淡水魚。

2. 下列哪一種魚較不適合製成魚丸等之煉製品？　(A)虱目魚　(B)助宗鱈　(C)鬼頭刀　(D)吳郭魚。　　　　　　　　　　答：(D)。
   解析：虱目魚、助宗鱈魚、鬼頭刀、鯊魚等適合作為煉製品原料；吳郭魚則較不適合。

二、魚類肌肉的組成變化(component changes of fish meat after fishing)

（一）蛋白質

肉類蛋白質含量約為 15～20%。

1. 肌肉的蛋白質分類

差異＼分類	肌原纖維蛋白質 myofibrillar protein	肌漿蛋白質 sarcoplasmic protein	基質蛋白質 stroma protein
含　量	70～80%	10～20%	3～5%
組成單元	肌凝蛋白、肌動蛋白、原肌凝蛋白、肌鈣蛋白	肌凝蛋白(myosin)、球動蛋白(α-actin)	網狀膜蛋白、彈性硬蛋白、膠原蛋白
特　性	鹽溶性蛋白質	水溶性蛋白質	不溶性蛋白質
離子強度	高	中	低
功能性質	決定煉製品的黏彈性	妨礙煉製品成膠性	構成筋、腱、韌帶、軟骨，與柔軟性有關

☕相關試題

1. 水產煉製品經加工後促進彈性的增加，主要是來自於何者的貢獻？　(A)水溶性蛋白質　(B)膠原蛋白質　(C)醇溶性蛋白質　(D)鹽溶性蛋白質。　　答：(D)。
   解析：鹽溶性蛋白質與水產煉製品的彈性增強有關。

2. 肌肉的色澤分類

差異＼分類	表面血合肉 superficial dark muscle	真正血合肉 true dark muscle	白肉 ordinary muscle
分布部位	表面側線正下方	內部脊椎骨附近	其餘肌肉部分
含　量	少量	中量	大量
色　澤	暗紫紅色	暗紫紅色	淺淡色澤
色澤濃淡	中	濃	淡
三甲胺臭味	中	強	弱

☕相關試題

1. 魚肉中血合肉的特性是：　(A)肌肉色素較濃　(B)肌肉色素較淡　(C)含脂肪較多　(D)含組織胺酸特多。　　答：(A)。

（二）脂質

1. 魚肉脂肪含量大約為 1～20%。

2. 魚肉中脂肪為一般組成分中變動最大者，受其年齡、營養、部位等影響。

3. 魚肉中脂質的主要成分為中性油脂與磷脂質。

分　類	單元不飽和脂肪酸	多元不飽和脂肪酸
組成脂肪酸	油酸($C_{18:1}$)	亞麻油酸($C_{18:2}$)、二十碳五烯酸(EPA)、二十二碳六烯酸(DHA)
氧化酸敗作用	弱	強
自由基數量	少	多

☕相關試題

1. 愛斯基摩人喜吃深海魚與其低心血管疾病罹患率有何關係？
   答：深海魚類富含高度不飽和脂肪酸如二十碳五烯酸(EPA)、二十二碳六烯酸(DHA)等，其可有效避免心血管疾病的罹患率，促進身體的健康。

2. 魚油中的 DHA 是：　(A)$C_{18:2}$　(B)$C_{18:3}$　(C)$C_{20:5}$　(D)$C_{22:6}$。　答：(D)。
   解析：魚油中的 DHA 是二十二碳六烯酸，屬於 $C_{22:6,w3}$。

3. 魚油酸敗：　(A)主要在頭部發生　(B)與褐變無關　(C)與氧化作用無關　(D)為自氧化作用。　　　　　　　　　　　　　　　　　　答：(D)。
   解析：魚油的酸敗劣變屬於油脂的自氧化作用，常見於腹部，而非頭部。

（三）醣類

魚種分類	肝醣含量	乳酸生成量	pH 值
洄游性	0.4～1.0%	多	5.6～6.0
底棲性	0.4%	少	6.0～6.4

1. 當魚類被捕獲時，由於恐懼掙扎使其體內肝醣會顯著地減少，產生乳酸的累積，短時間內形成僵直現象。

2. 魚類肌肉在死後從數分鐘至數十小時即發生硬直現象，因此變化速度快，僵直期最短是其主要特徵。

☕相關試題

1. 魚體在捕獲到卸貨過程中，體內所含肝醣(glycogen)會分解為下列何種成分？　(A)乳酸(lactic acid)　(B)琥珀酸(succinic acid)　(C)檸檬酸(citric acid)　(D)醋酸(acetic acid)。　　　　　　　　　　　　　　　　答：(A)。

2. 下列何者死後到僵直的時間最短？　(A)牛肉　(B)魚肉　(C)豬肉　(D)羊肉。　　　　　　　　　　　　　　　　　　　　　　　　答：(B)。

    解析：魚類肌肉從死後到僵直持續的時間最為短暫，豬肉者則較長。

──────── ☙

（四）維生素

1. 魚肉類含維生素 B 群，如 B_1、B_2、菸鹼酸等。

2. 肝臟則富含維生素 A、D。

（五）礦物質

1. 魚肉中含有豐富的鐵、銅、鈉、鉀、鈣、磷、碘等。

2. 紅色肉魚較白色肉魚含較多鐵質，貝類則較魚類含更多鐵、銅、鈣、碘。

（六）酵素

1. 魚肉中含有各種酵素如組織蛋白酶(cathepsins)、脂解酶(lipase)、磷酸酯酶(phosphatase)、過氧化酶(peroxidase)。

2. 魚肉中酵素會起自家消化(autolysis)，亦屬「肉必自腐而後蟲生」自腐作用。

☕相關試題

1. 填充題：

    由魚體所含酵素分解魚肉纖維，改變魚肉風味及魚肉硬度係指<u>自體消化</u>作用。

2. 有關魚體腐敗作用之敘述：①於 rigor mortis 後即發生　②於 autolysis 之前發生　③因魚體所含的酵素所致　④引發醱酵作用影響魚之鮮味　⑤由魚體所附生菌作用所致　⑥產生惡臭成分(TMAO)影響魚品質及風味，前列何者為是？(A)④⑤　(B)④⑤⑥　(C)①②③④⑤　(D)②④⑤　(E)③④⑤⑥。　答：(A)

解析： 魚體之腐敗作用變化：

(1) 魚死後僵直(rigor mortis)後，並非會立即發生，與其死前是否有掙扎有關。

(2) 魚經自家消化(autolysis)之後，才會發生腐敗現象，因胺基酸再次分解成胺臭成分，故魚體所含的自家酵素作用分解所致的結果並不屬於腐敗現象。

(3) 由魚體所附著之菌體引發之醱酵性作用，而影響魚體之鮮味表現。

(4) 其產生之腥臭味的三甲胺(trimethylamine, TMA)，直接影響魚類的品質及風味。

（七）水分

1. 魚肉類水分含量約為 70～85%。

2. 水分含量與脂質的變化有關：一般而言，紅色肉魚類其水分含量少則脂質含量高；白色肉魚類的水分含量多則脂質含量低。

☕相關試題

1. 請寫出下列與食品相關的中文名稱：trout、shrimp、oyster、crab。
   答：trout：鱒魚，shrimp：蝦子，oyster：牡蠣，crab：螃蟹。

三、 魚肉較畜肉易腐敗的主要原因(vulnerable to spoilage of fish meat)

1. 僵直期較短。

2. 結締組織較少且柔軟。

3. 水分含量較多，肌肉纖維較短，容易裂解。

4. 附著的微生物量多，汙染性高。

5. 水產生物生長溫度較陸上畜產動物低，一旦捕撈上岸後劣敗反應會加劇。

四、魚類新鮮度的評估方法(evaluation of fish freshness)

1. 官能鑑定法
(1) 魚眼：微凸透明。
(2) 魚鰓：鮮豔淡紅色。
(3) 皮膚：具光澤附黏液。
(4) 腹部：硬實。
(5) 筋肉：呈硬直。
(6) 海腥味：海水香（主要是氧化三甲胺，TMAO）。

2. 物理性鑑定法
(1) 彈性：高。
(2) 黏度；高。
(3) 電氣抵抗性：高。

3. 化學性鑑定法

鑑定物質	反應基質	反應產物	應用或目的
揮發性鹽基態氮 (volatile basic nitrogon, VBN)	蛋白質	氨氣、生物胺、三甲胺、二甲胺	30～40mg%常用新鮮度判斷
揮發性還原物質 (volatile reducing substance, VRS)	蛋白質中之含硫胺基酸	二氧化硫與硫醇	20 mg%以下
三甲胺 (trimethylamine, TMA)	氧化三甲胺 (TMAO)	三甲胺	3～5 mg%
吲哚(indole)	色胺酸	吲	1.5 mg%以下
K 值	腺嘌呤核苷三磷酸	黃嘌呤(xanthine)與次黃嘌呤(hypoxanthine)	20%準確性新鮮度判斷

$$* \text{K 值} = \frac{\text{Hx（次黃嘌呤）} + \text{HxR（次黃嘌呤核苷）}}{\text{ATP} + \text{ADP} + \text{AMP} + \text{IMP} + \text{HxR} + \text{Hx}}$$

4. 細菌性鑑定法

(1)反應基質：蛋白質。

(2)反應產物：胜肽(peptide)、屍臭素。

(3)應用或其目的：總生菌數 10^4～10^5 CFU/g 以下為生魚片之衛生標準。

☕ 相關試題 🌿

1. 魚貝類的選擇要點中，何者錯誤？　(A)魚類肉質有彈性即是新鮮　(B)牡蠣應形狀完整、不黏手、汁液混濁者為新鮮　(C)文蛤與蜆應選閉殼者　(D)蝦類須要光澤，頭、胸部顏色一致，肉質結實，有彈性者。　　答：(B)。
解析：牡蠣應形狀完整、不黏手、汁液不混濁者為新鮮。

2. 魚貝類的選擇要點中，何者不正確？　(A)魚貝類只要外觀完整即是新鮮　(B)牡蠣應形狀完整、不黏手、汁液不混濁為新鮮　(C)文蛤與蜆應選閉殼者　(D)蝦類需要光澤，頭、胸部顏色一致　(E)以上皆非。　　答：(E)。
解析：以上答案皆正確。

3. 水產原料及肉類原料常以 K 值(K value)表示其：　(A)氧化程度　(B)還原程度　(C)新鮮度　(D)菌數多寡。　　答：(C)。
解析：K 值可表示魚肉之核苷酸的劣解程度，用來判斷魚肉的鮮度變化。

4. 魚類的腥臭味成分為：　(A)TMAO　(B)TMA　(C)ATP　(D)IMP。答：(B)。
解析：魚類的腥臭味成分為 TMA；TMAO 則為海水魚類的海水香味來源。

5. 測定揮發性鹽基態氮(VBN)是用來檢驗下列何者是否已經發生變質？　(A)蛋白質原料　(B)油脂原料　(C)碳水化合物原料　(D)點心食品。　　答：(A)。

6. 魚貝類中揮發鹼性氮(VBN)含量，初期腐敗的指標為：　(A)90～100 mg/100g　(B)70～80 mg/100g　(C)30～40 mg/100g　(D)5～10 mg/100g。
答：(C)。魚貝類中揮發性鹽基態氮含量，初期腐敗指標在 30～40 mg/100g 以上。

7. 下列何種測定項目具有較準確鑑別水產品鮮度的能力？　(A)pH 值　(B)僵直指數(rigor index)　(C)K 值　(D)VBN。　　答：(C)。
解析：K 值具有較準確鑑別生鮮水產品鮮度的能力，然而 VBN 項目則較常被使用冷凍水產品之鮮度。

五、水產製品的種類(types of seafood products)

1. 凍製品：冷凍鮪魚、冷凍鰹魚、冷凍鰺魚、冷凍鯖魚、冷凍虱目魚、冷凍鯛片。

2. 鹽製品：鹽漬鯖魚、海蜇皮、曹白魚。

3. 燻製品：燻製鰮魚、燻製鯖魚、燻製秋刀魚、燻製烏賊、燻製牡蠣、鰹節。

4. 煉製品：魚丸、魚糕、天麩羅、烤竹輪、仿蟹肉、仿蝦肉、仿干貝、仿鮑魚、仿魚翅、仿海蜇皮。

5. 乾製品

(1) 素乾品：魷魚乾、濃縮魚蛋白(fish protein concentrate, FPC)。

(2) 煮乾品：乾干貝、魚粕（或魚粉 fish scrap）、魚廢棄物。

(3) 焙乾品：柴魚。

(4) 凍乾品：洋菜。

(5) 烤乾品：烤鰻魚、烤墨魚、烤透抽、烤烏賊。

(6) 鹽乾品：烏魚子、其他魚卵。

(7) 燻乾品：調味鰹節。

6. 調味乾製品：魚鬆、魷魚絲、鮪魚菓、香魚片、香魚絲。

7. 醱酵製品：牡蠣醢、蝦醢、丁香醢、海膽醬、魚露、蠔油、蝦油、魚香腸。

8. 罐頭製品：鮪魚油漬、鯖魚番茄漬、蒲燒鰻魚、蟹肉、蝦仁、魚肉醬、魚布丁。

9. 其他：魚發糕(fish sponge cake)、魚味噌(fish miso)。

相關試題

1. 於魚漿中加入胡蘿蔔的細切片，經整形後，以麻油油炸所得煉製品為： (A)天麩羅 (B)竹輪 (C)鳴門捲 (D)蒸魚糕。 答：(A)。

   解析：魚漿中加入胡蘿蔔等蔬菜切片後，以食用油油炸所得煉製品屬於天麩羅。

2. 市售仿蟹肉主要原料為： (A)魚漿 (B)蟹漿 (C)蝦漿 (D)大豆蛋白。

   答：(A)。市售仿蟹肉的原料採用魚漿為主而以蟹肉風味為輔。

3. 下列何者非為魚漿煉製品？ (A)仿畜肉 (B)仿蟹肉 (C)仿干貝 (D)仿魚翅。 答：(A)。

   解析：仿蟹肉、仿干貝及仿魚翅等屬魚漿煉製品；仿畜肉，不屬魚漿煉製品。

4. 下列何者屬於燻乾品？　(A)鰹節　(B)魚翅　(C)烏魚子　(D)紫菜。　答：(A)。
解析：鰹節即是柴魚，屬於煙燻乾製品。

5. 下列何者為水產鹽乾品？　(A)魷魚乾　(B)烏魚子　(C)柴魚　(D)魚翅。
答：(B)。烏魚子屬於水產類鹽乾品。

6. 鹽漬物魚藏品等之製造在分類上是屬於：　(A)調合技術的　(B)食鹽防腐性的　(C)砂糖防腐性的　(D)化學作用為主的　食品加工。　　　　　　答：(B)。
解析：鹽漬物魚藏品等之製造在分類上是屬於食鹽防腐性的食品加工。

六、 水產罐頭食品的製造(processing of canned aquatic products)

製造流程： 原料魚→洗淨→去頭、尾及內臟→洗淨→蒸煮→冷卻→切割→清潔
→裝填→注入液→脫氣→密封→殺菌→冷卻→製品。

七、 水產罐頭食品的品質變化(spoilage of canned aquatic products)

1. 品質劣變

魚類分類	劣變類型	成因或變化
鮪魚	青色肉	氧化三甲胺、變性肌紅素、還原性物質
鰹魚	橙色肉	梅納褐變反應
鮪魚、旗魚	膠狀肉	黏液胞子蟲汙染
鮪魚	玻璃狀結晶物	鎂胺磷酸鹽結晶物($MgNH_4PO_4 \cdot 6H_2O$)
鮪魚	黑　變	硫化鐵沉澱($Fe^{2+} + S^{2-} \rightarrow FeS$)或 硫化錫沉澱($Sn^{2+} + S^{2-} \rightarrow SnS$)
蟹類	青　變	硫化銅沉澱($Cu^{2+} + S^{2-} \rightarrow CuS$)
蝦類	黑　變	酪胺酸受酵素性裂解作用，最後生成黑色素沉澱

2. 風味劣變

類　型	成　因	結　果
發　酸	殺菌不足或冷卻不足	產酸性菌汙染而使 pH 值由 6.0 下降至 5.0
苦　味	組胺酸劣解	行脫羧反應而形成組織胺(histamine)累積
脫　錫	高溫加熱	氫氣產生而造成鍍錫溶出

相關試題

1. 魚肉罐頭加熱殺菌時發生黑變的原因？　(A)加熱過度　(B)酵素性褐變　(C)脂肪氧化　(D)硫化物形成。　　　　　　　　　　　　　　答：(D)。
   解析：魚肉罐頭加熱時易生成硫化鐵等硫化物形成而造成黑變的劣變現象。

2. 蝦類的黑變是何種胺基酸作用後產生類黑素？　(A)離胺酸(lysine)　(B)酪胺酸(tyrosine)　(C)苯丙胺酸(phenylalanine)　(D)甲硫胺酸(methionine)。　答：(B)。
   解析：蝦類頭部會行酵素性褐變作用，由酪胺酸經酪胺酸酶作用後產生類黑素。

3. 蝦頭之黑變與下列何種物質有關？　(A)肌紅蛋白　(B)類胡蘿蔔素　(C)脂肪　(D)酪胺酸。　　　　　　　　　　　　　　　　　　　　答：(D)。
   解析：蝦頭之黑變與酪胺酸劣變有關。

4. 冷凍鮪魚經蒸煮後容易產生青肉現象與下列何種官能基的作用有關？　(A)–OH　(B)–SH　(C)–CO　(D)–NH$_2$。　　　　　　　　　　　　答：(B)。
   解析：冷凍鮪魚經蒸煮後產生青肉現象與硫氫基(SH)的官能基作用有關。

5. 魚肉罐頭內壁產生黑變之原因為下列何者？　(A)H$_2$S + Cr　(B)CO$_2$ + Sn　(C)H$_2$S + Sn　(D)CO$_2$ + Cd。　　　　　　　　　　　　　　答：(C)。
   解析：魚肉罐頭內壁產生黑變之原因為 H$_2$S 與 Sn 的聚合作用形成硫化錫沉澱。

6. 下列何者是造成類過敏性中毒現象的主要來源？　(A)神經毒素　(B)組織胺　(C)三甲胺　(D)黃麴毒素。　　　　　　　　　　　　　　　答：(B)。
   解析：組胺酸分解成組織胺是造成食用水產品類過敏性中毒現象的主要來源。

7. 蟹肉罐頭藍色肉(blue meat)產生之原因為：　(A)pH 太高　(B)pH 太低　(C)血色素成分　(D)殺菌溫度過高所致。　　　　　　　　　　　　答：(C)。
   解析：蟹肉罐頭藍色肉(blue meat)產生之原因為硫化銅沉澱(Cu^{2+} + S^{2-}→CuS)即血藍色素「hemocyanin；Hc(Cu^{2+})」成分所造成的。

8. 蟹肉罐頭中墊以硫酸紙，其目的是：　(A)防止內容物變黑　(B)防止殺菌溫度過高　(C)有利於脫氣　(D)防止水分滲入。　　　　　　　　　答：(A)。
   解析：蟹肉墊硫酸紙，可避免硫化氫與血藍素結合形成硫化銅沉澱而呈黑變。

八、冷凍魚漿(frozen fish paste, frozen surimi)的製程

流　　程	作　　法	目　　的	機械器具
原料魚體	冰水冷卻且洗淨	降低魚體的溫度	迴轉洗滌機
去頭除內臟	冰水沖洗且冷卻	去除頭、尾及內臟	切除機 與洗滌機
採　肉	通過細質網狀	魚肉、骨頭及皮分離	絞碎機 與採肉機
碎魚肉漿			
水　漂	以 10°C 左右冰水，約魚肉量的 4～5 倍攪勻並清洗 2～3 次	去除魚血、魚脂、腥臭味、血合肉、水溶性蛋白質等達到精製效果	漂洗機
脫　水	浸漬 0.3%食鹽調整魚肉漿含水量	降低水分含量	壓榨機
擂　潰	添加食鹽與磷酸鹽等抗凍抑制劑	降低蛋白質變性速率及提高其保水性	擂潰機或 無聲切碎機
排　盤			
凍　結	採取快速地通過最大冰晶生帶來凍結降溫	急速地使魚漿的中心溫度降低至 −18 ～ −25°C 以下	接觸式凍結機或 送風式凍結機
成　品			

☕相關試題

1. 魚肉經鹼水漂洗後會膨潤，欲增加其脫水速度可以： (A)0.4% $NaHCO_3$ (B)1% HCl (C)0.3% $NaCl$ (D)3% $NaCl$ 浸漬。 答：(C)。
   解析：魚肉經鹼水漂洗後會膨潤，可以浸漬 0.3% $NaCl$ 來增加其脫水速度。

2. 下列何種化合物之添加，可預防魚漿於凍結與凍藏過程中發生冷凍變性？
   (A)食鹽 (B)硝酸鹽 (C)糖類 (D)硫酸鈣。 答：(A)。
   解析：食鹽與糖類均作為抗凍劑使用，可預防魚漿於凍結過程中發生冷凍變性而使膠強度(gel strength)下降。

3. 解釋名詞：surimi。

　答：surimi 即為魚漿，屬於鹽溶性蛋白質溶出的膠狀物，用來製造魚丸、魚
　　　糕、魚板等煉製品的原物料。

4. 煉製品之原料魚漿經常水洗三次的步驟其目的為：　(A)降低成本　(B)去除
　水溶性蛋白　(C)減少微生物汙染量　(D)漂白。　　　　　　　　答：(B)。
　解析：原料魚肉漿須水洗三次步驟其目的為去除會妨礙成膠性的水溶性蛋白質。

九、煉製品(kamaboko, fish jelly product)的製程

流　程	作　法	目　的	機械器具
魚漿凍結	10°C 以下低溫解凍	恢復魚漿的溫度	冰水解凍槽
	蛋白質溶解劑加入	食鹽與聚磷酸鈉鹽。	
	食鹽加入	2～3%促使肌原纖維蛋白質溶出形成黏稠性。	
	磷酸鈉鹽加入	提高肌原纖維蛋白質的氫鍵數目即保水性。	
擂　漬	還原劑加入	將蛋白質分子內雙硫鍵結還原成游離硫氫基。	
	氧化劑後加入	將游離硫氫基氧化成蛋白質分子間雙硫鍵結。	
	成膠性蛋白質加入	卵白蛋白、麵筋蛋白與黃豆單離蛋白(ISP)。	
	可膨潤性物質加入	澱粉、甲基纖維素、食用膠。	
	冰塊加入或冷水循環	降溫除熱以避免肌原纖維蛋白質的熱變性或可添加轉麩醯胺酶(transglutaminase, TGase)。	
	抽真空操作	隔絕氧氣以避免肌原纖維蛋白質的熱變性。	
加　熱	加熱目的	促進凝膠、澱粉糊化及兼具殺菌作用。	
	加熱方法	二段式加熱法。	
	50°C	即成膠期，促使溶膠(sol)因受熱而形成凝膠(gel)*，日文稱為「坐リ（スワリ）」為 gel-setting 或 suwari。	
	60°C	即解膠期，蛋白酶作用強，形成弱膠，日文稱為「戻リ（モトリ）」為 gel-softening 或 modori。	
煉製品	80°C	快速通過 60°C 以形成穩定性且彈性高的膠體。	

* 測定煉製品形膠能力之指標為「膠強度(gel-strength)」將一定大小規格之煉製品放於
　膠彈性物性儀之台子上以適當之感測金屬棒穿破該煉製品時之重力強度和穿破凹陷
　深度之乘積為該樣品之膠強度，其單位為 g×cm。

相關試題

1. 魚肉解凍時必須考慮的問題為： (A)溫度變化 (B)解凍速度 (C)解凍環境 (D)以上皆是。 答：(D)。
   解析：魚肉解凍操作時必須考慮的因素為溫度變化、解凍速度及解凍環境等。

2. 下列何者不會影響魚漿的結著能力？ (A)肌原纖維蛋白質 (B)氯化鈉 (C)肌紅蛋白 (D)過氧化氫。 答：(C)。
   解析：魚肉之肌紅蛋白與魚漿的結著能力並無直接關係。

3. 煉製品製造時魚漿的膠化(setting)強度最好的溫度為： (A)30～50°C (B)50～55°C (C)80～85°C (D)90～95°C。 答：(B)。
   解析：煉製品製造時魚漿的膠化(setting)強度最好的溫度為 50～55°C；不超過 60°C 為原則，以避免該溫度下蛋白酶的作用而形成崩膠(gel-softening)。

4. 魚肉由 sol 變成 gel 之過程中，當溫度提高至 60°C 附近時其膠強度會下降，此現象稱為： (A)surimi (B)suwari (C)modori (D)gel-setting。答：(C)。
   解析：魚肉漿由溶膠(sol)變成凝膠(gel)之過程中，當加熱溫度至 60°C 附近時因蛋白酶作用強，凝膠的強度會下降而形成弱膠，此現象稱為解膠期亦稱崩膠期「戻リ（モトリ；modori）」，或稱為 gel-softening。

5. 下列有關蛋白質雙硫鍵之敘述，何者不正確？ (A)通常無法利用還原劑加以還原打開，亦無法重新氧化組合改變蛋白質結構 (B)係存在於兩分子半胱胺酸間之共價鍵 (C)係影響蛋白質立體結構之重要化學鍵 (D)含雙硫鍵愈多之蛋白質通常其結構較堅硬亦難消化。 答：(A)。

6. 魚漿膠體具有黏彈性的主因是何種成分形成網狀結構？ (A)膠原蛋白 (B)肌原纖維蛋白 (C)澱粉 (D)肌漿蛋白。 答：(B)。

7. 魚肉煉製品添加食鹽的目的有：①增黏 ②增量 ③調整 pH ④調味 ⑤防止腐敗 (A)①②③ (B)①④⑤ (C)①③④ (D)①②⑤。 答：(B)。
   解析：魚肉煉製品添加食鹽的目的有增黏、調味及防止腐敗。

8. 下列何者可增高魚漿膠體的黏彈性？　(A)擂潰初期添加氧化劑　(B)擂潰後期添加還原劑　(C)添加麩胺酸轉胺酶　(D)添加三甘油脂。　　答：(C)。

解析：增強魚漿膠體的黏彈性作法有添加轉麩醯胺酶，可提高膠體的黏彈性。

9. 製造魚肉煉製品時，添加下列何物可促進製品之黏彈性及增量？　(A)澱粉　(B)己二烯酸鉀　(C)砂糖　(D)香料。　　答：(A)。

解析：製造魚肉煉製品時，添加澱粉與食用膠等可促進其黏彈性及增量。

十、海藻類(seaweed)

1. 海藻類分類

海藻分類	組成基本單糖單位	類別	食品應用
紅　藻	半乳糖與葡萄糖醛酸	石花菜、龍鬚菜、紫菜、麒麟菜、鹿角菜	洋菜培養基與果凍成膠如鹿角菜膠
褐　藻	甘露糖與古羅糖	裙帶菜、昆布、馬尾藻	黏稠劑作用
綠　藻	葡萄糖	石蓴、青海苔、海菜	綠藻粉末、單細胞蛋白質(SCP)

2. 海藻製品的製造流程

海藻品分類	製造流程
洋　菜	龍鬚菜→鹼液處理→水洗→漂白→水洗→抽出→粗過濾→凝固→截切→凍結→解凍→脫色→乾燥→製品。
海菜醬	乾海菜→浸水泡軟→洗滌→脫水→稱重→加調味液→浸漬液→攪拌加熱→裝瓶→殺菌→冷卻→製品。
燒海苔	紫菜乾→加熱拉平→烘烤→裁切→包裝→製品。
調味海苔	紫菜乾→加熱拉平→塗調味料→烘烤→切片→包裝→製品。

十一、 水產原料中機能性食品之開發(development of functional food from seafood)

機能性成分	有效成分	在體內之功能	水產原料
蜆精	肝糖、蛋白質及多種維生素	降低肝功能亢進的GOP，GTP指標值	蜆、文蛤、牡蠣
多元不飽和脂肪酸	EPA，DHA	抗氧化	魚油
藻類含硫酸之多醣或寡醣	岩藻醣膠、鹿角膠、硒、水溶性蛋白質-1	調節免疫力、抗病毒、防癌、抗老化、預防心腦血管疾病	大型藻：紅藻、褐藻、綠藻、微藻
藻類含硒或水溶性蛋白質-1			螺旋藻
幾丁質	幾丁寡糖水溶性甲殼氨	抑菌保鮮、螯合體合重金屬如排出鉛毒	蝦蟹
活性胜肽	Dolastatin 10 didemin	抑癌活性、調節免疫力、抗病毒	海兔 海鞘
黏多醣	海參黏多醣、海星酸性黏多醣	調節免疫力	海參、海星

相關試題

1. 乾海帶表面的白粉即為： (A)麩胺酸(glutamic acid) (B)甘露糖醇(manitol) (C)酪胺酸(tyrosine) (D)葡萄糖(glucose)。 答：(B)。
   解析： 乾海帶表面的白粉即為甘露糖醇(manitol)。

2. 於洋菜製造過程中，解凍的目的為何？ (A)增加洋菜成分的抽取率 (B)去除不純物質 (C)調整水分含量 (D)防止軟化。 答：(B)。
   解析： 於洋菜製造過程中，解凍的目的為去除不純物質。

學後評量 *Exercise*

一、精選試題

（B） 1. 傳統製作海蜇皮的原料為何？ (A)花枝 (B)水母 (C)魷魚 (D)海參。

【解析】：海蜇皮即水母腔腸部位為原料，經捕獲後添加食鹽醃漬而成，屬於鹽漬品。

（C） 2. 傳統烏魚子之加工製造方式屬於下列哪一類？ (A)煮乾品 (B)凍乾品 (C)鹽乾品 (D)素乾品。

【解析】：烏魚子鹽乾品的製程如下

雌性烏魚 → 取出卵巢 → 冷水清洗去除汙物 → 表面撒布食鹽 $\left[15\%\left(\frac{w}{w}\right)\right]$ → 經 24～36 小時鹽漬 → 脫去食鹽 → 整形 → 定形 → 自然乾燥 → 製品。

（A） 3. 下列何種產品之彈性，基本上不是鹽溶性蛋白產生的效果？ (A)臘肉 (B)魚丸 (C)熱狗 (D)貢丸。

【解析】：利用鹽溶性蛋白質溶出的效果者則為魚丸、熱狗及貢丸，畜肉製品如臘肉者則非呈現乳化狀態。

（C） 4. 利用 K 值判定魚肉鮮度，係量測： (A)蛋白質分解程度 (B)微生物汙染量 (C)核苷酸分解比例 (D)生物胺生成量。

【解析】：量測魚肉中核苷酸分解的比例即為 K 值，可準確地判斷魚肉鮮度。

（B） 5. 水產煉製品通常須經過「水漂步驟」之目的為： (A)調整魚肉之含水率 (B)達成魚肉精製之效果 (C)萃取魚肉中之油脂 (D)避免微生物之汙染。

【解析】：水漂步驟之目的是去除水溶性蛋白質，達成魚肉精製之效果。

（D） 6. 魚肉擂潰時，食鹽之添加主要在促使下列何種物質溶出，以形成具有黏稠性之魚漿？ (A)澱粉 (B)脂肪 (C)肝醣 (D)蛋白質。

【解析】：擂潰時，添加食鹽之目的為促使鹽溶性蛋白質溶出，形成黏稠魚漿。

（D） 7. 煉製品擂潰時加入冰塊冷卻，其目的為： (A)防止凝膠 (B)防止雜菌生長 (C)防止脂質氧化 (D)防止蛋白質變性。

【解析】：魚肉擂潰時須加入冰塊目的為防止鹽溶性蛋白質生熱而呈現變性。

（C） 8. 魚肉中何種物質及其核苷的蓄積量可做為魚肉鮮度的判斷與鑑定依據？ (A)腺嘌呤 (B)鳥糞嘌呤 (C)次黃嘌呤 (D)胞嘧啶。

【解析】：魚肉中腺核苷三磷酸(ATP)會分解至黃嘌呤與次黃嘌呤，因此黃嘌呤與次黃嘌呤的蓄積量可做為魚肉鮮度的準確性鑑定依據。

（B） 9. 魚丸製作時，哪項條件有助於產品彈性之增加？ (A)高溫 (B)低溫 (C)pH 值 5 以上 (D)pH 值 1 以下。

【解析】：魚丸製作時，低溫條件下的擂潰操作有助於產品黏彈性之顯著增加。

（A） 10. 水產品之黑變，主要可能來自下列何種物質之形成？ (A)硫化鐵 (B)硫化鋅 (C)硫化鎂 (D)硫化銅。

【解析】：水產品之黑變，主要可能與硫化氫與鐵結合形成硫化鐵所導致結果。

（D） 11. 魚丸製造時，在擂潰過程中，為使彈性蛋白溶出形成粘稠性之魚漿： (A)澱粉 (B)卵蛋白 (C)蔗糖 (D)食鹽。

【解析】：擂潰時，應優先添加食鹽促使鹽溶性蛋白質溶出以形成黏稠性魚漿。

（D） 12. 有關動物色素的敘述，何者不正確？ (A)血紅素為血液色素 (B)肌紅蛋白為肉色素 (C)還原蝦紅素為螃蟹色素 (D)花青素為鮭卵色素。

【解析】：鮭魚卵色素屬於類胡蘿蔔素之一種。

（D） 13. 下列何種物質可幫助魚肉蛋白質於擂潰過程中溶出？ (A)蔗糖 (B)磷酸鹽 (C)亞硝酸 (D)食鹽。

【解析】：食鹽的添加可幫助魚肉蛋白質於擂潰中溶出，形成具黏彈性的魚漿。

（C） 14. 蝦類的黑變是因何種胺基酸作用後產生黑色素(melanin)？ (A)麩胺酸 (B)精胺酸 (C)酪胺酸 (D)苯丙胺酸。

【解析】：蝦類的黑變是因酪胺酸經酪胺酸酶作用後產生黑色素。

（C） 15. 水產品鮮度判定係以測定下列何種物質為指標？ (A)三甲胺類 (B)K 值 (C)揮發性鹽基態氮 (D)揮發性還原物質。

【解析】：揮發性鹽基態氮為常用性鮮度判定指標；K 值為較準確性判斷指標。

（A） 16. 蝦在凍結前先用抗壞血酸浸漬，其目的是： (A)防止黑變 (B)防腐作用 (C)防止失重 (D)強化冰效果。

【解析】：蝦在凍結前先用抗壞血酸浸漬，其目的是防止酵素性黑變。

（C） 17. 魚貝類與鮮味有關，含量較多之有機酸為： (A)檸檬酸 (B)蘋果酸 (C)琥珀酸 (D)醋酸。

【解析】：魚貝類與鮮味有關，含量較多之有機酸為琥珀酸。

（D）18. 魚漿在擂潰過程中，添加何種物質可使蛋白質易溶出成為黏稠性魚漿？　(A)蔗糖　(B)澱粉　(C)冰水　(D)食鹽。

【解析】魚漿在擂潰中，添加食鹽可使鹽溶性蛋白質易溶出成為黏稠性魚漿。

（A）19. 生鮮蝦、蟹等水產品黑變的原因是：　(A)酪胺酸氧化　(B)硫化氫與鐵作用　(C)梅納反應(Maillard reaction)　(D)脂肪自氧化。

【解析】生鮮蝦、蟹等水產品黑變的原因是酪胺酸氧化。

（D）20. 魚貝類等鮮度之指標，一般以下列何者來表示？　(A)D 值　(B)K 值　(C)Z 值　(D)揮發性鹽基態氮。

【解析】魚貝類等鮮度之判斷指標，一般常以揮發性鹽基態氮(VBN)為主。

（C）21. 水產煉製品在擂潰過程中，為改善其品質，何種添加物應先加入：　(A)澱粉　(B)卵蛋白　(C)食鹽　(D)味精及砂糖。

【解析】擂潰時，食鹽應先加入以促使鹽溶性蛋白質溶出，可改善其膠彈性。

（D）22. 蝦頭黑變是：　(A)非酵素性褐變　(B)梅納反應　(C)油脂氧化　(D)酵素性褐變。

【解析】蝦類頭部的黑變劣化是屬酵素性褐變作用。

（B）23. 下列敘述何者錯誤？　(A)仿製乳以植物油取代乳脂肪　(B)仿烏魚子只用大豆蛋白為原料　(C)仿蟹肉用魚漿為原料　(D)仿干貝可用魚漿為原料。

【解析】仿製品的特性為仿烏魚子主要魚漿為原料，大豆蛋白為副原料。

（C）24. 蝦、蟹於冷凍貯藏中會因：　(A)脂質氧化　(B)變性肌紅蛋白之生成　(C)多酚類之氧化　(D)類胡蘿蔔素之氧化　而黑變。

【解析】蝦、蟹類於冷凍貯藏中會因多酚類如酪胺酸之氧化作用而黑變。

（D）25. 下列有關魚漿製作之敘述，何者不正確？　(A)食鹽與魚肉搓揉可使魚漿產生黏彈性　(B)食鹽可增進魚漿之風味　(C)食鹽具有防止魚漿腐敗之功用　(D)食鹽可增進魚漿之顏色。

【解析】魚漿製作時食鹽添加與增進魚漿之顏色無關。

（B）26. 冷凍蝦類，蝦頭變黑的原因是：　(A)脂肪氧化　(B)酪胺酸氧化酶(tyrosinase)作用　(C)黴菌生長　(D)蝦紅素氧化。

【解析】冷凍蝦類其蝦頭發黑的原因是酪胺酸酶行酵素性褐變作用的結果。

（B）27. 市售仿製蟹肉其主要原料為：　(A)蟹漿　(B)魚漿　(C)蝦漿　(D)黃豆蛋白。

【解析】市售仿製蟹肉其原料採用魚漿為主，而非蟹肉漿。

（A）28. 下列何種添加物常用於魚類之漂白與殺菌？ (A)次氯酸鈉 (sodium hypochloride) (B)維他命 C (ascorbic acid) (C)多磷酸鈉 (sodium polyphosphate) (D)聚糊精 (polydextrose)。

【解析】：魚類之漂白與殺菌常用次氯酸鈉或過氧化氫等氧化劑。

（B）29. 蝦紅素屬於： (A)類黃酮 (B)類胡蘿蔔素 (C)普林 (D)花青素。

【解析】：蝦類體表紅色素屬於類胡蘿蔔素的一種。

（D）30. 水產品罐頭中往往出現玻璃狀結晶物，此係一種： (A)硫酸鹽 (B)碳酸鹽 (C)草酸鹽 (D)磷酸鹽。

【解析】：水產魚類罐頭中玻璃狀結晶物，其組成係一種磷酸銨鎂鹽聚合。

（A）31. 冷藏生蝦之黑變原因是： (A)蝦子本身酵素作用 (B)微生物生長 (C)冷藏脫水 (D)添加物之不恰當使用。

【解析】：冷藏生蝦之黑變原因是蝦子本身酪胺酸酶作用生成黑色素。

（C）32. 不新鮮的魚，往往造成人體過敏，其原因是微生物利用胺基酸生成： (A)氧化三甲胺 (B)硫化氫 (C)組織胺 (D)次黃質 所致。

【解析】：鮮度差的魚類，菌株會將組胺酸行脫羧作用生成組織胺，造成過敏。

二、模擬試題

（ ） 1. 下列何者不是煉製品？ (A)仿畜肉 (B)仿鮑魚 (C)仿干貝 (D)仿魚翅。

（ ） 2. 魚肉較其它肉類易消化的原因是： (A)保水性較高 (B)結締組織含量較少 (C)游離脂肪酸含量低 (D)肌肉纖維呈圓柱型排列。

（ ） 3. 蟹肉罐頭之青變現象，來自： (A)硫化鐵 (B)硫化鋅 (C)硫化鎂 (D)硫化銅。

（ ） 4. 食品中含有刺鼻味的主要原因是含有何種元素？ (A)N (B)P (C)Cl (D)S。

（ ） 5. 魚漿中加入胡蘿蔔的細切片，經整形後，經熱處理所製得煉製品為： (A)竹輪 (B)天麩羅 (C)魚丸 (D)魚糕。

（ ） 6. 以下哪一項不是辨別蝦隻是否新鮮的指標？ (A)蝦殼的明亮度 (B)蝦背接連處的緊密度 (C)蝦頭的顏色 (D)蝦尾的展開度。

（ ） 7. 魚肉蛋白質中，下列何種胺基酸經細菌分解可產生臭味物質？ (A)組胺酸 (B)色胺酸 (C)麩胺酸 (D)丙胺酸。

（　） 8. 水產煉製品在擂潰過程中，為改善其品質，何種添加物應先加入：
(A)味精及砂糖　(B)卵白蛋白　(C)食鹽　(D)澱粉。

（　） 9. 冷凍蝦類黑變的原因為：　(A)多酚酶作用的結果　(B)酪胺酸酶存在
下作用所引起的　(C)梅納反應的結果　(D)肌紅蛋白氧化成變性肌紅
蛋白造成的。

（　） 10. 市售魚肉煉製品中之食鹽添加量為：　(A)1%　(B)2～3%　(C)4～6%
(D)10%。

（　） 11. 魚肉組織經細菌分解後，酸鹼值略為上升，為下列何種物質生成？
(A)含氧酸　(B)醇類　(C)二氧化碳　(D)氨氣。

（　） 12. 乾魷魚表面含多量白色粉末而被視為高品質，此白粉主要組成為：
(A)牛磺酸及甜菜鹼　(B)麩胺酸及天門冬胺酸　(C)離胺酸及精胺酸
(D)甘胺酸及丙胺酸。

（　） 13. 下列何種酵素的應用可有效提高烏魚煉製品的膠強度表現？　(A)轉
麩醯胺酶　(B)木瓜酶　(C)凝乳酶　(D)澱粉酶。

（　） 14. 購買魚類食用時，以何種狀態下的新鮮度最佳？　(A)硬直前　(B)硬
直後　(C)解硬期　(D)熟成期。

（　） 15. 利用揮發性鹽基態氮(VBN)檢驗魚介類新鮮度，達成初期腐敗的濃度
約為：　(A)30 mg%　(B)50 mg%　(C)30 g%　(D)50g%。

（　） 16. 依據 CNS，生鮮魚介類其細菌數目不得高於：　(A)10^3 CFU/g
(B)10^4 CFU/g　(C)10^5 CFU/g　(D)10^6 CFU/g。

（　） 17. 下列何者為魚介肉初期腐敗，即所謂魚腥臭之成分？　(A)丙酮酸
(B)三甲胺　(C)脂肪酸　(D)組織胺。

（　） 18. 魚漿中鹽溶性蛋白質容易產生解膠(gel-softening)為下列何種溫度？
(A)50°C　(B)60°C　(C)70°C　(D)80°C。

（　） 19. 有關魚漿的製造，下列何者敘述為正確？　(A)馬鈴薯澱粉具有防止
魚漿腐敗之功用　(B)食鹽和魚肉一起擂潰可使魚漿產生粘彈性　(C)
磷酸鹽可提高魚漿之顏色　(D)過氧化氫可增加魚漿之風味。

（　） 20. 下列有關魚肉之敘述，何者是正確的？　(A)魚肉 100 克（濕重）中
其肌動凝蛋白約佔 18 克　(B)鯊魚翅中存在有彈性蛋白，為構成其血
管之基質蛋白質　(C)肌凝蛋白之 Ca-ATPase 與肌動凝蛋白之 Ca-

ATPase 相同　(D)死後硬（僵）直乃因乳酸蓄積而起，乳酸蓄積愈多時解硬（僵）較慢。

( )　21. 下列何者可作為肌原纖維蛋白質的溶解促進劑？　(A)磷酸鹽　(B)碳酸鹽　(C)硼酸鹽　(D)亞硫酸鹽。

( )　22. 冷凍魚體使用流水解凍比置於空氣中解凍較能防止橙色肉發生，是因為流水會帶走下列何種物質？　(A)油脂　(B)灰分　(C)核酸　(D)醣類。

( )　23. 製作魚丸時要使產品的彈性增加，下列哪項條件不適合？　(A)低溫　(B)加壓　(C)真空　(D)pH 值在 5 以下。

( )　24. 海產魚類腐敗時，魚肉的好氣性總生菌數(APC)與其揮發性鹽基態氮(VBN)在腐敗初期，兩者約成正比，若 APC 為 3.0×10^6 CFU/g，則 VBN 約為多少？　(A)50 ppm　(B)150 ppm　(C)250 ppm　(D)350 ppm。

( )　25. 下列何種成分與章魚、烏賊及蝦類等肌肉之甜味有密切關係？　(A)白胺酸及異白胺酸　(B)麩胺酸及天門冬胺酸　(C)離胺酸及精胺酸　(D)甘胺酸及甜菜鹼。

( )　26. 鹽藏魚製品會有紅變現象發生，最有可能的原因為：　(A)油質氧化　(B)魚肉腐敗　(C)耐鹽菌汙染　(D)酵素作用。

( )　27. 腐敗之魚貝類含有容易引起過敏之物質為：　(A)histamine　(B)putrescine　(C)cadaverine　(D)muscarine。

( )　28. dressed fish 是指魚體經下列何種處理？　(A)不經調理的原狀魚　(B)切開腹部，去鰓與內臟者　(C)去除頭部、鰓與內臟者　(D)去除頭部、鰓、內臟與鰭。

( )　29. 洋菜(agar)之凝膠溫度在：　(A)25°C　(B)30～45°C　(C)55～65°C　(D)80°C。

( )　30. 下列何者不是使冷藏魚類變質的原因？　(A)微生物生長　(B)脂肪氧化　(C)酵素性褐變　(D)酵素催化自家分解(autolysis)。

( )　31. 煉製品擂潰時抽真空去除氧氣，其目的為：　(A)防止凝膠　(B)防止雜菌生長　(C)防止脂質氧化　(D)防止蛋白質變性。

（　）32. 魚肉中何種核苷酸的降解產物量可做為魚肉鮮度的判斷依據？
(A)ATP　(B)UTP　(C)GTP　(D)CTP。

（　）33. 下列何者屬於海水魚？　(A)鱸魚　(B)吳郭魚　(C)鰱魚　(D)鯉魚。

（　）34. 魚翅屬於：　(A)素乾品　(B)鹽乾品　(C)焙乾品　(D)煮乾品。

（　）35. 魚露屬於：　(A)煉製品　(B)燻乾品　(C)醱酵品　(D)烤乾品。

模擬試題答案

1.(A)	2.(B)	3.(D)	4.(D)	5.(B)	6.(D)	7.(B)	8.(C)	9.(B)	10.(B)
11.(D)	12.(A)	13.(A)	14.(A)	15.(A)	16.(C)	17.(B)	18.(B)	19.(B)	20.(C)
21.(A)	22.(D)	23.(B)	24.(C)	25.(D)	26.(C)	27.(A)	28.(C)	29.(B)	30.(C)
31.(C)	32.(A)	33.(A)	34.(A)	35.(C)					

油脂類製品加工

一、油脂在食品中的功能(function of lipid in food)

1. 提供香氣與味道，並使食品咀嚼後易於吞嚥。

2. 使烘焙製品具有酥脆感。

3. 作為乾燥製品的柔化劑。

4. 作為油炸用油脂，並使油炸現製產品具有酥脆感。

二、食用油脂的種類(category of edible oil)

1. 各類食用油脂介紹

油脂來源	測定溫度	液態植物油	固態植物油
植物性油脂	15°C	大豆油、花生油、葵花油、菜籽油、玉米油、米糠油	椰子油、可可脂、棕櫚仁油、棕櫚油
動物性油脂	15°C	牛脂、豬脂、羊脂、雞油、乳酪	
水產動物油脂	15°C	鯨魚油	

2. 植物性與動物性油脂比較

(1) 不飽和脂肪酸含量：植物油含量不一定高於動物油者。

(2) 氧化酸敗安定性：植物油的安定性差；動物油者則佳。

☕相關試題

1. 請說明油與脂肪的不同並比較安定性。

答：油脂與脂肪的不同與安定性比較如下

分　類	物理狀態	脂肪酸組成	飽和程度	氧化安定性
油　脂	液　態	亞麻油酸($C_{18:2}$)	低	低
脂　肪	固　態	油　酸($C_{18:1}$)	高	高

2. 請解釋下列名詞：油與脂肪。

答：油在常溫下呈現液體狀態；脂肪則呈為固體狀態。

3. 通常高飽和度、脂肪酸碳鏈較長的油脂於室溫下呈固態，下列何者的飽和脂肪度比較低？　(A)豬油　(B)棕櫚仁油　(C)雞油　(D)奶油。　　答：(C)。

解析：棕櫚仁油呈乳白色或微黃色，有如固體之稠度。雞油耐低溫，在 5℃時雞油仍有流動性，豬油和奶油已凝固。

4. 常溫下呈固體狀的植物油脂是：　(A)橄欖油　(B)菜籽油　(C)椰子油　(D)米油。　　　　　答：(C)。

解析：椰子油在常溫下呈固體狀；橄欖油、菜籽油及米油等在常溫下呈液體狀。

三、食用油脂中主要脂肪酸組成

油脂種類	含油率(%)	主要脂肪酸（含量%）	提油方法
大豆油	15～20	亞麻油酸(47～61)	萃取法
芝麻油	45～55	油酸(35～50)、亞麻油酸(37～49)	壓榨法
米糠油	9～22	亞麻油酸(29～42)	壓榨與萃取法併用
葵花油	38～41	亞麻油酸(44～68)	壓榨法
棉籽油	15～25	亞麻油酸(34～55)	壓榨與萃取法併用
花生油	50～75	油酸(35～47)	壓榨法
橄欖油	50～65	油酸(60～73)	壓榨法
棕櫚油	50～65	油酸(40～52)	壓榨法
棕櫚核油	46～57	月桂酸(46～52)	壓榨法
可可脂	50～57	飽和酸(40～65)、油酸(31～37)	壓榨法
椰子油	65～75	月桂酸(44～55)	壓榨法
牛　脂	50～80	油酸(39～50)	煎熬法
豬　脂	50～80	油酸(40～51)	煎熬法
雞　油	50～80	油酸(37～49)	煎熬法
鯨　油	70～80	油酸(33～45)	煎熬法

相關試題

1. 請寫出下列與食品相關的中文名稱：sesame、olive。

   答：sesame 為芝麻，可用來製作芝麻（香）油；olive 為橄欖可作為橄欖油之原料。

2. 填充題：上述二種油脂含較高量之單元不飽和脂肪酸者為：<u>橄欖油</u>。

3. 下列有關油脂氧化酸敗之敘述，何者不正確？　(A)植物油氫化後較不易氧化酸敗　(B)植物油脂之不飽和脂肪酸含量皆比動物油脂高亦較不安定
   (C)油脂氧化過程中，過氧化氫化合物含量通常到達某一濃度後即變化緩和
   (D)空氣中之氧分子是油脂氧化作用的反應物。　　　　　　　　答：(B)。

   解析：植物油脂之不飽和脂肪酸含量一般而言比動物油脂高，故其安定性較差。

4. 可可脂(cocoa butter)中的脂肪酸組成何者最多？　(A)硬脂酸　(B)棕櫚酸
   (C)油酸　(D)次亞麻油酸。　　　　　　　　　　　　　　　答：(C)。

   解析：可可脂(cocoa butter)中的脂肪酸組成以油酸含量最多，它在 27℃ 以下完全固化，27.7℃ 開始熔化，達 35℃ 完全液化，適合做巧克力的原料。

5. 豬油中含量最高之脂肪酸為：　(A)硬脂酸(18：0)　(B)油酸(18：1)　(C)亞油酸(18：2)　(D)軟脂酸(16：0)。　　　　　　　　　　　　答：(B)。

四、脂肪酸的雙鍵特性與氧化安定性(relationship between unsaturated bond of fatty acid and oxidation stability)

脂　肪　酸　的　分　類	ω - 系列	氧化安定性
油酸(oleic acid；$C_{18:1}$)亦稱「歐立克酸」	ω -9	佳
亞麻油酸(linoleic acid；$C_{18:2}$)，屬必需脂肪酸	ω -6	
次亞麻油酸(linolenic acid；$C_{18:3}$)，屬必需脂肪酸	ω -3	
花生四烯酸(arachidonic acid；$C_{20:4}$)	ω -6	
二十碳五烯酸(eicosapentaenoic acid；$C_{20:5}$)	ω -3	
二十二碳六烯酸(docosahexaenoic acid；$C_{22:6}$)	ω -3	差

相關試題

1. 請解釋下列名詞：degree of unsaturated fatty acids。
   答：degree of unsaturated fatty acids 即為不飽和脂肪酸的程度，高度不飽和脂肪酸，如二十碳五烯酸(EPA)與二十二碳六烯酸(DHA)等存在於深海魚油中的油脂。

2. 下列何種油脂含多量高度不飽和脂肪酸？　(A)花生油　(B)豬油　(C)魚油　(D)葵花油。　　　　　　　　　　　　　　　　　　　　　　答：(C)。
   解析：魚油中富含多量高度不飽和脂肪酸如 EPA、DHA，易發生氧化酸敗。

3. 填充題：
   為一必需脂肪酸：<u>亞麻油酸</u>(linoleic acid，$C_{18:2}$)、<u>次亞麻油酸</u>(linolenic acid，$C_{18:3}$)。
   魚油中此脂肪酸最容易發生氧化：<u>二十碳五烯酸</u>(eicosapentaenoic acid，$C_{20:5}$)、<u>二十二碳六烯酸</u>(docosaheraenoic acid，$C_{22:6}$)。

4. 下列何者為不飽和脂肪酸？　(A)硬脂酸　(B)棕櫚酸　(C)次亞麻油酸　(D)花生脂酸。　　　　　　　　　　　　　　　　　　　　　　　　答：(C)。
   解析：次亞麻油酸是不飽和脂肪酸；硬脂酸、棕櫚酸及花生脂酸均為飽和脂肪酸。

5. 魚油中的 DHA 是：　(A)$C_{18:2}$　(B)$C_{18:3}$　(C)$C_{20:5}$　(D)$C_{22:6}$。　答：(D)。
   解析：魚油中的 DHA 是二十二碳六烯酸(docosahexaenoic acid，$C_{22:6}$)。

6. ω-3 脂肪酸為下列何種油脂的脂肪酸組成之一？　(A)大豆油　(B)橄欖油　(C)紅花籽油　(D)玉米胚芽油。　　　　　　　　　　　　　答：(A)。
   解析：大豆油的脂肪酸組成含有亞麻油酸($C_{18:2}$)，屬於 ω-3 脂肪酸。

7. 下列何者屬於 ω-6 脂肪酸？　(A)EPA　(B)亞麻油酸　(C)棕櫚油酸　(D)油酸。　　　　　　　　　　　　　　　　　　　　　　　　　　　答：(B)。
   解析：ω-6 脂肪酸：亞麻油酸。

8. 長鏈脂肪酸是表示含有多少個碳以上的脂肪酸？　(A)6　(B)8　(C)12　(D)14。　　　　　　　　　　　　　　　　　　　　　　　　　　　答：(C)。
   解析：長鏈脂肪酸(long chain fatty acids)是表示含有 12 個碳以上的脂肪酸。

9. 食用油脂廣告中稱含高量之「歐立克」為何物？　(A)油酸　(B)多元不飽和脂肪酸　(C)維生素 A　(D)抗氧化因子。　　　　　　　　　答：(A)。

解析：此脂肪酸的原文為 oleic acid，其英翻中即歐立克，屬於單元不飽和脂肪酸($C_{18:1}$)。

10. 下列哪一個脂肪酸貯藏時最易氧化？　(A)arachidonic acid　(B)linolenic acid　(C)oleic acid　(D)linoleic acid。　　　　　　　答：(A)。

解析：花生四烯酸(arachidonic acid；$C_{20:4}$)在貯藏時最易氧化劣變，因為含有 4 個不飽和雙鍵之故。

五、食用油脂所具備的條件(conditions for edible oil)

1. 不含游離脂肪酸。

2. 呈無色或淡金黃色。

3. 無臭味：即不含酸敗臭、焦味臭。

4. 具芳香味：芝麻油與花生油，具有芳香氣味。

☕相關試題

1. 試述評估油脂好壞之方法。

答：我們可觀察油脂之顏色（呈無色或淡金黃色即為好油脂）、味道等來評估油脂之好壞。

六、食用油脂的物理性質(physical properties of edible oil)

1. **比重($D_{15℃}$)**：0.930~0.950。

2. **比熱(specific heat, S.H)**：液態／固態＝2.0。

3. **同質多晶化(polymorphism)**：油脂經不同溫度條件加熱處理後，會產生不同結晶型態（熔點及密度不同）的固態油脂現象。

4. 其他物理性質比較介紹

物理性質	飽和脂肪酸	不飽和脂肪酸
熔點(melting point；M.P)	高	低
黏度(viscosity；η)	高	低
折射率(refractive index；RI)	低	高
發煙點(smoking point；S.P)	180°C～200°C	160°C～232°C*

*註：脂肪酸中之碳鏈數愈多，其發煙點愈高。

相關試題

1. 問答題：

何謂油脂發煙點？產生何種化學變化？影響發煙點的因素有哪些？

答：油脂發煙點是指油脂經加熱後會呈現膨脹，然後開始氧化產生煙霧的溫度，若加熱後油脂的發煙點下降，則表示該油脂分子開始形成聚集而易發生氧化劣解變化。影響發煙點的因素如下：

(1) 油炸油脂中脂肪酸的數目多寡：脂肪酸的數目愈多其發煙點會下降。

(2) 油炸油脂中乳化劑的添加與否：有添加乳化劑的油脂其發煙點會降低。

(3) 油炸食品的裹衣程度：裹衣程度愈高多其發煙點亦會下降。

(4) 油炸器具的深淺：窄而深的器具其發煙點較高，反之則發煙點下降。

2. 請解釋下列名詞：smoke point。

答：smoke point 即發煙點，油脂經長時間加熱後產生煙霧的溫度，一般油炸用油脂其發煙點最好在 200°C 以上，若某油脂的發煙點較低，較不適合當油炸用油。

3. 填充題：此脂肪酸之融點(melting point)較高：花生四烯酸(arachidonic acid，$C_{20:4}$)。

4. 問答題：

若將一塊奶油加熱，依其溫度高低，將下列四種物理現象由高至低來排列：

A. flash point、B. smoke point、C. melting point、D. burn point（以字母表示即可）。

答：D ＞A ＞B ＞C

油脂的物理性質	定義或說明	溫度高低
熔化點(melting point)	固態油脂緩慢加熱呈融熔態的溫度。	低
發煙點(smoke point)	油脂加熱時，剛起薄煙時的溫度。	↓
引火點(flash point)	煙霧與空氣混合引起燃燒時的溫度。	
燃燒點(burn point)	單純油脂燃燒時所需的溫度。	高

5. 一般油炸油，其發煙點溫度，最少須多少以上較理想？　(A)160°C (B)180°C　(C)200°C　(D)250°C。　　　　　答：(C)。

解析：一般油炸用油脂，其發煙點的溫度，最少須 200°C 以上較為理想。

七、食用油脂的化學性質（品質指標）(chemical properties of edible oil)

1. 酸價(acid value, AV)

(1) 原理：中和 1 克油脂所需的 KOH 的毫升數來表示。

(2) 應用：判斷油脂中游離脂肪酸的含量。

2. 碘價(iodine value, IV)

(1) 原理：100 克油脂，以氯化碘滴定後以碘分子的克數來表示。

(2) 應用：判斷油脂中不飽和脂肪酸的種類。

3. 過氧化價(peroxide value, POV)

(1) 原理：1,000 克油脂中過氧化物，以碘分子毫克當量數來表示。

(2) 應用：判斷油脂氧化酸敗程度的初期指標。

4. 皂化價(saponification number, SN)

(1) 原理：中和 1 克油脂所需 KOH 的毫克數來表示。

(2) 應用：判斷油脂中脂肪酸的平均分子量大小與鏈長。

5. 萊赫麥斯值(reichert meissl value, RMV)

(1) 原理：中和 5 克油脂所需 KOH 的毫升數來表示。

(2) 應用：判斷油脂中具水溶性且揮發性的游離脂肪酸含量。

6. 羰基價(carbonyl group value, CGV)

(1) 原理：檢測油脂氧化後醛基或酮基等極性化合物的濃度。

(2) 應用：判斷油脂氧化酸敗程度的末期指標。

7. 硫巴比妥酸價(thiobarbituric acid method, TBA)

(1) 原理：油脂氧化物丙二醛與 TBA 混合後測其紅色吸光值。

(2) 應用：判斷油脂氧化酸敗程度的末期指標。

8. 活性氣氧法(active oxygen method, AOM)

(1) 原理：取 20 克油脂通入 98.7°C 氧氣後，取 5 克油脂測定過氧化價達到 125～150 所需的時間。

(2) 應用：判斷食用油炸油脂的氧化安定性，AOM 值愈高，該油脂愈安定。

9. 烘熱法(oven test method, OM)

(1) 原理：取 50 克油脂置於 50～60°C 恆溫槽中觀察有無臭味產生的時間。

(2) 應用：判斷食用油炸油脂的氧化安定性。

☕ 相關試題

1. 有橄欖油、花生油、豬油等三罐油的標籤脫落，但經分析 fatty acid 組成後得下列大致結果，請回答以下問題：

	A 油	B 油	C 油
$C_{16:0}$	23%	11%	13%
$C_{18:0}$	9%	3%	2%
$C_{18:1}$	46%	24%	75%
$C_{18:2}$	14%	54%	9%
$C_{18:3}$	1%	8%	0.5%

(1) A、B、C 分別為何種油。

(2) 請排列出三種油之 AOM 值高低。

(3) 相同儲存條件下，請排列此三種油之 PV 值高低。

(4) 請排列出三種油之 mp 值高低。

(5) 請排列出三種油之 IV 值高低。

答：(1) A 標籤的油脂為豬油；B 標籤的油脂為花生油；C 標籤為橄欖油。

(2) 該三種油之 AOM 值高低依序為豬油＞橄欖油＞花生油。

(3) 該三種油之 POV 值高低依序為花生油＞橄欖油＞豬油。

(4) 該三種油之 mp 值高低依序為豬油＞橄欖油＞花生油。

(5) 該三種油之 IV 值高低依序為花生油＞橄欖油＞豬油。

2. 下列哪一種油碘價最高？　(A)奶油　(B)豬油　(C)雞油　(D)椰子油。答：(C)。
解析：雞油的脂肪酸組成含較多不飽和雙鍵，因此雞油的碘價會較高。

3. 脂質氧化初期的品質指標是：　(A)酸價　(B)過氧化價　(C)碘價　(D)TBA。
答：(B)。過氧化價(POV)可作為脂質自氧化酸敗初期的品質劣變指標。

4. 下列何種化學數值可用來表示油脂分子的分子量大小？　(A)酸價　(B)碘價
(C)皂化價　(D)硫巴比妥酸價。　　　　　　　　　　　　　答：(C)。
解析：皂化價數值可用來表示油脂中脂肪酸組成之分子量的大小。

5. 油脂過氧化價之測定中加入之 KI：　(A)為氧化劑會被氧化為碘分子　(B)必
須精確定量　(C)滴定其剩餘之當量即為過氧化物之當量　(D)會將過氧化物
還原產生碘分子。　　　　　　　　　　　　　　　　　　答：(D)。
解析：碘化鉀(KI)會將油脂的過氧化物還原產生碘分子；因此碘分子的濃度
　　　愈大，表示該油脂的過氧化價就愈高。

6. 下列何種油脂之皂化價最低？　(A)椰子油　(B)魚油　(C)氫化大豆油　(D)
大豆油。　　　　　　　　　　　　　　　　　　　　　　答：(B)。
答：脂肪酸的分子量愈大，該油脂的皂化價就愈低。魚油含多量的
　　EPA($C_{20:5}$)和 DHA($C_{22:6}$)，碳鏈上碳數愈多，分子量愈大。

7. 活性氧氣法(AOM)測量下列何者會有最高之數值？　(A)椰子油　(B)大豆油
(C)氫化大豆油　(D)魚油。　　　　　　　　　　　　　　答：(C)。
解析：AOM 主要測量油脂的氧化安定性；氫化大豆油呈飽和狀態，數值愈
　　　高。

8. 碘價(IV)可用來檢測油脂的何種性質？　(A)脂肪酸分子量的大小　(B)脂肪
酸的不飽和程度　(C)脂肪酸的裂解程度　(D)脂肪酸的飽和程度。答：(B)。

9. 請解釋下列名詞：揮發性脂肪酸。
答：揮發性脂肪酸泛指碳數在 10 碳以下的脂肪酸，具揮發性且可溶於水中
　　揮發性脂肪酸。

10. 下列何項檢驗值可以表示油脂雙鍵數目？ (A)皂化價 (B)酸價 (C)碘價 (D)酯值。 答：(C)。

解析：油脂品質分析中，碘價可用來判斷油脂中主要脂肪酸的雙鍵數目。

11. 下列何者之皂化價最高？ (A)$(C_{15}H_{29}COO)_3C_3H_5$ (B)$(C_{17}H_{33}COO)_3C_3H_5$ (C)$(C_{15}H_{31}COO)_3C_3H_5$ (D)$(C_{17}H_{35}COO)_3C_3H_5$。 答：(A)。

解析：脂肪酸的分子量愈小，該油脂的皂化價就愈高。

12. 判斷油脂種類時，下列何者常用來做為指標？ (A)酸價 (B)碘價 (C)皂化價 (D)過氧化價。 答：(B)。

解析：食用油脂的碘價分析，可用來做為判斷油脂種類時的參考指標。

13. 下列哪一種油脂之碘價最高？ (A)可可脂 (B)豬油 (C)雞油 (D)沙拉油。 答：(D)。

解析：沙拉油含有亞麻油酸，其碘價最高；而可可脂含有飽和酸，碘價最低。

八、食用油脂提煉的方法(extraction method of edible oil)

1. **加熱溶出法**：動物性油脂。

2. **機械壓榨法**：植物性油脂。

3. **有機溶劑萃取法**：石油醚、苯類、正己烷(n-hexane)、氯仿等可用於含高脂肪之植物油的萃取。

相關試題

1. 一般沙拉油是用何種溶劑萃取油脂？ (A)甲醇 (B)氯仿 (C)丙酮 (D)正己烷。 答：(D)。

解析：油脂工業的油份萃取，一般常採用正己烷來進行溶劑提油。

2. 下列溶劑何者極性最大？ (A)正己烷 (B)氯仿 (C)石油醚 (D)甲醇。 答：(D)。極性大的溶劑如甲醇等較不適合作為油脂提油的溶劑使用。

3. 下列提油法中，最後食材原料之油脂殘留率最低者為： (A)壓榨法 (B)濕提法 (C)乾提法 (D)溶劑萃取法。 答：(D)。

解析：正己烷等溶劑萃取法，可使油脂殘留率達到最低。

4. 黃豆以溶劑提油萃取其中油份，所用之溶劑為： (A)正丁烷 (B)正戊烷 (C)正己烷 (D)正辛烷。 答：(C)。

5. 目前國內沙拉油工廠提油主要方法為： (A)溶劑抽取 (B)濕提法 (C)乾提法 (D)壓榨法。 答：(A)。

九、食用油脂的精製工程(refining process of edible oil)

（一）精製加工流程

原料油脂→壓榨→澄清→脫膠→脫酸→脫色→脫臭→油炸油

→冬化→沙拉油⇒冷藏調理油、蛋黃醬、沙拉醬、粉末油脂

→氫化→硬化油⇒人造奶油、酥油。

1. 脫膠(degumming)

(1) 脫除物質：卵磷脂等膠性物質，會影響成品之色澤。

(2) 添加試劑：溫水(75～80°C)。

(3) 操作條件：沉澱法、離心分離法。

相關試題

1. 油脂精製加工中去除卵磷脂的程序稱為： (A)脫酸 (B)脫臭 (C)脫膠 (D)脫色。 答：(C)。

2. 沙拉油精製時，脫膠之主要目的是在去除： (A)色素 (B)游離脂肪酸 (C)卵磷脂 (D)硬脂酸。 答：(C)。

2. 脫酸(deacidification)

(1) 脫除物質：游離脂肪酸。

(2) 添加試劑：氫氧化鈉、碳酸鈉。

(3) 操作條件：攪拌法、離心分離法。

相關試題

1. 英翻中：refining。

答：refining 即為油脂精製操作，其餘內容參考本章九重點提示。

2. 大豆油精製過程中，加入何種物質可除去游離脂肪酸？　(A)矽藻土　(B)活性碳　(C)碳酸鈉　(D)過氧化氫。　　　　　　　　答：(C)。

3. 油脂純化過程中之精製(refining)其目的為何？　(A)去除植物性蛋白質　(B)去除膠質　(C)去除油脂中之游離脂肪酸　(D)漂白作用。　　答：(C)。

解析：油脂純化過程中之精製操作的目的是去除油脂中之游離脂肪酸含量。

4. 精製沙拉油的過程中加入何種物質可除去游離脂肪酸？　(A)酸性白土　(B)氫氧化鈉　(C)磷酸　(D)氫氣。　　　　　　　　　　答：(B)。

解析：油脂精製中，添加氫氧化鈉可與游離脂肪酸結合形成皂腳，將之有效去除。

3. 脫色(decolorization)操作

(1) 脫除物質：原維生素 A。

(2) 添加試劑：活性白土、酸性白土、矽藻土、活性炭。

(3) 操作條件：90°C、5 Torr 壓力。

相關試題

1. 大豆油實用的脫色方法有：　①添加酸性白土　②利用臭氧氧化　③添加過氧化氫　④加氫氧化鈉，答案是：　(A)①②③④　(B)①②③　(C)①②　(D)①。　　　　　　　　　　　　　　　　　　　　　　　　答：(D)。

解析：油脂工業常用酸性白土為脫色劑；利用氧化劑脫色亦可，但較少採用。

2. 油脂脫色精製時，下列何者為最常用之脫色劑？　(A)矽藻土　(B)活性白土　(C)高嶺土　(D)過氧化氫。　　　　　　　　　　　　答：(B)。

4. 脫臭(deodorization)操作

(1) 脫除物質：具揮發性的醛與酮類等極性分子。

(2) 添加試劑：蒸氣噴入法、抽真空法、氧氣噴入法。

(3) 操作條件：高溫低壓（210～270°C、2～20 Torr）。

☕相關試題

1. 一般沙拉油以下列何種方法脫臭？　(A)活性碳法　(B)中和法　(C)蒸汽法 (D)熱媒法。　　　　　　　　　　　　　　　　　　　　答：(C)。

解析： 油脂工業中，一般沙拉油脂的脫臭操作常採用蒸汽脫臭法進行。

2. 下列何者無法使油脂脫臭？　(A)過熱蒸氣　(B)氧氣　(C)真空　(D)酸性白 土。　　　　　　　　　　　　　　　　　　　　　　　　答：(D)。

解析： 酸性白土的使用與油脂行脫臭操作的目的無關。

5. 冬化(winterization)操作

(1) 目的：去除高熔點的固脂如硬脂酸($C_{18:0}$)，使油脂冷藏時不易結晶析出。

(2) 操作條件：5～7°C 低溫。

油脂分類	飽和程度	碘　價	熔　點	冷藏結晶性	乳化性
液態油	高	低	高	高	低
冬化油	低	高	低	低	高

☕相關試題

1. 試從製程說明沙拉油與黃豆油之差異。

答： 沙拉油與黃豆油之製程差異，在於前者須經冬化加工步驟，而黃豆油者 則否。

2. 下列何者是飽和脂肪酸？　(A)亞麻油酸(linoleic acid)　(B)次亞麻油酸 (linolenic acid)　(C)硬脂酸(stearic acid)　(D)油酸(oleic acid)。　　答：(C)。

解析： 硬脂酸(stearic acid，$C_{18:0}$)是飽和脂肪酸。

3. 下列何者是飽和脂肪酸？　(A)stearic acid　(B)oleic acid　(C)linoleic acid (D)linolenic acid。　　　　　　　　　　　　　　　　　　答：(A)。

4. 植物油進行冬化主要目的是： (A)去除油之中的水分 (B)除去高融點的甘油酯類 (C)除去卵磷脂 (D)除去飽和度低的固體脂。 答：(B)。

解析： 油炸油進行冬化操作以製成沙拉油其主要目的是除去高融點的硬脂酸。

十、食用油脂的修飾方法(improvement of edible oil)

1. 氫化(hydrogenation)

(1) 目的：減少液態油脂中脂肪酸分子上的雙鍵數目，其目的是提高油脂的熔點，一方面亦可形成硬化油，另一方面增加熱安定性和延長貯藏期限。

(2) 操作條件：高溫高壓(180°C、2～10 kg/cm²)。

(3) 觸媒：鎳。

油脂分類	雙鍵數目	碘　價	飽和程度	熔　點	凝固點
液態油	多	高	低	低	下降
氫化油	少	低	高	高	上升

相關試題

1. 在油脂加工過程，將不飽和雙鍵變成飽和狀態的脂肪酸，這種加工方法通常稱為： (A)deodorizaion (B)hydrogenation (C)winterization (D)fractionation。 答：(B)。

解析： hydrogenation 即為氫化加工，可將脂肪酸上不飽和雙鍵轉變成飽和狀態。

2. 沙拉油的製造過程，若將不飽和脂肪酸變成飽和脂肪酸，其方法稱為： (A)氧化 (B)皂化 (C)氫化 (D)離子化。 答：(C)。

解析： 氫化操作可將油脂中的不飽和脂肪酸轉變成飽和脂肪酸，以提高其硬度。

3. 有關油脂氫化之敘述，下列何者不正確？ (A)不飽和脂肪酸之雙鍵數目減少 (B)氫化油可作為人造奶油 (C)氫化油可作酥油使用 (D)氫化通常在常溫常壓下進行。 答：(D)。

4. 欲以液態植物油製造硬化油，需經過何種油脂加工步驟？ (A)脫膠 (B)冬化 (C)氫化 (D)脫酸。 答：(C)。

5. 下列有關油脂氫化的敘述，何者不正確？ (A)脂肪酸雙鍵數目減少 (B)油脂氧化安定性增加 (C)氫化後，油脂融點降低 (D)易生成反式脂肪酸異構物。 答：(C)。
   解析： 液態油脂行氫化操作後，硬化油脂的熔點會上升，安定性提高。

6. 大豆油進行部分氫化時最常使用之催化劑是： (A)鐵粉 (B)氧化鉛 (C)鎳 (D)酵素。 答：(C)。
   解析： 油脂行氫化操作時常會添加金屬鎳作為催化劑，加速反應的進行。

7. 油脂經氫化後，下列何者不正確？ (A)熔點升高 (B)凝固點下降 (C)飽和度增加 (D)碘價減少。 答：(B)。

2. 交酯化(interesterification)

(1) 目的：將油脂中之三酸甘油酯分子上的 3 個醯基相互交換，以改善油脂的可塑性。

(2) 操作條件：Na、CH_3ONa；180～240°C。

相關試題

1. 填充題：添加油脂可使食品易操作整形是利用油脂<u>可塑</u>作用。

2. 油脂具有： (A)shortening value (B)plasticity (C)cream value (D)stability 之特性，可使成品易操作整型且維持一定軟硬度。 答：(B)。
   解析： 油脂具有可塑(plasticity)特性，可使硬化油易整型且維持一定軟硬度。

3. 天然油脂所進行之化學反應中，將三酸甘油脂上的三個醯基互相置換，此作用稱為： (A)皂化作用 (B)冬化作用 (C)脫臭作用 (D)交酯化作用。 答：(D)。

3. 調溫法(tempering)

(1) 目的：利用油脂結晶法來改變油脂的特性，達成理想的同質多晶化現象及物理特性，如熔點的溫度帶變寬或調整為更狹窄，以適合油脂在不同產品之加工。

(2) 操作條件：不同溫度處理油脂可形成各種不同的混合晶體，此時該油脂之熔點範圍轉變為寬廣。

相關試題

1. 請以中文翻譯並說明下列名詞：crystallization。

答：crystallization 即為結晶化，利用調溫法可使油脂的熔點範圍較狹窄，如巧克力油脂，利於進一步的塑化定型加工。

十一、食用油脂的二次加工品

（一）食用硬化油(edible hardened oil)

油脂分類	油脂硬度	油脂安定性	油脂氧化性	油脂劣變
液態油	低	低	高	高
硬化油	高	高	低	低

（二）人造乳酪（margarine，亦稱乳瑪琳）

1. 主原料：氫化油。

(1) 脂肪含量為 80%以上。

(2) 食鹽含量為 3%以上。

(3) 乳化液狀態為油中水滴型(water in oil, W/O)。

2. 副原料：醱酵乳酸、脫脂乳。

(1) 水分含量為 15～17%。

(2) 黃色色澤為β-胡蘿蔔素。

(3) 熔點為 30～36°C。

相關試題

1. 食品加工中有關油脂特性之敘述，何者不正確？　(A)油炸加工主要係利用油脂之高沸點、液態介質之特性　(B)添加酥油製造酥脆餅乾係利用油水不互溶之特性　(C)人造奶油之製造主要是藉由冬化處理植物油以提高其熔點而替代奶油　(D)油溶性營養成分常以大豆油作為溶劑充填膠囊後一起服用。　　答：(C)。
　　解析：人造奶油之製造主要是藉氫化處理植物油以提高其熔點及可塑性。

（三）酥油(shortening oil)

1. 主原料：氫化油。
　(1) 脂肪含量為 100%。
　(2) 為不可直接食用之油脂。
　(3) 含氮氣量為 10～20%。

2. 沒有食鹽含量
　(1) 可做為豬油之替代品。
　(2) 純白色澤且不含β-胡蘿蔔素。
　(3) 熔點為 40°C。

相關試題

1. 請以中文寫出下列與食品科學有關之名詞：shortening。
　　答：shortening oil 即酥油，是一種豬油的替代品，添加於烘焙製品中提供酥脆口感。

（四）蛋黃醬(mayonnaise)

1. 油脂原料：精製冬化油。
　(1) 脂肪含量為 65%以上。
　(2) 內含食醋，可作為抑菌劑。
　(3) 黏度低。

2. 副原料：卵黃。
　(1) 乳化劑為卵磷脂。

(2) 乳化液狀態為水中油滴型(oil in water, O/W)。

(3) 可直接食用。

☕相關試題

1. 蛋黃醬主要是利用蛋黃之： (A)起泡性 (B)乳化性 (C)成膠性 (D)溶解性。 答：(B)。
   解析： 蛋黃醬(mayonnaise)主要是利用蛋黃中卵磷脂之乳化特性。

————————— 🍎

（五）沙拉醬(salad dressing)

1. 油脂原料：精製冬化油。
   (1) 脂肪含量為 65%以上。
   (2) 內含食醋可作為抑菌劑。
   (3) 添加澱粉與食用膠做為增稠劑。

2. 副原料：卵黃。
   (1) 以卵磷脂做為乳化劑。
   (2) 乳化液狀態為水中油滴型(O/W)。
   (3) 黏度高。

☕相關試題

1. 沙拉醬及蛋黃醬製造之最大差異在： (A)蛋黃之添加 (B)植物油之種類 (C)澱粉原料之添加 (D)食醋添加量。 答：(C)。
   解析： 沙拉醬及蛋黃醬製造之最大差異在於前者會添加澱粉原料；後者則無。

————————— 🍎

（六）粉末油脂(oil powder)

1. 製造流程：油脂＋覆膜劑（酪蛋白、明膠與碳水化合物）→混合→噴霧乾燥機→微膠化技術→粉末油脂。

2. 粉末油脂基本介紹
   (1) 油脂原料為精製冬化油。
   (2) 添加酪蛋白、明膠等覆膜劑可防止脂質氧化。

(3) 可直接食用。

(4) 乳化液狀態為水中油滴型(oil in water, O/W)。

十二、 食用油脂的自氧化反應及防止方法(autooxidative reaction of edible oil and its preventive method)

1. 自氧化階段與其反應方程式

起始期(initiation)	$RH \longrightarrow R \cdot + H \cdot$
連鎖期(propagation)	$R \cdot + O_2 \longrightarrow ROO \cdot$; $ROO \cdot + RH \longrightarrow ROOH + R \cdot$
終止期(termination)	$R \cdot + R \cdot \longrightarrow RR$; $ROO \cdot + ROO \cdot \longrightarrow ROOR + O_2$

2. 促進油脂劣變作用的因素

(1) 使用高度不飽和液態油:溫度愈高,連鎖期加速,於低濃度之氧氣下即可促進油脂氧化反應。

(2) 當水活性大於 0.4 以上,金屬離子具催化作用,而紫外線亦加速自由基之形成。

3. 防止油脂劣變作用的方法

(1) 使用高度飽和硬化油:降低油脂的貯藏溫度,而降低氧氣的濃度。

(2) 水活性:介於 0.3～0.4,去除金屬離子的催化,而隔絕紫外線的照射。

☕相關試題

1. 請詳細說明油脂自氧化反應(autoxidation)機制的三個階段。

答:油脂自氧化反應機制的三個階段分別為起始期、連鎖期及終止期,其目的在於產生自由基,促使油脂進行一連串的自氧化裂解作用。

2. 何謂油脂的 autooxidation?現今許多食品中 chelating agents、sequestrants 和 antooxidant 在上述現象所扮演角色為何?

答:油脂的自氧化作用(autooxidation),參考上述重點提示,食品中 chelating agents 為螯合劑,sequestrants 為隱蔽劑和 antooxidant 抗氧化劑在油脂自氧化現象所扮演的功能,請詳見本書第十九章食品添加物的內容。

3. 影響油脂自氧化之因素，下列何者為錯誤？　(A)生育醇可促進氧化　(B)油脂因加氧氣而可加速氧化　(C)不飽和脂肪酸易產生自氧化作用　(D)高溫加熱亦可催化氧化。　　　　　　　　　　　　　　　　　　　答：(A)。

解析：生育醇（維生素 E）是抗氧化劑可抑制油脂的氧化劣變作用而非促進氧化。

4. 脂質自氧化速率最慢的 A_w 範圍為：　(A)0.7～0.8　(B)0.5～0.8　(C)0.1～0.2 (D)0.3～0.4。　　　　　　　　　　　　　　　　　　　　　　　答：(D)。

解析：水活性(A_w)介於 0.3～0.4 間，脂質發生自氧化速率最慢即安定性高。

5. 沙拉油的水活性調整在何種範圍，會有最佳的儲藏穩定性？　(A)0.1～0.2 (B)0.3～0.4　(C)0.5～0.6　(D)0.7～0.8。　　　　　　　　　　答：(B)。

解析：沙拉油脂的水活性若控制在 0.3～0.4，具較佳的貯藏安定性而不易變質。

6. 填充題：金屬離子在油脂氧化變敗所扮演的角色是<u>觸媒</u>。

7. 以 oleic acid 為例，繪圖說明不飽和脂肪酸於 autoxidation 過程中可能產生之同分異構的氫過氧化物。

答：

$$- CH_2 - CH = CH_2 - CH_2 -$$

$$\downarrow R\cdot$$

$$[- CH = CH - CH - CH_2 -] \qquad [- CH_2 - CH = CH - CH -]$$

$$[- CH - CH = CH - CH_2 -] \qquad [- CH_2 - CH - CH = CH -]$$

$$\downarrow O_2 \qquad\qquad \downarrow O_2$$

$$\begin{array}{c} O-O\cdot \\ | \\ - CH - CH = CH - CH_2 - \end{array} \qquad \begin{array}{c} O-O\cdot \\ | \\ - CH_2 - CH - CH - CH - \end{array}$$

$$\begin{array}{c} O-O\cdot \\ | \\ - CH = CH - CH - CH_2 - \end{array} \qquad \begin{array}{c} O-O\cdot \\ | \\ - CH_2 - CH = CH - CH - \end{array}$$

$$\downarrow RH \qquad\qquad \downarrow RH$$

$$\begin{array}{c} OOH \\ | \\ - CH - CH = CH - CH_2 - \end{array} \qquad \begin{array}{c} OOH \\ | \\ - CH_2 - CH - CH - CH - \end{array}$$

$$\begin{array}{c} OOR \\ | \\ - CH = CH - CH - CH_2 - \end{array} \qquad \begin{array}{c} OOR \\ | \\ - CH_2 - CH = CH - CH - \end{array}$$

共產生四個同分異構氫過氧化物(hydroperoxides)。

8. 何種因子與油脂自動氧化之促進無關？　(A)氧　(B)光線　(C)抗氧化劑　(D)金屬。　　　　　　　　　　　　　　　　　　　　　　　答：(C)。

解析：氧氣、光線與金屬等具油脂自氧化催化作用，抗氧化劑則具減緩效用。

十三、 食用油脂的酸敗反應及性質變化(rancidity of edible oil causing deteriorative changes)

1. 食用油脂的酸敗反應(rancidity of edible oil)

酸敗類型	油脂種類	反應或促進因子	反應產物
酵素水解型	乳酪與豬脂	脂解酶(lipase)	甘油與游離脂肪酸
酮 類 型	椰子油	麴黴菌、青黴菌	酮類等極性物質
氧 化 型	精製食用油脂	氧氣、光線、金屬	醛類與酮類等

2. 食用油脂劣變之判定(assessment of deteriorative edible oil)

(1) 酸價：上升。

(2) 發煙點：下降。

(3) 褐變速率：上升。

(4) 油耗味(rancidity)：亞麻油酸裂解產生小分子醛、酮、酸等不良氣味。

(5) 碘價：下降。

(6) 黏稠度：上升。

(7) 吸油率：增加。

(8) 油雜味(reversion)：次亞麻油酸氧化裂解，生成不良的風味。

☕相關試題

1. 解釋下列名詞：rancidity。

答：rancidity 即為油脂酸敗作用或油耗味，為油脂氧化劣變的結果。

2. 填充題：高溫加熱後變質劣化油脂所具有的感官特點？

顏色加深、易起泡沫、具油耗味、發煙點下降、黏稠度增加。

3. 英翻中：rancidity。

答：rancidity 即為油脂酸敗作用或油耗味，為油脂氧化劣變的結果。

4. 下列何者非高溫加熱後變質劣化油脂所具有的特點？ (A)顏色加深 (B)易起泡沫 (C)具油耗味 (D)發煙點升高 (E)黏稠度增加。 答：(D)。

解析：經加熱後變質劣化油脂其發煙點會下降而非升高。

5. 下列何者不屬於油脂酸敗（劣變）所產生的現象？ (A)油脂的黏稠度增加 (B)油脂的發煙點降低 (C)油脂的顏色變深 (D)油脂的起泡性降低 (E)油脂的油耗味產生。 答：(D)。

6. 油脂變質之敘述，下列何者不正確？ (A)含不飽和脂肪酸之油脂與空氣中的氧會進行氧化作用而變質 (B)產生過氧化物的油脂會發生不良味道 (C)具有油耗味的油脂謂之酸敗 (D)油雜味(reversion)與油耗味(rancidity)意義相同。 答：(D)。

解析：油脂變質之油雜味(reversion)與油耗味(rancidity)意義完全不相同，泛指黃豆油於貯藏期間次亞麻油酸($C_{18:3}$)會先進行劣變而產生油雜味(reversion)；隨後亞麻油酸($C_{18:2}$)則會進行劣變而產生油耗味(rancidity)。

7. 試述大豆油較其他植物油不安定的理由。

答：大豆油較不安定的原因是含有較高含量的次亞麻油酸($C_{18:3}$)，在貯藏期間該脂肪酸會優先進行氧化作用而使油脂性劣變產生油雜味(reversion)。

8. 有關油脂的敘述，何者為非？ (A)油脂中吹入空氣會增加其過氧化價 (B)高溫長時間加熱會因脂肪酸的聚合作用使黏度上升 (C)微量的金屬會促進油脂氧化，使碘價增加 (D)光照會促進油脂氧化，也會導致惡臭味的生成。

答：(C)。微量的金屬會促進油脂氧化，使碘價下降而非增加。

學後評量 *Exercise*

一、精選試題

（A） 1. 油脂加工之哪一種操作，可以顯著的將液態油之飽和度增加，熔點上升？ (A)氫化 (hydrogenation) (B)脫臭 (deodorizing) (C)調溫 (tempering) (D)脫膠(degumming)。

【解析】：氫化操作可將液態油之雙鍵減少即提高飽和度，促使熔點上升，製成硬化油。

（D） 2. 哪一種食品於傳統製造過程中，不需控制在鹼性條件下？ (A)皮蛋 (B)冬瓜糖塊 (C)蒟蒻 (D)蛋黃醬。

【解析】：蛋黃醬的製程中，須添加醋酸、水果醋及果汁等酸劑以達到具有抑菌的作用。

（B） 3. 有關油脂進行冬化之敘述，下列何者正確？ (A)高溫下進行 (B)低溫下進行 (C)促使油脂氧化 (D)促使油脂氫化。

【解析】：油脂行冬化之條件在 5～7°C 低溫下進行，其目的在促使固脂的去除。

（D） 4. 油籽工業最常採用何種有機溶劑提煉食用油？ (A)石油醚 (B)乙醚 (C)丙酮 (D)正己烷。

【解析】：油脂工業中常採用正己烷等有機溶劑來提煉食用油脂，提油率較高。

（A） 5. 乳瑪琳(margarine)之主要成分為： (A)氫化油 (B)酪蛋白 (C)奶油 (D)食鹽。

【解析】：乳瑪琳(margarine)即人造奶油，其主要成分為含 80%以上的氫化油脂。

（B） 6. 下列何種操作與黃豆油之精製 (refining) 過程無關？ (A)脫膠 (degumming) (B)脫胺 (deamination) (C)脫臭 (deodorization) (D)脫色(decolorization)。

【解析】：油脂之精製法包括脫膠、脫酸、脫色及脫臭操作等，但不包括脫胺。

（D） 7. 下列何種油脂製造，一般不使用溶劑進行萃取(solvent extraction)？ (A)黃豆油(soybean oil) (B)菜籽油(rapeseed oil) (C)葵花籽油(sunflower oil) (D)芝麻油(sesame oil)。

【解析】：芝麻油製造少使用溶劑萃取，常採機械壓榨法，使芝麻油具有香氣。

（D）　8. 食品在貯存時，水活性(A_w)小，則微生物無法繁殖，但若低於 0.25 以下，則食品易變質的原因為：　(A)蛋白質裂解　(B)醣類發生聚合 (C)非酵素性褐變　(D)油脂氧化速度加快所致。

【解析】：水活性若低於 0.3，則油炸食品易變質原因為自氧化速度加快所導致。

（C）　9. 有關油脂加工單元操作之目的，下列敘述何者不正確？　(A)冬化為將飽和度高的三酸甘油酯去除　(B)脫色為除去油脂中所含的色素 (C)脫酸為去除油脂中所含的卵磷脂　(D)脫臭為去除油脂中不良味道之醛、酮類。

【解析】：油脂的精製法中脫膠步驟的目的為去除油脂中所含的卵磷脂。

（B）　10. 沙拉油製造過程中，去除磷脂質的操作步驟稱之為：　(A)脫酸 (B)脫膠　(C)脫臭　(D)脫色。

【解析】：沙拉油製造過程中，去除磷脂質的操作步驟稱之為脫膠。

（A）　11. 下列四種食用油何者碘價最低？　(A)椰子油　(B)大豆油　(C)芝麻油 (D)花生油。

【解析】：食用油脂的碘價與飽和脂肪酸含量成反比，因此椰子油的碘價最低。

（B）　12. 下列何者在油脂發生氧化後其值會下降？　(A)過氧化價　(B)碘價 (C)酸價　(D)皂化價。

【解析】：食用油脂若發生自氧化作用，碘價會下降；酸價、過氧化價會上升。

（A）　13. 下列油脂何者的碘價最大？　(A)魚油　(B)沙拉油　(C)豬油　(D)椰子油。

【解析】：魚油中含 EPA 與 DHA 等高度不飽和脂肪酸，因此魚油的碘價最大。

（A）　14. 下列何者含不飽和脂肪酸最高？　(A)魚油　(B)牛油　(C)豬油　(D)雞油。

【解析】：魚油含不飽和脂肪酸的比例最高，容易氧化而變質。

（A）　15. 在選擇油炸油時，下列何項特性為主要考量？　(A)發煙點　(B)熔點 (C)凝固點　(D)酸價。

【解析】：發煙點的高低是在選擇油炸用油脂時，最主要考量的特性，一般以發煙點較高的油脂較適合作為油炸用油脂。

（C）　16. 在油脂加工程序中，用來移走高熔點脂肪酸的是哪一個步驟？　(A)沉澱去膠　(B)鹼精製　(C)冬化　(D)氫化。

【解析】：油脂加工中，冬化操作可用來移走液態油脂中具高熔點的脂肪酸。

（C）17. 下列有關酥油之描述，何者正確？　(A)碘價高　(B)非為硬化油　(C)為硬化油　(D)不經過氫化。

【解析】酥油(shortening oil)之特性為須以硬化油即氫化油作為主要原料。

（C）18. 下列何者不是不飽和脂肪酸？　(A)亞麻油酸　(B)油酸　(C)棕櫚酸　(D)次亞麻油酸。

【解析】棕櫚酸為飽和脂肪酸；油酸、亞麻油酸與次亞麻油酸則為不飽和。

（D）19. 油脂精製的目的是為了去除：　(A)蛋白質　(B)碳水化合物　(C)水分　(D)游離脂肪酸。

【解析】油脂精製(refining)的目的是為了去除油脂中游離脂肪酸。

（B）20. 油脂氫化之目的為：　(A)脫臭　(B)使油脂硬化　(C)提高不飽和度　(D)去除固體脂。

【解析】食用油脂行氫化加工之目的為使油脂呈硬化狀態，安定性高。

（D）21. 油脂冬化的主要目的為何？　(A)去除夾雜的色素　(B)去除游離脂肪酸　(C)去除不飽和脂肪酸　(D)去除高融點的三甘油酯。

【解析】油脂冬化的目的為去除高熔點的三甘油酯，低溫下冷藏不易結晶。

（C）22. 下列何者不能看出油脂劣變的程度？　(A)酸價(IV)　(B)過氧化價(POV)　(C)碘價(IV)　(D)TBA 價。

【解析】碘價的高或低較無法正確反應出該油脂劣變的程度。

（C）23. 有關油脂氫化處理的敘述，何者為不正確？　(A)使不飽和脂肪酸中之雙鍵數目減少　(B)使油脂之融點升高　(C)氫化處理通常在常溫常壓下進行　(D)氫化油可作人造奶油。

【解析】油脂氫化處理條件通常在高溫高壓下進行。

（A）24. 下列何種油脂最耐油炸加工？　(A)氫化油　(B)豬油　(C)玉米油　(D)花生油。

【解析】氫化油脂之飽和度高，因此最耐油炸加工操作不易變質。

（C）25. 下列何者可做為油脂氧化酸敗程度的指標？　(A)酸價　(B)碘價　(C)過氧化價　(D)皂化價。

【解析】過氧化價可作為油脂氧化酸敗程度的初期變化指標。

（A）26. 植物油可經下列何種方法製成人造奶油？　(A)氫化　(B)冬化　(C)內交酯法　(D)調適法(tempering)。

【解析】植物油可先經由氫化方法製成硬化油脂，其後進一步製成人造奶油。

（D）27. 市售油炸食物之敘述何者正確？ (A)油炸溫度宜保持 130°C 以下 (B)油炸用油宜用植物性油脂減少氧化 (C)油炸食物與油脂比率應保持 1：10 (D)一般油炸使用愈低之油溫，油炸食物吸油率愈高。

【解析】：油炸食物之特性為
(A)油炸溫度宜保持 200°C 以上。
(B)油炸用油宜用動性性油脂以減少氧化劣變發生。
(C)油炸食物與油脂比率應保持 4：6。
(D)一般油炸使用愈低之油溫，油炸食物吸油率愈高。

（D）28. 就油脂安定的觀點，下列何種油脂適合當油炸油？ (A)花生油 IV 84～101 (B)大豆油 IV 114～138 (C)豬油 IV 50～85 (D)牛油 IV 32～47。

【解析】：碘價愈低的油脂，安定性愈高，因此牛油適合當油炸油脂使用。

（C）29. 下列何種油脂依其氧化安定性，比較不適合油炸食品使用？ (A)豬油 (B)氫化油 (C)大豆油 (D)棕櫚油。

【解析】：不飽和程度較高的大豆油，安定性差，不適合當作油炸用油脂使用。

（A）30. 人造奶油： (A)以氫化油為主要原料 (B)以全脂乳為副原料 (C)完全不含水分 (D)含水量限制在 1%以下。

【解析】：人造奶油以氫化油為主要原料，脫脂醱酵乳為副原料，含水量約 16%。

（B）31. 下列何種值開始上昇時，表示此油已經開始進行自氧化？ (A)碘價 (B)過氧化價 (C)酸價 (D)TBA 值。

【解析】：油脂的過氧化價開始上昇時，表示油脂的自氧化劣變已開始發生。

（B）32. 精製沙拉油的過程中，能獲得大豆卵磷脂的流程為： (A)脫酸 (B)脫膠 (C)脫色 (D)脫臭。

【解析】：沙拉油的精製過程中，脫膠步驟可獲得副產物大豆卵磷脂。

（B）33. 製作派皮使用的油脂其燃點大約為： (A)38～40°C (B)40～42°C (C)42～44°C (D)44～46°C。

【解析】：製作派皮使用的油脂，其燃點大約為 40～42°C。

（D）34. 溶劑提油(solvent extraction)操作中利用下列何種溶劑萃取油脂？ (A)正丙烷 (B)正丁烷 (C)正戊烷 (D)正己烷。

【解析】：正己烷常用於油脂的萃取提油操作。

（B）35. 人造奶油之製造程序中通常要經過急速冷凍操作，其目的為： (A)達到油脂殺菌之目的 (B)使乳化之油脂迅速形成細緻之結晶而固化，增進其物性品質 (C)增進人造奶油之氧化安定性 (D)降低熔點。

【解析】：人造奶油之急凍操作，目的為使油脂能迅速形成細緻之結晶而固化。

（C）36. 下列哪一種油脂之熔點最高？ (A)豬油 (B)氫化菜籽油 (C)氫化牛油 (D)花生油。

【解析】：氫化牛油的飽和程度最高，因此該油脂的熔點最高。

（B）37. 下列哪一種油脂之加工特性與可可脂(cocoa butter)較接近？ (A)棕櫚油(palm oil) (B)棕櫚仁油(palm kernel oil) (C)菜籽油(rapeseed oil) (D)葵花籽油(sunflower oil)。

【解析】：在 15°C 下呈固體狀態，因此棕櫚核仁油之加工特性與可可脂較接近。

（C）38. 測定油脂之碘價(iodine number)，主要是測定： (A)油脂中的酸敗程度 (B)油脂中的脂肪酸大小 (C)油脂中的不飽和程度 (D)油脂中的折射率。

【解析】：碘價(IV)主要是測定油脂中脂肪酸的雙鍵數目即其不飽和的程度。

（B）39. 冬化(wintering)之最主要作用為： (A)除去油脂中的水分 (B)除去飽和度高的固體脂 (C)除去飽和度低的液體脂 (D)除去飽和度低的固體脂。

【解析】：冬化之最主要作用為除去飽和度高的固體脂肪。

（B）40. 油脂精製過程中，脫臭階段所用之條件為： (A)高溫低真空 (B)高溫高真空 (C)低溫低真空 (D)低溫高真空。

【解析】：油脂的脫臭條件為高溫高真空，利於低碳數具揮發性醛、酮類去除。

（C）41. 製造沙拉油時，脫膠過程去除之膠質部分主要成分為： (A)多醣類 (B)蛋白質 (C)卵磷質 (D)皂腳。

【解析】：沙拉油製造時，脫膠過程去除之膠質部分主要成分為卵磷質。

（B）42. 冬化(winterization)之主要目的為： (A)使油脂硬化 (B)去除固脂 (C)去除苦味 (D)去除色素。

【解析】：冬化加工之主要目的為去除液態油脂中的固體脂肪。

（C）43. 油脂冬化的目的是： (A)提高飽和度 (B)脫臭 (C)使於家用冷藏不結晶析出 (D)去除不良顏色。

【解析】：油脂行冬化目的使其於家用冰箱冷藏時不易結晶析出而破壞乳化性。

二、模擬試題

( )　1. 下列對油脂氧化作用的敘述，何者是錯誤？　(A)花生油較奶油易氧化　(B)油脂貯存於低溫下，避免被氧化　(C)加入 BHA 可以促進氧化　(D)使用不透光容器裝油，可以降低氧化。

( )　2. AOM 法主要係用於評估油脂之何種性質？　(A)固脂含量　(B)過氧化價　(C)安定性　(D)熔點高低。

( )　3. 下列何種食用油脂在 15°C 時會呈現固體狀？　(A)葵花油　(B)玉米油　(C)橄欖油　(D)棕櫚核油。

( )　4. 下列何種油脂加熱後最不容易發生煙霧狀？　(A)花生油　(B)豬油　(C)奶油　(D)橄欖油。

( )　5. 下列何種油脂之熔點(melting point, mp)最高？　(A)魚油　(B)大豆油　(C)豬脂　(D)葵花油。

( )　6. 下列何者不是油脂氧化後的產物？　(A)醛類　(B)酸類　(C)酮類　(D)酯類。

( )　7. 下列何種食用油脂的碘價(IV)最低？　(A)可可脂　(B)米糠油　(C)豬脂　(D)大豆油。

( )　8. 油炸食物不夠脆的理由是：　(A)油量不夠　(B)油量太多　(C)油溫太熱　(D)油溫不夠高。

( )　9. 植物油脂純化時添加氫氧化鈉的最主要目的為：　(A)脫色　(B)輔助油脂萃取　(C)除去游離脂肪酸　(D)脫膠。

( )　10. 下列何種指標數值開始變大時，表示此油脂已經開始自氧化反應？　(A)SV　(B)TBA　(C)POV　(D)RI。

( )　11. 下列何者不是油脂劣化的主要特徵？　(A)顏色變深　(B)黏稠度變大　(C)發煙點升高　(D)產生油耗味。

( )　12. 油脂工業最常使用下列何種化學溶劑來提取食品中油脂成分？　(A)正戊烷　(B)正己烷　(C)正庚烷　(D)正辛烷。

( )　13. 下列何者不是油脂品質之評估法？　(A)酸價　(B)保水性測試　(C)顏色深淺　(D)官能品評。

（　）14. 油脂精製時常加入 75～80°C 溫水，此步驟稱為：　(A)脫膠　(B)脫酸　(C)脫色　(D)脫臭。

（　）15. 魚油(fish oil)精製時脫臭操作的處理條件為：　(A)低溫低壓　(B)高溫高壓　(C)高溫低壓　(D)低溫高壓。

（　）16. 有關油脂冬化之特性，下列何者為正確？　(A)高壓下易進行　(B)低溫下容易進行　(C)可使油脂不安定，易結晶　(D)無法作為沙拉用油脂。

（　）17. 食用油脂常以下列何種方法進行脫臭加工處理？　(A)活性白土攪拌法　(B)鹼液中和法　(C)氮氣噴入法　(D)熱媒混合法。

（　）18. 在選擇油炸油時，下列何種特性為主要考慮焦點？　(A)發煙點　(B)萊赫麥斯值　(C)熔點　(D)比重值。

（　）19. 有關油脂的氫化反應目的，下列何者不正確？　(A)氫化增加油脂的飽和度　(B)氫化程度增加，油脂的熔點升高　(C)氫化使油脂變軟，具可塑性　(D)氫化可增加反式脂肪酸。

（　）20. 由粗油之酸價與皂化價可大致推測精製油成品之：　(A)飽和度　(B)不皂化物含量　(C)產量　(D)色澤。

（　）21. 有關乳化液(emulsion)的敘述，下列何者是正確？　(A)沙拉醬：W/O；乳瑪琳：W/O　(B)沙拉醬：O/W；乳瑪琳：O/W　(C)沙拉醬：W/O；乳瑪琳：W/O　(D)沙拉醬：O/W；乳瑪琳：W/O。

（　）22. 油脂之冬化(winterization)主要是以下列何種脂肪酸為對象？　(A)butyric acid　(B)lauric acid　(C)linoleic acid　(D)stearic acid。

（　）23. 下列何種脂肪酸的熔點最低？　(A)月桂酸(lauric acid)　(B)硬脂酸(stearic acid)　(C)亞麻油酸(linoleic acid)　(D)花生四烯酸(arachidonic acid)。

（　）24. 油炸油使用已達到下列哪一項敘述劣化標準時應全部更新？　(A)發煙溫度 170°C 以下，酸價 2.5 以上，色深黏漬　(B)發煙溫度 170°C 以下，酸價 2.5 以下，泡沫多且大有顯著異味　(C)發煙溫度 170°C 以上，酸價 2.5 以上，色深黏漬　(D)發煙溫度 170°C 以下，酸價 2.5 以下，泡沫多且大，有顯著異味。

( ) 25. 製作中式酥皮製品，欲使產品顯著酥鬆特性，則宜選購下列哪種油脂？ (A)人造奶油 (B)雞油 (C)豬油 (D)沙拉油。

( ) 26. 下列何種油脂多含高度不飽和脂肪酸？ (A)玉米油 (B)魚油 (C)豬油 (D)葵花油。

( ) 27. 油脂在哪一加工過程中容易產生反式脂肪酸(trans-fatty acid)？ (A)氫化反應 (B)冬化反應 (C)交酯化反應 (D)脫色反應。

( ) 28. 欲判斷油脂中雙鍵的數目，以檢測何種數值較佳？ (A)碘價 (B)皂化價 (C)過氧化價 (D)共軛雙烯鍵值。

( ) 29. 油脂之同質多形現象(polymorphism)，是由何種因素之變化所產生？ (A)氧氣 (B)壓力 (C)水分 (D)溫度。

( ) 30. 下列有關食用油脂之敘述，何者不正確？ (A)牛油含有多量飽和脂肪酸 (B)油脂中通入空氣，將增加過氧化價 (C)食用油脂精製時的脫酸主要在去除游離脂肪酸 (D)椰子油及棕櫚油的飽和度低，不易變質。

( ) 31. 橄欖油中含量最多的脂肪酸為： (A)中鏈脂肪酸 (B)飽和脂肪酸 (C)單不飽和脂肪酸 (D)多不飽和脂肪酸。

( ) 32. 下列有關脂肪酸熔點之敘述，何者為不正確？ (A)反式不飽和脂肪酸之熔點比順式不飽和脂肪酸高 (B)純的三醯甘油之熔點範圍比混合型者窄 (C)常溫下固態油脂之飽和度比液態者高 (D)脂肪酸之熔點與分子長短無關。

( ) 33. 不飽和脂肪或油類經下列何種反應會變成更飽和？ (A)交酯化 (B)氫化 (C)水解 (D)冬化。

( ) 34. 真空油炸產品比一般油炸產品之酸敗程度低，係因為哪種氣體被移走所致？ (A)氧氣 (B)氮氣 (C)氫氣 (D)氯氣。

( ) 35. 下列何者為測定油炸油劣變之最好指標？ (A)過氧化價 (B)酸價 (C)極性物質含量 (D)碘價。

( ) 36. 下列何者不能用來防止油脂之氧化酸敗？ (A)低溫貯藏 (B)真空包裝儲藏 (C)添加抗氧化劑 (D)使用透明包裝瓶。

( ) 37. 下列何種食品較易受日光照射而變質？ (A)油炸速食麵 (B)通心麵 (C)意大利麵 (D)麵線。

（　）38. 植物油可用何種方法可製成人造奶油？　(A)冬化　(B)氫化　(C)內交酯化　(D)皂化。

（　）39. 奶精(non-dairy creamer whitener)的主成分是：　(A)植物油　(B)低脂乳油　(C)鮮乳油　(D)酸乳油。

（　）40. 下列何種脂肪並非為 100%之油脂組成？　(A)精製豬油　(B)大豆油　(C)乳瑪琳　(D)酥油。

模擬試題答案

1.(C)	2.(C)	3.(D)	4.(B)	5.(C)	6.(D)	7.(A)	8.(D)	9.(C)	10.(C)
11.(C)	12.(B)	13.(B)	14.(A)	15.(B)	16.(B)	17.(C)	18.(A)	19.(C)	20.(C)
21.(D)	22.(D)	23.(C)	24.(C)	25.(C)	26.(B)	27.(A)	28.(A)	29.(D)	30.(D)
31.(C)	32.(D)	33.(B)	34.(A)	35.(C)	36.(D)	37.(A)	38.(B)	39.(A)	40.(C)

蔬果類製品加工

一、蔬果類加工製造注意要點(attention on the vegetables and fruits processing)

1. 防止對溫度、氧氣、紫外線敏感的維生素損失，如維生素 C 損失

蔬果中維生素 C 損失原因為(1)久溶於水中；(2)氧化酶分解；(3)暴露於含氧氣環境中自然氧化；(4)在金屬離子催化或高溫、高酸鹼值下易氧化而失其活性。

2. 防止香氣成分之分解

蔬果中香氣成分來源為酯類、檸檬醛、1,8-帖二烯。可用巴氏瞬間殺菌法（93～95°C，10～20 秒）及非加熱殺菌法如超過濾法(ultrafiltration, UF)殺菌，減少香氣流失。

3. 防止天然色素之變化

(1) 水溶性色素

A. 花青素：顏色會隨著 pH 值升高而改變，可從紅色轉變成綠色、靛青色甚至無色。

B. 蔬果種類：草莓、葡萄、櫻桃、桑椹、蘋果、甜菜、茄子。

(2) 脂溶性色素

A. 類胡蘿蔔素：β-胡蘿蔔素、番茄紅素。

B. 葉綠素：葉綠素$(Mg^{2+})+2H^+ \longrightarrow$ 脫鎂葉綠素$(2H^+)+Mg^{2+}$。

C. 葉黃素：玉米黃素、黃體素、辣椒黃素。

4. 加工器具的選擇

加工器具可用不銹鋼鍋，避免使用鐵、銅或鋁鍋等器具。

☕相關試題

1. 葉綠素的組成結構中其雜環化合物所含金屬為：　(A)Fe　(B)Mg　(C)Cu (D)Ca。　　　　　　　　　　　　　　　　　　　　　答：(B)。

2. 下列何種情況對葉綠素之保持翠綠有利？　(A)高溫　(B)酸性環境　(C)鹼性環境　(D)添加氯化鈉。　　　　　　　　　　　　　答：(C)。

解析：鹼性環境下對葉綠素之鮮綠維持較為有利。

3. 是非題：

花青素(anthocyanin)在酸性時呈紅色，在鹼性時呈藍色的色素；而菠菜所含色素在微酸性時呈白色，鹼性中呈黃色。

答：(×)。菠菜在微酸性時呈黃色，鹼性時呈綠色。

4. 填充題：

綠葉蔬菜於製備過程受熱變色（如：橄欖綠或灰綠色）之成因為<u>脫鎂葉綠素(pheophytin)</u>產生。

5. 是非題：

chlorophyll 於鹼中加熱產生 pheophytin 呈鮮綠色。

答：(×)。鹼更正為酸。

6. 試述防止綠葉蔬菜於製備過程變色的方法？

答：添加碳酸氫鈉且打開鍋蓋，快炒；千萬不可燜熟等方法可防止綠葉蔬菜變色。

7. 草莓及葡萄中所含的色素主要是：　(A)葉黃素　(B)胡蘿蔔素　(C)花青素　(D)茄紅素。　　　　　　　　　　　　　　　　答：(C)。

8. 蔬果加工品於製造過程中，維生素 C 損失的可能原因有：①浸泡過久、②酵素作用、③加熱溫度過高、④果肉曝露於空氣中過久，答案是：　(A)①②③④　(B)①③④　(C)①③　(D)②③④。　　　　　　答：(A)。

9. 桑椹的色素來源主要來自下列何者？　(A)葉綠素　(B)β胡蘿蔔素　(C)葉黃素　(D)花青素。　　　　　　　　　　　　　　　答：(D)。

10. 番茄的紅色色素為：　(A)花青素　(B)類黃酮素　(C)類胡蘿蔔素　(D)核黃素。　　　　　　　　　　　　　　　　　　　答：(C)。

11. 果汁的巴氏瞬間殺菌應以不低於若干°C 為原則？　(A)70　(B)93　(C)80　(D)60。　　　　　　　　　　　　　　　　　　答：(B)。

12. 葉綠素之中心離子為：　(A)鎂　(B)銅　(C)鐵　(D)鋅。　　答：(A)。

解析：葉綠素之中心金屬為鎂離子。

13. 炒菜時,欲保持蔬菜天然綠色所採取之措施,下列敘述何者不正確?
    (A)添加小蘇打　(B)添加碳酸鈉　(C)打開鍋蓋,快炒　(D)添加檸檬酸。
    答:(D)。炒菜時,不可添加檸檬酸等酸劑,易使葉綠素變成脫鎂葉綠素而褪色。

14. 水果與蔬菜中之維生素 C 於下列何種環境中較安定?　(A)鹼性　(B)酸性
    (C)銅離子　(D)高溫。　　　　　　　　　　　　　　　　　答:(B)。
    解析:　水果與蔬菜中之維生素 C 即抗壞血酸於酸性環境下較安定不易變質。

15. 綠色蔬菜加工時,葉綠素變色之敘述,何者為非?　(A)與脫鎂葉綠素
    (pheophytin)之形成有關　(B)碳酸氫鈉會加速葉綠素變色　(C)高溫短時處裡可
    有效避免變色　(D)添加銅鹽可保持葉綠素之綠色,但此法已被禁止使用。
    答:(B)。綠色蔬菜添加碳酸氫鈉不會加速葉綠素變色,反而有效地減緩其變色。

二、蔬果類加工的方法(processing method of vegetables and fruits)

以下為蔬果類加工製造方法與加工原理介紹。

製造方法	加工原理	製造方法	加工原理
罐(瓶)裝法	升高溫度,抑菌殺菁	鹽　漬　法	降低水活性,鹽度 18%
冷藏冷凍法	降低溫度,延緩生長	糖　漬　法	降低水活性,糖度 70%
脫水乾燥法	去除水分,低水活性	調氣貯藏法	改變 O_2、CO_2、$N_2\%$

1. 蔬果類的呼吸作用

$$C_6H_{12}O_6 + 3O_2 \longrightarrow 4CO_{2(g)} + 4H_2O_{(g)} + C_2H_{4(g)} （乙烯）+ 呼吸熱(674kcal)$$

2. 乙烯的生成

甲硫胺酸 $\longrightarrow$ S-腺苷甲硫胺酸 $\longrightarrow$ 1-胺基環丙烯 -1- 羧甲酸 $\longrightarrow C_2H_{4(g)}$（乙烯氣體,具催熟作用）

3. 延緩蔬果類呼吸作用的方法

(1) 置於高濕低溫的貯藏環境。

(2) 提高二氧化碳濃度，約 3～5%。

(3) 降低氧氣濃度，約 3～5%。

(4) 去除催熟激素如乙烯。

4. 促進蔬果類後熟作用的方法

(1) 置於高濕高溫的貯藏環境。

(2) 使用酒精催色。

(3) 採用電石即乙炔：$CaC_2 + 2H_2O \rightarrow C_2H_2$（乙炔）$+ Ca(OH)_2$。

(4) 使用催熟激素如乙烯。

相關試題

1. 有關調氣儲存之敘述何者正確？　(A)提高氧氣的量至 21%以上，減少二氧化碳的量至 0.03%以下　(B)提高二氧化碳的量至 0.03%以上，減少氧氣的量至 21%以下　(C)提高氧氣的量至 21%以上，且提高二氧化碳的量至 0.03%以上　(D)減少氧氣的量至 21%以上，且減少二氧化碳的量至 0.03%以下　(E)以上皆非。　　　　　　答：(E)。

2. 解釋名詞：controlled atmosphere storage(CA storage)。

   答：controlled atmosphere storage 即是「調氣貯藏法」，主要應用於更年性的水果的延緩後熟作用，一般調整的條件為二氧化碳約為 3～5%；氧氣則為 3～5%。

3. 一般水果催熟，不採用下列哪一種物質？　(A)電石　(B)乙烯　(C)二氧化碳　(D)酒精。　　　　　　答：(C)。

4. 以追熟方式使水果成熟，所運用的氣體是：　(A)乙醛　(B)乙烯　(C)二氧化碳　(D)二氧化氮。　　　　　　答：(B)。

5. 有關蔬果呼吸作用之敘述，下列何者錯誤？　(A)造成重量減少　(B)造成水分減少　(C)呼吸熱產生　(D)葉菜類蔬果應存在低溫乾燥環境。　答：(D)。

   解析：葉菜類蔬果應存在低溫潮濕環境，避免脫水失重。

6. CA 貯藏法是屬於下列何種貯藏法？　(A)調氣貯藏法　(B)大氣貯藏法　(C)減壓貯藏法　(D)調濕貯藏法。　　　　　　答：(A)。

   解析：CA 貯藏法即是 controlled atmosphere 法的縮寫屬於調氣貯藏法。

7. 植物食材在正常呼吸作用時，每放出 1 分子的 CO_2 時會產生的熱量約有：
(A)50 Kcal　(B)80 Kcal　(C)100 Kcal　(D)170 Kcal。　　　答：(D)。
解析：蔬果類行正常呼吸作用時，共放出 6 分子的 CO_2 且會產生的熱量約有 674 Kcal，因此若為 1 分子的 CO_2 則熱量的產生約有 170 Kcal。

8. 調氣貯藏法(controlled atmosphere, CA)主要作用為：　(A)提高呼吸率　(B)降低呼吸率　(C)提高光合作用　(D)縮短熟成時間。　　　答：(B)。
解析：蔬果類行調氣貯藏法之主要目的為降低其呼吸速率與延長後熟時間。

9. 蔬菜於儲藏庫內進行調氣(CA)儲藏時，下列何者不需要控制？　(A)濕度　(B)光線　(C)氧氣濃度　(D)二氧化碳濃度。　　　答：(B)。
解析：葉菜類進行氣調法儲藏時，光線強弱是不需要控制。

10. 下列何者可降低蔬果之呼吸速率？　(A)提高二氧化碳　(B)提高氧之濃度　(C)提高溫度　(D)增加水分。　　　答：(A)。
解析：提高二氧化碳濃度或降低氧的濃度均可有效地降低蔬果類之呼吸速率，延長貯藏期限。

11. 水果欲增加其貯藏壽命，可用哪些方法？
答：欲增加水果之貯藏壽命，可將其置於濕度高、溫度低之貯藏環境，提高二氧化碳濃度 3～5%或降低氧氣濃度 3～5%。

12. 較適合蔬果調氣儲藏的氣體組成是：　(A)CO_2：3～5%、O_2：3～5%　(B)CO_2：10～20%　(C)CO_2：60%、O_2：2%　(D)CO_2：88%、N_2：12%。
答：(A)。蔬果類之調氣儲藏法的氣體組成濃度皆是 CO_2：3～5%、O_2：3～5%。

三、更年性與非更年性水果(climacteric and non-climacteric fruits)

以下為更年性與非年年性水果之特性比較。

水果分類	種 類	呼吸速率	貯藏溫度	乙烯追熟
更 年 性	香蕉、芒果、蘋果、釋迦、木瓜、百香果、李子、荔枝、酪梨、番茄、奇異果	高	低	需要
非更年性	柑橘、鳳梨、葡萄、西瓜	低	低	不需要

☕相關試題✍

1. 下列何種水果採收後,有呼吸速率急速上升現象? (A)葡萄 (B)芒果 (C)柳橙 (D)西瓜。 答:(B)。

2. 蔬果類的後熟作用與下列何種氣體的釋放有關? (A)二氧化碳 (B)乙烯 (C)氧氣 (D)氮氣。 答:(B)。
   解析:乙烯的釋放具有促進水果後熟作用的特性,屬於植物性荷爾蒙激素。

3. 果實採收後之追熟(after ripening),是因為產生下列何種氣體? (A)C_2H_4 (B)O_2 (C)CO_2 (D)H_2。 答:(A)。

4. 有關蔬果後熟作用的敘述,何者為非? (A)與乙烯有關 (B)番茄具後熟作用 (C)可以調氣貯藏抑制其發生 (D)通常呼吸速率會下降。 答:(D)。
   解析:通常更年性水果的呼吸速率會急遽上升而非下降。

5. 解釋下列:climacteric fruit。
   答:climacteric fruit 即更年性水果,於採收後,因其呼吸速率仍高度持續進行,故易發生組織軟化、香氣與風味及色澤改變等後熟作用。

6. 更年水果(climacteric fruit)的特性,是水果採收後呼吸作用會呈現: (A)不規率變動 (B)維持不變 (C)急速上昇 (D)急速下降。 答:(C)。
   解析:更年性水果的特性為該類水果採收後其呼吸作用會呈現急速上升的趨勢。

四、蔬果類製品劣變(deterioration of vegetables and fruits products)

以下為蔬果類製品變質之種類與防止對策。

蔬 果 類	變質現象	變質成因	防止對策
柑 橘 類	白 濁 斑 點	橘皮苷(hesperidin)	橘皮苷酶;甲基纖維素、羧甲基纖維素、環狀糊精
柑 橘 類	苦 味	柚苷(naringin)	柚苷酶(naringinase)
柑 橘 類	異 味	羰基物(呋喃醛)、加熱過高、冷卻不足、脫氣不足	避免加熱溫度過高、完全脫氣、冷卻足夠

蔬 果 類	變質現象	變質成因	防止對策
柑 橘 類	色　澤 褐　變	梅納褐變、加熱溫度過高、冷卻不足、脫氣不足	避免加熱溫度過高、完全脫氣、冷卻足夠
柿　　子	澀　味	單寧酸(tannic acid)	酒精、乙烯、溫水、CO_2
百 香 果	沉澱聚合	澱粉聚合	澱粉酶(amylase)分解
葡 萄 果	結晶析出	酒石(tartar)之結晶析出	薄膜分離
桃　　子	紫變色澤	花青素、錫聚合	分散均勻
鳳　　梨	紅變色澤	多酚的氧化聚合	熱水殺菁處理(blanching)
蘋　果 草　莓	汁液混濁	多酚、蛋白質、錫(Sn)聚合	熱水殺菁、分散
水 蜜 桃	肉質崩碎	耐熱性果膠分解酶殘存	熱水殺菁處理
竹　　筍	汁液混濁	酪胺酸(tyrosine)溶出	水漂去除
竹　筍 牛　蒡	苦 澀 味	類龍膽酸(homogentisic acid)	水漂去除

☕相關試題

1. 竹筍罐頭製造時，原料先經過漂水的目的是： (A)去除有機酸 (B)去除糖分 (C)保持鮮度 (D)去除酪胺酸，防止汁液混濁現象。　　　答：(D)。

2. 百香果果汁中的沉澱物可能是下列何者所導致？ (A)果膠 (B)多酚 (C)澱粉 (D)蛋白質。　　　答：(C)。
   解析：百香果汁會發生沉澱現象其原因乃澱粉所導致的。

3. 蘋果、草莓等水果罐頭發生混濁的可能原因物質為： (A)酒石 (B)多酚及蛋白質 (C)花青素 (D)果膠分解酶。　　　答：(B)。

4. 水蜜桃產生崩潰的原因為下列何者？ (A)果膠分解酶 (B)脂肪分解酶 (C)酵素褐變反應 (D)澱粉分解酶。　　　答：(A)。
   解析：水蜜桃果肉會產生崩潰的主要原因是果膠分解酶活性殘存作用的結果。

5. 柿子脫除澀味常用的試劑為： (A)食醋 (B)檸檬 (C)丙酮 (D)酒精。
   答：(D)。酒精常用來作為柿子脫去澀味的主要試劑。

6. 竹筍及牛蒡之苦澀味主要是因其含有： (A)類龍膽酸(homogentisic acid) (B)兒茶素(catechin) (C)甘草素(glycyrrhizin) (D)柚苷(naringin)。 答：(A)。
　解析： 竹筍及牛蒡之苦澀味主要是因其含有類龍膽酸(homogentisic acid)。

7. 葡萄汁沉澱物的主成分為： (A)酒石 (B)澱粉 (C)蛋白質 (D)單寧。
　答：(A)。葡萄汁於 –2°C 下冷藏會產生沉澱物的主成分為酒石，即酒石酸的結晶物。

8. 桃子罐頭發生紫變的原因物質有：①花青素、②多酚、③鐵、④錫，答案是： (A)①②③④ (B)①②③ (C)①③ (D)①④。 答：(D)。
　解析： 桃子罐頭發生紫變的原因物質為花青素與錫的聚合產物。

9. 下列何者為果汁褐變之原因？①梅納反應、②加熱過度、③果膠分解酶、④脫氣不足，答案是： (A)①②④ (B)①②③④ (C)①② (D)②④。
　答：(A)。蔬果汁易發生褐變之主要原因計有梅納反應、加熱過度與脫氣不足等。

10. 防止蜜柑罐頭之白濁現象，可於糖液中添加： (A)甲基纖維素 (B)碳酸鈉 (C)石灰 (D)重合磷酸鹽。 答：(A)。
　解析： 糖液中添加甲基纖維素可防止蜜柑罐頭之白濁現象的發生。

11. 竹筍罐頭的白濁現象，主因竹筍中之何種胺基酸溶出而造成的？ (A)色胺酸 (B)酪胺酸 (C)離胺酸 (D)胱胺酸。 答：(B)。
　解析： 竹筍組織中之酪胺酸易溶出而造成其製品罐頭發生汁液的白濁現象。

12. 可用於去除葡萄柚汁苦味的酵素為： (A)pullulanase (B)naringinase (C)pectinase (D)protease。 答：(B)。
　解析： 葡萄柚汁發生苦味的原因為柚苷，可以柚苷酶(naringinase)分解去除。

13. 造成柑橘罐頭白濁現象的原因物質是： (A)橘皮苷(hesperidin) (B)纖維質 (C)多酚類 (D)果膠酶。 答：(A)。
　解析： 橘皮苷(hesperidin)是造成柑橘罐頭發生白濁現象主要原因物質。

五、 蔬果汁之國家標準（濃度大小）(national standard of vegetables and fruits juice)

蔬果汁分類	天然原汁佔比(%)	蔬果汁分類	天然原汁佔比(%)
清 淡 果 汁	10～30	濃 縮 果 汁	42
清 淡 蔬 菜 汁	10～30	稀 釋 果 汁	30
天 然 果 汁	100	稀 釋 蔬 菜 汁	30

相關試題

1. 含天然果汁 30% 以上，直接供飲用之果汁稱為： (A)濃縮果汁 (B)稀釋果汁 (C)清淡果汁 (D)醱酵果汁。 答：(B)。

   解析： 依據 CNS 規定，含天然果汁 30% 以上，直接供飲用之果汁稱稀釋果汁。

2. 依 CNS 2377 規定，稀釋果汁必須含天然果汁多少濃度以上？ (A)10% (B)20% (C)30% (D)40%。 答：(C)。

   解析： 依 CNS 2377 規定，稀釋果汁必須含天然果汁濃度 30% 以上。

3. CNS 果汁及果汁飲料定義何者正確？ (A)天然果汁亦包含復原果汁在內為 100% 果汁 (B)清淡果汁含天然果汁 30% 以上 (C)稀釋果汁含天然果汁 10% 以上 (D)醱酵果汁是指加了酒類的果汁。 答：(A)。

   解析： CNS 果汁及果汁飲料定義為天然果汁亦包含復原果汁在內為 100%果汁。

4. 一般濃縮果汁商品出售前，其可溶性固形物都調整為多少°Brix？ (A)42 (B)55 (C)60 (D)65。 答：(A)。

   解析： 濃縮果汁商品出售前，其可溶性固形物都調整在 42% 糖度(°Brix)。

5. 依據我國國家標準中果汁及果汁飲料的定義，含天然果汁 30% 以上直接供飲用之果汁為： (A)天然果汁 (B)濃縮果汁 (C)稀釋果汁 (D)清淡果汁。 答：(C)。

   解析： 依據 CNS 的定義，含天然果汁 30%以上直接供飲用之果汁為稀釋果汁。

六、果汁之製造(fruit juice processing)

（一）果汁的種類

以下為各類果汁之製造流程。

果汁分類	製 造 流 程
冰溫冷藏果汁	原料→93℃ 加熱殺菌→充填於預冷之低溫容器→0～10℃ 貯藏。
新鮮冰溫冷藏果汁	原料→1.7℃ 冰溫充填→保存低溫→2～3 天貯藏期限。
保久果汁	原料→93℃ 加熱殺菌→冷卻→無菌充填→室溫貯藏。
無菌充填冰溫冷藏果汁	原料→板式熱交換機加熱→冷卻→無菌充填→低溫貯藏。

（二）澄清與過濾

1. 適用果汁

(1) 澄清果汁：櫻桃汁、白葡萄汁、紅葡萄汁、蘋果汁。

(2) 混濁果汁：柑橘汁、番石榴汁、芒果汁、百香果汁、番茄汁、蘋果汁。

2. 處理方式、目的等介紹

澄清分類	處理方法	處理目的	混濁物質之成分	備 註
加 熱 法	70～80℃	蛋白質變性	蛋白質	－ －
酵 素 法	40～50℃	分解果膠質	果膠質	蔬果質地與形態
過 濾 法	不加熱	去除果肉	果 肉	限用超過濾(UF)

☕相關試題

1. 一般而言，造成果汁混濁的主要物質有哪兩種？ (A)多醣類 (B)蛋白質 (C)有機酸 (D)果膠 (E)脂肪。 答：(D)。

解析：造成果汁混濁的主要物質有蛋白質與果膠。

2. 與新鮮蔬果質地最相關的因子為： (A)蛋白質含量 (B)檸檬酸含量 (C)果膠形態及其含量 (D)油脂含量。 答：(C)。

解析：蔬果類的質地特性最為相關的因素是果膠的形態及其含量。

3. 下列何者對果汁去除沉澱操作沒有實質幫助？ (A)加熱法 (B)薄膜過濾法 (C)酵素分解法 (D)冷凍濃縮法。 答：(D)。

解析：冷凍濃縮法對澄清果汁去除沉澱即澄清化操作並無實質的幫助。

4. 下列何者為澄清果汁（透明果汁）？ (A)柑橘汁 (B)番茄汁 (C)蘋果汁 (D)以上皆非。 答：(D)。

解析：柑橘汁、番茄汁與蘋果汁等皆為混濁果汁。

5. 澄清果汁加工中之澄清法，不包括使用下列何種方法？ (A)酵素分解法 (B)超濾法 (C)逆滲透法 (D)壓濾法。 答：(C)。

解析：澄清果汁之澄清方法，逆滲透法(reverse osmosis, RO)的使用較不適合且效果不佳。

6. 製造澄清蘋果汁時，最適的的方法是： (A)精密過濾法 (B)超過濾法 (C)逆滲透法 (D)冷凍濃縮法。 答：(B)。

解析：製造澄清蘋果汁時，最適宜的的方法是超濾法。

7. 預使果汁的澄清，將過量的果膠由濃縮前的果汁去除，以增加果汁收率可使用： (A)脂解酶 (B)蛋白酶 (C)果膠酶 (D)氧化酶。 答：(C)。

解析：使用果膠酶可去除果汁中過量的果膠，以增加果汁收率。

8. 下列何者不屬於保持混濁果汁均勻的特性？ (A)果汁中所含果肉大小與量 (B)果汁中所蛋白質不與其它成分聚合 (C)果汁中所含果膠的穩定性 (D)果汁中所含酒石酸多寡。 答：(D)。

9. 下列何種水果含果膠量最多？ (A)葡萄 (B)蜜柑 (C)蘋果 (D)香蕉。 答：(B)。柑橘、蜜柑等水果其含果膠量最多。

（三）脫酸

1. **脫酸的目的**：果汁中有機酸量（以%檸檬酸計算）過高，會影響果汁的風味。

2. **脫酸的檢測**：果汁中以可滴定酸量為準，滴定酸量若高，表示其酸味過強。

3. 方法、效果等介紹

脫 酸 方 法	脫酸效果	電場使用與否	抗壞血酸的流失
透 析 法	差	無	少
電透析法	中	有	多
離子交換樹脂法	佳	無	多

☕相關試題

1. 一般果汁檢測，表示酸味程度的度量是： (A)酸鹼值 (B)含糖量 (C)糖酸比 (D)可滴定酸量。 答：(D)。

解析： 一般果汁的品質檢測中，表示其酸味程度的度量是可滴定酸量。

2. 下列有關果汁以電透析法去酸的缺點，何者不正確？ (A)處理能力不大 (B)設備費用高 (C)維生素 C 會減少 (D)醣類會大量損失。 答：(D)。

解析： 果汁以電透析法去酸的缺點有醣類不會大量喪失，只有少部流失。

（四）酒石去除

1. 果汁類別：限定白葡萄汁與紅葡萄汁。

2. 製造流程：紅葡萄→加熱→花青素溶出→紅葡萄果汁→濃縮至 60%糖度→冷卻至-2°C→靜置→酒石結晶析出→分離→澄清紅葡萄汁。

3. 目的

(1) 加熱目的為促使花青素溶出。

(2) -2°C 冷卻的目的為酒石(tartar)結晶析出。酒石之組成為酒石酸氫鉀 ($C_4H_5O_6K$)，酒石會影響酵母菌之醱酵，亦會使產品結晶析出而沉澱，影響商品外觀。

☕相關試題

1. 製造紅葡萄汁時，榨汁前會先行加熱，主要目的為何？ (A)增加榨汁率 (B)破壞酵素活性 (C)使果皮中花青素溶出 (D)使果皮中單寧溶出。 答：(C)。

2. 葡萄汁在濃縮過程中，急速冷卻至-2°C，並靜置一夜主要是使何種物質析出？　(A)蛋白質　(B)果膠質　(C)纖維素　(D)酒石。　　　　答：(D)。

（五）均質化處理

1. 均質化的目的：分散果膠質的分布，維持果汁的混濁安定性。

2. 均質化的壓力：$100 \sim 150 \ kg/cm^2$。

相關試題

1. 果汁均質處理，一般使用均質壓力為：　(A)$200 \sim 250 \ kg/cm^2$　(B)$100 \sim 150 \ kg/cm^2$　(C)$50 \sim 75 \ kg/cm^2$　(D)$30 \sim 50 \ kg/cm^2$。　　　　答：(B)。

（六）加熱殺菌

殺菌機種類	可溶性固形物量	黏　度	適合果汁種類
板式熱交換機	少	低	澄清果汁
管式熱交換機	多	高	混濁果汁

（七）濃縮加工

抽真空和加熱與否	濃縮法分類	固形物量	黏度	適合果汁種類
抽　真　空 加　熱　式	板式蒸發器	少	低	澄清果汁
	下降式蒸發器	多	高	混濁果汁
非抽真空 非加熱式	薄膜(RO、UF)過濾	較少	較低	澄清果汁
	凍結濃縮法			

相關試題

1. 果汁濃縮方法，何者最常用？　(A)逆滲透濃縮　(B)常壓濃縮　(C)冷凍濃縮　(D)真空濃縮。　　　　答：(D)。
   解析：果汁濃縮方法中，真空濃縮法最為常用。

2. 下列何者屬於非加熱之濃縮法？①真空濃縮法、②冷凍濃縮法、③逆滲透濃縮法、④超過濾濃縮法，答案是： (A)①②③④ (B)②③④ (C)②③ (D)③③。 答：(B)。

解析： 果汁之非加熱濃縮法為冷凍濃縮法、逆滲透濃縮法與超過濾濃縮法。

3. 果汁濃縮法中，無須加熱的方法有：①板式濃縮機(plate evaporator)、②薄膜流下式濃縮機(falling film evaporator)、③凍結濃縮、④逆滲透法(reverse osmosis)，答案是： (A)①②③④ (B)③④ (C)①③④ (D)①③。答：(B)。

解析： 果汁濃縮法中，不須要加熱的方法有凍結濃縮法與逆滲透法。

4. 果汁製成中最常用之濃縮法為： (A)逆滲透法 (B)真空濃縮法 (C)冷凍濃縮法 (D)超過濾法。 答：(B)。

解析： 果汁製成中最常用之濃縮法為真空濃縮法。

（八）生鮮果汁回添法(cut-back)

1. 濃縮果汁缺點為濃縮後的果汁，其香氣及風味均較生鮮果汁者為低。

2. 回添法的目的為維持濃縮果汁的香氣及風味與生鮮果汁相類似，將加熱或濃縮時所逸失之香氣和風味回添於果汁中。

3. 糖酸比之測定目的為判斷果汁產品香氣與風味之良窳。

☕相關試題

1. 為保持濃縮果汁香味品質，所採用 cut-back 的回添法，其主要是添加： (A)香精 (B)生鮮果汁 (C)回收香氣 (D)糖水。 答：(B)。

解析： 為維持濃縮後果汁香味品質，採用回添法(cut-back)，即添加生鮮果汁。

2. 果汁之糖酸比與下列何者關係最密切？ (A)果汁色澤 (B)果汁甜味 (C)果汁香氣 (D)果汁黏稠感。 答：(C)。

解析： 果汁之糖酸比與果汁的香氣與風味有關，但與其香氣的關係最為密切。

七、果醬類製品之製造(jam products processing)

（一）果醬種類

以下為各類果醬製造流程。

分　類	製　造　流　程
果凍(jelly)	果汁中加入砂糖濃縮，冷卻後凝固成凍狀者。
果糕(marmalade)	果汁＋果皮中加入砂糖濃縮，冷卻後凝固成凍狀者。
果醬(jam)	果汁＋果肉中加入砂糖濃縮，冷卻後凝固成凍狀者。
果酪(fruit butter)	果汁＋果肉中加入砂糖濃縮，冷卻後凝固成凍狀者，黏稠度高。

☕相關試題

1. 下列何者之產品僅以除去果粕(pulp)之果汁製成，成品呈透明凝膠狀？　(A)果凍　(B)果糕　(C)果酪　(D)蜜餞。　　　　　　　答：(A)。
   解析：果凍(jelly)是指果凍中不含果皮或果肉的果醬類製品。

2. 含果皮的果醬類製品稱為：　(A)果凍(jelly)　(B)果醬(jam)　(C)果糕(marmalade)　(D)果膏或果酪(fruit butter)。　　　　　　答：(C)。
   解析：果糕(marmalade)是指果凍中含果皮的果醬類製品。

（二）果膠凝固之形成

1. 果膠成分介紹

(1) 果膠質組成分為半乳醣醛酸，一般含 1%果膠，即可形成凝膠。
   依果膠質內所含的甲氧基比例，可以略分類成佔 7%甲氧基之果膠質為高甲氧基果膠(high methoxy pectin, HMP)；而甲氧基含量在果膠中低於 7%者為低甲氧基果膠(low methoxy pectin, LMP)。

(2) 果膠質：1.0～1.5%。

(3) 有機酸量：0.3% (pH 2.8～3.4)。

(4) 糖類：60～65%；低甲氧基（低酯化）果膠不需添加糖，而需添加鈣鹽。

2. 果膠質分類與特質

果膠質分類 特質	高甲氧基果膠(HMP)	低甲氧基果膠(LMP)
甲氧基佔比(-OCH₃)	7%以上	7%以下
有機酸量	pH 2.8～3.4	適當酸量即可
糖　類	60～65%	無須添加
鈣　鹽	無須添加	須　添　加
凝膠的化學鍵結類型	氫鍵	離子鍵
凝膠製品種類	石花凍、仙草凍、洋菜凍	愛玉凍
依熱量高低製品分類	高熱量果凍	低熱量果凍
有機酸量(pH)的功能	控制凝膠的氫鍵	鈣鹽的功能
糖類的功能	具穩定氫鍵的凝膠	可維持凝膠結構的離子鍵
決定因子	有機酸量	凝膠狀態
離漿現象(syneresis)	酸量太多(pH＜2.8)	無法凝膠
	酸量太少(pH＞3.4)	無法凝膠

☕ 相關試題

1. 何謂果膠？並舉出五種「果膠能賦予食品的功能性」。

   答：果膠賦予食品的功能性參考第十九章黏稠劑的重點內容。

2. 有關低甲氧基果膠與高甲氧基果膠之凝膠機制，下列敘述何者不對？　(A)前者通常需加入糖，後者則不用　(B)前者通常需在酸性環境下，後者則不用　(C)前者通常需加入鈣離子，後者則不用　(D)以上皆非。　　答：(A)。

3. 填充題：

   果凍的形成與哪些物質的交互作用有關？果膠質、酸、糖、鈣鹽。

   要使果膠(pectin)凝結成膠(gel)必須加入糖和酸（檸檬酸）。

4. 填充題：

   製作果凍增加糖量會使果凍質感變軟係因氫鍵作用。

5. 低甲基果膠之凝膠原理係因鈣離子與-COOH 基以何種化學鍵結合？　(A)氫鍵　(B)共價鍵　(C)離子鍵　(D)配位鍵。　　答：(C)。

6. 是非題：
   （○）製作果凍增加膠凝材料的量會使果凍質感更硬。

7. 低甲氧基果膠其凝膠需要何種金屬離子參與？　(A)鈣　(B)鉀　(C)鈉　(D)鐵。　　　　　　　　　　　　　　　　　　　　答：(A)。
   解析：鈣離子添加可促進低甲氧基果膠產生凝膠作用。

8. 高甲氧基果膠所含的甲氧基超過：　(A)7%　(B)9%　(C)15%　(D)19%　以上。　　　　　　　　　　　　　　　　　　　　　　　　答：(A)。
   解析：甲膠中的甲氧基超過 7% 以上稱為高甲氧基果膠。

9. 果膠質之組成糖類為：　(A)葡萄糖醛酸　(B)半乳糖醛酸　(C)木質糖醛酸　(D)甘露糖醛酸。　　　　　　　　　　　　　　　　答：(B)。
   解析：果膠質之組成糖類為半乳糖醛酸。

10. 高甲氧基果膠的凝膠組合為：　(A)原果膠質、酸類、糖質　(B)果膠質、酸類、糖質　(C)果膠酸、鈣鹽、糖類　(D)果膠酸、鈣鹽、酸類。　答：(B)。
    解析：高甲氧基果膠的凝膠組合為果膠質、酸類及糖質。

11. 低甲氧基果膠利用糖類和鈣離子結合，係運用下列何種鍵結能力？　(A)離子鍵　(B)氫鍵　(C)共價鍵　(D)疏水鍵。　　　　　答：(A)。
    解析：利用低甲氧基果膠和鈣離子相結合，係運用離子鍵的鍵結能力。

12. 影響高甲氧基果膠、低甲氧基果膠凝膠與否，最重要因素分別為：　(A)pH 值、二價金屬離子　(B)二價金屬離子、pH 值　(C)pH 值、糖量　(D)糖量、pH 值。　　　　　　　　　　　　　　　　　答：(A)。
    解析：pH 值與二價金屬分別是影響高甲氧基果膠及低甲氧基果膠凝膠的因素。

13. 果凍，凝膠(gel)形成之三要素為：　(A)果汁、鈣、有機酸　(B)果膠、糖、有機酸　(C)果汁、洋菜、糖　(D)果膠、鈣、糖。　　　　答：(B)。
    解析：果凍的凝膠形成之三大要素分別為果膠、糖類與有機酸量。

14. 以高甲氧基果膠做成之果醬，其凝膠之主要化學鍵為：　(A)離子鍵　(B)氫鍵　(C)疏水基作用　(D)雙硫鍵。　　　　　　　　答：(B)。
    解析：以高甲氧基果膠做成之果醬，其凝膠之主要化學鍵為氫鍵。

15. 請解釋下列名詞：果膠。
    答：果膠的組成為半乳糖醛酸聚合物，與糖類及酸類混合後可製得果醬類製品。

16. 解釋下列名詞：syneresis。

答：syneresis 即是離漿現象，發生於果醬類製品中，主要是果醬類製品中有機酸的含量偏高所導致的，一般而言即酸鹼值低於 2.8 以下。

17. 果凍成膠時何種物質扮演的角色為保持由氫鍵所形成的構造？ (A)鈣 (B)果膠 (C)酸 (D)糖。 答：(D)。

解析：糖類所扮演的角色為保持由氫鍵所形成的凝膠構造。

18. 果醬製品發生離漿的現象，是其配方中的何種成分含量太高？ (A)糖 (B)酸 (C)水 (D)果膠。 答：(B)。

解析：凝膠的配方中若酸含量太高，則該果醬製品易發生離漿的現象。

19. 高甲基果膠與糖、酸共存於何種 pH 範圍、冷卻時會形成凝膠？ (A)pH＝1.2～1.8 (B)pH＝2.0～2.5 (C)pH＝2.8～3.2 (D)pH＝4.2～4.6。 答：(C)。

解析：高甲基果膠與糖、酸共存於 pH 2.8～3.2 間，冷卻時會形成凝膠。

20. 下列何者非果凍製造時必須控制的因子？ (A)果膠量 (B)糖量 (C)pH (D)水分活性。 答：(D)。

解析：水分活性高低並非果凍製造時必須控制的主要因子。

（三）果醬類的濃縮終點判定方法

以下為各類果醬判定法介紹。

分　類	判　斷　特　性
溫度計試驗法	沸騰時之溫度若為 104～105°C，可視為濃縮的終點。
折射計試驗法	測定糖度若為 55% 時，可作為濃縮的終點。
流下試驗法	若調羹中果醬傾斜時成薄片狀，即為濃縮的終點。
茶杯試驗法	將沸騰果醬滴入茶杯內清水若呈凝固狀，即為濃縮的終點。

相關試題

1. 果醬類製造時其濃縮終點判定如用溫度計法測定沸騰時之溫度為： (A)100～101°C (B)102～103°C (C)104～105°C (D)106～107°C。 答：(C)。

八、番茄類製品之製造(tomato products processing)

（一）番茄製品的種類

分　類	製　造　流　程	濃度
番茄漿	番茄→洗淨→破碎→預熱→篩濾→番茄漿	0%
番茄泥	番茄→洗淨→破碎→預熱→篩濾→常壓濃縮→番茄泥	6.3%
番茄糊	番茄→洗淨→破碎→預熱→篩濾→真空濃縮→番茄糊	22%
番茄醬	番茄→洗淨→破碎→預熱→篩濾→真空濃縮→番茄醬	22%

（二）番茄製造的破碎方法

破碎法分類	預熱條件	酵素活性	黏度	營養成分殘留
熱破碎(hot break)	80～85°C；2～3 分鐘	弱	高	高
冷破碎(cold break)	無預熱處理	強	低	低

☕**相關試題**

1. 番茄糊(tomato paste)製造時，採用熱破碎的主要目的為： (A)提高黏度 (B)防止變色 (C)防止維生素 C 損失 (D)增進風味。　　　　答：(A)。
   解析： 番茄採用預熱破碎的目的為破壞果膠分解酶活性以提高製品的黏度。

2. 一般製造番茄漿或番茄泥時，大多採用 80 至 85°C 預熱 2 至 3 分鐘的熱碎法，其原因為： (A)增加榨汁率 (B)防止褐變 (C)抑制酵素作用 (D)降低果汁黏稠度。　　　　答：(C)。
   解析： 番茄採用 80～85°C 預熱 2 至 3 分鐘的熱碎法，其目的為抑制酵素分解。

3. 為提高番茄糊(tomato paste)之黏度，下列何項加工步驟是有利的？ (A)熱破碎 (B)冷破碎 (C)原料充分水洗 (D)製品盡速冷卻。　　　　答：(A)。
   解析： 番茄採用熱破碎法是為提高番茄糊等之黏度，為最有利的加工步驟。

九、蜜餞類製品之製造(fruit preserves processing)

（一）蜜餞製品的種類

分　　類	製　造　流　程
滴乾(drained)蜜餞	糖液滲透至糖度達 70% 時，取出滴乾的製品。
糖晶(crystal)蜜餞	表面有糖液結晶析出的製品。
糖衣(glace)蜜餞	表面塗濃厚糖液，乾燥成覆膜狀，表面光滑低黏性。

（二）原料前處理

前處理條件	加工目的	適宜水果原料
熱水殺菁	抑制氧化酵素活性，防止褐變	蘋果、梨子
亞硫酸氫鈉	脫除花青素等水溶性色素	櫻桃、草莓
氯化鈣、碳酸鈣	進行離子鍵結合，硬化果肉	李子、金桔、鳳梨
氫氧化鈉	去除表面蠟質，提高糖液浸透	葡萄、無花果、李子
劃切、針刺、切片	提高內部組織糖液的滲透率	李子、金桔、葡萄

☕ 相關試題

1. 強化蔬果質地之硬度時，添加下列何者最為有效？　(A)氯化鉀　(B)氯化鈉 (C)氯化鈣　(D)乙醇。　　　　　　　　　　　　　　　　　答：(C)。
   解析：強化蔬果質地之硬度時，添加氯化鈣、碳酸鈣等鈣鹽最為有效。

2. 葡萄乾燥前處理，經熱 NaOH 溶液浸漬，其目的為：　(A)減少葡萄乾褐變 (B)降低梅納反應　(C)抑制微生物生長　(D)破壞蠟質膜提高乾燥效率。
   答：(D)。葡萄乾燥前處理，經氫氧化鈉浸漬，其目的在破壞蠟質提高乾燥 效率。

3. 無花果、李、葡萄等水果於乾燥前先在 0.5～1.0% 氫氧化鈉沸騰液中浸漬 5 ～20 秒，其目的為：　(A)阻止酵素作用　(B)防止非酵素褐變　(C)促進乾 燥效率　(D)防止脂溶性成分氧化。　　　　　　　　　　　　　　答：(C)。
   解析：李子、葡萄等於氫氧化鈉溶液中浸漬 5～20 秒，其目的為促進乾燥效 率。

4. 製造蜜餞時，經完全殺菌與降低糖煮溫度可防止成品： (A)皺縮 (B)發黏 (C)半成品變質 (D)褐變。 答：(D)。

解析： 水果經殺菌與降低糖煮溫度可防止成品發生因酵素殘存所導致的褐變。

（三）糖液滲透作用

1. 其原理乃利用糖液和果肉間滲透壓差大，滲透率愈快，糖漬時間可縮短。而應用轉化糖可減少蔗糖易結晶之弊端且提高糖液的滲透率。

2. 抽真空之目的則可保持水果原狀且即提高糖液滲透速度，但與果肉硬化之無關。

☕相關試題

1. 蜜餞製造過程中會逐次提高浸漬用糖溶液濃度，最後糖濃度應達至多少百分比？ (A)50% (B)60% (C)70% (D)80%。 答：(C)。

2. 關於蜜餞製造的要領，下列敘述何者為非？ (A)添加碳酸鈣，有硬化果肉之效果 (B)果皮上可刺針孔，有利於糖液之滲透 (C)開始滲透糖濃度控制在 50% (D)糖液濃度每次提高 5～10%。 答：(C)。

解析： 初期開始的滲透糖液濃度控制在 25～30%。

3. 製造蜜餞時，為保持其水果原有狀態即便於糖液滲透，常採用何種處理？ (A)殺菁 (B)真空 (C)浸泡亞硫酸液 (D)添加轉化糖。 答：(B)。

解析： 製造水果蜜餞時，採抽真空處理，可保持水果原狀且促進糖液滲透。

十、 蔬果類罐頭製品之製造(canned fruits and vegetables processing)

（一）浸燙或殺菁(blanching)之主要目的

1. **殺菁目的**：乃使組織收縮、軟化而易於裝罐或剝皮等調理。排除果實蔬菜組織內的氣體，具有脫氣效果。破壞食品原料中的酵素、防止加工操作中之變

質、變色。去除不良氣味。去除外皮蠟質、雜物、亦有進一步清洗作用。殺滅部分微生物。

2. **殺菁方法**：以熱水或蒸氣處理，溫度約 85～93°C，時間約 30～300 秒。

3. **殺菁指標**：以過氧化酶(peroxidase)、觸酶(catalase)為指標，當測出兩者完全失去活性時，代表殺菁完全。

☕ 相關試題

1. 下列哪一項不是蔬果加工過程中殺菁的主要目的？　(A)不活化某些酵素　(B)活化某些酵素　(C)洗滌並殺死部分之微生物　(D)殺菌以避免膨罐的產生　(E)移除細胞間隙的空氣以利充填。　　　　　　　　　　答：(B)。

2. 蔬果殺菁的目的為何？（複選題）　(A)破壞酵素活性　(B)軟化組織　(C)增進風味　(D)排除組織內空氣　(E)洗滌。　　　　　　答：(A、B、D)。

3. 填充題：食物經殺菁(blanching)處理後對食物製備的優點為
   <u>抑制酵素作用，減少變色、變味及組織分解。</u>
   <u>逐出蔬果組織內的空氣，使組織收縮而柔軟化。</u>
   <u>排除不良的氣味。</u>

4. 蔬果類殺菁的指標酵素為：　(A)pectin esterase　(B)peroxidase　(C)glucose isomerase　(D)invertase。　　　　　　　　　　　答：(B)。

5. 請解釋下列名詞：殺菁。
   答：殺菁乃是利用高溫對酵素之活性進行破壞，使之停止作用，以免色澤變差、香氣完全散失。

6. 蔬果罐頭製造過程中原料需予殺菁，下列哪一項不是殺菁的主要目的？　(A)防止蔬果內酵素之作用　(B)洗滌並殺死部分之微生物　(C)脫氣以避免膨罐的產生　(D)使原料軟化而易於充填於罐中。　　　　　　答：(B)。

7. 關於蔬果殺菁的目的，下列敘述何者是不正確的？　(A)抑制酵素作用　(B)使組織軟化易裝罐　(C)趕走組織內氣體，幫助脫氣效果　(D)便於熱充填。　　　　　　　　　　　　　　　　　　　　答：(D)。

8. 下列食品與酵素之組合，哪一組沒有關聯？　(A)蔬菜-peroxidase　(B)鳳梨-bromelin　(C)蘋果-pancrease　(D)牛奶-alkaline phosphatase。　　答：(C)。

解析：蘋果與酵素之組合應為果膠分解酶(pectinase)而非胰臟酶(pancrease)。

9. 下列何者是蔬果殺菁(blanching)的目的？①破壞氧化酶、②使剝皮容易、③使組織強韌、④改善色澤，答案是： (A)①②④ (B)①② (C)①②③④ (D)①②③。 答：(A)。

10. 用於蔬菜殺菁的溫度，何者較適當？ (A)28～30°C (B)40～45°C (C)60～65°C (D)85～95°C。 答：(D)。

（二）罐頭種類

罐頭分類	酸鹼值分類	變質類別
蜜柑罐頭	酸性罐頭(pH<4.6)	橘皮甘白濁、脫錫罐臭、氫氣膨罐。
鳳梨罐頭	酸性罐頭(pH<4.6)	多酚氧化紅變。
竹筍罐頭	低酸性罐頭(pH>4.6)	酪胺酸析出而混濁、類龍膽酸呈苦味。
洋菇罐頭	低酸性罐頭(pH>4.6)	酪胺酸褐變與混濁、果膠分解軟化。
蘆筍罐頭	低酸性罐頭(pH>4.6)	黃鹼酮葡萄糖甘結晶、芸香素黑變。

☕相關試題

1. 下列何種食品需要經 100°C 以上的加熱殺菌處理？ (A)蘆筍 (B)番茄 (C)桔子 (D)櫻桃。 答：(A)。

2. 下列何者為酸性罐頭？ (A)蘆筍罐頭 (B)竹筍罐頭 (C)洋菇罐頭 (D)鳳梨罐頭。 答：(D)。

3. 台灣首先設立的罐頭工廠係製造下列何者產品？ (A)竹筍 (B)鳳梨 (C)洋菇 (D)蘆筍。 答：(B)。
   解析：台灣首先設立的罐頭工廠係製造鳳梨罐頭。

（三）果汁的糖度與稀釋之濃度計算

濃度計算分類	計算公式
注入糖度的濃度	$\dfrac{（成品重量 \times 成品糖度）-（原水果重量 \times 原糖度）}{果汁成品重量 - 原水果重量} \times 100\%$
果汁的稀釋濃度	$\dfrac{（果汁重量 \times 原佔比濃度\%）}{原果汁重量 + 增加水分重量} \times 100\% = 後來稀釋濃度\%$ 原果汁重量 + 增加水分重量

☕ 相關試題

1. 一公升 42°Brix 濃縮葡萄汁欲稀釋成 13°Brix 時，應加水多少公升？
   (A)0.32　(B)1.32　(C)2.23　(D)3.23。　　　　　　　　答：(C)。
   解析： 注入水量的公升 $\dfrac{1000 \times 42\%}{1000 + x} \times 100\% = 13\% \Rightarrow x = 2.23$公升

2. 試計算鳳梨罐頭注加液所需的糖度：鳳梨果肉糖度 8%，鳳梨果肉之裝罐量 250 克，製造五號罐，其種容量 315 克，製成的成品糖度控制在 16.5%？
   (A)47.8%　(B)48.6%　(C)49.2%　(D)51.2%。　　　　　　　答：(C)。
   解析： 注加入糖度的濃度 $= \dfrac{315 \times 16.5\% - 250 \times 8\%}{315 - 250} \times 100\% = 49.2\%$

十一、蔬果類醃漬物(pickles of fruits and vegetables processing)

1. 醃漬加工原則

(1) 蔬果原料先行日曬或預漬脫水。

(2) 醃漬時放置重石壓縮醃漬物。

(3) 食鹽濃度以 20% 為基準。

(4) 避免日光直射，並貯藏於低溫的場所。

2. 蔬果類醃漬物相關介紹

製品種類	德式酸菜	榨　菜	冬　菜	蔭　瓜
蔬菜原料	甘藍菜	大芥菜	大白菜或甘藍菜	越　瓜
醱酵菌屬	*Leuconostoc*	*Streptococcus*	*Streptococcus*	*Aspergillus*
食鹽濃度	2～3%	10～15%	10%	12～16%

 學後評量 *Exercise*

一、精選試題

（C） 1. 鳳梨罐頭內容量為 500 公克，鳳梨裝罐量為 300 公克，原料鳳梨糖度為 10%，開罐標準糖度為 20%，以上述條件製作鳳梨罐頭時，應配製何種濃度的糖液？ (A)25% (B)30% (C)35% (D)40%。

【解析】：注加入糖度的濃度
$$= [(500 \times 20\% - 300 \times 10\%) / (500 - 300)] \times 100\% = 35\%$$

（A） 2. 李子蜜餞製作過程中，將李子浸於氯化鈣溶液中處理，主要目的為何？ (A)硬化果肉 (B)殺菌防腐 (C)增加色澤 (D)增強風味。

【解析】：將李子浸漬於氯化鈣溶液中，其主要目的為形成果膠酸鈣鹽具硬化果肉效果。

（D） 3. 哪一種食品於傳統製造過程中，不需控制在鹼性條件下？ (A)皮蛋 (B)冬瓜糖塊 (C)蒟蒻 (D)蛋黃醬。

【解析】：冬瓜糖塊製造過程中，須添加氯化鈣等鹼劑以促使離子鍵的生成而硬化果肉。

（C） 4. 10°Brix 之糖液 1000 公斤，欲將其調整為 15°Brix，應該加入約多少公斤之砂糖？ (A)34.2 (B)50.0 (C)58.8 (D)85.8。

【解析】：增加砂糖重量(χ) $\Rightarrow [(1000 \times 10\% + \chi) / (1000 + \chi)] \times 100\% = 20\%$
$$\Rightarrow \chi = 58.8 公斤。$$

（B） 5. 測定果實、果汁之糖酸比(sugar-acid ratio)之目的為： (A)比較其有機酸含量 (B)比較其風味品質 (C)顯示其糖量 (D)凸顯其酸鹼度。

【解析】：果汁之糖酸比值與其風味品質有關，若其糖酸比值偏高則其風味差。

（A） 6. 一般而言柑橘汁罐頭在儲存期間，下列何者產生變化最為顯著？ (A)維生素 C (B)糖量 (C)脂肪 (D)蛋白質。

【解析】：柑橘果汁在貯藏期間，因維生素 C 分解而導致的色澤變化最為顯著。

（A） 7. 西洋梨罐頭會產生紅變現象的主要原因為： (A)多酚的氧化聚合 (B)梅納反應 (C)焦糖化反應 (D)抗壞血酸的氧化。

【解析】：多酚的氧化聚合作用易造成西洋梨、鳳梨等水果罐頭產生紅變現象。

（AB） 8. 生鮮蔬果調氣貯藏(CA storage)環境中，下列何者氣體之含量最高？
（A)氧　(B)二氧化碳　(C)鈍氣　(D)水蒸氣。

【解析】：在調氣貯藏法中，主要是二氧化碳調高，氧氣調低，但因題意不清，針對不同的蔬果類其氧氣與二氧化碳的含量皆可能最高。

（A） 9. 以蒸發罐進行真空濃縮果汁時，最容易造成：　(A)喪失原味　(B)氧化作用　(C)褐變　(D)酸敗現象。

【解析】：天然果汁行真空濃縮時，香氣與風味皆會損失，故易造成喪失原味。

（B） 10. 蜜餞浸漬時，下列哪項處理可獲得質地良好而不皺縮之產品？　(A)直接用 60 度以上高糖度糖水浸漬　(B)由低糖度開始浸漬再漸次增加糖度　(C)單獨使用代糖浸漬而不再浸漬填充劑　(D)在 90°C 高溫下浸漬。

【解析】：蜜餞浸漬時，由低糖度開始浸漬再漸次增加糖度至高糖度。

（B） 11. 下列何種加工條件，不利於菠菜綠色之維持？　(A)調整 pH 至 8.0　(B)調整 pH 至 3.0　(C)添加銅離子　(D)添加鋅離子。

【解析】：葉綠素易受酸性影響，若調整 pH 值至 3.0，則不利菠菜綠色的維持。

（C） 12. 番茄果實中，被視為最重要抗氧化成分之色素為：　(A)葉綠素　(B)葉黃素　(C)茄紅素　(D)花青素。

【解析】：番茄果皮色澤來自番茄紅素，在營養學上被視為重要抗氧化成分。

（B） 13. 下列何者對愛玉凝膠機制影響最大？　(A)蔗糖濃度　(B)鈣含量　(C)pH 值　(D)溫度。

【解析】：愛玉凍屬於低甲氧基果膠的凝膠製品，最具關鍵性的要素為鈣鹽。

（C） 14. 更年性水果(climacteric fruit)特性是水果成熟採收後，呼吸速率會呈現：　(A)急速下降　(B)不規律變動　(C)急速上昇　(D)維持不變。

【解析】：更年性水果的特性是成熟採收後，其呼吸速率會呈現急速上昇。

（B） 15. 小黃瓜醃漬後變黃與何者有關？　(A)醋酸產生　(B)脫鎂葉綠素產生　(C)葉綠素生成　(D)溫度太高。

【解析】：乳酸菌醱酵時，氫離子會取代鎂離子而產成脫鎂葉綠素而變色。

（B） 16. 有關梅子進行果汁加工的敘述，下列何者正確？　(A)以不催熟之青梅為原料破碎取汁　(B)以黃熟梅為原料　(C)梅汁產品必需用鐵皮罐包裝　(D)梅汁產品必需經 121°C 滅菌 15 分鐘。

【解析】：若以青澀梅為原料，則含有氰酸而中毒，故以黃熟梅為原料較適宜。

（D）17. 葡萄汁在濃縮加工時，急速冷凍至 −2°C 並靜置一夜，主要是使何種物質析出？　(A)蛋白質　(B)果膠質　(C)維生素　(D)酒石(tartar)。

【解析】：葡萄汁在濃縮加工之前，需冷卻至 −2°C，主要是使酒石易結晶析出。

（B）18. 果醬係利用何種原理保存？　(A)超高溫滅菌　(B)降低水活性　(C)提高水活性　(D)增加游離水。

【解析】：果醬中會添加蔗糖成分，因此係利用降低水活性的原理來保存。

（D）19. 桑椹的呈色主要來自：　(A)葉綠素　(B)β 胡蘿蔔素　(C)葉黃素　(D)花青素。

【解析】：桑椹的色澤主要來自花青素的呈現。

（B）20. 欲使低甲氧基果膠凝膠需加入：　(A)糖　(B)鈣離子　(C)鉀離子　(D)鈉離子。

【解析】：欲使低甲氧基果膠可以凝膠，則需添加鈣鹽以促使離子鍵結的形成。

（B）21. 蔬菜收穫後會由綠色變褐色，主要是因葉綠素轉變為：　(A)隱黃素　(B)脫鎂葉綠素　(C)葉黃素　(D)黃色素。

【解析】：蔬菜收穫後變成褐綠色，主要是因葉綠素轉變為脫鎂葉綠素的結果。

（C）22. 蔬菜水果加工時，下列何者敘述不正確？　(A)不適合用鋁鍋　(B)可用不銹鋼鍋　(C)需煮沸才可保藏　(D)維生素 C 容易損失。

【解析】：蔬菜水果加工時的原則無需煮沸即可具保藏性。

（A）23. 有關新鮮蘋果片變黑，下列何者敘述不正確？　(A)完全是微生物繁殖結果　(B)可加鹽水防止　(C)加檸檬酸防止　(D)可能為酵素作用所致。

【解析】：新鮮蘋果片易變黑的原因為與微生物繁殖作用無關。

（B）24. 番茄之茄紅素屬於：　(A)葉黃素　(B)類胡蘿蔔素　(C)花青素　(D)類黃酮。

【解析】：番茄之茄紅素(lycopene)屬於類胡蘿蔔素的一種。

（D）25. 下列何者為澄清果汁？　(A)番石榴汁　(B)柑橘汁　(C)百香果汁　(D)蘋果汁。

【解析】：番石榴汁、柑橘汁、百香果汁等屬混濁果汁，蘋果汁則屬澄清果汁。

（A）26. 下列何者為低甲氧基果膠食品？　(A)愛玉　(B)洋菜凍　(C)仙草凍　(D)石花菜凍。

【解析】：洋菜凍、仙草凍及石花菜凍等屬高甲氧基果膠食品；愛玉凍不屬於。

（B）27. 濃縮果汁之製造過程常利用生鮮果汁回添法(cut-back)，其目的為：
(A)增進濃縮果汁之流動性　(B)改善濃縮果汁之風味　(C)降低濃縮果汁之甜味　(D)增加濃縮果汁之產量。

【解析】：利用生鮮果汁的回添法，其目的在改善濃縮果汁之風味與香氣。

（B）28. 果膠中的甲氧基($-OCH_3$)含量在多少以上者稱為高甲氧基果膠？
(A)5%　(B)7%　(C)9%　(D)11%。

【解析】：果膠中的甲氧基($-OCH_3$)含量在 7% 以上者稱為高甲氧基果膠。

（B）29. 調氣貯藏(control atmosphere storage, CAS)主要利用二氧化碳或氮氣來抑制蔬果採收後之：　(A)醱酵作用　(B)呼吸作用　(C)光合作用　(D)還原作用。

（D）30. 對醃漬蘿蔔脆度沒有貢獻的因子為：　(A)粗鹽　(B)壓榨　(C)添加鈣鹽　(D)乳酸。

【解析】：乳酸的添加對醃漬蘿蔔的脆度表現並無直接的參與。

（D）31. 西式蜜餞加工中，真空處理不具備下列何種功能？　(A)水取代空氣　(B)促進糖之滲透　(C)使蜜餞外觀呈現透明　(D)使蜜餞組織硬脆。

【解析】：西式蜜餞加工中，真空處理的目的不包括可使蜜餞組織具硬脆感。

（D）32. 下列何種產品之加工過程中有經過豆麴醃漬處理？　(A)花瓜　(B)榨菜　(C)冬菜　(D)蔭瓜。

【解析】：蔭瓜的加工過程中，有經過豆麴即麴黴醃漬處理。

（A）33. 下列何種化合物可以促進蔬菜之成熟？　(A)乙烯　(B)甲烷　(C)丙烷　(D)甲苯。

【解析】：乙烯屬於植物性荷爾蒙，可以促進蔬果之成熟作用。

（C）34. 利用溫水浸漬法去除柿子之澀味，主要是去除其中之：　(A)草酸　(B)酒石酸　(C)單寧酸　(D)琥珀酸。

【解析】：柿子的澀味來自成分中單寧酸，因此可用溫水浸漬法來去除單寧酸。

（A）35. 100 grade 之果膠，指種果膠：　(A)1 公斤最多只能加入 100 公斤糖　(B)100 公斤最多只能加入 1 公斤糖　(C)100 公克最多只能加入 1 公斤糖　(D)1 公斤最多只能加入 100 公克糖。

【解析】：若 1 公斤果膠最多只能加入 100 公斤糖，則稱為 100 grade 果膠。

（A）36. 話梅製造時原料梅子須去菁去澀是採用：　(A)搓鹽　(B)加糖　(C)加亞硫酸鹽　(D)加檸檬酸。

【解析】：話梅製造時，原料梅子須與食鹽搓和以去除其菁澀味。

（D）37. 下列蔬果種類以哪一種的呼吸率最高？　(A)蘋果　(B)竹筍　(C)馬鈴薯　(D)蘆筍。

（B）38. 製造果凍(jelly)時，與酸及糖才能凝膠的是：　(A)原果膠　(B)高甲氧基果膠　(C)低甲氧基果膠　(D)果膠酸。

【解析】：製造果凍時，高甲氧基果膠中需添加酸及糖才能凝膠成型。

（A）39. 番茄果汁製造時以下列何種破碎方法可得營養成分較高之成品？　(A)熱破碎　(B)冷破碎　(C)先冷後破碎　(D)先熱後冷破碎。

【解析】：番茄以熱破碎可破壞組織中抗壞血酸氧化酶，可減緩維生素C分解。

（B）40. 醬瓜製造時所用之食鹽主要功能是：　(A)醱酵用　(B)原料貯藏用　(C)增加風味　(D)醬瓜鹹味來源。

【解析】：醬瓜製造時所使用之食鹽，其主要功能是作為原料貯藏之用。

（A）41. 冬菜的原料為：　(A)大白菜　(B)甘藍　(C)芥菜　(D)芥藍菜。

【解析】：冬菜的原料大多使用大白菜，然而甘藍菜亦可為其製造原料。

（B）42. 測定柑桔果實之酸度時用下列何種酸來換算與氫氧化鈉中和之酸量？　(A)蘋果酸　(B)檸檬酸　(C)醋酸　(D)酒石酸。

【解析】：果汁之酸度常以檸檬酸為主，與氫氧化鈉中和後來換算其滴定酸量。

（C）43. 水果所含有機酸最普遍的是：　(A)酒石酸　(B)蘋果酸　(C)檸檬酸　(D)琥珀酸。

【解析】：水果類所含有機酸最普遍是檸檬酸；葡萄是酒石酸，蘋果是蘋果酸。

（B）44. 最能反映果汁酸味程度的量度是：　(A)酸鹼值　(B)可滴定酸量　(C)糖酸比　(D)含糖量。

【解析】：可滴定酸量高低最能反映果實、果汁的酸味程度之量測指標。

二、模擬試題

（　）　1. 下列何者不是殺菁(blanching)所欲達成之結果？　(A)可使酵素不活化　(B)會發生不良的色、香、味、質地變化　(C)可除去食物中汙染微生物所生成之毒素　(D)可除去食物中之抗營養性因子。

（　）　2. 草莓罐頭容易發生混濁現象的可能原因物質為：　(A)酒石　(B)多酚、蛋白質及錫　(C)花青素及錫　(D)呋喃醛化合物。

（　）　3. 蔬果加工時常使組織改變，下列影響因素中何者能使組織保持？　(A)鈣離子　(B)果膠甲酯酶　(C)酸性物質　(D)鈉離子。

（　）　4. 有關蔬果類行呼吸作用之敘述，下列何者錯誤？　(A)重量會增加　(B)水分會減少　(C)易產生呼吸熱量　(D)蔬果類應存在高濕低溫環境。

（　）　5. 蔬菜烹調時會發生一些變化，下列何者錯誤？　(A)加醋會使綠葉菜變黃　(B)加小蘇打使綠葉菜不易變色　(C)加小蘇打使蔬菜質地軟爛　(D)銅鍋烹煮綠葉菜易變色。

（　）　6. 水果的香味主要為何種成分？　(A)醇類　(B)酸類　(C)酯類　(D)醛類。

（　）　7. 下列何者為果汁產生異味的主要原因？①梅納反應、②加熱過度、③抗壞血酸裂解、④冷卻不足　(A)①②③④　(B)①②③　(C)①②④　(D)②③④。

（　）　8. 用於殺菁過程的溫度多少較適合？　(A)37～40°C　(B)65°C　(C)82～99°C　(D)100°C。

（　）　9. 鳳梨罐頭會產生紅變現象的主要原因為：　(A)焦糖化反應　(B)梅納反應　(C)多酚氧化聚合　(D)加熱過度。

（　）　10. 依中國國家標準之定義，稀釋果汁中含天然果汁約多少百分比以上？　(A)10 %　(B)20 %　(C)30 %　(D)40 %。

（　）　11. 愛玉能凝膠成凍之主要成分為：　(A)高甲氧基果膠　(B)低甲氧基果膠　(C)菊甘露聚糖　(D)紅藻膠。

（　）　12. 蔬果工業中最常使用下列何種濃縮方法以進行果汁加工處理？　(A)常壓蒸發濃縮法　(B)膜過濾濃縮法　(C)減壓蒸發濃縮法　(D)凍結濃縮法。

（　）　13. 原料番茄→破碎→打漿→篩濾→濃縮→成品，下列何種產品不採取上述的製程？　(A)番茄醬　(B)番茄糊　(C)番茄泥　(D)番茄漿。

（　）　14. 下列何者對仙草凝膠機制影響最小？　(A)鈣鹽含量　(B)蔗糖濃度　(C)酸鹼值　(D)溫度。

（　）　15. 最能反映果汁風味濃淡的量度是：　(A)酸鹼值　(B)可滴定酸量　(C)糖酸比　(D)含糖量。

（　）　16. 柑橘果汁以蒸發罐進行濃縮加工時，最容易造成：　(A)褐變　(B)酸敗　(C)自氧化　(D)喪失原味。

( ) 17. 不含果皮、果肉的果醬類製品稱為： (A)果凍 (B)果醬 (C)果糕 (D)果酪。

( ) 18. 桑椹的呈色物質主要來自： (A)β-胡蘿蔔素 (B)葉綠素 (C)二氧嘌基 (D)花青素。

( ) 19. 果凍的形成與下列哪些物質之交互作用有關？ (A)鹼、果膠質、糖 (B)酸、果膠質、糖 (C)纖維素、果膠質、水 (D)果膠酸、糖、鹽。

( ) 20. 下列何種菌種和蔬果類的醃漬醱酵加工並無直接關係？ (A)*Micrococcus* (B)*Pediococcus* (C)*Lactobacillus* (D)*Leuconostoc*。

( ) 21. 天然果汁的商品價值與下列何者無直接關係？ (A)風味與香氣 (B)維生素 A 含量 (C)糖酸比值 (D)色澤。

( ) 22. 蔬果殺菁的指標酵素常採用下列何者？ (A)protease (B)lipase (C)amylase (D)peroxidase。

( ) 23. 對澤庵的脆度品質無法提供的要素為： (A)壓榨脫水 (B)粗鹽添加 (C)醋酸添加 (D)鈣鹽添加。

( ) 24. 製造柑橘果醬時，原料的選擇應以下列何者較為理想？ (A)成熟前期 (B)成熟期 (C)成熟後期 (D)任何時期皆可。

( ) 25. 蔬果類加工過程中，維生素 C 易損失的原因有：①溶於水中、②非酵素性氧化、③空氣中自然氧化、④酸性分解，正確答案是： (A)①② (B)①③ (C)①②③④ (D)①②③。

( ) 26. 製造高熱量果醬時，影響成膠的因素有：①果膠、②糖、③酸、④木質素，答案是： (A)①②③④ (B)①②③ (C)①② (D)①②④。

( ) 27. 欲製造低熱量的果凍時，必須添加下列何種物質使果凍易凝固定型？ (A)鉀鹽 (B)原果膠質 (C)甘精 (D)鈣鹽。

( ) 28. 高甲氧基果膠的凝膠，屬於下列何種類型的凝固？ (A)氫鍵型 (B)離子鍵型 (C)醯胺鍵型 (D)雙硫鍵型。

( ) 29. 蔬果醃漬物的製造原則，下列敘述何者較不恰當？ (A)先行日曬或預漬脫水 (B)避免日光直射，並貯藏於低溫的場所 (C)醃漬時放置重石壓縮醃漬物 (D)食鹽濃度以 20%為基準。

( ) 30. 水蜜桃罐頭中肉質易崩碎的主要原因為： (A)梅納反應 (B)花青素、錫的螯合物 (C)含耐熱性果膠分解酶 (D)酒石的生成。

（　）31. 蘋果汁製造時添加抗壞血酸鈉鹽，其主要作用目的為：　(A)防止果汁發生褐變　(B)防止果汁產生沉澱分層　(C)減緩微生物生長　(D)調整果汁的糖酸比值。

（　）32. 下列有關植物色素的敘述，何者錯誤？　(A)類母酮黃素可和金屬離子作用產生變色　(B)花青素在酸性下呈藍色　(C)無色花青素和許多水果的澀味有關　(D)胡蘿蔔素的顏色不受酸、鹼影響。

（　）33. 製造脆李時，下列何項敘述對製品的脆度是沒有幫助的？　(A)以重石壓緊　(B)長時間浸水　(C)充分地脫水　(D)以 20%粗鹽初醃。

（　）34. 蘋果水果罐頭發生混濁的原因物質為：　(A)柚苷　(B)酒石結晶　(C)果膠分解酶　(D)多酚與蛋白質。

（　）35. 防止蜜柑罐頭產生白濁現象的方法為：　(A)添加橘皮苷酶　(B)浸漬食鹽水　(C)熱水殺菁　(D)添加羧甲基纖維素。

（　）36. 芒果、釋迦等更年性水果的特性是水果採收後，呼吸速率會呈現：　(A)不規律變動　(B)維持不變　(C)急速上昇　(D)急速下降。

（　）37. 醃漬韓式泡菜的味道來源為：　(A)乳酸菌醱酵　(B)醋漬　(C)米糠麴漬　(D)醬油醪漬。

（　）38. 醃漬小黃瓜過程中，綠色會轉變成土黃色的原因為：　(A)葉綠素被氧化　(B)葉綠素被微生物代謝分解　(C)微生物產生有機酸，氫離子取代葉綠素中之鎂離子而脫色　(D)葉綠素與三價鐵離子結合。

（　）39. 下列何種水果不用乙烯後熟處理？　(A)枇杷　(B)木瓜　(C)香蕉　(D)芒果。

（　）40. 下列有關果膠的敘述，何者錯誤？　(A)果膠形成凝膠的最適 pH 為 5～6　(B)低酯化度果膠不需糖可形成凝膠　(C)果膠形成時須有 60～65% 濃度之蔗糖　(D)一般果膠質在 1% 濃度可形成凝膠。

模擬試題答案

1.(C)	2.(B)	3.(A)	4.(A)	5.(D)	6.(C)	7.(D)	8.(C)	9.(C)	10.(C)
11.(B)	12.(C)	13.(D)	14.(A)	15.(C)	16.(D)	17.(A)	18.(D)	19.(B)	20.(A)
21.(B)	22.(D)	23.(C)	24.(B)	25.(B)	26.(B)	27.(D)	28.(B)	29.(D)	30.(C)
31.(A)	32.(B)	33.(B)	34.(D)	35.(A)	36.(C)	37.(A)	38.(C)	39.(A)	40.(A)

農產類製品加工

一、米(rice)

（一）米的加工(rice processing)

1. 米的分類與組成

米 的 分 類	糙　米*	胚芽米	精白米
米 的 組 成	米糠＋胚芽＋胚乳	胚芽＋胚乳	胚乳

*註：收割乾燥後之稻子（穀）除去稻殼後叫糙米。內含 5~6%米糠層（由外至內依序為果皮、種皮、外胚乳、糊粉層），2~3%胚芽和 91~92%以澱粉為主的內胚乳。

2. 碾白目的：碾白亦稱精白，將糙米表面米糠除去，露出可加工的內胚乳。

3. 碾米流程：糙米→精選→碾白→除糠，研磨→混米→篩別→裝袋→精白米。

4. 碾白米率：糙米碾白時，[白米／糙米]×100%。

5. 各類碾米之加工率比較

碾 白 度	碾白米率(%)	碾白米減率(%)	除糠率(%)
十分（精白）米	92.0%	8.0%	100%
七分碾白米	94.4%	5.6%	70%
六分碾白米	95.2%	4.8%	60%
五分碾白米	96.0%	4.0%	50%
釀酒用精白米	70～75%	25～30%	300～375%

6. 胚芽米與精白米一般組成分的比較（100g 中）

種類	熱量(Kcal)	水分(g)	蛋白質(g)	脂質(g)	糖質(g)	纖維(g)	灰分(g)
胚芽米	347	13.18	6.41	0.99	78.42	0.30	0.70
精白米	356	13.71	5.62	0.37	79.37	0.31	0.62

7. 新米、舊米特性比較

特性\分類	微晶結構緊密度	蒸煮時吸水率	黏度	風味和食感	過氧化酶活性
舊　米	高	高	低	低	低
新　米	低	低	高	高	高

8. 營養強化米：精白米中添加硫胺素（維生素 B_1）或離胺酸(lysine)。

9. 米粒的貯藏

(1) 置於低溫環境($10\sim15°C$)

(2) 水活性在 0.7 以下

(3) 水分含量約在 13%以下

(4) 使用調氣貯藏法(controlled atmosphere storage, CAS)保藏

☕相關試題

1. 穀類食品通常缺乏哪種胺基酸？　(A)lysine　(B)methionine　(C)cysteine　(D)glycine。　　　　　　　　　　　　　　　　　　答：(A)。

2. 糙米、胚芽米、白米之「構造上」及「營養上」的差異為何？米中缺乏哪一種必需胺基酸？
   答：米中缺乏的必需胺基酸（稱為限制胺基酸），即為離胺酸。

3. 一般而言，冷藏期間控制農作物的呼吸，可以延緩農作物的成熟速率，此處的呼吸作用主要是調節：(A)二氧化碳(CO_2)的含量　(B)氮(N_2)的含量　(C)鈍氣的含量　(D)一氧化碳的含量。　　　　　　　　答：(A)。

4. 何謂 enriched rice？
   答：enriched rice 即是營養強化米，指精白米中添加維生素 B_1 或即硫胺素。

5. 穀類加工時因除去皮和胚的部分而流失哪些營養素？又為了補救此項流失再以人工方法添加回去稱之為？
   答：米穀類加工時會流失維生素 B_1。添加維生素 B_1 等營養素稱為營養強化法。

6. 下列關米的烹調性質的敘述，何者錯誤？　(A)米加水加熱後，產生糊化作用而增加黏度及食味　(B)糊化後的飯含水量約為 65%，其吸水量為米的 1.2～1.4 倍　(C)煮飯用的鍋子種類不同，水分蒸發率亦不同，其中以間接電鍋為最低　(D)糯米澱粉都是支鏈澱粉，糊化速度較慢，一旦糊化後老化速度也慢。　　　　　　　　　　　　　　　　　　　　答：(D)。

7. 穀類最常見限制胺基酸(limited amino acid)通常是指：　(A)Asp　(B)Cys　(C)Glu　(D)Lys。　　　　　　　　　　　　　　　　　答：(D)。

8. 一般食用的白米是指稻米的哪一部分？　(A)胚芽層　(B)胚乳層　(C)糊粉層　(D)麩層。　　　　　　　　　　　　　　　　　　　　答：(B)。
解析：稻米的內胚乳層部分即是一般食用性白米。

9. 下列何者不是良質米的條件？　(A)游離水多　(B)結合水多　(C)整粒比例高　(D)呼吸作用低。　　　　　　　　　　　　　　　　　　答：(A)。
解析：游離水多並非良質米的主要條件。

10. 製造麵粉時主要是利用小麥的何種部位製得？　(A)麩皮　(B)糊粉層　(C)胚乳　(D)胚芽。　　　　　　　　　　　　　　　　　　答：(C)。

11. 糙米較白米久放後具有不良氣味，是因為含有下列何種成分？　(A)米糠　(B)油脂　(C)硫胺素　(D)胚芽。　　　　　　　　　　　　　答：(B)。

12. 下列何者是穀類的 first limited amino acid？　(A)glutamic acid　(B)lysine　(C)aspartic acid　(D)histidine。　　　　　　　　　　答：(B)。
解析：穀類的第一限制胺基酸為離胺酸(lysine)。

13. 穀類貯藏期間為減少成分的損耗，應盡量：　(A)抑制呼吸作用　(B)停止呼吸作用　(C)抑制光合作用　(D)停止光合作用。　　　　　答：(A)。

14. 所謂六分碾白米，其碾白減率(%)為：　(A)3.6　(B)4.2　(C)4.8　(D)5.4。
答：(C)。六分碾白米，即其碾白減率(%)＝0.6×8.0%＝4.8%。

15. 稻穀的剖面由內而外依序為：　(A)糊粉層、種皮、果皮、外胚乳　(B)種皮、果皮、外胚乳、糊粉層　(C)果皮、種皮、外胚乳、糊粉層　(D)果皮、種皮、外胚乳、糊粉層。　　　　　　　　　　　　　　答：(C)。

16. 下列何者碾白率最低？　(A)精白米　(B)七分碾白米　(C)五分碾白米　(D)釀酒用米。　　　　　　　　　　　　　　　　　　　　答：(D)。

17. 下列何者缺乏維生素 B_1？　(A)糙米　(B)精白米　(C)胚芽米　(D)褐米。

答：(B)。

18. 稻米的貯藏條件常使用何種方法？　(A)室溫　(B)低溫貯藏　(C)二氧化碳氣調包裝　(D)一氧化碳充填。

答：(C)。

19. 乾稻穀 100 kg 經脫殼操作去殼後，可得糙米重 80%，若以體積計僅得：(A)70%　(B)60%　(C)50%　(D)40%。

答：(C)。

解析：稻穀與糙米的比較如下：

種　類	重量比	體積比
稻　穀	100%	50%
糙　米	80%	50%

20. 小麥胚芽中含豐富的：　(A)維表素 B　(B)維生素 C　(C)維生素 K　(D)維生素 E。

答：(D)。

21. 舊米與新米之特性比較，下列敘述何者為非？　(A)舊米的微晶結構較堅固　(B)舊米的風味食感均較差　(C)炊飯時新米吸收較多水分　(D)舊米於炊飯時細胞膜的崩壞較難，以致黏度減少。

答：(C)。

（二）米穀粉的分類(types of rice flour)

1. 米的粉末化製品，總稱米穀粉(rice flour)，其原料分為下列四種。

分類	別稱	製品種類	直鏈澱粉	支鏈澱粉	黏性	老化
秈米	在來米	米粉、米苔目、河粉、發糕、碗粿、蘿蔔糕、肉圓	25～30%	70～75%	低	高
粳米	蓬萊米	寧波年糕、仙貝、米香	20～25%	75～80%	↓	↓
秈糯	長糯米	台式肉粽、油飯	1%	99%		
粳糯	圓糯米	湯圓、米糕、年糕、鹼粽			高	低

2. 米食加工之應用例

原料中米之種類	產品
糯米	芝麻湯圓
糯米、在來粉	方糕
長糯米	台式燒肉粽、油飯、珍珠丸、海霸王蟹飯
圓糯米	筒仔米糕、糯米腸、臘八粥、鹼粽、水晶粽、八寶飯
	酒釀、紅糟
	年糕、紅龜粿、麻糬、寧波菁糰
圓糯米、在來米	五香蒸粉
在來米	虱目魚粥、芋頭糕、蘿蔔糕、碗粿、發糕、九層糕、銀元寶
在來米、太白粉	米苔目
在來米、玉米粉	河粉
蓬萊米	綠豆粥、明火白粥、番薯粥、寧波年糕、寧波菁團
蓬萊米、蠶豆、綠豆	豆皮
水磨糯米粉	驢打滾、椰絲糯米球、煎堆、荸薺餅
水磨糯米粉、麵粉	客家粄粽、薄脆元宵
水磨糯米粉、水磨在來米粉	白玉餃子、四喜燒賣
生糯米粉	涼捲、桂花豬油年糕、條頭糕
熟糯米粉	雪片糕、綠豆潤、紅豆鬆糕
熟糯米粉、熟蓬萊米粉	水果乾糕

☕相關試題☕

1. 一般商品將稻米分為三大類米，在這三大類米中，湯圓的製作是利用哪一種米作成的？　(A)在來米　(B)蓬萊米　(C)秈糯米　(D)圓糯米。　　答：(D)。

2. 民俗製作蘿蔔糕宜用哪一種稻米？　(A)在來米　(B)蓬萊米　(C)圓糯米　(D)長糯米。　　　　　　　　　　　　　　　　　　　　　答：(A)。

3. 下列哪些是在來米的加工製品？（複選題）　(A)碗粿　(B)米苔目　(C)冬粉　(D)米粉。　　　　　　　　　　　　　　　　　　　　答：(A、B、D)。

4. 下列何種米含的支鏈澱粉(amylopectin)最多？　(A)蓬萊米（粳米）　(B)再
　　在米（秈米）　(C)糯米　(D)各種米並無差異。　　　　　　　答：(C)。

5. 等量米煮成飯後，其黏度比較，下列敘述何者是對的？　(A)在來米飯黏度
　　大於蓬萊米飯黏度　(B)在來米飯黏度大於糯米飯黏度　(C)糙米飯黏度大於
　　蓬萊米飯黏度　(D)糯米飯黏度大於蓬萊米飯黏度。　　　　　答：(D)。

6. 糯米的加工產品比較黏，是因為它含有較多的：　(A)糊精　(B)直鏈澱粉
　　(C)麥芽糖　(D)支鏈澱粉。　　　　　　　　　　　　　　　　答：(D)。

7. 湯圓所採用的米原料是：　(A)在來米　(B)蓬萊米　(C)圓糯米　(D)長糯
　　米。　　　　　　　　　　　　　　　　　　　　　　　　　　答：(C)。

8. 米的加工品中如碗粿、河粉、蘿蔔糕、發糕等，所用的原料米為：　(A)蓬
　　萊米　(B)在來米　(C)長糯米　(D)圓糯米。　　　　　　　　答：(B)。

9. 下列有關米的敘述，何者為非？　(A)粳米中直鏈澱粉與支鏈澱粉的比率約
　　為 20：80　(B)糯米中不含支鏈澱粉，僅由直鏈澱粉所組成　(C)糙米比白米
　　富含維生素 B_1、B_2　(D)米中無機質含量，鈣少而鎂多。　　答：(B)。
　　解析：糯米中幾乎不含直鏈澱粉，僅由支鏈澱粉所組成。

10. 有關米的加工利用何者錯誤？　(A)做年糕湯圓用圓糯米　(B)做米粉絲用再
　　　來粳米　(C)做仙貝是用蓬萊粳米　(D)做蘿蔔糕及肉粽用長糯米。 答：(D)。

11. 蘿蔔糕所使用之原料米是：　(A)圓糯米　(B)在來米　(C)蓬萊米　(D)長糯
　　　米。　　　　　　　　　　　　　　　　　　　　　　　　　　答：(B)。

（三）米的加工製品(rice proceed products)

　　以下為米加工製品介紹。

1. 米粉（米粉絲，米線）

(1) 製造流程：精白在來米→水洗（5~6 小時）→浸水→水磨→脫水→熱水
　　半糊化→混捏→擠出成型→沸水糊化→水中冷卻→滴乾→（日曬／熱
　　風）乾燥→製品。

(2) 原料米種：秈米（即在來米）。

(3) 成型方式：螺旋擠壓機擠出。

(4) 關鍵流程：半糊化→混捏→擠出→糊化。

(5) 產品特色：促進澱粉老化，久煮不爛。

2. 人造米

(1) 製造流程：原料→加水→混合（亦可添加營養物質）→造粒→蒸氣蒸煮
→冷卻→乾燥→製品。

(2) 原料：碎米粉、澱粉及麵粉。

(3) 營養強化：添加維生素 B_1、離胺酸或礦物質，以增加米的營養成分。

(4) 預糊化米：

　A. 稱預煮米或 α 化米，為白米飯趁熱利用轉筒式乾燥機急速乾燥。

　B. 亦稱速食飯(instant rice)。

　C. 生米為 β 化澱粉，經加水加熱後，即變成 α 化澱粉。正常人體消化道
內對 α 化澱粉可完全分解，吸收和代謝，對 β 化澱粉無法分解。

　D. 水分控制在 13%以下，可使預煮米之澱粉維持在α化。

☕相關試題☕

1. 煮熟的米飯，迅速乾燥至水分含量 5%以下，則澱粉大半為何種結晶型態？
(A)α 型　(B)β 型　(C)γ 型　(D)δ 型。　　　　　　答：(A)。

2. 煮熟米飯中的澱粉形態為：　(A)α　(B)β　(C)γ　(D)ω　澱粉。　答：(A)。

3. 米粉製作常用的原料為：　(A)蓬萊米　(B)在來米　(C)圓糯米　(D)長糯
米。　　　　　　　　　　　　　　　　　　　　　　答：(B)。

4. 米粉製程，下列何者正確？　(A)混捏→半糊化→擠出→水煮　(B)半糊化→
混捏→擠出→水煮　(C)擠出→混捏→水煮→半糊化　(D)擠出→半糊化→混
捏→水煮。　　　　　　　　　　　　　　　　　　　答：(B)。

5. 澱粉糊化後經何種處理可製得速食飯(instant rice)？　(A)急速冷卻再乾燥
(B)急速冷卻再凍結　(C)趁熱急速冷卻　(D)趁熱急速乾燥。　　答：(D)。

6. 下列敘述何者錯誤？　(A)預糊化米又稱 α 化米　(B)生米中為 β 澱粉　(C)α
澱粉在含水狀態下放至於低溫時會發生澱粉老化現象　(D)α 澱粉於水分含
量 30%以下，可長期保持 α 化狀態。　　　　　　　答：(D)。

二、小麥(wheat)

（一）小麥原料的分類

小麥分類	播種與收穫期	外殼色澤	橫斷面變化	蛋白質含量
春硬紅小麥	春天播種，秋天收穫	深棕色	呈玻璃狀結晶，硬度大	13～16%
冬硬紅小麥	秋冬播種，春夏收穫	深棕色	呈玻璃狀結晶，硬度大	10.5～13.5%
冬軟紅小麥	秋冬播種，春夏收穫	深棕色	呈玻璃狀結晶，硬度軟	10.5% 左右
白麥	春天播種，秋天收穫	淺黃色	呈不透明狀，硬度較軟	10.5% 以下
杜蘭小麥	春天播種，秋天收穫	琥珀色	呈玻璃狀質，質地較硬	13% 以上

☕相關試題

1. 下列何種小麥的橫斷面不呈玻璃狀結晶？　(A)春硬紅小麥　(B)冬硬紅小麥　(C)杜蘭小麥　(D)白麥。
答：(D)。

（二）小麥製粉之加工

1. 製造流程：小麥→精選→調濕（質）→配合→破碎→篩別→純化→粉碎→篩別→調合→最後處理（熟成）→麵粉。

2. 流程簡介

(1) 精選：去除其他穀物、石礫等夾雜物。

(2) 調濕：添加 2～5% 水，放置 20～47 小時，有效分離麩皮及內胚乳。

　　A. 調濕前

　　　果皮：硬，不易粉碎；內胚乳：軟，易粉碎。

　　B. 調濕後

　　　果皮：軟，易粉碎；內胚乳：硬，不易粉碎。

(3) 粉碎：包括破碎、篩別、純化、粉碎等，分離為麵粉及麩皮。

(4) 熟成：使用過氧化苯甲醯基或大豆粉等氧化劑可漂白及提高彈性。

相關試題

1. 麵粉的蛋白質組成分中缺乏：　(A)苯丙胺酸　(B)麩胺酸　(C)半胱胺酸　(D)離胺酸。　　　　　　　　　　　　　　　　　　　　　答：(D)。
   解析：麵粉與米等均為穀類，穀類的限制胺基酸為離胺酸。

2. 何謂麵筋(gluten)？麵筋形成的機制為何？構成「彈性」及「延展性」的蛋白質名稱各為何？
   答：麵筋(gluten)是麵粉加水攪拌後吸水聚合形成具立體性的網狀結構，即構成麵筋的主要來源。麵筋中構成「彈性」者為麩質蛋白(glutenin)或稱為鹼溶蛋白與構成「延展性」者為麥穀蛋白(gliadin)或稱為醇溶蛋白(prolamin)。

3. 填充題：烘焙食品中，使麵糰具有黏彈性及延展性，主要是來自麵粉的麵筋蛋白質（成分）貢獻。

4. 小麥製粉過程中，加水調質(tempering)的目的是：　(A)清除碎石　(B)篩選麥子　(C)強化麥穀韌性　(D)淡化麵粉色澤。　　　　　　答：(C)。

5. 麵粉黏彈性的主要貢獻之蛋白質為穀蛋白及：　(A)白蛋白　(B)卵蛋白　(C)組織蛋白　(D)醇溶蛋白。　　　　　　　　　　　　　　　答：(D)。

6. 下列何者是影響製麵粉成敗的重要工程，可使外皮與胚乳容易分離？　(A)調濕　(B)精選　(C)粉碎　(D)純化。　　　　　　　　　　　　　答：(A)。

7. 下列有關穀類敘述何者是正確的？　(A)小麥蛋白質的主要成分為米穀蛋白(oryzenin)　(B)玉米油含有多量的飽和脂肪酸　(C)糯米與粳米所含的直鏈澱粉與支鏈澱粉的比率不同　(D)白米的脂質含量較其他穀類為多。　答：(A)。

8. 小麥蛋白質中的穀麥蛋白(glutenin)之特性：　(A)伸展性差、彈性強　(B)伸展性強、彈性差　(C)伸展性差、彈性差　(D)伸展性強、彈性強。答：(A)。
   解析：小麥蛋白質中的麥穀蛋白(glutenin)之特性是伸展性差但彈性強。

9. 麵粉經加水揉搓成糰後由下列哪二種蛋白質形成一般所謂的麵筋：(A)glutenin, mesonin　(B)gliadin, albumin　(C)globulin, albumin　(D)glutenin, gliadin。　　　　　　　　　　　　　　　　　　　　　　　答：(D)。

10. 麵粉黏彈性主要來自醇溶穀蛋白(prolamin)及　(A)白蛋白(albumin)　(B)球蛋白(globulin)　(C)穀蛋白(glutenin)　(D)組織蛋白(histone)。　答：(C)。

11. 下列何種添加劑可以促進麵糰的筋性？　(A)糖　(B)丙酸鈣　(C)氧化劑 (D)α-澱粉酶。　　　　　　　　　　　　　　　　　　　　答：(C)。

12. 小麥磨粉時需要調質處理(tempering)，其目的為何？　(A)有效分離胚乳及 麩皮　(B)抑制酵素作用　(C)抑制微生物　(D)去除色素。　　答：(A)。

13. 下列何者不是麵粉熟成的目的？　(A)使麵筋彈性增大　(B)漂白　(C)降低 筋性　(D)改善麵粉品質。　　　　　　　　　　　　　　　　答：(C)。

14. 麵筋的彈性及韌性，主要是來自麵粉中含有的：　(A)麥膠蛋白　(B)酸溶蛋 白　(C)麩質蛋白　(D)球蛋白。　　　　　　　　　　　　　答：(C)。

15. 小麥製粉(milling)的製造工程包括：①精選、②粉碎、③純化、④調濕 (tempering)、⑤最後處理(aging)，答案是：　(A)①②③④　(B)①②③④⑤ (C)①③④⑤　(D)①②④⑤。　　　　　　　　　　　　　　答：(B)。

16. 小麥製粉過程，不包括下列哪一步驟？　(A)精選　(B)調濕　(C)破碎　(D) 碾白。　　　　　　　　　　　　　　　　　　　　　　　　答：(D)。
解析：小麥很深的腹溝，雖以碾白操作仍無法有效分離麩皮與胚乳。

17. 麵筋之主要性質如延展性、抗延性、吸水性及彈性，其彈性主要來自： (A)麥膠蛋白　(B)白蛋白　(C)球蛋白　(D)麩質蛋白。　　　答：(D)。

18. 精選的小麥加一定比率的水，放置 20～47 小時的操作，稱為：　(A)調濕 (B)熟成　(C)純化　(D)粉碎。　　　　　　　　　　　　　　答：(A)。

19. 小麥粉中之麵筋(gluten)，因含有多量：　(A)離胺酸(lysine)　(B)組胺酸 (histidine)　(C)酪胺酸(tyrosine)　(D)麩醯胺(glutamine)　，因此很容易形成 氫鍵，亦是麵筋保水性與結合黏性來源。　　　　　　　　　答：(D)。

20. 小麥麵粉中之蛋白質為：　(A)澱粉　(B)肌漿蛋白　(C)麵筋　(D)肌原纖維 蛋白質。　　　　　　　　　　　　　　　　　　　　　　　答：(C)。

三、麵粉(flour)

（一）麵粉依麵筋含量的分類

麵粉的種類	粗蛋白（筋度）*含量	製品種類
低筋麵粉	6.5～9.5%	軟質餅乾、蛋糕。
中筋麵粉	9.5～11.5%	麵條、饅頭、包子、餛飩、鍋貼。
高筋麵粉	11.5～13.5%	麵包、土司、硬質餅乾、拉麵、泡芙。
特高筋麵粉	13.5%以上	油條、麵筋、高級麵包、麵皮。

*麵粉中之蛋白質以麵筋蛋白(gluten)為主。

相關試題

1. 低筋麵粉的蛋白質含量為何？　(A)12%　(B)10%　(C)8%　(D)6%。

答：(C)。

2. 下列何者的製作不宜用高筋麵粉？　(A)泡芙　(B)油條　(C)麵包　(D)蛋糕。

答：(D)。

3. 土司是屬於利用下列何種麵粉的製品？　(A)高筋麵粉　(B)中筋麵粉　(C)低筋麵粉　(D)特高筋麵粉。

答：(A)。

4. 麵粉分級的主要依據是：　(A)粗蛋白　(B)粗脂肪　(C)水分　(D)碳水化合物　的含量百分比。

答：(A)。

（二）不同筋度的麵粉可由外觀及手觸方式加以判別

分類	顆粒粒徑	色澤	結塊性	吸水性	灰分含量
高筋麵粉	粗	黃	低	強	高
低筋麵粉	細	白	高	弱	低

相關試題

1. 有關低筋麵粉與高筋麵粉的比較，下列何者錯誤？　(A)低筋顏色較白　(B)低筋蛋白質較低　(C)高筋用手抓，鬆手會結塊　(D)高筋灰分較高。

答：(C)。高筋麵粉用手抓，鬆手不會結塊；而低筋麵粉才會結塊。

2. 良好之麵粉為顏色一致，鬆散不結團，無麵粉外氣味，但由於麵粉中蛋白質含量不同，可由手握後再行放開結團不易散為： (A)特高筋　(B)高筋　(C)中筋　(D)低筋　麵粉。　　　　　　　　　　　　　　　　答：(D)。

3. 麵糰整形過程防黏用粉不宜使用： (A)特高筋　(B)高筋　(C)中筋　(D)低筋　麵粉。　　　　　　　　　　　　　　　　　　　　　　　　答：(D)。

────────────── 🍎

（三）麵粉中的麵筋分類

組成成分 ＼ 麵筋分類	濕麵筋(wet gluten)（水分：固形物＝2：1）	乾麵筋(dry gluten)（經脫水乾燥）
水　分	67.0	0
蛋白質	26.4	80
澱　粉	3.3	10
油　脂	2.0	6
灰　分	1.0	3
纖維素	0.3	1

註：1. 吸水率：麵筋蛋白質每增加 1%，其吸水率約增加 2%左右，麵筋形成愈大，產品的體積則愈大，產率即愈高。

　　2. 澄粉（小麥澱粉）：該澱粉不具延展性，具斷裂性，透明度也極高，為水晶餃與涼糕的製造原料。

☕ 相關試題

1. 取 30 克高筋麵粉加 20ml 水混合成糰，以水洗去澱粉並捏乾水分，約可得濕麵筋若干克？ (A)30 克　(B)25 克　(C)18 克　(D)14 克。　　　答：(D)。
　　解析： 30 克高筋麵粉中麵筋約佔 30 × 11.5% = 3.45 克，該麵糰水洗後濕麵筋的水分含量為 75～80%，麵筋則佔 20～25%，所以 3.45 克 / 25% = 14 克。

2. 麵粉中蛋白質增加 1%，則其吸水率一般認為可增加： (A)1%　(B)2%　(C)3%　(D)4%。　　　　　　　　　　　　　　　　　　　　答：(B)。

3. 製作涼糕所用的「澄粉」為何種澱粉？ (A)米澱粉　(B)太白粉　(C)地瓜粉　(D)小麥澱粉。　　　　　　　　　　　　　　　　　　　答：(D)。
　　解析： 小麥澱粉即是澄粉，亦為製作涼糕的主要澱粉來源。

4. 麵粉加水搓揉成糰後經在清水揉洗後所得濕麵筋含量在 25～35% 者稱為：(A)低筋麵粉　(B)中筋麵粉　(C)高筋麵粉　(D)特高筋麵粉。　　答：(B)。

5. 乾麵筋的主要成分是：　(A)蛋白質　(B)脂質　(C)澱粉　(D)纖維。　答：(A)。
解析：乾麵筋的主要成分是蛋白質。

（四）蛋糕製品的分類

1. 麵糊類蛋糕
以下為麵糊類蛋糕製作的原理、特性等。

製品分類	原理或特性	產品種類
麵糊類	含有大量固體油脂，幫助麵糊在攪拌過程中融合了大量空氣，產生膨大作用，此外加入泡打粉進入麵糊中，使蛋糕體積膨大。	大理石蛋糕、白奶油蛋糕、桔子蛋糕；魔鬼蛋糕；水果蛋糕。

2. 乳沫類蛋糕
以下為乳沫類蛋糕原理、特性等介紹。

製品分類	原理或特性	產品種類
蛋白類	以卵白為基本組織及膨大的原料，其特點為不含任何油脂，用具也不能含油脂，卵白加溫至 40～43°C 且使蛋糕增加韌性或潔白，常添加塔塔粉。	天使蛋糕。
海綿類	使用原料為全蛋或蛋黃和全蛋混合，其特點為蛋的用量較多。	海綿蛋糕、生日蛋糕、長崎蛋糕、瑞士捲。
戚風類	由麵糊類與乳沫類蛋糕的麵糊混合而成，特點為組織鬆軟，水分充足，久存而不易乾硬，尤其氣味芬芳，口味清淡。	香草戚風蛋糕、桔子戚風蛋糕、巧克力戚風蛋糕。

3. 白奶油蛋糕（生日蛋糕）

以下為白奶油蛋糕各材料介紹。

材料名稱	百分比（%）	數量（公克）
細砂糖	80	456
鹽	2	11
雪白油	42	239
乳化劑	3	17
低筋麵粉	100	570
醱粉	2	11
奶水	80	456
香草水	1	6
杏仁香料	0.3	2
卵白	58	330
塔塔粉	0.5	3
細砂糖	30	171
合計	398.8	2,272

☕ 相關試題

1. 下列蛋糕配方中何者宜使用高筋麵粉？　(A)戚風蛋糕　(B)魔鬼蛋糕　(C)水果蛋糕　(D)果醬捲。　　　　　　　　　　　　　　答：(C)。

2. 製造戚風蛋糕常添加塔塔粉，其作用主要是：　(A)降低蛋白鹼性使蛋糕潔白　(B)提升酵母菌之醱酵能力　(C)具雙重膨脹效果　(D)代替小蘇打。
　　　　　　　　　　　　　　　　　　　　　　　　　　　　答：(A)。

3. 一般生日蛋糕或結婚蛋糕是屬於哪一種類的蛋糕？　(A)麵糊類蛋糕　(B)海綿類乳沫蛋糕　(C)蛋白類乳沫蛋糕　(D)戚風類蛋糕。　　答：(B)。

4. 何種蛋糕在攪拌前，蛋先予加溫到 40～43°C，使容易起泡及膨脹？　(A)輕奶油蛋糕　(B)重奶油蛋糕　(C)水果蛋糕　(D)海綿蛋糕。　　答：(D)。

5. 配方中不添加任何油脂的產品是：　(A)廣式月餅　(B)天使蛋糕　(C)水果蛋糕　(D)魔鬼蛋糕。　　　　　　　　　　　　　　　　答：(B)。

6. 烘焙百分比是以烘焙食品製作材料配方所設定的一種計算方法，該方法是以：　(A)水量為 100%　(B)麵粉為 100%　(C)糖為 100%　(D)油脂為 100% 來換算其他材料所佔的比率。　　　　　　　　　　　　　答：(B)。

　　解析：烘焙百分比是以配方材料中的麵粉為 100% 來換算其他材料所佔的比率。

7. 蛋糕製造時所使用的原料為：　(A)低筋麵粉　(B)中筋麵粉　(C)高筋麵粉　(D)特高筋麵粉。　　　　　　　　　　　　　　　　　　　　　　答：(A)。

（五）麵糰攪拌溫度計算法

1. 攪拌流程：拾起→捲起→擴展→完成→攪拌過度→麵筋斷裂。

2. 攪拌流程各階段變化

攪拌分類	攪拌變化或特性
拾起階段	麵糰的外觀呈粗糙並且濕滑不甚均勻。
捲起階段	麵糰中麵筋開始形成，會黏手、但質地仍硬、缺彈性及伸展性。
擴展階段	麵糰的外觀呈光滑，柔軟且具彈性感，但以手拉麵糰仍會斷裂。
完成階段	麵糰中麵筋充分擴展，外觀光滑且具良好伸展性，為最佳階段。
攪拌過度	麵糰若繼續攪拌，會有出水、濕黏沾手的現象出現，彈性下降。
麵筋斷裂	麵糰水漾化，麵筋斷裂，外觀濕黏且流動性增高，無法捲起。

3. 麵糰攪拌溫度控制法

麵 糰 溫 度	攪拌後麵糰的理想溫度為 25～27°C，在夏季以 26°C 較適宜。
計 算 公 式	1. **增加溫度** ＝（攪拌後麵糰溫度 × 3）－（室溫＋水溫＋麵粉品溫）。 2. **適用水溫** ＝（麵糰理想溫度 × 3）－（室溫＋品溫＋攪拌增溫）。 3. **應用冰量** ＝ 應用水量 ×〔（水溫－適用水溫）／（水溫＋80）〕。

相關試題

1. 麵糰攪拌時，麵筋開始形成是在：　(A)拾起階段　(B)捲起階段　(C)擴展階段　(D)完成階段。　　　　　　　　　　　　　　　　　　　　答：(B)。

2. 試做土司麵包，若其水量 640 克，麵糰溫度為 32°C，室溫為 28°C，麵粉品溫 26°C，水溫為 22°C，應用冰量為：　(A)115 克　(B)125.4 克　(C)135.2 克　(D)141.3 克。　　　　　　　　　　　　　　　　　　　　答：(A)。

解析：攪拌增加溫度 = (32 × 3) − (28 + 22 + 26) = 20°C。

　　　適用水溫 = (26 × 3) − (28 + 26 + 20) = 4°C。

　　　應用冰量 = 640 × (22 − 4)／(22 + 80) = 113（克）。

（六）麵包類製品

1. 麵包類製品醱酵法介紹

醱酵法分類	攪拌變化或特性
直接醱酵法	原料全部加入一次攪拌，屬於傳統糕餅店最常使用的方法。
中種醱酵法	70%麵粉與副原料行攪拌後，加入 30%麵粉行第二次攪拌。
液種醱酵法	將麵粉之外的副原料如酵母、砂糖、食鹽、麵粉改良劑等先行混合成製備液，促使酵母菌種先繁殖，再將麵粉加入的醱酵法。
快速醱酵法	該法未經正常醱酵，味道差和保存期限短，屬緊急大量需求。
基本中種法	該法製作的麵糰相當簡單，可節省大量人力及時間。

2. 麵包類製品之醱酵

(1) 酵母種類

烘焙酵母	含水量	使用前復水性	使用量
新鮮酵母（壓榨酵母）	60～72%	不需要	1.00
乾燥酵母	4.0～6.0%	不需要	0.34
活性酵母	7.5～8.5%	需浸泡 40～43°C 溫水	0.50

註：1. 醱酵時間與酵母菌用量關係

$$Y_1 \times T_1 = Y_2 \times T_2$$

　　　Y_1：原酵母的使用量　　T_1：原酵母的醱酵時間
　　　Y_2：新酵母的使用量　　T_2：新酵母的醱酵時間

2. 注意事項：麵糰的溫度若增加或降低 1°C，醱酵可減少或增加 0.5 小時。麵糰的溫度提高，可縮短醱酵時間，一般以調整至 45 分鐘。

3. 醱酵的流程：基本醱酵→翻麵→延續醱酵→分割滾圓→中間醱酵（醒麵）→最後醱酵。

(2) 醱酵過程

醱酵室條件	相對濕度	醱酵溫度	醱酵時間
基本醱酵	75〜80%	28〜30°C	3 小時
延續醱酵	75〜80%	28〜30°C	30〜50 分鐘
中間醱酵	75〜85%	28〜30°C	8〜15 分鐘
最後醱酵	85〜90%	32〜38°C	30〜60 分鐘

註：翻麵的決定點：麵糰的醱酵體積約增加一倍左右。用手指在麵糰中心點壓下，阻力不大且麵糰不會很快填滿。

相關試題

1. 麵包製作時使用 15 克新鮮酵母，若改用即溶酵母粉，則須： (A)20 克 (B)5 克 (C)15 克 (D)10 克。　　　　　　　　　　答：(B)。

   解析：使用 15 克新鮮酵母，若改用即溶酵母粉（乾燥酵母）約 1/3 用量即 5 克就可替代。

2. 有關麵包醱酵敘述何者錯誤？ (A)基本溫度上限為 30°C (B)中間醱酵在分割滾圓之後 (C)最後醱酵溫度為 38°C (D)快速醱酵是將基本醱酵提昇為 40°C 以促進作用。　　　　　　　　　　　　　答：(D)。

   解析：麵糰的醱酵流程為最後醱酵溫度須控制在 38°C，以不超過 40°C 為宜。

3. 製作麵包時，下列何者不是翻麵的好處？ (A)縮短攪拌時間 (B)使麵糰內溫度均一 (C)更換空氣，使酵母醱酵 (D)促進麵筋擴展，保留更多氣體。

   答：(A)。翻麵的好處不包括縮短麵糰的攪拌時間，因翻麵在攪拌步驟後才進行。

4. 麵粉的大部分（約 70%）與酵母、水混合，預先使酵母繁殖後，添加其餘原料的醱酵法，稱為： (A)直接醱酵 (B)中種醱酵 (C)液種醱酵 (D)連續醱酵。　　　　　　　　　　　　　　　　　　　答：(B)。

5. 麵包製作過程中，麵糰之基本醱酵條件為濕度 75%，溫度為： (A)40°C (B)35°C (C)30°C (D)24°C。　　　　　　　　　　答：(C)。

   解析：麵糰之基本醱酵室的條件為相對濕度 75%，溫度控制在 28〜30°C。

（七）麵包類製品

1. 製造流程：原料→稱量→混合攪拌→基本醱酵→分割滾圓→中間醱酵（醒麵）→整形→最後醱酵→進爐焙烤→出爐冷卻→成品。

2. 烘焙材料比例說明

烘焙材料	烘焙百分比(%)	材料重量（公克）
麵　　粉	100	1,000
水	64	640
糖　　質	4	40
食　　鹽	2	20
新鮮酵母	2.5	25
品質改良劑	2.5	25
脫脂乳粉	2.5	25
油　　脂	2.5	25
合　　計	180	1,800

3. 副材料添加

副材料	用　量	添　加　的　目　的
食　　鹽	2～3%	抑制雜菌、強化麵筋及黏彈性、增進風味、調整醱酵。
糖　　質	2～5%	增加甜味、提供色澤與風味、表皮梅納反應、防止老化。
油　　脂	2～3%	具酥鬆及柔軟性、提供色澤與風味、防止老化。
乳化劑	2～3%	與直鏈澱粉形成螺旋狀組織可防止老化及具柔軟性。

4. 麵包品質鑑定

(1) 外部評分(30%)

　　A. 體積：一般麵包的體積應為重量的 6 倍，最低不可低於 4.5 倍，滿分為 10 分，及格是 8 分。

　　B. 外表顏色：金黃色，太淺或太深均不妥，滿分為 8 分。

　　C. 外表型態：外型必須對稱，不得有不平均或凹陷現象。

　　D. 均勻程度：顏色須一致，無深淺不一，滿分為 4 分。

　　E. 表皮品質：表皮紋路細緻且皮薄柔軟光滑，滿分 3 分。

(2) 內部評分(70%)

    A. 顆粒：顆粒均勻，沒有氣孔，滿分為 15 分。

    B. 內部顏色：為潔白或淺乳白色具光澤，滿分 10 分。

    C. 香氣：理想香氣有小麥或堅果香氣，滿分 10 分。

    D. 味道：味道不應太甜、太鹹或太淡，滿分 20 分。

    E. 組織結構：組織柔軟，無大小蜂窩孔狀，滿分 15 分。

☕ 相關試題

1. 麵包長時間保持柔軟，可在麵包內添加：　(A)膨大劑　(B)乳化劑　(C)丙酸鹽　(D)防腐劑。　　　　　　　　　　　　　　　　答：(B)。

    解析：麵包製作中添加乳化劑，可分散直鏈澱粉的聚合程度，避免老化產生。

2. 下列何項不是饅頭皺縮的原因？　(A)醱酵溫度　(B)麵粉筋性太強　(C)火力過強　(D)酵母種類。　　　　　　　　　　　　　　答：(D)。

    解析：饅頭製品會發生表面皺縮現象與醱酵的酵母種類無直接關係。

3. 在食品加工中，在烘焙業應用最多的是：　(A)enzymatic browning　(B)Maillard browning　(C)gelatinization　(D)oxidation。　　答：(B)。

    解析：在烘焙工業中提供色澤的變化最多的是梅納褐變反應(Maillard browning)。

4. 是非題：

    （○）麵糰添加糖，糖有保濕性，可保持麵糰柔軟；冰淇淋添加糖會降低冰點，且使冰晶變小。

5. 麵包製作時添加砂糖是不可或缺原料，何者為砂糖在麵包製作功能？　（複選題）(A)增加麵包彈性　(B)防止麵包老化　(C)增進麵包表面褐變　(D)增加甜味。　　　　　　　　　　　　　　　　答：(B、C、D)。

6. 填充題：烤焙食品著色之原理，係因食品受高溫發生焦糖化（作用）和梅納反應所致。

7. 麵糰攪拌時，麵筋開始形成是在：　(A)拾起階段　(B)捲起階段　(C)擴展階段　(D)完成階段。　　　　　　　　　　　　　　　答：(B)。

8. 麵包添加食鹽之功用與量須注意事項，下列可者為非？ (A)抑制有害菌 (B)用量為 2～3% (C)強化麵筋黏彈性 (D)不具調節醱酵作用。 答：(D)。

9. 烘培用的膨脹材料，下列何者會產生二氧化碳與酒精？ (A)發粉 (B)泡打粉 (C)塔塔粉 (D)酵母粉。 答：(D)。
解析： 天然膨脹劑如酵母菌可將糖類經由醱酵作用轉變為二氧化碳與酒精。

10. 下列何者為麵包酵母？ (A)*Lactobacillus bulgaricus* (B)*Bacillus cereus* (C)*Streptococcus lactis* (D)*Saccharomyces cerevisiae*。 答：(D)。

11. 麵包製作時使用 15 克新鮮酵母，若改用即溶酵母粉，則須： (A)20 克 (B)5 克 (C)15 克 (D)10 克。 答：(C)。
解析： 使用 15 克新鮮酵母，可改用約 5 克即溶酵母粉。

12. 下列何者不是在製作麵包醱酵後的產物？ (A)CO_2 (B)NH_3 (C)熱 (D)酒精。 答：(B)。
解析： 酵母菌可將糖類醱酵產生二氧化碳、酒精及熱；但不包括氨氣生成。

13. 有關麵包醱酵敘述何者錯誤？ (A)基本溫度上限為 30°C (B)中間醱酵在分割滾圓之後 (C)最後醱酵溫度為 38°C (D)快速醱酵是將基本醱酵提昇為 40°C 以促進作用。 答：(D)。

14. 麵粉的大部分（約 70%）與酵母、水混合，預先使酵母繁殖後，添加其餘原料的醱酵法，稱為： (A)直接醱酵 (B)中種醱酵 (C)液種醱酵 (D)連續醱酵。 答：(B)。

15. 麵包製作過程中，麵糰之基本醱酵條件為濕度 75%，溫度為： (A)40°C (B)35°C (C)30°C (D)24°C。 答：(C)。
解析： 麵包麵糰之基本醱酵條件為濕度 75%，溫度為 30°C。

（八）麵條類製品

介紹三種不同麵條之製程。

1. 切麵條之製造流程

原料→加食鹽水→混合攪拌→麵糰→延壓→切條成型→（油炸、熱風）乾燥→成品。

註：1. 其麵粉原料為中筋麵粉。而加食鹽類 3%，具黏彈性、低斷裂及防腐。

　　2. 而生麵條含水率為 33～35%。乾麵條含水率則為 14～15%。

2. 壓麵條之製造流程

原料→加溫水→混合攪拌→煉壓→擠壓成型→乾燥→通心麵條。

註：1. 其麵粉原料為杜蘭小麥，蛋白質 13% 以上，低彈性且易吸水，不適合作麵包。

　　2. 加入磷酸鹽類可促進麵條蒸熟。加入卵白可防止麵糰煮散。

　　3. 而水分含量在 15% 以下。且不使用食鹽，而以磷酸鹽替代。

3. 鹼麵條之製造流程

原料→加食鹽水、鹼劑及羧甲基纖維素→混合攪拌→捏和、煉壓→切條成型→生鹼麵→油炸乾燥→成品。

註：1. 其麵粉原料為中筋麵粉或準高筋麵粉，並加入鹼劑類、碳酸鈉鉀、磷酸鈉鉀。

　　2. 加入鹼劑功用

　　　(1) 促使麵筋變性、增加麵糰黏彈性。

　　　(2) 使澱粉粒膜易破裂，促使膨潤糊化。

　　　(3) 使類胡蘿蔔素或類黃酮素由白色轉變為黃色。

　　3. 加入羧甲基纖維素(CMC)可降低油炸脫水時的吸油量，其水分含量為 4～5%。

☕相關試題☕

1. 油麵的黃色是因為製麵中添加：　(A)食鹽　(B)酵母　(C)鹼水　(D)糖。

答：(C)。

2. 速食麵之麵條製造時，下列所用副原料，哪一種可使麵粉中之麵筋緊縮增加黏彈性？　(A)CMC　(B)乳化劑　(C)營養強化劑　(D)食鹽。　答：(D)。

3. 鹼麵之敘述，何者不正確？　(A)又稱油麵　(B)呈黃白色　(C)需添加碳酸鉀…等鹼劑　(D)較白麵條彈性差。　答：(D)。

4. 以熱風乾燥製作速食麵，宜選用： (A)高筋麵粉 (B)中筋麵粉 (C)粉心粉 (D)低筋麵粉。 答：(B)。

5. 有關小麥的敘述，何者為非？ (A)硬質小麥的蛋白質含量高，軟質小麥的澱粉含量高 (B)麥穀蛋白(glutenin)與醇溶蛋白(gliadin)是構成麵筋的主要蛋白質 (C)所含的脂肪酸主要為油酸和亞麻油酸 (D)杜蘭小麥麵粉由於含有高量蛋白質(13%)所以適合於製造麵包。 答：(D)。

6. 濕麵條製造時，使用中筋麵筋 100% 於機械製作時其加水量為麵粉量之： (A)53% (B)43% (C)33% (D)23%。 答：(C)。

7. 通心麵主要以何種小麥為原料？ (A)杜蘭小麥 (B)棍狀小麥 (C)燕麥 (D)蕎麥。 答：(A)。

8. 製造速食麵時，為減少油炸的吸油量，常添加： (A)乳化劑 (B)重合磷酸鹽 (C)羧甲基纖維素鈉 (D)碳酸鈉。 答：(C)。

（九）中式麵食製品

1. 冷水麵食品
(1) 特性：麵粉加水攪拌成麵糰，不添加化學膨脹劑，水分含量少經醒酵後採用沸水煮法促使致熟且可吸收部分水分而呈柔軟的麵食。
(2) 製品種類：水餃、麵條、春捲。

2. 燙麵食品
(1) 特性：麵粉先經 100～90°C 熱水浸燙後，促使麵筋變性，澱粉會糊化而可吸收大量水分且麵糰較柔軟。該類方式約增加一倍吸水率。
(2) 製品種類：蒸餃、鍋貼、燒賣、蔥油餅、餡餅。

3. 醱（醒）麵食品
(1) 特性：加入麵糰內的酵母醱酵產生二氧化碳，促使麵糰膨鬆呈現海綿狀，經蒸煮、水煎或油炸等方式促使其致熟而製作的麵食製品。
(2) 製品種類：饅頭、包子、水煎包、小籠包、銀絲捲、花捲。

4. 酥皮類麵食
(1) 特性：該類麵糰由油皮與油酥兩部分所構成，一般油皮及油酥的比例為 5：3，可利用焙烤、油炸、炕烙或油煎等促使其致熟而製作。
(2) 製品種類：月餅、咖哩餃、蘿蔔絲餅、蛋黃酥、蛋塔、太陽餅。

5. 醱粉類麵食

(1) 特性：利用小蘇打及蘇打粉等化學膨脹劑在加熱過程中釋放二氧化碳特性，可使該類產品具有膨大、鬆軟可口而製作的麵食製品。

(2) 製品種類：開口笑、馬拉糕、叉燒包。

6. 油炸類麵食

(1) 特性：利用高溫食用油脂油炸促使該類食品致熟而製作的麵食製品。

(2) 製品種類：油條、麻花捲。

四、豆類加工(beans processing)

（一）黃豆(soybean)加工

1. 原料組成與特性

組成分	百分比	加工特性
蛋白質	35～40%	優良的蛋白質攝取來源，亦稱旱田之肉。
脂　質	18～20%	富含亞麻油酸($C_{18:2}$)、次亞麻油酸($C_{18:3}$)。
碳水化合物	28～30%	含棉籽三糖、水蘇四糖等寡醣，經腸道細菌分解後，易造成腸胃脹氣，嘔氣和放屁。

註：其組成成分有

1. 限制胺基酸：缺乏甲硫胺酸(methionine)，且不含維生素 C，屬「鹼性」食品。
2. 營養抑制者：胰蛋白酶抑制劑、血球凝集素、致甲狀腺腫素，煮沸可抑制。
3. 妨礙加工者：皂素(saponin)，具溶血作用且會使豆漿加熱時造成起泡現象。

☕相關試題

1. 寫出大豆中具有以下作用之物質名稱：

(1) 影響蛋白質消化吸收。

(2) 造成腹部脹氣。

(3) 造成豆漿加熱時起泡。

(4) 影響鈣質吸收。

(5) 引起豆臭味（之酵素）。

答：(1)影響蛋白質消化吸收：胰蛋白酶抑制劑(trypsin inhibitor)。

(2)造成腹部脹氣：蜜三醣(raffinose)即棉籽三糖、水蘇四糖等寡醣。

(3)造成豆漿加熱時起泡：皂素(saponin)。

　　　(4)影響鈣質吸收：當鈣與植酸結合成植酸鈣(calcium phytate)，即不易被
　　　　腸道吸收。

　　　(5)引起豆臭味（之酵素）：脂肪氧化酶(lipoxygenase)。

2. 解釋下列各詞：soybean。
　　答：soybean 即大豆或黃豆，可用來製作豆漿、營養豆腐、豆乳皮、天貝、
　　　　納豆及素肉（人造肉）。

3. 豆穀類最常見的限制胺基酸(limited amino acid)通常是指：　(A)Asp　(B)Met
　　(C)Glu　(D)Lys。　　　　　　　　　　　　　　　　　　　答：(B)。
　　解析：甲硫胺酸(methionine)是豆類的第一限制胺基酸。

4. 吃豆腐會放屁的原因是因為豆類含有：　(A)脂肪　(B)蛋白質　(C)單醣　(D)
　　寡醣。　　　　　　　　　　　　　　　　　　　　　　　　答：(D)。

5. 吃豆腐引起人體脹氣的醣類是：　(A)棉籽糖　(B)貢糖　(C)甜菊糖　(D)砂
　　糖。　　　　　　　　　　　　　　　　　　　　　　　　　答：(A)。

6. 製作豆漿時需要煮沸後飲用，主要是因豆漿中含有何種物質需藉加熱抑制
　　之？　(A)凝乳　(B)抗生物素蛋白(avidin)　(C)棉籽酚(gossypol)　(D)胰蛋白
　　酶抑制劑(trypsin inhibitor)。　　　　　　　　　　　　　答：(D)。
　　解析：豆漿中含有胰蛋白酶抑制劑等抗營養性物質，因此需藉加熱來抑制之。

7. 黃豆中含哪些抗營養因子？又黃豆適宜生食嗎？為什麼？
　　答：黃豆中含抗營養成分包括胰蛋白酶抑制劑與血球凝集素等，會影響人體
　　　　對黃豆蛋白質的消化吸收率。所以黃豆絕不適宜生吃食用。

8. 食用黃豆製品後容易造成腸胃脹氣，此乃因為豆類何種成分所引起？　(A)
　　脂肪　(B)蛋白質　(C)酵素　(D)寡糖。　　　　　　　　　答：(D)。

9. 下列哪一種豆類的蛋白質含量最高？　(A)紅豆　(B)綠豆　(C)黃豆　(D)豌
　　豆。　　　　　　　　　　　　　　　　　　　　　　　　　答：(C)。

10. 下列食品何者為鹼性食品？　(A)大豆　(B)蛋　(C)肉類　(D)牛奶。答：(A)。

11. 黃豆的脹氣因子：　(A)木糖＋核糖　(B)棉子糖＋水蘇糖　(C)麥芽糖＋蔗
　　糖　(D)半乳糖＋甘露糖。　　　　　　　　　　　　　　　答：(B)。
　　解析：生食黃豆後易造成脹氣現象的因素為黃豆中含有棉籽糖與水蘇糖等
　　　　　寡醣。

12. 大豆為一良好之蛋白質來源食物，其蛋白質含量為：　(A)18～20%　(B)21
　　～25%　(C)27～30%　(D)35～40%。　　　　　　　　　答：(D)。

（二）豆乳（漿）(soybean milk)製品

1. 製造流程：大豆→浸水→磨碎→加熱→脫臭→均質→殺菌→製品。

2. 傳統與新式製程比較

分　類	關鍵加工步驟	脂肪氧化酶活性	豆臭味	醛類與酮類
傳統製程	浸水→磨碎→加熱	高	強	多
新式製程	浸水→加熱→磨碎	低	弱	少

3. 加熱目的：80°C 可抑制脂肪氧化酶活性，避免脂肪的氧化豆臭味產生。

相關試題

1. 是非題：
　　（×）用熱水磨豆漿使無豆臭味，主要是破壞豆漿中的蛋白酶(protease)。

2. 生豆漿加熱可除去豆腥味，是因為破壞何種物質？　(A)皂素　(B)胰蛋白酶
　(C)脂肪氧化酶　(D)紅血球凝集素。　　　　　　　　　　　答：(C)。

3. 下列何種酵素會造成豆乳臭味的產生？　(A)脂肪酶　(B)脂肪加氧酶　(C)磷
　酸酶　(D)糖化酶。　　　　　　　　　　　　　　　　　　答：(B)。

4. 欲製造沒有豆臭味之豆漿，如何加工？　(A)先加熱、再磨碎　(B)先磨碎、
　再加熱　(C)先磨碎、再冷卻　(D)先磨碎、再冷凍。　　　　答：(A)。

（三）豆腐(soybean curd)製品

1. 普通豆腐即傳統豆腐

　(1) 製程：豆乳→加凝固劑→取出漿水→裝模→加壓→取出→切塊→製品。

　(2) 凝固劑：鹽滷($MgCl_2$、$MgSO_4$、KCl、$NaCl$)、硫酸鈣($CaSO_4$)。

2. 盒裝豆腐即營養豆腐

(1) 製程：豆乳→冷卻(70～80°C)→加凝固劑→裝袋→凝固→冷卻→製品。

(2) 凝固劑：葡萄糖酸-δ-內酯(glucono-δ-lactone, GDL)。

3. 傳統豆腐和盒裝豆腐比較

分　　類	冷卻	去漿水	裝模壓榨	鈣質含量	水溶性蛋白質與維生素
傳統豆腐	無	有	有	高	低
盒裝豆腐	有	無	無	低	高

相關試題

1. 市售盒裝豆腐所採用的凝固劑為： (A)鹽滷 (B)GDL (C)熟石膏 (D)硫酸鎂。 答：(B)。

2. 對於盒裝豆腐與傳統豆腐的比較，何者為非？ (A)傳統豆腐使用的凝固劑為硫酸鈣 (B)盒裝豆腐製造時不需要去漿水 (C)盒裝豆腐所含鈣質的量較高 (D)盒裝豆腐所含水溶性蛋白質較多。 答：(C)。

3. 凍豆腐之凝固劑宜採用下列哪一種化合物？ (A)石膏 (B)氯化鈣 (C)洋菜 (D)葡萄糖酸-δ-內酯。 答：(A)。

4. 營養豆腐使用之凝固劑為： (A)鹽滷 (B)氯化鎂 (C)石膏 (D)葡萄糖酸-δ-內酯。 答：(D)。

5. 豆腐製造過程中，豆漿加熱後經過濾所得豆乳在加凝固劑時，豆乳應冷卻至： (A)70～80°C (B)60～70°C (C)50～60°C (D)40～50°C 較適宜。 答：(A)。

（四）其他大豆製品(other soybean products)

1. 凍豆腐：含 50% 蛋白質、33% 脂質之一種乾燥豆製品，利用氨氣作膨軟加工，可使產品吸水復原性良好。

2. 豆乳皮：乾豆乳皮約含 53% 蛋白質、28% 脂質，豆乳經 80°C 受熱作用後在表面所形成的皮膜，因此豆乳皮並不是豆腐的乾燥製品。

3. 其他豆類產品及其蛋白質及其比較

大豆蛋白質種類	脫脂大豆粉	脫脂大豆	濃縮大豆蛋白	大豆蛋白分離物
蛋白質含量	50%	50～60%	70% 以上	90% 以上

註：1. 蛋白質收集方法：利用鹽酸調整 pH 至 4.5，使大豆球蛋白產生酸沉澱作用。
　　2. 大豆蛋白應用：製造組織化人造肉即素肉之主要材料。

☕相關試題

1. 下列何者蛋白質含量最高？　(A)豆腐　(B)牛奶　(C)小麥　(D)黃豆粉。
答：(D)。

2. 下列何者蛋白質含量最高？　(A)香蕉　(B)黃豆粉　(C)鮮奶　(D)醬油。
答：(B)。

3. 下列何者為製造組織化人造肉之主要材料？　(A)澱粉　(B)黃豆　(C)綠豆　(D)蒟蒻。
答：(B)。

4. 下列何者是豆乳的進一步加工製品？　(A)豆沙　(B)豆皮　(C)羊羹　(D)以上皆非。
答：(B)。

5. 豆（乳）皮屬於何種加工方法所得？　(A)薄豆腐之乾製品　(B)添加表面活性劑之乾製品　(C)豆漿經滾筒乾燥之薄膜　(D)豆漿受熱表面結皮。
答：(D)。

6. 下列何種黃豆蛋白質比率高於 90%？　(A)黃豆粉　(B)精製黃豆蛋白　(C)濃縮黃豆蛋白　(D)分離黃豆蛋白。
答：(D)。

（五）紅豆(red bean)加工

1. **組成成分**：市售紅（赤）小豆主要的成分含醣類 54.4%、蛋白質 20.3%、脂質 2.2%。

2. **紅豆沙製程**：紅豆→浸水→煮沸→換水→再次煮沸→搗潰→篩別→豆沙漿→漂水→離心分離→沉澱→濕豆沙→乾燥→粉碎→乾燥豆沙。

3. **操作流程**：浸水→煮沸→搗潰⇒固定澱粉顆粒於細胞內，不致糊狀溶出。

4. **換水（淋冷水）**：煮沸過程中，紅豆種皮中所含「單寧」會溶出，風味不佳。

☕相關試題

1. 紅豆組成成分中，含量較多的是： (A)蛋白質 (B)脂質 (C)澱粉 (D)灰分。   答：(C)。

2. 製作豆沙時，煮豆的水必須更換後再繼續煮沸的目的是： (A)去除單寧或膠質 (B)洗淨豆子外皮雜質 (C)使豆子充分膨潤 (D)降低溫度。答：(A)。

3. 濕豆沙之製造程序為： (A)浸漬→搗潰→蒸煮 (B)浸漬→漂水→蒸煮 (C)搗潰→蒸煮→浸漬 (D)浸漬→蒸煮→搗潰。   答：(D)。

───────────

（六）綠豆(mung bean)加工

1. **組成成分**：市售綠豆主成分含澱粉 59.1%、蛋白質 25.1%、3% 半纖維素（木糖、阿拉伯糖、半乳糖）和聚戊醣、聚半乳醣。

2. **冬粉製程**：綠豆澱粉→加沸水→混合攪拌→擠絲→沸水糊化→流水冷卻→冷凍→解凍→曬乾→成品。

☕相關試題

1. 下列何者是製造冬粉的主要原料？ (A)紅豆 (B)綠豆 (C)玉米澱粉 (D)甘藷粉。   答：(B)。

2. 製造冬粉之主要成分為綠豆的： (A)脂質 (B)蛋白質 (C)澱粉 (D)礦物質。   答：(C)。

───────────

五、薯類加工(potatoes processing)

（一）馬鈴薯(potato)加工

1. **原料貯藏預處理(pretreatment)**
   (1) 0～2°C：馬鈴薯澱粉易產生多量還原性單糖，經油炸後易發生褐變。
   (2) 5～7°C：馬鈴薯澱粉芽眼會形成茄靈素(solanine)，造成生物鹼中毒。
   (3) 19～21°C：馬鈴薯澱粉不易產生多量還原性單糖，經油炸後不易褐變。

2. **馬鈴薯的酵素性褐變現象**：酪胺酸氧化劣變作用。

3. 馬鈴薯加工製品

(1) 馬鈴薯片、馬鈴薯條等油炸產品。

(2) 馬鈴薯泥。

(3) 馬鈴薯粉。

(4) 馬鈴薯澱粉及其他修飾後澱粉。

☕ 相關試題

1. 馬鈴薯貯藏在 20°C 之目的為何？　(A)防止酵素性褐變　(B)防止蛋白質氧化作用　(C)減少還原糖產生　(D)防止發芽。　　　　　答：(C)。
   解析：原料貯藏於 20°C 的目的為減少還原糖的含量，以避免油炸時褐變現象。

2. 馬鈴薯片(potato chip)加工用原料，加工前宜保存於：　(A)2°C　(B)10°C　(C)20°C　(D)30°C。　　　　　答：(C)。

3. 糊化澱粉、馬鈴薯泥等高黏性食品，宜採用的乾燥方法是：　(A)泡沫乾燥　(B)噴霧乾燥　(C)膨發乾燥　(D)薄膜乾燥。　　　　　答：(D)。

（二）甘藷(sweet potato, batata)加工

1. 原料特性

(1) 甘藷（地瓜，番薯）分類

分　類	澱粉含量	水溶性糖類含量	食用性
粉質甘藷	多	少	高
黏質甘藷	少	多	低

(2) 甘藷呈色之來源

分　類	白色～淡黃色	黃色～橙紅色	紫色～紫紅色
甘　藷	維生素 C	胡蘿蔔素	花青素

2. 甘藷的劣變現象

(1) 酵素性褐變：漂木酸(chlorogenic acid)受氧化酵素作用而產生。

(2) 綠變：漂木酸(chlorogenic acid)在鹼性條件下，受氧化酵素作用而產生。

3. 甘藷加工製品：甘藷乾、甘藷脆片、甘藷粉、甘藷澱粉或其他產品。

相關試題

1. 紅心甘藷之所以顏色較紅主要是：　(A)含高量之鐵質　(B)含高量之胡蘿蔔素　(C)含高量之鈣質　(D)含高量之葉紅素。　　　　　　　答：(B)。

（三）樹薯(cassava)加工

1. 中毒成分：樹薯含亞麻苦苷(linamarin)經酵素分解釋放出氰酸而中毒。

2. 製作流程：樹薯→洗淨→剝皮→磨碎→篩別→澱粉乳液→沉澱→固形物→水洗→添加亞硫酸鹽→脫水→薄膜乾燥→破碎→製品。

3. 亞硫酸鹽使用目的：具漂白效果及防止醱酵作用。

4. 樹薯澱粉：即為目前大部分市售的太白粉。

相關試題

1. 芶芡用太白粉原料是：　(A)馬鈴薯　(B)甘藷　(C)小麥　(D)樹薯。　答：(D)。

2. 製造太白粉的原料是：　(A)地瓜　(B)玉米　(C)樹薯　(D)馬鈴薯。　答：(C)。

（四）魔芋，蒟蒻薯(elephant foot, konjac)加工

1. 組成成分

(1) 其主成分為葡甘露聚糖(glucomannan)、消化性極低。

(2) 葡甘露聚糖可吸水而膨脹並產生黏性。

2. 成膠特性

(1) 葡甘露聚糖經加熱、加鹼〔石灰乳；$Ca(OH)_2$〕而發生凝固現象。

(2) 蒟蒻凍由於消化性低，屬於膳食纖維(dietary fiber)。

相關試題

1. 魔芋(elephant foot)所含碳水化合物的主成分為：　(A)葡甘露聚糖　(B)甘露聚糖　(C)聚半乳糖醛酸　(D)葡萄聚糖。　　　　　　答：(A)。

2. 蒟蒻經過加工成品後其水分含量高達 97%，蛋白質 0.1%、碳水化合物 2.3%，熱量極低減肥功能，蒟蒻因含有 glucomannan 成分在加工過程與：(A)酸 (B)鹼 (C)鹽 (D)糖 作用即可凝固成形。 答：(B)。

3. 蒟蒻薯(konjac)為一良好素食材料，加水即膨脹，添加： (A)食鹽 (B)醋酸 (C)亞硫酸 (D)石灰水 後並加熱即可凝固成膠狀。 答：(D)。

六、澱粉的物理化學性質(physiochemical properties of starch)

（一）澱粉(starch)的組成分

澱粉分類	糖苷鍵類型	佔比%	碘液	糊化反應	老化反應
直鏈澱粉(amylose)	α-1,4	20～25%	藍色	溶出呈連續狀	快速
支鏈澱粉(amylopectin)	α-1,6	75～80%	紅色	嵌入呈分散狀	緩慢

相關試題

1. 支鏈澱粉經碘液試驗呈現： (A)紅色 (B)藍色 (C)紫色 (D)黃色。答：(A)。

（二）澱粉顆粒大小比較

各類澱粉比較

分　　　類	馬鈴薯澱粉	小麥澱粉	甘藷澱粉	樹薯澱粉	玉米澱粉	米澱粉
粒　　　徑	50mm	20mm	18mm	17mm	16mm	4mm
黏　　　度	高	低	中	中	低	低
糊 化 溫 度	62~83°C	62~83°C	65~73°C	59~70°C	65~76°C	70~80°C

相關試題

1. 下列何者為澱粉顆粒的常用粒徑單位？ (A)cm (B)mm (C)mm (D)nm。 答：(C)。

2. 下列何者澱粉顆粒最小？ (A)玉米澱粉 (B)米澱粉 (C)小麥澱粉 (D)馬鈴薯澱粉。 答：(B)。

（三）澱粉的理化特性

1. 澱粉主要理化特性

物理化學性質	加工原理
糊化(gelatinization)	β-澱粉加水加熱後，澱粉顆粒會吸水、膨潤、分散且具黏性，呈 α-澱粉狀態，此現象稱糊化。
老化(retrogradation)	α-澱粉以含水狀態置低溫下，則變為 β-澱粉，稱為老（硬）化。
糊精化(dextrinization)	β-澱粉不加水直接經乾熱處理，藉機械性裂解為可溶性糊精。

(1) 老化（回凝）促進法

貯藏溫度	水分(%)	酸鹼值(pH)	直鏈澱粉種類
0～5°C	30～60	7.0 以上	秈米（在來米）

(2) 老化（回凝）改善法

貯藏溫度	水分(%)	酸鹼值(pH)	直鏈澱粉種類
18～20°C	15 以下	7.0 以下	圓糯米、長糯米
砂糖用量	乳化劑使用	妥善包裝	水分蒸發
多	需要	需要	少

2. 兩類澱粉之比較

分　　類	澱粉狀態	澱粉變化	χ-繞射法	黏　　性
糊化澱粉	熟澱粉	α-澱粉	無波峰存在	高
老化（回凝）澱粉	生澱粉	β-澱粉	有波峰存在	低

☕相關試題

1. 組織鬆軟細緻的蛋糕，經放置一段時間後變成質地粗糙品質低劣係因：　(A)澱粉糊化　(B)澱粉老化　(C)蛋糕熟成化　(D)酵素自家消化作用。　　答：(B)。

2. 解釋名詞：dextrin、limited dextrin、gelatinization、retrogradation。
    答：gelatinization 為澱粉的糊化作用，而 retrogradation 即為澱粉老化作用。
    　　dextrin 即為糊精，為澱粉分子經 α-澱粉酶(α-amylase)分解的產物之

一。limited dextrin 即為限制糊精，為澱粉分子經 β-澱粉酶(β-amylase)分解後的高分子量的產物。

3. 是非題：
（○） 澱粉的糊精化乃是將澱粉直接經由乾熱處理，形成可溶性糊精(dextrin)，甜度增加、消化率也變佳。
（×） 澱粉糊化後冷卻時，因能量減少，分子內水分子移動緩慢，直鏈澱粉間會形成許多氫鍵而成膠體狀，此稱為凝膠化作用。

4. 有關防止澱粉老化方法之敘述，下列何者不適當？ (A)可混入 50%左右的水，並保存於 2～3°C 冷藏庫內 (B)充分混入砂糖並保存於室溫中 (C)以高溫（80°C 以上）加熱除去水分後，保存於室溫下 (D)混入 70%左右的水，並保存於高溫(70～80°C)保溫箱內。 答：(A)。

5. 是非題：
（○） 製作麵茶是利用澱粉高溫乾燥加熱產生糊精化的作用。
（○） 煮飯是利用澱粉加熱產生糊化作用。

6. 簡答題：澱粉老化的感官特點？
答：不溶於水、組織硬化、黏度低、口感劣化。

7. 請解釋下列名詞：gelatinization。
答：gelatinization 中譯為糊化，其為 β-澱粉加水加熱後，澱粉顆粒吸水、膨潤、分散且具黏性，呈 α-澱粉狀態稱之。

8. 下列有關澱粉的糊化與老化（回凝）的敘述何者正確？ (A)山藥(yam)可生食是因為含有糊化的 α-澱粉 (B)米飯放在冰箱黏性降低是因為澱粉老化（回凝）而變成 β-澱粉 (C)糯米的黏性強於粳米，是因為含有多量的α-澱粉 (D) β-澱粉的消化比 α-澱粉好。 答：(B)。

9. 饅頭置於室溫下，澱粉粒會聚合、變硬的現象稱為： (A)糊化 (B)糊精化 (C)老化 (D)降解。 答：(C)。

10. 市售飯糰以 18°C 儲藏，是為： (A)避免蛋白質變性 (B)延緩澱粉老化 (C)減少離漿現象 (D)抑制微生物生長。 答：(B)。

11. α-澱粉以含水的狀態置於常溫下時，則變為 β-澱粉，此現象稱為澱粉的： (A)老化現象 (B)糊化現象 (C)糊精化 (D)水解現象。 答：(A)。

12. 下列有關澱粉糊化的敘述何者為非？ (A)糊化澱粉是一種 β-化澱粉 (B)一般澱粉的糊化溫度在 70～75°C 左右 (C)加水及熱處理下可促進糊化 (D)澱粉糊化後置低溫會發生老化現象。 答：(A)。

13. 下列何種處理方法可延緩麵包老化？ (A)冷藏於 0～4°C 冰箱中 (B)添加乳化劑 (C)添加丙酸鈣 (D)減少砂糖用量。 答：(B)。

14. 以下是防止澱粉老化的方法，何者為非？ (A)加入 50% 左右的水，並保存於 2～3°C (B)加入砂糖並保存於室溫中 (C)冷凍乾燥將水分去除後，於室溫下保存 (D)以高溫（80°C 以上）加熱除去水分後，保存於室溫。 答：(A)。

15. 將烘焙好的麵包於室溫放置一段時間，麵包質地變硬是因： (A)澱粉老化 (B)低溫傷害 (C)復水性降低 (D)蛋白質變性。 答：(A)。

16. 焙烤麵包時，其所含的澱粉會受熱發生： (A)老化 (B)糊化 (C)焦糖化 (D)糊精化。 答：(D)。

17. 澱粉加水經熱處理後，澱粉顆粒會吸水、膨潤、分散而聚黏性，此狀態稱為： (A)糊化 (B)老化 (C)皂化 (D)水解。 答：(A)。

18. 饅頭久置於室溫下，會因澱粉分子之間再重新排列組合及鍵結而造成變硬，此現象稱為： (A)糊化 (B)老化 (C)乳化 (D)皂化。 答：(B)。

（四）修飾澱粉(modified starch)種類

1. 不同修飾澱粉類型及其製品

修飾類型	製 品 種 類
物 理 性	預糊化澱粉、濕熱處理澱粉、老化型改質澱粉。
化 學 性	糊精、酸處理澱粉、氧化澱粉、澱粉酯、澱粉醚。
酵 素 性	糊精、直鏈澱粉。

2. 各類修飾澱粉應用

應用澱粉名稱	澱粉別名	應用產品種類
預糊化澱粉	α-澱粉	粉末湯、泡沫乳油、速食紅豆湯。
磷酸化澱粉	架橋澱粉	果醬、布丁、醬料、罐頭、湯類、沙拉醬。
酸處理澱粉	低黏度澱粉	膠體、水果糖、果凍。
老化改質澱粉	抗老化澱粉	煉和豆沙、麵條、魚漿煉製品、糕點。

相關試題

1. 何種修飾澱粉具有耐冷凍－解凍、抗回凝、抗離水等特性？　(A)氧化處理　(B)酯化醚化處理　(C)雙酯磷酸處理　(D)酸修飾處理。　　　答：(C)。

2. 澱粉分子以化學法、物理法和酵素法處理，賦予新特性者稱之為：　(A)預糊化澱粉　(B)磷酸化澱粉　(C)老化澱粉　(D)修飾澱粉。　　　答：(D)。

3. 水果糖凝膠用的澱粉常採用下列何種型式的處理？　(A)抗老化處理　(B)分解酵素處理　(C)磷酸處理　(D)酸處理。　　　答：(D)。

4. 澱粉經不同理化方法處理後，會生成性質相異之修飾澱粉，澱粉經次氯酸鈉處理後稱為：　(A)安定性(stabilized)澱粉　(B)交聯(cross-linked)澱粉　(C)氧化(oxidized)澱粉　(D)酸修飾(acid modified)澱粉。　　　答：(C)。

5. 以磷酸鹽處理之修飾澱粉為：　(A)預糊化澱粉　(B)架橋澱粉　(C)酸處理澱粉　(D)老化改質澱粉。　　　答：(B)。

6. 預糊化澱粉又稱為：　(A)修飾澱粉　(B)架橋澱粉　(C)α-澱粉　(D)β-澱粉。　　　答：(C)。

7. 為了防止沙拉醬製品之離水現象發生，可添加：　(A)預糊化澱粉　(B)磷酸澱粉　(C)酸處理澱粉　(D)老化型改質澱粉　加以改良。　　　答：(B)。

8. 濕熱處理之澱粉是屬於何種方法所製得之修飾澱粉？　(A)物理　(B)化學　(C)酵素　(D)微生物醱酵法。　　　答：(A)。

學後評量

Exercise

一、精選試題

（D） 1. 以傳統法製作碗粿或蘿蔔糕時，通常以何者作為主原料？ (A)糯米粉 (B)蓬萊米粉 (C)太白粉 (D)在來米粉。

【解析】：常使用在來米粉為原料，以傳統方法來製作碗粿及蘿蔔糕等製品。

（D） 2. 稻米經碾米(milling)而成精白米，並不是除去哪一個部位？ (A)胚芽 (B)米糠層 (C)果皮 (D)胚乳。

【解析】：稻米經碾米的目的在於將糙米去除米糠層及胚芽而剩下內胚乳，即為精白米。

（C） 3. 在中式點心分類上，小籠包屬於下列哪一類？ (A)冷水麵類 (B)燙麵類 (C)醱麵類 (D)糕皮麵類。

【解析】：在中式點心分類上，小籠包、水煎包、銀絲捲、花捲、饅頭、包子等屬醱麵類。

（B） 4. 麵糰攪拌過程中，「麵筋開始形成，黏手、麵糰性質仍硬、缺乏彈性及伸展性」屬於哪一個階段？ (A)拾起階段 (B)捲起階段 (C)擴展階段 (D)完成階段。

（C） 5. 一般食用豆類所引起的脹氣，主要是下列哪一種物質所引起的？ (A)纖維素(cellulose) (B)半纖維素(hemicellulose) (C)水蘇四糖(stachyose) (D)菊糖(inulin)。

【解析】：黃豆中含有棉籽三糖及水蘇四糖等寡醣，易造成黃豆食用後所引起脹氣現象。

（B） 6. 傳統製造太白粉所使用之原料為何？ (A)甘薯(sweet potato) (B)樹薯(cassava) (C)米(rice) (D)玉米(corn)。

【解析】：傳統上製作太白粉是採用樹薯為原料，部分以馬鈴薯為原料亦可。

（D） 7. 哪一種食品於傳統製造過程中，不需控制在鹼性條件下？ (A)皮蛋 (B)冬瓜糖塊 (C)蒟蒻 (D)蛋黃醬。

【解析】：蒟芋需添加鹼劑[Ca(OH)$_2$]與加熱後可發生凝固作用而製成蒟蒻。

（B） 8. 盒（袋）裝豆腐在製造過程中添加了何種凝固劑？ (A)磷酸氫鈣 (B)葡萄糖酸-δ-內酯 (C)多磷酸鉀 (D)鉀明礬。

【解析】：製造盒裝豆腐中常添加葡萄糖酸-δ-內酯(GDL)作為凝固劑使用。

（D） 9. 麵包烤焙時，其色澤形成之原因為： (A)色素添加 (B)胡蘿蔔素發色 (C)水分蒸發 (D)糖胺反應。

【解析】麵包烤焙時，其色澤形成之原因為梅納反應即是羰基與胺基的反應。

（D） 10. 下列何項因子與澱粉食品老化最不相關？ (A)澱粉種類 (B)磷脂質添加 (C)儲存溫度 (D)蛋白質含量。

【解析】含澱粉的食品發生老化的促進因子與其蛋白質含量無關。

（D） 11. 下列何者不是以糯米為主要原料之產品？ (A)油飯 (B)粽子 (C)湯圓 (D)蘿蔔糕。

【解析】以糯米為原料計有油飯、粽子及湯圓等；蘿蔔糕則是採用秈米。

（C） 12. 炒飯等米食加工品會氧化酸敗並產生己醛的主要成分為： (A)直鏈澱粉 (B)蛋白質 (C)油脂 (D)蔗糖。

【解析】米食製品中油脂會行氧化酸敗作用而產生己醛等低分子揮發性物質。

（C） 13. 蒟蒻能凝膠成凍之主要成分為： (A)高甲氧基果膠 (B)低甲氧基果膠 (C)菊甘露聚糖 (D)三仙膠。

【解析】菊甘露聚糖是蒟蒻凍之主要凝膠成分。

（D） 14. 下列何項產品製作時採用高筋麵粉？ (A)小西餅 (B)天使蛋糕 (C)鹹蛋糕 (D)甜麵包。

【解析】甜麵包製作時採用高筋麵粉為主要原料。

（B） 15. 麵筋的主要成分為： (A)澱粉 (B)蛋白質 (C)脂肪酸 (D)纖維素。

【解析】麵筋的主要成分由麩質蛋白與麥膠蛋白等蛋白質所組成。

（A） 16. 有關糊精之性質，下列敘述何者不正確？ (A)由澱粉加水加鹼作用而得 (B)由澱粉加水加酸作用而得 (C)易溶於水 (D)不具甜味。

【解析】澱粉加水加鹼無法製得糊精，須由其加水加酸或使用酵素才可製得。

（A） 17. 豆味主要來源，為下列何種酵素作用結果？ (A)脂氧化酶 (B)蛋白質分解酶 (C)糖解酶 (D)纖維分解酶。

【解析】脂氧化酶可將亞麻油酸氧化分解成醛類與酮類等，造成豆臭味。

（C） 18. 在烘焙食品中，為了強化麵筋的形成，增加麵包的韌性、黏彈性及抑制有害菌，通常會添加： (A)糖 (B)味精 (C)精鹽 (D)酥油。

【解析】在烘焙麵包製程中，常會添加食鹽，屬於麵粉的品質改良劑。

（C）19. 澱粉凝膠(starch gel)的溫度降低至澱粉發生再結晶時，此現象稱為：
(A)離水 (syneresis)　(B)降解 (degradation)　(C)回凝 (retrogradation)
(D)嫩化(tenderization)。

【解析】：已糊化的熱澱粉若降低至 0～5°C 時，則澱粉會發生聚合，稱為回凝。

（C）20. 碗粿若有出水現象，主要與下列何者有關？　(A)蛋白質　(B)麵粉
(C)澱粉　(D)油脂。

【解析】：碗粿若有出水現象，即屬老化。與直鏈澱粉間相互形成結晶狀有關。

（B）21. 米食製品通常應注意避免澱粉之老化現象，但下列何項產品須利用老
化現象以促進其品質？　(A)蘿蔔糕　(B)米粉絲　(C)肉粽　(D)板
條。

【解析】：米粉絲先糊化再冷卻，可促使米粉絲產生老化，具久煮不爛的品質。

（A）22. 澱粉老化最迅速的溫度範圍是：　(A)0～5°C　(B)20～30°C　(C)50～
60°C　(D)70～80°C。

【解析】：0～5°C 是直鏈澱粉分子間最易發生老化現象的溫度範圍。

（B）23. 油麵之製作，宜選用：　(A)特高筋麵粉　(B)中筋麵粉　(C)低筋麵粉
(D)澄粉。

【解析】：油麵即是中華麵，一般選用中筋麵粉或準高麵粉為原料。

（A）24. 製作元宵，通常選用下列何種原料米？　(A)圓糯米　(B)長糯米　(C)
在來米　(D)蓬萊米。

【解析】元宵即湯圓，通常選用黏性比較高的圓糯米為原料。

（D）25. 澱粉糊化後會產生何種結果？　(A)經 χ 繞射分析會有尖峰產生　(B)
形成 β 澱粉　(C)生成澱粉結晶　(D)產生黏性。

【解析】：澱粉糊化後產生結果為會產生黏性。

（C）26. 下列有關穀類之敘述，何者正確？　(A)穀類採收後乾燥前水分含量
皆低於 15%　(B)不宜貯存於 15°C 以下　(C)主要利用部位為胚乳
(D)碾白目的在去除胚乳。

【解析】：米穀類之特性為主要利用部位為內胚乳。

（B）27. 下列何者為糊精之特性？　(A)可由澱粉冷凍破碎而得　(B)酵素水解
可得　(C)不易受消化酵素作用　(D)不易溶於水。

【解析】：糊精之特性為可由澱粉經澱粉酶(α, β-amylase)水解可得。

（B）28. 下列何者不是延遲麵包老化的方法？　(A)增加砂糖用量　(B)儲藏於 0°C　(C)添加乳化劑　(D)妥善包裝防止水分蒸發。

【解析】：有效延遲麵包老化的方法為儲藏於室溫下而非 0～5°C。

（C）29. 蛋糕有碎裂的表皮及緊密潮濕的質地，則配方中哪一種成分需要調整？　(A)牛乳　(B)麵粉　(C)糖　(D)醱粉。

【解析】：若配方中糖的使用比例較高，則蛋糕的表皮會破裂且易緊密潮濕。

（A）30. 蒸煮後黏性最差的米種是：　(A)秈米　(B)粳米　(C)糯米　(D)蓬萊米。

【解析】：秈米含多量的直鏈澱粉，經加熱蒸煮後黏性與糯米相比較最差。

（D）31. 下列何者因含麩質加冷水即可產生黏性？　(A)米穀粉　(B)甘藷粉　(C)玉米粉　(D)小麥粉。

【解析】：麩質蛋白(glutenin)存在於麵筋中，故小麥粉加水攪拌即可產生黏性。

（C）32. 烘焙中麵糰的反應溫度達 200°C 時，主要係發生：　(A)麵筋凝固　(B)澱粉糊化　(C)糊精化　(D)氣體膨脹。

【解析】：麵糰經 200°C 高溫烘焙時，澱粉分子會行熱裂解作用而產生糊精化。

（D）33. 製作豆漿時需要煮沸後飲用，主要是因豆漿中含有何種物質需藉加熱抑制之？　(A)凝乳酵素(rennin)　(B)抗生物素蛋白(avidin)　(C)棉子酚(grossypol)　(D)胰蛋白酶抑制劑(trypsin inhibitor)。

【解析】：黃豆中含有胰蛋白酶抑制劑等抗營養性物質，藉由加熱來抑制之。

（D）34. 下列何者不屬於豆腐加工可添加之凝固劑？　(A)鹽滷　(B)硫酸鈣　(C)葡萄糖酸-δ-內酯　(D)硫酸銨。

【解析】：豆腐使用凝固劑有鹽滷、硫酸鈣及葡萄糖酸-δ-內酯；硫酸銨不屬於。

（A）35. 烘焙土司宜採用：　(A)高筋麵粉　(B)中筋麵粉　(C)低筋麵粉　(D)精製粉心麵粉。

【解析】：蛋白質偏高的高筋麵粉較適宜用來製作土司、麵包及餅乾等製品。

（B）36. 有關蒟蒻之敘述何者正確？　(A)主成分為果膠　(B)主成分為菊甘露聚糖　(C)加酸加熱後，方可冷卻凝膠　(D)加鹼後降低其凝膠性。

【解析】：磨芋的主要成分為菊甘露聚糖，經加鹼加熱後冷卻凝膠成蒟蒻凍。

（D）37. 預糊化米：　(A)為非熟米　(B)為 β 澱粉　(C)水含量 15% 以上　(D)為冷水可溶。

【解析】：預糊化米即為熟米，呈 β 化澱粉，冷水可溶解，水分在 15% 以下。

（C）38. 有關於白米之精白率，何者為正確？　(A)精白度愈高者米糠量愈高　(B)精白度與米糠量之百分比為相等值　(C)搗精度為十分白之精白度在 92% 以下　(D)搗精度是以充分精白度為標準。

【解析】：糙米的碾白操作即以碾白米率為 92%，搗精度以十分精白度為標準。

（D）39. 粉絲之主要原料為：　(A)黃豆　(B)糯米　(C)在來米　(D)綠豆。

【解析】：粉絲即是冬粉，以綠豆澱粉為原料經擠壓機成型擠出的製品。

（B）40. 以 CNS 麵粉分級，中筋麵粉的粗蛋白含量標準為：　(A)6%～10%　(B)8.5%～11.5%　(C)7.5%～9.5%　(D)11%～13.5%。

【解析】：中筋麵粉的粗蛋白含量標準介於 95%～11.5%。

（A）41. 製造天使蛋糕及戚風蛋糕，常添加酒石酸酵粉(cream of tartar)主要為何？　(A)降低蛋白質的鹼性，使蛋糕潔白　(B)提昇酵母菌之醱酵能力　(C)代替小蘇打　(D)具雙重膨大效果。

【解析】：製作乳沫類蛋糕時，添加塔塔酸的目的是降低卵白的酸鹼性及潔白。

（A）42. 能使麵糰產生黏性的胺基酸為：　(A)麩胺酸(glutamic acid)　(B)半胱胺酸(cysteine)　(C)離胺酸(lysine)　(D)天門冬胺酸(aspartic acid)。

【解析】：麵粉加水形成麵糰時，麵筋中麩胺酸會吸水形成氫鍵而呈現黏性。

（A）43. 下列物質何者為製作袋裝豆腐之凝固劑？　(A)葡萄糖酸-δ-內酯(glucono-δ-lactone)　(B)蛋白酶　(C)聚乙烯(polyethylene)　(D)山梨醇(sorbitol)。

【解析】：袋裝豆腐即營養豆腐，該類豆腐的凝固劑常使用葡萄糖酸-δ-內酯。

（A）44. 煮熟的米飯，迅速乾燥至水分含量 5% 以下，則澱粉大半為何種型：(A)α　(B)β　(C)γ　(D)δ。

【解析】：生米（β-澱粉）經加水加熱成米飯（α-澱粉）後，迅速乾燥後仍呈 α-澱粉。

（C）45. 糯米中，直鏈與支鏈澱粉支組成比率約為：　(A)直鏈澱粉 50% 支鏈澱粉 50%　(B)直鏈澱粉 20% 支鏈澱粉 80%　(C)直鏈澱粉 1% 支鏈澱粉 99%　(D)直鏈澱粉 100%。

【解析】：糯米的直鏈澱粉與支鏈澱粉的比值約 1%：99%，幾乎不含直鏈澱粉。

（A）46. 有關米果之製成何者是正確的？ (A)糯米→濕磨→蒸煮→搗捏成型→烘乾 (B)在來米→濕磨→搗捏成型→烘乾 (C)糯米→濕磨→搗捏成型→烘乾 (D)在來米→濕磨→蒸煮→搗捏成型→烘乾。

【解析】米果的正確製程如下：糯米→濕磨→蒸煮→搗捏成型→烘乾→製品。

（B）47. 麵包麵糰在攪拌過程中，吸水最多的成分為： (A)油脂 (B)麵筋蛋白 (C)乳化劑 (D)澱粉粒。

【解析】麵粉加水攪拌時，吸水最多的是麵筋蛋白以形成網狀結構，具彈性。

（A）48. 油麵條與濕麵條最大的不同點在於： (A)油麵條在原料中多加了鹼粉 pH 故較高 (B)油麵條在原料中多加了醋酸 pH 故較低 (C)油麵條在原料中多加了發粉故彈性較好 (D)油麵條在原料中多加了動物膠，故顏色較黃。

【解析】油麵條即是鹼麵，常添加碳酸鈉等鹼劑，所以 pH 值較高且彈性偏高。

（D）49. 黃豆加工，最常用 80°C 處理豆漿主要目的為何： (A)澱粉糊化 (B)油脂溶解 (C)纖維軟化 (D)蛋白質變性。

【解析】豆漿製作時，80°C 加熱的目的抑制脂肪氧化酶活性，減少豆臭味。

（A）50. 豆乳之大豆臭主要成分為： (A)醛類 (B)酯類 (C)醇類 (D)酚類。

【解析】豆漿的豆臭味之主要成分為醛類與酮類等低分子量的揮發性化合物。

（B）51. 麵筋製造過程中，收集澱粉粒，反覆水洗乾燥後可得： (A)活性麵筋 (B)澄粉 (C)麵粉 (D)太白粉。

【解析】麵糰經反覆水洗，收集澱粉粒，經乾燥後的產物稱為澄粉。

（B）52. 馬鈴薯片加工，一般將原料保存於 20°C 是為了防止： (A)酵素性褐變反應 (B)梅納褐變反應 (C)油脂酸敗反應 (D)蛋白質氧化反應。

【解析】為了防止馬鈴薯油炸時發生梅納褐變，一般應保存於 20°C 較適宜。

（B）53. 米苔目主要以何種米為原料？ (A)粳米 (B)秈米 (C)糯米 (D)粳糯。

（D）54. 麵筋所含蛋白質中，下列何者最少？ (A)穀蛋白(glutenin) (B)穀膠蛋白(gliadin) (C)球蛋白(globulin) (D)白蛋白(albumin)。

【解析】依據下表顯示，小麥所含蛋白質中，白蛋白(albumin)含量相對較少。

（B）55. 米粉之原料為： (A)蓬萊米 (B)在來米 (C)糯米 (D)小米。

【解析】米粉之採用原料為在來米即秈米，具久煮不爛的特性。

（A）56. 澱粉加熱糊化後立刻進行快速乾燥，所得之乾燥澱粉稱為：　(A)α-化澱粉　(B)β-化澱粉　(C)水解澱粉　(D)糊化澱粉。

【解析】已吸水的糊化澱粉經趁熱急速乾燥至水分在 4～5%，稱為 α-化澱粉。

（C）57. 麵包外部評分時，其體積應該是重量的：　(A)8　(B)7　(C)6　(D)5 倍（立方公分／克），最低不可低於 4.5 倍。

【解析】麵包烘焙後體積應是烘焙前重量的 6 倍，體積所佔的分數是 10 分。

（C）58. 一般使用於蛋糕的烘焙溫度是：　(A)100～140°C　(B)150～160°C　(C)160～220°C　(D)220～250°C。

【解析】烘焙蛋糕的溫度一般採用 160～220°C 之間。

二、模擬試題

（　） 1. 下列關蒟蒻的敘述，何者錯誤？　(A)是一種根莖類食物　(B)主要成分是澱粉和果膠質　(C)消化率低，是低熱量食物　(D)蛋白質和脂肪含量低。

（　） 2. 胚芽米和精白米作比較下，下列何種組成分含量較多？　(A)直鏈澱粉　(B)支鏈澱粉　(C)米糠纖維　(D)硫胺素。

（　） 3. 下列何種麵食製作使用之麵粉蛋白質含量最高？　(A)麵條　(B)土司麵包　(C)戚風蛋糕　(D)蘇打餅乾。

（　） 4. 下列有關米的加工利用，何者是正確？　(A)做元宵用圓糯米　(B)做米粉絲用蓬萊稉米　(C)做年糕用在來秈米　(D)做蘿蔔糕用長糯米。

（　） 5. 有關米的品質敘述，下列何者是錯誤？　(A)舊米水分含量比新米高　(B)舊米的顏色較新米的黃　(C)米的吸水性增加，黏性則降低　(D)米貯存不當時，會使蛋白質變性而產生不良風味。

（　） 6. 在蛋糕製作時，添加塔塔粉的目的是：　(A)增加蛋糕體積　(B)增加蛋糕之色香味　(C)增加蛋白之韌性　(D)使麵糊滑潤。

（　） 7. 麵粉依何種成分的含量分類？　(A)粗蛋白　(B)醣類　(C)粗脂肪　(D)水分。

（　） 8. 下列何者不是延緩麵包產生老化現象的方法？　(A)添加單酸甘油酯　(B)使用少量砂糖　(C)妥善包裝防止水分蒸發　(D)常溫下貯藏。

( ) 9. 下列有關澱粉糊化之敘述，何者不正確？ (A)澱粉懸浮液通常需加熱至特定溫度才會糊化 (B)不同澱粉其糊化溫度未必相同 (C)不同濃度之同一澱粉懸浮液其糊化溫度不同 (D)澱粉糊化後其黏度通常會明顯增加。

( ) 10. 下列何種操作步驟可以有效提高麵粉的彈性及亮度特性？ (A)精選 (B)調濕 (C)粉碎 (D)熟成。

( ) 11. 下列有關澱粉糊化(gelatinization)的敘述，何者不正確？ (A)指澱粉水溶液於加熱後產生的現象 (B)與澱粉顆粒結晶結構的喪失及膨潤作用有關 (C)是一個由有秩序到無秩序的變化過程 (D)糊化後的支鏈澱粉可形成凝膠。

( ) 12. 豆漿含有特殊之大豆臭味，其原因物質為下列何者？ (A)酸類和醛類 (B)酮類和酯類 (C)酯類和醇類 (D)醛類和酮類。

( ) 13. 下列有關米粉絲的製造流程，何者是正確？ (A)混捏→半糊化→擠出→糊化 (B)半糊化→混捏→擠出→糊化 (C)擠出→混捏→糊化→半糊化 (D)糊化→半糊化→混捏→擠出。

( ) 14. 所謂七分碾白米，其碾白減率(%)為： (A)4.0 (B)4.8 (C)5.6 (D)8.0。

( ) 15. 製作麵包時，為了防止麵糰於製作時發黏，常在配方中添加： (A)糖 (B)鹽 (C)酸 (D)蘇打。

( ) 16. 涼麵的敘述，何者為不正確？ (A)又稱鹼麵 (B)呈黃白色 (C)需加碳酸鉀 (D)彈性差。

( ) 17. 綠豆粉絲是綠豆澱粉經過下列何方式處理才會久煮不爛？ (A)糊化 (B)老化 (C)液化 (D)固化。

( ) 18. 小麥製作麵粉過程中，下列何步驟可有效地分離胚乳與果皮成分？ (A)精選 (B)調濕 (C)破碎 (D)碾白。

( ) 19. 下列有關糯米與粳米之敘述，何者錯誤？ (A)糯米與粳米在澱粉組成與性質上不同，故用途亦不同 (B)糯米在外觀上較粳米不透明 (C)粳米之澱粉含 20%支鏈澱粉，80%直鏈澱粉 (D)糯米與碘液作用時呈紫紅色。

（　） 20. 高筋麵粉之粗蛋白含量約為：　（A)7.5～9.5%　(B)9.5～11.5%　(C)11.5～13.5%　(D)13.5～15.5%。

（　） 21. 澄粉是一種：　(A)米澱粉　(B)甘藷澱粉　(C)小麥澱粉　(D)玉米澱粉。

（　） 22. 較常作為人造肉的蛋白質為：　(A)玉米蛋白　(B)卵白蛋白　(C)大豆蛋白　(D)酪蛋白。

（　） 23. 製造木綿豆腐時常使用下列何種凝固試劑？　(A)碳酸鈣　(B)鹽滷　(C)葡萄糖酸-δ-內酯　(D)硫酸鈣。

（　） 24. 下列何者不是良質米粒的條件？　(A)結合水多　(B)游離水少　(C)呼吸作用高　(D)整粒完整。

（　） 25. 麵粉加水形成麵糰中何者的吸水率最高？　(A)直鏈澱粉　(B)麵筋蛋白　(C)破損澱粉　(D)灰分。

（　） 26. 小麥胚乳內之主要蛋白質為：　(A)麵筋蛋白　(B)酪蛋白　(C)白蛋白　(D)球蛋白。

（　） 27. 下列何種大豆蛋白之蛋白質含量最低？　(A)脫脂大豆　(B)脫脂大豆粉　(C)濃縮大豆蛋白　(D)分離大豆蛋白。

（　） 28. 蒟蒻薯加水即膨脹，添加下列何者後且加熱即可凝固成膠狀？　(A)食鹽　(B)醋酸　(C)亞硫酸　(D)石灰水。

（　） 29. 水果糖凝膠用的澱粉常採用下列何種型式的修飾處理？　(A)酸劑處理　(B)抗老化處理　(C)酵素處理　(D)磷酸處理。

（　） 30. 澱粉分子以化學法、物理法和酵素法處理，賦予新特性者稱之為：　(A)老化澱粉　(B)磷酸澱粉　(C)預糊化澱粉　(D)修飾澱粉。

（　） 31. 麵包製造時添加黃豆粉，其內所含脂肪加氧酶(lipoxygenase)有何作用？　(A)漂白色素　(B)增加甜度　(C)促進褐變　(D)縮小麵包體積。

（　） 32. 傳統上冬粉係以何種原料製成？　(A)紅豆　(B)綠豆　(C)馬鈴薯　(D)花生。

（　） 33. 製造豆腐時常運用下列何種金屬離子？　(A)Ca^{2+}　(B)Al^{3+}　(C)K^+　(D)Na^+。

（　）34. 下列何者不是蛋糕體積太小的原因？　(A)糖量不足　(B)膨發劑不足　(C)油脂或液體太多　(D)攪拌不足。

（　）35. 關於澱粉老化(retrogradation)之敘述，何者不正確？　(A)黏度下降　(B)保水性升高　(C)溶解度降低　(D)加熱可使其恢復。

（　）36. 有關米粒的敘述，下列何者不正確？　(A)粳米的直鏈澱粉與支鏈澱粉的比率約為 20：80　(B)秈米的直鏈澱粉與支鏈澱粉的比率約為 75：25　(C)糯米澱粉大多是支鏈澱粉　(D)硬質米比軟質米含水量少。

（　）37. 豆漿煮沸產生泡沫，因含有何種物質？　(A)胰蛋白酶抑制劑　(B)血球凝集素　(C)皂素　(D)甲狀腺腫素。

（　）38. 有關馬鈴薯的敘述，下列何者是正確？　(A)貯藏 0～2°C，糖分會減少　(B)貯藏 5～7°C，可防止褐變　(C)保存於 20°C，會增加還原糖　(D)發芽會產生茄靈。

（　）39. 製作小西點使用的麵粉為：　(A)高筋麵粉　(B)中筋麵粉　(C)粉心麵粉　(D)低筋麵粉。

（　）40. 下列何者非為食米久藏所產生的現象？　(A)脂肪酸敗　(B)糊化溫度升高　(C)過氧化酶之活性增高　(D)風味與食感降低。

（　）41. 米之精白若採用溶劑萃取精白法除可得米糠油、脫脂米糠外，精白米收穫量可較舊法多：　(A)10%　(B)8%　(C)6%　(D)4%。

（　）42. 只用大麥粉不能製作麵包、麵條的原因是因大麥粉中缺乏：　(A)纖維質　(B)脂肪　(C)麵筋　(D)灰分。

（　）43. 水果糖製造時為促進凝膠形成，可添加：　(A)預糊化澱粉　(B)磷酸澱粉　(C)酸處理澱粉　(D)老化型改質澱粉。

（　）44. 麵糰成形與下列何者最有關係？　(A)麵筋　(B)澱粉　(C)灰分　(D)脂肪。

（　）45. 豆類的限制胺基酸為：　(A)白胺酸　(B)甲硫胺酸　(C)離胺酸　(D)麩胺酸。

（　）46. 維生素 B_1 的含量，胚芽米高於白米約：　(A)2.5 倍　(B)2.0 倍　(C)1.5 倍　(D)1.0 倍。

（　）47. 食米的主要成分是：　(A)蛋白質　(B)脂質　(C)澱粉　(D)維生素。

（　） 48. 冷飯、乾麵包吃起來砂砂狀態是由於：　(A)澱粉分解成糊精　(B)直鏈澱粉溶出，分散於液體　(C)直鏈澱粉形成許多氫鍵，構成複雜網狀結構　(D)水分子滲出，澱粉分子再結晶，結合更緊。

（　） 49. 米粉絲是秈米澱粉經過下列何種方式處理才會久煮不爛？　(A)糊化　(B)液化　(C)回凝　(D)固化。

（　） 50. 麵筋中之之硫氫基，在麵筋製造中可形成雙硫鍵，與黏彈性有密切關係，下列何者可提供此官能基？　(A)酪胺酸　(B)麩胺酸　(C)甘胺酸　(D)半胱胺酸。

模擬試題答案

1.(B)	2.(D)	3.(B)	4.(A)	5.(D)	6.(C)	7.(A)	8.(B)	9.(C)	10.(D)
11.(D)	12.(D)	13.(B)	14.(C)	15.(B)	16.(D)	17.(B)	18.(B)	19.(C)	20.(C)
21.(C)	22.(C)	23.(C)	24.(C)	25.(C)	26.(A)	27.(B)	28.(D)	29.(A)	30.(D)
31.(A)	32.(B)	33.(A)	34.(A)	35.(B)	36.(B)	37.(C)	38.(D)	39.(D)	40.(C)
41.(A)	42.(C)	43.(C)	44.(A)	45.(B)	46.(A)	47.(C)	48.(D)	49.(C)	50.(D)

醱酵類製品加工

一、酒類製品(wine products)

（一）酒類的製造原理(principles of wine processing)

酒類製造的化學方程式：

釀造步驟	反應方程式	參與酵素或其來源
醣類糖化	$(C_6H_{10}O_5)_n + nH_2O \xrightarrow{\text{糖化}} nC_6H_{12}O_6$	大麥麥芽(barley malt) 或麴黴菌屬 (*Aspergillus* sp.)
酒精醱酵	$C_6H_{12}O_6 \xrightarrow{\text{酒精化}} 2C_2H_5OH + 2CO_2$	酵母菌屬 (*Saccharomyces* sp.)

註：順道一提，「巴斯德效應」為酒類釀造時，若一直將空氣通入醱酵槽內，則酒母菌
　　數會持續增加，但酒精濃度卻不增加，此種現象稱之。

☕**相關試題**

1. 酵母在嫌氣之條件下能將糖分解成酒精與：　(A)澱粉　(B)氧　(C)二氧化碳
　　(D)氮。　　　　　　　　　　　　　　　　　　　　　　　　答：(C)。

（二）酒類的醱酵型式及製造工程(fermentative engineering of wine products)

1. 各類酒類醱酵型式

以下為各類酒類醱酵型式介紹。

(1) 單式醱酵：$C_6H_{12}O_6 \longrightarrow 2C_2H_5OH + 2CO_2$。

　　註：其醱酵原料為水果糖質。產品種類為葡萄酒、蘋果酒、椰子酒等水果酒。

(2) 複式醱酵：$(C_6H_{10}O_5)_n + nH_2O \longrightarrow nC_6H_{12}O_6 \longrightarrow 2nC_2H_5OH + 2nCO_2$。

(3) 單行複式醱酵：於不同作用槽中分別進行大麥麥芽糖化與酒精醱酵，如
　　啤酒。

　　註：其糖化酵素來自大麥麥芽。醱酵原料為米、玉米澱粉。產品種類為啤酒。

(4) 並行複式醱酵：同一醱酵槽同時行麴菌糖化與酒精醱酵，如清酒、紹興酒。

> 註：其糖化酶來自麴黴菌。醱酵原料為米、麥澱粉。產品種類為清酒、紹興酒。

2. 各類酒類醱酵形態

分　　　類	單式醱酵	單行複式醱酵	並行複式醱酵
原料糖化	無	有	有
酒精醱酵	有	有	有
酒類產品	葡萄酒、蘋果酒	啤酒	清酒、紹興酒、黃酒

☕相關試題

1. 下列關於單醱酵式(single fermentation)的敘述，何者正確？①使用水果原料進行醱酵、②糖化與酒精醱酵同時進行、③為釀造酒製法、④產品例如葡萄酒，答案是：　(A)①②③④　(B)①③　(C)①③④　(D)①②③。　答：(C)。

（三）依製造方式的酒類分類

酒類類別	酒精濃度	酒類種類
釀造酒(fermented liquor)*	20%以下	葡萄酒、蘋果酒、荔枝酒、椰子酒、啤酒、清酒、紹興酒、黃酒、紅露酒。
蒸餾酒(spirits liquor, distilled liquor)	20%以上	白蘭地、蘭姆酒、威士忌、琴酒、伏特加、米酒、高粱酒（大麴酒）。
再製酒(compounded liquor, remanufactured wine)	20%以上	糯米酒、烏梅酒、桂圓酒、味醂、五加皮、參茸酒、玫瑰露酒。

> 註：醱酵後必需除去其致癌物胺基甲酸乙酯(ethyl carbamate；EC)(urethane)，此有毒物之建議攝取量為 0.7μg/天。

☕相關試題

1. 下列何者僅用糖質為原料進行醱酵而釀造的酒類？　(A)伏特加酒　(B)米酒　(C)蘋果酒　(D)啤酒。　　　　　　　　　　　　　　　　　答：(C)。

2. 下列何者不是蒸餾酒？①高粱酒、②啤酒、③葡萄酒、④紹興酒、⑤白蘭地，答案是：　(A)①②③④⑤　(B)②③⑤　(C)②③　(D)②③④⑤。　　答：(B)。

3. 下列何者為醸造酒？ (A)白蘭地 (B)米酒頭 (C)高粱酒 (D)紹興酒。

答：(D)。

（四）葡萄酒(grape wine)的製造

1. 紅葡萄酒(red wine)

(1) 製造流程：葡萄→破碎除梗→添加偏亞硫酸氫鉀→破碎葡萄→酵母、補糖→主醱酵→壓榨→添加偏亞硫酸氫鉀→後醱酵→沉澱去渣→添加偏亞硫酸氫鉀→熟成→紅葡萄酒。

(2) 主原料為紅色、黑色葡萄；副原料為補糖(22～24%)。

(3) 醱酵菌種：橢圓形酵母(*Saccharomyces ellipsoideus*)。

(4) 醱酵類型為單式醱酵法。其偏亞硫酸氫鉀約 100 ppm。

(5) 主醱酵溫度為 25°C，後熟溫度為 13～15°C。

(6) 製作目的為生成酒精及二氧化碳，並促使酯類等芳香味生成。

2. 白葡萄酒(white wine)

(1) 製造流程：葡萄→破碎除梗→添加偏亞硫酸氫鉀→破碎葡萄→壓榨→果汁→酵母、單糖→主醱酵→沉澱去渣→後醱酵→添加偏亞硫酸氫鉀→熟成→白葡萄酒。

(2) 主原料為紅色、綠色葡萄；副原料為單糖(22～24%)。

(3) 醱酵菌種是橢圓形酵母(*Saccharomyces ellipsoideus*)。

(4) 醱酵類型是單式醱酵法。其偏亞硫酸氫鉀為 100 ppm。

(5) 而偏亞硫酸氫鉀功用在抑制酵母菌以外的雜菌生長、防止酵素性褐變作用、有助於花青素色澤的維持、防止葡萄酒過度熟成。

(6) 主醱酵溫度為 15°C；後熟溫度為 10～13°C。

(7) 製作目的在生成酒精及二氧化碳，並促使酯類等芳香味生成。

3. 紅、白葡萄酒比較

酒類分別	葡萄原料	關鍵加工流程	主醱酵溫度
紅 葡 萄 酒	紅色、黑色葡萄	先醱酵後再壓榨	25°C、10～12 天
白 葡 萄 酒	紅色、白色葡萄	先壓榨後再醱酵	15°C、15 天

☕相關試題✍

1. 若欲製成酒精濃度 12%之葡萄酒，葡萄汁之原料糖份約需調整為：　(A)4%
   (B)6%　(C)24%　(D)36%　(E)以上皆非。　　　　　　　　答：(C)。

2. 葡萄酒醱酵的微生物為：　(A)*Saccharomyces ellipsoideus*　(B)*Mucor rouxii*
   (C)*Aspergillus soyae*　(D)*Streptococcus lactis*。　　　　答：(A)。

3. 葡萄酒醱酵常採用的菌種為：

   (A)*Saccharomyces cerevisiae*　　　　(B)*Saccharomyces ellipsoideus*
   (C)*Saccharomyces carlsbergensis*　　(D)*Saccharomyces rouxii*。　答：(B)。

4. 紅葡萄酒與白葡萄酒的色澤差異，主要在於：　(A)紅葡萄酒添加色素　(B)
   紅葡萄酒使用紅葡萄，白葡萄酒使用白葡萄　(C)紅葡萄酒是葡萄先醱造後
   再壓榨，白葡萄酒是葡萄先壓榨後再醱酵　(D)紅葡萄酒是葡萄先壓榨後再
   醱酵，白葡萄酒是葡萄先醱造後再壓榨。　　　　　　　　　答：(C)。

5. 若欲製成 12% 酒精成的葡萄酒，則其葡萄汁原料之糖分約需調整為：
   (A)48%　(B)36%　(C)24%　(D)12%　(E)6%。　　　　　　答：(C)。

6. 製造葡萄酒時，須添加亞硫酸鹽，其目的為：　(A)殺死酵母以外的微生物
   (B)殺死黴菌以外的微生物　(C)去除苦澀味　(D)防止褐變。　答：(A)。

7. 葡萄酒製程中，添加偏亞硫酸氫鉀的目的為：①抑制雜菌、②色素快速溶
   出、③安定作用、④促進酵母生長，答案是：　(A)①②③④　(B)①③　(C)
   ①②③　(D)①②。　　　　　　　　　　　　　　　　　　答：(C)。

8. 對於紅酒之釀造，下列敘述何者為非？　(A)原汁葡萄糖分 25%　(B)使用偏
   亞硫酸氫鉀抑制雜菌及褐變　(C)於 15°C 下進行主醱酵　(D)主醱酵後再行
   壓榨。　　　　　　　　　　　　　　　　　　　　　　　答：(C)。

   解析：紅葡萄酒的主醱酵溫度控制在 25°C，15°C 則為白葡萄酒的主醱酵溫
   　　　度。

9. 存在於成熟葡萄等水果上的酵母菌為：

   (A)*Saccharomyces shaosh*　　　　(B)*Saccharomyces paka*
   (C)*Saccharomyces mandshuricus*　(D)*Saccharomyces ellipsoideus*。　答：(D)。

10. 製造白葡萄酒時，為抑制色素之溶出，通常加入何種物質？　(A)硫酸鈣
    (B)焦磷酸鹽　(C)偏亞硫酸氫鉀　(D)醋酸鈉。　　　　　　答：(C)。

11. 葡萄酒釀造時何者非添加偏亞硫酸氫鉀的目的？ (A)抑制雜菌 (B)防止褐變 (C)快速溶出色素 (D)活化酵母。 答：(D)。

（五）啤酒(beer)的製造

1. **製造流程**：大麥→浸漬→發芽→綠麥芽→焙炒→除去麥根→乾燥→粉碎麥芽→粉碎白米、玉米澱粉混合→糖化→加溫→過濾→麥汁→啤酒花添加→煮沸→過濾→冷卻→澄清麥汁→啤酒酵母添加→主醱酵→後醱酵→粗過濾→製品（生啤酒、熟啤酒）。

2. **製造原料**
   (1) 主原料為大麥麥芽、啤酒花、水。
   (2) 副原料為粉碎白米、玉米澱粉。

3. **醱酵菌種**
   (1) 頂部酵母(top yeast)為 *Saccharomyces cerevisiae*。
   (2) 底部酵母(bottom yeast)為 *Saccharomyces calsbergenesis*。

4. **醱酵類型**：單行複式醱酵法。

5. **糖化來源**：大麥麥芽(barley malt)中含有多種澱粉酶可將澱粉轉化成單糖。

6. **苦味產生**：蛇麻酮(humulone)經煮沸轉變為異蛇麻酮(isohumulone)呈苦味。
   註：啤酒花(hop)為蛇麻花(hupulus)，含酒花油、鞣酸質、苦味酸。

7. **啤酒花添加功用**
   (1) 提供啤酒特殊的苦味及芳香味。
   (2) 賦予抗菌性及防腐性。
   (3) 有助於啤酒澄清度的維持。
   (4) 有助於泡沫安定性。

8. **溫度分類**
   (1) 主醱酵溫度為 10～15°C。
   (2) 後醱酵溫度為 0～−1°C。

9. **製作目的**：在生成酒精及二氧化碳及 CO_2 充分溶解、促使雙乙醯分解。

10. 生啤酒與熟啤酒之比較

(1) 生啤酒：粗過濾→細過濾→裝瓶→生啤酒。

(2) 熟啤酒：粗過濾→細過濾→裝瓶→低溫殺菌→熟啤酒。

相關試題

1. 製造啤酒主要的原料為：(A)大麥　(B)小麥　(C)燕麥　(D)玉米。　答：(A)。

2. 啤酒獨特苦味及風味，是由啤酒花主要成分：　(A)雙乙醯　(B)肌醇　(C)蛇麻酮　(D)單寧質　轉變形成。　答：(C)。

3. 釀造啤酒時添加啤酒花的主要目的為：　(A)提高 CO_2 溶解度　(B)維持澄清度　(C)抑制雜菌生長　(D)提供苦味和芳香味。　答：(D)。

4. 啤酒釀造過程中，添加蛇麻花(hop)目的為何？　(A)形成啤酒特有的金黃色　(B)賦予啤酒特有的苦味及芳香味　(C)促進啤酒酵母菌的活性　(D)增加啤酒的澄清度。　答：(B)。

5. 啤酒中的啤酒花不能提供下列何種特性？　(A)抑制雜菌　(B)提供花香味　(C)提供苦味　(D)安定泡沫。　答：(B)。

6. 啤酒製造常用的菌種為：　(A)*Aspergillus oryzae*　(B)*Rhizopus peka*　(C)*Saccharomyces cerevisiae*　(D)*Monascus anka*。　答：(C)。

7. 製造麥芽原料其糖化力最大的麥是：　(A)大麥　(B)小麥　(C)燕麥　(D)喬麥。　答：(A)。

解析：大麥經發芽後其澱粉糖化酶的活性高，即表示大麥的糖化力最大。

8. 啤酒特有苦味及芳香的來源為：　(A)酒精　(B)CO_2　(C)蛇麻酮(humulone)　(D)蛇麻醛。　答：(C)。

9. 啤酒製造時，糖化酵素來源，來自於其何種原料？　(A)酵母　(B)米　(C)小麥　(D)大麥。　答：(D)。

10. 下列何者非啤酒製造過程中所使用的原料？　(A)小麥麥芽　(B)啤酒水　(C)水　(D)澱粉。　答：(A)。

11. 啤酒之醱酵分為主醱酵與後醱酵，在後醱酵槽中之溫度常保持在：　(A)8～10°C　(B)5～7°C　(C)3～5°C　(D)0～2°C。　答：(D)。

12. 下列何者非啤酒釀造時之主原料？　(A)小麥麥芽　(B)大麥麥芽　(C)啤酒花　(D)水。　　　　　　　　　　　　　　　　答：(A)。

（六）紹興酒(shaoxing rice wine)的製法

1. 製造流程
(1) 製麴：小麥→壓碎→浸漬→混合→蒸麥→種麴添加→製麴→麥麴。
(2) 醱酵：蓬萊糯米、圓糯糙米→精白米→洗米→浸米→蒸米→添加麥麴、酵母、水→酒母→初添、仲添、末添→前醱酵→後醱酵→壓榨、澄清→過濾→低溫殺菌→貯藏→熟成→澄清紹興酒。

2. 製造原料
(1) 主原料為蓬萊糙米、圓糯糙米、水。
(2) 副原料為小麥。

3. 醱酵菌種
(1) 米麴菌(*Aspergillus oryzae*)。
(2) 紹興酒母(*Saccharomyces shaoshing* No. 1 或 No. 2)。

4. 醱酵類型：為並行複式醱酵法。

5. 糖化來源：*Aspergillus oryzae* 可分泌澱粉酶，將高粱中之澱粉轉化成單糖。

6. 乳酸：乃抑制酵母菌之外的雜菌生長。

7. 鮮味成分：來自於琥珀酸鈉。

8. 製作目的：在生成酒精及二氧化碳及使 CO_2 充分溶解、促使異味成分分解。

9. 品系分類：有狀元紅、花雕、竹葉青。

10. 酒精濃度：在 16%～18%之間。

以下是酒類製品分類、製法與特性介紹。

製品分類	製法與特性
淋飯酒	糯米→蒸熟→淋洗、冷卻→酒釀→加麥麴→主醱酵→熟成→壓榨。
加飯酒	糯米→漿液→乳酸醱酵→蒸熟→冷卻→蒸米、漿水、麥麴混合→攪拌→主醱酵→淋飯酒加入→熟成→壓榨過濾；高酒精且甜味高。

製品分類	製法與特性
攤飯酒	糯米→漿液→乳酸醱酵→蒸熟→冷卻→蒸米、漿水、麥麴混合→攪拌→主醱酵→淋飯酒加入→熟成→壓榨過濾。
善釀酒	糯米→漿液→乳酸醱酵→蒸熟→冷卻→蒸米、漿水、麥麴混合→攪拌→主醱酵→淋飯酒加入→熟成→壓榨過濾；品質好且成本貴。

☕ 相關試題

1. 下列何種酒類的製造是採用並行複式醱酵法？ (A)葡萄酒 (B)啤酒 (C)紹興酒 (D)威士忌。　　　　　　　　　　　　　　　　　　　　答：(C)。

2. 傳統紹興酒因釀造方式之不同而有各種名稱，下列何者成本最貴？ (A)攤飯酒 (B)善釀酒 (C)加飯酒 (D)淋飯酒。　　　　　　　　　　答：(B)。

3. 紹興酒之醱酵形式屬於： (A)直接醱酵 (B)單行複醱酵 (C)並行複醱酵 (D)不須醱酵。　　　　　　　　　　　　　　　　　　　　　　答：(C)。

4. 釀造紹興酒時，所進行的並行複醱酵操作之意義： (A)直接加入酵母菌醱酵 (B)直接加入黴菌醱酵 (C)加入黴菌醱酵後再加入酵母菌醱酵 (D)黴菌及酵母菌同時加入進行醱酵。　　　　　　　　　　　　　　　　答：(D)。

（七）清酒(sake, pure mellow wine)的製法

1. **製造流程**：精白米→洗淨、浸漬→蒸煮→蒸米→種麴添加→添加酵母、水、乳酸→酒母→初添、仲添、末添→熟成醪→酒精添加→壓榨→原酒→低溫殺菌→貯藏→沉澱去渣、過濾→低溫殺菌→裝填→清酒。

2. **製造原料**
   (1) 主原料為精白米、水。
   (2) 副原料為小麥。

3. **醱酵菌種**
   (1) 米麴菌(*Aspergillus oryzae*)。
   (2) 清酒酒母(*Saccharomyces sake*)。

4. **醱酵類型**：為並行複式醱酵法。

5. **糖化來源**：為 *Aspergillus oryzae* 分泌澱粉分解酵素。

6. **抑菌劑**：乃乳酸添加可降低醱酵環境的酸鹼值，抑制酵母菌之外的雜菌生長。

7. **製作目的**：在生成酒精及二氧化碳及使 CO_2 充分溶解、促使異味成分分解。

8. **熟成醪**：可提高酒精的濃度。

9. **酒精濃度**：為 18%。

相關試題

1. 日本清酒產品最主要的原料為：　(A)稻米　(B)高粱　(C)小米　(D)大麥。
答：(A)。

2. 下列何者者為併用黴菌及酵母菌醱酵的產品？　(A)柴魚　(B)清酒　(C)味噌　(D)食醋。
答：(B)。

3. 清酒製造過程中，為抑制雜菌生長，常添加：　(A)小麥　(B)乳酸　(C)酵母　(D)碳酸鈉。
答：(B)。

（八）高粱酒(sorghum liquor)的製法

1. **製造流程**：製麴：小麥→粉碎→加水→攪拌→壓製→麴胚→酒麴培養→酒麴。醱酵：高粱米→蒸煮→冷卻→拌麴→醱酵→翻醪→蒸餾→高粱酒。

2. **製造原料**
   (1) 主原料為高粱米、水。
   (2) 副原料為低筋小麥。

3. **醱酵菌種**
   (1) 黴菌，如米麴菌(*Aspergillus oryzae*)。
   (2) 酒母，如酵母菌屬(*Saccharomyces*)。
   (3) 細菌，如醋酸桿菌(*Acetobacter aceti*)。

4. **醱酵**
   (1) 醱酵類型為並行複式醱酵與蒸餾。
   (2) 醱酵狀態為固體狀態。

(3) 製法為三次醱酵與三次蒸餾。

(4) 糖化與醱酵步驟：位於相同醱酵槽。

5. 翻醪目的：乃提供酒醪內適量的空氣，有助於醱酵與其散熱，使不致影響品質。

6. 濃度分類

(1) 大麴酒為 65%。

(2) 高粱酒為 55～60%。

(3) 二鍋頭為 40%。

相關試題

1. 關於釀造高粱酒的特色，下列敘述何者不正確？ (A)全部在液態下進行 (B)採並行複醱酵 (C)使用麴菌進行醱酵 (D)同一原料經三次醱酵，三次蒸餾。 答：(A)。
 解析：高粱酒的醱酵是在固體狀態下進行，經三次醱酵，三次蒸餾。

2. 釀造大麴酒的原料是： (A)高粱 (B)米 (C)小麥 (D)大麥。 答：(A)。
 解析：大麴酒屬於高粱酒的一種，原料即是以高粱米為主。

（九）其他酒類(other wines)的製法

1. 一般酒類分析

類 別	糖化與酒精醱酵	醱酵菌種	醱酵類型與酒類分類
紅露酒 (red dew wine)	糯米→單糖→酒精。	*Monascus anka* *Saccharomyces sake*	並行複式醱酵法紅麴菌：決定酒質色澤。
米 酒 (rice wine)	在來米→單糖→酒精。	*Rhizopus peka* *Saccharomyces peka*	並行複式醱酵法蒸餾酒類。
蘭姆酒 (Rum)	糖蜜、紅糖、甘蔗汁→酒精→蒸餾。	*Saccharomyces cerevisiae*	單式醱酵法蒸餾酒類。
白蘭地 (Brandy)	水果單糖→酒精→蒸餾。	*Saccharomyces ellipsoideus*	並行複式醱酵法蒸餾酒類。
威士忌 (Wisky)	大麥→單糖→酒精→蒸餾。	*Saccharomyces ellipsoideus* Hansen	並行複式醱酵法蒸餾酒類。

類　別	糖化與酒精醱酵	醱酵菌種	醱酵類型與酒類分類
琴酒(Gin)（杜松子酒）	穀類、麥類→酒精→蒸餾→精餾。	*Saccharomyces ellipsoideus*	並行複式醱酵法蒸餾酒類。
伏特加酒(Vodka)	馬鈴薯→酒精→蒸餾。	*Saccharomyces ellipsoideus*	並行複式醱酵法蒸餾酒類。

2. 白蘭地之品級分類

白蘭地分類	縮　寫	酒齡（年）	顆星數目	酒齡（年）
Very Superior	V.S.	5～9	1	3
Very Old	V.O.	10 以上		
Very Superior Old	V.S.O.	10～14	2	4
Very Superior Old Pale	V.S.O.P.	14～17		
Extra Old	X.O.	20，30，40 以上	3	5
Nepoleon	Nepoleon	－		

相關試題

1. 啤酒的原料是：　(A)小麥　(B)大麥　(C)葡萄　(D)稻米　(E)以上皆非。
答：(B)。

2. 威士忌酒的原料是：　(A)小麥　(B)大麥　(C)葡萄　(D)穀類　(E)以上皆非。
答：(D)。

3. 白蘭地酒和葡萄酒之加工製程有何不同？　(A)原料不同　(B)前者未經醱酵　(C)後者未經蒸餾　(D)前者未經蒸餾　(E)以上皆非。
答：(C)。
解析：葡萄酒屬於釀造酒，若經蒸餾操作則為白蘭地酒。

4. 啤酒和威士忌酒之加工製程有何不同？　(A)原料不同　(B)前者未經醱酵　(C)後者未經蒸餾　(D)前者未經蒸餾　(E)以上皆非。
答：(D)。
解析：啤酒屬於釀造酒，威士忌則需經蒸餾操作屬於蒸餾酒。

5. 白蘭地(brandy)酒的醱酵原料是：　(A)蕎麥　(B)大麥　(C)小麥　(D)葡萄。
答：(D)。

6. 下列何種酒類屬於糖蜜酒系列？　(A)蘭姆酒　(B)威士忌　(C)高粱酒　(D)白蘭地。
答：(A)。

7. 釀造白蘭地酒(brandy)時，所使用的酒母為：

(A)*Saccharomyces cerevisiae*   (B)*Saccharomyces ellipsoideus*

(C)*Saccharomyces peka*   (D)*Saccharomyces shaoshing*。   答：(B)。

二、豆類醱酵製品(soybeans fermentative products)

（一）味噌(miso)的製法

1. 製造流程

(1) 製麴：大麥→洗淨浸漬→蒸煮→冷卻→碳酸鈣添加→製麴→麥麴精白米 →洗淨浸漬→蒸煮→冷卻→加碳酸鈣→製麴→米麴。

(2) 醱酵：大豆→洗淨浸漬→蒸煮→冷卻→食鹽水、味噌液、種麴混合→醱 酵→熟成→攪拌→調整→成品（麥味噌、米味噌）。

2. 製造原料

(1) 主原料為大豆、食鹽水。

(2) 副原料為大麥、精白米。

3. 醱酵菌種

(1) 黴菌，如米麴菌(*Aspergillus oryzae*)。

(2) 酒母，如使用 *Saccharomyces rouxii*。

(3) 乳酸菌，如使用好鹽性四連球菌(*Pediococcus halophilus*)。

4. 醱酵

(1) 醱酵類型：併用三種微生物的醱酵。

(2) 種水來源為鹽水、煮豆液。

5. 攪拌目的：提供醱酵醪內適量的空氣，有助於乳酸菌與耐鹽酵母菌醱酵作 用。

6. 添加物：添加碳酸鈣可防止雜菌汙染且促使種麴的生長繁殖。

7. 香氣：4-乙基癒創木酚(4-ethyl guaiacol)、酯類。

8. 色澤來源：糖胺反應即梅納反應。

相關試題

1. 味噌醱酵時主要乳酸菌為： (A)*Bacillus subtilis* (B)*Torulopsis versatilis* (C)*Pediococcus halophilus* (D)*Lactobacillus acidophilus* 等好鹽性球菌。

   答：(C)。

2. 依微生物的醱酵作用而製成的食品稱為醱酵食品如： (A)味噌 (B)果汁 (C)蜜餞 (D)豆腐。

   答：(A)。

（二）醬油(soy sauce)的製法

1. 傳統釀造醬油製法

(1) 製造流程

　① 製麴：小麥→輕度焙炒→壓碎→種麴添加→製麴。

　② 醱酵：脫脂大豆→撒水(130%)→蒸煮→製麴混合→醬油麴→醬油酵母、食鹽水混合→醱酵釀造→醬油醪→攪拌→熟成→壓榨→生醬油→低溫殺菌→沉澱去渣→澄清→醬油。

(2) 製造原料

　① 主原料為脫脂大豆、水。

　② 副原料為小麥。

(3) 醱酵菌種

　① 黴菌，如使用米麴菌(*Aspergillus oryzae*)。

　② 酒母，如使用 *Saccharomyces rouxii*。

　③ 乳酸菌，如使用好鹽性四連球菌(*Pediococcus halophilus*)。

(4) 醱酵

　① 醱酵類型併用三種微生物的醱酵。

　② 鹽水濃度為 19～20 Be'（波美）。

(5) 攪拌目的：幫助醬油醪內二氧化碳的逸散，成分混合均勻且有助於有益菌醱酵。

(6) 鮮味成分為麩胺酸(glutamic acid)。

(7) 色澤來源來自糖胺反應即梅納反應。

(8) 食鹽濃度為 18%。

(9) 殺菌目的
　　① 部分殺菌及使酵素失活。
　　② 調和風味，使色、香、味成熟。
　　③ 增進色澤。
　　④ 使蛋白質與磷酸鹽等熱凝固物沉澱。

　　而生醬油和熟醬油比較如下：

分類	關鍵製程	殺菌條件	貯藏期限
生 醬 油	製麴→出麴→醱酵→壓榨。	無	短
熟 醬 油	製麴→出麴→醱酵→壓榨→殺菌→澄清。	55～80°C	長

2. 新式化學醬油製法

(1) 製造流程：脫脂大豆、小麥麵筋蛋白→鹽酸添加→蒸汽水解→碳酸氫鈉混合→酸鹼中和→脫色→過濾→化學胺基酸液→調整→低溫殺菌→沉澱去渣→裝瓶→醬油。

(2) 主原料為脫脂大豆、小麥麵筋蛋白。

(3) 產品別稱為胺基酸醬油。

(4) 酸水解來源為 18% 鹽酸。

(5) 鮮味成分為麩胺酸(glutamic acid)。

(6) 色澤來源為糖胺反應即梅納反應。

(7) 殺菌目的
　　① 殺菌及使酵素失活。
　　② 調和風味，使色、香、味成熟。
　　③ 增進色澤。
　　④ 使蛋白質與磷酸鹽等熱凝固物沉澱。

(8) 特殊產物：為化學醬油中之果糖酸，就是醣類在強酸下經脫水所產生，此果糖酸在純醱酵釀造醬油中則不存在。

$$C_6H_{12}O_6 \longrightarrow HCOOH + H_3C\text{-}CO\text{-}CH_2CH_2COOH + H_2O$$

(9) 致癌產物：為單氯丙二醇(3-monochloro-1,2-propandiol；3-MCPD)。限量限制在 0.1 ppm 以下。

相關試題

1. 醬油釀造的菌種為： (A)*Aspergillus oryzae* (B)*Saccharomyces cerevisiae* (C)*Mucor rouxii* (D)*Bacillus subtilis*。 答：(A)。

2. 填充題：
醬油製造方法有兩種，包括醱酵法及酸分解法，其中酸分解法主要是加入 6N HCl（鹽酸），將大豆加以分解，以製成醬油。

3. 釀造醬油所使用的麴菌為：
(A)*Aspergillus* (B)*Mucor* (C)*Rhizopus* (D)*Penicillium*。 答：(A)。

4. 醬油釀造時所使用的主要麴菌為：
(A)*Mucor* (B)*Penicillium* (C)*Aspergillus* (D)*Saccharomyces*。 答：(C)。

5. 檢驗釀造醬油是否添加化學醬油，可以分析下列何者作為判別指標？ (A)鹽酸 (B)麩胺酸 (C)脂肪酸 (D)果糖酸。 答：(D)。

6. 醬油中游離胺基酸含量最高者為： (A)aspartic acid (B)glutamic acid (C)lysine (D)alanine。 答：(B)。

7. 下列何者為醬油釀造用的菌種？ (A)*Aspergillus flavus* (B)*Bacillus coagulans* (C)*Aspergillus oryzae* (D)*Saccharomyces cerevisiae*。 答：(C)。

8. 醬油種麴選擇以： (A)酒精醱酵力 (B)蛋白質分解能力 (C)酯化能力 (D)糖化能力 強者為佳。 答：(B)。
解析： 種麴的選擇以可分泌大量蛋白質分解酶者為佳，以利於蛋白質分解目的。

9. 由大豆、大麥製造醬油，需使用的微生物是： (A)細菌 (B)黴菌 (C)酵母菌 (D)(A)+(B)+(C)。 答：(D)。
解析： 醬油的醱酵製造常併用黴菌、酵母菌與細菌等微生物組合作用為主。

10. 醬油為利用： (A)大豆 (B)大麥麥芽 (C)小麥 (D)麴菌 的酵素，將大豆、小麥中之蛋白質及碳水化合物加以分解。 答：(D)。

11. 釀造醬油的主要菌種為：
(A)*E.coli* (B)*Saccharomyces cerevisiae*
(C)*Staphylococcus aureus* (D)*Aspergillus oryzae*。 答：(D)。

12. 醬油釀造過程中之製麴通常採用 *Aspergillus oryzae* 培養出來種麴，其使用量為原料之： (A)1/1000 (B)1/500 (C)1/300 (D)1/100。　　答：(A)。

13. 製得醬油麴與鹽水所混合之物質稱為： (A)膠質 (B)醪 (C)釀 (D)粕。
　　　　　　　　　　　　　　　　　　　　　　　　　　　答：(B)。

14. 化學醬油是以脫脂大豆等為原料，並使用何種酸進行水解，再以鹼中和？
(A)硫酸 (B)硝酸 (C)醋酸 (D)鹽酸。　　　　　　　　答：(D)。

3. 醬油的分類

以下為各類醬油之比較。

醬油分類	食鹽濃度	原料的使用量	加種水	加糯米澱粉與否
深色醬油	18.0%	脫脂大豆多＋小麥少	食鹽水	無
淡色醬油	19.0%	整粒大豆多＋小麥少	食鹽水	無
溜　醬　油	19.5%	脫脂大豆多＋小麥少	食鹽水	無
甘露醬油	18.0%	脫脂大豆多＋小麥少	生醬油	無
白　醬　油	19.0%	脫脂大豆少＋小麥多	食鹽水	無
低鹽醬油	14.4%	脫脂大豆多＋小麥少	食鹽水	無
蔭　醬　油	18.0%	烏豆多＋小麥少	食鹽水	無
薄鹽醬油	8～9%	脫脂大豆多＋小麥少	食鹽水	無
醬　油　膏	18.0%	脫脂大豆多＋小麥少	食鹽水	有(10～15%)
無鹽醬油	0%	脫脂大豆多＋小麥少	蘋果酸	無

注意事項（淡色醬油的特殊製程）：

1. 採用整粒大豆，而非脫脂大豆。

2. 小麥的焙炒程度較淺，色澤較淡。

3. 水的添加量較多。

4. 使用富含鐵分的用水。

5. 即添加約 10% 醪量的甜酒，以緩和其鹹味。

6. 溜醬油的特殊製程：小麥量少且不使用壓榨操作。

7. 白醬油的原料使用：脫脂大豆：小麥＝2：8，小麥量多是其主要特徵。

相關試題

1. 醬油的食鹽含量，通常約在： (A)12% (B)18% (C)24% (D)6%。

答：(B)。

---

4. 深色醬油的品質標準

以下為深色醬油及淡色醬油之比較。

種　類 品質項目	深色醬油			淡色醬油		
	甲級品	乙級品	丙級品	甲級品	乙級品	丙級品
總　氮　量 (g/100ml)	≧1.4	≧1.1	≧0.8	≧1.1	≧0.9	≧0.7
胺基酸氮 (g/100ml)	≧0.56	≧0.44	≧0.28	≧0.44	≧0.36	≧0.28
總固形物 (g/100ml)	≧13	≧10	≧7	≧10	≧8.5	≧7
pH 值	4.5～5.3			4.5～5.3		

註：而醬油中的甲醛態氮，甲醛可與胺基酸形成 Schiff 鹽，可用來定量其胺基酸含量。

相關試題

1. 依中國國家標準(CNS)規定，甲級深色醬油之總氮量需在若干 g/dL 以上？
(A)0.8 (B)0.7 (C)0.9 (D)1.4。

答：(D)。

三、食醋類製品(vinegar products)

（一）食醋的製法

1. 傳統釀造製法

(1) 製造流程：精白米→米麴、水添加→澱粉質糖化→清酒酵母添加→酒精
醱酵→壓榨→澄清汁→種醋添加→醋酸醪→熟成→過濾→殺菌→米醋。

(2) 製造原料

① 糖化原料為精白米，精白米中之澱粉被分解成葡萄糖。

② 醋酸醱酵原料為酒精，酒精來自葡萄糖被酵母菌醱酵轉變而來。

(3) 醱酵菌種
- ① 米麴菌(*Aspergillus oryzae*)。
- ② 清酒酵母(*Saccharomyces sake*)。
- ③ 醋酸桿菌(*Acetobacter aceti*)。

(4) 醱酵溫度
- ① 米麴菌為 55～60°C。
- ② 清酒酵母為 20～25°C。
- ③ 醋酸菌為 20～30°C。

(5) 醱酵類型
- ① 米麴菌為澱粉質糖化。
- ② 清酒酵母為酒精醱酵。
- ③ 醋酸菌為醋酸醱酵。

(6) 氧氣需求
- ① 米麴菌為好氣性。
- ② 清酒酵母為厭氧性。
- ③ 醋酸菌為好氣性。

(7) 莫耳數比：為葡萄糖：酒精：醋酸＝1：2：2。

(8) 重量比：為葡萄糖：酒精：醋酸＝100%：51.1%：66.7%。

(9) 醋醪目的：乃提供醋醪內適量的空氣，有助於醱酵與其散熱，使不致影響品質。

(10) 最後釀造之濃度為 3～5%。

2. 新式合成製法

(1) 製造流程：冰醋酸→加水烯釋→添加焦糖、呈味→混合→過濾→殺菌→醋酸。

(2) 製造原料為冰醋酸。

(3) 呈色劑為焦糖。

(4) 濃度為 3～5%。

（二）醋酸菌的特性

1. 耐酒精性。

2. 醋酸的產量高。

3. 好氣性醱酵速率快。

4. 有機酸、酯類多。

5. 造成酒類變敗的主要原因。

☕相關試題☕

1. 醋酸菌可將下列何者經醱酵作用轉變成為醋酸？ (A)葡萄糖 (B)胺基酸 (C)酒精 (D)脂肪酸。 答：(C)。

2. 食醋與酒類的醱酵菌種有何特性？ (A)皆好氧 (B)前者好氧，後者厭氧 (C)皆厭氧 (D)前者厭氧，後者好氧。 答：(B)。

3. 醋酸菌的特性為： (A)20～30°C，厭氧性 (B)30～40°C，好氧性 (C)20～30°C，好氧性 (D)30～40°C，厭氧性。 答：(C)。

4. 釀造食醋之主要菌種為：
   (A)*Acetobacter aceti*   (B)*Escherichia coli*
   (C)*Streptococcus thermophilus*   (D)*Lactobacillus bulgaricus*。 答：(A)。

5. 若以葡萄糖為原料經由酒精醱酵及醋酸醱酵製造食用醋時，其原料與產物之最高轉換率為多少？ (A)50% (B)66.7% (C)100% (D)130%。 答：(B)。

6. 下列何種菌種為釀造食醋的主要菌種？
   (A)*Acetobacter aceti*   (B)*Streptococcus lactis*
   (C)*Aspergillus oryzae*   (D)*Lactobacillus acidophilus*。 答：(A)。

四、乳品類醱酵製品(milks fermentative products)

請參閱第十一章乳類及其製品加工之酸凝乳(yogurt)。

五、其他醱酵製品(others)

（一）味精(monosodium glutamate, MSG; gourmet powder)

1. 產品的特性
   (1) 味精的組成成分：麩胺酸鈉(monosodium glutamate, MSG)。
   (2) 特性：鮮味呈味。

2. 味精的醱酵製法

(1) 原料：葡萄糖。

(2) 使用菌種：*Micrococcus glutamicus*；*Corynebacterium glutamicum*。

(3) 碳源：澱粉、糖蜜。

　　 氮源：硫安、尿素、氨。

3. 味精的化學製法

(1) 原料：小麥麵筋蛋白或大豆單離蛋白質。

(2) 酸性分解劑：鹽酸。

(3) 作用條件：120°C、60 分鐘。

(4) 分離方式：離心分離法。

（二）Nata 椰果醱酵產品

(1) 原料：椰汁。

(2) 使用菌種：*Acetobacter xylinum*。

(3) 產品特徵：具有凝膠性的產品。

（三）醃泡蔬菜

(1) 原料：甘藍菜（泡菜）、橄欖、黃瓜。

(2) 使用菌種：乳酸菌、醱酵酵母菌。

(3) 加鹽之濃度：①泡菜約 2~3%②橄欖約 4~7%③黃瓜 5~8%。

(4) 醱酵溫度：18°C 左右。

相關試題

1. 用來醱酵生產麩胺酸之主要菌種為： (A)*Acetobacter aceti* (B)*Streptococcus lactis* (C)*Lactobacillus bulgaricus* (D)*Micrococcus glutamicus*。　　答：(D)。

學後評量

Exercise

一、精選試題

（A） 1. 製造紅露酒的主要麴菌為何種菌屬？　(A)麴菌屬(*Aspergillus* spp.)　(B)毛菌屬(*Mucor* spp.)　(C)紅麴菌屬(*Monascus* spp.)　(D)根黴菌屬(*Rhizopus* spp.)。

【解析】：紅露酒的主要醱酵菌種為紅麴黴菌(*Monascus anka*)。

（B） 2. 醬油製造所使用之種麴，應選擇何種能力較強者？　(A)酒精及乳酸醱酵　(B)澱粉及蛋白質水解　(C)纖維素及脂肪水解　(D)果膠水解。

【解析】：種麴選擇可分泌多量蛋白酶與澱粉酶者為佳，以利於蛋白質水解成胺基酸。

（D） 3. 有關傳統 Nata（那塔或稱椰果）之敘述何者正確？　(A)由椰肉加工所得　(B)為果膠凝膠物　(C)為蛋白質凝膠物　(D)由醋酸菌醱酵椰汁所得之凝膠物。

【解析】：傳統 Nata（那塔）或稱椰果，如市售商品高崗屋椰果屬於一種醱酵製品。主要由醋酸菌(*Acetobacter xylinum*)將椰汁醱酵所得之凝膠性物質，既不屬於椰子果肉的加工製品亦與蔬果類的果膠質之凝固物無關。

（A） 4. 下列何種添加物是無鹽醬油之鹹味來源？　(A)蘋果酸鈉　(B)氯化鎂　(C)檸檬酸鈉　(D)氯化鈣。

【解析】：蘋果酸除了可作為酸味劑(acidulants)之用外，其鈉鹽的鹹味表現約為食鹽的 33%。

（D） 5. 以果汁製造釀造酒時，若醱酵完成後之酒精度欲達 12%，則原料果汁補糖作業時之糖度最少應調整至多少°Brix？　(A)12　(B)14　(C)18　(D)24。

【解析】：酵母菌的酒精醱酵方程式：$C_6H_{12}O_6 \longrightarrow 2C_2H_5OH+2CO_2$。

重量比⇒葡萄糖：酒精＝100%：51.1%。

若水果酒產品的酒精濃度欲達12%，則原料果汁補糖時最少應調整至24°Brix。

（D） 6. 以鹽酸水解黃豆所製造之化學醬油，容易產生何種致癌物質？　(A)亞硝胺(nitrosamine)　(B)黃樟素(safrole)　(C)氯乙烯(vinyl chloride)　(D)單氯丙二醇(3-monochloropropane-1, 2-diol)。

【解析】：單氯丙二醇(MCPD)副產物易存在化學醬油中，該事件發生於行銷於
歐盟地區的萬家香醬油產品中。因此衛生署規定化學醬油的限量在
0.1 ppm 以下。

（B）　7. 黃豆以高濃度鹼及高溫處理時，會使蛋白質消化性及營養價值降低，
主要是因為何種物質減少所導致？　(A)卵磷脂(lecithin)　(B)離胺酸
(lysine)　(C)纖維素(cellulose)　(D)葡萄糖(glucose)。
　　【解析】：黃豆以高濃度鹼液(HCl)及高溫處理時，離胺酸會被破壞，造成營養
價值降低。

（A）　8. 醬油釀造所使用之麴菌為何種菌屬？　(A)麴菌屬(*Aspergillus* spp.)
(B)毛菌屬(*Mucor* spp.)　(C)假單孢菌屬(*Pseudomonas* spp.)　(D)根黴
菌屬(*Rhizopus* spp.)。
　　【解析】：麴菌(*Aspergillus oryzae*)是醬油釀造所使用之主要製麴菌種。

（A）　9. 生醬油與熟醬油製程上的主要差別，在於後者另外需經過何種步驟？
(A)殺菌　(B)醱酵　(C)壓榨　(D)製麴。
　　【解析】：生醬油無須殺菌操作，但熟醬油則需要經 80°C 的殺菌，以促進品
質。

（B）　10. 生醬油加熱之目的，不包括下列何項？　(A)殺菌　(B)調整醬油總氮
含量　(C)調和風味　(D)增進色澤。
　　【解析】：生醬油加熱之主要目的與調整醬油總氮含量高低較無關係。

（C）　11. 以糖蜜為原料經酒精醱酵而製成的酒為：　(A)本格燒酒　(B)伏特加
酒　(C)蘭姆酒　(D)琴酒。
　　【解析】：蘭姆酒即是以廢糖蜜為原料經酒精醱酵與蒸餾而製成的酒類。

（A）　12. 醬油製作時，下列程序何者正確？　(A)製麴→出麴→壓榨→殺菌→
澄清　(B)製麴→出麴→澄清→壓榨→殺菌　(C)製麴→出麴→壓榨→
澄清→殺菌　(D)製麴→壓榨→出麴→澄清→殺菌。
　　【解析】：傳統熟醬油的製造流程為製麴→出麴→壓榨→80°C殺菌→澄清。

（C）　13. 酒變敗之主要原因為：　(A)乳酸菌醱酵　(B)酵母菌醱酵　(C)醋酸醱
酵　(D)酒精醱酵。
　　【解析】：醋酸菌的特性為耐酒精，因此酒類若產生變敗則應屬醋酸菌醱酵。

（C）　14. 醬油成熟時，最主要之鮮味來源為：　(A)離胺酸(Lys)　(B)色胺酸
(Trp)　(C)麩胺酸(Glu)　(D)甲硫胺酸(Met)。
　　【解析】：醬油成熟時，最主要之鮮味來源為麩胺酸(glutamic acid)。

（ C ）15. 下列何者為味噌之主要原料？　(A)高粱　(B)麵粉　(C)玉米　(D)大豆。

【解析】：大豆是味噌釀造之主要原料。

（ B ）16. 啤酒釀造時，啤酒花添加之主要目的為：　(A)產生甜味　(B)產生苦味　(C)氣泡產生　(D)pH 值下降。

【解析】：啤酒醱酵時，添加啤酒花經煮沸後，蛇麻酮變成異蛇麻酮產生苦味。

（ C ）17. 下列敘述何者不正確？　(A)米麴菌(*Aspergillus oryzae*)使用於味噌製造　(B)青黴菌屬(*Penicillium*)使用於乾酪(cheese)之熟成　(C)根黴菌屬(*Rhizopus*)使用於醋酸醱酵　(D)酵母菌屬(*Saccharomyces*)使用於啤酒與麵包之製作。

【解析】：醋酸菌屬(*Acetobacterium*)使用於啤酒醋的醱酵製作。

（ A ）18. 清酒製造過程中，添加下列何種物質可以抑制雜菌生長？　(A)乳酸　(B)維生素 B_1　(C)蔗糖　(D)小麥。

【解析】：清酒製程中，添加乳酸可抑制酒母之外雜菌生長，防止品質的變化。

（ B ）19. 下列加工食品所使用之微生物，哪一項組合不正確？　(A)米麴菌－醬油　(B)丁酸菌－食醋　(C)酵母－啤酒　(D)乳酸菌－乾酪。

【解析】：醋酸菌屬(*Acetobacterium*)添加於食醋醱酵。

（ D ）20. 酵母無法利用下列何種碳水化合物醱酵？　(A)蔗糖　(B)葡萄糖　(C)果糖　(D)乳糖。

【解析】：單醣如葡萄糖與果糖或 α-1,2 鍵結的蔗醣較適合作用為酵母菌之酒精醱酵基質，β-1,4 鍵結的乳糖則不適合。

（ D ）21. 下列何者為釀造食醋主要生產菌？

(A)*Lactobacillus bifidus*　(B)*Lactobacillus acidophillus*
(C)*Streptococcus faecalis*　(D)*Acetobacter aceti*。

【解析】：釀造食醋之主要醱酵生產菌為 *Acetobacter aceti*。

（ B ）22. 以糖質原料直接進行酒精醱酵所製成的酒為：　(A)啤酒　(B)水果酒　(C)高粱酒　(D)米酒。

【解析】：葡萄酒、蘋果酒等水果酒皆以水果糖質為原料直接進行酒精醱酵。

（ A ）23. 紅葡萄酒：　(A)果實破碎後，連皮釀造　(B)果實破碎後，去皮取果汁釀造　(C)主醱酵以香氣產生為主　(D)添加亞硫酸，可促進褐變的發生。

【解析】：紅葡萄酒的釀造流程為紅、黑葡萄原料破碎後，含果皮的醱酵。

（A）24. 低鹽醬油之食鹽含量為： (A)14.4%以下 (B)8%以下 (C)5%以下 (D)2%以下。

【解析】：低鹽醬油之食鹽含量約為 14.4%以下。

（C）25. 下列何者屬於釀造酒類？ (A)白蘭地 (B)威士忌 (C)紹興酒 (D)高粱酒。

【解析】：紹興酒屬於純釀造酒類；白蘭地、威士忌及高粱酒則屬於蒸餾酒。

（D）26. 關於葡萄酒之製造，下列敘述中何者不正確？ (A)紅葡萄酒為利用紅色系或黑色系葡萄之果汁與果皮行酒精醱酵所得 (B)白葡萄酒為利用綠色系葡萄之果汁行酒精醱酵所得 (C)紅葡萄酒之顏色為來自葡萄之果皮 (D)香檳酒為紅葡萄酒利用二次醱酵所得之產品。

【解析】：香檳酒為含有二氧化碳之葡萄酒產品。

（B）27. 下列何者非為生產醬油之原料或添加物？ (A)焦糖色素 (B)紅麴色素 (C)大豆 (D)小麥。

【解析】：天然紅麴色素非為製造醬油之原料或添加物來源。

（A）28. 醋酸菌是利用下列何種物質氧化產生醋酸？ (A)酒精 (B)乳酸 (C)酒石酸 (D)焦糖。

【解析】：早期食用醋來自於啤酒醋，因為醋酸菌可利用酒精醱酵產生醋酸。

（C）29. 下列何者為蒸餾酒(spirits liquor)之一種？ (A)啤酒 (B)葡萄酒 (C)白蘭地 (D)紹興酒。

【解析】：啤酒、葡萄酒及紹興酒皆為釀造酒；白蘭地則屬於蒸餾酒。

（A）30. 紅露酒之原料： (A)糯米與紅麴 (B)小麥與紅麴 (C)高粱與紅麴 (D)玉米與紅麴。

【解析】：紅露酒採用的原料與種麴分別為糯米與紅麴菌(*Monascus anka*)。

（D）31. 製造啤酒時常添加啤酒花(hop)，其主要作用下列何者錯誤？ (A)提昇微生物之安定性 (B)產生苦味 (C)有助於澄清度之維持 (D)產生花香味。

【解析】：啤酒釀造時，常添加啤酒花的目的為產生芳香味與色澤。

（B）32. 下列何者不屬於紹興酒品系？ (A)花雕 (B)紅露 (C)竹葉青 (D)狀元紅。

【解析】：紹興酒的品系包括花雕、竹葉青及狀元紅等；但不包括紅露酒。

（A）33. 製造啤酒(beer)須加入大麥芽(barley malt)，其主要目的： (A)將穀粒中之澱粉分解成醣類 (B)增進啤酒之澄清度 (C)增加啤酒之泡沫保存力 (D)降低啤酒之酒精度。

【解析】製造啤酒加入大麥麥芽，其目的將澱粉分解成醣類，以利酒精醱酵。

（D）34. 低鹽醬油之食鹽含量在通常含量(18%)之多少百分比以下者？ (A)35 (B)50 (C)65 (D)80。

【解析】低鹽醬油之食鹽含量大約佔一般 18%醬油含量之 80%左右，約為 14.4%。

（A）35. 製造葡萄酒時須添加亞硫酸鹽，其目的為： (A)殺死酵母以外之微生物 (B)殺死黴菌以外之微生物 (C)防止褐變 (D)去除苦味。

【解析】葡萄添加偏亞硫酸氫鉀，目的可抑制酵母以外之菌株，作為抑菌劑。

（A）36. 製造啤酒時先使大麥發芽，其主要目的為： (A)產生澱粉酵素 (B)產生脂解酵素 (C)產生蛋白酵素 (D)產生香氣。

【解析】大麥發芽的目的為促使分泌澱粉分解酶，作為糖化操作的酵素來源。

（A）37. 製造啤酒時，後醱酵溫度約為： (A)0°C (B)10°C (C)20°C (D)30°C。

【解析】後期醱酵控制在 0～−1°C 的目的為促使雙乙醯分解與提高 CO_2 溶解度。

（B）38. 100 公斤葡萄糖經酵母醱酵，理論上可產生乙醇量約為： (A)30 公斤 (B)50 公斤 (C)70 公斤 (D)100 公斤。

【解析】依據酵母菌的酒精醱酵方程式

$$C_6H_{12}O_6 \longrightarrow 2\ C_2H_5OH + 2\ CO_2。$$

莫耳數比 ⇒ 葡萄糖：酒精：二氧化碳 ＝ 1：2：2。

重量比 ⇒ 葡萄糖：酒精：二氧化碳 ＝ 100%：51.1%：48.8%。

（D）39. 醬油製造的原料： (A)大豆 (B)小麥 (C)稻米 (D)大豆與小麥。

【解析】醬油釀造之主要原料為大豆與小麥。

（C）40. 製造醬油麴的目的為： (A)產生澱粉酶 (B)產生蛋白酶 (C)產生澱粉酶及蛋白酶 (D)產生鹹味。

【解析】利用麴菌分泌澱粉酶及蛋白質分解酶將大豆中的澱粉與蛋白質分解。

（C）41. 傳統醬油中食鹽之含量約為： (A)10% (B)14% (C)18% (D)22%。

【解析】傳統醬油中食鹽含量約為 18%。

（C）42. 依中國國家標準之規定，甲級醬油之總氮量應為： （A）≧0.6% （B）≧1.0% （C）≧1.4% （D）≧1.8%。

【解析】：依 CNS 規定，甲級醬油之總氮量應為 1.4% 以上。

（C）43. 紹興酒之酒精含量約為： （A）6% （B）12% （C）18% （D）24%。

【解析】：一般紹興酒的酒精含量約為 16%，陳年紹興酒則為 18%。

（A）44. 普通醬油的含鹽量為： （A）18% （B）14% （C）12% （D）10%。

【解析】：普通醬油的含鹽量約為 18%。

二、模擬試題

（　） 1. 下列何者是重要的釀酒用酵母菌？ （A）*Candida* （B）*Aspergillus* （C）*Saccharomyces* （D）*Rhizopus*。

（　） 2. 下列何者不屬於啤酒製造的主要原料？ （A）米澱粉 （B）啤酒花 （C）大麥麥芽 （D）水。

（　） 3. 葡萄酒的酒精濃度約為多少？ （A）5% （B）14% （C）20% （D）40%。

（　） 4. 下列何種酒類屬於糖蜜酒系列？ （A）蘭姆酒 （B）威士忌 （C）高粱酒 （D）白蘭地。

（　） 5. 啤酒獨特的苦味及風味，是由啤酒花何種主要成分轉變而來？ （A）雙乙醯 （B）肌醇 （C）蛇麻酮 （D）單寧質。

（　） 6. 釀造醬油和化學醬油的製造方式，下列敘述何者錯誤？ （A）二者的主要原料為黃豆，但是釀造醬油尚利用小麥，化學醬油則無 （B）化學醬油是以脫脂黃豆加鹽酸分解，碳酸鈉中和 （C）化學醬油中不含麩胺酸，所以風味比釀造醬油差 （D）一般釀造醬油利用的菌種是 *Aspergillus oryzae*。

（　） 7. 下列關於單式醱酵(single fermentation)的敘述，何者正確？①使用水果原料進行醱酵、②糖化與酒精醱酵同時進行、③為蒸餾酒製法、④產品例如荔枝酒，答案是： （A）①②③④ （B）①④ （C）①③④ （D）①②③。

（　） 8. 下列何者不是白葡萄酒與紅葡萄酒在製程上的主要差異性？ （A）白葡萄酒主醱酵溫度為 25°C （B）白葡萄酒不需要連皮一起醱酵 （C）紅葡萄酒主醱酵溫度較高 （D）紅葡萄酒需要連皮一起醱酵。

（　）　9. 下列何種酒類的釀造是採用並行複式醱酵法？　(A)威士忌　(B)啤酒　(C)紹興酒　(D)葡萄酒。

（　）　10. 高粱酒的酒精為：　(A)55～60%　(B)60～65%　(C)65～70%　(D)70～75%。

（　）　11. 紹興酒製程中常添加下列何者具有防止雜菌汙染作用？　(A)碳酸鈣　(B)氯化鈉　(C)氯化鋰　(D)乳酸。

（　）　12. 紅葡萄酒製程中，添加偏亞硫酸氫鉀的目的選項組合為：①快速溶出色素、②促進酒母生長、③安定色素作用、④抑制雜菌　(A)①②③④　(B)①③④　(C)①②③　(D)①②。

（　）　13. 下列何者不是製造狀元紅酒類的主要原料來源？　(A)高筋小麥　(B)秈米　(C)麴黴菌　(D)圓糯米。

（　）　14. 高粱酒種麴的選擇標準以下列何種特質為首要考量？　(A)酒精醱酵能力　(B)蛋白質分解能力　(C)脂肪酯化能力　(D)糖化分解能力。

（　）　15. 釀造醋製品其醋酸濃度約為：　(A)1～2%　(B)3～5%　(C)6～7%　(D)8～10%。

（　）　16. 淡色醬油和深色醬油在製程上比較，下列何者為錯誤？　(A)小麥焙炒程度淺　(B)使用整粒大豆　(C)加水量較少　(D)用水採用鐵分濃度較低者。

（　）　17. 下列何種酒類中，何者之酒精含量最低？　(A)威士忌　(B)葡萄酒　(C)紹興酒　(D)琴酒。

（　）　18. 醬油醪醱酵過程中，扮演風味提供者角色之酵母菌種為：　(A)*S. calsbergensis*　(B)*S. ellipsoideus*　(C)*S. cerevisiae*　(D)*S. rouxii*。

（　）　19. 製造紅葡萄酒時為了防止褐變，一般會加入何種物質？　(A)$K_2S_2O_5$　(B)$Na_2S_2O_4$　(C)$NaHSO_3$　(D)$KHSO_3$。

（　）　20. 醬油的味道（鮮味）主要來自何種成分的產生？　(A)有機酸　(B)麩胺酸　(C)乳酸　(D)酒精。

（　）　21. 葡萄酒製程中常加入亞硫酸鹽，其主要目的為：　(A)防止氧化　(B)促進酵母菌生長　(C)抑制黴菌生長　(D)增加風味。

（　）　22. 下列何種致癌物質容易在化學醬油中被分析出來？　(A)多氯聯苯　(B)氯乙烯　(C)單氯丙二醇　(D)次氯酸鈉。

（　）23. 紅露酒釀造所採用之菌種為：　(A)紅麴菌(*Monascus anka*)　(B)米麴菌(*Aspergillus oryzae*)　(C)毛黴菌(*Mucor rouxii*)　(D)白黴菌(*Rhizopus peka*)。

（　）24. 下列有關啤酒的敘述，何者錯誤？　(A)啤酒花是啤酒風味的主要來源　(B)生啤酒中的酒精含量比較低　(C)啤酒含有二氧化碳，故有爽快感　(D)啤酒醱酵主要利用酵母菌。

（　）25. 製作味噌所需之菌種為：　(A)*Aspergillus flavus*　(B)*Aspergillus oryzae*　(C)*Saccharomyces rouxii*　(D)*Saccharomyces cerevisiae*。

（　）26. 下列何者不屬於釀造類水果酒？　(A)蘋果酒　(B)桂圓酒　(C)荔枝酒　(D)椰子酒。

（　）27. 釀造威士忌時，所使用的酒精酵母為：　(A)*S. sake*　(B)*S. ellipsoidus Hansen*　(C)*S. peka*　(D)*S. cerevisiae*。

（　）28. 低鹽醬油之食鹽含量約為：　(A)8～9%　(B)14.4%　(C)18%　(D)20%。

（　）29. 下列何者為伏特加酒之主要原料？　(A)馬鈴薯　(B)大豆　(C)玉米　(D)小麥。

（　）30. 米酒製造所使用之菌種為：　(A)麴菌屬(*Aspergillus* spp.)　(B)毛黴菌屬(*Mucor* spp.)　(C)醋酸菌屬(*Acetobacter* spp.)　(D)根黴菌屬(*Rhizopus* spp.)。

模擬試題答案

1.(C)	2.(A)	3.(B)	4.(A)	5.(C)	6.(C)	7.(B)	8.(A)	9.(C)	10.(A)
11.(D)	12.(B)	13.(B)	14.(D)	15.(B)	16.(C)	17.(B)	18.(D)	19.(A)	20.(B)
21.(B)	22.(C)	23.(A)	24.(B)	25.(B)	26.(B)	27.(B)	28.(B)	29.(A)	30.(D)

嗜好性製品加工

一、茶品加工(tea processing)

（一）茶葉的組成成分

1. 多元酚類

    (1) 黃烷醇：兒茶素類(catechins)化合物。

    (2) 黃酮醇：提供茶湯色澤及澀味。

    (3) 酚酸類：即為兒茶酚甲酸(pyrocatechuric acid)。

    (4) 無色花青素(anthocyanin)：參與醱酵作用。

2. 苦味成分：為咖啡因、可可鹼、茶鹼。咖啡因含量，綠茶高於紅茶。

3. 鮮味成分：茶胺酸(theanine)、精胺酸、麩胺酸、天門冬胺酸。

4. 維生素：維生素 B_1、B_2、C、菸鹼酸。維生素 C 含量，綠茶高於紅茶。

5. 礦物質：鉀、鈣、鎂、磷、鐵、鋅。茶湯含陽離子，屬於鹼性食品。

☕ 相關試題

1. 在各種茶類中，含咖啡因最多的是： (A)綠茶 (B)包種茶 (C)烏龍茶 (D)紅茶。　　　　　　　　　　　　　　　　　　　　　　　　　　答：(A)。

    解析： 由於綠茶未經醱酵故咖啡因最多。

2. 茶葉中具有清除人體自由基及抗氧化作用的保健成分是： (A)茶胺酸 (B)兒茶素 (C)單寧酸 (D)香葉醇。　　　　　　　　　　　　　答：(B)。

    解析： 茶葉中的多元酚類如兒茶素具有抗氧化作用，具有清除自由基的作用。

（二）依醱酵程度的茶葉分類

分類	全醱酵茶		半醱酵茶				不醱酵茶
種 類	紅茶	黃茶	烏龍茶	鐵觀音	包種茶	青茶	綠茶
醱酵程度	100%	90%	60~70%	30~40%	30%	20%	0%

相關試題

1. 請寫出下列食品科學相關詞彙之中文。black tea。

   答：black tea 即是紅茶，指經多酚氧化酶完全作用的全醱酵茶製品。

2. 包種茶是一種：　(A)不醱酵茶　(B)半醱酵茶　(C)醱酵茶　(D)過度醱酵茶。　　　　　　　　　　　　　　　　　　　　　　　　答：(B)。

3. 下列何者是半醱酵茶？　(A)綠茶　(B)紅茶　(C)磚茶　(D)烏龍茶。　答：(D)。

4. 應用酵素型褐變製造之食品例子為：　(A)果凍　(B)紅茶　(C)麵條　(D)豆花。　　　　　　　　　　　　　　　　　　　　　　　　答：(B)。

5. 綠茶屬於：　(A)不醱酵茶　(B)部分醱酵茶　(C)完全醱酵茶　(D)加工茶。　　　　　　　　　　　　　　　　　　　　　　　　　答：(A)。

6. 下列何者屬於不醱酵茶？　(A)烏龍茶　(B)紅茶　(C)綠茶　(D)包種茶。　　　　　　　　　　　　　　　　　　　　　　　　　答：(C)。

（三）茶葉產品的製法(tea processing)

1. 全醱酵茶（紅茶）

青茶葉→日光萎凋→搓揉→醱酵→乾燥→毛茶→篩選→風選→切斷→揀梗→覆火→製品。

2. 半醱酵茶：（烏龍茶、白毫烏龍茶（椪風茶）、珠露茶、松柏長青茶、包種茶）

青茶葉→日光萎凋→室內萎凋→炒菁→搓揉→乾燥→毛茶→篩選→風選→切斷→揀梗→覆火→製品。

3. 不醱酵茶（綠茶、龍井茶、碧螺春茶、煎茶、番茶、玉露茶）

青茶葉→炒菁→搓揉→焙炒→炒製→毛茶→篩選→風選→切斷→揀梗→覆火→製品。

4. 花草茶（香片）

青茶葉→茶胚→烘焙→茉莉解花→攪拌→篩選→烘焙→製品。

5. 磚茶（綠茶磚與紅茶磚）

紅茶粉末與次等綠茶→蒸熟→趁熱成型→加蓋壓榨→脫除外框→乾燥→防吸濕處理（10%麥芽糊精）→製品。

6. 速溶茶（茶精）

茶葉→熱水萃取→過濾→濃縮→凍結造粒→乾燥→製品。

　　而各類茶品製作流程比較如下：

茶品分類	炒　菁	日光萎凋	室內萎凋	搓　揉	醱　酵
綠　　茶	有	無	無	有	無
青　　茶	有	無	無	有	無
包種茶	有	有	有	有	有
鐵觀音	有	有	有	有	有
烏龍茶	有	有	有	有	有
紅　　茶	無	有	無	有	有

☕相關試題

1. 下列何種茶的製造過程，不需經過萎凋操作？　(A)綠茶　(B)烏龍茶　(C)包種茶　(D)紅茶。　　　　　　　　　　　　　　　　答：(A)。

2. 影響烏龍茶色澤、香氣及滋味品質的關鍵製程為：　(A)殺菁　(B)萎凋　(C)揉捻　(D)解塊。　　　　　　　　　　　　　　　　　答：(B)。

（四）製茶的關鍵步驟(key steps of tea processing)

1. 炒菁

(1) 炒菁目的
 ① 抑制酚酶活性。
 ② 減少澀味及維生素 C 損失。
 ③ 保持青綠色。
(2) 常用方法：炒菁法＞熱菁法＞蒸菁法＞烘菁法＞曬菁法。

(3) 煎茶用法：95～100°C、20～25 秒。

(4) 包種茶用法：160～170°C、6～9 分鐘。

2. 萎凋

(1) 日光萎凋

① 促使葉片水分蒸發。

② 減低葉片的通透性，利於醱酵。

(2) 室內萎凋

① 採用攪拌以促使組織破壞水分蒸發。

② 以靜置加速醱酵。

3. 搓揉（揉捻）

為破壞葉片組織，利於醱酵進行。促使香氣及可溶性成分釋放。改變茶葉捲成煉繩狀。減少茶葉體積利於包裝貯藏及運輸。

4. 醱酵

促使多酚氧化酶作用將茶葉的組成氧化成特殊的色、香、味成分。

☕ 相關試題

1. 製茶時，能破壞細胞使茶葉中可溶性成分，於將來泡茶時容易被浸出的操作稱為：　(A)萎凋　(B)揉捻　(C)醱酵　(D)烘焙。　　　　答：(B)。

2. 欲保存包種茶之青翠色澤，殺菁鍋之溫度與時間以何者為佳？　(A)溫度 100～110°C，時間 15～20 分鐘　(B)溫度 200～210°C，時間 10～20 分鐘　(C)溫度 160～170°C，時間 6～9 分鐘　(D)溫度 70～80°C，時間 2～3 分鐘。

答：(C)。

（五）茶葉製品的貯藏與品質變化

1. 水分含量：3～4%。

2. 相對濕度：40～60%。

3. 以上條件於密封包裝下，可室溫或冷藏。

4. 茶葉中品質變化最顯著為維生素 C 即抗壞血酸的分解所造成色澤的改變。

二、咖啡加工產品(coffee products)

（一）咖啡豆之品種略分三種：阿拉伯種(arabica)、利比亞種(liberica)、羅姆斯達種(robusta)

（二）咖啡豆的組成成分

以下為咖啡豆組成成分與其呈味、香氣和色澤之關係。

組成成分	含量作用
澀味成分	單寧酸(tannic acid)。
苦味成分	咖啡鹼(caffeine)。
呈色成分	漂木酸、咖啡酸、梅納汀、焦糖(caramel)。
香氣成分	咖啡精油、酯類、 喃甲醇、 喃甲硫醇。

（三）青咖啡豆製法

1. 乾式法

製造流程：咖啡果實→攤平於地上→日光乾燥→醱酵腐敗→去除果皮、果肉及種子→製品。

2. 濕式法

製造流程：咖啡果實→浸水洗滌→機械去除果肉→浸水醱酵→日曬乾燥→去除果皮、果肉及種子→製品。

醱酵目的：藉由菌株醱酵作用，促使咖啡果實中果皮、果肉及種子的去除。

相關試題

1. 製造咖啡時，進行醱酵的目的： (A)產生風味 (B)產生咖啡因 (C)造成褐變 (D)使果肉完全脫落。 答：(D)。

（四）咖啡的製法

1. 一般咖啡(normal coffee)

製造流程：青咖啡→焙炒→磨碎→熱水萃取→冷卻→熱風乾燥→製品。

2. 即溶咖啡(instant coffee)

製造流程：青咖啡→焙炒→磨碎→熱水萃取→冷卻→噴霧→造粒→製品。

3. 第三代即溶咖啡(instant coffee)

製造流程： 青咖啡→焙炒→磨碎→熱水萃取→冷卻→凍乾→粉碎→製品。

4. 低咖啡因咖啡(decaffeinated coffee)

製造流程： 青咖啡→超臨界二氧化碳流體萃取→焙炒→磨碎→熱水萃取→冷卻→冷凍乾燥→粉碎→製品。

焙炒目的： 加熱澱粉及部分纖維，使顏色變深。促使水分蒸發，增加揮發性香氣成分。分解蛋白質及脂肪成為小分子。減少咖啡因與苦澀味的含量。

磨碎目的： 以球磨機將青咖啡豆磨碎，提高粉末表面積，利於成分溶出。

咖啡因： 依中國國家標準規定，咖啡因含量超過 200ppm 以上需要標示。

三、可可加工品(cocoa products)

（一）可可豆組成分

以下為可可豆組成成分和其作用之分析。

組成分	含量作用
脂肪成分	富含飽和酸及棕櫚酸、硬脂酸、油酸等高級脂肪酸。
苦味成分	可可鹼、咖啡鹼，添加碳酸鉀可改善其苦澀味。
呈色成分	淡黃色，不易變敗，適合於糕點加工使用。
蛋白質	18.9%。

相關試題

1. 可可脂(cocoa butter)中的脂肪酸組成何者最多？　(A)硬脂酸　(B)棕櫚酸　(C)油酸　(D)次亞麻油酸。　　　　　　　　　　　　　　答：(C)。
   解析： 單以脂肪酸分析，可可脂中的主要脂肪酸為油酸。

2. 下列哪一種油脂之加工特性與可可脂(cocoa butter)較接近？　(A)棕櫚油(palm oil)　(B)棕櫚仁油(palm kernel oil)　(C)菜籽油(rapereed oil)　(D)葵花籽油(sunflower oil)。　　　　　　　　　　　　　　答：(B)。
   解析： 在 15°C 下呈固體狀態，因此棕櫚仁油之加工特性與可可脂較接近。

（二）可可膏、可可粉與巧克力製法

1. 可可膏(cocoa butter)

製造流程：可可果實→剝除種子→醱酵腐敗→篩選→焙炒→分離→調和→研磨→製品。

2. 可可粉(cocoa powder)

製造流程：可可果實→剝除種子→醱酵→篩選→焙炒→分離→調和→研磨→可可膏→壓榨分離→粉碎研磨→製品。

3. 巧克力(chocolate)

製造流程：可可→剝除種子→醱酵→篩選→焙炒→破碎分離→調和→研磨→可可膏→加副原料→攪拌→細磨→精煉→調溫→成型→製品。

醱酵目的：藉由微生物的醱酵作用，促使可可果實中的果肉自然地去除。

副原料：包括奶粉、糖粉、食鹽、香料等。

調溫目的(tempering)：

(1) 利用溫度改變，以去除不同溫度下脂肪結晶，提高均一品質。

(2) 該步驟為製造巧克力的最具關鍵性流程。

(3) 未經調溫的巧克力製品，貯藏期間會有油脂滲出即霜斑現象。

而調溫與未調溫巧克力之比較如下：

特性分類	沸點	熔點	碘價	酸價
調溫巧克力	高	狹窄	低	低
未調溫巧克力	低	寬廣	高	高

相關試題

1. 添加何種物質，可調整可可的苦澀味？　(A)砂糖　(B)食鹽　(C)碳酸鉀　(D)檸檬酸。　　　　　　　　　　　　　　　　　　　　　　　　　答：(C)。

四、碳酸飲料加工(carbonate beverages processing)

（一）碳酸飲料製法

1. 碳酸飲料指的是可口可樂、汽水、沙士、雪碧、維大力等具有二氧化碳氣泡的飲品。

2. 其製造流程為可樂果實→萃取液→加水、二氧化碳、砂糖、磷酸、香料及焦糖→攪拌均勻→充填→裝罐（瓶）→製品。

3. 可用 CO_2 方法以低溫高壓狀態提高 CO_2 的溶解度。

4. 其抑菌劑為磷酸。

5. 呈色劑為焦糖(caramel)、核黃素(riboflavin)。

6. pH 值為 2.5～4.5。

（二）碳酸飲料的分類

以下為各碳酸飲料二氧化碳濃度之比較。

碳酸飲料的種類	二氧化碳濃度（壓力）
一般碳酸水飲料	3.0 kg／cm²
水果香氣之碳酸飲料	0.7 kg／cm²
果汁或乳汁之碳酸飲料	0.2 kg／cm²
其他碳酸飲料	2.0 kg／cm²

相關試題

1. 解釋下列：carbonated soft-drink。
   答：carbonated soft-drink 即是非酒精性碳酸飲料，也就是軟性碳酸飲料。

2. 下列有關碳酸飲料，不用殺菌的敘述，何者不正確？ (A)含二氧化碳為嫌氣狀態 (B)pH 3～5 有抑制菌效果 (C)係由糖、酸及香料組成為完全之微生物培養基 (D)使用消毒處理過的水。 答：(C)。

3. 製造碳酸飲料者欲使二氧化碳在糖水中的溶解度增加，能使糖液與二氧化碳之互溶性最佳方式為： (A)高溫低壓法 (B)低溫低壓法 (C)高溫高壓法 (D)低溫高壓法。 答：(D)。

4. 可口可樂中添加何種物質當作著色料？　(A)醬色(caramel)　(B)單寧　(C)紅色七號之鋁麗基　(D)藍色一號。　　　　　　　　　　　答：(A)。

解析：醬色可提供可口可樂之色澤和風味。

五、澱粉糖加工(starch sugar processing)

（一）澱粉糖

1. 澱粉糖的種類

　　澱粉以稀酸或澱粉酶水解所生成的糖類為主製品，例如麥芽糖飴、葡萄糖、異構化果糖漿等，均溶於水，具甜味感。

2. 澱粉糖化度(dextrose equivalent, D.E.) 又可譯為葡萄糖當量

$$D.E. =（葡萄糖／全固形物）\times 100\%。$$

3. 澱粉糖糖化度的高低比較

　　結晶葡萄糖 > 精製葡萄糖 > 粉末葡萄糖 > 葡萄糖漿 > 高糖分麥芽糖飴 > 麥芽糖飴 > 低糖分麥芽糖飴 > 粉末麥芽糖飴。

☕相關試題

1. 葡萄糖當量(DE)，用於表示澱粉：　(A)氧化　(B)氫化　(C)酯化　(D)糖化的程度。　　　　　　　　　　　　　　　　　　答：(D)。

2. 下列對果糖之敘述何者正確？　(A)果糖是一種左(−)旋糖　(B)果糖是一種右(+)旋糖　(C)自然界中以β-D-果糖存在　(D)果糖的甜度比蔗糖的甜度還低。
   答：(A)。果糖是自然界中甜度最高的單醣，它以 α-D-左旋的化學結構天然存在自然界中。

3. 下列何種糖，經加鹼或酵素處理可製得異構化糖漿？　(A)蔗糖　(B)果糖　(C)葡萄糖　(D)乳糖。　　　　　　　　　　　　　　答：(C)。
   解析：葡萄糖可加鹼或葡萄糖異構酶處理，可製得異構化的果糖糖漿。

（二）澱粉糖的理化性質

澱粉糖分類	水分%	D.E.值	甜味	結晶性	滲透壓	梅納反應	黏度	吸濕性	冰點	分子量	結晶抑制作用
結晶葡萄糖	8.5~10	98.5~99.8	大	大	大	高	小	小	低	小	小
精製葡萄糖	10 以下	97~98	↑	↑	↑	↑	↑	↑	↑	↑	↑
粉末葡萄糖	8~12	90~96									
固體葡萄糖	10~13	80~93									
葡萄糖漿	20~30	70~90									
高分子麥芽糖飴	16~20	51~70									
麥芽糖飴	16	35~50									
低分子麥芽糖飴	16~20	30~37									
粉末麥芽糖飴	5 以下	20~40	↓	↓	↓	↓	↓	↓	↓	↓	↓
			小	小	小	低	大	大	高	大	大

☕相關試題

1. 葡萄糖當量(D.E.)值愈高，則澱粉糖的特性下列何者為不正確？　(A)黏度降低　(B)滲透壓上昇　(C)結晶性降低　(D)梅納反應易發生。　　答：(C)。

2. 下列有關澱粉糖 DE 值(dextrose equivalent)之敘述，何者不正確？　(A)DE值愈大，甜度愈低　(B)DE 值愈大，吸濕性愈小　(C)DE 值愈大，結晶性愈大　(D)DE 值愈大，平均分子量愈小。　　答：(A)。

3. 下列澱粉糖中何者的 D.E.值較高？　(A)葡萄糖粉末　(B)葡萄糖漿　(C)高麥芽糖漿　(D)麥芽糖飴。　　答：(A)。

4. 澱粉糖的 D.E.(dextrose equivalent)愈大，則該澱粉糖：A.平均分子量小、B.黏度小、C.甜味小、D.吸濕性小，答案是：　(A)ABD　(B)ABCD　(C)AB　(D)AD。　　答：(A)。

5. 下列何者抑制蔗糖結晶效果最佳？　(A)DE 為 99 之葡萄糖　(B)DE 為 70 之葡萄糖漿　(C)DE 為 50 之高糖分麥芽糖飴　(D)DE 為 20 之麥芽糖飴。

答：(D)。

6. 下列有關澱粉糖的敘述，何者不正確？　(A)DE 值代表澱粉的水解程度　(B)DE 值愈高，甜度愈大　(C)麥芽糖的結晶性比葡萄糖小　(D)葡萄糖的吸濕性比麥芽糖大。

答：(D)。

7. 澱粉經酸或酵素作用後，加水分解條件之不同，其生成物成分亦不同，一般結晶葡萄糖其 DE 值接近 100 水飴的 DE 值在：　(A)80～90　(B)60～70　(C)50～60　(D)35～50。

答：(D)。

六、砂糖加工(table sugar processing)

（一）砂糖的製法

1. 甘蔗糖(cane sugar)：以白（硬）甘蔗為原料
 (1) 製造流程：甘蔗莖部→機械壓榨→汁液加熱→添加石灰乳→蒸發（濃縮）→結晶化→離心分離→分蜜→脫色→粗糖＋糖蜜→乾燥→製品。
 (2) 使用石灰乳目的：吸附甘蔗汁液中雜質，加以沉澱而有效分離。
 (3) 使用亞硫酸目的：脫除甘蔗糖結晶的色素成分，達到漂白效果。

2. 甜菜糖(beet sugar)：以甜菜為原料
 (1) 製造流程：甜菜根部→切片→溫水萃取→加碳酸（離子交換）→加酵素分解→添加亞硫酸鹽→蒸發（濃縮）→結晶化→脫色→乾燥→製品。
 (2) 使用離子交換樹脂之目的：吸附甘蔗汁液中雜質，加以沉澱而有效分離。
 (3) 使用澱粉分解酶分解之目的：甜菜糖中含棉籽糖等寡醣，會妨礙砂糖結晶析出，故先以酵素將棉籽糖加以分解，以提高結晶收率。
 (4) 使用亞硫酸鹽之目的：防止糖液於蒸發濃縮時發生褐變作用。

相關試題

1. 甜菜糖蜜之成分中，哪一種成分會妨礙砂糖結晶之析出？ (A)阿拉伯糖 (arabinose) (B)棉蜜三糖(raffinose) (C)甘露糖(mannose) (D)果糖 (fructose)。 答：(B)。

（二）砂糖的性質

1. 具有甜味　　　　2. 具溶解性　　　　3. 具結晶性
4. 具保水性　　　　5. 具防腐性　　　　6. 為非還原醣
7. 具轉化性　　　　8. 具溶液黏性

相關試題

1. 下列何種糖最甜？ (A)sucrose (B)maltose (C)lactose (D)glucose。
　 答：(A)。sucrose 即蔗糖，甜度最高；甜度比較為蔗糖＞葡萄糖＞麥芽糖＞
　　　乳糖。

（三）轉化糖製法

1. 轉化糖(invert sugar)

(1) 製造流程：砂糖→混合 33～35%水→添加稀酸→加熱至煮沸→熬煮約 30 分→冷卻至 38%→添加蘇打粉→中和→製品(pH＝2.5)。

(2) 使用稀酸目的：包括酒石酸、檸檬酸等酸劑；可降低其酸鹼值促進反應 速率。

(3) 轉化糖的特性：改變砂糖的旋光度，由右旋性轉變為左旋性，即具果糖 特性。單醣組成分增加，滲透壓較砂糖高。防腐性亦比砂糖佳。具吸濕 性且使砂糖不易析出結晶。

（四）蔗糖與轉化糖漿的比較

分　類	旋光度	甜　度	滲透壓	防腐性	吸濕性	結晶性
蔗　糖	右旋性	低	低	低	低	高
轉化糖漿	左旋性	高	高	高	高	低

相關試題

1. 請寫出下列食品科學相關詞彙之中文。invert sugar。

    答：invert sugar 即轉化糖，以砂糖為原料經稀酸分解，不屬於澱粉糖。

2. 下列有關轉化糖的敘述，何者為非？　(A)糖液由右旋光變為左旋光　(B)比蔗糖容易析出結晶　(C)滲透壓比砂糖高　(D)防腐作用比砂糖好。答：(B)。

3. 轉化糖是何種醣類之水解產物？　(A)澱粉　(B)麥芽糖　(C)乳糖　(D)蔗糖。　　　　　　　　　　　　　　　　　　　　　　　　　答：(D)。

 學後評量　*Exercise*

一、精選試題

（D）　1. 關於轉化糖漿，哪一種敘述不正確？　(A)砂糖比轉化糖漿容易結晶析出　(B)甜度比蔗糖高　(C)滲透壓比蔗糖高　(D)防腐效果比蔗糖差。
　　【解析】：轉化糖漿的防腐效果比蔗糖佳。

（C）　2. 製作巧克力所用的油脂應具有何種特性？　(A)沸點愈低愈好　(B)碘價(iodine value)愈高愈好　(C)熔點(melting point)範圍愈窄愈好　(D)酸價(acid value)愈高愈好。
　　【解析】：巧克力油脂的特性須經調晶法(tempering)以促使其熔點趨向狹窄以提高安定性。

（C）　3. 茶飲料選擇以鋁鐵罐或保持瓶材質包裝時，下列何者為其優先考量的因素？　(A)甜度　(B)濃度　(C)色澤　(D)營養成分。
　　【解析】：茶飲料貯藏時，其兒茶素等多酚物質易發生氧化而產生色澤的劣變。

（B）　4. 茶葉分成紅茶、綠茶及烏龍茶，主要是依據：　(A)葉片大小　(B)製茶時醱酵的程度　(C)茶葉生產季節　(D)茶樹生長之溫度。
　　【解析】：茶葉分類是依據醱酵程度高低，如紅茶為完全醱酵茶，綠茶則不醱酵茶。

（C）　5. 紅茶以何種香氣成分及其氧化物作為判斷品質之重要指標？　(A)青葉醇　(B)香茅醇　(C)沉香醇　(D)橙花醇。

（A）　6. 下列何種酵素應用於飴糖製造？　(A)澱粉酶(amylase)　(B)纖維酶(cellulose)　(C)蛋白酶(protease)　(D)果膠酯解酶(pectinase)。

（A）　7. 下列何種酵素與高果糖糖漿製作無關？　(A)rennin　(B)gluco-amylase　(C)glucose isomerase　(D)α-amylase。

（C）　8. 自非還原性末端釋出以「麥芽糖」為分解產物的酵素是：　(A)異澱粉酶　(B)澱粉液化酶(α-amylase)　(C)澱粉糖化酶(β-amylase)　(D)蔗糖水解酶。

（A）　9. 一般綠茶製作未經過下列何種步驟？　(A)醱酵　(B)揉捻　(C)乾燥　(D)炒菁。
　　【解析】：綠茶為不醱酵茶，需經炒菁以抑制多酚氧化酶的活性，但無須醱酵。

（C）10. 下列何者為澱粉經澱粉糖化酶(β-amylase)分解產生的糖類？　(A)葡萄糖　(B)半乳糖　(C)麥芽糖　(D)糊精。

（A）11. 下列何者為半醱酵茶？　(A)鐵觀音　(B)紅茶　(C)綠茶　(D)香片。
【解析】：綠茶為不醱酵茶，紅茶為全醱酵茶；但鐵觀音則為半醱酵茶。

（A）12. 何者為澱粉糖的糖化度表示法？　(A)DE 值(dextrose equivalent)　(B)DP 值(degree of polymerization)　(C)°Brix　(D)DS 值(degree of subtitution)。
【解析】：葡萄糖當量(D.E.)可用來作為澱粉糖的糖化水解程度表示法。

（D）13. 製造高果糖糖漿，不必用到下列哪一種酵素？　(A)α-amylase　(B)glucoamylase　(C)glucose isomerase　(D)invertase。

（C）14. 有關澱粉分解酵素之敘述何者正確？　(A)澱粉液化酶(α-amylase)可分解澱粉成為乳糖　(B)澱粉液化酶(α-amylase)可分解澱粉成為果糖　(C)澱粉液化酶(β-amylase)可分解澱粉成為麥芽糖　(D)澱粉液化酶(β-amylase)可分解澱粉成為葡萄糖。

（A）15. 下列哪一種糖不屬於澱粉糖類？　(A)蔗糖　(B)葡萄糖　(C)麥芽糖　(D)高果糖糖漿。
【解析】：澱粉的水解糖類包括麥芽糖、葡萄糖及高果果糖糖漿；但不含蔗糖。

（C）16. 下列何種茶之醱酵程度最高？　(A)綠茶　(B)鐵觀音　(C)烏龍茶　(D)香片。
【解析】：烏龍茶的醱酵程度最高，而綠茶的醱酵程度最低。

（C）17. 下列何種操作與甘蔗製糖之程序無關？　(A)壓榨榨汁　(B)蒸發濃縮　(C)蒸餾分離　(D)清淨精製。
【解析】：甘蔗製糖流程為壓榨榨汁、蒸發濃縮及清淨精製等；但無蒸餾分離。

（C）18. 葡萄糖當量(dextrose equivalent)愈高則澱粉糖之：　(A)甜味低　(B)黏度大　(C)吸濕性小　(D)平均分子量大。
【解析】：若葡萄糖當量愈高則該澱粉糖之特性為吸濕性愈小。

（B）19. 紅茶(black tea)是：　(A)氧化酵素完全作用之半醱酵茶　(B)氧化酵素完全作用之全醱酵茶　(C)氧化酵素不完全作用之半醱酵茶　(D)氧化酵素完全作用之全醱酵茶。
【解析】：紅茶(black tea)是指茶葉組織經多酚氧化酶完全作用之全醱酵茶。

（B）20. 製糖過程中，添加石灰乳汁目的：　(A)殺菌作用　(B)清淨作用　(C)脫色作用　(D)除臭作用。

　　　【解析】：製作砂糖過程中，甘蔗汁添加石灰乳的目的是吸附雜質具清淨作用。

（D）21. 下列受質中何者最不易受多酚氧化酶之催化作用？　(A)單酚　(B)鄰苯二酚　(C)對苯二酚　(D)間苯二酚。

　　　【解析】：單酚類先進行羥化反應，變成鄰苯二酚後，再進行氧化反應，轉變為氫醌，進一步聚合成黑色素，造成酵素性褐變反應。依據有機化合物反應的基質立體方位與碰撞機率，間苯二酚的反應速率較差，不易催化作用。

（A）22. 製茶時日光萎凋之目的為：　(A)破壞組織使酵素活化　(B)日光殺菌　(C)乾燥　(D)殺菁。

　　　【解析】：製造紅茶時，日光萎凋目的為破壞組織細胞，促使多酚氧化酶活化。

（D）23. 茶湯放久顏色會變深主要原因為：　(A)微生物作用　(B)梅納反應　(C)維生素　(D)多酚類氧化。

　　　【解析】：茶葉中多酚類易氧化現象，促使茶湯放久後顏色會變成深色。

（C）24. 製糖過程中，添加亞硫酸（二氧化硫）之目的：　(A)殺菌作用　(B)沉澱作用　(C)脫色作用　(D)除臭作用。

　　　【解析】：製作砂糖過程中，粗糖使用亞硫酸鹽的目的是漂白色素。

（C）25. 澱粉以 β 澱粉酶作用之主要產物為：　(A)果糖　(B)葡萄糖　(C)麥芽糖　(D)糊精。

（D）26. 蔗糖經轉化水解成轉化糖，其組成為：　(A)葡萄糖　(B)果糖　(C)麥芽糖　(D)葡萄糖加果糖。

　　　【解析】：轉化糖來自蔗糖的酸水解產物，該糖漿的組成糖類為葡萄糖與果糖。

（C）27. 高果糖糖漿係以澱粉為原料，先以酵素水解為葡萄糖，然後再以下列何種酵素轉化成果糖：　(A)轉化酶(invertase)　(B)澱粉酶(amylase)　(C)葡萄糖異構化酶(glucose isomerase)　(D)葡萄糖氧化酶(glucose oxidase)。

二、模擬試題

（　）1. 一般綠茶製作須經過下列何種關鍵加工步驟？　(A)醱酵　(B)揉捻　(C)乾燥　(D)炒菁。

（　）2. 下列何者不屬於澱粉糖？　(A)果糖糖漿　(B)麥芽糖漿　(C)轉化糖漿　(D)葡萄糖漿。

（　）3. 已製備好的咖啡飲料內若有沉澱物，最可能與下列何項因素無關？　(A)濾紙　(B)咖啡顆粒大小　(C)水質軟硬度　(D)烹煮的溫度。

（　）4. 巧克力的製造原料為？　(A)可可豆　(B)黃豆　(C)紅豆　(D)咖啡豆。

（　）5. 以下何種茶葉的製造不經殺菁？　(A)紅茶　(B)包種茶　(C)綠茶　(D)烏龍茶。

（　）6. 下列何種操作與甜菜製糖之加工程序無直接關係？　(A)機械榨汁　(B)蒸發濃縮　(C)乾燥結晶　(D)淨化精製。

（　）7. 關於砂糖特性之敘述，何者不正確？　(A)可提高黏度　(B)保水性升高　(C)溶解度降低　(D)結晶性高。

（　）8. 製茶時日光萎凋之主要目的為：　(A)使酵素活化　(B)日光殺菌　(C)乾燥脫水　(D)殺菁。

（　）9. 有關轉化糖漿的特性敘述，下列何者為非？　(A)防腐性佳　(B)滲透壓高　(C)不易結晶　(D)葡萄糖加鹼可產生。

（　）10. 客人抱怨咖啡太苦時，下列何項通常不是改進應考慮的項目？　(A)咖啡豆的選用　(B)烹煮時間　(C)濾紙的選用　(D)烹煮時溫度。

（　）11. 葡萄糖當量(D.E.)值愈高，則澱粉糖的特性，下列何者為正確？　(A)粘度上昇　(B)滲透壓下降　(C)結晶性上昇　(D)梅納反應不易發生。

（　）12. 下列何者為不醱酵茶？　(A)紅茶　(B)龍井茶　(C)包種茶　(D)烏龍茶。

（　）13. 甜菜糖蜜之成分中，哪一種成分會妨礙砂糖結晶之析出？　(A)阿拉伯糖　(B)蜜三糖　(C)甘露糖　(D)果糖。

（　）14. 下列何種操作與甘蔗製糖之加工程序無直接關係？　(A)切片榨汁　(B)蒸發濃縮　(C)乾燥結晶　(D)淨化精製。

（　）15. 下列有關茶葉中成分的敘述，何者為不正確？　(A)苦味：咖啡因　(B)澀味：單寧酸　(C)茶色：黃酮醇類　(D)紅茶：維生素 C 含量高。

（　）16. 下列何種成分最可能引起咖啡飲料的酸敗來源？　(A)脂肪　(B)蛋白質　(C)咖啡因　(D)單寧酸。

（ ） 17. 影響鐵觀音茶色澤、香氣及滋味品質的關鍵製程為：　(A)炒菁　(B)萎凋　(C)揉捻　(D)解塊。

（ ） 18. 速溶茶(intant tea)製品中會添加下列何者具有抗結塊防止效果？　(A)鹽酸　(B)麥芽糊精　(C)氫氧化鈉　(D)甘油。

（ ） 19. 茶葉中具有清除人體自由基及抗氧化作用的保鍵成分為：　(A)沉香醇　(B)單寧酸　(C)兒茶素　(D)茶胺酸。

（ ） 20. 下列有關咖啡中成分的敘述，何者為不正確？　(A)苦味：可可鹼　(B)澀味：單寧酸　(C)顏色：梅納汀　(D)香味：精油和酯類。

（ ） 21. 可樂的特殊酸味是因添加：　(A)酒石酸　(B)磷酸　(C)檸檬酸　(D)鹽酸。

（ ） 22. 關於茶葉的特性，下列敘述何者為錯誤？　(A)咖啡因造成茶湯澀味　(B)茶葉中咖啡因量較咖啡高　(C)秋茶含咖啡因量最高　(D)紅茶的咖啡因含量較烏龍茶高。

（ ） 23. 下列哪一種茶葉之醱酵程度最高？　(A)紅茶　(B)綠茶　(C)包種茶　(D)烏龍茶。

（ ） 24. 茶、咖啡及可可飲料中，咖啡因含量超過多少 ppm 即需標示？　(A)50　(B)100　(C)200　(D)300。

（ ） 25. 貯藏茶葉、咖啡豆的貯存庫之相對濕度以多少為宜？　(A)81%以上　(B)50～80%　(C)40～60%　(D)不需有相對濕度的限制。

模擬試題答案

1.(D)　　2.(C)　　3.(D)　　4.(A)　　5.(A)　　6.(A)　　7.(C)　　8.(A)　　9.(D)　　10.(C)

11.(C)　　12.(B)　　13.(B)　　14.(A)　　15.(D)　　16.(A)　　17.(B)　　18.(B)　　19.(C)　　20.(A)

21.(B)　　22.(A)　　23.(A)　　24.(C)　　25.(C)

食品包裝加工

一、食品包裝的目的(purpose of food packaging)

1. 保護食品避免因環境（溫度、濕度、空氣、光線）因素及微生物汙染所導致的危害。

2. 減少內容物因機械外力而破損、劣變。

3. 提高保存性、品質管理及輸送的作業效率。

4. 可賦予食用的方便性及提高食品的附加價值，增加營業銷售量。

二、食物包裝的原理(principle of food packing)

1. 包裝是食品貯藏方法之一。

2. 保護食品不易受到溫度、濕度、光線、空氣等劣變因子的影響。

3. 避免食品直接遭受微生物、蟲鼠害等侵損。

4. 避免碰撞外傷，可有效保持食品的品質及衛生安全。

三、食品包裝材料的種類(types of packaging materials in food)

（一）非塑膠性材料

1. 金屬材料(metal materials)

材料	特性介紹
罐蓋同心圈	亦稱膨脹圈，緩和加熱時罐內壓力變化，避免膨罐產生。
罐身連溝紋	提高罐身的機械強度，避免外界物理性撞擊而產生變形。
三片罐頭	由罐底、罐身與罐蓋三部分組成，亦稱衛生罐(sanitary can)。
二片罐頭	由罐身及罐蓋兩部分組成，不含罐底部分，不屬於衛生罐。

(1) 空罐

① 罐形種類有圓罐、橢圓罐、方形罐、馬碲形罐、三角形罐。

② 製法分類為焊錫罐、電焊罐、黏接罐、深淺沖擠罐、沖擠罐。

③ 塗漆目的為阻止罐內壁發生腐蝕劣變。防止內容物發生變色現象。減低貯藏之罐頭外觀生鏽。增加空罐鐵皮的耐蝕性。

以下為各塗漆之種類及介紹。

塗料種類	適用製品實例
氧化鋅塗料(C-enamel)	適合肉類、魚貝類及蟹肉罐頭
油樹脂塗料(O-enamel)	適合蔬果類罐頭及調味魚類罐頭
酚醛樹脂塗料(P-enamel)	適合肉類罐頭及魚貝類罐頭
乙烯樹脂塗料(V-enamel)	適合碳酸飲料罐頭及啤酒罐頭

(2) 常用罐型

罐徑（英吋）	符號	罐型種類
$6\frac{3}{16}$	603	新特一號罐、特一號罐、新一號罐、一號罐、一號 B 罐。
$4\frac{1}{16}$	401	二號罐、二號 B 罐、平一號罐、鮪一號罐。
$3\frac{7}{16}$	307	特三號罐、三號罐、平二號罐、鮪二號罐。
$3\frac{1}{16}$	301	四號罐、四號 B 罐、五號罐、六號罐、攜帶罐。
$2\frac{11}{16}$	211	七號罐、七號 B 罐、八號罐。
$2\frac{2}{16}$	202	小型一號罐、小型二號罐、250 公克罐、200 公克罐。

(3) 馬口鐵罐(tin can)

① 鐵皮組成：由外而內依序為油膜層／氧化錫層／錫層／鐵－錫合金層／鋼板層。

② 馬口鐵皮鍍錫特性：

A. 鍍錫量表示法：每基準箱的鍍錫的重量來表示。

B. 每基準箱＝14 吋×20 吋×11 張＝總面積約 31,360 (in^2)。

C. 熱浸法(HD)的平均鍍錫量＝1.0 lb/in^2＝11.20 g/m^2。

③ 馬口鐵皮硬度特性

A. 硬度表示法：以調質程度(T)1～6 來表示。

B. 若調質度愈高，則馬口鐵皮的硬度愈大。

④ 製法分類：焊錫罐（罐身焊錫）、淺沖壓罐（罐身沖壓）、深沖壓罐（罐身沖壓）、沖擠罐（罐身厚度約 1/3）。

⑤ 優點：鐵皮薄、具耐壓性、適印刷性、低腐蝕性、具光澤性。

⑥ 缺點：脫錫、穿孔、生銹、氫氣膨罐、容易黑變、成本高。

(4) 無錫鋼罐(tin-free steel can)

① 鐵皮組成：由外而內依序：油膜層／氧化鉻層／鉻層／鋼板層。

② 製法分類：電焊罐（罐身電焊）、黏接罐（罐身耐綸黏接）、淺沖壓罐（罐身沖壓）、深沖壓罐（罐身沖壓）。

③ 優點：塗漆性佳、耐高溫性、不易黑變、成本低。

④ 缺點：焊接性差、光澤性差、易腐蝕性、延展性差、鍍鉻硬度高。

(5) 鋁罐(aluminum can)

① 鐵皮組成：由外而內依序：油膜層／鋁層／油膜層。

② 製法分類：黏接罐（罐身耐綸黏接）、淺沖壓罐（罐身沖壓）、深沖壓罐（罐身沖壓）、沖擠罐（罐身厚度約 1/3）。

③ 優點：質輕、易開性、易印刷、低腐蝕、具回收性、不易黑變。

④ 缺點：不適合含食鹽量高的番茄汁與蔬菜汁等食品，因會穿孔、膨罐之故。

(6) 金屬軟管(metal tubes)

① 軟管組成：鋁層／鐵層；錫層／鐵層。

② 優點：可阻止氧氣穿透性、具防止香氣的散失。

③ 適合製品：芥末漿、山葵漿、軟質乳酪、膏狀乾酪等食品。

☕ 相關試題

1. 有關馬口鐵皮之敘述，何者不正確？ (A)是低碳鋼皮鍍錫製成的積層包材 (B)具良好密封性，可印刷及塗漆 (C)以熱浸法鍍錫，可行差別式鍍錫 (D)基準箱是馬口鐵皮的計量單位，總面積 31,360 in^2。　　　答：(C)。

2. 下列何種罐頭材質不適合行電鍍加工？ (A)馬口鐵罐 (B)無錫鋼罐 (C)鋁罐 (D)塗漆罐。　　　答：(C)。

3. 具有對氣體、水汽、光的阻絕性及生產速度性的容器，下列何種最佳？　(A)紙容器　(B)玻璃容器　(C)塑膠容器　(D)金屬容器。　　　　答：(D)。

4. 馬口鐵皮之主要保護層是：　(A)合金層　(B)氧化層　(C)錫層　(D)油膜。
　　　　　　　　　　　　　　　　　　　　　　　　　　答：(C)。

5. 罐徑標號為 401 的罐型為：　(A)一號罐　(B)二號罐　(C)三號罐　(D)四號罐。　　　　　　　　　　　　　　　　　　　　　　答：(A)。

6. 馬口鐵皮是在鐵皮上鍍上何種金屬？　(A)錫　(B)鎳　(C)鋁　(D)鉻。
　　　　　　　　　　　　　　　　　　　　　　　　　　答：(A)。

7. 有關鋁罐敘述，下列何者不正確？　(A)質輕、軟　(B)易成型　(C)多製成易開罐　(D)耐壓。　　　　　　　　　　　　　　　　　　答：(D)。

8. 為了防止水產罐頭之硫化變色，其罐內壁塗以含何物質之油性塗料？　(A)錫　(B)鐵　(C)氧化鋅　(D)硫酸銅。　　　　　　　　答：(C)。

9. 下述何種包裝容器應保持適當的真空度？　(A)DI 汽水罐　(B)噴霧罐　(C)三片馬口鐵罐裝之八寶粥　(D)無菌紙包。　　　　　答：(C)。

10. 金屬軟管之材料通常非以下列何者為主？　(A)鋁　(B)鉛　(C)錫　(D)鐵。
　　答：(B)。錫、鋁及鐵等可作為金屬軟管之製造材料；然而鉛金屬材質並不適合。

11. 食品用空罐內壁塗漆中，為了防止硫化鐵變黑而使用下列何種塗漆(enamel)？(A)M-enamels　(B)R-enamels　(C)C-enamels　(D)F-enamels。　答：(C)。
　　解析：C-塗漆罐(C-enamel)即罐頭內壁塗抹氧化鋅，以替代內壁之錫離子的溶出，與硫化氫結合形成無色的硫化鋅，可防止魚貝類罐頭發生黑變。

12. 標號 211 之罐頭，表示其罐頭直徑為：　(A)2.11 吋　(B)2.11 公分　(C)2 又 11/16 吋　(D)2 又 11/12 吋。　　　　　　　　　答：(C)。

2. 紙張(plate sheet)

以下為各紙張之比較。

種　類	製造流程	優　點	缺　點
玻璃紙	紙漿纖維素,以薄膜狀送入硫酸銅溶液中,可使其固化之。	具透明性、光澤性佳、阻氣性佳。	熱封性差、防濕性低。
加工紙	加工玻璃紙、硫酸紙、蠟紙。	遮光性佳、具強韌性。	熱封性差、耐壓性差。

相關試題

1. 蟹肉罐頭中墊以硫酸紙,其目的是: (A)防止內容物變黑 (B)防止殺菌溫度過高 (C)有利於脫氣 (D)防止水分滲入。　　　　　　答:(A)。

2. 食品包裝之包裝材料中使用木材紙漿製造的再生紙漿纖維素,以薄膜狀送入硫酸銅溶液中,使其固化稱為: (A)牛皮紙 (B)糯米紙 (C)玻璃紙 (D)瓦楞紙。　　　　　　答:(C)。

3. 玻璃(glass)

以下為各種玻璃質材介紹。

(1) 化學強化玻璃:SiO_2 網目中以鉀離子取代鈉離子,達強化與重量減輕。

(2) 塑膠強化玻璃:表面塗抹聚胺基甲酸乙酯樹酯,達強化與適印刷性。

(3) 特性

　① 耐熱性:需耐 42°C 溫度變化而不會破裂。

　② 耐壓性:可耐 100 lb／cm^2×min 的壓力變化。

　③ 安全鈕:可提供廠商及消費者檢查製品是否呈現真空狀態。

接下來介紹由玻璃包裝產品之各類瓶蓋

玻璃瓶蓋種類	適用製品種類
王冠蓋(crown cap)	果汁、汽水
安卡蓋(anchor cap)	一般食品
螺旋蓋(screw cap)	酒類
費尼克斯蓋(phoenix cap)	盤尼西林

玻璃瓶蓋種類	適用製品種類
旋轉蓋(twist-off cap)	果醬、番茄醬及醃漬物
撬開蓋(pry-off cap)	瓶裝洋菇
壓封旋轉蓋(press-on twist-off cap)	嬰兒食品

相關試題

1. 有關玻璃容器之敘述，何者不正確？　(A)旋轉蓋密封後應作安全測量，為非破壞性檢查　(B)安全鈕可供消費者檢查產品是否原封　(C)真空是瓶蓋保持密封的要素之一　(D)旋轉蓋(PT cap)常應用於嬰兒食品。　　　答：(A)。
解析：玻璃的旋轉蓋(twist-off cap)密封後應作安全測量，為破壞性檢查。

2. 下列何種包裝材質容易因內外溫度差而造成破裂？　(A)玻璃瓶　(B)馬口鐵罐　(C)塑膠積層袋　(D)複合膜包材。　　　答：(A)。

3. 市售玻璃瓶裝之漬物及果醬產品常使用的密封蓋是：　(A)螺旋蓋　(B)扣封蓋　(C)旋轉蓋　(D)壓旋蓋。　　　答：(C)。

4. 可食性薄膜(edible films)

以下為可食性薄膜之種類、製造過程等特性介紹。

種　類	製造流程	優　點	缺　點
糯米紙	高黏度的澱粉糊液，經轉筒式乾燥機而製成薄片狀態稱之。	透明性佳，可食用性。	熱封性差，防濕性低。
可食性薄膜紙	膠原蛋白，經加熱溶化後形成明膠再製成薄片狀態稱之。	透明性佳，可食用性。	熱封性差，阻氣性差。

（二）塑膠性材料(plastic materials)

其材料特徵為高防濕性、低透氣性、高透明性、成本低廉。

以下為各種塑膠敘述之比較。

塑膠材料種類*	比重高低	優點特性	缺點特性
聚偏二氯乙烯(PVDC)	1.60～1.70	保香性、防水性	耐熱性、印刷性
低密度聚乙烯(LDPE)	0.91～0.93	熱封性、防水性	阻氣性、保香性
高密度聚乙烯(HDPE)	0.93～0.96	熱封性、防水性	阻氣性、保香性
醋酸纖維素(CA)	1.25～1.30	耐油性、透明性	熱封性、防濕性
聚氯乙烯(PVC)	1.25～1.40	透明性、防水性	阻氣性、保香性
玻璃紙(Cellophane)	1.40～1.50	透明性、耐油性	熱封性、防濕性
聚酯(PET)	1.38～1.39	抗拉性、耐熱性	熱封性、防濕性
聚碳酸酯(PC)	1.20	抗拉性、耐熱性	熱封性、防濕性
聚醯胺和尼龍(PA/Ny)	1.10～1.20	抗拉性、耐熱性	熱封性、防濕性
聚丙烯(PP)	0.90～0.91	透明性、防水性	阻氣性、保香性
聚乙烯醇(PVA)	1.30	透明性、保香性	熱封性、防濕性

*註：　CA：cellulose acetate　　　　PP：polypropylene
　　　PC：polycarbonate　　　　　PET：polyethylene terphthalate
　　　PA：polyamide　　　　　　　PVA：polyvinyl alcohol
　　　Ny：nylon　　　　　　　　　PVDC：polyvinylidene chloride

常用塑膠容器之相關訊息。

常用塑膠容器種類	標誌號碼種類	適用食品種類
聚酯 (polyethylene terephthalate, PET)	1	汽水等保特瓶
高密度聚乙烯 (high density polyethylene, HDPE)	2	不透明容器
聚氯乙烯 (polyvinyl chloride, PVC)	3	沙拉油容器
軟質聚氯乙烯 (soft polyvinyl chloride, PVC)	3	保鮮膜材質
低密度聚乙烯 (low density polyethylene, LDPE)	4	保鮮膜材質
聚丙烯 (polypropylene, PP)	5	可微波容器
聚苯乙烯 (polystyrene, PS)	6	保麗龍免洗餐具
其他塑膠材料 (others)	7	其他容器

相關試題

1. 下列食品包裝用塑膠膜中具有保香性者為： (A)PVDC, PET (B)PE, PP (C)PVC, LDPE (D)Cellophane, PS。 答：(A)。

2. 下列何者為家庭常用保鮮膜的材質： (A)PE (B)PP (C)PET (D)PS。 答：(A)。

3. 下列食品包裝用塑膠膜，哪一種具有耐油、防水、防濕、氣體阻絕性及保香等性質？ (A)PVDC (B)PVC (C)PP (D)PE。 答：(A)。

4. 俗稱保麗龍的包裝材料，其材質為： (A)聚乙烯 (B)聚丙烯 (C)聚氯乙烯 (D)聚苯乙烯。 答：(D)。

5. 可微波的塑膠保鮮膜是什麼材質？ (A)PS (B)LDPE (C)PVC (D)PVDC。 答：(C)。
   解析： 一般的保鮮膜材質為 LDPE，可微波者則為 PVC。

（三）複合性材料(composite materials)

結構特性為係由兩種以上不同性質的薄膜組成如紙、塑膠膜、鋁箔或布等以貼合機粘貼在一起的積層膜(laminated film)。

製法種類：

1. 熱熔積層法(hot melt lamination)；

2. 濕式積層法(wet lamination)；

3. 乾式積層法(dry lamination)；

4. 無溶劑積層法(extrusion lamination)；

5. 共擠出積層法(coextrusion lamination)。

以下介紹三種複合性材料：

1. 複合膜(composite film)

下表介紹複合膜之材料構成與用途。

材料構成（由外而內依序）	食品用途
Al/CPP*	調理食品殺菌用容器
PET/Al/CPP(HDPE)	殺菌食品
PET/PVDC/CPP	殺菌食品
Ny(PET)/CPP	殺菌食品
PC/CPP	羊羹容器
PVC/PE	加工肉深沖壓成形品
*OPP(PT)/CPP	休閒食品
*KOP/PE	醃漬物
OPP/PVA/PE	削薄片柴魚
PET/Al/PE	加壓殺菌袋
PE/印刷墨/雙層紙/PE/Al/PE	聚乙烯加工紙組合容器

*註：CPP：無延伸聚丙烯；OPP：延伸聚丙烯；KOP：聚丙烯上塗布聚偏二氯乙烯
（PVDC）；Al：鋁。

2. 紙容器(paper carton)

下表介紹各式常見紙容器及其用途。

常見紙容器分類	由外而內的材料構成	殺菌處理條件
殺菌軟袋(retort pouch)	PET/Al/CPP(HDPE)	耐 1atm、115～120°C 蒸氣加熱
新鮮屋(pure-pak)	PE/紙/PE	經化學殺菌劑(H_2O_2)操作
利樂包(tetra-pak)	PE/紙/PE/Al/PE	經化學殺菌劑(H_2O_2)操作

(1) 優點：質輕、價廉、易開封、可無菌充填、無罐臭、印刷適性。
(2) 缺點：強度弱、熱傳導性低、不適用於碳酸容器、貯藏期限短。

3. 鋁箔容器(aluminum carton)

鋁箔容器乃以無延伸聚丙稀(CPP)與鋁箔作成積層膜，可加壓殺菌。

進一步比較上述容器之功能、目的。

結構部位	材質單元	功能或目的
外層組成材質	聚酯(PET)	具物理性強度、具印刷適性
中間組成材質	鋁箔(Al)	遮光性強、保香性、低透氣性
內層組成材質	無延伸聚丙烯(CPP)	具熱封性

☕相關試題

1. 請寫出下列食品科學相關詞彙之中文並說明之。

    (1) retort pouch。

    (2) tetra pak。

    答：(1) retort pouch 即殺菌軟袋，由 PET/Al/CPP(HDPE)之複合薄膜組成，可耐 115～120°C、1 大氣壓以上的加熱殺菌。

    　　(2) tetra pak 即是利樂包或康美包，由 PE/紙/PE/Al/PE 之複合薄膜組成，以化學殺菌劑(H_2O_2)進行殺菌操作。

2. 果汁包裝如利樂包、康美包等的共同包裝材質為下列何者？　(A)錫箔　(B)銅箔　(C)鋁箔　(D)鐵箔。　　　　　　　　　　　　　答：(C)。

3. 下列何種材質組合是新鮮屋(pure pak)的正確用法？　(A)紙張　(B)紙張／鋁箔　(C)紙張／塑膠／鋁箔　(D)紙張／塑膠／紙張。　　　　答：(D)。

4. 市售利樂包飲料之包裝材料所使用的殺菌劑為：　(A)次氯酸鈉　(B)O_3　(C)H_2O_2　(D)亞硫酸鹽。　　　　　　　　　　　　　　　　答：(C)。

5. 殺菌軟袋之材質主要由下列何者積層而得？　(A)PE／Al／PE　(B)PET／Al／CPP　(C)OPP／PE／CPP　(D)PET／CPP／PE。　　　答：(B)。

6. Tetra-Pack 充填前，其積層包裝材料，常用的殺菌方法是以何種化學物質進行？　(A)環氧乙烷(ethylene oxide)　(B)H_2O_2　(C)次氯酸　(D)70%酒精。　　答：(B)。

7. 下列哪項特性不是選擇包材積層結構之內層材質所需考慮必要因素？　(A)機械強度　(B)衛生安全性　(C)熱封性　(D)封口強度。　　　答：(A)。

8. 殺菌軟袋之包裝材料應具有：　(A)低水蒸氣透過率　(B)高氧氣透過率　(C)高親水性　(D)低耐溫度性　之基本要求。　　　　　　　答：(A)。

四、包裝材料的物性(physical properties of packaging materials)

以下為各包裝所有之物性介紹。

物理性質	定義或說明
抗拉強度	材質在固定狀態下，於定速下所承受抗拉荷重
伸長率	材質斷裂時之標點間距減試驗前之標點間距除以標點間距
撕裂強度	材質在固定狀態下，於定速下所承受拉張撕裂荷重
衝擊強度	材質在固定狀態下，於定速下所承受落錘荷重而不破裂
穿刺強度	材質在固定狀態下，於定速下所承受的針刺壓縮荷重
積層強度	積層材質在固定狀態下，於定速下所承受抗拉荷重
透濕度	單位面積材質在固定狀態下，於特定時間內所滲出水蒸氣量
蒸汽透過率	透濕杯在固定狀態下，其增重成等量增加且具 10%吸濕增重

相關試題

1. 一定面積的紙片在一定速度下所承受的壓力強度稱為：　(A)撕裂強度　(B)抗張強度　(C)破裂強度　(D)表面強度。　　　　　　　　答：(C)。

   解析：　破裂強度即為衝擊強度。

五、包裝材料的標示(labeling of packaging materials)

商品國際條碼	471	材質回收標示	
可回收材質標示 （歐盟）	⊃ ↑	再使用材質標示 （歐盟）	→⊃←

相關試題

1. 中華民國的國際商品條碼之國家代碼為：　(A)417　(B)471　(C)47　(D)41。

   　　　　　　　　答：(B)。

學後評量　*Exercise*

一、精選試題

（B）　1. 通常家庭用耐熱型保鮮膜的材質為哪一種？　(A)聚苯乙烯(PS)　(B)聚偏二氯乙烯(PVDC)　(C)聚酯(PET)　(D)低密度聚乙烯(LDPE)。

　　　【解析】：一般家庭用保鮮膜的材質為 LDPE；若強調耐熱型者則是採用 PVDC。

（B）　2. 無菌充填包裝之包材（如利樂包），通常使用何者進行殺菌？　(A)二氧化硫　(B)過氧化氫　(C)次氯酸鈉　(D)低濃度鹽酸。

　　　【解析】：包材如利樂包常使用過氧化氫來殺菌，最後以 200°C 熱空氣吹送以避免其殘留。

（B）　3. 茶飲料選擇以鋁鐵罐或保持瓶材質包裝時，下列何者為其優先考量的因素？　(A)甜度　(B)濃度色澤　(C)營養成分。

　　　【解析】：茶飲料貯藏時，其兒茶素等多酚物質易發生氧化而產生色澤的劣變。

（C）　4. 有關殺菌軟袋之敘述，何者不正確？　(A)比金屬罐成本低　(B)具柔軟性　(C)只採用鋁箔為原料　(D)可熱封口。

　　　【解析】：殺菌軟袋特性為不只採用鋁箔為單一原料，一般採用複合性膜為主。

（A）　5. 目前市面上最常用之可食性合成腸衣，其主要成分為：　(A)膠原蛋白　(B)纖維素　(C)聚丙烯　(D)尼龍。

　　　【解析】：市面上最常用可食性合成肉製品腸衣，其主要成分以膠原蛋白為主。

（D）　6. 碳酸性清涼飲料容器須耐高壓，故不宜採用：　(A)易開蓋鋁罐　(B)保特瓶　(C)玻璃瓶　(D)紙盒。

　　　【解析】：紙張較不耐壓力變化，不宜採用紙盒容器作為碳酸性清涼飲料使用。

（C）　7. 下列何者最常被用為熱融封口包裝材料？　(A)鋁箔　(B)紙　(C)PE　(D)PET。

　　　【解析】：低密度聚乙烯(PE)最常被用來作為殺菌軟袋內層之熱熔封口材料。

（C）　8. 檢測食品包裝材料之螢光劑，一般須照射：　(A)可視光　(B)X 光(X-ray)　(C)紫外光　(D)紅外光。

　　　【解析】：檢測食品包裝材料之螢光劑，一般須照射紫外光。

（A） 9. 下列何種材料不適用在製作微波器皿？　(A)不銹鋼　(B)玻璃　(C)陶瓷　(D)耐熱塑膠。

【解析】：微波照射到金屬材質表面會產生反射，因此較不適用製作微波器皿。

（C） 10. 魚肉罐頭內壁產生黑變之原因為下列何者？　(A)$H_2S + Cr$　(B)$CO_2 + Sn$　(C)$H_2S + Sn$　(D)$CO_2 + Cd$。

【解析】：魚肉罐頭內壁產生黑變之原因為硫化物($H_2S + Sn$)的聚合結果。

（B） 11. 下列有關殺菌軟袋之材質敘述，何者正確？　(A)必須是單一成分之膜　(B)可使用積層膜　(C)必須耐 400 大氣壓以上之高壓　(D)必須耐 250°C 以上之高溫。

【解析】：殺菌軟袋之材質特性為可使用積層薄膜或複合薄膜皆宜。

（D） 12. 下列包裝材料，何者耐熱性最佳？　(A)PE（聚乙烯）　(B)PP（聚丙烯）　(C)PET（聚酯）　(D)鋁箔。

【解析】：食品包裝材料中，依耐熱性分析，金屬材質是優於塑膠材質的。

（C） 13. 市售包裝飲料或礦泉水瓶標示「　」，此標示為：　(A)可自然分解瓶　(B)可丟棄瓶　(C)可回收瓶　(D)不可回收瓶。

【解析】：市售包裝飲料或礦泉水瓶標示「　」，此標示為具可回收性。

（C） 14. 利樂包的包裝殺菌是用：　(A)吹蒸氣　(B)送熱風　(C)浸過氧化氫　(D)紫外線照射。

【解析】：利樂包的包裝材料的殺菌操作是採用浸漬過氧化氫等化學藥劑。

（D） 15. KOP 的複合膜是指延伸聚丙烯膜上塗布：　(A)PE　(B)PVC　(C)PET　(D)PVDC。

【解析】：複合膜上利用延伸聚丙烯膜(PP)上塗布聚偏二氯乙烯(PVDC)，稱之。

（C） 16. 碳酸飲料，使用的空罐是屬於：　(A)衝壓罐　(B)電焊罐　(C)衝壓延伸罐　(D)銲錫罐。

【解析】：沖擠罐(drawn & iron can)即衝壓延伸罐，常用於碳酸之飲料容器使用。

（D） 17. 罐頭捲封部的鉤疊率(OL%)合格標準應達：　(A)90%　(B)70%　(C)60%　(D)50%　以上。

【解析】：45%以上的鉤疊率才屬合格標準，若低於此數值，則表示捲封不良。

（C）18. 利樂包的包裝殺菌是用：　(A)吹蒸氣　(B)送熱風　(C)浸過氧化氫　(D)紫外線照射。

【解析】：利樂包殺菌是採用過氧化氫浸泡，以 200℃ 熱空氣吹送以避免殘留。

（A）19. 蟹肉罐頭中墊以硫酸紙，其目的是：　(A)防止內容物變黑　(B)防止殺菌溫度過高　(C)有利於脫氣　(D)防止水分滲入。

【解析】：蟹肉墊硫酸紙，可避免硫化氫與血藍素結合形成硫化銅沉澱而黑變。

（C）20. 中華民國之國際商品條碼的代碼為：　(A)43　(B)49　(C)471　(D)485。

【解析】：中華民國之國際商品條碼的代碼為 471。

（C）21. 下列包裝材質中，何者比重最輕？　(A)聚乙烯(PE)　(B)聚乙酯(PET)　(C)聚丙烯(PP)　(D)聚苯乙烯(PS)。

【解析】：塑膠包材中，聚丙烯比重最輕為 0.90～0.91；聚偏二氯乙烯者最重。

（D）22. 下列何者不會利用到塑膠材質？　(A)軟性包裝　(B)積層包裝　(C)活性包裝　(D)馬口鐵罐。

【解析】：軟性包裝、積層包裝及活性包裝等會使用塑膠材質；馬口鐵罐則少用。

（B）23. 無菌充填包裝之包裝材料滅菌法中，使用最多的是：　(A)酒精　(B)過氧化氫　(C)環氧乙烷　(D)紫外線殺菌。

【解析】：無菌充填包裝之包裝材料滅菌法中，使用最多的是過氧化氫。

（C）24. 食品使用塑膠膜包裝後，依熱水或熱風使塑膠膜包裝收縮的包裝方式稱為：　(A)伸縮膜　(B)條帶　(C)收縮　(D)熱成型　密封包裝。

【解析】：採用熱水或熱風使塑膠薄膜包裝收縮的包裝方式稱為熱收縮。

（C）25. 下列何者為低壓 PE（聚乙烯）？　(A)中密度 PE　(B)高密度 PE　(C)低密度 PE　(D)直線型低密度 PE。

【解析】：低密度聚乙烯屬低壓性聚乙烯，缺乏耐熱性，不適合高溫食品包裝。

（C）26. 下列何種罐內塗料最適用於含硫化物高之魚肉罐頭？　(A)油樹脂塗料(oleoresinous enamels)　(B)聚二丁烯塗料(polybutadiene)　(C)酚醛樹脂塗料(phenolic enamels)　(D)乙烯樹脂塗料(vinyl enamels)。

【解析】：酚醛樹脂及氧化鋅塗料最適用於含硫化物高之魚肉罐頭，避免黑變。

（B）27. 有關鋁罐之敘述下列何者錯誤？　(A)鋁罐化學性安定，不與食品中的硫化物產生黑變　(B)鋁罐不但可以焊錫邊封，且可以沖壓製成　(C)鋁罐對酸與鹽之耐蝕性差，較易產生氫膨罐或穿水罐　(D)鋁罐外觀美麗且易印刷。

【解析】：鋁罐無法焊錫邊封，卻可以沖壓或沖擠操作製成二片罐頭。

（A）28. 罐蓋面之同心圈亦稱為膨脹圈（嵌凸卷）其主要作用為：　(A)緩衝罐內壓力　(B)嵌合罐緣　(C)嵌合鋼頭　(D)加強罐身之強度。

【解析】：罐蓋面之膨脹圈設計主要作用為緩衝加熱殺菌時罐內壓力急遽變化。

（B）29. 為防止馬口鐵皮外表生銹常於表面鍍：　(A)鋁　(B)錫　(C)鉻　(D)銅。

【解析】：馬口鐵皮常於表面鍍錫可以防止外表產生生鏽現象。

（B）30. 積層膜蒸煮用袋是用何種方法密封？　(A)焊錫法　(B)熱封法　(C)高壓法　(D)二重捲法。

【解析】：積層膜蒸煮用袋是用熱封方法將內層之聚乙烯熱熔加以緊密封口。

（D）31. 馬口鐵皮之底板上係鍍：　(A)鉻　(B)鉛　(C)鋁　(D)錫。

【解析】：低碳鋼皮上鍍上錫層即稱為馬口鐵罐(tin can)。

（C）32. 下列何者非為鋁箔包裝材質之優點？　(A)不透光　(B)無揮發性　(C)熱封包裝　(D)無臭無味。

【解析】：鋁箔包材之主要優點為不具熱封包裝性。

（A）33. 下列有關兩片罐(two-piece-can)之敘述，何者正確？　(A)使用延展性較佳的金屬為空罐材料　(B)使用剛性較強的金屬為空罐材料　(C)空罐由罐底、罐身、罐蓋三部分組成　(D)罐蓋捲封為單次捲封。

【解析】：兩片罐(two-piece-can)主要特性為使用延展性較佳的金屬為空罐材料。

（C）34. 下列何者包裝材質之耐熱性較佳？　(A)尼龍　(B)聚酯　(C)聚苯乙烯　(D)聚氯乙烯。

【解析】：聚苯乙烯之塑膠材質其耐熱性較佳。

（B）35. 玻璃呈現琥珀色者，與下列何者有關？　(A)CaO　(B)Fe_2O_3　(C)CaF_2　(D)Mn。

【解析】：玻璃呈現琥珀色者，與組成分之 Fe_2O_3 參與有關。

（A）36. 馬口鐵皮的最外層鍍的是：　(A)錫　(B)鋁　(C)漆　(D)鉻。

【解析】：馬口鐵皮的最外層常鍍上的金屬是錫。

（B）37. 下列包裝材質中何者最常為積層材料之最內層？　(A)PET　(B)PE (C)NY　(D)AL。

【解析】：積層材料如殺菌軟袋其結構組成中最內層塑膠為聚乙烯，具熱封性。

（C）38. 下列哪一種塑膠材質薄膜之阻氣性最差？　(A)聚酯　(B)尼龍　(C)聚乙烯　(D)聚丙烯。

【解析】：塑膠材質薄膜如聚乙烯其阻氣性最差；聚酯及尼龍等則阻氣性最佳。

（D）39. 下列有關殺菌軟袋(retort pouch)之敘述，何者是錯誤？　(A)較金屬罐不耐殺菌過程壓力之變化　(B)積層材料中常有鋁箔以阻隔氣體之通透　(C)脫氣是否恰當，常是製程品保重要項目之一　(D)一般常採用無菌加工方式殺菌。

【解析】：早期殺菌軟袋以殺菌釜方式殺菌；現今以採用無菌加工殺菌為主。

（C）40. (A)聚酯膜　(B)聚丙烯膜　(C)聚氯乙烯膜　(D)高密度聚乙烯膜　常作為鮮魚或蔬菜具伸縮性之保鮮膜使用。

【解析】：軟質聚氯乙烯膜與低密度聚乙烯膜常作為生鮮魚類或蔬菜類等食品之具收縮性之保鮮膜來使用。

二、模擬試題

（　）　1. 製作玻璃紙(plain transparent cellophane)主要的原因為：　(A)玻璃(glass)　(B)纖維素(cellulose)　(C)塑膠(plastic)　(D)矽膠(silica gel)。

（　）　2. 碗裝速食麵的外層包裝材料為：　(A)聚苯乙烯　(B)聚乙烯　(C)聚醯胺　(D)聚偏二氯乙烯。

（　）　3. 目前市面上最常用之可食性糖果包膜，其主要成分為：　(A)澱粉 (B)醋酸纖維素　(C)聚丙烯　(D)膠原蛋白。

（　）　4. 下列食品包裝材質中，何者比重最高？　(A)PP　(B)PVC　(C)PVDC (D)PET。

（　）　5. 下列何者不屬於馬口鐵罐系列罐頭？　(A)焊錫罐　(B)淺沖壓罐　(C)黏接罐　(D)沖擠罐(drawn & iron can)。

（　）　6. 下列有關殺菌軟袋之敘述，何者不正確？　(A)比馬口鐵罐成本低 (B)具柔軟性　(C)鋁箔可熱熔密封　(D)又稱軟性罐頭。

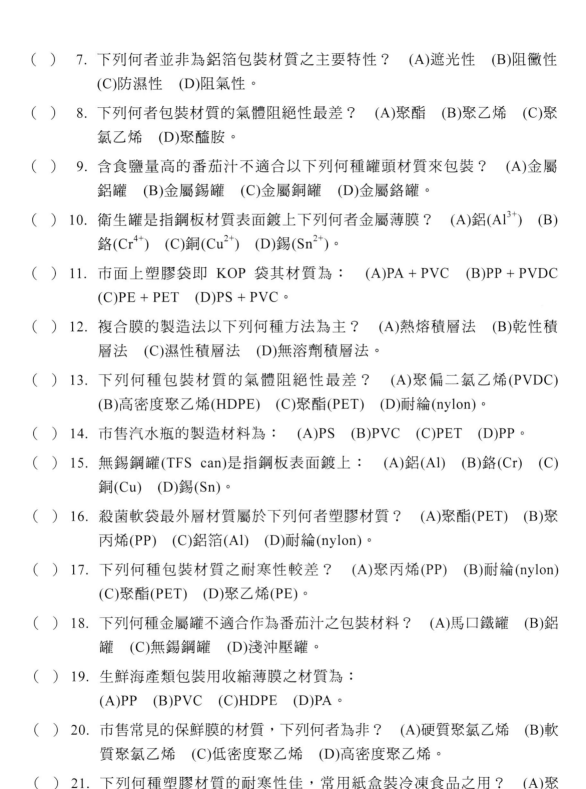

（　）　7. 下列何者並非為鋁箔包裝材質之主要特性？　(A)遮光性　(B)阻黴性　(C)防濕性　(D)阻氣性。

（　）　8. 下列何者包裝材質的氣體阻絕性最差？　(A)聚酯　(B)聚乙烯　(C)聚氯乙烯　(D)聚醯胺。

（　）　9. 含食鹽量高的番茄汁不適合以下列何種罐頭材質來包裝？　(A)金屬鋁罐　(B)金屬錫罐　(C)金屬銅罐　(D)金屬鉻罐。

（　）　10. 衛生罐是指鋼板材質表面鍍上下列何者金屬薄膜？　(A)鋁(Al^{3+})　(B)鉻(Cr^{4+})　(C)銅(Cu^{2+})　(D)錫(Sn^{2+})。

（　）　11. 市面上塑膠袋即 KOP 袋其材質為：　(A)PA＋PVC　(B)PP＋PVDC　(C)PE＋PET　(D)PS＋PVC。

（　）　12. 複合膜的製造法以下列何種方法為主？　(A)熱熔積層法　(B)乾性積層法　(C)濕性積層法　(D)無溶劑積層法。

（　）　13. 下列何種包裝材質的氣體阻絕性最差？　(A)聚偏二氯乙烯(PVDC)　(B)高密度聚乙烯(HDPE)　(C)聚酯(PET)　(D)耐綸(nylon)。

（　）　14. 市售汽水瓶的製造材料為：　(A)PS　(B)PVC　(C)PET　(D)PP。

（　）　15. 無錫鋼罐(TFS can)是指鋼板表面鍍上：　(A)鋁(Al)　(B)鉻(Cr)　(C)銅(Cu)　(D)錫(Sn)。

（　）　16. 殺菌軟袋最外層材質屬於下列何者塑膠材質？　(A)聚酯(PET)　(B)聚丙烯(PP)　(C)鋁箔(Al)　(D)耐綸(nylon)。

（　）　17. 下列何種包裝材質之耐寒性較差？　(A)聚丙烯(PP)　(B)耐綸(nylon)　(C)聚酯(PET)　(D)聚乙烯(PE)。

（　）　18. 下列何種金屬罐不適合作為番茄汁之包裝材料？　(A)馬口鐵罐　(B)鋁罐　(C)無錫鋼罐　(D)淺沖壓罐。

（　）　19. 生鮮海產類包裝用收縮薄膜之材質為：
(A)PP　(B)PVC　(C)HDPE　(D)PA。

（　）　20. 市售常見的保鮮膜的材質，下列何者為非？　(A)硬質聚氯乙烯　(B)軟質聚氯乙烯　(C)低密度聚乙烯　(D)高密度聚乙烯。

（　）　21. 下列何種塑膠材質的耐寒性佳，常用紙盒裝冷凍食品之用？　(A)聚酯　(B)聚苯乙烯　(C)聚乙烯　(D)聚丙烯。

（　） 22. 下列何種材質製成的器具不適合與食品作直接接觸？　(A)銅罐　(B)殺菌軟袋　(C)不鏽鋼罐　(D)塑膠盒。

（　） 23. 塑膠包裝材料中，比重最輕之塑膠為：　(A)NY　(B)PP　(C)PE　(D)PVC。

（　） 24. 市售罐頭容器中，具有耐蝕、防濕、遮光、易撕開性及加工容易等優點是：　(A)衛生罐　(B)玻璃瓶　(C)鋁罐　(D)無錫鋼罐。

（　） 25. 下列何者並非紙盒容器的優點？　(A)可作為無菌充填包裝使用　(B)容易開封　(C)可做美術印刷　(D)可做為碳酸飲料容器。

（　） 26. 市售包裝食用油脂常使用下列何種塑膠材質？　(A)聚乙烯(PE)　(B)聚丙烯(PP)　(C)聚氯乙烯(PVC)　(D)聚酯(PET)。

（　） 27. 下列何種包裝材料不適用在製作微波容器？　(A)馬口鐵皮　(B)耐熱塑膠　(C)玻璃　(D)紙盒。

（　） 28. 下列何種塑膠材質的耐熱性最差？　(A)聚乙烯　(B)聚丙烯　(C)聚醯胺　(D)聚酯。

（　） 29. 馬口鐵皮的鍍錫量是以每一基準箱的多少面積為標的？　(A)21,240 in^2　(B)31,360 cm^2　(C)21,240 cm^2　(D)31,360 in^2。

（　） 30. 尼龍(nylon)是一種塑膠材料，又稱為：　(A)聚醯胺　(B)聚乙烯　(C)聚偏二氯乙烯　(D)聚酯。

（　） 31. 有關塑膠罐(let-pak)的敘述，下列何者不正確？　(A)塑膠罐屬於衛生罐的一種　(B)罐身材質組成為 PP/Al/PP　(C)必須採用過氧化氫殺菌才行　(D)可耐高溫殺菌操作。

（　） 32. 塑膠薄膜若易受彎曲或硬塊內容物凸出而產生針孔(pinhole)現象，表示下列何種物理性質較低？　(A)撕裂強度　(B)穿刺強度　(C)破裂強度　(D)抗拉強度。

（　） 33. 利樂皇(tetra king)飲料之包材為：　(A)塑膠積層　(B)紙／鋁箔積層　(C)塑膠／鋁箔／紙積層　(D)紙／塑膠積層。

（　） 34. 下列何種塗漆罐頭的抗硫性最高，適合於魚肉與畜肉等食品罐頭的使用？　(A)乙烯樹脂塗料(vinyl enamels)　(B)聚二丁烯塗料(polybutadiene)　(C)酚醛樹脂塗料(phenolic enamels)　(D)油樹脂塗料(oleoresinous enamels)。

（　）35. 下列何者為低透氣性與具保香性之薄膜包裝材質？　(A)低密度聚乙烯　(B)中密度聚乙烯　(C)高密度聚乙烯　(D)聚偏二氯乙烯。

（　）36. 常用保麗龍容器是由下列何種材質製成？　(A)聚丙烯　(B)聚乙烯　(C)聚苯乙烯　(D)聚偏二氯乙烯。

（　）37. 下列何者不是鋁罐所具備的主要特點？　(A)可透過光線　(B)重量輕　(C)可阻絕氣體通過　(D)具延伸性。

（　）38. 泡麵中調理包常使用的殺菌袋是一種積層包材，其中具有熱封性的是：　(A)聚酯層　(B)鋁箔層　(C)聚丙烯　(D)錫箔層。

（　）39. 由瑞典所開發之利樂包容器，所使用之材質，下列何者錯誤？　(A)紙　(B)聚乙烯　(C)無錫鐵皮　(D)鋁箔。

（　）40. 以玻璃瓶作為食品包裝容器，下列敘述何者不正確？　(A)較馬口鐵罐薄　(B)熱傳導性差，殺菌不良　(C)能看見內容物　(D)溫度急遽變化時，容易破裂。

模擬試題答案

1.(B)	2.(A)	3.(A)	4.(C)	5.(C)	6.(C)	7.(B)	8.(B)	9.(A)	10.(D)
11.(B)	12.(A)	13.(B)	14.(C)	15.(B)	16.(A)	17.(A)	18.(B)	19.(B)	20.(D)
21.(C)	22.(A)	23.(B)	24.(C)	25.(D)	26.(C)	27.(A)	28.(A)	29.(D)	30.(A)
31.(C)	32.(B)	33.(D)	34.(C)	35.(B)	36.(C)	37.(A)	38.(C)	39.(C)	40.(A)

食品添加物管理

一、食品添加物的毒性與安全性評估法(safety assessment on food additives)

1. 一般毒性試驗法

試驗法種類	試驗期間	試驗目的
急性毒性試驗 (acute toxicity test)	1～2 天	決定試驗物質的立即毒性效果
亞急性毒性試驗 (subacute toxicity test)	90 天	作為慢性毒性試驗的參考依據
慢性毒性試驗 (chronic toxicity test)	1～2 年	可以決定最大無作用量(NOEL)

2. 特殊毒性試驗法

試驗法種類	特性說明
致癌性試驗 (carcinogenicity test)	黃麴毒素、黴菌毒素、香豆素、蘇鐵素、黃樟素、單寧、亞硝胺。
致突變性試驗 (mutagenicity test)	採用安敏氏試驗(Ames test)，以沙門氏菌為對象進行組胺酸需求的逆回突變(reverse mutation)觀察。
致畸胎性試驗 (teratogenicity test)	取懷孕的實驗動物，觀察胎兒外觀、內臟等變化。

3. 參考檢測指標法

(1) 半數致死劑量(lethal dose；LD_{50})：若 LD_{50} 劑量反應曲線之斜率愈大，其毒性就愈高。

＜1(mg/kg)	＜1～50(mg/kg)	＜50～500(mg/kg)
猛毒	劇毒	毒

(2) 最大無作用量(no observable effect level, NOEL)：一毒物之毒性呈現無作用之最大劑量，可由 0 開始做一系列低濃度之急性毒性試驗，對試驗動物無任何反應（影響）之最高劑量。

(3) 每日容許攝取量(acceptable daily intake, ADI)：將最大無作用量除以 100 或更大數值之安全係數（人與動物之差異）即得到「每日容許攝取量」。

(4) 安全係數(safety factor)：即最大無作用量除以每日容許攝取量所得商，通常是 1/100，但也有 1/250 或 1/500，依實驗條件而異。

(5) 容許量(tolerance) $= \dfrac{\text{ADI} \times \text{平均體重}}{\text{每日平均食物消費} \times \text{含受測物之食品佔總消費食品之\%}}$

(6) 公認安全物質(generally recognized as safe substance, GRAS substance)：由長久使用的經驗及經過科學實驗各項評估後，普遍確認為安全的物質，在美國稱為公認安全物質，如香辛料、天然調味料、檸檬酸、蘋果酸、洋菜等為專家認為是安全的，因此可以不受食品添加物殘留容許量的限制，允許無限量添加。

☕ 相關試題

1. 食品添加物急性毒性試驗 LD_{50} 數值是指：　(A)半數致死劑量　(B)每日容許攝取量　(C)最大無作用量　(D)安全係數。　　　　　　　答：(A)。

2. 食品添加物經慢性毒性試驗之最大目的在於求出：　(A)最大無作用量　(B)安全係數　(C)每日容許攝取量　(D)閾值。　　　　　　　　答：(A)。

3. 亞急性毒性試驗之試驗期間約為：　(A)24 小時　(B)1 個月　(C)3 個月　(D)24 個月。　　　　　　　　　　　　　　　　　　　　答：(C)。

4. 閾值之意義相當於：　(A)最小中毒量　(B)最大無影響量　(C)最小致死量　(D)最大作用量。　　　　　　　　　　　　　　　　　答：(D)。

二、食品添加物之定義與種類(definition and types of food additives)

食品安全衛生管理法第三條第三款規定：「食品添加物指為食品著色、調味、防腐、漂白、乳化、增加香味、安定品質、促進醱酵、增加稠度、強化營養、防止氧化或其他必要目的，加入、接觸於食品之單方或複方物質。複方食

品添加物使用之添加物僅限由中央主管機關准用之食品添加物組成，前述准用之單方食品添加物皆應有中央主管機關之准用許可字號。」

（一）防腐劑(preservatives)

其目的是防止微生物的生長繁殖，延長好氧性菌株生長之誘導期(lag phase)，但對酵母菌等厭氧菌株的抑制效果不佳。含 24 單，常用者如下：

1. 己二烯酸(sorbic acid)、己二烯酸鈉、己二烯酸鉀、己二烯酸鈣

使用添加物的範圍	用量標準
可使用於魚肉煉製品、肉製品、海膽、魚子醬、花生醬、醬菜類、水分含量 25%以上（含 25%）蘿蔔乾、醃漬蔬菜、豆乾類及乾酪。	在 2.0 g/kg 以下。
可使用於煮熟豆、醬油、味噌、魚貝類乾製品、海藻醬類、豆腐乳、糖漬果實類、脫水水果及其他調味醬。	在 1.0 g/kg 以下。
可使用於果醬、果汁、乳酪、奶油、人造奶油、番茄醬、辣椒醬、濃糖果漿、調味糖漿、不含碳酸飲料、碳酸飲料及糕餅。	在 0.5 g/kg 以下。
可使用於水果酒。	在 0.2 g/kg 以下。

2. 丙酸(propionic acid)、丙酸鈉、丙酸鈣

使用添加物的範圍	用量標準
可使用於麵包及糕餅等烘焙製品中。	在 2.5 g/kg 以下。

3. 去水醋酸(dehydroacetic acid)、去水醋酸鈉(sodium dehydroacetate)

使用添加物的範圍	用量標準
可使用於乾酪、乳酪、奶油及人造奶油。	在 0.5 g/kg 以下。

4. 苯甲酸(benzoic acid)、苯甲酸鈉、苯甲酸鉀

使用添加物的範圍	用量標準
可使用於魚肉煉製品、肉製品、海膽、魚子醬、花生醬、乾酪、糖漬果實類、脫水水果、水分含量 25%以上（含 25%）蘿蔔乾。	在 1.0 g/kg 以下。
可使用於煮熟豆、味噌、魚貝類乾製品、海藻醬類、豆腐	在 0.6 g/kg 以下。

使用添加物的範圍	用量標準
乳、醬油、醬菜類、碳酸飲料、不含碳酸飲料、豆皮、豆乾類、醃漬蔬菜、果醬、果汁、濃糖果漿、調味糖漿、其他調味醬。	
可使用於乳酪、奶油、人造奶油、番茄醬、辣椒醬。	在 0.25 g/kg 以下。

5. 對羥苯甲酸乙酯(ethyl p-hydroxybenzoate)、對羥苯甲酸丙酯、對羥苯甲酸丁酯、對羥苯甲酸異丙酯、對羥苯甲酸異丁酯

使用添加物的範圍	用量標準
可使用於豆皮豆乾類及醬油。	在 0.25 g/kg 以下。
可使用於醋及不含碳酸飲料。	在 0.10 g/kg 以下。
可使用於鮮果及果菜之外皮。	在 0.012 g/kg 以下。

6. 聯苯(biphenyl)

使用添加物的範圍	用量標準
限用於葡萄柚、檸檬及柑桔外敷之紙張。	在 0.07g/kg 以下。

7. 二醋酸鈉(sodium diacetate)

使用添加物的範圍	用量標準
可使用於包裝烘焙食品。	在 0.40％以下。
可使用於包裝之肉汁及調味汁。	在 0.25％以下。
可使用於包裝之油脂、肉製品及軟糖果。	在 0.10％以下。
可使用於包裝之點心食品、湯及湯粉。	在 0.05％以下。

8. 乳酸鏈球菌素(nisin)

使用添加物的範圍	用量標準
可使用於乾酪及其加工製品。	在 0.25 g/kg 以下。

9. 雙十二烷基硫酸硫胺明（雙十二烷基硫酸胺）(thiamine dilaurylsulfate)

使用添加物的範圍	用量標準
可使用於醬油，限用為防腐劑。	在 0.01 g/kg 以下。

10. 鏈黴菌素(natamycin or pimaricin)

使用添加物的範圍	用量標準
可使用於飲用水及食品用水。	在 20 mg/kg 以下。

注意事項：

1. 罐頭一律禁止使用防腐劑，但因原料加工或製造技術關係，必須加入防腐劑者，應事先申請，經中央衛生主管機關核准後，始得使用。

2. 同一食品依表列使用範圍規定混合使用防腐劑時，每一種防腐劑之使用量除以其用量標準所得之數值（即使用量／用量標準）總和不得大於 1。

3. 本表所稱「脫水水果」，包括以糖、鹽或其他調味料醃漬、脫水、乾燥或熬煮等加工方法製成之水果加工品。

☕相關試題

1. 下列何者常被當做醬油的防腐劑？　(A)sodium bisulfate　(B)TBHQ　(C)sodium benzoate　(D)sodium sorbate。　　　　　　　　　　　答：(C)。

2. 下列何者常被當做食品的防腐劑？　(A)BHA　(B)TBHQ　(C)sodium benzoate　(D)vitamin。　　　　　　　　　　　　　　　　　　答：(C)。

3. 食品防腐劑對微生物之生長具有：　(A)加速其死滅期　(B)縮短定常期　(C)縮短對數期　(D)延長誘導期。　　　　　　　　　　　　　　答：(D)。

4. 醬油製造較常使用之防腐劑為：　(A)己二烯酸及其鹽類　(B)丙酸及其鹽類　(C)冰醋酸及其鹽類　(D)苯甲酸酯類。　　　　　　　　　　　答：(D)。

5. 下列何者正確？　(A)罐頭可添加防腐劑　(B)保久乳可以添加硝酸鹽　(C)麵包可以添加丙酸鈣　(D)麵腸添加過氧化氫。　　　　　　　　　答：(C)。

6. 市售麵包所使用的防腐劑是：　(A)丙酸鈣　(B)丙酸鈉　(C)己二稀酸鉀　(D)對苯甲酸。　　　　　　　　　　　　　　　　　　　　答：(A)。

7. 為了防止麵包腐敗而添加下列何種化學試劑？　(A)單酸甘油酯　(B)食鹽　(C)抗壞血鈉鹽　(D)丙酸鈣鹽。　　　　　　　　　　　　　答：(D)。

8. 麵包添加下列何種化學試劑作為防腐使用？　(A)丙酸鈣鹽　(B)對苯甲酸鈉鹽　(C)己二稀酸鉀鹽　(D)丙酸鈉鹽。　　　　　　　　　　答：(A)。

9. 製作麵包時添加丙酸鈉(sodium propionate)的目的是：　(A)麵糰改良劑　(B)防腐劑　(C)調味劑　(D)膨脹劑。　　　　　　　　　　　　　答：(B)。

10. 水果搬運或儲藏之容器或紙片上可使用的防腐劑為：　(A)己二烯酸　(B)聯苯　(C)去水醋酸　(D)苯甲酸鈉。　　　　　　　　　　　　　答：(B)。

11. 己二烯酸及其鹽類對下列何種微生物抗菌性不強？　(A)黴菌　(B)酵母　(C)好氣性細菌　(D)嫌氣性細菌。　　　　　　　　　　　　　答：(D)。

12. 苯甲酸(benzoic acid)屬於：　(A)膨發劑　(B)防腐劑　(C)乳化劑　(D)抗氧化劑。　　　　　　　　　　　　　　　　　　　　　　　答：(B)。

13. 食品加工用以抑制微生物生長的化學藥品稱為：　(A)殺菌劑　(B)防腐劑　(C)抗氧化劑　(D)質地改良劑。　　　　　　　　　　　　答：(B)。

14. 根據行政院衛生署規定，水分含量在 25%以下的蜜餞可含防腐劑：　(A)0.0%　(B)0.03%　(C)0.06%　(D)0.1%　以下。　　　　　　答：(A)。

―――――――― 🍏

（二）殺菌劑(bactericides)

乃利用試劑本身分解，產生初生態的氧，藉其氧化力達成殺菌。介紹如下：

1. 過氧化氫（雙氧水）(hydrogen peroxide)

使用添加物的範圍	殘留量(H_2O_2)標準
可使用於魚肉煉製品、除麵粉及其製品以外之食品。	食品中不得殘留。

2. 氯化石灰（漂白粉）(chlorinated lime)、次氯酸鈉液(sodium hypochloride solution)、二氧化氯(chlorine oxide)

使用添加物的範圍	殘留量（有效氯）標準
可使用於飲用水及食品用水。	0.2～1.5 mg/kg。

☕相關試題✿

1. 何者為常用之殺菌劑？ (A)NaClO (B)NaNO₂ (C)NaHCO₃ (D)Na₂SO₃。

答：(A)。

（三）抗氧化劑(antioxidants)

其功用：(1)可防止油脂的氧化性酸敗。(2)提供氫原子。(3)結合氫過氧化物之自由基分子。(4)具消耗氧氣的效果。可使用種類有 26 種，常用者如下：

1. 二丁基羥基甲苯(dibutyl hydroxy toluene, BHT)、丁基羥基甲氧苯(butyl hydroxy anisole, BHA)

使用添加物的範圍	用量標準
可使用於油脂、乳酪及奶油。	在 1.0 g/kg 以下。
可使用於冷凍魚貝類及冷凍鯨魚肉之浸漬液。	在 0.75 g/kg 以下。
可使用於油脂、乳酪(cream)、魚貝類乾製品及鹽藏品。	在 0.20 g/kg 以下。
可使用於脫水馬鈴薯片或粉、脫水甘薯片，及其他類早餐。	在 0.05 g/kg 以下。
可使用於馬鈴薯顆粒(granules)。	在 0.010 g/kg 以下。

2. L-抗壞血酸（維生素 C）、L-抗壞血酸鈉、L-抗壞血酸鈣、L-抗壞血酸硬脂酸酯、L-抗壞血酸棕櫚酸酯、異抗壞血酸、異抗壞血酸鈉

使用添加物的範圍	用量標準
可使用於蔬菜汁、果汁及凍結蝦等各類食品。	在 1.3 g/kg 以下。

3. 生育醇（維生素 E）(d-α-tocopherol)、混合濃縮生育醇、濃縮 d-α-生育醇

使用添加物的範圍	用量標準
可使用於油炸速食麵、人造奶油、香腸等各類食品。	在 0.2 g/kg 以下。

註：抗氧化性的效力為 $\alpha < \beta < \gamma < \delta$；生育醇的活性為 $\alpha > \beta > \gamma > \delta$。

4. 沒食子酸丙酯(propyl gallate)

使用添加物的範圍	用量標準
可使用於油脂、乳酪及奶油。	在 0.10 g/kg 以下。

5. 癒創樹脂(guaiac resin)

使用添加物的範圍	用量標準
可使用於油脂、乳酪及奶油。	在 1.0 g/kg 以下。

6. L-半胱氨酸鹽酸鹽(L-cysteine monohydrochloride)

使用添加物的範圍	用量標準
可使用於麵包及果汁中。	視實際適量使用。

7. 第三丁基氫醌(tertiary butyl hydroquinone, TBHQ)

使用添加物的範圍	用量標準
可使用於油脂、乳酪及奶油。	在 0.20 g/kg 以下。

8. 亞硫酸鈉(sodium sulfite)、亞硫酸鉀、亞硫酸鈉（無水）、亞硫酸氫鈉、亞硫酸氫鉀、低亞硫酸鈉、偏亞硫酸氫鈉、偏亞硫酸氫鉀

使用添加物的範圍	用量標準
可使用於穀類酒、啤酒（麥芽釀造）及麥芽飲料（不含酒精）。	在 0.03g/kg 以下。

注意事項：

1. 抗氧化劑混合使用時，每一種抗氧化劑之使用量除以其用量標準所得之數值（即使用量／用量標準）總和應不得大於 1。
2. 使用限制：總用量以不超過 200 ppm 以上為主。

相關試題

1. 說明 antioxidant 的作用機制。

   答：油脂自氧化反應機制分別為起始期、連鎖期及終止期，其目的在於產生自由基，促使油脂進行自氧化裂解作用。抗氧化劑(antioxidant)添加在油脂中以防止自氧化作用機制為脂肪酸分子開始產生自由基之起始期時就必須加入抗氧化劑，以提供氫原子與自由基相結合，中止反應。

2. HA、BHT 在食品製造過程，主要屬於哪種添加物？

   答：抗氧化劑。

3. 填充題：為一天然抗氧化劑：<u>抗壞血酸</u>。

4. 泡麵中常使用的抗氧化劑為：　(A)BHA　(B)PG　(C)TBHQ　(D)α-tocopherol。　　　　　　　　　　　　　　　　　答：(D)。

   解析：生育醇即為維生素 E(α-tocopherol)常添加於速食麵製品中。

5. 丁基羥基甲氧苯(BHA)是屬於何種類型的添加物？　(A)乳化劑　(B)呈色劑　(C)抗氧化劑　(D)防腐劑。　　　　　　　　　答：(C)。

6. 下列何者不是抗氧化劑？　(A)維生素 E　(B)二丁基羥基甲苯　(C)沒食子酸丙酯　(D)維生素 A。　　　　　　　　　　　答：(D)。

   解析：維生素 A 為脂溶性的維生素，不屬於抗氧化劑使用。

7. 蝦在凍結前先用抗壞血酸浸漬，其目的是：　(A)防止黑變　(B)防腐作用　(C)防止失重　(D)強化冰效果。　　　　　　　答：(A)。

8. 下列何者屬於水溶性抗氧化劑？　(A)propyl gallate　(B)vitamin E　(C)BHT　(D)ascorbate。　　　　　　　　　　　　　答：(D)。

9. 果汁製造時添加異抗壞血酸鈉，其作用為：　(A)防止果汁褐變　(B)防上果汁沉澱　(C)減緩微生物生長　(D)調整酸味。　　答：(A)。

10. 舉出三種天然的抗氧化劑。

    答：維生素 E、維生素 C 及半胱胺酸。

11. 食品之長期保存應使用何種脫氧劑？　(A)二硫亞磺酸鈉　(B)糖類　(C)鐵　(D)亞硫酸鈉。　　　　　　　　　　　　　答：(C)。

12. 下列何者是屬於天然的抗氧化劑？　(A)α-tocopherol　(B)butyl hydroxy toluene(BHT)　(C)propyl gallate(PG)　(D)butyl hydroxy anisole(BHA)。

答：(A)。

（四）漂白劑(bleaching agents)

其功用為食品原料經漂白劑的氧化或還原作用達成脫色之目的。有 9 種允許使用。

1. 亞硫酸鈉(sodium sulfite)、亞硫酸鉀、亞硫酸鈉（無水）、亞硫酸氫鈉、亞硫酸氫鉀、低亞硫酸鈉、偏亞硫酸氫鈉、偏亞硫酸氫鉀

使用添加物的範圍	殘留量(SO_2)標準
可使用於金針乾製品。	在 4.0 g/kg 以下。
可使用於杏乾。	在 2.0 g/kg 以下。
可使用於白葡萄乾。	在 1.5 g/kg 以下。
可使用於動物膠、脫水蔬菜及其他脫水水果。	在 0.50 g/kg 以下。
可使用於糖蜜及糖飴。	在 0.30 g/kg 以下。
可使用於糖漬果實類、蝦類及貝類。	在 0.10 g/kg 以下。
可使用於水果酒類之製造。	在 0.25 g/kg 以下。
可使用於上述食品以外其他加工食品；但飲料（不包括果汁）、麵粉及其製品（不包括烘焙食品）不得使用。	在 0.030 g/kg 以下。

2. 過氧化苯甲醯(benzoyl peroxide)

使用添加物的範圍	用量標準
可使用於乳清之加工過程中。	視實際適量使用。
可使用於乾酪之加工中。	在 20 mg/kg 以下。

注意事項：

1. 本表所稱「脫水水果」，包括以糖、鹽或其他調味料醃漬、脫水、乾燥或熬煮等加工方法製成之水果加工品。

2. 使用缺點：易造成維生素 B_1 的損失及引起氣喘病人的氣喘的發生。

☕相關試題

1. 食品添加物中亞硫酸鹽可做為： (A)還原劑 (B)抗氧化劑 (C)殺菌劑 (D)著色劑。 答：(A)。

2. 列化合物何者於浸漬過程中無法產生二氧化硫？ (A)亞硫酸鈉 (B)亞硫酸氫鈉 (C)偏亞硫酸氫鈉 (D)硫酸鈉。 答：(D)。
   解析：硫酸鈉分解時無法產生二氧化硫等漂白成分。

3. 製造蘋果乾時，為了防止其褐變，常以燻蒸： (A)CO_2 (B)NO_2 (C)SO_2 (D)NH_3。 答：(C)。

4. CAS 蜜餞規定 SO_2 必須在多少 ppm 以下？ (A)30 (B)50 (C)70 (D)100。 答：(A)。

5. 食品脫水前以亞硫酸處理的目的，下列之敘述何者是正確的？ (A)減少脂溶性成分氧化 (B)增加香氣保留性 (C)提高乾燥效率 (D)防止酵素性及非酵素性褐變。 答：(D)。

（五）保色劑(color fasting, dereloping agents)

其功用：(1)主要保持肉類製品的鮮紅色澤。(2)可抑制肉毒桿菌的生長繁殖。(3)亦具抗氧化作用。其可允許使用的保色劑有下列 4 種。

1. 亞硝酸鈉(sodium nitrite)、亞硝酸鉀(potassium nitrite)、硝酸鈉(sodium nitrate)、硝酸鉀(potassium nitrate)

使用添加物的範圍	殘留量(NO_2)標準
可使用於肉製品及魚肉製品等食品中。	在 0.07 g/kg 以下。

注意事項：

1. 使用限制：鮮肉類、生鮮魚肉類不得使用。

2. 亞硝胺(nitrosamine)之特性：

   (1) 屬於具揮發性化合物。

   (2) 為一間接致突變物。

   (3) 生育醇等抗氧化劑可抑制亞硝基化合物形成。

   (4) 酸性條件下較易形成。

相關試題

1. 肉品加工經常利用哪種發色劑作為肉紅色的來源且用量被當作殘留量計：
(A)亞硫酸根　(B)亞硝酸根　(C)次氯酸根　(D)草酸根。　　　　答：(B)。

2. 香腸在製作時加硝之主要目的為何？

3. 製作香腸時添加亞硝酸鹽的目的，是與下列何種成分作用而發色？　(A)食用紅色六號　(B)肌紅蛋白　(C)食鹽　(D)抗壞血酸。　　　　答：(B)。

4. 肉製品中亞硝酸鹽殘留量，依規定不可超過：　(A)70 ppm　(B)150 ppm (C)200 ppm　(D)250 ppm。　　　　答：(A)。

5. 亞硝酸鹽可做為何種用途使用？　(A)保水　(B)保色　(C)抗菌　(D)增量。
　　　　答：(B)。

6. 當添加於食品時，可與食品中之色素成分化合，使色素呈現更安定而且亮麗的色澤之添加物稱為：　(A)著色劑　(B)漂白劑　(C)保色劑　(D)質地改良劑。　　　　答：(C)。

2. 保色輔助劑(color prothetic agents)（亦稱發色促進劑、還原劑）

(1) 功用或目的：防止肌紅蛋白中鐵離子的氧化作用。促使肌紅蛋白與一氧化氮結合成亞硝基肌色原。亦可使用於果汁以防止酵素性褐變。
(2) 化合物種類：抗血壞酸、異抗血酸鈉、檸檬酸鈉、菸鹼醯胺、半胱胺酸。
(3) 使用食品種類：香腸、臘肉等肉製品、天然果汁。

相關試題

1. 下列何者為肉製品的發色助劑？　(A)抗壞血酸鈉　(B)磷酸鹽　(C)BHA (D)BHT。　　　　答：(A)。

2. 香腸製造時，添加何物可當發色促進劑？　(A)菸鹼醯胺　(B)聚合磷酸鹽 (C)硝酸鹽　(D)碳酸鈉。　　　　答：(A)。

（六）膨脹劑(leavening agents)

其功用為產生大量氣體(CO_2／NH_3)，使烘焙製品的體積膨脹變大。目前有14筆膨脹劑被允許使用。

1. 鉀明礬(potassium aluminum)、鈉明礬、燒鉀明礬、燒鈉明礬、酒石酸氫鉀、碳酸氫鈉、碳酸銨、合成膨脹劑、酸式磷酸鋁鈉

使用添加物的範圍	用量標準
可使用於麵包、饅頭、餅乾及油條等各類烘焙食品中。	視實際適量使用。

2. 各式膨脹劑

(1) 醱粉(baking powder, B.P.)

① 快速醱粉：在低溫遇水時就釋出大部分的二氧化碳。

② 慢速醱粉：在高溫烘焙時才釋出大部分的二氧化碳。

③ 雙重醱粉：在低溫遇水時先釋出一部分二氧化碳，烘焙時再釋出其餘二氧化碳。

(2) 蘇打粉(baking soda, B.S.)

$$2NaHCO_3 \longrightarrow Na_2CO_3 + CO_{2(g)} + H_2O$$

(3) 碳酸氫銨(hydrogen ammonium carbonate)

$$NH_4HCO_3 \longrightarrow NH_{3(g)} + CO_{2(g)} + H_2O$$

(4) 酵母粉(yeasts)

$$C_6H_{12}O_6 \xrightarrow{\text{酵母菌}} 2C_2H_5OH + 2CO_2$$

☕ **相關試題**

1. 製作蛋糕添加膨脹劑，提供膨發的主要氣體是：　(A)空氣　(B)氧氣　(C)二氧化碳　(D)水蒸氣。　　　　　　　　　　　　　　答：(C)。

2. 請說明酵母粉與發粉之差異為何？並請各舉二例其應用之產品。

答：酵母粉可醱酵產生酒精與二氧化碳，醱粉則只產生二氧化碳或氨氣而已。採用酵母的應用產品為麵包、饅頭；採用醱粉的應用產品為餅乾、蛋糕、油條等。

3. 是非題：

（○）銨粉適用於水分含量低之產品，可使成品體積增加，質感及風味良好。

4. 下列敘述何者為非？　(A)使用蘇打粉過多，會造成麵食品鹼味重，內部組織粗糙　(B)銨粉適用於水分含量高之產品，可使成品體積增加、質感及風味良好　(C)快速醱粉於低溫下攪拌遇水即起作用　(D)慢速醱粉於高溫烤焙時才釋放二氧化碳。　　　　　　　　　　　　　　　答：(B)。

5. 烘培用的膨脹材料，下列何者會產生二氧化碳與酒精？　(A)發粉　(B)泡打粉　(C)塔塔粉　(D)酵母粉。　　　　　　　　　　　　　　　　答：(D)。

6. 請解釋下列名詞：膨脹劑。

答：膨脹劑乃利用化學添加物並須加熱產生空氣，將食品的體積變大，達到膨脹之效果。

7. 下列哪一項原料不屬於化學膨脹劑？　(A)發粉　(B)酵母　(C)小蘇打　(D)阿摩尼亞。　　　　　　　　　　　　　　　　　　　　　　　　答：(B)。

8. 蛋糕使用的醱粉應為：　(A)慢性醱粉　(B)雙重反應醱粉　(C)次快性醱粉　(D)快性醱粉。　　　　　　　　　　　　　　　　　　　　　　　答：(B)。

（七）品質改良用、釀造用及食品製造用劑(quality improvement distillery and food stuff processing agents)

可改善製品的品質，促使微生物的醱酵釀造或利於食品之加工製造。目前有 96 筆可用。

1. 氯化鈣(calcium chloride)、氫氧化鈣、硫酸鈣、葡萄糖酸鈣、檸檬酸鈣、磷酸二氫鈣、硬脂酸乳酸鈣

使用添加物的範圍	用量(Ca)標準
可使用於果醬、果汁及醃漬蔬果等各類食品中。	在 10 g/kg 以下。

2. 碳酸鈣(calcium carbonate)

使用添加物的範圍	用量(Ca)標準
可使用於口香糖及泡泡糖中。	視實際適量使用。
可使用於口香糖及泡泡糖以外之其他食品中。	在 10 g/kg 以下。

3. 碳酸鎂(magnesium carbonate)、皂土(bentonite)、矽酸鋁、矽藻土、白陶土(kaolin)

使用添加物的範圍	用量標準
可使用於各類食品中。	在 5 g/kg 以下。

4. 滑石粉(talc)

使用添加物的範圍	用量標準
可使用於各類食品中。	在 5 g/kg 以下。
可使用於口香糖及泡泡糖時而未同時使用皂土、矽酸鋁、矽藻土及白陶土時。	在 50 g/kg 以下。

5. 酸性白土或活性白土(acid clay or active clay)

使用添加物的範圍	用量標準
可使用於油脂之精製。	在 1.0 g/kg 以下。

6. 食用石膏(food gypsum)

使用添加物的範圍	用量(Ca)標準
可使用於豆花、豆腐及其製品。	在 10 g/kg 以下。

7. 聚糊精(polydextrose)

使用添加物的範圍	用量標準
可使用於各類食品中。	視實際適量使用。
含量若超過 15 公克，應顯著標示「過量食用對敏感者易引起腹瀉」。	對敏感者易引起腹瀉。

8. 米糠蠟(rice bran wax)

使用添加物的範圍	用量標準
可於口香糖及泡泡糖中。	視實際適量使用。
可使用於糖果及鮮果菜。	50 ppm 以下。

9. 棕櫚蠟(carnauba wax)

使用添加物的範圍	用量標準
可使用於糖果（包括口香糖及巧克力）中。	視實際適量使用。

（八）著色劑(food colorants)

　　提供或維持食品原有的色澤，藉以提高消費者之購買意願。可允許使用者共 39 種，常用者如下：

1. **水溶性食用色素**：食用藍色一、二號；食用綠色三號；食用黃色四、五號；食用紅色六、七、四十號。

2. **脂溶性食用色素**：食用藍色一、二號鋁麗基；食用綠色三號鋁麗基；食用黃色四、五號鋁麗基；食用紅色七、四十號鋁麗基。

使用添加物的範圍	用量標準
可使用於各類食品中。	視實際適量使用。

3. 銅葉綠素(copper chlorophyll)

使用添加物的範圍	用量(Cu)標準
可使用於口香糖及泡泡糖。	在 0.04 g/kg 以下。

4. 銅葉綠素鈉(sodium copper chlorophyllin)

使用添加物的範圍	用量(Cu)標準
可使用於乾海帶。	在 0.15 g/kg 以下。
可使用於口香糖及泡泡糖。	在 0.05 g/kg 以下。
可使用於蔬菜及水果之貯藏品。	在 0.10 g/kg 以下。

5. 鐵葉綠素鈉(sodium iron chlorophyllin)、氧化鐵(iron oxides)、β-胡蘿蔔素 (β-carotene)、β-衍-8'-胡蘿蔔醛、β-衍-8'-胡蘿蔔酸乙酯、二氧化鈦 (titanium dioxide)

使用添加物的範圍	用量標準
可使用於各類食品中。	視實際適量使用。

6. 核黃素（維生素 B_2, riboflavin）、核黃素磷酸鈉

使用添加物的範圍	用量標準
可使用於嬰兒食品及飲料中。	在 10 mg/ kg 以下。
可使用於營養麵粉及其他食品中。	在 56 mg/ kg 以下。

7. 金(gold)(metallic)

使用添加物的範圍	用量標準
可使用於糕餅裝飾、糖果及巧克力外層及酒類中。	視實際適量使用。

注意事項： 生鮮肉類、生鮮魚貝類、生鮮蔬果、味噌、醬油、海帶、海苔、茶等不得使用。

相關試題

1. 請以中文翻譯下列文章：

The colors of foods are the result of natural pigments or a added colorants. The natural pigments are a group of substances present in animal and vegetable products. The added colorants are regulated as food additives, but some of the synthetic colors, especially carotenoids, are considered "natural identical" and therefore are not subject to stringent toxicological evaluation as are other additives.

答： 食品的顏色可分為食品組成之天然色素與添加的著色劑兩大類，天然色素是由一群化合物質所組成，包括植物性與動物性色素。依據食品添加物的管理法規範食用著色劑的使用範圍與用量，但是有些合成色素如類胡蘿蔔素經動物實驗後鑑定具天然色素特性一樣。因此無須和其他法定添加物進行一般性與特殊性的毒性法評估後，即確定無立即的毒害，可以添加在食品中。

2. 可口可樂中添加何種物質當作著色料： (A)醬色(caramel) (B)單寧 (C)紅色七號之鋁麗基 (D)藍色一號。 答：(A)。

（九）香料(spices)

可提供或維持食品原有的香味，藉以提高消費者之購買意願。

1. 奎寧(quinine)

使用添加物的範圍	殘留量標準
可使用於飲料等各類食品中。	在 85 ppm 以下。

2. 松蕈酸(agaric acid)

使用添加物的範圍	殘留量標準
可使用於飲料等各類食品中。	在 20 ppm 以下。

3. 香豆素(coumarin)

使用添加物的範圍	殘留量標準
可使用於飲料等各類食品中。	在 2.0 ppm 以下。

4. 黃樟素(safrole)

使用添加物的範圍	殘留量標準
可使用於飲料等各類食品中。	在 1.0 ppm 以下。

5. 古柯鹼(cocaine)

使用添加物的範圍	殘留量標準
可使用於飲料等各類食品中。	不得檢出。

（十）調味劑(flavoring agents)

1. 鮮味劑(umami agents)

其功用乃提供食品特殊的鮮味，公告可被允許使用者有 58 種。

(1) 琥珀酸(succinic acid)、琥珀酸一鈉、琥珀酸二鈉

使用添加物的範圍	用量標準
可使用於仿干貝、仿蟹肉等各類食品中。	視實際適量使用。

(2) L-麩胺酸(L-glutamic acid)、ℓ-麩胺酸鈉

使用添加物的範圍	用量標準
可使用於醬油、味精等各類食品中。	視實際適量使用。

(3) L-天門冬酸鈉(monosodium ℓ-aspartate)、D-L 胺基丙酸(D-L-alanine)

使用添加物的範圍	用量標準
可使用於各類食品中。	視實際適量使用。

(4) 5'-次黃嘌呤核單磷酸鈉(sodium 5'-inosinate)、5'-次黃嘌呤核單磷酸二鈉

使用添加物的範圍	用量標準
可使用於柴魚片等各類食品中。	視實際適量使用。

(5) 5'-鳥嘌呤核單磷酸鈉(sodium 5'-guanylate)、5'-鳥嘌呤核單磷酸二鈉

使用添加物的範圍	殘留量標準
可使用於香菇、酵母粉等各類食品中。	視實際適量使用。

以下為鮮味劑及其最低呈味濃度比較：

種　　類	最低呈味濃度（閾值；%）
天門冬胺酸鈉(MSA)	0.16
麩胺酸鈉(MSG)	0.03
次黃嘌呤核苷酸鈉(5'-Na-IMP)	0.025
鳥嘌呤核苷酸鈉(5'-Na-GMP)	0.0125

注意事項：若麩胺酸鈉攝取過量易造成中國餐館症候群(Chinese restaurant syndrome, CRS)。

相關試題

1. 以下何種不能當作鮮味劑？　(A)sodium pyrophosphate（焦磷酸鹽）(B)monosodium succinate（琥珀酸鈉）　(C)alanine（丙胺酸）　(D)sodium-5'-inosinate（5'-次黃嘌呤核苷磷酸鈉）。　　　　　　　　　　　答：(A)。

2. 味精的成分為何種物質之鈉鹽？　(A)glutamic acid　(B)glycine　(C)cystine (D)alanine。　　　　　　　　　　　　　　　　　　　　　　　　　　答：(A)。

3. 造成中國餐館症候群的原因是因為下列何種物質攝取過量？　(A)BHT (B)CMC　(C)MSG　(D)食鹽。　　　　　　　　　　　　　　　　　　答：(C)。

4. 魚貝類與鮮味有關，含量較多之有機酸為：　(A)檸檬酸　(B)蘋果酸　(C)琥珀酸　(D)醋酸。　　　　　　　　　　　　　　　　　　　　　　　　答：(C)。

5. 何種調味料會引起中國餐館症候群？
(A)glycine　(B)alanine　(C)glutamate　(D)aspartate。　　　　答：(C)。

2. 甜味劑(sweetness agents)

其功用為提供食品甜味口感，提昇消費者之購買意願，然而易造成肥胖。

(1) 糖精(saccharin)、糖精鈉鹽

使用添加物的範圍	用量(Saccharin)標準
可使用於瓜子及蜜餞等食品中。	在 2.0 g/kg 以下。
可使用於碳酸飲料。	在 0.2 g/kg 以下。
可使用於代糖錠劑及粉末。	視實際適量使用。
可使用於糖尿病飲食、管灌用食品等特殊食品。	獲得中央主管機關核准。

(2) 環己基（代）磺醯胺酸鈉(sodium cyclamate)、環己基（代）磺醯胺酸鈣

使用添加物的範圍	用量(Cyclamate)標準
可使用於瓜子及蜜餞等食品中。	在 1.0 g/kg 以下。
可使用於碳酸飲料。	在 0.2 g/kg 以下。
可使用於代糖錠劑及粉末。	視實際適量使用。
可使用於糖尿病飲食、管灌用食品等特殊食品。	獲得中央主管機關核准。

(3) 阿斯巴甜(aspartame)

使用添加物的範圍	用量標準
可使用於代糖包、口香糖及低熱量可樂等各類食品中。	視實際適量使用。

(4) 甜菊萃(stevia extract)

使用添加物的範圍	用量標準
可使用於瓜子及蜜餞及水分含量 25％以下之蜜餞中。	視實際適量使用。
可使用於代糖錠劑及粉末。	視實際適量使用。
可使用於糖尿病飲食、管灌用食品等特殊營養食品。	獲得中央主管機關核准。

(5) 甘草萃(licorice extracts)、赤藻糖醇(erythritol)、蔗糖素(sucralose)、甘胺基(glycine)、紐甜(neotame)

使用添加物的範圍	用量標準
可使用於各類食品中。不得使用於代糖錠劑及粉末。	視實際適量使用。

(6) 醋磺內酯鉀(potassium acesulfame)

使用添加物的範圍	用量標準
可於瓜子、蜜餞、碳酸飲料、非碳酸飲料、粉末飲料、糖果（含口香糖、泡泡糖）、穀類早餐、可咀嚼之營養補充製劑、即食果凍及布丁、醱酵乳及其製品、冰淇淋、含乳或非含乳冷凍甜點、糕餅內餡、果醬、果漿及水果甜點配料、醬油、醬菜、調味醬、醋中。	視實際適量使用。
可使用於代糖錠劑及粉末。	視實際適量使用。
可使用於糖尿病飲食、管灌用食品等特殊營養食品。	獲得中央主管機關核准。

(7) 甘草素(glycyrrhizin)、甘草酸鈉、甘草酸銨、單尿甘酸甘草酸

使用添加物的範圍	用量標準
可使用於醬油、喉糖及楊桃汁等各類食品中。不得使用於代糖錠劑及粉末。	視實際適量使用。

(8) 麥芽糖醇(maltitol)、麥芽糖醇糖漿（氫化葡萄糖漿）、異麥芽酮糖醇（巴糖醇）

使用添加物的範圍	用量標準
可使用於口香糖及泡泡糖。	在 0.3 g/kg 以下。

(9) 索馬甜(thaumatin)

使用添加物的範圍	用量標準
可使用於口香糖及泡泡糖。	在 0.3 g/kg 以下。

以下為人工甘味劑的相對甜度比較：

紐　甜	4,000～8,000 倍	醋磺內酯鉀	200 倍
索馬甜	2,000 倍	阿斯巴甜	180～200 倍
蔗糖素	400～800 倍	甘草素	50 倍
糖　精	300～400 倍	環己基磺醯胺酸鹽	30～40 倍
甜菊萃	270～280 倍	蔗　糖	1.0 倍

注意事項：

1. 添加糖精、糖精鈉鹽、環己基（代）磺醯胺酸鈉、環己基（代）磺醯胺酸鈣、阿斯巴甜、醋磺內酯鉀等調味劑之食品，應中文標示「本品使用人工甘味料：○○○（人工甘味料名稱）」字樣。
2. 衛署食字第 731556 號公告：添加阿斯巴甜之食品，應以中文顯著標示「苯酮尿症患者(phenylketonurics, PKU)不宜使用」或同等意義之字樣。
3. 人工甘味劑不適用於冷凍食品中使用。
4. 阿斯巴甜的特色：
   (1) 是人工合成甜味劑。
   (2) 由天門冬胺酸與苯丙胺酸組合之雙胜肽。
   (3) COOCH$_3$ 基團上若甲基去除則會失去甜味。
   (4) 熱安定不佳，無法作為烘焙製品的代糖。

相關試題

1. 請寫出下列食品科學相關詞彙之中文。Diet Coke。

   答：Diet Coke 即為低熱量可樂，商品如健怡可樂中添加阿斯巴甜取代蔗糖。

2. 健怡可樂中一般以阿斯巴甜取代蔗糖。而有關阿斯巴甜的敘述，何者正確？
   (A)甜度為蔗糖的 2000 倍　(B)經常作為烘焙製品的代糖　(C)熱安定性不佳
   (D)為一種人類無法消化之雙糖，因此幾乎不提供熱量。　　　　答：(C)。

3. 何謂營養性和非營養性甜味劑，請解釋二者定義和舉例；並請探討甜味劑在已開發國家造成何種健康問題？

   答：依據代糖是否會產生熱量，一般可分為營養性甜味劑（可產生熱量）及非營養性的甜味劑（無熱量），其分類如下：

   (1)營養性甜味劑

種　類	甜　度	熱量 (Kcal/g)	應用產品類別
山梨醇(sorbitol)	0.5 倍	3	口香糖及無糖糖果。
甘露醇(mannitol)	0.7 倍	2	無果果糖及果醬。
木糖醇(xylitol)	0.9 倍	1	口香糖、糖果及口含錠。
麥芽糖醇(maltitol)	0.9 倍	2	巧克力、糖果及冰淇淋。

   (2)非營養性甜味劑，亦稱人工甘味劑

種　類	甜　度	熱量 (Kcal/g)	產品特性
糖精(saccharin)	300～400 倍	0	熱安定性高。
環己基磺醯胺酸鹽 (cyclamate)	30～40 倍	0	糖尿病、低熱量及特殊營養飲食製品。
阿斯巴甜 (aspartame)	180～200 倍	4	熱定安性差。
醋磺內酯鉀(ACE-K)	100～200 倍	0	熱安定性高。
蔗糖素(sucralose)	400～800 倍	0	用於烘焙食品、口香糖。
紐甜(neotame)	4,000～8,000 倍	0	高溫穩定。

　　甜味劑在已開發國家造成肥胖、糖尿病等健康問題，值得大家關注。

4. 有關阿斯巴甜(aspartame)的敘述，下列何者不正確？　(A)甜度為蔗糖的 200 倍　(B)在加工過程中對熱不穩定　(C)屬於雙胜肽(dipeptide)甜味料　(D)經常作為烘焙製品的代糖。　　　　　　　　　　　　　　　　　　答：(D)。

5. 有關阿斯巴甜(aspartame)的敘述，下列何者正確？　(A)甜度為蔗糖的 50 倍　(B)在加工過程中對熱不穩定　(C)屬於寡醣類之甜味料　(D)經常作為烘焙製品的代糖。　　　　　　　　　　　　　　　　　　　　　答：(B)。

6. 在人工甜味劑中，由苯丙胺酸(phenylalanine)及天門冬胺酸(aspartic acid)所組成的雙胜肽是哪一種甜味劑？　(A)糖精(saccharin)　(B)環己基磺醯胺酸(cyclamate)　(C)甜精(dulcin)　(D)阿斯巴甜(aspartame)。　　　　答：(D)。

7. 阿斯巴甜(aspartame)是雙胜肽人工調味劑，下列何者為其組成胺基酸？　(A)甘胺酸和甲硫胺酸　(B)丙胺酸和麩胺酸　(C)苯丙胺酸和天門冬胺酸　(D)白胺酸和色胺酸。　　　　　　　　　　　　　　　　　　　　答：(C)。

8. 下列有關阿斯巴甜的敘述何者為非？　(A)可作為低熱量食品之甜味劑　(B)是一種雙胜肽之酯化物　(C)甜度約蔗糖之 180～200 倍　(D)苯丙酮尿症患者可以安心食用無慮。　　　　　　　　　　　　　　　　答：(D)。

9. 何者不可使用人工甘味劑？　(A)包裝瓜子　(B)冷凍食品　(C)低熱量飲食　(D)糖尿病飲食。　　　　　　　　　　　　　　　　　　　　　答：(B)。

10. 甘胺酸(glycine)主要對食品提供了：　(A)鹹味　(B)酸味　(C)甜味　(D)苦味。　　　　　　　　　　　　　　　　　　　　　　　　　答：(C)。

11. 人工甘味阿斯巴甜(aspartame)下列敘述何者是不正確的？　(A)低熱量甜味料　(B)可使用於各類食品　(C)甜度為砂糖的 160～200 倍　(D)食品包裝上不需要特殊標示。　　　　　　　　　　　　　　　　　　答：(D)。

12. 根據行政院衛生署規定，蜜餞可添加阿斯巴甜：　(A)0.1%以下　(B)0.2%以下　(C)0.5%以下　(D)無限量。　　　　　　　　　　　　　答：(D)。

3. 酸味劑(acidulants)

　　其功用是提供食品的酸味口感，同時兼具食品保藏性。

(1) 反丁烯二酸(fumaric acid)、反丁烯二酸一鈉(monosodium fumarate)

使用添加物的範圍	用量標準
可使用於果汁等各類食品中。	視實際適量使用。

(2) 檸檬酸(citric acid)、檸檬酸鈉(sodium citrate)

使用添加物的範圍	用量標準
可使用於果汁等各類食品中。	視實際適量使用。

(3) 酒石酸(tartaric acid)、D&D L-酒石酸鈉(D&D L-sodium tartrate)

使用添加物的範圍	用量標準
可使用於天使蛋糕等各類食品中。	視實際適量使用。

(4) 醋酸(acetic acid)、冰醋酸(acetic acid glacial)

使用添加物的範圍	用量標準
可使用於食用醋等各類食品中。	視實際適量使用。

(5) DL-蘋果酸（羥基丁二酸）(DL-malic acid)、DL-蘋果酸鈉

使用添加物的範圍	用量標準
可使用於無鹽醬油等各類食品中。	嬰兒食品不得使用。

(6) 磷酸(phosphoric acid)

使用添加物的範圍	用量標準
可使用於可樂及茶類飲料。	在 0.6 g/kg 以下。

注意事項：

1. 醋酸的分子量小，抑菌效果最好。蘋果酸除了具有酸味之外，亦具有鹹味表現，其強度約為食鹽的 1/3 左右。
2. 常添加於醬油中，作為無鹽醬油的鹹味來源。

相關試題

1. 下列何種飲料使用磷酸作為其酸味劑？　(A)番茄汁　(B)紅茶　(C)優酪乳 (D)可樂。　　　　　　　　　　　　　　　　　　　　答：(D)。

2. 製造戚風蛋糕常添加塔塔粉，其作用主要是：　(A)降低蛋白鹼性使蛋糕潔白　(B)提升酵母菌之醱酵能力　(C)具雙重膨脹效果　(D)代替小蘇打。　　　　　　　　　　　　　　　　　　　　　　　　　　　答：(A)。

3. 有機酸中抗菌效果最好的是：　(A)乳酸　(B)蘋果酸　(C)醋酸　(D)檸檬酸。　　　　　　　　　　　　　　　　　　　　　　　　　　答：(C)。

（十一）黏稠劑（糊料）(bulking agents)

　可提高製品的黏性及冰衣強度；兼具安定乳化液的組織及增量效果；亦可防止冰淇淋生成粗大冰晶及減少速食麵的吸油量。公告允許可用的黏稠劑有 48 筆。

1. 海藻酸鈉(sodium alginate)、海藻酸丙二醇(propylene glycol alginate)

使用添加物的範圍	用量(phosphate)標準
可使用於沙拉醬、香腸、冰淇淋、果汁、速食麵等。	在 10 g/kg 以下。

註：乾酪素(casein)、乾酪素鈉、乾酪素鈣、酸化製澱粉、糊化澱粉、漂白澱粉、氧化澱粉、醋酸澱粉、乙醯化己二酸二澱粉、鹿角菜膠、玉米糖膠（三仙膠）、羥丙基纖維素、羥丙基甲基纖維素、卡德蘭熱凝膠、結蘭膠。

相關試題

1. 填充題：
bulking agent 在加工食品的主要功用是：提高黏稠性或具填充、增量性。

2. 果汁中加入羧甲基纖維素之目的為何？　(A)乳化劑　(B)增稠劑　(C)起泡劑 (D)還原劑。　　　　　　　　　　　　　　　　　　　　答：(B)。

3. CMC 可作為下列何種食品添加物使用？　(A)安定劑　(B)防腐劑　(C)殺菌劑　(D)消泡劑。　　　　　　　　　　　　　　　　　　　答：(A)。

4. 製造冰淇淋時添加褐藻酸鈉的目的為：　(A)甜味劑　(B)安定劑　(C)乳化劑　(D)香料。　　　　　　　　　　　　　　　　　　　　　　答：(B)。

5. 防止蜜柑罐頭之白濁現象，可於糖液中添加：　(A)甲基纖維素　(B)碳酸鈉　(C)石灰　(D)重合磷酸鹽。　　　　　　　　　　　　　　　　　答：(A)。

6. 製造冰淇淋時添加羧甲基纖維素的目的為：　(A)甜味劑　(B)香料　(C)乳化劑　(D)安定劑。　　　　　　　　　　　　　　　　　　　　　　答：(D)。

7. 製造速食麵時，為減少油炸時的吸油量，常添加：　(A)乳化劑　(B)重合磷酸鹽　(C)羧甲基纖維素鈉　(D)碳酸鈉。　　　　　　　　　　　　答：(C)。

8. 冰淇淋中添加褐藻酸鈉的目的是：　(A)防止粗大冰晶形成，使不致結冰　(B)產生乳化作用　(C)調節甜味　(D)促進冰淇淋硬化。　　　　　　答：(A)。

（十二）結著劑(coagulating agents)

可提高肉製品黏彈性、保水性、螯合作用、調整 pH 值及抗氧化。公告之結著劑品項共 16 筆，常用者有：

焦磷酸鉀(potassium pyrophosphate)、焦磷酸鈉、多磷酸鉀、多磷酸鈉、偏磷酸鉀、偏磷酸鈉、磷酸氫二鉀、磷酸氫二鈉、磷酸鉀、磷酸鈉。

使用添加物的範圍	用量(phosphate)標準
可使用於肉製品及魚肉煉製品等食品中。	在 3 g/kg 以下。

相關試題

1. 肌肉組織保水力差造成汁液流失，外觀不良及肉質乾澀可添加何種物質改善？　(A)乳酸　(B)磷酸鹽　(C)硼酸鹽　(D)苯甲酸。　　　　　答：(B)。

2. 欲增加肉製品之保水力，可添加：　(A)硫酸鈣　(B)硼酸鹽　(C)磷酸鹽　(D)螯合劑。　　　　　　　　　　　　　　　　　　　　　　答：(C)。

3. 肉類加工時，添加何者添加物可提高保水性？　(A)酒　(B)聚合磷酸鹽　(C)乳酸　(D)亞硫酸鹽。　　　　　　　　　　　　　　　　　　答：(B)。

（十三）乳化劑(emulsifying agents)

可使食品中之親油性和親水性物質充分混合；亦可改善製品黏彈性、外觀、風味及口感；提昇加工作業的可利用性。目前有 30 筆公告允許被使用。

1. 天然乳化劑(natural emulsifiers)

如：卵黃(yolk)、卵磷脂(lecithin)。

使用添加物的範圍	用量標準
可使用於蛋黃醬、沙拉醬、冰淇淋等各類食品中。	視實際適量使用。

2. 人工乳化劑(artificial emulsifiers)

脂肪酸甘油酯(mono- and Diglycerides)、脂肪酸蔗糖酯、脂肪酸山梨醇酐酯、脂肪酸丙二醇酯、單及雙脂肪酸甘油二乙醯酒石酸酯、鹼式磷酸鋁鈉、羥丙基纖維素、羥丙基甲基纖維素、檸檬酸甘油酯、脂肪酸鹽類、聚氧化乙烯、山梨醇酐單硬脂酸酯。

使用添加物的範圍	用量標準
可使用於蛋黃醬、沙拉醬、冰淇淋等各類食品中。	視實際需要適量使用。

乳化狀態類型可分為以下兩種。

水中油滴型	oil in water (O／W)	牛乳、冰淇淋、蛋黃醬、沙拉醬、粉末油脂。
油中水滴型	water in oil (W／O)	奶油(butter)、人造奶油(margarine)。

而乳化劑的選擇要親水性與親油性平衡值(hydrophile-lipophile balance, HLB)。

即判定乳化劑之親水與親油性平衡指標，一般介於 1～20 之間。以下為舉例比較。

乳化劑種類	HLB 值	親油性	親水性
人造奶油(margarine)	＜6	強	弱
蛋黃醬(mayonnaise)	8～20	弱	強

相關試題

1. 請解釋下列名詞：emulsifier。
   答：emulsifier 即為乳化劑，常添加於食品系統之乳化液中。

2. 製造冰淇淋時，原料中加入山梨糖脂肪酸酯是做為：　(A)甜味劑　(B)安定劑　(C)香味劑　(D)乳化劑。　　　　　　　　　　　　　　答：(D)。

3. 蛋黃醬原料中蛋黃之主要功能為：　(A)營養劑　(B)增稠劑　(C)調味劑　(D)乳化劑。　　　　　　　　　　　　　　　　　　　　　　答：(D)。

4. 請解釋下列名詞：乳化劑。
   答：乳化劑的作用乃將水分與油脂結合成均勻狀態，其成分可為卵磷脂、脂肪酸甘油酯等，其功能可改善製品黏性、外觀、風味及口感。

（十四）載體(vectors)

　　具溶劑之功用如提煉食用油脂用，或作為乾燥製品的柔化劑或香料之溶解劑等。

1. 丙二醇(propylene glycol)、甘油(glycerol)

使用添加物的範圍	用量標準
可使用於乾燥製品等各類食品中。	視實際適量使用。

2. 己烷(hexane)

使用添加物的範圍	殘留用量標準
可使用於食用油脂之萃取。	不得殘留。
可使用於香辛料精油之萃取。	在 25 ppm 以下。
可使用於啤酒花之成分萃取。	在 2.2%以下。

3. 異丙醇(isopropyl alcohol)(2-propanol；iso-propanol)

使用添加物的範圍	殘留用量標準
可使用於香辛料精油樹脂。	在 50 ppm 以下。
可使用於檸檬油。	在 6 ppm 以下。
可使用於啤酒花抽出物。	在 2.0%以下。

4. 丙酮(acetone)

使用添加物的範圍	殘留用量標準
可使用於香辛料精油之萃取。	在 30ppm 以下。
可使用於其他各類食品中。	不得殘留。

5. 乙酸乙酯(ethyl acetate)

使用添加物的範圍	殘留用量標準
可使用於食用天然色素之萃取。	得殘留。

6. 三乙酸甘油酯(triacetin)(glyceryl triacetate)

使用添加物的範圍	用量標準
可使用於口香糖等各類食品中。	視實際適量使用。

相關試題

1. 一般沙拉油是用何種溶劑萃取油脂？　(A)甲醇　(B)氯仿　(C)丙酮　(D)正己烷。　　　　　　　　　　　　　　　　　　　　　　　答：(D)。

（十五）營養添加劑(nutritional enriching agents)

添加特定之營養素於食品中，作為營養強化之用。

1. 維生素 A 粉末(dry formed vitamin A)、維生素 A 油溶液(vitamin A oil)

使用添加物的範圍	用量標準
可使用於人造乳酪等各類食品中。	視實際適量使用。

2. 硝酸硫胺明（維生素 B_1）、苯甲醯硫胺明（維生素 B_1）

使用添加物的範圍	用量標準
可使用於精白米等各類食品中。	視實際適量使用。

3. 核黃素（維生素 B_{12}）(riboflavin)、核黃素磷酸鈉（維生素 B_2）

使用添加物的範圍	用量標準
可使用於各類食品中。	視實際適量使用。

4. 抗壞血酸（維生素 C）(ascorbic acid)(vitamin C)、抗壞血酸鈉（維生素 C）

使用添加物的範圍	用量標準
可使用於果汁等各類食品中。	視實際適量使用。

5. 鈣化醇（維生素 D_2）(calciferol)(vitamin D_2)、膽鈣化醇（維生素 D_3）

使用添加物的範圍	用量標準
可使用於牛乳等各類食品中。	視實際適量使用。

6. 生育醇（維生素 E）(D-L-α-tocopherol)(vitamin E)、混合濃縮生育醇（維生素 E）

使用添加物的範圍	用量標準
可使用於人造奶油、速食麵及食用油脂等各類食品中。	視實際適量使用。

7. 甲基柑果（維生素 P）(methyl hesperidin)

使用添加物的範圍	用量標準
可使用於柑橘果汁及其製品等各類食品中。	視實際適量使用。

8. 維生素 K_3(menadione)(vitamin K_3)

使用添加物的範圍	用量標準
可使用於各類食品中。	視實際適量使用。

9. 甲硫胺酸(methionine)

使用添加物的範圍	用量標準
可使用於豆類及其製品等各類食品中。	視實際適量使用。

10. 離胺酸(lysine)

使用添加物的範圍	用量標準
可使用於穀類及其製品等各類食品中。	視實際適量使用。

相關試題

1. 解釋下列：enrichment。

    答：enrichment 即為營養強化，針對某些食品添加特定營養素即稱為營養強化食品。如人造乳酪中添加維生素 A；米穀粉添加維生素 B₁ 或離胺酸；果汁中添加維生素 C；牛乳中添加維生素 D₃；穀類中添加維生素 B₁ 或離胺酸及豆類中添加甲硫胺酸等皆屬於營養強化食品。

（十六）食品工業用化學藥品(chemicals for food industry)

以下為各類食品工業用化學藥品之比較。

化學藥品種類	功能或特性	常見的食品類別
氫氧化鈉	脫除游離脂肪酸及酸量檢測。	食用油脂、牛乳。
鹽　酸	強酸性蛋白質水解。	化學醬油、味精。
碳　酸　鈉	強鹼性蛋白質變性。	油麵、皮蛋、鹼粽。
硫　酸　鈣	離子性蛋白質凝固。	傳統豆腐、硬豆腐。
氯　化　鈣	強化蔬果組織。	蔬果醃漬物、果汁。
矽　藻　土	脫除色素及具助濾劑效用。	食用油脂、啤酒、果汁。
聚矽酮油	消除泡沫性。	豆乳。
葡萄糖酸-δ-內酯	等電點蛋白質凝固性。	盒裝豆腐、營養豆腐。
鎳　　粉	作為油脂氫化時之催化劑。	食用油脂。
氯　化　鈉	溶解促進性及麵糰改良性。	魚畜肉煉製品、烘焙製品。

相關試題

1. 豆漿煮沸時會產生泡沫，是因大豆中含有下列何種物質所致？　(A)植酸(phytin)　(B)穀蛋白(gliadin)　(C)胰蛋白酶抑制劑(trypsin inhibitor)　(D)皂素(saponin)。　　　　　　　　　　　　　　　　　　　　　　　　答：(D)。

2. 皮蛋製作之原理是利用鹼性物質，如生石灰、草木灰、苛性鈉使：　(A)蛋白質凝固　(B)脂質皂化　(C)醣類分解　(D)游離脂肪酸中和。　　答：(A)。

3. 市售盒裝豆腐所採用的凝固劑為：　(A)鹽滷　(B)GDL　(C)熟石膏　(D)硫酸鎂。　　答：(B)。

4. 魚肉在擂潰過程中，添加何種物質可使蛋白質易於溶出成為黏稠性之魚漿？(A)蔗糖　(B)澱粉　(C)食鹽　(D)冰水。　　答：(C)。

5. 油麵的黃色色澤是因為製麵時添加：　(A)馬鈴薯　(B)甘藷　(C)鹼水　(D)糖。　　答：(C)。

6. 鹼粽中可添加的合法防腐劑為：　(A)亞硫酸鈉鹽　(B)碳酸鈉鹽　(C)氯化石灰　(D)酒石酸氫鉀。　　答：(B)。

7. 油麵顏色呈現黃色，乃是添加：　(A)鹼水　(B)黃豆粉　(C)奶粉　(D)食鹽。　　答：(A)。

8. 強化蔬果質地之硬度時，添加下列何者最為有效？　(A)氯化鉀　(B)氯化鈉　(C)氯化鈣　(D)乙醇。　　答：(C)。

9. 豆漿製造過程中，常添加聚矽酮油，其目的為何？　(A)乳化　(B)增稠　(C)脫色　(D)消泡。　　答：(D)。

10. 下列何種物質可幫助魚肉蛋白質於擂潰過程中溶出？　(A)蔗糖　(B)磷酸鹽　(C)亞硝酸　(D)食鹽。　　答：(D)。

11. 下列何種化合物之添加，可預防魚漿於凍結與凍藏過程中發生冷凍變性（複選題）？　(A)食鹽　(B)硝酸鹽　(C)糖類　(D)硫酸鈣。　答：(A、C)。

12. 大豆油進行部分氫化時最常使用之催化劑是：　(A)鐵粉　(B)氧化鉛　(C)鎳　(D)酵素。　　答：(C)。

（十七）其他(others)

未歸入上述十六類者，如胡椒基丁醚、醋酸聚乙烯樹酯等有 20 筆允許使用。

三、有害性的非法食品添加物(illegal usage of hazard food additives)

以下為各類有害性非法食品添加物之比較。

種　類	毒性或特性	常見的食品類別
吊白塊(rongalit)	分解後會釋放甲醛和亞硫酸。	肉製品、乳製品。
硼砂(borax)	經代謝後形成硼酸具累積性，會妨礙體內消化酵素的作用。	魚丸、魚板、鹼粽、油麵、年糕、油條。
螢光增白劑	利用螢光特性達食品漂白效用。	仔魚、四破魚、洋菇。
對位乙氧苯脲(dulcin)	即為甜精，經動物實驗結果顯示具顯著地慢性毒害。	蔬果類蜜餞。
危害性色素(hazard pigment)	鹽基性介黃、鹽基性桃紅精、奶油黃、孔雀綠、橘色 2 號。	黃蘿蔔、奶油、糖果、紅龜、粿蔬果汁。

相關試題

1. 下列人工甜味劑，何者被我國禁用？　(A)甜精　(B)阿斯巴甜　(C)甘草素　(D)糖精。　　　　　　　　　　　　　　　　　　　　　　　　　　答：(A)。

2. 薑黃試紙主要是用來檢測：　(A)硼砂　(B)甲醛　(C)H_2O_2　(D)SO_2。答：(A)。
   解析：薑黃試紙主要是用來檢測食品中是否非法添加硼砂的快速檢驗方法。

學後評量　　　　　　　　　　　　　　　　　*Exercise*

一、精選試題

（A）　1. 李子蜜餞製作過程中，將李子浸於氯化鈣溶液中處理，主要目的為何？　(A)硬化果肉　(B)殺菌防腐　(C)增加色澤　(D)增強風味。

> 【解析】：將李子浸漬於氯化鈣溶液中，其目的為形成果膠酸鈣鹽具硬化果肉之功能。

（C）　2. 食品添加物之增稠劑中，何者屬於微生物膠？　(A)明膠(gelatin)　(B)羧甲基纖維素(carboxymethyl cellulose)　(C)三仙膠(xanthan gum)　(D)阿拉伯膠(arabic gum)。

> 【解析】：三仙膠又稱為玉米糖膠是由細菌(*Xanthomonas campestris*)所分泌的細胞外多醣體，可溶於冷水或熱水中，且於低濃度下即可形成高黏度。

（A）　3. 俗稱小蘇打的化學成分為何？　(A)碳酸氫鈉　(B)碳酸鈉　(C)酒石酸鉀鈉　(D)碳酸氫銨。

> 【解析】：蘇打粉(baking soda)又俗稱小蘇打，其化學成分為碳酸氫鈉，經加熱後會釋放二氧化碳和水，使魔鬼蛋糕及餅乾等烘焙製品的體積膨脹。

（A）　4. 下列何種添加物是無鹽醬油之鹹味來源？　(A)蘋果酸鈉　(B)氯化鎂　(C)檸檬酸鈉　(D)氯化鈣。

> 【解析】：蘋果酸除了可作為酸味劑之用外，其鈉鹽的鹹味表現約為食鹽的33%。

（D）　5. 哪一種食品添加物不屬於食品衛生法規所稱之防腐劑？　(A)己二烯酸鉀　(B)苯甲酸鈉　(C)丙酸鈣　(D)二氧化鈦。

> 【解析】：食品衛生法規中二氧化鈦則屬於法定的人工著色劑。

（B）　6. 哪一種添加物不屬於乳化劑？　(A)卵磷脂　(B)三酸甘油酯　(C)丙二醇脂肪酸酯　(D)蔗糖脂肪酸酯。

> 【解析】：卵磷脂、單、雙甘油酯、丙二醇脂肪酸酯及蔗糖脂肪酸酯等皆屬於乳化劑；而三酸甘油酯分子上並無親水性基團，因此不屬於乳化劑。

（C）　7. 在同樣的溫度及酸鹼性等條件下，哪一種鮮味劑所呈現的鮮味最強？　(A)麩胺酸一鈉(mono sodium glutamate)　(B)5'-肉苷酸(5'-inosinic acid)　(C)5'-鳥苷酸(5'-guanylic acid)　(D)麩胺酸(glutamic acid)。

【解析】：食品添加物中之鮮味劑的鮮度比較如下：

鮮味劑種類	最低呈味濃度（閾值：%）
天冬門胺酸鈉(MSA)	0.16
麩胺酸鈉(MSG)	0.03
次黃嘌呤核苷酸鈉(5'-Na-IMP)	0.025
鳥糞嘌呤核苷酸鈉(5'-Na-GMP)	0.0125

（B）　8. 甲乳化劑之 HLB 值為 15.0，其添加量為 30%；乙乳化劑之 HLB 值為 7.0，其添加量為 70%。請問將兩者混合後，新的乳化劑之 HLB 值約：　(A)7.0　(B)9.4　(C)13　(D)15.0。

【解析】：HLB mixed＝x%・HLBx＋y%・HLBy＝30%×15.0＋70%×7.0＝9.4。

（D）　9. 哪一種食品於傳統製造過程中，不需控制在鹼性條件下？　(A)皮蛋　(B)冬瓜糖塊　(C)蒟蒻　(D)蛋黃醬。

【解析】：皮蛋、冬瓜糖塊、蒟蒻及蛋黃醬等產品的控制條件如下：

製品分類	製程控制條件	添加物種類
皮蛋	鹼性	碳酸鈉鈣
冬瓜糖塊	鹼性	氯化鈣
蒟蒻	鹼性	氫氧化鈣
蛋黃醬	酸性	水果醋、果汁

（B）10. 盒（袋）裝豆腐在製造過程中添加了何種凝固劑？　(A)磷酸氫鈣　(B)葡萄糖酸-δ-內酯　(C)多磷酸鉀　(D)鉀明礬。

【解析】：製造盒裝豆腐的過程中常添加葡萄糖酸-δ-內酯(GDL)作為凝固劑使用，於 70～80°C 時葡萄糖酸-δ-內酯會緩慢分解成葡萄糖酸，形成酸性條件促使黃豆蛋白產生等電點沉澱而變性凝固，即可製得質地偏軟的豆腐。

（B）11. 無菌充填包裝之包材（如利樂包），通常使用何者進行殺菌？　(A)二氧化硫　(B)過氧化氫　(C)次氯酸鈉　(D)低濃度鹽酸。

【解析】：包材如利樂包常使用過氧化氫殺菌，以 200°C 熱空氣吹送以避免殘留。

（B）12. 當重量相同時，哪一種甜味劑熱量最低？　(A)乳糖(lactose)　(B)糖精(saccharin)　(C)蔗糖(sucrose)　(D)阿斯巴甜(aspartame)。

【解析】：乳糖、蔗糖、阿斯巴甜及糖精的甜度與熱量比較如下：

甜味劑分類	種類	相對甜度值	熱量值
天然甜味劑	乳糖	0.17	4
	蔗糖	0	4
人工甜味劑	糖精	300～400	0
	阿斯巴甜	180～200	4

（B）13. 依衛福部頒布之食品添加物使用標準，何者不屬於酸化劑(acidulant)？　(A)檸檬酸　(B)去水醋酸　(C)磷酸　(D)酒石酸。

【解析】：檸檬酸、酒石酸、醋酸及磷酸等均屬於酸化劑。但若醋酸去除水分子則形成去水醋酸(dehydroacetic acid)，則屬於防腐劑。

（B）14. 苯酮尿症患者無法代謝下列何種代糖？　(A)甜菊萃(stevia extract)　(B)阿斯巴甜(aspartame)　(C)甜精(dulcin)　(D)甘精(cyclamate)。

【解析】：苯酮尿症(PKU)患者無法有效代謝苯丙胺酸，因此含有苯丙胺酸的阿斯巴甜不適用於上述患者食用，需作明顯標示。

（A）15. 我國食品衛生法規准許次氯酸鈉溶液（漂白水）當作下列何項物質之殺菌劑？　(A)食品用水　(B)生菜沙拉　(C)殺菌軟袋食品　(D)煉製品。

【解析】：次氯酸鈉為殺菌劑。常用於食品用水與礦泉水工廠的水質消毒。

（D）16. 下列何種物質可作為食用油之抗氧化劑？　(A)次亞麻油酸　(B)己二稀酸　(C)人工色素　(D)維生素 E。

【解析】：食用油脂中常添加的抗氧化劑為維生素 E，稱為天然抗氧化劑。

（D）17. 葡萄糖氧化酶(glucose oxidase)可用來當作：　(A)黏稠劑　(B)增量劑　(C)硬化劑　(D)脫氧劑。

【解析】：葡萄糖氧化酶脫除氧氣作用機制如下：

$$C_6H_{12}O_6 + H_2O + O_2 \longrightarrow C_6H_{12}O_7 + H_2O_2$$

（C）18. 肉品保色處理中，使用抗壞血酸的目的為：　(A)當呈色劑　(B)與血紅素結合　(C)當保色助劑防止氧化　(D)促使一氧化氮氧化。

【解析】：使用抗壞血酸的目的為當作保色輔劑，可防止肌紅蛋白(Mb)的氧化發生，促使與一氧化氮結合，結合成鮮紅色之亞硝基肌色原。

（A）19. 豆漿加熱時常發生起泡現象，可用下列何種物質加以防止？　(A)聚矽酮油　(B)無水硫酸鈉　(C)食鹽　(D)蛋白。

【解析】：豆漿加熱時，添加聚矽酮油可有效地減緩起泡現象。

（A）20. 有關抗氧化劑之敘述，下列何者正確？　(A)可供應氫原子　(B)可供應自由基　(C)可減緩還原作用　(D)只能經由人工合成。

【解析】：抗氧化劑之特性為　(A)可提供氫原子和自由基結合　(B)可減少自由基的含量　(C)可減緩氧化作用　(D)種類包括天然者與人工合成者。

（D）21. 豆皮加工時，添加聚矽酮油(silicone oil)，主要作用為：　(A)乳化　(B)脫色　(C)除臭　(D)消泡。

【解析】：豆皮或豆乳（漿）製造時，常添加聚矽酮油(silicone oil)，主要目的具消泡作用。

（A）22. 甘草素(glycyrrhizin)屬於：　(A)甜味劑　(B)酸味劑　(C)乳化劑　(D)呈味劑。

【解析】：甘草素屬於甜味劑，常使用於楊桃汁、中藥配方、醬油及喉糖等。

（A）23. 肉製品中最常用來固定肉色之化學藥品為：　(A)KNO_3　(B)$Ba(NO_3)_2$　(C)$Mg(NO_3)_2$　(D)$Ca(NO_3)_2$。

【解析】：肉類製品中常使用的保色劑即為亞硝酸鹽與硝酸鹽，大部分以鉀鹽與鈉鹽之鹼金族為主。鹼土族如鋇鹽、鎂鹽及鈣鹽等其溶解度較低，不適用於該類製品。

（B）24. 有關食物中亞硝酸鹽之敘述何者正確？　(A)用於新鮮肉品以防止肉毒桿菌毒素產生　(B)為加工肉品之發色劑　(C)防止果汁罐頭之針孔腐蝕　(D)防止腸內致癌毒素產生。

【解析】：亞硝酸鹽主要是作為加工肉品之發色劑，可讓肉質呈現鮮紅色澤。

（A）25. 以調整水活性為目的，所添加者為下列何種物質？　(A)調濕劑　(B)結著劑　(C)稠濃劑　(D)保色劑。

【解析】：利用糖類的添加可改善食品中自由水的分布狀態，即調整其水活性大小，該添加物質稱為調濕劑(humectant)。

（B）26. 根據食品衛生法規，亞硝酸鹽在一般肉類加工品中，其亞硝酸根之殘留量不得超過：　(A)30 ppm　(B)70 ppm　(C)200 ppm　(D)500 ppm。

【解析】：依據食品衛生法規，一般肉類製品中，亞硝酸根之殘留量不得超過 70 ppm，若超過 70 ppm 則易形成致癌物質亞硝胺。

（B）27. 米食加工用的磷酸鹽類，其功用是屬於： (A)防腐劑 (B)品質改良劑 (C)黏稠劑 (D)調味劑。

【解析】：米食製品中添加磷酸鹽的主要目的為改善米食原料的澱粉特性，因此屬於品質改良劑。

（A）28. 食用油脂中為抗氧化而添加維生素 E，哪一型維生素 E 抗氧化效果最佳？ (A)δ 型 (B)γ 型 (C)β 型 (D)α 型。

【解析】：維生素 E 之抗氧化效果比較為 δ 型＞γ 型＞β 型＞α 型。

（A）29. 苯甲酸(benzoic acid)是一種： (A)防腐劑 (B)保色劑 (C)乳化劑 (D)抗氧化劑。

【解析】：苯甲酸(benzoic acid)及其鹽類是一種防腐劑的使用。

（D）30. 魚肉在擂潰過程中，添加何種物質可使蛋白質易於溶出成為黏稠性之魚漿？ (A)蔗糖 (B)澱粉 (C)冰水 (D)食鹽。

【解析】：魚肉擂潰操作時，添加食鹽之主要目的在促使鹽溶性蛋白質溶出，以形成具有黏稠性之魚漿，利於魚丸、魚板及魚糕等製品的後續加工。

（B）31. 動物組織保水力差造成汁液流失，外觀不良及肉質乾澀可添加何種物質來改善？ (A)乳酸 (B)磷酸鹽 (C)硼酸鹽 (D)苯甲酸。

【解析】：磷酸鹽可提高肉質的水合作用，因此可用來改善動物組織因保水力差所造成的汁液流失，外觀不良及肉質乾澀等缺點。

（B）32. 烘焙加工中，麵粉中添加食鹽屬於： (A)營養劑 (B)麵粉改良劑 (C)填充劑 (D)漂白劑。

【解析】：在烘焙麵包製程中，常會添加食鹽以強化麵筋的形成，增加麵包的韌性、黏彈性及抑制有害菌等功能，是為麵粉的品質改良劑。

（B）33. 依我國食品衛生法規規定，下列何者不可使用人工甘味劑？ (A)包裝瓜子 (B)冷凍食品 (C)特殊營養飲食 (D)糖尿病飲食。

【解析】：包裝瓜子、特殊營養飲食及糖尿病飲食皆可使用人工甘味劑（塞克拉美、糖精及阿斯巴甜）。但冷凍食品則不可添加人工甘味劑。

（B）34. 何者為我國禁用之人工甘味劑？ (A)賽克拉美(cyclamate) (B)甜精(dulcin) (C)糖精(saccharin) (D)阿斯巴甜(aspartame)。

【解析】：甜精(dulcin)經動物實驗證實具致癌性，為我國所禁用之人工甘味劑。

（B）35. 對苯丙酮尿症患者有不良影響之代糖或低糖物質為：　(A)糖精　(B)阿斯巴甜　(C)山梨糖醇　(D)甜菊萃。

【解析】：對苯丙酮尿症患者有不良代謝影響之代糖為阿斯巴甜，需標示清楚。

（A）36. 合法之酸性煤焦色素不包括：　(A)食用黃色 6 號　(B)食用紅色 7 號　(C)食用黃色 4 號　(D)食用紅色 40 號。

【解析】：合法煤焦色素包括食用黃色 4 或 5 號、食用紅色 6、7 或 40 號。

（D）37. 生鮮水產品之鮮味呈味成分不包括：　(A)游離胺基酸　(B)核甘酸　(C)麩胺酸-鈉　(D)卵磷脂。

【解析】：鮮味的呈味成分不包括卵磷脂。

（B）38. 合法之防腐劑（聯苯，biphenyl）可用於：　(A)醬油　(B)水果包裝紙　(C)乳酪　(D)果醬。

【解析】：葡萄、柚子、檸檬、柑桔等水果的外敷用紙張，常使用防腐劑為聯苯。

（C）39. 以調節 A_w 為目的而添加的物質稱為：　(A)乳化劑　(B)防腐劑　(C)潤濕劑　(D)抗氧化劑。

【解析】：以調節水活性(A_w)為目的而添加的物質稱為潤濕劑，具保存性效果。

（D）40. 下列何者不具脫氧劑性質　(A)鐵粉　(B)葡萄糖氧化酵素　(C)次硫酸鈉　(D)石灰。

【解析】：具脫除氧氣者包括鐵粉、葡萄糖氧化酶及次硫酸鈉等，但不包括石灰。

（A）41. 製造香腸時常添加各種磷酸鹽，其主要功能為：　(A)保水性　(B)抗氧化性　(C)安全性　(D)增加磷礦物質之含量。

【解析】：製造香腸等肉製品時常添加各種磷酸鹽，其主要功能為具保水性。

（C）42. 有關於二氧化硫應用於水果類燻硫處理之敘述何者為錯誤？　(A)可殺死微生物及害蟲　(B)防止褐變反應及具漂白作用　(C)防止糖類結晶及油脂氧化　(D)防止酵素作用。

【解析】：水果類之燻硫處理是無法作為防止糖類結晶及油脂氧化現象。

（A）43. 添加乳化劑於食品中主要作用是：　(A)使食品中的油與水較能均勻分散　(B)增加食品中的蛋白質之保水能力　(C)降低食品中的水活性　(D)增加食品之抗菌能力。

【解析】：食品乳化液系統中添加乳化劑的作用是使油脂與水分較能均勻分散。

（C）44. 食品加工中添加甲基纖維素(methyl cellulose)之主要作用： (A)殺菌作用 (B)抑菌作用 (C)作為黏稠劑或糊料 (D)調味作用。

【解析】：柑橘果汁加工中添加甲基纖維素之主要作用為分散橘皮苷，避免白濁現象的發生，因此該添加物稱為黏稠劑或糊料(bulk agents)。

（A）45. 下列何種添加物常用於魚類之漂白與殺菌？
(A)次氯酸鈉(sodium hypochloride) (B)維他命 C(ascorbic acid)
(C)多磷酸鈉(sodium polyphosphate) (D)聚糊精(polydextrose)。

【解析】：次氯酸鈉(NaClO)可作為魚類之漂白與殺菌作用。過氧化氫(H$_2$O$_2$)則使用於魚肉煉製品、除麵粉及其製品以外之其他食品。

（D）46. 下列有關阿斯巴甜(aspartame)之敘述，何者不正確？ (A)可作為低熱量食品之甜味劑 (B)是一種雙胜肽(dipeptide)之酯化物 (C)甜度約為蔗糖之 200 倍 (D)是自然界中生產甜度最高之糖類。

【解析】：阿斯巴甜(aspartame)之特性是人工合成中具高甜度之雙胜肽類。

（C）47. 阿斯巴甜是人工甘味劑，以蔗糖 10%為標準，其甜度約為蔗糖的：
(A)50～80 倍 (B)100～120 倍 (C)180～200 倍 (D)250～300 倍。

【解析】：阿斯巴甜是人工甘味劑，其甜度約為蔗糖的 180～200 倍。

（A）48. BHA 是一種： (A)抗氧化劑 (B)防腐劑 (C)黏稠劑 (D)乳化劑。

【解析】：丁基羥基甲氧苯(BHA)是一種抗氧化劑。

（C）49. 己二烯酸(sorbic acid)是一種： (A)酸化劑 (B)抗氧化劑 (C)防腐劑 (D)乳化劑。

【解析】：己二烯酸(sorbic acid)及其鹽類是一種防腐劑。

（C）50. CMC 是一種： (A)抗氧化劑 (B)防腐劑 (C)黏稠劑 (D)甜味劑。

【解析】：羧甲基纖維素(CMC)是一種黏稠劑或糊料使用。

（B）51. 肉製品添加亞硝酸鹽，其主要功用之一為： (A)抑制酵母菌 (B)固定顏色 (C)增加口感 (D)保持溼潤。

【解析】：肉製品中添加亞硝酸鹽，其功用為固定肌肉顏色及抑制肉毒桿菌生長。

（C）52. 製造脫水蔬菜時，為了防止其褐變，常以： (A)CO$_2$ (B)NO$_2$ (C)SO$_2$ (D)NH$_3$ 燻蒸。

【解析】：製造脫水蔬菜時，常以硫燻(SO$_2$)處理，以防止其褐變現象發生。

二、模擬試題

( )　1. 食品成分之安全性評估，分一般毒性試驗和特殊毒性試驗，下列哪一種試驗不屬於特殊毒性試驗之項目？　(A)致畸胎性試驗　(B)致癌性試驗　(C)突變原性試驗　(D)慢性毒性試驗。

( )　2. 去水醋酸在食品加工中的主要用途為何？　(A)防腐劑　(B)殺菌劑　(C)抗氧化劑　(D)保色劑。

( )　3. 添加於魚肉煉製品及肉製品可增加肉質黏稠性的添加物為：　(A)酸味劑　(B)結著劑　(C)黏稠劑　(D)乳化劑。

( )　4. 下列何者適宜添加碳酸氫銨來膨發？　(A)麵包　(B)油條　(C)蛋糕　(D)饅頭。

( )　5. 人工甘味劑中需應標示「苯酮尿患者不宜食用」字樣者為：　(A)阿塞沙非 K　(B)索馬甜　(C)阿斯巴甜　(D)甜精。

( )　6. 甲、乙、丙、丁四種化合物，其 LD_{50} 劑量反應曲線之斜率分別為 0.8、1.0、0.6、0.2，則其毒性大小為：　(A)甲＞乙＞丙＞丁　(B)乙＞甲＞丙＞丁　(C)丁＞丙＞甲＞乙　(D)丙＞甲＞丁＞乙。

( )　7. 聚磷酸鹽在食品加工中的功能不包括：　(A)螯合劑　(B)乳化劑　(C)防止褐色劑　(D)結著劑。

( )　8. 下列何種食品的鮮味表現與琥珀酸單鈉鹽(monosodium succinate, MSS)沒有直接關係？　(A)酒類　(B)貝類　(C)褐藻類　(D)畜肉類。

( )　9. 塞克拉美(cyclamate)是一種：　(A)防腐劑　(B)抗氧化劑　(C)乳化劑　(D)甜味劑。

( )　10. 下列何種添加物可以取代食鹽的作用，作為低鹽的鹹味來源？　(A)抗壞血酸鹽　(B)蘋果酸鹽　(C)索馬甜　(D)焦磷酸鹽。

( )　11. 下列有關甜味劑之敘述，何者為錯誤？　(A)所有雙醣皆具甜味　(B)甜菊精(stevioside)的甜度約蔗糖的 300 倍　(C)阿斯巴甜(aspartame)之 $COOCH_3$ 基團如去掉甲基則失去甜味　(D)果糖的甜度高於葡萄糖者。

( )　12. HLB 值可用於評估下列何種食品添加物？　(A)防腐劑　(B)甜味劑　(C)乳化劑　(D)黏稠劑。

( )　13. 下列哪一種不是抗氧化劑？　(A)丁基羥基甲氧苯(BHA)　(B)半胱胺酸(cycteine)　(C)檸檬酸(citric acid)　(D)L-抗壞血酸(L-ascorbic acid)。

（　）14. 食品添加物中，哪一種易引起特殊體質者氣喘疾病之發生？　(A)亞硫酸鹽　(B)亞硝酸鹽　(C)過氧化氫　(D)糖精。

（　）15. 食品添加物有法定的用量標準，下列敘述何者錯誤？　(A)用量標準是根據動物慢性毒性試驗推估而來　(B)每日容許攝取量(ADI)就是動物試驗得到的最大無作用量　(C)容許量是估計食品添加物可被安全攝取的上限　(D)用量標準是由 ADI 和該物質在所消費食品中之百分比推估來的。

（　）16. 下列有關亞硝酸鹽及亞硝基化合物的敘述，何者錯誤？　(A)深綠色蔬菜中的硝酸鹽可在人口腔中轉變為亞硝酸鹽　(B)鹼性的環境有利於亞硝基化合物的生成　(C)維生素 E 會抑制亞硝基化合物的生成　(D)香腸添加亞硝酸鹽可抑制肉毒桿菌生長。

（　）17. 下列哪項不是亞硫酸鹽之功能？　(A)防止果汁褐變　(B)改善麵糰性質　(C)提供酸味及風味　(D)抑制微生物生長。

（　）18. 下列何種合成色素不是合法使用的食用色素？　(A)藍色一號　(B)橘色二號　(C)綠色三號　(D)紅色七號。

（　）19. 吊白塊對人體有害主因含有何種成分？　(A)硼酸鈉　(B)甲醛　(C)螢光增白劑　(D)過氧化氫。

（　）20. 急性毒性試驗(acute toxicity)之試驗期間約為：　(A)48 小時　(B)1 個月　(C)3 個月　(D)24 個月。

（　）21. 下列何種防腐劑最適合使用 pH 高於 7 之食品？　(A)己二烯酸　(B)丙酸鈣　(C)對羥基苯甲酸乙酯　(D)苯甲酸鈉。

（　）22. 下列有關食品添加物的敘述，何者錯誤？　(A)法定食品添加物有 17 類　(B)最大無作用量＝每日容許攝取量×安全係數　(C)罐頭中不得添加任何防腐劑　(D)去水醋酸(DHA)屬於一種防腐劑。

（　）23. 合法之防腐劑（聯苯，biphenyl）可用於：　(A)醬油　(B)水果包裝紙　(C)乳酪　(D)果醬。

（　）24. 己二烯酸及其鹽類對下列何種微生物抗菌性不強？　(A)黴菌　(B)酵母　(C)好氣性細菌　(D)嫌氣性細菌。

（　）25. 有些添加物雖知其安全性有問題，但仍然使用於食品是基於何種考量？　(A)劑量與反應　(B)危害及利益　(C)忍耐劑量　(D)安全係數。

（　）26. 糕餅常使用之防腐劑為：　(A)丙酸鈉　(B)丙酸鈣　(C)己二烯酸鉀　(D)苯甲酸鈉。

（　）27. 食品添加物急性毒性試驗 LD_{50} 數值是指：　(A)半數致死劑量　(B)每日容許攝取量　(C)最大無作用量　(D)安全係數。

（　）28. 食品添加物經慢性毒性試驗之最大目的在於求出：　(A)最大無作用量　(B)安全係數　(C)每日容許攝取量　(D)閾值。

（　）29. 根據食品衛生法規，亞硝酸鹽在一般肉類加工品中，其亞硝酸根之殘留量不得超過：　(A)30 ppm　(B)70 ppm　(C)200 ppm　(D)500 ppm。

（　）30. 在食品加工用以抑制微生物生長的化學藥品稱為：　(A)殺菌劑　(B)防腐劑　(C)抗氧化劑　(D)質地改良劑。

（　）31. 造成中國餐館症候群的原因，是因為下列哪一種物質攝取過量？　(A)BHT　(B)CMC　(C)MSG　(D)GMP。

（　）32. 一般食品中添加一種以上抗氧化劑，其總量不得超過：　(A)100 ppm　(B)200 ppm　(C)300ppm　(D)400 ppm。

（　）33. 下列甜味劑中，何者已被我國禁用？　(A)糖精　(B)甘露醇　(C)甜菊精　(D)甜精。

（　）34. 可做為殺菌劑及漂白劑利用的食品添加物為：　(A)溴酸鉀　(B)硝酸鈉　(C)碳酸氫鈉　(D)過氧化氫。

（　）35. 油麵中常添加何種會危害人體之添加物？　(A)螢光增白劑　(B)硼砂　(C)吊白塊　(D)福馬林。

（　）36. 亞硫酸鹽最容易破壞下列哪一種維生素？　(A)B_1　(B)B_2　(C)B_6　(D)B_{12}。

（　）37. 生育醇(tocopherol)中維生素功能之活性最強者為：　(A)α 型　(B)β 型　(C)γ 型　(D)δ 型。

（　）38. 氯化石灰在食品加工中的主要用途為何？　(A)防腐劑　(B)殺菌劑　(C)抗氧化劑　(D)保色劑。

（　）39. 於四破魚、吻仔魚中常發現的有害食品添加物為：　(A)過氧化氫　(B)硼砂　(C)螢光增白劑　(D)防腐劑。

（　）40. 下列何者在食品安全性之評估中表示「無作用量」？　(A)ADI (B)Tolerance　(C)NOEL　(D)LD$_{50}$。

（　）41. 下列何者最適合做為蔬果加工品之漂白劑？　(A)氯化鎂　(B)乙酸乙酯　(C)抗壞血酸　(D)亞硫酸鉀。

（　）42. 下列何者為製作鹹餅乾（蘇打餅乾）之膨大劑？　(A)碳酸鈣　(B)酵母　(C)溴化鉀　(D)磷酸鉀。

（　）43. 下列何者為豆腐製作的最佳凝固劑？　(A)蛋白質酶　(B)氨氣　(C)葡萄糖酸內酯　(D)氧化鐵。

（　）44. 下列何種有機酸的抗菌力最強？　(A)醋酸　(B)酒石酸　(C)蘋果酸 (D)檸檬酸。

（　）45. 下列何者最適合做為肉製品的保水與結著劑？　(A)磷酸鹽　(B)氧化鎂　(C)碳酸鈣　(D)己二烯酸。

（　）46. 下列何者能促進醃肉中亞硝基肌紅蛋白的生成，縮短醃漬時間？　(A)麩胺酸　(B)琥珀酸二鈉　(C)木糖醇　(D)抗壞血酸鈉。

（　）47. 廣泛用於果汁增黏劑之 CMC，是下列何者的衍生物？　(A)纖維素 (B)半纖維素　(C)果膠質　(D)聚葡甘露糖。

（　）48. 下列何種食品甜味劑不含熱量？　(A)甜菊精　(B)蔗糖　(C)麥芽糖 (D)葡萄糖。

（　）49. 添加石膏製作豆腐與利用低甲氧基果膠製作凝膠，該兩種加工均使用何種離子？　(A)鉀　(B)鈉　(C)鋰　(D)鈣。

（　）50. 魚肉之鮮美味道物質如肉苷酸(5'-IMP)，屬於下列何種調味料？　(A) 脂質　(B)醣類　(C)核苷酸　(D)胺基酸。

模擬試題答案

1.(D)　2.(A)　3.(B)　4.(B)　5.(C)　6.(B)　7.(B)　8.(C)　9.(D)　10.(B)

11.(A)　12.(C)　13.(C)　14.(A)　15.(B)　16.(B)　17.(C)　18.(B)　19.(B)　20.(A)

21.(C)　22.(B)　23.(B)　24.(D)　25.(B)　26.(A)　27.(A)　28.(A)　29.(B)　30.(B)

31.(C)　32.(B)　33.(D)　34.(D)　35.(B)　36.(A)　37.(A)　38.(B)　39.(C)　40.(C)

41.(D)　42.(B)　43.(C)　44.(A)　45.(A)　46.(D)　47.(A)　48.(A)　49.(D)　50.(C)

食品衛生安全與法規

一、食品衛生之行政相關機構及其職責(administration bureaus of food sanitation and their duty)

（一）行政院衛生福利部

1. 食品藥物管理署(food and drug administration)

　　下轄分別為直轄市、縣（市）政府衛生局，統籌負責有關食品、添加物及衛生等之管理、檢驗、許可登記及輔導等事宜。

　(1) 食品組

　　　負責食品管理、政策及相關法規之研擬，並推動、執行查驗登記與許可文件等相關食品管理事項。

　(2) 研究核驗組

　　　負責國內食品藥物化粧品之檢驗、研究及評估，協助進口檢驗業務，並支援區管理中心及地方衛生主管機關之檢驗技術。

（二）農業委員會(council for agricultural planning and development)

　　負責所有有關農畜水產食品的原料生產、加工及運銷業務管理。

（三）經濟部(ministry of economic affairs)

1. 商品檢驗局(bureau of commodity inspection and quarantine)

　　負責出口食品及經公告應檢驗項目的輸入食品檢驗業務。

2. 中央標準局(bureau of national standards)

　　訂定食品規格名稱、檢驗方法、品質標準（國家標準）。

3. 工業局（第四組）(industrial development bureau)

　　負責食品工業之獎勵投資法規及專案輔導計畫之研擬與執行，主管工業區之開發與管理、工廠設立登記業務及訂定設廠標準、輔導公會營運、公害防治與產銷協調、輔導 GMP(good manufacturing practice)或台灣優良食品標章申請事宜。

4. 國貿局(board of foreign trade)

　　負責核發進口食品輸入許可證（特殊營養食品除外）等事宜。

（四）直轄市及縣（市）政府衛生局

　　統籌地方食品藥物管理、檢驗及衛生稽查等業務。

二、 國內實施食品或餐飲管理相關法規(law and regulations on food and beverage management)

　　當科技發展對食品或餐飲中影響健康之成分愈了解，對食品產品從食材之生產、採購、儲存，一直到生產及加工或烹調製備過程均需進行嚴格管控，以保障消費者食用安全。下表列出國內食品或餐飲管理相關法規之目錄。

國內食品或餐飲管理相關法規之目錄

法規名稱	發布單位與最新發布日期	最近下載日期
食品安全衛生管理法	中華民國 107 年 1 月 24 日總統令修正公布並即日施行	108.06.30
食品添加物使用範圍及限量暨規格標準	中華民國 107 年 1 月 9 日衛授食字第 1061303630 號令修正並即日施行	108.06.30
食品安全衛生管理法行施行細則	中華民國 106 年 7 月 13 日衛生福利部衛授食字第 1061300653 號令修正發布全文 31 條，並自發布日施行，但第 22 條自發布後一年施行	108.06.30
農藥殘留容許量標準	中華民國 106 年 6 月 29 日衛授食字第 1061301760 號令修正並即日施行	108.06.30
食品用洗潔劑衛生標準	中華民國 106 年 6 月 12 日衛授食字第 1061301328 號令修正	108.06.30
食品安全管制系統準則	中華民國 104 年 6 月 5 日衛生福利部部授食字第 1041302057 號令訂定發布全文 13 條	108.06.30
食品過敏原標示規定	中華民國 104 年 7 月 1 日部授食字第 1301300217 號公告	108.06.30

法規名稱	發布單位與最新發布日期	最近下載日期
食品良好衛生規範準則	中華民國 103 年 11 月 7 日衛生福利部部授食字第 1031302301 號令修正發布，並即日施行	108.06.30
食品工廠建築及設備設廠標準	中華民國 103 年 3 月 5 日衛生福利部部授食字第 1031300178 號令訂定發布並即日施行	108.06.30
食品業者專門職業或技術證照人員設置及管理辦法	中華民國 103 年 2 月 24 日衛生福利部部授食字第 1031300273 號令訂定發布全文 10 條並即日施行	108.06.30
食品製造工廠衛生管理人員設置辦法	中華民國 104 年 8 月 10 日衛生福利部部授食字第 1041302465 號令修正發布並即日施行	108.06.30
食品及其相關產品追溯追蹤系統管理辦法	中華民國 102 年 11 月 19 日衛生福利部部授食字第 1021351000 號令訂定發布全文 10 條；並自發布日施行	108.06.30
一般食品衛生標準	中華民國 102 年 8 月 20 日衛生福利部部授食字第 1021350146 號令修正發布第 1 條條文	108.06.30
市售包裝食品營養標示方式及內容標準	中華民國 102 年 8 月 19 日發文字號：衛生福利部部授食字第 1021302169 號	108.06.30
罐頭食品類衛生標準	中華民國 102 年 8 月 20 日衛生福利部部授食字第 1021350146 號令修正發布全文 5 條，並自發布日施行	108.06.30
生熟食混合即食食品類衛生標準	中華民國 102 年 8 月 20 日衛生福利部部授食字第 1021350146 號令修正發布第 1 條條文	108.06.30
食品器具容器包裝衛生標準	中華民國 102 年 8 月 20 日衛生福利部部授食字第 1021350146 號令修正發布第 1 條條文	108.06.30
免洗筷衛生標準	中華民國 102 年 8 月 20 日衛生福利部部授食字第 1021350146 號令修正發布第 1、6 條條文，並自發布日施行	108.06.30

法規名稱	發布單位與最新發布日期	最近下載日期
蛋類衛生標準	中華民國 102 年 8 月 20 日衛生福利部部授食字第 1021350146 號令修正發布全文 3 條，並自發布日施行	108.06.30
食鹽衛生標準	中華民國 102 年 8 月 20 日衛生福利部部授食字第 1021350146 號令修正發布第 1 條條文	108.06.30
醬油類單氯丙二醇衛生標準	中華民國 102 年 8 月 20 日衛生福利部部授食字第 1021350146 號令修正發布第 1 條條文	108.06.30
食用油脂類衛生標準	中華民國 102 年 8 月 20 日衛生福利部部授食字第 1021350146 號令修正發布全文 6 條，並自發布日施行	108.06.30
自來水水質標準	中華民國 92 年 8 月 20 日經濟部經水字第 09204610280 號令發布，並自發布日施行	108.06.30
餐具衛生標準	中華民國 73 年 11 月 22 日行政院衛生署(73)衛署食字第 498931 號公告訂定發布	108.06.30

相關試題

1. 食品中含有毒或有害人體健康之物質或異物時，依食品安全衛生管理法規定可處以新台幣： (A)四萬 (B)六萬 (C)八萬 (D)十萬 以上之罰鍰。
   答：(B)。依食品安全衛生管理法規定，違反第十五條第一項，即食品中含有毒或有害人體健康之物質或異物時，可處新臺幣六萬元以上五千萬元以下罰鍰。

2. 食品衛生管理主管機關在縣市為： (A)縣市政府 (B)衛生局 (C)衛生所 (D)衛生處。 答：(A)。
   解析：依據新修定的食品安全衛生管理法第二條內容，本法所稱主管機關：在中央為行政院衛生福利部；在縣（市）為縣（市）政府。

三、食品媒介傳染病(foodborne disease)

1. 定義或意義

以食品作為媒介而傳播之疾病，分為經口傳染病和人畜共通傳染病。狂犬病、結核病、豬丹病等屬於人畜共通傳染病；近年來台灣發生豬隻的口蹄疫與大陸至今一直延續發生的非洲病毒感染的非洲豬瘟均不屬於人畜共通傳染病。

☕相關試題

1. 下列何者不屬於人畜共通傳染病？ (A)狂犬病 (B)豬丹病 (C)結核病 (D)口蹄疫。 答：(D)。

2. 細菌性食品中毒與食品媒介傳染病之差異比較

分類 異同處	經口傳染病 (food-borne infectious disease)	微生物性食物中毒 (microbiological food poisoning)
食物上繁殖	不需要	需 要
致病菌量	少($10^1 \sim 10^2$ CFU/g)	多(10^5 CFU/g)
潛 伏 期	長	短
媒介來源	食物、水、餐具、手部	食物
菌株實例	桿菌性痢疾霍亂傷寒、副傷寒	感染型：腸炎弧菌、沙門氏菌。 毒素型：肉毒桿菌、葡萄球菌。 中間型：臘狀桿菌、莢膜桿菌。

四、食物中毒(food poisoning)

1. 食物中毒定義

依 CDC 的定義，兩人或兩人以上在吃了相同食物後出現相同病症，經流行病學分析，此疾病病原來自病人所吃的食物，則稱為食物中毒事件。若是肉毒桿菌中毒或是化學性食物中毒，則只要有一人中毒，即成立。

2. 食物中毒分類

細菌性食物中毒	感染型：腸炎弧菌、沙門氏菌。
	毒素型：肉毒桿菌、葡萄球菌。
	未確定型：仙人掌桿菌、產氣莢膜桿菌、病原性大腸桿菌。
天然毒素食物中毒	動物：河豚、有毒貝類（西施舌）。
	植物：發芽馬鈴薯、龍葵、樹薯。
化學性食物中毒	食品添加物：硝酸鹽、防腐劑、漂白劑、非法色素。
	汙染：有害性重金屬、農藥、多氯聯苯。
	其他：油脂氧化物、致癌物、甲醛、甲醇。
黴菌毒素食物中毒	黴菌毒素（黃麴毒素、黃變米黴菌毒素）。
	蕈類毒素。
過敏性食物中毒	組織胺（類過敏性成分）、致過敏性物質之標示。

3. 衛福部提出之四大預防食物中毒之方法

清　潔	所有食品原料及食品添加物，都必須妥善保藏，維持新鮮。
	任何食品原料、容器、器具、貯存場所須清洗，保持清潔。
迅　速	食物原料宜盡快處理、烹調供食，製備好食物應盡快食用。
	食品從烹調好至食用不超過 4 小時，夏天縮短 2～3 小時。
加熱或冷藏	食物於 7°C 以下可抑制細菌生長，–18°C 以下細菌無法繁殖。
	食物要徹底煮熟，70°C 以上細菌可滅，保溫需在 60°C 以上。
避免疏忽	人員需健檢、養成良好衛生習慣、手有傷口時，不得接觸食品。
	注意食品生產機具設備、循環空調的衛生消毒。

☕ 相關試題

1. 問答題：

分析餐飲業會造成細菌性食品中毒的主要原因？並說明欲預防細菌性中毒之管制重點。

答：餐飲業會造成細菌性食品中毒的主要原因為：(1)貯藏或調理方式不當；(2)生、熟食交互汙染；(3)使用添加物不當等。其管制重點為徹底清潔、迅速前處理與烹調工作、充分加熱或冷藏，避免任何疏忽。

五、細菌性食物中毒(bacterial food-borne diseases)

（一）細菌性食物中毒的分類與比較

以下為各細菌性食物中毒之菌種比較。

分　類	致病菌種	革蘭氏菌別	潛伏期	必然症狀
感　染　型	腸炎弧菌、沙門氏桿菌	G(－)	長	腹瀉、發燒。
毒　素　型	肉毒桿菌、金黃色葡萄球菌	G(＋)	短	嘔吐、不發燒。
未確定型	仙人掌桿菌、產氣性莢膜桿菌、病原性大腸桿菌	G(－) G(＋)	中間	腹瀉、嘔吐。（不發燒）

相關試題

1. 請各舉一例說明感染型食物中毒與毒素型食物中毒所代表的意義，並比較其差異性。

　答：感染型食物中毒致病菌種為腸炎弧菌等，潛伏期較長；而毒素型食物中毒致病菌種為肉毒桿菌等，潛伏期較短。兩者菌別、症狀等皆有很大差異性。

（二）感染型(food infection)

1. 腸炎弧菌

(1) 致病菌種：為腸炎弧菌(*Vibrio parahaemolyticus*)。

(2) 菌種特性：該菌株為革蘭氏陰性兼性厭氧桿菌，呈微弧狀具有鞭毛可移動。此菌株為一耐鹽性細菌，最適生長鹽度為 2～4%。

(3) 汙染途徑：為海水直接汙染海產類魚貝類再汙染製備器具，如菜刀、砧板、毛巾、抹布、器具、容器或手指等，再間接汙染食物。

(4) 汙染食品：為海產類及其沙拉加工品。

(5) 中毒症狀

① 潛伏期為 4～48 小時。

② 症狀特徵為激烈腹瀉、下痢、嘔吐、發燒與寒顫。

(6) 預防方法

　① 以冷水充分沖洗，可除去大部分的菌體。

　② 充分地加熱煮熟，如 80°C、20～30 分或 100°C、1～5 分。

　③ 應低溫冷藏，於 5°C 以下不生長且易致死。

　④ 製備用具須充分洗淨，生食與熟食要分開。

　⑤ 注意員工個人衛生習慣。

2. 沙門氏桿菌

(1) 致病菌種：為沙門氏桿菌(*Salmonella* sp.)。

(2) 菌種特性：為此菌株為革蘭氏陰性兼性厭氧桿菌，具有鞭毛可運動。菌株不形成芽孢，耐熱性低，酸性條件(pH＜4.5)下不易生長。

(3) 致病類型

　① 傷寒型：*S. typhimurium*、*S. paratyphimurium*。

　② 敗血型：*S. choleraesuis*。

　③ 胃腸炎型：*S. typhimurium*、*S. enteritidis*。

　④ 慢性帶原型：*S. typhimurium*、*S. paratyphimurium*。

(4) 汙染途徑：乃動物腸管直接汙染食物，可由環境媒介或嚙齒類、昆蟲類如人、貓、狗、蟑螂、老鼠等，接觸食品而產生二次汙染。

(5) 汙染食品：乃含高蛋白質含量的食品，即動物性食品類，如畜肉、禽肉、鮮蛋、乳品及魚肉煉製品等。

(6) 中毒症狀

　① 潛伏期為 8～48 小時。

　② 症狀特徵為噁心、腹痛、腹瀉、血便、寒顫與發燒。

(7) 預防方法

　① 食物要充分煮熟，約 60°C、20 分鐘，烹調後立即供食。

　② 冷盤食物要 5°C 下低溫冷藏或 65°C 以上加熱保溫。

　③ 防止蒼蠅、蟑螂、老鼠等病媒入侵或將之去除。

　④ 生食與熟食要分開放置與處理，防止二次汙染。

相關試題

1. 下列有關腸炎弧菌之敘述，何者不正確？　(A)生存於含鹽 3～4%之海水中　(B)是毒素型食物中毒細菌　(C)大多附著於魚貝類　(D)中毒症狀為微燒、腹瀉、腹痛。　　　　　　　　　　　　　　　　　　　　　　　　答：(B)。

2. 因食用魚貝類而產生中毒者是受到下列何種菌體的感染所導致？
(A)*Vibrio parahaemolyticus*　(B)*Bacillus coagulans*　(C)*Clostridium welchi*i
(D)*Escherichia coli*。　　　　　　　　　　　　　　　　答：(A)。

3. 魚肉原料中常見的微生物菌種為：
(A)*Vibrio*　(B)*Bacillus*　(C)*Clostridium*　(D)*Pseudomonas*。　　答：(A)。

4. *Vibrio parahaemolyticus* 容易感染何種食物？　(A)沙拉　(B)澱粉　(C)鹹菜
(D)牛乳。　　　　　　　　　　　　　　　　　　　　答：(A)。

5. 海鮮類食品儲存不當時，易發生何種細菌的食物中毒？　(A)沙門氏菌
(B)仙人掌桿菌　(C)腸炎弧菌　(D)金黃色葡萄球菌。　　　　答：(C)。

6. 海產類食品中毒最常見者為：　(A)大腸桿菌　(B)腸炎弧菌　(C)肉毒桿菌
(D)沙門氏菌。　　　　　　　　　　　　　　　　　　答：(B)。

（三）毒素型(food intoxication)

1. 金黃色葡萄球菌

(1) 致病菌種：為金黃色葡萄球菌(*Staphylococcus aureus*)。

(2) 菌種特性：是該菌株為革蘭氏陽性好氧球菌，呈球狀、串狀形態。此菌株能在低水活性下生長($A_w > 0.85$)。

(3) 毒素特性：乃該菌會產生一種外毒素，稱為腸內毒素(enterotoxin)，分別為 A、B、C_1、C_2、C_3、D、E、F 等類型，A 型毒素屬於腸內毒素，而 F 型毒素則與神經毒素(neurotoxin)較接近。

(4) 汙染途徑：乃藉由調理人員手部產生黃、白色膿傷口直接汙染食物或由菜刀、砧板、毛巾、抹布、器具、容器，再間接汙染食物。

(5) 汙染食品：是肉類、蛋類、魚類、乳類、蔬菜類及糕餅類。

(6) 中毒症狀
① 潛伏期為 2～4 小時。
② 症狀特徵為噁心、嘔吐、腹痛、腹瀉、頭痛與不發燒。

(7) 預防方法
① 食物要 10°C 以下低溫冷藏。
② 應嚴禁感冒或有化膿傷口的工作人員直接接觸食品。
③ 防止食物原料受汙染，注意貯藏條件及衛生狀況。
④ 防止醃漬品及糖漬品的汙染。

2. 肉毒桿菌（亦稱臘腸桿菌）

(1) 致病菌種：為肉毒桿菌(*Clostridium botulinum*)。

(2) 菌種特性：是該菌株為革蘭氏陽性兼性厭氧桿菌，呈桿狀形態。此菌株會形成芽孢，耐熱性不低，酸性條件(pH＜4.5)下不易生長。

(3) 毒素特性：乃該菌會產生神經毒素(neurotoxin)，分別為 A、B、C、D、E、F、G 等類型。其中 A、B、E、F 四型與人類有關，致死率極高，約 50～60%。加熱易破壞，約 100°C、10 分鐘可抑制。

(4) 汙染途徑：為熱殺菌不足或保存不當，造成芽孢萌發產生毒素。

(5) 汙染食品：為殺菌不完全的低酸性罐頭食品。

(6) 中毒症狀

　① 潛伏期為 12～36 小時。

　② 症狀特徵為嘔吐、頭痛、吞嚥困難、呼吸麻痺而死亡。

(7) 預防方法

　① 進行有效商業殺菌，該菌毒素不耐熱，但芽孢能耐高溫。

　② 將食品行酸化處理，即調整至高酸性(pH＜4.5)條件下。

　③ 含食鹽量在 8%以上即可防止毒素產生及細菌菌體增殖。

　④ 香腸、火腿類食品亞硝酸鹽添加量必須足夠且均勻分布。

(8) 特殊中毒

　① 嬰兒肉毒桿菌中毒(infant botulinum)。

　② 傷口肉毒桿菌中毒(wound botulinum)。

相關試題

1. 手指受傷化膿，接觸食物時，最容易感染何種微生物（哪一種菌）？
答：*Staphylococcus aureus*。

2. 下列何者為引起肉毒中毒的細菌？　(A)*Bacillus subtilis*　(B)*Clostridium butyricum*　(C)*Clostridium botulinum*　(D)*Clostridium welchii*。　答：(C)。

3. 手指創傷生膿，咽喉炎之分泌物汙染食品最易引起何種微生物導致之食物中毒？　(A)病原性沙門氏桿菌　(B)肉毒桿菌　(C)金黃色葡萄球菌　(D)腸炎弧菌。　答：(C)。

4. 下列何者菌屬於毒素型食物中毒之微生物？　(A)沙門氏桿菌、金黃色葡萄球菌、腸炎弧菌　(B)肉毒桿菌、金黃色葡萄球菌、李斯特菌　(C)肉毒桿

菌、李斯特菌、沙門氏桿菌　(D)*E. coli* O157：H7、腸炎弧菌、臘樣芽胞桿菌。　答：(B)。

5. 下列哪一種菌會引起食物中毒？　(A)*Lactobacillus bulgaricus*
   (B)*Staphylococcus aureus*　(C)*Streptococcus lactis*　(D)*Acetobacter aceti*。

　　答：(B)。

6. 肉毒桿菌產生的致命毒素為一種：　(A)腸毒素　(B)神經毒素　(C)黴菌毒素
   (D)以上皆非。　答：(B)

7. 何種細菌性食物中毒屬於毒素型？　(A)肉毒桿菌　(B)腸炎弧菌　(C)沙門氏
   菌　(D)彎曲桿菌。　答：(A)。

8. 抑制肉毒桿菌(*Clostridium botulinum*)產生毒素的條件，下列何者有誤？
   (A)pH 低於 6　(B)添加亞硝酸鹽　(C)無氧氣存在　(D)食鹽含量高於 8%。

　　答：　(C)。

9. 毒素型食物中毒菌有：　(A)肉毒桿菌　(B)腸炎弧菌　(C)沙門桿菌　(D)魏
   氏梭菌。　答：(A)。

（四）未確定型

1. 仙人掌桿菌（亦稱臘狀桿菌）

(1) 致病菌種：為仙人掌桿菌(*Bacillus cereus*)。

(2) 菌種特性：是該菌株為革蘭氏陽性好氧桿菌，呈桿狀形態。此菌株會形成芽孢，耐熱性不低，在水活性(A_w ＜ 0.95)下不易生長。

(3) 毒素特性：乃該菌會產生一種外毒素，稱為腸內毒素(enterotoxin)，分別為 A、B、C、D、E 等類型。

(4) 汙染途徑：乃耐熱性芽孢於未冷藏下萌發至 10 CFU/g 即會引起症狀。

(5) 汙染食品：乃米食製品如米糕、油飯、通心麵、乾酪、布丁、肉類。

(6) 嘔吐型中毒症狀

　① 潛伏期為 0.5～5 小時。

　② 症狀特徵為嘔吐、反胃、腹瀉。

(7) 腹瀉型中毒症狀

　① 潛伏期為 8～16 小時。

　② 症狀特徵為腹痛、水瀉、反胃、不嘔吐。

(8) 預防方法

① 食物製備時間要短，避免於室溫下長期存放。

② 食物若未立即食用，應冷藏於 7°C 以下或熱藏於 60°C 以上。

2. 產氣性莢膜桿菌（亦稱魏氏梭菌）

(1) 致病菌種：為產氣性莢膜桿菌(*Clostridium perfringens*)。

(2) 菌種特性：是該菌株為革蘭氏陽性嫌氣桿菌，呈桿狀具莢膜形態。此菌株會形成芽孢，耐熱性不低，具生長速率迅速的特性。

(3) 毒素特性：乃該菌會分泌一種腸內毒素，為 A、B、C、D、E 等類型。A、C、D 型對人類具有致病性，導致食物中毒為 A 型。

(4) 汙染途徑：為動物屠宰時受到汙染。大量製備殘存耐熱性孢子為主要汙染源。乳牛的乳腺發炎而汙染牛乳及乳製品。

(5) 汙染食品：為肉類、沙拉及未復熱飯菜。

(6) 中毒症狀

① 潛伏期為 8～24 小時。

② 症狀特徵為腹部發炎、腹絞痛、腹瀉、反胃與不發燒。

(7) 預防方法

① 食物要 5°C 以下冷藏或 60°C 以上熱藏。

② 食物加熱後，要立即食用，不要放置超過 5 小時以上。

③ 驅除病媒如蒼蠅、蟑螂、老鼠等，以防止入侵造成汙染。

3. 大腸桿菌

(1) 致病菌種：為大腸桿菌(*Escherichia coli*)。

(2) 菌種特性：是該菌株為革蘭氏陰性兼性厭氧桿菌，呈桿狀形態。此菌株不會形成芽孢，耐熱性極低，一般為腸道中的優勢菌種。

(3) 毒素特性

① 明顯的毒力性質。

② 血清學上具有 O 抗原或 O：H 抗原。

③ 在腸道黏膜上有異於一般大腸桿菌的作用。

④ 引起明顯的臨床症狀。與一般大腸桿菌的流行病學不同。

(4) 致病類型

① 腸內病原性大腸桿菌(enteropathogenic *E. coli*；EPEC)。

② 腸內侵襲性大腸桿菌(enteroinvasive *E. coli*；EIEC)。

③ 腸內產毒性大腸桿菌(enterotoxigenic *E. coli*；ETEC)。

④ 腸內附著性大腸桿菌(enteroadherent *E. coli*；EAEC)。

⑤ 腸內出血性大腸桿菌(enterohemorrhagic *E. coli*；EHEC；Verotoxigenic *E. coli* O157：H7)。

(5) 預防方法

① 注意廚房清潔及飲用水質的衛生，定期實施廚房及餐具之消毒。

② 烹調後食物要加蓋子隔離，防止食品遭受汙染。

③ 食物需經充分地加熱處理。注意器具設備之清潔與員工的衛生習慣。

☕相關試題

1. 米飯、馬鈴薯等澱粉類食品貯存不當時，易因何種細菌生長造成食物中毒？ (A)沙門氏菌　(B)仙人掌桿菌　(C)李斯特菌　(D)病原性大腸桿菌。　答：(B)。

2. 蛋品及其相關產品烹調溫度不夠，容易因何種細菌生長造成食物中毒？　(A)大腸桿菌　(B)肉毒桿菌　(C)仙人掌桿菌　(D)沙門氏菌。　　　　　答：(D)。

3. 下列何種細菌屬於中間型之食物中毒菌？　(A)*Saphylococcus aureus* (B)*Salmonellla typhi*　(C)*Bacillus cereus*　(D)*Campylobacter jejuni*。 答：(C)。

4. *E. coli* O157：H7 之天然寄主為：　(A)豬　(B)魚　(C)鳥　(D)牛　之腸胃道中。　　　　　　　　　　　　　　　　　　　　　　　　　答：(C)。

　　解析：*E. coli* O157：H7 之天然寄主為鳥類，可分泌佛羅毒素(verone toxin)而造成尿毒症。

六、天然毒素食物中毒(natural toxins causing food-borne diseases)

（一）動物性天然毒素

1. 麻痺性貝毒或蛤蚌毒素(saxitoxin or paralytic shellfish poisoning, PSP)

(1) 毒素來源

① 此種毒素是由於蛤蚌、牡蠣、西施舌貝、干貝等貝類攝食有毒的渦鞭毛藻致使藻內之毒素累積於貝體的消化管道。

② 藉食物鏈作用，人類若誤食有毒貝類，便造成中毒現象。

(2) 毒素特性

① 屬於強烈神經性毒素(neurotoxin)，致死率極高。

② 引起症狀時間極短，約 20～30 分鐘。

③ 毒素具有極高的耐熱性，116°C 加熱只能破壞 50%。

(3) 汙染食品：為海產西施舌等貝類及其加工品。

(4) 中毒症狀

① 誘發期間為 0.5～2 小時。

② 症狀特徵為初期口、唇、舌頭麻木，繼而手、腳、頸部呈麻痺狀態且肌肉失調、呼吸麻痺而死亡。

(5) 預防方法

① 貝類上市前留置於蓄養池，以減低毒素的濃度。

② 充分地煮熟魚貝類。盡量不要生食魚貝類。

③ 萬一發生中毒，盡量催吐，服用食鹽水，盡快送醫。

2. 河豚毒素(tetrodotoxin or puffer fish poisoning, PFP)

(1) 毒素來源

① 存在於河豚之卵巢、肝臟、腸道及皮膚等部位。除了少數種類外（栗色河豚），肌肉為無毒的。

② 藉食物鏈作用，人類若攝食有毒河豚，便造成中毒現象。

(2) 毒素特性

① 屬於強烈神經性毒素，致死率極高。

② 引起症狀的時間：快者 20～30 分鐘，慢者 2～3 小時。

③ 毒素具有耐熱性，100°C、30 分鐘只能破壞 20%毒性。

④ 該毒素易被強酸或強鹼所破壞。

(3) 汙染食品：為河豚魚類及香魚片等加工製品。

(4) 中毒症狀

① 誘發期間為 0.5～3 小時。

② 症狀特徵為初期口、唇麻木，繼而頭痛、嘔吐、運動失調、橫膈膜運動停止、呼吸麻痺而死亡。

(5) 預防方法

① 盡量不要食用河豚魚。

② 萬一發生中毒，盡快送醫。

3. 珊瑚礁魚毒(ciguatoxin)

(1) 毒素來源

① 存在於珊瑚礁魚類之卵巢、肝臟、腸道及肌肉等部位。

② 藉由食物鏈作用，人類若攝食該魚類，便造成中毒現象。

(2) 毒素特性

① 並非由單一毒素組成，屬於複合性毒素，致死率不高。

② 毒素收集不易，精製困難。

(3) 汙染食品：為珊瑚礁魚類及其加工製品。

(4) 中毒症狀

① 誘發期間較短。

② 症狀特徵為輕微者口、唇、舌、咽喉、頭刺痛，進而麻木，嚴重者四肢麻痺、冷熱感覺相反，較少死亡。

(5) 預防方法

① 盡量不要食用珊瑚礁魚類。

② 萬一發生中毒，盡快送醫。

4. 卷貝毒素(surugatoxin)

(1) 毒素來源：為存在於少數肉食性卷貝類。

(2) 毒素特性：並非是毒素，而是屬於自律神經阻礙物質。

(3) 汙染食品：為肉食性卷貝類及其加工製品。

(4) 中毒症狀

① 誘發期間較短。

② 症狀特徵為輕微者口、唇麻木，視線模糊，說話顫抖不清，嚴重者四肢痙攣、漸漸意識不清，有死亡案例。

(5) 預防方法

① 盡量不要生食，要充分煮熟。

② 萬一發生中毒，盡快送醫。

相關試題

1. 下列有關麻痺性貝毒(saxitoxin)之敘述，何者正確？　(A)會引起過敏　(B)存在於河豚體內的毒素　(C)由貝類分泌的毒素　(D)屬於神經毒素。答：(D)。

2. 關於河豚毒之特性，下列何者為正確？　(A)耐酸鹼　(B)100°C、30 分鐘僅能破壞 20%毒性　(C)280°C 以上時能被完全破壞　(D)為一種氰酸毒。

　　　　　　　　　　　　　　　　　　　　　　　　　　　　　答：(B)。

3. 熱帶珊瑚礁水產物天然產生之毒素稱為：　(A)ciguatoxin　(B)tetrodotoxin　(C)saxitoxin　(D)gonyautoxin。　　　　　　　　　　答：(A)。

（二）植物性天然毒素

　　以下為植物性天然毒素介紹。

種　類	毒素名稱	中毒食物或症候
生物鹼(alkaloids)	茄靈毒素(salonine)	發芽的馬鈴薯、龍葵、烏甜菜。
硫代配醣體 (glucosinolates)	甲狀腺腫素(goitrin)	十字花科的蔬菜如甘藍、花椰菜、蕪菁、小芹、山葵、芥末。
含氰配醣體 (cyanogenic glycosides)	氰酸（苦杏仁苷、亞麻苦苷、玉米苷）	苦杏仁、杏子、李子、桃子、樹薯、亞麻子、皇帝豆（利馬豆）、高粱葉、玉蜀黍葉。
植物所含致癌物	黃樟素(safrole)	樟腦、肉荳蔻、九層塔及沙士。
	香豆素(coumarin)	繖狀花科如芹菜、荷蘭芹。
	蘇鐵素(cycasin)	蘇鐵種子。
其他的有害物質	蠶豆(broad bean)	急性溶血性貧血，即為蠶豆症。
	肉荳蔻素 (myristicin)	薄荷、肉荳蔻，造成幻覺。
	草酸鹽(oxalate)	菠菜、甜菜、造成草酸鈣結石。
	棉子醇(gossypol)	棉花籽油，造成肺水腫。
	麥角中毒(ergotisim)	黴菌(*Claviceps purpurea*)汙染。

☕ 相關試題

1. 馬鈴薯發芽時會產生何種物質而不適合食用？　(A)茄靈（鹼）　(B)植酸鹽　(C)含氰配糖體　(D)植物抗菌素。　　　　　　　　　答：(A)。

七、黴菌毒素食物中毒(mold toxins causing food-borne diseases)

黴菌在食品中增殖，於適當條件下，產生二次代謝產物，食用者攝入此種代謝產物會引起疾病或中毒，此種黴菌代謝產物，即稱為黴菌毒素。

以下介紹各型黴菌。

1. 黃麴黴毒素(aflatoxin)

(1) 毒素由來：為 1960 年英國火雞發生怪病而有十萬隻突然死亡，因當時病因不明，稱火雞病(turkey disease or x disease)。經研究發現起因是混於飼料中的巴西進口的花生出了問題，後來在花生上面分離出黃麴菌(*Aspergillus flavus*)，隨後亦分離到它所分泌有毒物質即黃麴毒素。

(2) 毒素特性：黃麴毒素係哺乳類、家禽、火雞、鴨等之急性毒素，長期攝食發生肝癌之危險性甚大。黃麴毒素為肝臟毒素，具肝致癌物質及致突變性物質。由黃麴菌分離出的毒素代謝物，計有 B_1、B_2、G_1、G_2、M_1、M_2，毒性強弱依序為 $B_1 > G_1 > B_2 > G_2$。

以下為黃麴黴菌系汙染食品之相關介紹。

汙染食品	花　生	玉　米	米粒、食用油	牛　乳
依據毒素	B_1	B_1	B_1	M_1
限量標準	15 ppb	15 ppb	10 ppb	0.5 ppb

(3) 預防方法

① 水分和相對溼度：穀類採收後，乾燥至水分含量 13%以下；而儲藏環境之相對溼度應調整在 65%以下。

② 溫度：理想是 0°C 附近，至少應在 10°C 以下比較安全。氧氣：降低氧氣含量或提高空氣中二氧化碳的含量。

③ 加入防腐劑：加入有抗黴效果的合法添加物，如山梨酸鹽類、安息香酸鹽類、丙酸鹽類等。

④ 減少破損：加工時，避免機械的碰傷損害，若有破損，應將之挑除；儲存期間要注意昆蟲破壞。

2. 類黃麴黴毒素(aspertoxin)

毒素名稱	汙染菌種	毒性特性	汙染食品
類黃麴黴毒素 (aspertoxin)	*Aspergillus flavus*	腎癌毒素	小麥、咖啡豆

3. 棕麴黴毒素(ochratoxin)

毒素名稱	汙染菌種	毒性特性	汙染食品
棕麴黴毒素 (ochratoxin)	*Aspergillus ochraceus* *Aspergillus melleus*	腎臟毒素	穀類、玉米豆類、花生

4. 黃變米黴菌毒素(yellow rice mycotoxin)

毒素名稱	汙染菌種	毒性特性	汙染食品
橘黴素(citrinin)	*Penicillium citrinum*	腎臟毒素	稻米
檸黃素 (citreoviridin)	*Penicillium citreoviride* *P. ochrosalmoneum*	神經毒素（類似腳氣病）	稻米
islanditoxin luteoskyrin	*Penicillium islandicum*	肝臟毒素	稻米

5. 棒麴黴毒素（patulin，亦稱開放青黴素）

毒素名稱	汙染菌種	毒性特性	汙染食品
棒麴黴毒素 (patulin)	*Pencillium expansum* *Penicillium urtica*	肝、腎臟毒素	蘋果汁、西打

6. 紅麴黴毒素(rubratoxin)

毒素名稱	汙染菌種	毒性特性	汙染食品
紅麴黴毒素 (rubratoxin)	*Pencillium rubrum* *P. purpurgenum*	肝、腎臟毒素	玉米

7. 洛克福耳黴菌毒素(roquefortine)

毒素名稱	汙染菌種	毒性特性	汙染食品
洛克福耳毒素 (roquefortine)	*Pencillium roqueforti*	神經毒素	藍黴乾酪

8. 玉米烯酮毒素(zearalenone)

毒素名稱	汙染菌種	毒性特性	汙染食品
亦稱 F-2 毒素	*Fusarium graminearum* *Fusarium roseum*	生殖器損害	大麥、玉米

9. 栗子三羥毒素(trichothecenes)

毒素名稱	汙染菌種	毒性特性	汙染食品
亦稱 T-2 毒素	*Fusarium tricinctum* *Fusarium scirpi*	造血系統損害白 血球缺乏症	麥類、玉米

相關試題

1. 請以中文寫出下列與食品科學相關之名詞：mycotoxin、mold。

    答：mycotoxin 為真菌毒素，包括黃麴毒素、橘黴素、玉米烯酮毒素等。

    mold 為黴菌屬，包括 *Aspergillus, Penicillium, Fusarium* 等。

2. *Aspergillus flavus* 會產生下列何種毒素？　(A)黃麴毒素(aflatoxin)　(B)棒麴黴毒素(patulin)　(C)玉米烯酮(zearalenone)　(D)棕麴黴毒素(ochratoxin)。

    答：(A)。

3. 關於黃麴毒素之特性，下列何者為非？　(A)耐強酸及強鹼　(B)M₁ 型毒素之毒性最強　(C)由 *Aspergillus flavus* 所分泌　(D)280°C 以上時可被完全破壞。

    答：(B)。

4. 何種化合物之致癌性最強：　(A)aflatoxin　(B)benzopyrene　(C)nitrosamine　(D)hydroperoxide。

    答：(A)。

5. 黃麴毒素是由何者產生？　(A)*Aspergillus flavus*　(B)*Penicillum notatum*　(C)*Aspergillus niger*　(D)*Aspergillus oryzae*。

    答：(A)。

6. 依據現行衛生管理法則規定食用花生油脂之黃麴毒素限量為： (A)5 ppb (B)10 ppb (C)15 ppb (D)20 ppb。 答：(C)。

7. 產生黃麴毒素之黴菌為： (A)*Penicillum islandicum* (B)*Aspergillus flavus* (C)*Penicillum citrinum* (D)*Aspergillus oryzae*。 答：(A)。

8. 食用油脂中，黃麴毒素限量標準為多少 ppb 以下？ (A)10 (B)15 (C)20 (D)25。 答：(A)。

9. 黃麴毒素以何者毒素最強？ (A)G_1 (B)G_2 (C)B_1 (D)B_2。 答：(C)。

八、化學性食物中毒(food-borne diseases by chemicals)

（一）多氯聯苯(polychlorinated biphenyl, PCB)

1. **毒素由來**：多氯聯苯為芳香族氯化有機物，其結構與有機氯殺蟲劑 DDT、BHC 等極為相似，聯苯分子上結合二個氯原子以上即稱為多氯聯苯。目前已被公認為是危害最大的環境汙染物，起初先被使用於變壓器、電容器及熱媒介等，後來逐漸汙染了環境，並經由食物鏈傳遞到人體。

2. **毒素特性**：多氯聯苯導致人體發生嚴重症狀的劑量，遠比動物實驗中所使用的量還要低，曾造成日本九州油症(Yusho)中毒事件以及台灣中部米糠油事件而引起社會大眾的關切，患者明顯症狀是嚴重而持續性皮膚損害，其主要症狀有：
   (1) 眼瞼腺分泌增多。
   (2) 臉上長滿皮疹。
   (3) 手心冒汗增多。
   (4) 指甲發黑。

（二）有害性金屬(toxic metals)

1. **汞(mercury；Hg)**
   (1) 來源：塑膠工廠廢水中汞與甲基汞汙染近海魚貝類。
   (2) 症狀：口渴、嘔吐、下痢、齒齦出現紅斑、語言障礙。
   (3) 病名：水俁病(minamata disease)。

2. 鎘(cadmium；Cd)

(1) 來源：礦場工廠廢水中鎘汙染土壤進入稻米及魚類。

(2) 症狀：噁心、嘔吐、腹絞痛、四肢疼痛，低鈣軟化症。

(3) 病名：痛痛病(idai-idai disease)。

3. 鉛(lead；Pb)

(1) 來源：酸性食品長期貯存於含鉛容器，導致侵蝕溶出。

(2) 症狀：嘔吐、下痢、頭痛、咽喉灼熱、貧血、腎受損。

(3) 案例：皮蛋鉛中毒。

4. 銅(copper；Cu)

(1) 來源：工廠廢水中銅汙染了近海養殖牡蠣等魚貝類。

(2) 症狀：腸胃灼熱、腹痛、下痢、暈眩、肝及腎臟受損。

(3) 案例：綠牡蠣事件(green oyster)。

5. 砷(arsenic；As)

(1) 來源：地下水受到砷汙染。

(2) 症狀：嘔吐、下痢、頭痛、貧血、手腳指甲變黑沉澱。

(3) 病名：烏腳病(black foot disease)。

6. 鋁(aluminum；Al)

(1) 來源：鋁製容器、鋁箔包材。

(2) 症狀：可能造成老人痴呆症之原因物質之一。

（三）殘留農藥(pesticide residue)

分類	產品種類
有機磷劑	巴拉松、馬拉松、亞素靈。
有機氯劑	DDT、BHC、靈丹、特靈劑。
有機氮劑	加保夫、加保利、鈉乃得、安丹。
有機氟劑	氟化乙醯胺(MFA)、氟乙醯酸鈉(SMFA)。
有機硫劑	四氯丹、蓋普丹、甲基多保淨。
有機金屬劑	含汞、錫及砷溶劑，以汞劑的毒性最強，易產生戴奧辛。

1. 中毒症狀：疲倦、頭昏、嘔吐、腹瀉、痙攣、意識不清、呼吸困難。

2. 預防方法

(1) 農民施藥必須嚴格遵守使用劑量及停藥期。

(2) 硬皮的農產品食用前先削皮，剝除外葉。

(3) 用流水式清水徹底清洗乾淨。

(4) 熱水殺菁處理，使農藥受熱分解除去。

(5) 葉菜類的農藥殘留一般比其他菜類要高。

（四）其他物質(other chemical substances)

1. 甲醇(methanol)

(1) 來源：含甲醇（木精）之工業用酒精摻入私釀酒類中。

(2) 症狀：嘔吐、下痢、頭痛、暈眩、失明、麻痺。

2. 甲醛(formaldehyde)

(1) 來源：不良熱塑性容器溶出或違法使用吊白塊。

(2) 症狀：嘔吐、頭痛、發疹、刺激皮膚、引鼻咽癌。

3. 酚類(phenol)

(1) 來源：不良酚樹脂容器的溶出。

(2) 症狀：嘔吐、頭痛、暈眩、痙攣、呼吸急促。

4. 戴奧辛(dioxin)

(1) 來源：2,3,7,8-tetrachlorodibenzo-p-dioxin(TCDD)。

(2) 症狀：具畸胎性與致癌性，屬汙染性環境荷爾蒙。

(3) 限量：5 ppt-TEQ（單位分母為克脂肪）。

☕ 相關試題

1. 引起痛痛病之有害性金屬為： (A)Cr　(B)As　(C)Mn　(D)Cd。　答：(D)。

2. 日本森永奶粉之中毒事件主要係含： (A)砷　(B)汞　(C)鎘　(D)鋅。
　　　　　　　　　　　　　　　　　　　　　　　　　　　答：(A)。

3. 下列何者不屬於食品汙染物？ (A)多氯聯苯　(B)重金屬　(C)農藥　(D)放射線。　　　　　　　　　　　　　　　　　　　　答：(C)。

九、過敏性食物中毒(hypersensitive food poisoning)

(一) 組織胺 (histamine)

1. **毒素來源**：為變形桿菌屬(*Proteus*)或其他細菌(*Clostridium perfringens*)分解紅色魚肉中的組胺酸產生組織胺類的化合物。

2. **毒素特性**：組織胺毒性弱，中毒症狀類似過敏。魚類中含量超過 200 ppm 以上，才會引起中毒現象。腐敗魚則會產生大量組織胺，可達 100～500 ppm。

3. **中毒症狀**：為臉頰發紅、發癢、起紅疹、眼瞼出血、頭痛、嘔吐、下痢。

4. **汙染食品**：為鰹魚、鯖魚、鰹魚、秋刀魚、四破魚等紅肉魚類及其製品。

5. **預防方法**
   (1) 盡量不要生食不新鮮的魚貝類。
   (2) 魚貝類原料應於 5°C 以下冷藏。
   (3) 組織胺不易受熱破壞，故以不新鮮原料製成其他加工產品也會發生食物中毒。
   (4) 萬一發生中毒現象，盡快送醫。

☕相關試題

1. 製造魚罐頭時，若採用的原料不新鮮，易造成何種物質含量過高而引起類過敏性食物中毒的現象？　(A)丙酮酸　(B)脂肪酸　(C)組織胺　(D)甲硫醇。

　　　　　　　　　　　　　　　　　　　　　　　　　答：(C)。

(二) 含致過敏性內容物及其製品(other hypersensitive substances on food products)

　　依「食品過敏原標示」規定第一點所定六項含有致過敏性內容物及其製品之案例。

1. 市售以容器包裝之食品，含有蝦、蟹、芒果、花生、牛奶、蛋等六項對特殊過敏體質者，致過敏之內容物及其製品，應於其容器或外包裝上，顯著標示含有致過敏性內容物名稱之醒語資訊。

2. 前述六項致過敏性內容物及其製品之案例，舉例如下：

(1) 蝦及其製品：包含草蝦、沙蝦、泰國蝦、斑節蝦、白蝦、劍蝦等各種蝦類，及由蝦類取製得之幾丁聚醣(chitosan)、葡萄糖胺(glucosamine)等，及蝦類製品包含蝦餅、蝦醬、蝦丸等。

(2) 蟹及其製品：包含紅蟳、（花）市仔、三點仔等各種蟹類，及由蟹類取製得之幾丁聚醣(chitosan)、葡萄糖胺(glucosamine)等，及蟹類製品包含蟹肉棒、蟹丸等。

(3) 芒果及其製品：包含芒果酥、芒果醬、芒果冰棒、芒果乾、芒果果凍、芒果蛋糕等。

(4) 花生及其製品：包含由花生取製得之花生油等，及花生製品包含花生糖、花生粉、花生醬、花生酥、含花生煎餅、貢糖、含花生醬汁沙嗲醬等。

(5) 牛奶及其製品：包含由牛奶取製得之乳糖、酪蛋白、乳清、乳鐵蛋白(lactoferrin)等，及牛奶製品包含起士(cheese)、乳酪(butter)、乳油(cream)、人造奶油(margarine)、奶粉、優格、優酪乳、乳酸飲料、牛奶飲料、牛奶餅乾、牛奶糖等；惟不包含由牛奶取製得之乳糖醇(lactitol)等。

(6) 蛋類及其製品：包含雞蛋、鴨蛋、鵝蛋、鴕鳥蛋、鵪鶉蛋等各種蛋類，及由蛋類取製得之白蛋白(albumin)等，以及蛋類製品包含鹹蛋、皮蛋、鐵蛋、蛋捲、蛋糕、蛋塔、蛋黃酥、蛋黃醬、含蛋沙拉醬、蛋粉等。

3. 有關蝦、蟹、芒果、花生、牛奶、蛋等六項致生過敏內容物及其製品之案例包含前揭第二點全部，惟不以其為限，食品業者仍須依產品之實際情形，依法標示。

　　再者，依據食品藥物管理署(TFDA)及通路業者所規定之 18 種食品過敏源，類別如下：1.芒果。2.螺貝類。3.奇異果。4.花生 5.大豆（黃豆、毛豆）。6.奶類（牛、羊奶）。7.含穀蛋白之穀物（小麥、黑麥、大麥、燕麥、絲佩耳特小麥或其他們的雜交菌株）。8.魚類 9.軟體動物。10.堅果。11.羽扇豆。12.芝麻種子。13.蕎麥。14.甲殼類。15.蛋類。16.芹菜。17.芥菜。18.SO_2 二氧化硫置之濃度大於 10mg/kg 或 10mg/L 時之原物料或食品。

十、HACCP 在食品衛生與安全上之應用(application of HACCP on food sanitation)

（一）危害分析重要管制點(hazard analysis critical control point, HACCP)

1. **HACCP 由來**：乃在 1960 年代末期美國太空總署(NASA)為使太空人所食用的食品能確保百分之百的安全，所以聯合美國陸軍 Natick 實驗室和 Pillsbury 食品公司，共同研發出來的一套「預防性的品管系統」。

2. **HACCP 特性**：乃應用在即食餐盒的衛生管理上，HACCP 強調的是業者要落實「自主衛生管理制度」，為目前全球公認最佳的食品安全控制方法，強調產地到餐桌的製程衛生管理，藉由分析製造中各種可能的危害因素，進而掌控其重要「管制點」，有效提昇食品安全及衛生。

3. **HACCP 內容**
   (1) 危害分析。
   (2) 選定重要管制點。
   (3) 建立管制點實施的項目及範圍。
   (4) 建立管制點的監視系統。
   (5) 確認 HACCP 系統運作正常。
   (6) 建立意外的補救與回收計劃。

4. **危害分析(hazard analysis, HA)**：有重要管制點(critical control point, CCP)。

5. **物理性危害因子**：有原料貯藏之溫度、水分、相對濕度、光線。

6. **化學性危害因子**：有脂質氧化、變色、油耗異味。

7. **生物性危害因子**：有黴菌汙染分泌毒素、寄生蟲汙染、囓齒動物危害。

8. **HACCP 的應用**：為餐盒食品、即食食品(ready to eat food)、輸美水產品及乳製品。

（二）其他食品安全認證系統或法規

1. **中國農業標準**：Chinese agricultural standard；CAS。

2. **中國國家標準**：Chinese national standard；CNS。

3. **良好農業規範**：good agricultrual practice；GAP。

4. **良好衛生規範**：good hygiene practice；GHP。

5. 良好作業規範：good manufacturing practice；GMP。

6. 國際標準認證：international organization of standardization 22000；ISO 22000。

相關試題

1. 對於 HACCP 之敘述，下列何種不正確？　(A)為食品的稽查計劃　(B)為一種預防系統　(C)管制點包括原料、成品、銷售、貯存　(D)無法消除之危害應停止生產。　　　　　　　　　　　　　　　　　答：(D)。

2. CAS 之意義為：　(A)優良農產品標誌　(B)食品工廠良好作業規範　(C)危害分析重要管制點　(D)中國國家標準。　　　　　　　　　　　答：(A)。

十一、 食品加工、調理、保存過程中生成的有害物質(hazard materials formed during food processing and their storage)

1. 油脂的過氧化物

反應基質	反應過程	毒性特性
雙鍵脂肪酸	亞麻油酸→氫過氧化物。	產多量自由基(・O_2、・OH)，造成血管硬化、提早老化。
亞麻油酸	氫過氧化物→二次氧化生成物。	
次亞麻油酸	二次氧化生成物→醛類等油耗味。	
花生四烯酸	醛、酮→自由基→動脈硬化、老化。	

2. 熱分解產物

　　熱分解產物的來源為烤焦的魚、肉中常含有具有強致癌性的物質。高溫加熱使蛋白質、發生裂解作用生成有毒物質。煙燻食品因木材受高溫產生致癌物再汙染至食物。

以下為食材經高溫加熱後常見化合物，其苯環與致癌性比較。

常見化合物種類	苯環數目	致癌性
萘(naphthalene)	2	弱
蒽(anthracene)	3	↓
芘(pyrene)	4	
苯芘(benzopyrene)	5	強

以下為食品經加熱後生成產物之含量。

食品種類	苯芘(benzopyrene)	芘(pyrene)	蒽(anthracene)
炭燒牛排	14 ppb	18 ppb	2 ppb
煙燻鮭魚	1.2 ppb	1.8 ppb	--
火　　腿	1.0 ppb	--	--
香　　腸	0.8 ppb	--	--

以下為蛋白質熱分解產物之比較。

胺基酸種類	突變原物質分類	毒性特性
色胺酸(tryptophan)	Trp-P-1、Trp-P-2	具致突變性
離胺酸(lysine)	Lys-P-1、Lys-P-2	及致肝癌性
麩胺酸(glutamic acid)	Glu-P-1、Glu-P-2	

十二、食品包裝材料的安全性(safety of packaging materials on food)

以下為食物包裝材料之分類比較。

包裝材料分類	包材中可能存在的汙染物種類
紙	多氯聯苯、著色劑、螢光增白劑。
玻璃	有害性金屬。
陶瓷	有害性金屬（鎘、鉛）。
琺瑯	有害性金屬（鎘、鉛）。
鋁箔	有害性金屬（鋁）因熱而溶出。

相關試題

1. 塑膠餐具使用時（如高溫下），應需注意何種化學物質之釋出？ (A)甲醛 (B)乙酯 (C)甲苯 (D)甲醇。 答：(A)。

2. 下列何種塑膠容器在食品安全上較有問題？ (A)PE (B)PP (C)PVC (D)PET。 答：(C)。

十三、食品用洗潔劑安全(safety of detergents on food)

以下為食品用洗潔劑之介紹。

1. 界面活性劑：肥皂(soap)與烷基苯磺酸鹽(alkylbenzene sulfonate, ABS)

溶解性分類	構造分類	作用部分分類
水溶性界面活性劑	離子性(ionic)	陰離子系列
		陽離子系列
		兩性離子系列
油溶性界面活性劑	非離子性(nonionic)	CH_2OOCR
		$CHOH$
		CH_2OH

2. 肥皂（天然脂肪酸鹽類）(soap, salts of natural fatty acid)

(1) 製作方法：脂肪＋鹼劑→甘油＋脂肪酸之鈉、鉀、銨鹽類。

(2) 製品分類

　① 固型肥皂：以鈉鹽為主要成分。

　② 軟型肥皂：以鉀鹽及銨鹽為主要成分。

3. 烷基苯磺酸鹽(alkylbenzene sulfonate, ABS)

分　類	代號	烷基構造	細菌分解性	洗淨力
軟性清潔劑	LAS*	直鏈狀	強	弱
硬性清潔劑	ABS	支鏈狀	弱	強

註：linear alkylbenzene sulfonate(LAS)。

4. **高級醇硫酸酯鹽**(alcohol sulfate, AS)

化學結構：$R-O-SO_3^{\ominus} \cdot Na^{\oplus}$

5. **α-烯磺酸鹽**(α-olefine sulfonate, AOS)

化學結構：$R-CH=CH-(CH_2)n-CH_2-SO_3^{\ominus} \cdot Na^{\oplus}$

6. **烷基磺酸鹽**(alkane sulfonates, AS)

化學結構：$R-SO_3^{\ominus} \cdot Na^{\oplus}$

7. **多乙氧基醚硫酸酯鹽**(polyoxyethylene alkyl ether sulfates, PEAES)

化學結構：$R-O-(CH_2-CH_2-O)n-SO_3^{\ominus} \cdot Na^{\oplus}$

十四、餐具衛生標準(sanitary standard of utilities on food)

本標準適用對象：盤類、碗類、杯類、湯匙、碟子、筷子、刀子、叉子。以下為餐具衛生檢驗之介紹。

檢驗項目	大腸桿菌	油　脂	澱　粉	烷基苯磺酸鹽
檢驗方法	洋菜培養基	鹼液	碘液	泡沫性
檢驗標準	陰性	陰性	陰性	陰性

三槽式餐具洗滌法

第一槽	洗滌槽	加入清潔劑，並以 43～49°C 熱水浸泡
第二槽	沖洗槽	以流動溫水清淨，去除殘餘的清潔劑
第三槽	殺菌槽	以餘氯 200 ppm 以上之氯水浸泡 2 分鐘以上

相關試題

1. 食品衛生檢查中之「ABS 殘留物檢查」是針對什麼項目？　(A)食品容器中之澱粉質殘留　(B)食品容器中之油脂殘留　(C)食品容器中之洗潔劑殘留　(D)食品中之過氧化氫殘留。　　　　　　　答：(C)。

2. 氯液殺菌法，其游離餘氯量不得低於：　(A)50　(B)100　(C)200　(D)300 ppm。　　　　　　　答：(C)。

十五、食品工廠水質分析(water quality on food factories)

1. 生化需氧量(biochemical oxygen demand, BOD)

定義為採樣水質置於 20°C、5 天條件下受到好氧性微生物分解水中有機物質所消耗的氧量。

一般標準為 120 ppm。

嚴格標準為 20 ppm。

2. 化學需氧量(chemical oxygen demand, COD)

定義為 1 公升水質中以高錳酸鉀或重鉻酸鉀等氧化劑進行氧化作用時之消耗量，換算為氧氣之當量數或毫克數來表示。

3. 總氧氣需求量(total oxygen demand, TOD)

定義為樣品燃燒時，檢驗燃燒樣品中所含有機物質之碳、硫、磷、氫、氮等元素所消耗的氧氣量。

4. 總有機碳量(total organic carbon, TOC)

定義為檢驗造成水質產生汙濁現象的有機物中所含碳元素量。

5. 懸浮式固體(suspension solid, SS)

定義為表示水質或食品溶液中所含的固體顆粒的重量。

6. 食品工廠廢水處理方法

有下列三類處理方法。

(1) 物理性：沉澱、浮選、過濾、熱交換、蒸發、乾燥、燃燒、透析、泡沫分離、油脂分離、電透析、逆滲透、吸附及離子交換。

(2) 化學性：酸鹼中和、氧化還原及化學性凝結。

(3) 生物性：即活性汙泥法，包括好氣性及厭氣性微生物分解法。

接下來介紹各下處理方法常見之加工流程。

處理方法	常見的加工流程	BOD	COD	SS
初級處理	中和→靜置→沉澱→上浮	高	高	高
二級處理	活性汙泥分解→曝氣→滴濾	中	中	中
三級處理	活性炭吸附→砂濾→逆滲透	低	低	低

另介紹廢水處理在各類工廠之標準。

食品工廠業別	BOD	COD	SS
製　粉	200 mg/ℓ	－	400 mg/ℓ
醱　酵	200 mg/ℓ	－	400 mg/ℓ
食　品	100 mg/ℓ	－	200 mg/ℓ
製　糖	100 mg/ℓ	－	200 mg/ℓ
屠　宰	100 mg/ℓ	－	200 mg/ℓ

☕ 相關試題

1. 食品工業用水量極大，有關水質分析下列何者不正確？　(A)一般水質的硬度是指 $CaCO_3$ 及 $MgCO_3$ 含量　(B)COD 是指化學需氧量，一般以 ppm 表示之　(C)BOD 是指生化需氧量，BOD 愈高表示水質愈好　(D)COD 測定時所使用之試藥為強氧化劑。　　　　　　　　　　　　　　　答：(C)。

2. 解釋名詞：activated sludge。
   答：activated sludge 即為活性汙泥。

3. 在廢水測定項目中，影響生物生存的氧氣含量的測定項目稱為：　(A)COD　(B)BOD　(C)POV　(D)AV。　　　　　　　　　　　　　答：(B)。

學後評量　　　　　　　　　　　　　　　　　　　　　　*Exercise*

一、精選試題

（A）　1. 哪一項不符合「食品工廠建築及設備設廠標準」之規定？　（A)工作台面亮度一百米燭光以下　(B)食品工廠使用地下水源，與化糞池保持十五公尺以上之距離　(C)原料處理場之牆壁與支柱面為白色　(D)食品工廠之蓄水池，設置地點距汙穢場所、化糞池三公尺以上。

【解析】：食品工廠建築及設備標準規定為工作台面的亮度在二百米燭光以上。

（D）　2. 對於一般食品工廠作業區之清潔度區分，下列敘述何者正確？　(A)即食性成品之內包裝室屬於準清潔作業區　(B)加工調理場屬於清潔作業區　(C)即食性成品之冷卻場所屬於準清潔作業區　(D)外包裝室屬於一般作業區。

【解析】：一般食品工廠作業區，依據清潔程度區分為

(A)即食性成品之內包裝室屬於清潔作業區。

(B)加工調理場屬於準清潔作業區。

(C)即食性成品之冷卻場所屬於清潔作業區。

(D)外包裝室屬於一般作業區。

（B）　3. 黃豆以高濃度酸及高溫處理時，會使蛋白質消化性及營養價值降低，主要是因為何種物質減少所導致？　(A)卵磷脂(lecithin)　(B)離胺酸(lysine)　(C)纖維素(cellulose)　(D)葡萄糖(glucose)。

【解析】：黃豆以高濃度酸液(HCl)及高溫處理時，例如化學醬油的製造，離胺酸會受到大量的破壞，因此會使黃豆蛋白質的消化性及營養價值顯著地降低。

（C）　4. 沙門氏菌(*Salmonella*)及其引起之食物中毒的敘述，何者正確？　(A)為一種革蘭氏陽性桿菌　(B)為一種毒素型中毒　(C)調理不當所引起的二次汙染　(D)罐頭食品殺菌不全所引起。

【解析】：沙門氏菌的特性為

(A)屬於革蘭氏陰性桿菌　　　　　(B)為感染型食物中毒

(C)調理不當所引起二次汙染　　　(D)與罐頭食品殺菌不全的無關

（D）　5. 我國食品之營養標示，受到下列何項法規管轄？　(A)公平交易法　(B)中國農業標準　(C)食品優良作業規範　(D)食品安全衛生管理法。

【解析】：目前我國食品之營養標示，主要依據食品安全衛生管理法法規來執行。

（C）　6. 僅驗證食品工廠管理制度之系統，其英文字母縮寫為：　(A)CAS　(B)GMP　(C)ISO9001：2008　(D)HACCP。

【解析】：國際品保認證(International organization of standization, ISO 9001：2008 僅驗證食品工廠管理制度之流程系統，而不含衛生程度、品質好壞等項目。

（A）　7. 食品加工過程中，影響其衛生條件最顯著之成分為：　(A)水分　(B)維生素　(C)蛋白質　(D)礦物質。

【解析】：食品加工過程中，影響微生物生長即其衛生條件最顯著之成分為水分含量高低；水分含量愈高即表示水活性愈高，微生物愈容易繁殖。

（B）　8. 依食品衛生相關管理規定，加工場所使用之水源應與糞便池等汙染源，至少應保持距離多少公尺以上？　(A)5　(B)15　(C)25　(D)35。

【解析】：食品加工場所使用水源應與糞便池等汙染源，至少距離 15 公尺以上。

（B）　9. 食品工廠的內部牆壁應貼有幾公尺高的白色或淺色磁磚，以利於清洗？　(A)0.5　(B)1　(C)2　(D)3。

【解析】：食品工廠的內部牆壁應貼有 1 公尺高的磁磚壁，以利於清洗操作。

（D）10. 對於冷凍調理食品，下列何者是最常用的食品衛生微生物指標？　(A)總生菌(APC)　(B)葡萄球菌(*Staphylococcus*)　(C)大腸菌屬(*Coliform*)　(D)腸球菌(*Enterococcus*)。

【解析】：冷凍調理食品中，腸球菌(*Enterococcus*)是最常用食品衛生微生物指標。

（B）11. 在我國餐飲衛生管理法中，下列何者不被列為檢驗項目？　(A)澱粉　(B)糖　(C)油脂　(D)蛋白質。

【解析】：餐具衛生一般需檢驗澱粉、油脂、蛋白質及洗潔劑等，但不含糖類。

（D）12. 綠牡蠣(green oyster)之成因除珪藻附著以外，亦可能因何種金屬沉積牡蠣內所造成？　(A)砷(As)　(B)鋅(Zn)　(C)鎘(Cd)　(D)銅(Cu)。

【解析】：台灣西南沿海的綠牡蠣，為工廠排放廢水中含銅而沉積在牡蠣體內。

（B）13. 黃麴毒素(aflatoxin)類型中，以下列何種毒性最強？　(A)B_2　(B)B_1　(C)G_2　(D)G_1。

【解析】：黃麴毒素的毒性比較依序為 $B_1 > G_1 > B_2 > G_2$。

（B）14. 食品安全之供應溫度是指：　(A)5～60°C　(B)5°C 以下，60°C 以上　(C)16～49°C　(D)49°C 以上，16°C 以下。

【解析】：餐盒食品的安全供應溫度是指 5°C 以下冷藏與 60°C 以上熱藏保溫。

（D）15. 有關黃麴毒素的敘述，何者不正確？　(A)花生是易受黃麴毒素汙染的食物　(B)黃麴毒素是致癌物質　(C)黃麴毒素生長之適當相對濕度在 85% 以上　(D)黃麴毒素的毒性以 G_1 最強。

【解析】：黃麴毒素(aflatoxin)的毒性以 B_1 最強。

（D）16. 食品衛生安全指標菌為：　(A)腸炎弧菌　(B)沙門氏菌　(C)葡萄球菌　(D)大腸桿菌。

【解析】：食品衛生安全指標菌為大腸桿菌(Escherichia coli)。

（B）17. 煮沸消毒法之條件為：　(A)100°C、10 分鐘　(B)100°C、5 分鐘　(C)120°C、2 分鐘　(D)110°C、30 分鐘　以上。

【解析】：毛巾及抹布等的煮沸消毒法之條件為 100°C 沸水、5 分鐘。

（A）18. 下列何者為常用於食品製造設施的空氣殺菌法？　(A)紫外線殺菌燈　(B)以 methyl bromide 氣體殺菌　(C)以 ethylene oxide 殺菌　(D)以熱風來殺菌。

【解析】：紫外線殺菌燈常用於食品工廠製造設施的空氣殺菌法。

（D）19. 目前影響國內食品加工業生產之品質，並具提升國際競爭力的優良作業制度或規範，不包括下列哪一種縮寫之簡稱？　(A)HACCP　(B)GMP　(C)CAS　(D)TLC。

【解析】：可有效提升國內食品加工業的國際競爭力之優良作業制度或規範包括 CAS、CNS、GAP、GHP、GMP、HACCP 及 ISO22000 等。

（C）20. 下列何種菌種會產生黃麴毒素(aflatoxin)？　(A)Aspergillus oryzae　(B)Aspergillus sojae　(C)Aspergillus flavus　(D)Aspergillus niger。

【解析】：黃麴黴菌(Aspergillus flavus)會分泌致肝癌毒素即是黃麴毒素(aflatoxin)。

（D）21. 下列何種不屬於特殊營養食品的範圍？　(A)配方食品　(B)添加維生素之食品　(C)低乳糖牛乳　(D)靈芝。

【解析】：特殊營養食品的範圍不包括靈芝、冬蟲夏草等保健食品。

（A）22. 有關食品標示，依「食品安全衛生管理法及施行細則」的規定，下列敘述何者不正確？　(A)所有食品均應標示　(B)有容器或包裝之食品應在容器或包裝上標示　(C)標示字體之長度及寬度不得小於 2 公厘　(D)製造日期或有效日期應依習慣辨明之方式標明年、月、日。

【解析】：食品安全衛生管理法施行細則中食品標示規定所有食品不一定均要標示。

（C）23. 依「罐頭食品類衛生標準」規定：罐頭食品應經保溫試驗檢查合格，
保溫試驗之條件為： (A)50℃，7 天 (B)46℃，7 天 (C)37℃，10
天 (D)37℃，14 天。

【解析】：罐頭食品應經 37℃，10 天保溫試驗後，若無膨罐發生則屬合格罐
頭。

（C）24. 下列何種菌種屬於毒素型食物中毒菌？ (A)*Clostridium perfrigenes*
(B)*Vibrio paraheamolyticus* (C)*Clostridium botulinum* (D)*Escherichia
coli*。

【解析】：肉毒桿菌(*Clostridium botulinum*)的中毒類型是屬於毒素型食物中毒
菌。

（C）25. 依食品添加物之標示規定，何種食品添加物應同時標示其用途名稱及
品名？ (A)乳化劑 (B)膨脹劑 (C)抗氧化劑 (D)香料。

【解析】：如防腐劑、抗氧化劑及人工甘味劑等應同時標示其用途名稱及品名。

（D）26. 下列何種工廠不必設衛生管理人員？ (A)餐盒食品 (B)食品添加物
(C)乳品 (D)食品器具。

【解析】：餐盒食品、食品添加物、乳品等工廠須設置衛生管理人員，食品器具
工廠則不必設衛生管理人員。

（C）27. GMP 實施規定，成品儲存場所應屬於： (A)一般作業區 (B)準清潔
作業區 (C)清潔作業區 (D)非食品處理區。

【解析】：依據 GMP 實施規定，成品之儲存場所應屬於清潔作業區。

（B）28. 食品業者對於檢驗結果有異議得應於收到通知結果後多少日後提出複
議？ (A)3 (B)15 (C)21 (D)30 日。

【解析】：食品業者對於檢驗結果有異議時得於收到通知結果後 15 日內提出複
驗；受理機關（構）應於三日內進行複驗。

（B）29. 依「食品安全衛生管理法」規定，醫療院、所診治病人時，發現有食
品中毒之情形，應於多少時間內向當地主管機關報告？ (A)12 小時
(B)24 小時 (C)3 天 (D)1 週。

【解析】：依食品安全衛生管理法規定，醫療院、所診治病人時，發現有食品中
毒之情形，應於 24 小時內向當地主管機關通報告之。

（A）30. 下列何種金屬有致癌性？ (A)Cr (B)Sn (C)Hg (D)Zn。

【解析】：鉻金屬具有致癌性，常見於無錫鋼罐(tin free steel can；TFS)的鍍鐵。

（B）31. 食品中有毒物質，下列何者非來自動物性食品？　(A)河豚毒　(B)血球凝集素　(C)組織胺　(D)麻痺性貝毒。

【解析】：動物性有毒物質包含麻痺性貝毒、河豚毒及組織胺等。

（A）32. 腸炎弧菌主要是來自：　(A)海鮮類　(B)肉類　(C)空氣　(D)土壤。

【解析】：海鮮類等水產品的主要食品中毒菌為腸炎弧菌 (*Vibrio parahaemolyticus*)。

（C）33. 我國食品安全衛生管理法中規定需標示食品中添加物類別為：　(A)防腐劑、色素、人工甘味劑　(B)防腐劑、色素、抗氧化劑　(C)防腐劑、人工甘味劑、抗氧化劑　(D)色素、人工甘味劑、抗氧化劑。

【解析】：防腐劑、人工甘味劑及抗氧化劑，應同時標示用途名稱及品名。

（B）34. 食品工廠之廠房倉庫外，其它各項建築物有足夠的光源加工廠所採取日光之窗戶面積為地面面積之：　(A)十分之一　(B)十分之二　(C)十分之三　(D)十分之四。

【解析】：食品加工廠所採取日光之窗戶面積約佔地板面積之十分之二左右。

（A）35. 製定衛生管理法施行細則之權則單位：　(A)衛生福利部　(B)立法院　(C)農委會　(D)食品藥物管理署。

【解析】：製定食品衛生管理法施行細則之權則單位為行政院衛生福利部。

（D）36. 下列敘述何者正確？　(A)可進口品質符合食品級規定之飼料用奶粉供人食用　(B)受黃麴毒素汙染之玉米仍可釀造 95%醇度之藥用酒精　(C)精製病死豬肉供食品之用增加廢棄物利用　(D)不可用受黃麴毒素汙染之玉米釀造 95%醇度之藥用酒精。

【解析】：受到黃麴毒素汙染食品原料不可藉由加工再提供給消費者食用。

（A）37. 有關河豚毒的敘述，下列何者正確？　(A)神經毒素　(B)腸毒素　(C)病毒引起　(D)過敏毒素。

【解析】：河豚魚體內的卵巢、肝臟等部位含有劇毒(tetrodotoxin)屬於神經毒素。

（D）38. 造成黃麴毒素而引發危害的黴菌為：　(A)*Pencillium citrinum*　(B)*Mucor rouxii*　(C)*Rhizopus nigricans*　(D)*Aspergillus flavus*。

【解析】：可分泌黃麴毒素而引發肝癌危害的是為黃麴菌(*Aspergillus flavus*)。

（B）39. CIP 代表之意義：　(A)工廠生產力指數　(B)工廠之現場清洗操作　(C)工廠之廢水排放量　(D)工廠之衛生標準。

【解析】：CIP 即 clean in place 所代表之意義為工廠之現場清洗操作。

（B）40. 食品工廠之廢水主要為有機物質，可用下列何者來表示其含量？
(A)AOM　(B)BOD　(C)POV　(D)CIP。

【解析】：生化需氧量(BOD)可用來表示食品工廠之廢水中有機物質的含量。

（C）41. 我國近年來食物中毒原因中，下列何者佔細菌性病因物質較多？　(A)肉毒桿菌　(B)沙門氏菌　(C)金黃色葡萄球菌　(D)仙人掌桿菌。

【解析】：細菌性病因最多的物質依序為腸炎弧菌、葡萄球菌及仙人掌桿菌。

（A）42. 我國現行衛生管理法則規定食用油脂之黃麴毒素含量為：　(A)10 ppb 以下　(B)25 ppb 以下　(C)35 ppb 以下　(D)50 ppb 以下。

【解析】：我國現行衛生管理法則中規定食用油脂黃麴毒素含量為 10 ppb 以下。

（B）43. 為了儲存安全，一般而言，稻米之水含量通常為：　(A)6%　(B)12%　(C)18%　(D)24%。

【解析】：乾燥稻米之水含量常控制在 13% 以下，以防止黴菌汙染而產生毒素。

（A）44. 為了儲存安全，一般而言，花生之水含量通常為：　(A)5%　(B)10%　(C)15%　(D)20%。

【解析】：花生之水含量通常控制在 5% 以下，可抑制黃麴菌的汙染。

（A）45. 鹽漬物工廠的廢水，要以：　(A)活性汙泥法　(B)曝氣法　(C)稀釋法　(D)甲烷醱酵法處理。

【解析】：鹽漬物工廠的廢水，用活性汙泥法處理，以降低河川的環境汙染。

二、模擬試題

（　）　1. 塑膠餐具使用時應注意下列何種化學物質之釋出？　(A)甲醇　(B)乙酯　(C)甲苯　(D)甲醛。

（　）　2. 根據餐飲業者良好衛生規範，廚師證書有效期限為幾年？　(A)2 年　(B)3 年　(C)4 年　(D)5 年。

（　）　3. 下列何種類型食物中毒，只要有一人中毒，即成為一食物中毒事件？
(A)河豚毒素食物中毒　(B)汞金屬食物中毒　(C)黃麴毒素食物中毒　(D)腸炎弧菌食物中毒。

（　）　4. 依食品添加物之標示規定，何種食品添加物需同時標示其用途名稱及品名？　(A)乳化劑　(B)膨脹劑　(C)抗氧化劑　(D)漂白劑。

（　）　5. 依據專家學者之觀點中，下列哪一種食品安全問題比較重要？　(A)食品添加物　(B)農藥　(C)天然毒素　(D)病原微生物。

（　）　6. 依據行政院衛生署之公告，當以基因改造之黃豆及玉米為原料且佔最終產品總量百分之多少以上之食品需標示？　(A)1%　(B)2%　(C)3%　(D)5%。

（　）　7. 下列何者屬於急性毒很強的農藥？　(A)DDT　(B)有機汞殺菌劑　(C)巴拉松(parathion)　(D)BHC。

（　）　8. 下列何者不是防止食品發生微生物或物理化學變化的方法？　(A)除去水分　(B)增加氧氣　(C)降低溫度　(D)使用化學添加物。

（　）　9. 哪一種重金屬汙染會引起人體血色素之合成障礙？　(A)汞　(B)砷　(C)鎘　(D)鉛。

（　）　10. 有關黃麴毒素(aflatoxin)的敘述，何者不正確？　(A)花生是易受黃麴毒素汙染的食物　(B)黃麴毒素是致肝癌物質　(C)相對濕度在 85%以上，幾乎不產生黃麴毒素　(D)黃麴毒素的毒性以 B1 最強。

（　）　11. 食品衛生管理主管機關在縣（市）為：　(A)縣（市）政府　(B)衛生局　(C)衛生處　(D)衛生署。

（　）　12. 食用油脂的衛生檢驗項目特別要注意：　(A)多氯聯苯　(B)防腐劑　(C)著色劑　(D)抗氧化劑。

（　）　13. 依據新修正之食品安全衛生管理法，食品業者對於檢驗結果有異議時應於收到通知結果後多少日內提出複驗？　(A)3 天　(B)7 天　(C)15 天　(D)30 天。

（　）　14. 食品安全之供應溫度是指：　(A)5～60°C　(B)5°C 以下，60°C 以上　(C)16～49°C　(D)49°C 以上，16°C 以下。

（　）　15. 台灣曾發生一些重金屬汙染事件，下列敘述何者錯誤？　(A)農地遭鎘汙染，產生鎘米　(B)養殖牡蠣遭銅汙染而成綠牡蠣　(C)八寶粉中含鉛量過高　(D)進口玻璃餐具中汞含量過高。

（　）　16. 我國衛生福利部公告之餐具有效殺菌方法是：A.煮沸殺菌法：100°C 之沸水中煮沸 1 分鐘以上；B.蒸氣殺菌法：100°C 之蒸氣加熱 2 分鐘以上；C.熱水殺菌法：80°C 之熱水加熱 2 分鐘以上；D.氯液殺菌法：氯液之游離餘氯量不得低於 200ppm，浸入 2 分鐘以上；E.乾熱殺菌法：85°C 以上之乾熱，加熱 30 分鐘以上　(A)ACDE　(B)ABDE　(C)ABCD　(D)ABCDE。

（　）17. 黃麴毒素(aflatoxin)類型中，以下列何種毒性最強？　(A)B_2　(B)B_1　(C)G_2　(D)G_1。

（　）18. 增訂第二十九條條文之食品衛生管理法於何時公布施行？　(A)民國八十七年八月一日　(B)民國八十九年二月九日　(C)民國九十一年一月三十日　(D)民國九十二年二月二日。

（　）19. 根據食品良好衛生規範(GHP)，使用地下水源者，其水源應與化糞池、廢棄物堆積場所至少保持多少距離？　(A)3 公尺以上　(B)10 公尺以上　(C)15 公尺以上　(D)30 公尺以上。

（　）20. 食品工廠在加工調理區之照明設備燭光應保持：　(A)100 米燭光　(B)160 米燭光　(C)200 米燭光　(D)440 米燭光。

（　）21. 下列何種細菌能在較低之水活性條件下生長？　(A)*Clostridium botulinum*　(B)*Bacillus subtilis*　(C)*Staphylococcus aureus*　(D)*Pseudomonas* spp.。

（　）22. 政府目前負責 HACCP 之目的事業主管機關為：　(A)經濟部商品檢驗局　(B)行政院農委會　(C)行政院衛生福利部　(D)行政院環保署。

（　）23. 近年來台灣地區食物中毒之主要原因為：　(A)細菌性　(B)化學性　(C)天然毒素　(D)農藥。

（　）24. 下列何者不是感染型食物中毒菌？　(A)志賀桿菌　(B)病原性沙門桿菌　(C)金黃色葡萄球菌　(D)腸炎弧菌。

（　）25. 台灣食品中毒事件發生率最高的月份為：　(A)1～5 月　(B)4～9 月　(C)3～6 月　(D)8～12 月。

（　）26. 蓄水池應保持清潔，設置地點應距汙穢場所、化糞池等汙染源多少公尺以上？　(A)3 公尺　(B)4 公尺　(C)5 公尺　(D)6 公尺。

（　）27. 依新版食品安全衛生管理法規定調理人員若染有病原性生物可處 1 年以下有期徒刑、拘役或併科多少罰金？　(A)二百萬元以下　(B)四百萬元以下　(C)六百萬元以下　(D)一千萬元以下。

（　）28. 台灣歷年來發生的食物中毒事件，除了不明原因之外，發生率最高的原因為：　(A)仙人掌桿菌　(B)志賀氏桿菌　(C)腸炎弧菌　(D)大腸桿菌。

（　）29. 有一種會引起霍亂的細菌，是屬於下列哪一菌屬？　(A)沙門氏菌屬　(B)梭狀桿菌屬　(C)螺旋菌屬　(D)弧菌屬。

( )　30. 台灣地區細菌性食物中毒以金黃色葡萄球菌居歷年來第幾位？　(A)
一　(B)二　(C)三　(D)四。

( )　31. 下列為有關實際作業上預防細菌性食品中毒之原則，何者錯誤？　(A)
清潔　(B)迅速　(C)防止病媒之汙染　(D)加熱與冷藏。

( )　32. 食品安全管制系統內涵蓋哪兩部分的實施？　(A)CAS 與 GMP
(B)CNS 與 HACCP　(C)GHP 與 ISO　(D)GHP 與 HACCP。

( )　33. 下列何種菌會引起含澱粉質多者（如米飯）的食物中毒？　(A)沙門
氏桿菌(*Salmonella enteritidis*)　(B)肉毒桿菌(*Clostridium botulinum*)
(C)仙人掌桿菌(*Bacillus cereus*)　(D)產氣莢膜桿菌(*Clostridium
perfringens*)。

( )　34. 烹調處理後的食品在夏天儘可能在幾小時內食用完畢？　(A)2　(B)4
(C)6　(D)8。

( )　35. 具侵襲性的大腸桿菌的英文縮寫為：　(A)EHEC　(B)ETEC
(C)EPEC　(D)EIEC。

( )　36. 下列何種植物可能因貯存不當，而使食用者發生非微生物引起的中毒
現象？　(A)馬鈴薯　(B)小麥　(C)蠶豆　(D)洋菇。

( )　37. 下列何種食物不常被發現含有高量多環狀芳香族碳氫化合物(PAH)？
(A)生鮮牛肉　(B)煙燻鮭魚　(C)油炸香腸　(D)臘肉。

( )　38. 下列有關食品洗潔劑的敘述，何者正確？　(A)支鏈型烷基苯磺酸鹽
(ABS)比直鏈型者(LAS)的安全性高　(B)直鏈型烷基苯磺酸鹽(LAS)較
不會影響環境生態　(C)支鏈型者(ABS)比直鏈型者(LAS)的洗淨力差
(D)手洗式食品用液態洗潔劑中可含有漂白劑或氧化劑，以維持品
質。

( )　39. 下列何種塑膠材質的單體具有致癌性？　(A)聚乙烯　(B)聚丙烯　(C)
聚氯乙烯　(D)聚偏二氯乙烯。

( )　40. 下列有關 HACCP 的敘述，何者錯誤？　(A)HACCP 最先要分析出整
個食品製程中每個步驟可能產生的危害　(B)在製程中未被選為重要
管制點者(CCP)不必去監控　(C)管制項目應設立一標準以便接受控制
（監控）　(D)當管制點未達到管制標準時，應立即停止運作直到問
題解決。

（ ） 41. 有關餐具衛生的敘述，下列何者正確？　(A)餐具中大腸桿菌(*E. coli*)、油脂、澱粉、烷基苯磺酸鹽(ABS)應為陰性　(B)以熱水殺菌餐具，水溫需 80°C 以上，加熱時間 1 分鐘以上　(C)以氯液殺菌餐具，氯液之餘氯量不得低於 70 ppm，浸入時間 2 分鐘以上　(D)以乾熱殺菌餐具，溫度 100°C 以上，加熱 30 分鐘以上。

（ ） 42. 有關清潔劑之描述，下列哪一項不正確？　(A)軟性清潔劑謂之 LAS　(B)硬性清潔劑謂之 ABS　(C)LAS 不容易被細菌分解，而 ABS 易被細菌分解　(D)LAS 和 ABS 皆是陰離子界面活性劑。

（ ） 43. 有關有機氯殺蟲劑(DDT)，下列哪一項描述不正確？　(A)易蓄積於人體之脂肪部位　(B)被認為是一種環境荷爾蒙物質　(C)在台灣已被禁止使用　(D)可在動物體內代謝正常，並順利由尿液中排出。

（ ） 44. 台灣常有人食用鯖科魚類而造成過敏問題，關於此項食物中毒，下列描述何者不正確？　(A)主要毒素為組織胺　(B)魚類種類主要為迴游性紅色肉魚類　(C)毒素在室溫下容易產生　(D)毒素之大量產生不須依賴二次汙染之微生物。

（ ） 45. 餐飲從業人員如患有下列哪些症狀時，不得從事與食品接觸之工作：①手部膿瘡、②肝炎、③肺結核病、④愛滋病、⑤傷寒、⑥出疹　(A)①②③④⑤⑥　(B)①②③④⑥　(C)①②③　(D)①③④⑤⑥。

（ ） 46. 下列何者不是飲食感染的經口傳染病？　(A)細菌性痢疾　(B)霍亂　(C)傷寒　(D)非典型肺炎(SARS)。

（ ） 47. 樹薯(cassava)不能生吃，乃因其含有：　(A)硫醣甘　(B)黃樟素　(C)氰化物　(D)咖啡因。

（ ） 48. 食用發芽的馬鈴薯引起食物中毒是因含有何種成分？　(A)硫代配醣體　(B)含氰配醣體　(C)茄靈　(D)異黃酮素。

（ ） 49. 為避免產生黃麴毒素，穀類乾燥的臨界水分含量為多少以下？(A)13%　(B)18%　(C)20%　(D)22%。

（ ） 50. 蘋果汁最容易被哪一種黴菌毒素汙染？　(A)黃麴毒素　(B)開放青黴素　(C)橘黴素　(D)棕麴黴毒素。

（ ） 51. 黃變米(yellowed rice)主要係導因於：
(A)酵素性褐變　　　　　　　　　　(B)*Saccharomyces* 屬微生物
(C)*Bacillus* 屬微生物　　　　　　　(D)*Penicillium* 屬微生物。

（　）52. 下列各種食物中毒何者不是神經性食物中毒型態？　(A)黃麴菌中毒　(B)河豚中毒　(C)西施舌中毒　(D)肉毒桿菌中毒。

（　）53. 黴菌毒素(zearalenone)又稱為：　(A)F-2 toxin　(B)T-2 toxin　(C)saxitoxin　(D)rubratoxin。

（　）54. 下列何者不是檢驗餐具或食物容器是否乾淨的主要項目？　(A)澱粉質　(B)脂肪　(C)蛋白質　(D)維生素。

（　）55. 依據食品良好作業規範(FGMP)，即食餐盒工廠之清潔作業區，總生菌數(APC)應該在多少個以下？　(A)30　(B)50　(C)100　(D)200。

（　）56. 有關貯存食品的敘述，何者不正確？　(A)應使用條架　(B)離牆 5 公分　(C)冰箱溫度應每天至少應檢測 4 次　(D)鮮魚冷藏應以冰塊覆蓋比碎冰覆蓋來的佳。

（　）57. 依據我國食品優良作業規範(GMP)，下列有關驗收區之敘述何者是正確？　(A)總落菌數應在 50 個以下　(B)屬於管制作業區　(C)照明應保持 220 米燭光以上　(D)屬於一般作業區。

（　）58. 下列何者多環狀芳香族化合物(PAH)的致癌性最強？　(A)萘(naphthalene)　(B)蒽(anthracene)　(C)芘(pyrene)　(D)苯芘芘(benzopyrene)。

（　）59. 下列何者不屬於植物性的致癌物質？　(A)黃樟素　(B)蘇鐵素　(C)異黃酮素　(D)香豆素。

（　）60. 下列敘述何者正確？　(A)汞變為有機化合物時毒性減弱　(B)銅為人體不需要之有害重金屬　(C)鎘中毒會造成低鈣軟化症　(D)砷變為有機化合物時毒性減弱。

模擬試題答案

1.(D)	2.(C)	3.(B)	4.(C)	5.(D)	6.(D)	7.(C)	8.(B)	9.(D)	10.(C)
11.(A)	12.(A)	13.(C)	14.(B)	15.(D)	16.(C)	17.(B)	18.(C)	19.(C)	20.(C)
21.(C)	22.(C)	23.(A)	24.(C)	25.(B)	26.(A)	27.(C)	28.(C)	29.(D)	30.(B)
31.(C)	32.(D)	33.(C)	34.(A)	35.(D)	36.(A)	37.(A)	38.(B)	39.(C)	40.(B)
41.(A)	42.(C)	43.(D)	44.(D)	45.(B)	46.(D)	47.(C)	48.(C)	49.(A)	50.(B)
51.(D)	52.(A)	53.(A)	54.(D)	55.(A)	56.(D)	57.(D)	58.(D)	59.(C)	60.(C)

參考書目
References

一、中文參考書

1. 行政院經濟部工業局（2013）。**2013 食品 GMP 年鑑**。台北市。

2. 吳清熊、邱思魁（1996）。**水產食品學**。國立編譯館。

3. 汪復進（2009）。展望我國取得 HACCP 之團膳業發展空間。**行政院衛生署食品衛生處－食品資訊網 4 月份「專題報導」**。
   http://food.doh.gov.tw/foodnew/library/KnowledgeDetail.aspx?idCategory=125&KnowledgeID=146

4. 汪復進（2018）。**HACCP 理論與實務**，第四版。新北市：新文京開發。

5. 汪復進（2011）。生活中不可不知的食品加工秘密。**台北市終身學習網通訊－生活科技**。台北市。網址：http://www.lct.edu.tw/bin/home.php

6. 汪復進、李上發（2003）。**食品加工學考題彙編**，第二版。新北市：新文京開發。

7. 汪復進、李上發（2011）。**食品加工學（上）**，第二版。新北市：新文京開發。

8. 林高塚（1982）。**肉品加工技術與基礎**。華香園。

9. 林慶文（1983）。**肉品加工學**。華香園。

10. 林慶文（1993）。**乳品加工學**。華香園。

11. 柯文慶（1996）。**園產處理與加工**。三民書局。

12. 郭明捷（1973）。**果實蔬菜罐頭加工技術**。食品科學文摘雜誌社。

13. 陳明造（1990）。**蛋品加工理論與應用**。藝軒圖書。

14. 游銅錫（1986）。微膠囊技術應用於食品添加物。**食品工業**，**18**(1)，25-28。

15. 楊進添（1989）。高科技之膜過濾技術。**食品工業**，**21**(2)，59-60。

16. 廖怡禎（1997）。超臨界流體技術在台灣食品工業之發展與未來應用的展望。**食品工業**，**29**(8)，37-47。

17. 衛生福利部食品藥物管理署（2019）。食品、餐飲、營養法規查詢。網頁更新日期：2018 年 6 月 30 日。台北市。
    網站：https://consumer.fda.gov.tw/Law/List.aspx?nodeID=518

18. 賴滋漢、金安兒（1991）。**食品加工學～製品篇**。精華。

19. 賴滋漢、金安兒、柯文慶（1992）。**食品加工學～方法篇**。精華。

20. 郭嘉信、林文源、詹鴻得、陳坤上、何偉琋、李明彥、吳許得、陳桐榮、陳名倫、汪復進(2018)。**食品微生物學**，第六版。台中市：華格納。

21. 賴滋漢、賴業超（1994）。**食品科技辭典**。台中市：富林。

22. 戴佛香、陳吉平（1998）。**最新微生物學辭典**。屏東市：睿煜。

二、英文參考書

1. Artheyby, D. (1996). *Fruit Processing*. Chapman & Hall: USA.

2. Fellow, P. J. (1988). *Food Processing Technology Principles and Practice*. Ellis Horwood Limited: UK.

3. Hung, C.-J., & Wang, F.-J. (2011). A multicriteria evaluation model for flight catering supplier: a Taiwan-base study. *Actual Problems of Economics, 124*(10), 470-479.

4. Simatos, D., & Blond, G. (1991). Differential Scanning Calorimetric Studies and Stability of Frozen Foods. In Water Relationship in Food. pp. 139: 155. ed. H. Levine. and L. Slade, Plenum Press, NY.

5. Stadelman, W. J., & Cotterill, O. (1995). *Egg Science and Technology*. FPP: New York, London.

6. Wang, F.-J. (2011). Key success factors in optimal operation and management forlarge-scale group diet industry-a study on Foxconn Technology Group central kitchen. *Actual Problems of Economics, 122*(8), 358-368.

7. Wang, F.-J. (2012). Study on core competence of contractors' dietitians of central kitchens of national elementrary scools in Taipei area. *Actual Problems of Economics, 128*(4), 340-350.

8. Wang, F.-J., & Li, P.-P. (2011). Nurturing contract food services cook-the fundamental competencies assessment of HACCP certified school lunch contractor. *Journal of Information and Optimization Sciences, 32*(3), 621-635.

9. Wang, F.-J., Hung, C.-J., & Li, P.-P. (2011). A study on the critical success factors of ISO 22000 implementation in the hotel industry. *Pakistan Journal of Statistics, 27*(5), 635-643.

10. Wang, F.-J., Hung, C.-J., & Li, P.-P. (2011). The indispensable chef competency appraisal of HACCP certified contract food service companies in Taiwan. *Pakistan Journal of Statistics, 27*(5), 645-654.

11. Wang, F.-J., Hung, M.-W., & Yeh, S.-P. (2010). Research on health administrators' core competency of HACCP-certificated catering suppliers in Taiwan (school lunch operation case). *Actual Problems of Economics, 2*(12), 125-134.

MEMO

MEMO

MEMO

MEMO

MEMO

國家圖書館出版品預行編目資料

食品加工學 / 汪復進編著. -- 第三版. --
新北市：新文京開發, 2019.09
　　面；　公分

ISBN 978-986-430-542-1 (平裝)

1. 食品加工

463.12　　　　　　　　　　　108013421

食品加工學（第三版）　　　　　　　　（書號：B331e3）

編 著 者	汪復進
出 版 者	新文京開發出版股份有限公司
地　　址	新北市中和區中山路二段 362 號 9 樓
電　　話	(02) 2244-8188（代表號）
Ｆ Ａ Ｘ	(02) 2244-8189
郵　　撥	1958730-2
初　　版	西元 2011 年 01 月 01 日
二　　版	西元 2015 年 02 月 01 日
三　　版	西元 2019 年 09 月 05 日

New Wun Ching Developmental Publishing Co., Ltd.

New Age · New Choice · The Best Selected Educational Publications — NEW WCDP

新文京開發出版股份有限公司

新世紀・新視野・新文京 ─ 精選教科書・考試用書・專業參考書